高等学校规划教材

# 真 空 技 术

王晓冬　巴德纯　张世伟　张以忱　编著

北 京
冶 金 工 业 出 版 社
2024

## 内容提要

本书系统地介绍了真空技术的基础理论、真空获得设备、真空测量仪表、检漏技术、真空系统设计的原理和方法。主要内容包括：稀薄气体分子运动理论、吸附与脱附、真空中的电现象、真空中的气体流动、真空泵的分类与性能、容积式真空泵、动量传递式真空泵、气体捕集式真空泵、真空测量、真空检漏、真空系统的组成、真空系统元件及连接、真空系统中常用材料和真空卫生、真空系统的设计计算等。本书既注重真空技术中的知识体系，又反映真空技术中的最新发展，具有很强的针对性和实用性。

本书可作为高等院校真空技术与设备、过程设备与控制工程、材料科学与工程、物理等相关专业本科生、研究生的学习教材，也可供真空技术应用、真空设备制造与使用单位的工程技术人员参考。

**图书在版编目(CIP)数据**

真空技术/王晓冬等编著.—北京：冶金工业出版社，2006.9（2024.3 重印）
高等学校规划教材
ISBN 978-7-5024-3571-4

Ⅰ.真…　Ⅱ.王…　Ⅲ.真空技术—高等学校—教材　Ⅳ.TB7

中国版本图书馆 CIP 数据核字(2006)第 039972 号

**真空技术**

| | | | |
|---|---|---|---|
| **出版发行** | 冶金工业出版社 | **电　话** | (010)64027926 |
| **地　址** | 北京市东城区嵩祝院北巷 39 号 | **邮　编** | 100009 |
| **网　址** | www.mip1953.com | **电子信箱** | service@mip1953.com |

责任编辑　杨　敏　宋　良　美术编辑　彭子赫
责任校对　刘　倩　李文彦　责任印制　窦　唯
三河市双峰印刷装订有限公司印刷
2006 年 9 月第 1 版，2024 年 3 月第 10 次印刷
787mm×1092mm　1/16；27.5 印张；730 千字；422 页
**定价 50.00 元**

**投稿电话　(010)64027932　投稿信箱　tougao@cnmip.com.cn**
**营销中心电话　(010)64044283**
**冶金工业出版社天猫旗舰店　yjgycbs.tmall.com**
(本书如有印装质量问题，本社营销中心负责退换)

# 前　言

现代科学技术的交叉渗透，极大地丰富了真空科学与技术的内涵。近几十年来，真空技术融入了许多尖端科学技术，并一起得到迅速发展，从超大规模集成电路的制作，到大型加速器的运转；从受控热核聚变到人造卫星、航天器，直至民用装饰品的生产，都与真空技术密切相关。

《真空技术》系统介绍了真空技术的基础理论、真空获得设备、真空测量仪表、检漏技术、真空系统设计的原理和方法，包括：稀薄气体分子运动理论，气体的吸附和脱附，真空中的电现象，真空中气体在管道中的流动，容积式真空泵、动量传递式真空泵、气体捕集式真空泵的工作原理、结构特点和设计方法，真空测量仪器仪表的原理和使用，真空检漏方法，真空系统的组成，真空系统元件，真空密封，真空材料和真空卫生等内容。

本书是东北大学真空与流体工程研究中心教师多年教学和科研的成果总结，既注重真空技术中的知识体系，又反映真空技术中的最新发展，具有很强的针对性和实用性，可作为真空技术与设备、过程设备与控制工程、材料、物理等相关专业本科生、研究生的学习教材，也可供真空技术应用、真空设备制造、使用单位的工程技术人员参考。

本书第2章、第3章、第5章、第8章第2、3、4节由王晓冬编写，第1章、第6章、第7章、第8章第1节由巴德纯编写，第4章、第10章、第11章由张世伟编写，第9章、第12章、第13章、第14章、第15章由张以忱编写。全书由王晓冬统稿，杨乃恒教授主审。

本书的出版，得到了东北大学的资助。在编写过程中，始终得到杨乃恒教授的关心和帮助，在此表示衷心感谢。

由于水平和实践经验所限，书中的不妥之处，恳请读者批评指正。

编著者

2006年6月

于东北大学

# 目　　录

# 1 绪　论

## 1.1 何为真空

物理学上的“真空”是指没有或者不计气体分子和原子存在的物理空间，仅存在各种能量粒子的场空间；另一种是应用物理与技术所讨论的“真空”——低于一个大气压力的稀薄气体的空间状态。“真空”一词来自拉丁语“Vacuum”，意为“空虚”。真空分为自然真空和人造真空。

地球上存在着自然状态的真空。包围地球的大气层，受地心引力（空气分子重力）的作用，离地面越高，空气越稀薄。衡量气体稀密程度的物理量为压力，气体分子处于无规则热运动之中，与物体碰撞时会产生压力。气体分子密度越大，气体压力也越大，在海平面上，大气产生的压力为 101325Pa，约 100kPa，工程中称为一个标准大气压。而珠峰顶处的气压为 32kPa，仅为海平面压力的三分之一左右。

大气压力随着离地面高度的递增而降低，基本按指数规律下降。18km 高空，大气压力降到标准大气压的十分之一，96km 高空，只有百万分之一。地球大气层以外的宇宙真空，称为“空间真空”，它是典型的“自然真空”。

人通过胸腔和腹腔之间的膈膜收缩和放松使肺呼吸，吸气时胸腔压力接近大气压力，呼气时降到半个大气压力以下，即人为的真空状态。进一步，人们运用科技手段，发明了各种真空泵去抽掉密闭容器中的气体，以获得“人为真空”，逐渐形成了“真空科学与技术”这个学科。但是，即使使用现代排气方法获得的最低压力，也只能达到 $10^{-12} \sim 10^{-13}$ Pa。还远未达到绝对真空。

## 1.2 真空度的表征及真空区域的划分

真空度指气体的稀薄程度，历史上沿用压力来表示。也可以用粒子数密度、分子平均自由程、碰撞频率、单分子层覆盖时间等来描述真空度。真空度的单位为压力单位帕斯卡 Pa。低真空时，有时用“真空度百分数”表示，即

$$(p_0 - p)/p_0 \times 100\%$$

式中　$p_0$ ——大气压力。

真空区域划分主要依据真空状态下气体分子的物理特性、真空获得设备和真空测量仪表的工作范围等。

国家标准（GB 3163—82）的划分是：

低真空：$10^5 \sim 10^2$ Pa；

中真空：$10^2 \sim 10^{-1}$ Pa；

高真空：$10^{-1} \sim 10^{-5}$ Pa；

超高真空：$< 10^{-5}$ Pa。

真空理论工作者推荐的划分：

粗真空：$10^3 \sim 10^5$ Pa；

低真空：$10^{-1} \sim 10^{3}$ Pa；

高真空：$10^{-6} \sim 10^{-1}$ Pa；

超高真空：$10^{-12} \sim 10^{-6}$ Pa。

## 1.3 真空技术的历史回顾

最早的真空获得和应用，可追溯到公元前 6 世纪，那时我国炼铁技术就已相当进步，为了熔化铁，在炼铁炉上配有鼓风设备。最初使用的叫“鞲”的皮囊鼓风、“风箱”鼓风。风箱的作用过程包括：负压吸气和增压排气。与现在的往复式活塞真空泵的作用原理基本相同。这种风箱在公元 1367 年时就已成为炼铁的重要工具。这是最早真空获得和应用的实例。

另有更为典型的例子是中医的拔火罐。两千年前，它已在我国民间用作治病的工具。它很好地利用了空气热胀冷缩、蒸汽冷凝等物理现象来形成罐内真空。

历史上有确切记载获得“真空”的是欧洲人。1643 年，意大利人托利拆里做了大气压实验。他用一根一端封闭的细长玻璃管和一个盛水银的小槽，先将水银从玻璃管开口端灌入，直到灌满全管。然后压住开口，将玻璃管倒立在水银槽内，再打开压着的开口。此时玻璃管中的水银高度逐渐下降，直到距离小槽液面以上 760mm 时，就不再下降了。托利拆里认为在玻璃管上端的空隙内就是“真空”。随后，他的学生帕斯卡等人将此实验搬到山上去做，结果水银柱高度低于 760mm，证明大气压与高度有关。

1654 年德国人葛利克发明了活塞真空泵。他为了证明大气压的巨大力量，曾做过一次公开实验，葛利克用两个直径 119cm 的半球合起来，用真空泵将球内空气抽除，因而球的表面上所受的大气压力是很大的，每个半球其横向分力，每个半球用 8 匹马，才能向相反方向拉开。因为该实验是在德国马德堡做的，故称马德堡半球实验而闻名于世。

1662 年英国人玻义耳发现玻义耳定律。到 1738 年瑞士人伯努利提出气体分子运动论，他们奠定了真空技术最初的理论基础。

从 1643 年托里拆利获得真空，到 1879 年爱迪生发明碳丝电灯泡的 200 多年间，真空技术经历了一个漫长的发展过程。这个过程孕育着电子学的诞生和发展。所谓“电真空器件”就是内部空间为真空的电子器件。真空技术为电子技术的发展开辟了道路。在 20 世纪初，电子技术的发展，又推动了真空技术的飞速发展。

1905 年德国盖得发明了机械泵，1906 年皮拉尼发明热阻真空计；1913 年和 1915 年盖得先后发明了分子泵、扩散泵；1916 年贝克利发明了热阴极电离计。真空技术迅速从低真空发展到高真空，高真空技术的发展势头一直延续到第二次世界大战。尤其是希克曼 1936 年发明了分馏式油扩散泵，潘宁 1937 年发明了冷阴极电离计，使得高真空技术在获得和测量两方面基本上已完善。

1940 年以后真空技术在原子能方面得到广泛应用，并在真空冶金、真空镀膜，真空冷冻干燥等方面得到扩展。到 1950 年，真空范围已提高到 $10^{-4} \sim 10^{-5}$ Pa。在某些实验室里也曾达到更高的真空，但还不能测量出来。贝阿德-阿尔伯特 1950 年发明了 B-A 规，才为测量超高真空创造了条件。1953 年吸气剂-离子泵的出现，使人们可以获得清洁超高真空。

从 20 世纪 50 年代到 70 年代的 20 多年里，真空技术融入了许多尖端科学技术并一起得到迅速发展。高能加速器、等离子体核聚变装置、微电子学中的超大规模集成电路，特别是航天技术，促使真空技术发生新的飞跃。真空进入了“超清洁”时代，压力范围从 $10^{-4} \sim 10^{-5}$ Pa 下降到 $10^{-12} \sim 10^{-13}$ Pa。一下子真空度提高了七八个数量级，真空系统容积大到数万立方米：低温泵的抽速可高达1000 万 L/s；甚至有的科学家认为，今天的真空技术，已能获得和测量从大气压（$10^5$ Pa）到 $10^{-13}$ Pa，压力范围达 18 个数量级，并随着某些新应用的开拓而要求一步步地接近“理想真空”。

经典的真空技术或传统的真空技术主要囿于真空获得、检测以及真空系统自身的发展，成为许多学科创新的条件和手段。然而，现代科学技术的相互交叉渗透，主体和条件之间的相互转化，极大地丰富了真空科学与技术的内涵，尤其是超高真空、超清洁表面的出现，揭示了自然领域中许多新颖的现象和规律。根据国际真空科学技术与应用协会（IUVSTA）和美国真空学会的划分，现代真空科学与技术分成 8 个学科分支，如表 1-1 所示。

**表 1-1　真空科学与技术的分支学科**

| 分支学科 | 分支学科的内容 |
|---|---|
| 真空技术 | 真空获得，测量，检漏，真空系统及元件 |
| 真空冶金 | 真空熔炼铸造，真空脱气铸造，真空热处理，真空焊接，真空还原蒸馏炭化，单晶体制备，表面处理 |
| 等离子体科学与技术 | 等离子体在磁控溅射，离子镀等设备的应用；等离子体化学气相沉积，高纯度单晶薄膜制备，等离子体显示器件 |
| 薄膜科学与技术 | 真空蒸发镀，真空溅射镀，真空离子镀，化学气相沉积 |
| 电子材料和加工工艺 | 真空电子器件，半导体材料，光电材料，敏感材料，薄膜电子材料，薄膜材料，智能材料，沉积加工工艺，外延生长技术，掩膜和刻蚀等 |
| 表面科学 | 固体表面电子结构，原子结构的研究，超高真空扫描隧道显微镜，表面性能测试 |
| 应用表面科学 | 紫外光电子能谱分析离子中和谱、X 光电子能谱等表面分析仪器 |
| 纳米科学与技术 | 纳米材料的制备，纳米生物学，纳米机械学与纳米动力学，纳米电子学，纳米医疗 |

## 1.4　不同真空状态下的真空工艺技术

随着气态空间中气体分子密度的减小，气体的物理性质发生了明显的变化，人们基于气体性质的这种变化，在不同的真空状态下应用各种不同的工艺方法，达到各种不同的生产目的，这是真空应用技术中所研究的主题。目前，可以说，从每平方厘米表面上有上百个电子元件的超大规模集成电路的制作，到几千米长的大型加速器的运转，从受控核聚变到人造卫星和航天器的宇宙飞行，直至许多民用装饰品的生产，无一不与真空技术密切相关。表 1-2 是不同真空状态下，根据气体性质的不同所引发出来的各种真空工艺技术的应用概况。

**表 1-2　不同真空状态下各种真空工艺技术的应用概况**

| 真空状态 | 气体性质 | 应用原理 | 应用概况 |
|---|---|---|---|
| 低真空<br>$10^5$～$10^2$Pa | 气体状态与常压相比较，只有分子数目由多变少的变化，而无气体分子空间特性的变化，分子相互间碰撞频繁 | 利用真空与大气的压力差产生的力及压差力均匀的原理实现真空的力学应用 | 1. 真空吸引和输送固体、液体、胶体和微粒；<br>2. 真空吸盘起重、真空医疗器材；<br>3. 真空成型，复制浮雕；<br>4. 真空过渡；<br>5. 真空浸渍 |

续表 1-2

| 真空状态 | 气 体 性 质 | 应 用 原 理 | 应 用 概 况 |
| --- | --- | --- | --- |
| 中低真空<br>$10^2 \sim 10^{-1}$ Pa | 气体分子间，分子与器壁间的相互碰撞不相上下，气体分子密度较小 | 利用气体分子密度降低可实现无氧化加热，利用气压降低时气体的热传导及对流逐渐消失的原理实现真空隔热和绝缘。利用压强降低液体沸点也降低的原理实现真空冷冻、真空干燥 | 1. 黑色金属的真空熔炼、脱气、浇铸和热处理；<br>2. 真空热轧、真空表面渗铬；<br>3. 真空绝缘和真空隔热；<br>4. 真空蒸馏药物、油类及高分子化合物；<br>5. 真空冷冻、真空干燥；<br>6. 真空包装、真空充气包装；<br>7. 高速空气动力学实验中的低压风洞 |
| 高真空<br>$10^{-1} \sim 10^{-5}$ Pa | 分子间相互碰撞极少，分子与器壁间碰撞频繁。气体分子密度小 | 利用气体分子密度小、任何物质与残余气体分子的化学作用微弱的特点进行真空冶金、真空镀膜及真空器件生产 | 1. 稀有金属、超纯金属和合金、半导体材料的真空熔炼和精制；常用结构材料的真空还原冶金；<br>2. 纯金属的真空蒸馏精炼；放射性同位素蒸发；<br>3. 难熔金属的真空烧结；<br>4. 半导体材料的真空提纯和晶体制备；<br>5. 高温金相显微镜及高温材料实验设备的制造；<br>6. 真空镀膜、离子注入、膜刻蚀等表面改性；<br>7. 电真空工业的光电管、离子管、电子源管、电子束管、电子衍射仪、电子显微镜、X 光显微镜、各种粒子加速器、能谱仪、核辐射谱仪、中子管、气体激光器的制造；<br>8. 电子束除气、电子束焊接、区域熔炼、电子束加工 |
| 超高真空<br>小于 $10^{-5}$ Pa | 气体分子密度极低与器壁碰撞的次数极少，致使表面形成单分子层的时间增长；<br>气态空间中只有固体本身的原子，几乎没有其他原子或分子的存在 | 利用气体分子密度极低与表现碰撞极少，表面形成单一分子层时间很长的原理，实现表现物理与表现化学的研究 | 1. 可控热核聚变的研究；<br>2. 时间基准氢分子镜的制作；<br>3. 表面物理、表面化学的研究；<br>4. 宇宙空间环境的模拟；<br>5. 大型同步质子加速器的运转；<br>6. 电磁悬浮式高精度陀螺仪的制作 |

## 1.5　真空技术的应用领域

真空科学的应用领域很广，目前已经渗透到车辆、土木建筑工程、机械、包装、环境保护、医药及医疗器械、石油、化工、食品、光学、电气、电子、原子能、半导体、航空航天、低温、专用机械、纺织、造纸、农业、民用工业以及近年来得到迅速发展的表面科学与纳米科学等工业部门和科学研究工作中。现就其主要的应用简述如下。

### 1.5.1 真空在输运、吸引、起吊及真空造型等设备中的应用

真空输运、吸引及起吊设备，都是利用真空与大气空间存在压力差所产生的力来做功的。这种机械能存在着压强处处均匀的特点，因此它可绝对密实地施功到任何形状的平面上。目前，这些真空设备大多用在吸鱼、粮食、面粉、煤粉、烟草、水泥、泥浆、纸浆、粉状矿物、粉状化工产品，水泥地板、预制板、机场及公路水泥道路的快速吸干，车间起吊，机床夹具，玻璃装运，吸乳、吸尘、人工流产、吸痰、吸胸膜积水和脓液、吸肠以及吸引原子弹爆炸所产生的辐射尘埃等生产作业中。这些设备均具有结构简单，易于操作、维护、运输，起吊吸引过程中无振动，生产效率高，运送易损坏物件安全可靠，对环境无污染等特点，因此具有广阔的应用前景。

真空造型也是利用压差力的一个重要方面，近年来在立体军用地图、盲人书籍、示数模型、高级陶瓷、混凝土预制件、电冰箱洗衣机板件、玩具、复制浮雕和文物、行波管和返波管中的细旋支柱成形、质谱仪中分析室以及微波系统的波导制作方法，都广泛地采用了这一技术。

真空力学应用的另一个领域是真空过滤和真空浸渍。目前化工、制糖、水泥等工业部门已开始大量采用连续真空过滤，很容易将黏度大的悬浮液利用压差力的作用，通过微细筛孔而将其悬浮液中的液体与固体分离。在染料工业中利用真空过滤法可以大量节省棉布。真空浸渍是先对片状或纤维状的疏松物质进行抽真空，再在液体中浸渍充填一些新的物质的一种新型工艺。这种工艺用在含油轴承、渔网纤维、皮革、非电解电容、变压器、电动机定子线圈等产品生产上已经显著地提高了产品质量。此外，这种工艺对疏松劣质木材进行聚酯树脂浸渍，对铅笔木材进行蜡类浸渍使其改变原有的天然性能达到化劣质为优质的目的，已达到了预期的效果。

### 1.5.2 真空在电真空器件中的应用

由于各种真空器件的工作原理是基于电场、磁场来控制电子在空间的运动借以达到放大、振荡、显示图像等目的。因此，避免电子对气体分子间的碰撞，保证电子在空间的运动规律，防止发射热电子的阴极氧化中毒，把电子器件内抽成不同电真空器件所要求的不同真空度，保证电子器件的正常工作，是绝对必要的。目前，电真空工业中所生产的电真空器件主要有电子管（整流管、发射管、收信管、调速管、行波管、磁控管、光电管等），离子管（泵弧整流管、引燃管、计数管、闸流管、噪声管、雷达电线开关等），电子束管（示波管、摄像管、显像管、X光管、变像管等），电光源管（照明灯、光谱灯、仪器用灯等），此外，还有中子管、电子衍射仪、电子显微镜、X光显微镜，各种粒子加速器、质谱仪、核辐射谱仪、气体激光器等。电真空工业中利用真空中电子束进行除气、熔炼、区域提纯、难熔金属和介质的熔化和黏化，开槽切割、放射性同位素的蒸发，难熔金属的焊接等。这些电子器件及工艺，在近代科学和近代大工业生产中所起的作用是不言而喻的。这里不再赘述。

### 1.5.3 真空在冶金工业中的应用

在真空中对金属及其合金进行真空冶金，范围很广，包括真空蒸馏、矿石及其半成品的真空分离，金属化合物真空还原、钢液炉外真空脱气和精炼、金属真空熔炼、真空烧结，真空热处理、真空钎焊及真空固态接合等多种工艺方法。真空冶金自20世纪50年代发展以来，之所以得到极为广泛的应用，是因为真空环境在冶金过程中具有一系列的特点所致。首先是真空环境中物质与残余气体分子间的化学作用十分微弱，因此非常适宜对黑色金属、稀有金属、超纯

金属及其合金、半导体材料的熔炼和精制。其次，在真空环境中可通过降低单一气体分子的分压强，达到钢液脱气精炼、真空碳脱氧的目的。真空环境的另一个特点就是，在较低的温度下，它具有进行一定反应的能力，例如在同样温度下，有些反应过程在大气中则难以进行，但是在低压下就十分容易。这就是真空化合物分解和有色金属冶炼的基本原理。表 1-3 中给出的真空冶金中，尚应包括真空镀膜工艺，但是由于这一领域目前已成为真空表面处理技术中的一个重要组成部分，因此我们将在下一节中详述。

**表 1-3　真空冶金的主要领域、工艺方法及其适用范围**

| 领域 | 工　艺　方　法 | 运　用　范　围 |
|---|---|---|
| 真空熔炼 | 真空感应熔炼 | 铁镍钴铜铍铀系金属及其合金<br>钛铍系金属及其合金、铁镍钴系高级合成钢、铀系合金、硅、锆、铁、铌、铂的区域精炼 |
| | 自耗电极真空电弧熔炼 | 铁镍钴系高级合金钢及低合金钢，高级合金钨钼铌钽钛系金属及合金 |
| | 非自耗电极真空电弧熔炼 | 铀钛锆及碳化铀熔炼 |
| | 真空弧热源在水冷铜坩埚中精炼及铸造 | 钛锆钼铌钨钽及铀等金属合金 |
| | 真空电子束熔炼同时在水冷铜坩埚中凝固成锭 | 钨、钼、铌、铪、铍等难熔金属及全金高级合金钢、超级合金、超纯金属 |
| | 电子束热源在水冷坩埚中皮壳精炼然后进行离子铸造或精密铸造 | 铝、钼、铌、钽、锆、钛等，滚球轴承钢等，高级合金钢 |
| | 溢流法电子束多熔床熔炼及冷凝成锭 | 高纯金属、高纯合金及高级合金钢 |
| | 等离子弧熔炼 | 合金钢及工具材料 |
| | 等离子弧重熔 | 钛及合金钢 |
| | 等离子弧感应熔炼 | 耐热钢及耐热合金 |
| | 真空精炼 | 合金钢精炼及脱气 |
| 真空脱气及炉外精炼 | 钢包静态真空脱气 | 处理合金钢 |
| | 真空浇铸 | 碳钢合金钢大锻件钢锭 |
| | 倒包脱气 | 结构钢 |
| | 出钢脱气 | 与电炉组合处理各种合金钢 |
| | 出钢脱气加真空浇铸 | 大钢件钢锭处理浇铸 |
| | 出钢脱气加倒包脱气 | 各种钢 |
| | 提升处理（DH 法） | 碳钢、低合金锡、弹簧钢、轴承钢、不锈钢、电工钢 |
| | 循环处理（RH 法） | 碳钢、低合金锡、弹簧钢、轴承钢、不锈钢、电工钢 |
| | 电磁搅拌真空脱气 | 轴承钢、超高强度钢 |
| | 真空钢包吹氩 | 低合金钢 |
| | 真空电弧加热脱气 | 高合金钢 |
| | 真空吹氧脱碳精炼 | 不锈钢及其他合金、高纯铁素体不锈钢 |
| | 电弧加热电磁搅拌真空精炼 | 合金钢、不锈钢、轴承钢 |
| | 真空吹氧精炼 | 不锈钢 |
| | 氩氧精炼 | 不锈钢、结构钢、轴承钢、工具钢 |
| | 水蒸气混氧精炼 | 不锈钢、锰铬钢 |

续表 1-3

| 领域 | 工 艺 方 法 | 运 用 范 围 |
|---|---|---|
| 真空热处理 | 真空退火 | 铁素体不锈钢、马氏体不锈钢、奥氏体不锈钢、工具模具钢、钼、铝、钛、锆、铀、铜、钛合金 |
| | 真空气体淬火真空高压气淬 | 高速钢、马氏体铬钢、冷作工具钢、热处理工具钢、钛合金铸件 |
| | 真空油淬火 | 工具钢、高速钢 |
| | 电子束淬火 | 活塞环槽脊、汽车凸轮轴及有关零件 |
| | 辉光离子氮化 | 铬钢、高速钢、球墨铸铁零件 |
| | 真空渗碳真空离子渗碳 | 轴、齿轮、模具等零件 |
| | 电子束焊接 | 难熔金属活性金属、耐热钢、不锈钢、弹簧钢、高速钢 |
| | 真空钎焊 | 不锈钢、铝和铝合金、钛及其合金铍与不锈钢、铍-钛、铍-铌、铍-陶瓷 |
| | 真空固态接合（扩散焊） | 镍悬超合金，钛合金，Cu-Ni，Ti-钢，Cu-Nb、铜-钢 |
| 真空烧结 | 真空精炼冶金 | 高纯度耐热金属及合金，复合金属、高磁性磁铁、不锈钢零件 |
| 真空蒸馏浓缩和结晶 | 真空蒸馏 | 有机油类、合成树脂原料、高级酒精、高级脂肪酸、维生素 A、E、苯乙烯、香乙醇、制酒、香精分离，钛铪锆去掉镁杂质和二氧化碳 |
| | 真空浓缩 | 合成氨、合成尿素、制盐糖、制酸、合成洗涤剂、制碱、乳制品、果汁、果酱 |
| | 真空结晶 | 氯化钾、氯化钠、合成尿素、合成氨 |

### 1.5.4 真空在镀膜工业中的应用

真空镀膜技术是真空应用技术的一个重要分支，它已广泛地应用于光学、电子学、能源开发，理化仪器、建筑机械、包装、民用制品、表面科学以及科学研究等领域中。真空镀膜所采用的方法主要有蒸发镀、溅射镀、离子镀、束流沉积镀以及分子束外延等。此外还有化学气相沉积法。如果真空镀膜的目的是为了改变物质表面的物理、化学性能，则这一技术又是真空表面处理技术中的重要组成部分，其分类如表 1-4 所示。现就其几个主要应用方面做一简单介绍。首先在光学方面，一块光学玻璃或石英表面上镀一层或几层不同物质的薄膜后，即可成为高反射或无反射（即增透膜）或者作任何预期比例的反射或透射材料，也可以做成对某种波长的吸收，而对另一波长的透射的滤色片。高反射膜从大口径的天文望远镜和各种激光器开始，一直到新型建筑物的大窗镀膜玻璃，都很需要。增透膜则大量用于照相机和电视摄像机的镜头上。在电子学方面真空镀膜更占有极为重要的地位。各种规模的集成电路，包括存储器、运算器、高速逻辑元件等都要采用导电膜、绝缘膜和保护膜。作为制备电路的掩膜则用到铬膜。磁带、磁盘、半导体激光器、约瑟夫逊器件、电荷耦合器件（CCD）也都用到各种薄膜。在显示光器件方面，录像磁头、高密度录像带以及平面显示装置的透明导电膜、摄像管光导膜、显示管荧光屏的铝衬等也都是采用真空镀膜制备。在元件方面，在真空中蒸发镍铬，铬或金属陶瓷可以制造电阻，在塑料上蒸发铝、一氧化硅、二氧化钛等可以制造电容器，蒸发硒可以得到静电复印机用的硒鼓、蒸发钛酸钡可以制造磁致伸缩的超声元件等等。真空蒸发还可以用于制造超导膜和惯性约束聚变反应用的微珠镀层。此外还可对珠宝、钟表外壳表面、纺织品金属花纹、金丝银丝等蒸镀装饰用薄膜，以及用于溅射镀或离子镀对刀具、模具等制造超硬膜。近两年内所兴起的多弧离子镀制备钛金制品，如不锈钢薄板、镜面板、包柱、扶手、高档床托架、楼梯栏杆等目前正在盛行。

**表 1-4　真空表面处理技术的分类**

<table>
<tr><th rowspan="2">表面处理目的</th><th rowspan="2" colspan="2">处理方法</th><th rowspan="2">粒子运动能量</th><th colspan="2">工　作　方　式</th></tr>
<tr><th>等离子体</th><th>高　真　空</th></tr>
<tr><td rowspan="4">薄膜沉积（表面厚度增加）</td><td rowspan="3">PVD</td><td>真空蒸发镀膜</td><td>0.1～1eV</td><td>等离子熔炼辉光放电分解</td><td>电阻加热蒸发<br>电子束蒸发<br>真空电弧蒸发<br>真空感应蒸发<br>分子束外延</td></tr>
<tr><td>真空溅射镀膜</td><td>10～100eV</td><td>放电方式：直流、交流、高频；<br>电极数量：2 极、3 极、4 极；<br>反应溅射，磁控溅射、对向靶溅射</td><td>离子束溅射镀膜</td></tr>
<tr><td>真空离子镀膜</td><td>数 10～500eV</td><td>直流二极型<br>多阴极型<br>ARE 型、增强 ARE<br>HCD 型<br>高频型</td><td>单-离子束镀膜<br>集团离子束镀膜</td></tr>
<tr><td colspan="2">CVD</td><td>化学反应<br>热扩散</td><td>等离子增强化学气相沉积（PCVD）</td><td>低压等离子化学气相沉积（LPCVD）</td></tr>
<tr><td>微细加工（表面厚度减少）</td><td colspan="2">离子刻蚀</td><td>数百 eV～数 keV</td><td>高频溅射刻蚀、等离子刻蚀、反应离子刻蚀</td><td>离子束刻蚀、反应离子束刻蚀、电子束刻蚀、X 射线曝光</td></tr>
<tr><td>表面改性（不改变表面厚度）</td><td colspan="2">离子注入</td><td>数 keV～1000keV</td><td>活性离子冲击离子氮化</td><td>离子注入</td></tr>
</table>

### 1.5.5　真空在食品包装及冷冻干燥工业中的应用

20 世纪 80 年代以来，利用真空气氛对食品进行保鲜的包装技术发展较快。因为这种包装不但具有免除氧气使食品不易腐烂变质，贴体和充气包装既可不受昆虫危害又可抑制霉菌生长，可提高和延长食品保鲜程度和存放时间等特点，而且包装设备大多结构简单，操作方便，价格低廉，采用的塑料包装材料成本低，美观大方，易于普及。真空包装的食品种类较多，如榨菜、大头菜、海带、香肠、扒鸡、烤鸭、豆制品、奶粉、麦乳精等等。由于新鲜的产品从收获到零售过程中所经过的中间环节时间较长，损失严重，易提高销售价格，而真空包装工艺的推广，将使新鲜产品的价格和冷藏费用降低，从而可缓和供需之间的矛盾。因此真空保鲜必将成为潜力极大的市场而活跃在人们的生活中。

真空冷冻干燥技术最早出现于20世纪初，近年来发展很快。这是因为它与通常的热晒、热风干燥、红外干燥、高频干燥相比较具有很多优点。由于冷冻的工艺过程是先将被干物料冻结，然后抽真空，使物料中已冻结成冰的水分不经过液态而直接升华去掉。因此冻干后的制品，不但可以呈现多孔性状态而保持原来的形状，使其加水后易恢复原状，而且低温干燥还可以防止物料热分解。同时由于真空气氛下干燥的物料免除了氧化作用，因此干燥后的制品，其物理、化学和生物性能可基本不变。真空冷冻干燥的应用范围正在逐年扩大。应用实例如表1-5所示。

**表1-5　真空冷冻干燥的应用范围及实例**

| 应用范围 | 应用实例 |
|---|---|
| 生物体保存 | 血浆、细菌、动脉、骨骼、皮肤、角膜、神经组织 |
| 贵重或热敏性药物生产 | 酶、疫苗、激素、各种抗生素 |
| 食品制作与保存 | 咖啡、海产品、水果、调味品 |
| 微粉末干燥 | 氨基酸、金属粉、矿物粉 |

## 1.5.6　真空在航天工业中的应用

真空科学与航天技术密切相关的主要环节来自于空间的环境模拟，因为运载火箭、人造卫星、载人飞船、空间站、宇宙探测器以及航天飞机等各种空间飞行器，在空间飞行的过程中，都是在宇宙的自然真空中进行的。因此他们除了直接的受到空间真空环境的影响外，还要受到太阳辐射、各种带电粒子及温度的影响。这些因素将造成材料性能的改变或损伤；仪器灵敏度的失灵，从而会破坏这些飞行器的工作，甚至会造成航天员的伤亡。为此，在地面上建立模拟空间环境的宇宙空间模拟实验装置，是非常必要的。因为只有在各种飞行器上天之前通过地面的模拟实验，掌握航天器在空间工作的条件和特性，消除飞行中的各种隐患，才能确保飞行器及航天员的安全。为了满足这些要求，目前地面上建立起的各种模拟装置较多。表1-6给出了几种主要模拟装置的实验内容及其对真空度的要求。

**表1-6　宇宙空间模拟设备的分类、实验内容及实用真空度**

| 分类 | 模拟实验内容 | 实用真空度/Pa |
|---|---|---|
| 火箭发动机 | 火箭发动机空间点火，再启动、热平衡发动机推力测量、全尺寸燃烧，羽流效应燃料在真空中的性质，太阳谱模拟，飞行器振动 | $10^{-1}\sim10^{-8}$ |
| 航天员训练密封舱 | 空间环境适应性（失重，生理变化，生活规律等）；<br>飞行事故处理能力，宇航服性能，宇宙医学研究 | $10^{2}\sim1$ |
| 离子推力器 | 离子推力器寿命及性能 | $10^{-4}\sim10^{-5}$ |
| 材料及元件 | 温控材料、太阳能电池，飞船添隔热材料，耐高温材料，润滑材料，光学斑，消旋轴承 | $10^{-1}\sim10^{-6}$ |
| 热真空实验 | 卫生飞船的部件及整体性能 | $10^{-4}\sim10^{-5}$ |
| 卫星表面带电模拟 | 为了防止卫星、飞行器表面介质产生不均匀现象，影响卫星正常工作，为研究材料进行充电、放电及防护而要求卫生表面带电模拟实验 | $10^{-3}\sim10^{-5}$ |

### 1.5.7 真空在加速器及受控核聚变中的应用

加速器是对粒子加速使被加速的粒子获得高能源的装置，在加速器中能够产生各种能量的电子、质子、氘、α粒子及其他重离子。利用这些粒子与物质的相互作用，还可以产生各种带电和不带电的次级粒子，如γ粒子、中子、多种介子、超子、反粒子等。加速器产生的粒子和射线已经用于核物理的研究以及医疗、工业、农业食品等部门。

为确保粒子与残余气体分子不发生碰撞散射现象，真空度必须达到保证粒子直线运动的要求，否则不但会引起束流损失或粒子达不到高的能量，而且易发生真空绝缘不够导致加速器击穿，使加速器不能处于正常工作状态。表 1-7 是各种加速器的分类及它们所要求的真空度。

**表 1-7　加速器的类型及其真空度范围**

| 加速器类型 | 真空度范围/Pa |
|---|---|
| 静电加速器 | $1.3\times10^{-3}\sim1.3\times10^{-4}$ |
| 直线加速器 | $1.3\times10^{-3}\sim1.3\times10^{-6}$ |
| 回旋加速器 | $1.3\times10^{-4}\sim1.3\times10^{-6}$ |
| 电子-正电子贮存环（意大利） | $1.3\times10^{-7}$ |
| 质子贮存环（欧洲联合原子核研究中心） | $1.3\times10^{-9}$ |
| 高义环超导贮存加速器（美国） | $1.3\times10^{-10}$ |

随着地球上石油储量的逐渐减少及大量能源消耗中所引起的环境污染，新能源的开发已经提到日程，其中受控核聚变所产生的巨大利用，就是最理想的一种。

目前，在这种新能源的开发上主要有两种，一种是利用重原子核裂变为两个轻原子核，在其裂变反应过程中所释放出来的巨大的能量来发电，建立原子能发电站；另一种是利用两个轻原子（如氕、氘）聚合成一个重原子核能释放出来的巨大能量，这就是核聚变反应。利用这种反应所产生的能量，必须对反应过程加以控制，因此称为受控核聚变。由于这种聚变的原料氕和氘的来源可以从取之不尽的海水中提取，因此它的发展前途是不言而喻的。

核聚变反应要求的温度很高，约为 2 亿度，这样高的温度，只有像太阳那样的恒星内部才能达到。在聚变反应中，如果氕、氘中含有杂质，这种超高温是很难达到的。因此将核聚变装置中抽到十分清洁的超高真空是必不可少的条件。通常要求的真空度在 $10^{-7}\sim10^{-9}$Pa 范围内。

### 1.5.8 真空在表面科学研究中的应用

近年来表面科学的研究十分活跃，这是因为很多物理、化学过程（如催化、腐蚀等）大都发生在固体的表面，因此考察和研究固体表面和固体内部的不同点，就显得十分必要。

所谓表面，实际上就是气体与固体之间的界面。甚至包括其过渡区域。如前所述，由于地球表面上的任何物体都被大气所包围，要想研究真正的表面，寻求一个毫无污染源的环境，是相当困难的。但是，随着近代超高真空技术的飞速发展，为解决这一问题提供了良好的条件。虽然在超高真空环境中所获得的清洁表面仍然会通过吸附的方式被真空室内残余的气体所污染，得不到绝对清洁的表面，但是通过提高真空室内的真空度，延续清洁表面被逐渐污染的时间，是可以达到实验要求的。实验表明，当真空室真空度达到 $10^{-7}$Pa 的超高真空时，在固体表面吸附一个原子或分子层厚度时，所需要的时间大约为 60min。时间虽然较短，但是充分利用这段时间通过多种表面仪器对实验件进行表面的研究和测试，是完全可能的。可见，作为表面科学研究的手段，研制表面科学实验所用的各种表面仪器及有关装置是真空应用领域中一项必不可缺的组成部分。

# 2 稀薄气体分子运动理论

## 2.1 气体在平衡状态下的物理特性

### 2.1.1 理想气体定律

2.1.1.1 气体状态的基本参数

气体的大多数宏观特性都与气体的压力、体积、温度有关，气体的变化规律也多用气体的压力、体积、温度来描述，并且容易通过测量而获得。因此，气体的宏观状态可由上述3个基本参数来确定，这些参数被称为状态参数。

(1) 压力。压力是单位面积上受到的垂直作用力，其实质是大量气体分子热运动对容器壁面作用力的宏观表现。压力的单位为帕斯卡，用符号 Pa 表示。

(2) 温度。温度是对物体冷热程度的表征，是分子热运动剧烈程度的宏观反映。温度的单位为开尔文，用符号 K 表示。

(3) 体积。气体的体积就是盛装气体容器的容积。体积的单位为立方米，用符号 $m^3$ 表示。

2.1.1.2 理想气体状态方程

A 理想气体的基本假设与状态方程

理想气体的基本假设如下：

(1) 气体分子本身的体积忽略不计；

(2) 气体分子之间的相互作用，除碰撞外，忽略不计。

理想气体状态方程可表示如下：

$$pV = \frac{M}{\mu}RT \tag{2-1}$$

式中 $p$——气体压力，Pa；

$V$——气体体积，$m^3$；

$T$——气体热力学温度，K；

$M$——气体质量，kg；

$\mu$——气体摩尔质量，kg/mol；

$R$——普适气体常数，$R=8.31$J/(mol·K)。

若气体由 $N$ 个分子组成，每个分子的质量为 $m$，则

$$M = m \cdot N$$

而1摩尔气体中的分子数 $N_0 = 6.02 \times 10^{23}$，将 $\mu=m \cdot N_0$ 代入式 (2-1)，整理可得：

$$p = n \cdot k \cdot T \tag{2-2}$$

式中 $n$——单位体积内气体分子数目（分子数密度）；

$k$——玻耳兹曼常数，$k = R/N_0 = 1.38 \times 10^{-23}$J/K。

式 (2-2) 是理想气体状态方程的第二种表达形式。

若将气体密度 $\rho = m \cdot n$ 代入式 (2-2)，整理可得：

$$\frac{p}{\rho} = \frac{kT}{m} \tag{2-3}$$

式（2-3）是理想气体状态方程的第三种表达形式。

B 关于理想气体状态方程的讨论

对于一定质量的气体：

（1）当气体温度一定时，由式（2-1）可得：

$$pV = C \tag{2-4}$$

式中 $C$——常数。

此即为波义耳-马略特定律。

（2）当气体压力一定时，由式（2-1）可得：

$$\frac{V}{T} = C \tag{2-5}$$

此即为盖吕萨克定律。

（3）当气体体积一定时，由式（2-1）可得：

$$\frac{p}{T} = C \tag{2-6}$$

此即为查理定律。

（4）当不同种类气体的压力和温度相同时，由式（2-2）可得：

$$n_1 = n_2 \tag{2-7}$$

此即为阿伏加德罗定律。

（5）当混合气体单位体积内所含各种气体的分子数目为 $n_1$，$n_2$，…，$n_i$ 时，由（2-2）式可得混合气体总压力为：

$$p = n \cdot k \cdot T = (n_1 + n_2 + \cdots + n_i) \cdot kT = p_1 + p_2 + \cdots + p_i \tag{2-8}$$

式中 $p_1, p_2, \cdots, p_i$——混合气体中各种成分的分压力。

此即为道尔顿定律。

常温下稀薄气体基本符合理想气体的假设，可视为理想气体。真空技术中研究气体时，一般可以应用理想气体状态方程。

2.1.1.3 理想气体压力公式

容器中气体作用于器壁上的宏观压力是大量无规则热运动的气体分子对器壁不断碰撞的结果。虽然每个气体分子对器壁的碰撞时间、冲量、位置等是偶然的，但对大量分子整体而言，每一时刻都有许多气体分子与器壁碰撞，在宏观上表现出一个恒定的持续压力。

设容器体积 $V$ 中含有理想气体分子 $N$ 个，每个气体分子的质量为 $m$。在平衡状态下，器壁上各处压力相等。设单位体积中的速度为 $v_i$ 的分子有 $n_i$ 个，则图 2-1 中斜柱体中速度 $v_i$ 的分子有 $n_i v_{ix}\mathrm{d}S$ 个，这些分子在单位时间内全部与器壁面 d$S$ 碰撞。一个速度 $v_i$ 的分子对面 d$S$ 的冲量为 $2mv_{ix}$，所以单位时间内速度 $v_i$ 的分子对面 d$S$ 的冲量为 $2mv_{ix}n_iv_{ix}\mathrm{d}S$。

因为 $v_{ix}<0$ 的分子不会碰撞 d$S$ 面，所以只要将 $v_{ix}>0$ 的各种速度的分子的冲量求和，即得单位时间内 d$S$ 面所受的总冲量，也就是 d$S$ 面所受的力 $\mathrm{d}F = \sum\limits_{v_{ix}>0} 2n_imv_{ix}^2\mathrm{d}S$。而根据统计假设，$v_{ix}<0$ 和 $v_{ix}>0$ 的分子数相等，各占总分子数的一半，因此

$$\mathrm{d}F = \sum_i n_imv_{ix}^2\mathrm{d}S$$

d$S$ 面上受到的压力为：

$$p = \frac{\mathrm{d}F}{\mathrm{d}S} = \sum_i n_i m v_{ix}^2$$

根据统计平均值定义，$\overline{v_x^2} = \frac{\sum n_i v_{ix}^2}{n}$，且 $\overline{v^2} = \overline{v_x^2} + \overline{v_y^2} + \overline{v_z^2} = 3\,\overline{v_x^2}$ 可得：

$$p = \frac{1}{3} nm\,\overline{v^2} = \frac{2}{3} n\,\overline{\varepsilon_i} \tag{2-9}$$

式中 $\overline{\varepsilon_i} = \frac{m\overline{v^2}}{2}$，为气体分子的平均平动动能。

式（2-9）即为理想气体压力公式。从中可见，气体的压力取决于两个因素：单位体积内的分子数目，以及分子的平均平动动能。

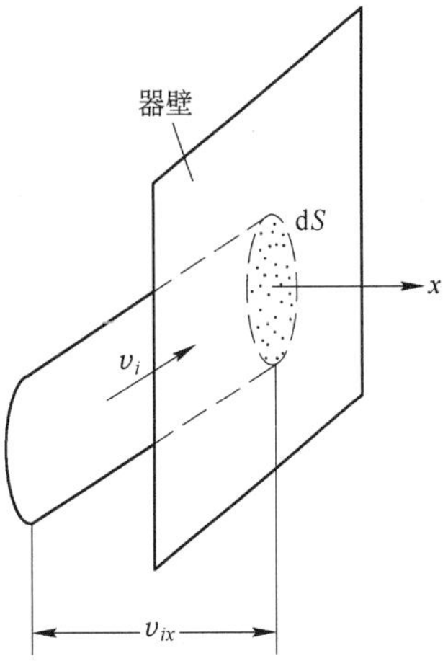

图 2-1 理想气体压力公式推导图

2.1.1.4 温度与气体分子平均平动动能的关系

气体的温度是分子平均平动动能的单值函数，两者之间的关系为：

$$\overline{\varepsilon_i} = \frac{3}{2}kT = \frac{1}{2}m\overline{v^2} \tag{2-10}$$

从式中可见，气体的温度越高，气体分子的平均平动动能越大，温度是气体分子平均平动动能的量度，并可得出：

$$\sqrt{\overline{v^2}} = \sqrt{\frac{3kT}{m}} = \sqrt{\frac{3RT}{\mu}} \tag{2-11}$$

式中 $\sqrt{\overline{v^2}}$ ——“方均根速率”。

### 2.1.2 气体分子的速率分布

气体分子进行无规则热运动的每一时刻，每个分子的运动速率有偶然性，然而，对于大量气体分子而言，其速率分布遵循统计规律。

2.1.2.1 速率分布函数

速率分布函数是用来描述气体分子速率分布规律的，表示速率 $v$ 附近单位速率区间内分子数占总分子数的比率。对于一定温度的特定气体，速率分布函数只是气体分子速率的函数。

若气体分子总数为 $N$，$\mathrm{d}N$ 为速率区间 $v \sim v+\mathrm{d}v$ 内的分子数，则

$$\mathrm{d}N = N \cdot f(v) \cdot \mathrm{d}v$$

$$f(v) = \frac{\mathrm{d}N}{N \cdot \mathrm{d}v}$$

式中 $f(v)$ ——速度分布函数。

由于分子速率在 $0 \sim \infty$ 之间分布，在其上的概率为 1，故有：

$$\int_0^\infty f(v)\mathrm{d}v = 1 \tag{2-12}$$

上式称为归一化条件。

2.1.2.2 麦克斯韦速率分布率

麦克斯韦（Maxwell）、玻耳兹曼（Boltzmann）等人从理论上得出气体分子速率分布的统计规律，分布在速率区间 $v \sim v+\mathrm{d}v$ 内的分子数占总分子数的比率为：

$$\frac{\mathrm{d}N}{N}=4\pi\left(\frac{m}{2\pi kT}\right)^{3/2}\exp(-mv^2/2kT)\cdot v^2\cdot \mathrm{d}v \tag{2-13a}$$

则速率分布函数为：

$$f(v)=4\pi\left(\frac{m^2}{2\pi kT}\right)^{3/2}\exp(-mv^2/2kT)\cdot v^2 \tag{2-13b}$$

式（2-13b）称为麦克斯韦速率分布函数，其曲线形式如图 2-2 所示。图中速率区间 $v\sim v+\mathrm{d}v$ 的阴影面积表示该区间内分子数与总分子数的比率 $\frac{\mathrm{d}N}{N}$；速率区间 $v_1\sim v_2$ 的阴影面积表示该区间内分子数占总分子数的比率 $\Delta N/N$；在 $v_p$ 处 $f(v)$ 有最大值，表示速率 $v_p$ 附近单位速率区间内的分子数占总分子数的比率最大，$v_p$ 称为最可几速率。

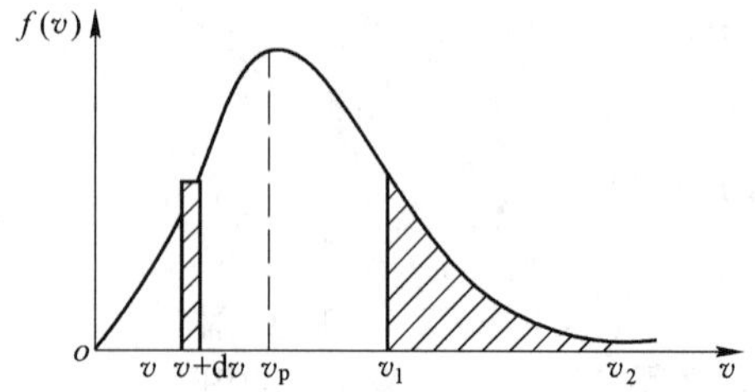


图 2-2　麦克斯韦速率分布曲线

最可几速率与速率分布函数一阶导数为零时的速率相对应，其值为：

$$v_p=\sqrt{\frac{2kT}{m}}=\sqrt{\frac{2RT}{\mu}} \tag{2-14}$$

由麦克斯韦速率分布函数，还可以求得大量气体分子的平均速率 $\bar{v}$ 和方均根速率 $\sqrt{\overline{v^2}}$：

$$\bar{v}=\frac{\int_0^{\infty} v\cdot N\cdot f(v)\mathrm{d}v}{N}=\int_0^{\infty} v\cdot f(v)\mathrm{d}v=\sqrt{\frac{8kT}{\pi m}}=\sqrt{\frac{8RT}{\pi\mu}} \tag{2-15}$$

$$\sqrt{\overline{v^2}}=\sqrt{\frac{\int_0^{\infty} v^2\cdot N\cdot f(v)\mathrm{d}v}{N}}=\sqrt{\int_0^{\infty} v^2\cdot f(v)\mathrm{d}v}=\sqrt{\frac{3kT}{m}}=\sqrt{\frac{3RT}{\mu}} \tag{2-16}$$

最可几速率、平均速率、方均根速率是对大量分子统计规律不同侧面的描述，有各自不同的应用。在讨论速率分布时要用到最可几速率，在计算分子运动的平均距离时要用到平均速率，在计算分子的平均平动动能时要用到方均根速率。

### 2.1.3　气体分子平均碰撞频率和平均自由程

#### 2.1.3.1　气体分子平均碰撞频率

处于无规则热运动中的气体分子，彼此间不断碰撞，单位时间内气体分子的碰撞次数称为碰撞频率。特定种类的气体分子的碰撞频率与气体分子热运动的速率有关，与气体的密度有关，用平均碰撞频率反映大量分子间的碰撞情况。

单个气体分子在单位时间内的碰撞次数为：

$$\bar{z}=\pi\sigma^2\cdot\bar{v}_r\cdot n \tag{2-17a}$$

式中　$\sigma$——气体分子的有效直径，是分子间相互排斥，使运动方向急剧改变的作用距离；

$\bar{v}_r$——运动着的气体分子间的相对运动速率，且

$$\bar{v}_r=\sqrt{2}\cdot\bar{v}$$

则

$$\bar{z}=\sqrt{2}\pi\sigma^2\cdot\bar{v}\cdot n \tag{2-17b}$$

单位体积内气体分子间的碰撞频率为：

$$\bar{z}_{总} = \frac{1}{2}(\bar{z} \cdot n) = \frac{1}{\sqrt{2}}\pi\sigma^2 \cdot \bar{v} \cdot n^2 \tag{2-18}$$

2.1.3.2 气体分子平均自由程

一个气体分子连续两次碰撞间飞行距离的平均值称为平均自由程，其大小取决于气体分子的密度。

(1) 单一气体中分子平均自由程：

$$\bar{\lambda} = \frac{\bar{v}}{\bar{z}} = \frac{1}{\sqrt{2}\pi\sigma^2 \cdot n} \tag{2-19a}$$

将 $n = \frac{p}{kT}$ 代入上式，可得：

$$\bar{\lambda} = \frac{kT}{\sqrt{2}\pi\sigma^2 \cdot p} \text{ 或 } p\bar{\lambda} = \frac{kT}{\sqrt{2}\pi\sigma^2} \tag{2-19b}$$

就特定气体而言，当温度 $T$ 一定时，有：

$$p\bar{\lambda} = 常数 \tag{2-20}$$

(2) 混合气体中分子平均自由程：

$$\bar{\lambda}_1 = \frac{1}{\pi\sum_{i=1}^{K}\sqrt{1+\frac{m_1}{m_i}}\left(\frac{\sigma_1+\sigma_i}{2}\right)^2 \cdot n_i} \tag{2-21a}$$

式中 $\bar{\lambda}_1$ ——成分 1 的分子在混合气体中的平均自由程，m；

$m_1$，$m_i$ ——第 1 种、第 $i$ 种气体的分子质量，kg；

$\sigma_1$，$\sigma_i$ ——第 1 种、第 $i$ 种气体的有效直径，m；

$n_i$ ——第 $i$ 种气体分子数密度，$1/m^3$。

如果混合气体仅有两种成分组成，则

$$\bar{\lambda}_1 = \frac{1}{\sqrt{2}\pi\sigma_1^2 \cdot n_1 + \sqrt{1+\frac{m_1}{m_2}} \cdot \pi \cdot \left(\frac{\sigma_1+\sigma_2}{2}\right)^2 \cdot n_2} \tag{2-21b}$$

$$\bar{\lambda}_2 = \frac{1}{\sqrt{2}\pi\sigma_2^2 \cdot n_2 + \sqrt{1+\frac{m_2}{m_1}} \cdot \pi \cdot \left(\frac{\sigma_1+\sigma_2}{2}\right)^2 \cdot n_1} \tag{2-21c}$$

若两种成分中，$n_2 \ll n_1$，则

$$\bar{\lambda}_1 \approx \frac{1}{\sqrt{2}\pi\sigma_1^2 \cdot n_1} \tag{2-21d}$$

$$\bar{\lambda}_2 \approx \frac{1}{\sqrt{1+\frac{m_2}{m_1}} \cdot \pi \cdot \left(\frac{\sigma_1+\sigma_2}{2}\right)^2 \cdot n_1} \tag{2-21e}$$

(3) 离子和电子在气体中的平均自由程：离子和电子在气体中运动时，往往受到电场力的作用而作定向运动，其运动速率可视为与气体分子的相对速率。电子的有效直径远小于气体分子的有效直径，离子有效直径与气体分子相当。

离子运动的平均自由程：

$$\bar{\lambda}_i = \frac{1}{\pi\sigma^2 \cdot n} = \sqrt{2}\ \bar{\lambda} \tag{2-22}$$

电子运动的平均自由程：

$$\bar{\lambda}_e = \frac{1}{\pi\left(\frac{\sigma}{2}\right)^2 \cdot n} = \frac{4}{\pi\sigma^2 \cdot n} = 4\sqrt{2} \cdot \bar{\lambda} \tag{2-23}$$

### 2.1.4 气体分子与壁面的碰撞及漫反射

2.1.4.1 气体分子的入射率

在真空技术具体问题之中，常需要计算单位时间内入射到单位面积器壁上的分子数目，即分子入射率。由麦克斯韦速率分布律推导出的分子入射率为：

$$\varphi = \int_0^\infty n v_x f(v_x) \mathrm{d}v_x = \frac{1}{4} n\bar{v} \tag{2-24a}$$

式中 $\varphi$——气体分子入射率；

$v_x$——垂直器壁表面方向上气体分子的速率分量；

$f(v_x)$——$x$ 方向上气体分子的速率分布函数，且有：

$$f(v_x) = \left(\frac{m}{2\pi kT}\right)^{\frac{1}{2}} \exp\left(-\frac{mv_x^2}{2kT}\right) \tag{2-25}$$

从式（2-24a）可见，气体分子单位时间入射到单位面积上的分子数与分子数密度 $n$ 成正比，与气体分子热运动平均速率 $\bar{v}$ 成正比。

将 $n = \frac{p}{kT}$，$\bar{v} = \sqrt{\frac{8kT}{\pi m}}$ 代入，可得：

$$\varphi = \frac{p}{\sqrt{2\pi mkT}} = \frac{N_0 p}{\sqrt{2\pi\mu RT}} \tag{2-24b}$$

2.1.4.2 气体分子从壁面的漫反射——余弦定律

克努曾（M. Knudsen）在研究低压气体流动和分子束反射中，得到了气体分子与壁面碰撞后反射的规律——余弦定律：

碰撞于固体表面的气体分子，它们飞离壁面的方向与初始入射方向无关，并按表面法线方向所成角度 $\theta$ 的余弦而分布。从表面反射的一个气体分子，离开表面时位于立体角 $\mathrm{d}w$（与表面法线成 $\theta$ 角）中的几率为：

$$\mathrm{d}p_r = \frac{\mathrm{d}w}{\pi}\cos\theta \tag{2-26}$$

式中系数 $\frac{1}{\pi}$ 是由归一化条件，即位于 $2\pi$ 立体角中的几率为 1 求得的。

余弦定律又称为“克努曾定律”，是基于“吸附层”假设：凡碰撞于容器表面的分子都将被表面所暂时吸附，在表面滞留一段时间后再重新“蒸发”出来。该假设与试验结果基本一致。

固体表面对碰撞分子的漫反射，使得反射出来气体分子的运动方向与入射时的运动方向无关，这与气体分子间的碰撞情况相似。

固体表面对碰撞分子的漫反射，使得气体分子与固体间可以进行充分的动量和能量交换，这是真空技术中，容器表面散热、对气体分子加热、高速运动表面拖动气体分子以及固体表面对气体分子吸附等的物理基础。

## 2.2 气体的迁移过程

前面讨论了气体处于平衡状态，即宏观量如压力、密度、温度等处处一致时，气体的物理特性及规律。当气体的宏观量在空间的分布不均匀时，即处于非平衡态时，将出现气体迁移，如动量迁移、能量迁移和质量迁移，直到达到新的平衡状态为止。

### 2.2.1 气体中的迁移现象

2.2.1.1 气体的动量迁移——内摩擦现象

流动的气体，当其中存在速度梯度时，相邻流动层之间的气体分子在黏滞摩擦力（内摩擦力）的作用下形成宏观流动，流层间的内摩擦力为：

$$\mathrm{d}f = -\eta \frac{\mathrm{d}u}{\mathrm{d}z} \tag{2-27a}$$

$$f = \eta \frac{u - u_0}{d} \tag{2-27b}$$

式中 $f$——内摩擦力，N；

$\eta$——内摩擦系数（黏滞系数），Pa · s；

$\frac{\mathrm{d}u}{\mathrm{d}z}$——气体的速度梯度；

$u, u_0$——上、下动面的运动速度，m/s；

$d$——上、下动面间距，m。

由牛顿第二定律可知，流层间单位时间的动量传递量为：

$$\mathrm{d}L = -\eta \frac{\mathrm{d}u}{\mathrm{d}z} \cdot \mathrm{d}s \tag{2-28}$$

式中，“—”号表示动量传递的方向与速度梯度方向相反。

气体的内摩擦系数 $\eta$ 与气体的温度、种类有关，其计算式为：

$$\eta = \frac{1}{3} \rho \cdot \bar{v} \cdot \bar{\lambda} \tag{2-29a}$$

将 $\bar{v} = \sqrt{\frac{8kT}{\pi m}}$，$\bar{\lambda} = \frac{1}{\sqrt{2}\pi\sigma^2 n}$，$\rho = m \cdot n$ 代入上式，并整理可得：

$$\eta = \frac{2}{3\pi\sigma^2} \sqrt{\frac{mkT}{\pi}} \tag{2-29b}$$

关于内摩擦系数的讨论：

（1）当 $\bar{\lambda} \ll d$ 时，即气体分子平均自由程比容器尺寸小得多的时候，此时气体压力较高，由（2-29）式可知，$\eta$ 与 $p$ 无关。这是因为随气体分子密度 $n$ 的增大，虽然分子碰撞的频率增加，参与动量迁移的分子数目增多，但 $\bar{\lambda}$ 减少，每个分子每次碰撞传递的动量亦减少，以上两因素共同作用的结果，使内摩擦系数保持不变。

（2）当 $\bar{\lambda} \gg d$ 时，即在真空度较高的时候，气体分子之间的碰撞可忽略，分子在两动板间飞行，并与板碰撞，动量直接从一板传递到另一板上。此时，动量传递量与分子数目有关，即 $\eta$ 正比于分子密度 $n$ 或压力 $p$，气体分子在两板间的动量传递现象称为外摩擦。关于外摩擦现象将在后面讨论。

2.2.1.2 气体的能量迁移——热传导现象

当气体内各部分的温度不同时，热量将从高温处向低温处传递，这种现象称为气体的热传导现象。通过热传导，最终气体各处温度趋于一致。单位时间、单位面积传递的热量可由傅里叶定律描述：热传导传递的热量与温度梯度成正比，传递的方向与温度梯度方向相反，即：

$$dq = -K\frac{dT}{dz} \tag{2-30}$$

式中 $q$——气体传递的热量，W/m$^2$；

$K$——气体的热传导系数，W/（m·K）；

$\frac{dT}{dz}$——气体内的温度梯度。

热传导系数与气体的温度有关，与气体的种类有关，其计算式为：

$$K = \frac{1}{3}\cdot c_v\cdot\rho\cdot\bar{v}\cdot\bar{\lambda} \tag{2-31a}$$

式中 $c_v$——气体的定容比热容。

将 $\bar{v}=\sqrt{\frac{8kT}{\pi m}}$，$\bar{\lambda}=\frac{1}{\sqrt{2}\pi\sigma^2 n}$，$\rho = m\cdot n$ 代入（2-31a）式，并整理可得：

$$K = \frac{2c_v}{3\pi\sigma^2}\sqrt{\frac{mkT}{\pi}} = \frac{2c_v}{3\pi\sigma^2 N_0}\sqrt{\frac{\mu RT}{\pi}} \tag{2-31b}$$

关于热传导系数的讨论：

（1）当 $\bar{\lambda}\ll d$ 时，即气体压力较高时，从（2-31b）式中可见，气体热传导系数与气体分子数密度或气体压力无关。其原因是，虽然气体分子数密度增加，参与能量迁移的分子数目增多，但气体分子自由程缩短，每个分子迁移的能量减少，两者作用相互抵消。

（2）当 $\bar{\lambda}\gg d$ 时，此时真空度较高，气体分子之间的碰撞可忽略，能量的传递是由气体分子与壁面间的碰撞来完成的。因此，$K$ 正比于气体分子数密度 $n$ 或气体压力 $p$，此时气体的热传导称为自由分子热传导。关于低压下气体的热传导将在后面讨论。

2.2.1.3 气体的质量迁移——扩散现象

当容器中气体各部分的密度不同时，气体分子将从密度大处向密度小处迁移，最终使得各处密度相等，此即为扩散现象，是气体质量的迁移过程。

扩散分为“自扩散”和“互扩散”两种。“自扩散”发生在单一成分气体由于存在密度梯度时；“互扩散”发生在多成分气体由于存在密度梯度时。

A 自扩散

当单一成分气体内存在密度梯度时，密度大处的气体分子将自发地向密度小处迁移。单位时间通过单位面积迁移的分子数目与分子数密度梯度成正比，可由费克第一定律表示：

$$dN = -D\frac{dn}{dz} \tag{2-32}$$

式中 $D$——扩散系数，m$^2$/s；

“—”号表示扩散方向与分子数密度梯度方向相反。

单位时间内通过单位截面积的气体分子质量迁移量为：

$$dM = m dN = -D\frac{d\rho}{dz} \tag{2-33}$$

扩散系数 $D$ 与气体的种类有关，与气体温度、压力等因素有关，其计算表达式为：

$$D=\frac{1}{3}\bar{v}\cdot\bar{\lambda} \tag{2-34a}$$

将 $\bar{v}=\sqrt{\frac{8kT}{\pi m}}$，$\bar{\lambda}=\frac{1}{\sqrt{2}\pi\sigma^2 n}$，$n=\frac{p}{kT}$，代入上式，并整理可得：

$$D=\frac{2k}{3\pi\sigma^2}\sqrt{\frac{k}{m\pi}}\cdot\frac{T^{\frac{3}{2}}}{p} \tag{2-34b}$$

关于扩散系数的讨论：

(1) 由 (2-34b) 式可见，$D\propto T^{\frac{3}{2}}$，因此，提高温度可提高扩散速率，真空技术中的加热除气和外部烘烤除气即基于此原理。

(2) 由 (2-34b) 式可见，$D\propto\frac{1}{p}$，因此，降低压力（提高真空度）可提高扩散速率，真空脱气、真空干燥、真空浸渍等即基于此原理。

(3) 由 (2-34b) 式可见，$D\propto\frac{1}{\sqrt{m}}$，因此，小分子的扩散速率大于大分子扩散速率，扩散泵对不同气体抽速不同的原因就在于此。

B 互扩散

在多成分气体中，当一种或多种气体成分存在密度梯度时，将产生互扩散，直到各成分密度均衡为止。互扩散中，单位时间通过单位面积发生的质量迁移量为：

$$\mathrm{d}N_i=-D\frac{\mathrm{d}n_i}{\mathrm{d}z} \tag{2-35}$$

$$\mathrm{d}M_i=-D\frac{\mathrm{d}\rho_i}{\mathrm{d}z} \tag{2-36}$$

式中 $\mathrm{d}N_i$——第 $i$ 种气体成分单位时间通过单位面积迁移的分子数目；

$\mathrm{d}M_i$——第 $i$ 种气体成分单位时间通过单位面积迁移的气体质量；

$D$——互扩散系数。

互扩散系数与各组成成分的扩散能力以及分子数密度有关，对于两种气体的相互扩散过程，其互扩散系数可表示为：

$$D_{12}=D_{21}=D_{11}\frac{n_2}{n_1+n_2}+D_{22}\frac{n_1}{n_1+n_2} \tag{2-37a}$$

式中 $D_{ii}$——第 $i$ 种气体成分的自扩散系数。

关于互扩散的几点说明：

(1) 在气体成分自扩散系数 $D_{ii}$ 的计算中，平均自由程 $\bar{\lambda}$，取在混合气体中的平均自由程；

(2) 互扩散系数的计算式 (2-37a) 是在单纯扩散过程条件下，即在不考虑压差引起的压力扩散，也不考虑由温度不均引起的热扩散情况下，得出的结果。

关于互扩散的讨论：

(1) 若只有一种气体成分，则式 (2-37a) 变为：

$$D=D_1=\frac{1}{3}\bar{v}\cdot\bar{\lambda} \tag{2-37b}$$

此与自扩散情况一致。

(2) 对于两种成分的混合气体，当 $n_2\gg n_1$时，有

$$D=D_1=\frac{1}{3}\bar{v}_1\cdot\bar{\lambda}_1 \tag{2-37c}$$

其中：
$$\bar{\lambda}_1=\frac{1}{\sqrt{1+\frac{m_1}{m_2}}\pi\sigma_{12}^2 n_2}$$

式中，$\sigma_{12}=\frac{\sigma_1+\sigma_2}{2}$，是两种气体分子有效直径的平均值。

### 2.2.2 低压下气体的迁移

前节讨论了压力较高（$\bar{\lambda}\ll d$）时，气体的迁移现象。当压力较低（$\bar{\lambda}\gg d$）时，气体分子之间的碰撞可以忽略，气体分子的迁移过程由分子与容器表面的相互作用决定。此时，分子自由程理论不再适用，而要应用分子流状态下的迁移理论。

2.2.2.1 气体分子与器壁的动量交换——滑动现象

当$\bar{\lambda}\gg d$时，对无限大平行平板间气体的流动，由克努曾“吸附层”假设，平板对入射气体分子的反射为漫反射。则气体分子反射出来时，具有与平板相同的定向运动速率。设上、下板的运动速率为$u$和$u_0$，则离开上板的分子的流速为$u$，离开下板的分子的流速为$u_0$。当流动处于稳定状态时，离开上、下板的气体分子数目相同，各占分子总数的一半。则气体宏观流动的速率为：$\bar{u}=\frac{u+u_0}{2}$。此时，气体的速率与上、下板运动速度不同，即板间的气体流动速率与动板的运动速率之间出现速度跃变，这种现象称为“滑动现象”。

由于气体分子的入射速率（对于上板为$u_0$，对于下板为$u$）与气体的反射速率（对于上板为$u$，对于下板为$u_0$）不同，故气体分子与动板间存在动量交换，其动量交换量为：$m\cdot(u-u_0)$。单位时间内气体分子与动板的动量交换量为：

$$\frac{1}{4}n\bar{v}\cdot m\cdot(u-u_0) \tag{2-38}$$

由牛顿第二定律，气体分子与壁面的相互作用力——外摩擦力为：

$$f_{外}=\frac{1}{4}n\bar{v}m\cdot(u-u_0) \tag{2-39a}$$

将$\bar{v}=\sqrt{\frac{8kT}{\pi m}}$，$n=\frac{p}{kT}$代入上式，并整理可得：

$$f_{外}=p\sqrt{\frac{m}{2\pi kT}}(u-u_0)=\eta_0\cdot p(u-u_0) \tag{2-39b}$$

式中，$\eta_0=\sqrt{\frac{m}{2\pi kT}}$，称为自由分子黏滞系数，与气体的种类和温度有关。

从（2-39）式可见，外摩擦力$f_{外}$与两板间的距离无关，与气体的压力成正比，与两板速率差成正比。

关于中真空下动量交换的讨论：

当$\bar{\lambda}$与$d$相当时，气流与器壁间的动量交换、气流内部分子间的动量交换同时存在。因此，滑动现象和内摩擦现象都要加以考虑。此时，贴板气流与动板间存在速度跃变，其大小与速率梯度成正比：

$$\Delta\zeta=-\zeta\frac{du}{dz} \tag{2-40}$$

式中 $\zeta$——滑动系数，反映动板与贴板气流间的滑动程度。

考察贴板气流薄层的受力，既受到动板对它的作用力——外摩擦力，又受到气体对它的内摩擦力，当气体稳定流动时，内、外摩擦力相等，有：

$$f_{外} = f_{内} = -\eta \frac{\mathrm{d}u}{\mathrm{d}z} \tag{2-41}$$

将式（2-40）、式（2-41）联立，可得：

$$f_{外} = f_{内} = \eta \frac{\Delta\zeta}{\zeta} = \eta_1 \cdot \Delta\zeta \tag{2-42}$$

式中，$\eta_1 = \frac{\eta}{\zeta}$，称为外摩擦系数，数量上相当于单位速度跃变时，动板与贴板气流薄层间的摩擦力。

贴板气流由两种气体分子组成，一种是飞向板面的气体分子，设其速率为 $\zeta_a$，另一种是从板面反射回来的气体分子，设其速率为 $\zeta_b$。处于稳定流动时，上述两种分子各占一半。则气体的平均速率为：

$$\bar{\zeta} = \frac{\zeta_a + \zeta_b}{2} \tag{2-43}$$

$$\begin{aligned} \zeta_a &= u \\ \zeta_b &= 2\bar{\zeta} - u \end{aligned} \tag{2-44}$$

可见，$\bar{\zeta}$与动板速率 $u$ 不同，即存在“滑动现象”。而 $\zeta_b$ 与 $\zeta_a$ 也不同，说明气体与动板间存在动量交换。

因为单位时间、单位面积上碰壁的分子数目为 $\frac{1}{4}n\bar{v}$，所以气体分子与动板碰撞前后的动量交换为：

$$\frac{1}{4}n\bar{v} \cdot m(\zeta_a - \zeta_b) = \frac{1}{4}n\bar{v} \cdot m \cdot 2(u - \bar{\zeta}) = \frac{1}{2}n\bar{v} \cdot m\Delta\zeta$$

因为外摩擦力为 $f_{外} = \frac{1}{2}n\bar{v} \cdot m\Delta\zeta = \eta_1 \cdot \Delta\zeta$，所以外摩擦系数为：

$$\eta_1 = \frac{1}{2}n\bar{v} \cdot m \tag{2-45a}$$

则滑动系数：

$$\zeta = \frac{\eta}{\eta_1} = \frac{\frac{1}{3}m \cdot n \cdot \bar{v} \cdot \bar{\lambda}}{\frac{1}{2}m \cdot n \cdot \bar{v}} = \frac{2}{3}\bar{\lambda} \tag{2-46a}$$

将 $\bar{v} = \sqrt{\frac{8kT}{\pi m}}$，$n = \frac{p}{kT}$ 代入式（2-45a），得：

$$\eta_1 = p\sqrt{\frac{2m}{\pi kT}} \tag{2-45b}$$

$$\zeta = \frac{\eta}{\eta_1} = \frac{\eta}{p}\sqrt{\frac{\pi kT}{2m}} \tag{2-46b}$$

可见，外摩擦系数 $\eta_1$ 与气体压力成正比，滑动系数 $\zeta$ 与气体压力成反比。

当滑动现象存在时，贴近上板的气流速度为 $u - \Delta\zeta_1$，贴近下板的气流速度为 $u_0 + \Delta\zeta_2$，其中 $\Delta\zeta_1$、$\Delta\zeta_2$ 为贴板气流与动板的速度跃变量。则气流的速度梯度为：

$$\frac{\mathrm{d}u}{\mathrm{d}z}=\frac{(u-\Delta\zeta_1)-(u_0+\Delta\zeta_2)}{d}=\frac{(u-u_0)-\Delta\zeta_1-\Delta\zeta_2}{d}$$

由滑动系数的定义式：$\Delta\zeta_1=\zeta_1\frac{\mathrm{d}u}{\mathrm{d}z}$，$\Delta\zeta_2=\zeta_2\frac{\mathrm{d}u}{\mathrm{d}z}$，代入上式，可得：

$$\frac{\mathrm{d}u}{\mathrm{d}z}=\frac{u-u_0}{d+\zeta_1+\zeta_2}\tag{2-47}$$

外摩擦力为：

$$f_{外}=f_{内}=\eta\frac{\mathrm{d}u}{\mathrm{d}z}=\eta\cdot\frac{u-u_0}{d+\zeta_1+\zeta_2}\tag{2-48}$$

上式与不考虑滑动现象时的计算式（2-27b）相比，可见，有滑动存在时，相当于将板间距增大了 $\zeta_1+\zeta_2$。滑动系数，由式（2-46）可知，与气体分子平均自由程 $\bar{\lambda}$ 成正比。而 $\bar{\lambda}$ 与压力成反比，则有：

（1）当 $p$ 较大时，$\bar{\lambda}$ 很小，$\zeta$ 很小，此时，$d\gg\zeta_1+\zeta_2$，$f_{外}=\eta\frac{u-u_0}{d}$，与压力无关；

（2）当 $p$ 较小时，$\bar{\lambda}$ 增大，$\zeta$ 增大，此时，$d$ 与 $\zeta_1+\zeta_2$ 相当，就必须考虑滑动现象；

（3）当 $p$ 很小时，$\bar{\lambda}$ 很大，$\zeta$ 很大，此时，$d\ll\zeta_1+\zeta_2$，则，$f_{外}=\eta\frac{u-u_0}{\zeta_1+\zeta_2}$，此时，与板间距无关。

#### 2.2.2.2　气体分子与器壁的能量交换——温度骤增现象

在低压下，气体分子间的碰撞减少，气体分子间的能量交换减少，分子与器壁间的能量交换增大，在能量交换中起到决定性的作用。

在压力较高时，气体与器壁的温度可以认为是一致的，在低压下，贴壁气体温度与器壁温度间存在差异，这种现象叫做“温度骤增现象”，温度差 $\Delta T$ 称为“温度跃变”。

温度骤增现象与气体和器壁间能量交换充分程度密切相关。气体分子与器壁碰撞过程中能量交换的充分程度，可用适应系数描述，其表达式：

$$\alpha=\frac{T_{\mathrm{A}}-T_{\mathrm{B}}}{T_{\mathrm{O}}-T_{\mathrm{B}}}\tag{2-49}$$

式中　$\alpha$——适应系数，与气体种类、壁面材料、表面粗糙程度有关；

$T_{\mathrm{A}}$，$T_{\mathrm{B}}$——气体分子碰壁后和碰壁前的温度；

$T_{\mathrm{O}}$——壁面温度。

当气体分子与壁面的能量交换充分时，$T_{\mathrm{A}}=T_{\mathrm{O}}$，$\alpha=1$；当气体分子与壁面间无能量交换时，$T_{\mathrm{A}}=T_{\mathrm{B}}$，$\alpha=0$。一般情况下，$0<\alpha<1$。

低压下气体分子与无限大平板的碰撞如图 2-3 所示。平板间的气体分子由两部分组成：一部分是与上板碰撞后正飞向下板的气体分子，温度为 $T_{1\mathrm{A}}$，另一部分是与下板碰撞后正向上板飞去的气体分子，温度为 $T_{2\mathrm{A}}$，则气体的平均温度为：

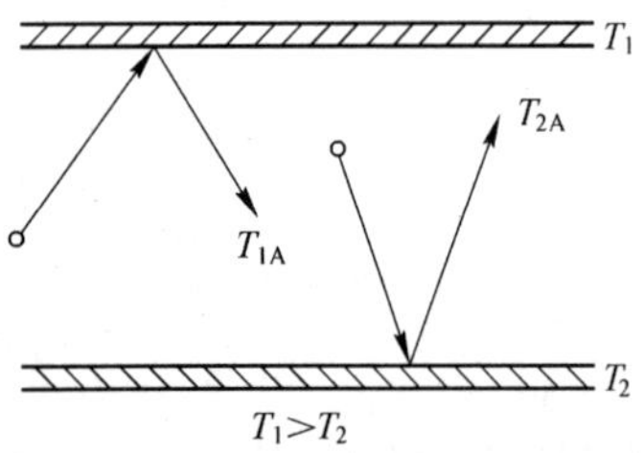

图 2-3　高真空下的温度骤增现象

$$T=\frac{T_{1\mathrm{A}}+T_{2\mathrm{A}}}{2}\tag{2-50}$$

由适应系数定义，上下板的适应系数为：

$$\alpha_1=\frac{T_{1\mathrm{A}}-T_{2\mathrm{A}}}{T_1-T_{2\mathrm{A}}}\tag{2-51a}$$

$$\alpha_2=\frac{T_{2\mathrm{A}}-T_{1\mathrm{A}}}{T_2-T_{1\mathrm{A}}}\tag{2-51b}$$

由式（2-51a）和式（2-51b）联立可求得气体分子与上板碰撞后的温度增量：

$$T_{1A} - T_{2A} = \frac{\alpha_1 \cdot \alpha_2}{\alpha_1 + \alpha_2 - \alpha_1\alpha_2}(T_1 - T_2) \tag{2-52}$$

中真空下能量交换的讨论：

当 $\bar{\lambda}$ 与 $d$ 相当时，分子间的相互碰撞和分子与器壁间碰撞频率相当。此时，既要考虑气体的热传导，又要考虑气体分子与器壁间的温度骤增。

若贴近上板的气体温度为 $T_1 - \Delta T_1$，贴近下板的气体温度为 $T_2 + \Delta T_2$，则气体的温度梯度为：

$$\frac{dT}{dz} = \frac{(T_1 - \Delta T_1) - (T_2 + \Delta T_2)}{d} = \frac{(T_1 - T_2) - (\Delta T_1 + \Delta T_2)}{d} \tag{2-53}$$

从上板传给贴板气体的热流密度为：

$$q_1 = K_n \cdot \Delta T_1$$

式中 $K_n$ ——平板向气体的传热系数。

贴板层气体向气体内部传递的热流密度为：

$$q_i = K\frac{dT}{dz}$$

式中 $K$——气体的传热系数。

当气体处于稳态时，有：

$$q_1 = q_i$$

则

$$\Delta T_1 = \frac{q_1}{K_n} = \frac{q_i}{K_n} = \frac{K}{K_n}\frac{dT}{dz} = g_1 \cdot \frac{dT}{dz} \tag{2-54a}$$

式中，$g_1 = K/K_n$，称为温度骤增系数。

同理可求得下板的温度骤增量：

$$\Delta T_2 = g_2 \cdot \frac{dT}{dz} \tag{2-54b}$$

将式（2-54）代入式（2-53），并整理可得：

$$\frac{dT}{dz} = \frac{T_1 - T_2}{d + g_1 + g_2} \tag{2-55}$$

从上式可见，考虑温度骤增现象时，相当于两板间的距离增大了 $g_1 + g_2$，使得气体的温度梯度减少，这与中真空下气体的滑动现象有相似之处。当压力较高时，即 $g_1 \ll d$，$g_2 \ll d$，则 $\frac{dT}{dz} \approx \frac{T_1 - T_2}{d}$。当压力较低时，即 $g_1 \gg d$，$g_2 \gg d$，则 $\frac{dT}{dz} \approx \frac{T_1 - T_2}{g_1 + g_2}$，此时，$\frac{dT}{dz}$ 与板间距无关。

2.2.2.3 热流逸现象

热流逸现象是气体在低压条件下出现的新物理现象，与常压下有所不同。

如图 2-4 所示，通过小孔 $d$ 将两室 1、2 连通。设平衡时，两室中气体参数分别为：$T_1$、$p_1$、$n_1$，$T_2$、$p_2$、$n_2$。设小孔直径为 $d$，在 $\bar{\lambda} \ll d$ 时，若两室处于平衡，则两室压力相等，即 $p_1 = p_2$。

当 $\bar{\lambda} \gg d$，两室处于平衡时，若两室温度不同，则会出现两室压力不同，并且温度高者压力也高的现象，这种现象称为热流逸。

A 平衡状态时，压力与温度的关系

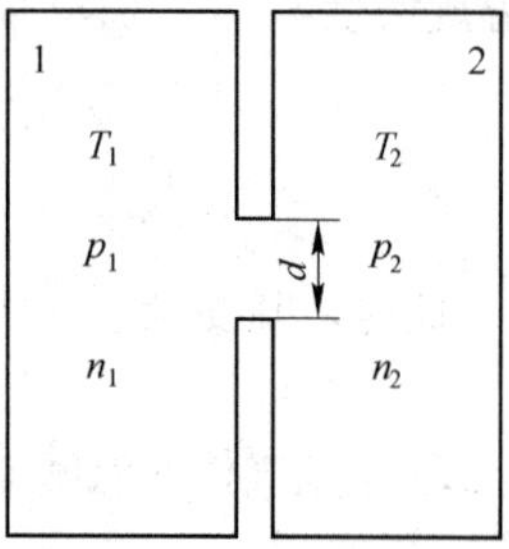


图 2-4　热流逸现象示意图

(1) $\bar{\lambda} \ll d$ 时的情况。当 $\bar{\lambda} \ll d$ 时，气体分子碰撞频繁，平均自由程很短，每次碰撞都伴随能量的交换。因此，在小孔两侧形成若干平均自由程厚的气体分子温度过渡层，气体分子经一室通过小孔进入另一室时，经过了充分的能量交换，并不是带着原有速度直接飞过的，即过孔分子的速度并不反映原有室内温度。在平衡状态时，两室之间没有气体的净流动，压力相同，即 $p_1 = p_2$ 。由气体压力公式：$p = nkT$ ，在平衡时：$n_1kT_1 = n_2kT_2$ ，则有：

$$\frac{n_1}{n_2} = \frac{T_2}{T_1} \tag{2-56}$$

从上式可见，压力较高时，两室处于平衡状态，两室的分子密度与温度成反比。

(2) $\bar{\lambda} \gg d$ 时的情况。当 $\bar{\lambda} \gg \bar{d}$ 时，尽管气体分子在容器内进行碰撞，进行着能量交换，但在小孔两侧的气体分子则可以不经碰撞直接飞过小孔而进入另一室，在另一室中与气体分子或器壁碰撞，进行热交换，取得热平衡。

两室处于平衡状态时，其间的气体净流量为零，即单位时间从小孔两侧飞过小孔的气体分子数目相等。由气体分子入射率公式可得：

$$\frac{1}{4}n_1 \cdot \bar{v}_1 \cdot A = \frac{1}{4}n_2 \cdot \bar{v}_2 \cdot A$$

$$n_1 \bar{v}_1 = n_2 \bar{v}_2 \tag{2-57a}$$

式中　$A$——小孔的面积。

将 $\bar{v} = \sqrt{\frac{8kT}{\pi m}}$ 代入式（2-57a）中，经整理可得：

$$\frac{n_1}{n_2} = \sqrt{\frac{T_2}{T_1}} \tag{2-57b}$$

将气体压力公式 $p=nkT$ 代入上式，可得：

$$\frac{p_1}{p_2} = \sqrt{\frac{T_1}{T_2}} \tag{2-58}$$

从式（2-58）可见，处于平衡状态下的两室，在低压下，两室压力并不相等，并且压力与温度的开方成正比，分子数密度与温度开方成反比。

由于压力与温度的上述关系，将影响到真空度的测量结果。特别是在低温条件下（真空冷冻干燥，冷凝泵，冷阱）或高温环境（真空炉等）中，真空计常常设置在室温环境中，因而测得的真空度与实际值会有一定的误差，必要时要对测量结果进行修正。

B　气体经小孔的迁移

如图 2-5 所示，用多孔材料制成的塞子将两容器相连，两室维持恒定的温度 $T_1$ 和 $T_2$，并且 $T_1 < T_2$。处于平衡状态时，两室的压力比 $p_1/p_2 = \sqrt{T_1/T_2}$ 。若用一根粗管从外侧联通两室，并且粗管直径大于气体分子平均自由程，分子在其中有频繁的相互碰撞。由于两室压力不同，$p_1 < p_2$（$T_1 < T_2$），则气体将经过粗管从压力高处（2 室）流向压力低处（1室）。由于 1 室内分子数目的增加，破坏了小孔两侧

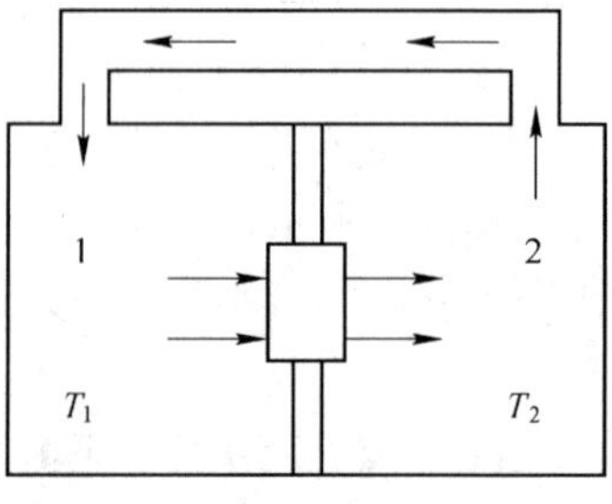


图 2-5　热流逸装置示意图

分子交换的平衡，1 室内的气体分子将通过小孔流进 2 室，从而产生净流量。若保持两室的温度不变，则上述气体的流动将得到维持，形成质量迁移。值得注意的是，气体经小孔的流动是从低温处流向高温处，这种现象即为“热流逸”现象。经过小孔气体分子的净流量为：

$$\Gamma = \frac{1}{4}(n_1\bar{v}_1 - n_2\bar{v}_2)A = \frac{1}{4}\left(\frac{p_1}{kT_1}\sqrt{\frac{8kT_1}{\pi m}} - \frac{p_2}{kT_2}\sqrt{\frac{8kT_2}{\pi m}}\right)A \quad (2\text{-}59a)$$

式中 $A$——小孔截面积总和。

若忽略粗管中的气体阻力，则 $p_1 = p_2 = p$，那么：

$$\Gamma = \sqrt{\frac{1}{2\pi mk}} \cdot A \cdot p\left(\frac{1}{\sqrt{T_1}} - \frac{1}{\sqrt{T_2}}\right) \quad (2\text{-}59b)$$

式中 $p$——粗管中的气体压力。

2.2.2.4 分子辐射力现象

如图 2-6 所示，容器中有两个平行平板，板 1 的温度等于容器器壁的温度 $T_1$，板 2 的温度为 $T_2$，并设 $T_1 < T_2$。当气体分子平均自由程大于两板间距时，分子间的碰撞可忽略，气体分子能带着相当于板面温度的能量，直接从一板飞到另一板上，并且会在两板之间产生压力差，这种现象称为“分子辐射力现象”。

两板间的气体由两部分组成：一部分是温度为 $T_1$、平均速率为 $\bar{v}_1$ 的分子，另一部分是温度为 $T_2$、平均速率为 $\bar{v}_2$ 的分子。若这两种气体分子的分子数密度分别为 $n_1$ 和 $n_2$，则两板间气体作用于板 1 上的压力等于两部分气体分子共同作用的结果：

$$p_1 = \frac{1}{3}mn_1\bar{v}_1^2 + \frac{1}{3}mn_2\bar{v}_2^2 = \frac{\pi}{8}m[n_1 \cdot (\bar{v}_1)^2 + n_2 \cdot (\bar{v}_2)^2] \quad (2\text{-}60)$$

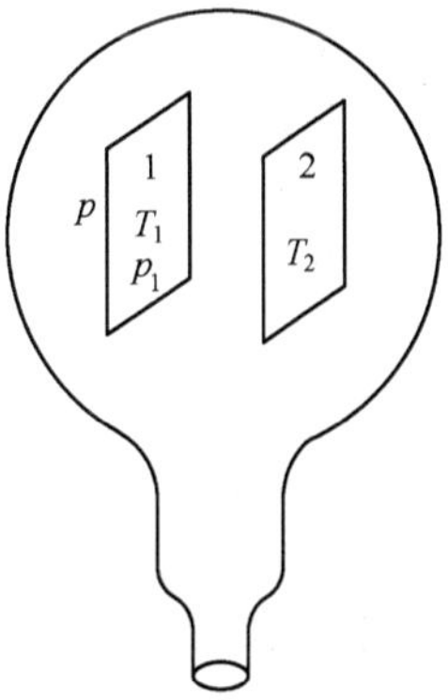


图 2-6 分子辐射力现象示意图

设两板之外容器内空间的分子数密度为 $n$，分子平均热运动速率为 $\bar{v}_1$，作用于板的背面，则对板的压力为：

$$p = \frac{\pi}{8}mn(\bar{v}_1)^2 \quad (2\text{-}61)$$

当空间内气体处于平衡状态时，两板间与板外空间内的气体单位时间、单位面积交换的气体数应相等，即：

$$\frac{1}{4}n_1\bar{v}_1 + \frac{1}{4}n_2\bar{v}_2 = \frac{1}{4}n\bar{v}_1 \quad (2\text{-}62)$$

同时两板间任一截面单位时间、单位面积通过的分子数也应相等，即

$$\frac{1}{4}n_1\bar{v}_1 = \frac{1}{4}n_2\bar{v}_2 \quad (2\text{-}63)$$

将式（2-62）和式（2-63）联立可得：

$$n_1\bar{v}_1 = n_2\bar{v}_2 = \frac{1}{2}n\bar{v}_1$$

将式（2-60）和式（2-61）代入上式，整理得：

$$p_1 = \frac{p}{2}\left(1 + \sqrt{\frac{T_2}{T_1}}\right)$$

板 1 两边所受压力差为：

$$\Delta p = p_1 - p = \frac{p}{2}\left(\sqrt{\frac{T_2}{T_1}} - 1\right) \quad (2\text{-}64)$$

式（2-64）表明，当 $T_1 \neq T_2$ 时，作用在板 1 两侧的力不同。若 $T_1 < T_2$，板 1 离开板 2；若 $T_1 > T_2$，板 1 靠近板 2。压力差与容器内压力 $p$ 成正比，这种力称为分子辐射力，这个现象称为分子辐射力现象。

从式（2-64）可见，若已知两板温度 $T_1$、$T_2$，通过测定 $\Delta p$ 则可推算出容器内的压力 $p$。克努曾根据此原理于 1910 年制成克努曾真空计。

## 2.3　蒸发和凝结

### 2.3.1　蒸气及蒸气压

蒸气是指在其临界温度以下的气体，在真空技术中常遇到金属蒸气和非金属蒸气。

蒸发是液体表面进行汽化的过程，其实质是表面上那些具有较大能量的分子克服邻近分子的引力而脱离液体，逸入液体外空间的过程。温度越高、压力越低，蒸发越剧烈。

蒸发的逆过程为凝结。

当液体在封闭空间内进行汽化时，蒸发和凝结同时进行，当蒸发量大于凝结量时，空间内的蒸气处于非饱和状态。当蒸发和凝结处于动态平衡时，空间内的蒸气处于饱和状态，其压力为饱和蒸气压。饱和蒸气压与蒸发物质的性质和温度有关。

处于真空状态下的真实气体以及非饱和蒸气的状态参数的变化规律非常接近于理想气体，遵守理想气体的状态方程。但对于饱和蒸气而言，易出现集态变化，存在凝结现象，不再服从理想气体定律。

当真空中存在液体时，液体表面在低压下会发生大量蒸发，成为真空中的气源。真空室可以获得的最低压力，就是液体温度下对应的饱和蒸气压。在室温下，水的饱和蒸气压约为 2338Pa。因此，以水为工作介质的真空获得设备或被抽介质为水蒸气时，室温下获得的极限压力不会低于该值。

当蒸气被压缩时，其压力将会升高，当达到对应的饱和压力时，部分蒸气将凝结。在油封机械泵中，为防止被抽气体中水蒸气在压缩过程中出现凝结，可在压缩过程中掺入干燥空气，使得在水蒸气凝结之前，就打开排气阀排气，从而将可凝性气体排出。这就是“气镇”的原理。同样在压缩式真空计中，蒸气会凝结，因而测得的压力是非可凝气体的压力，而不是气体的全压。

饱和蒸气压与温度密切相关。温度降低时，对应的饱和蒸气压也会降低。因此，当真空中有冷面存在时，会在其上出现凝结，可以起到抽气的作用。这就是低温冷凝真空泵和低温冷阱的作用原理。

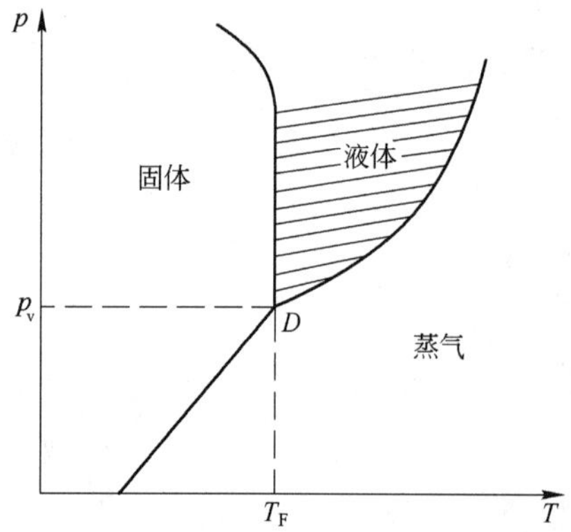

图 2-7　物质状态与温度和压力的关系

### 2.3.2　蒸发率和凝结率

物质的蒸发和凝结是一种普遍现象。从物质的三相图（见图 2-7）中可见，物质的蒸发和凝结既可以发生在液相-气相之间，也可以发生在固相-气相之间。当固体温度远低于其熔点时，蒸发十分微弱。但真空中进行的熔炼、镀膜、热处理等过程中，金属蒸发则比较显著。

蒸发和凝结量的大小用蒸发率和凝结率来描述。蒸发率为物质单位时间、单位面积上蒸发成气体的质量，单位为 kg/（$m^2$ · s）。凝结率为物质单位时间、单位面积上凝结为液体（或固体）的质量，单位为 kg/（$m^2$ · s）。

处于饱和状态下蒸气的蒸发率和凝结率可以用余弦定律推得。设温度为 $T$ 时，饱和蒸气的分子数密度为 $n_0$，则单位时间入射到单位面积上蒸气分子的数目为：

$$N = \frac{1}{4} n_0 \cdot \bar{v}$$

设入射分子中凝结的部分占总入射分子数的百分比为 $\alpha$，则凝结率为：

$$G_{凝结} = \alpha \cdot m \cdot N = \frac{1}{4} \alpha \cdot m \cdot n_0 \cdot \bar{v} \tag{2-65a}$$

式中 $\alpha$——凝结系数；

$m$——蒸气分子的质量。

将 $n_0 = \dfrac{p_v}{kT}, \bar{v} = \sqrt{\dfrac{8kT}{\pi m}}$ 代入上式，整理可得：

$$G_{凝结} = \alpha \cdot p_v \sqrt{\frac{m}{2\pi kT}} = \alpha \cdot p_v \sqrt{\frac{\mu}{2\pi RT}} \tag{2-65b}$$

式中 $p_v$ ——$T$ 对应的饱和蒸气压。

在饱和状态下，蒸发率等于凝结率，则有：

$$G_{蒸发} = \alpha \cdot p_v \sqrt{\frac{\mu}{2\pi RT}} \tag{2-65c}$$

虽然式（2-65）是从蒸气饱和状态下求得的，但由于蒸发率仅与液体（固体）表面状态温度有关，故无论饱和与否，该式都是适用的。

若测出物质的温度及蒸发率，则可用式（2-65）计算出对应的饱和蒸气压 $p_v$。

# 3 吸附与脱附

## 3.1 吸附现象及吸附机理

### 3.1.1 吸附现象

气体被固体表面俘获而附着在固体表面上的现象称为吸附。吸附气体的固体称为“吸附剂”，被吸附的气体称为“吸附质”。

固体表面对气体分子的吸附是由于固体表面上中断了内部排列的三维周期性，以及破坏了表面电子特性，从而使表面原子位置发生变动，与外界原子有较强的结合能力。吸附可以分为物理吸附和化学吸附。

物理吸附是指气体分子靠范德瓦尔斯力吸附于固体吸附剂上。由于范德瓦尔斯力较弱，被吸附的气体分子结构变化不大，吸附剂和吸附质化学性质保持不变。当温度降低或压力升高时，吸附作用会加剧，并且，物理吸附过程对温度和压力变化是可逆的。

化学吸附是指气体分子与固体表面原子间形成吸附化学键。由于吸附键的强烈影响，气体分子的结构变化较大，好似发生于表面的化学反应。温度和压力对化学吸附也有明显的影响，一般而言，化学吸附过程对压力是可逆的，对温度是不可逆的。

吸附现象可以用吸附热、吸附量、表面覆盖度、平均吸附时间、表面形成单分子层时间、吸附速率等进行描述或表征。

(1) 吸附热和脱附能：吸附过程中，由于气体分子势能减少会放出热量，固体表面吸附1mol气体所放出的热量称为“吸附热”，单位为J/mol。相反，气体分子脱离固体表面（脱附）时，外界所供给的能量称为“脱附能”。吸附热和脱附能在数量上是相等的。

(2) 吸附量：固体表面单位面积上吸附气体的数量称为吸附量，用分子数/$cm^2$，mol/$cm^2$，或者 $cm^3/cm^2$ 来表示。对于某些固体吸收剂，其实际表面积（物理表面）比几何表面积（视在表面）大得多，可用分子数/g，mol/g，或 $cm^3/g$ 来表示其吸附量。

(3) 表面覆盖度：固体表面吸附的气体分子数与表面可能吸附的总分子数目之比。

(4) 平均吸附时间：气体分子从被固体表面吸附到脱离固体表面（脱附）所经历的时间称为平均吸附时间，也称为“平均滞留时间”，“平均居留时间”，用 $\bar{\tau}$ 表示。$\bar{\tau}$ 与固体表面温度 $T$ 和脱附能 $E_d$ 密切相关。温度越高，气体分子的动能越大，越易脱离固体表面的束缚，平均吸附时间就短。固体表面对气体分子的吸附越强，其脱附能就越大，气体分子越难脱离固体表面，平均吸附时间越长。

$\bar{\tau}$ 与 $T$、$E_d$ 的关系遵从弗朗克尔（Frenkel）方程：

$$\bar{\tau} = \tau_0 \exp\left(\frac{E_d}{RT}\right) \tag{3-1}$$

式中 $\tau_0$ ——被吸附的气体分子在垂直固体表面方向上的平均振动周期，与固体表面材料原子或者分子的振动周期具有相同的数量级。

从式（3-1）可见，$\bar{\tau}$ 与 $T$ 成指数关系，$T$ 的变化对 $\bar{\tau}$ 的影响很大。

(5) 表面形成单分子层时间：单层气体分子布满固体表面所需要的时间称为“表面形成单分子层时间”。1cm² 固体表面上覆盖一层气体分子大约需要 $10^{15}$ 个气体分子，若入射到固体表面的气体分子都被吸附，则形成单分子层的时间为：

$$t=\frac{10^{15}\times 10^{4}}{\frac{1}{4}n\bar{v}} \tag{3-2a}$$

将 $n=p/(kT),\bar{v}=\sqrt{\frac{8kT}{\pi m}}$ 代入上式，整理可得：

$$t=\frac{10^{19}}{p}\sqrt{2\pi mkT}=\frac{10^{19}}{pN_0}\sqrt{2\pi\mu RT} \tag{3-2b}$$

上式表明，真空度越高，固体表面形成单分子层的时间就越长，故超高真空可获得“清洁表面”。

(6) 吸附速率：单位表面积、单位时间吸附气体分子的数目，即单位时间内的吸附量，称为“吸附速率”，用分子数/（$cm^2$ · s）表示。

### 3.1.2 吸附机理

吸附现象的本质是固体表面与气体分子间的相互作用。

A 固体表面分子（原子）与气体分子表面间的相互作用

处于基态的分子间存在价键力和范德瓦尔斯力，使分子相互吸引。当分子靠得很近时，分子间又会产生相互斥力。分子间的相互作用力可用半经验公式表示如下：

$$f=\frac{\lambda}{r^{s}}-\frac{\mu}{r^{t}}\quad (s>t) \tag{3-3}$$

式中 $f$——分子间作用力；

$r$——分子中心间距；

$\lambda,\mu,s,t$——大于零的实验数据。

式（3-3）中的第一项表示分子间的排斥力，第二项表示分子间的吸引力。当 $r$ 较大时，分子间的作用力很小，可以忽略。因此，分子间的作用力是在一定有效距离内才发挥作用的。从式（3-3）中可见，因为 $s>t$，所以分子间斥力的有效作用距离小于引力的有效作用距离，即分子间相互接近时，引力为主，当达到相当距离后，斥力才发生作用。

图 3-1 为分子间作用力与分子中心间距的关系曲线。其中，虚线表示斥力和引力与分子中心间距离的变化规律，斥力为正，引力为负。

在 $r=r_0=\left(\frac{\mu}{\lambda}\right)^{\frac{1}{t-s}}$ 处引力和斥力的合力 $f=0$，是平衡位置。当 $r<r_0$ 时，$f>0$，斥力起主导作用；当 $r>r_0$ 时，$f<0$，引力起主导作用。

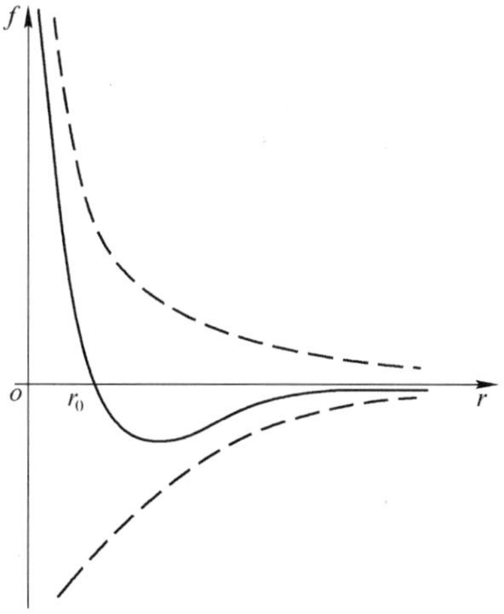

图 3-1 分子力与分子间距离的关系曲线

分子间的相互作用还可以用分子间的势能曲线来描述。分子间的作用力为保守力，分子间势能变化等于分子间作用力所做功的负值，即：

$$dE_p=-f\,dr$$

取两分子相距无限远处（$r=\infty$）时，系统的势能为 0，则当分子中心间的距离为 $r$ 时，系统的势能为：

$$E_p = -\int_{\infty}^{r} f\mathrm{d}r = \frac{\lambda}{s-1}\cdot\frac{1}{r^{s-1}} - \frac{\mu}{t-1}\cdot\frac{1}{r^{t-1}} \tag{3-4}$$

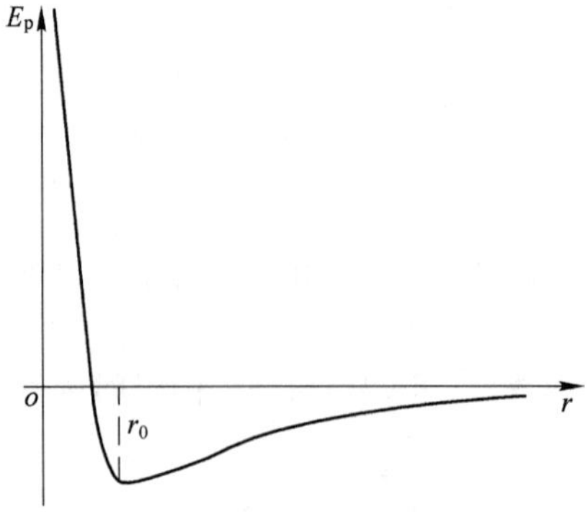

图 3-2 分子势能曲线

$E_p$与 $r$ 的关系如图 3-2 所示。

在 $r=r_0$处，$E_p$有最小值，处于最稳定状态。

B 固体表面对气体分子的作用力

固体表面对气体分子的吸附是大量固体分子对气体分子作用的结果。气体分子受固体表面分子所产生的分子力场的作用，具有分子力场的势能。由于分子力场的有效作用距离只有几个埃（$1\text{Å}=10^{-10}\mathrm{m}$），因此，可视固体表面为无限大平面，固体表面对气体分子的作用力 $F$ 垂直于固体表面，$F$ 以及 $F$ 作用下产生的势能 $E_p$ 都是气体分子与固体表面距离的函数：$F=F(r), E_p=E_p(r)$，并且

$$\mathrm{d}E_p(r) = -F(r)\mathrm{d}r$$

或

$$F(r) = -\frac{\mathrm{d}E_p(r)}{\mathrm{d}r} \tag{3-5a}$$

规定当两者的作用力为排斥力时，$F(r)$ 为正，而作用力为吸引力时，$F(r)$ 为负，且距固体表面无限远处势能为 0，则：

$$E_p(r) = \int_0^{E_p(r)} \mathrm{d}E_p(r) = -\int_{\infty}^{r} F(r)\mathrm{d}r = \int_0^{\infty} F(r)\mathrm{d}r \tag{3-5b}$$

分子力场的势能曲线如图 3-3 所示。势能曲线的最低点是气体分子的平衡位置，其对应的势能就是吸附时所放出的热量，即“吸附热”，用 $H_A$ 表示。若使气体分子从固体表面“脱附”出来就必须供给气体分子足够的能量，即“脱附能”。在数值上，吸附热等于脱附能。

C 物理吸附和化学吸附

图 3-4 表示气体分子被固体表面吸附过程中的势能变化。

气体分子先处于物理吸附，其处于稳态时，势能为 $E_p$；当气体分子获得足够的能量越过势垒 $E_a$ 后，与固体表面进一步接近时，可转化为化学吸附，其中 $E_a$ 称为“化学吸附激活能”。处于稳态的化学吸附将释放出化学吸附热 $H_c$。被化学吸附的气体分子如果要脱离固体表面的

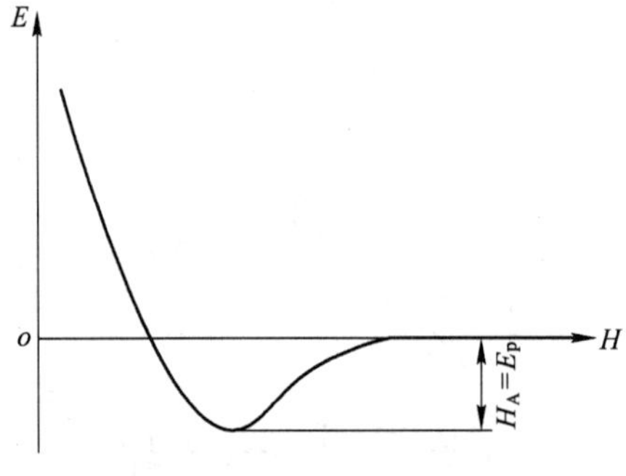

图 3-3 分子场力的势能曲线

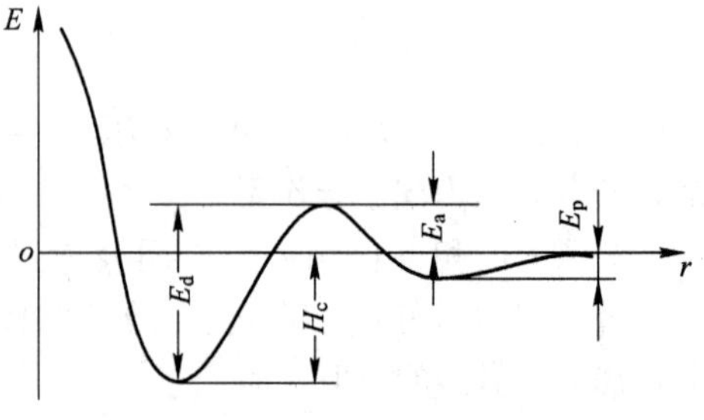

图 3-4 吸附位能曲线

束缚而飞到空间中，则必须获得 $E_d = E_a + H_c$ 大小的化学脱附热。

物理吸附和化学吸附的差别可归纳为如下六个方面：

(1) 吸附热。物理吸附和化学吸附的吸附热差别很大。前者吸附热较小，一般在几千～几万 J/mol，与气体的液化热相近；而后者的吸附热一般大于几百 kJ/mol，与化学反应热相近。因此，化学吸附或脱附需要外界供给更多的能量，这也说明化学吸附比物理吸附要牢固。

(2) 吸附温度。物理吸附温度接近于气体的沸点，故对永久性气体物理吸附主要发生在低温表面上；化学吸附温度较高，真空技术中常使用吸附剂进行化学吸附。

(3) 吸附稳定性。物理吸附是温度和压力的可逆过程，吸附不稳定，易脱附；化学吸附对于温度是不可逆的，吸附较稳定，外界提供足够的能量（如烘烤加热）时才能脱附。

(4) 吸附的选择性。物理吸附是靠范德瓦尔斯力形成的，吸附无选择性；化学吸附具有选择性，能否发生化学吸附取决于气体分子及固体表面的化学活性，表 3-1 给出了材料与气体发生化学吸附的情况。

**表 3-1　气体与吸附剂之间的化学吸附**

| 吸附剂 | 气体 | | | | | | |
|---|---|---|---|---|---|---|---|
| | $O_2$ | $C_2H_2$ | $C_2H_4$ | CO | $H_2$ | $CO_2$ | $N_2$ |
| Ca、Sr、Ba、Ti、Zr、Hf、V、Nb、Ta、Cr、Mo、W、Fe、Re | 能 | 能 | 能 | 能 | 能 | 能 | 能 |
| Ni、Co | 能 | 能 | 能 | 能 | 能 | 能 | 否 |
| Rh、Pd、Pt、Ir | 能 | 能 | 能 | 能 | 能 | 否 | 否 |
| Al、Mn、Cu、Au | 能 | 能 | 能 | 能 | 否 | 否 | 否 |
| K | 能 | 能 | 否 | 否 | 否 | 否 | 否 |
| Mg、Ag、Zn、Co、In、Si、Ge、Sn、Pb、As、Sb、Bi | 能 | 否 | 否 | 否 | 否 | 否 | 否 |
| Se、Te | 否 | 否 | 否 | 否 | 否 | 否 | 否 |

(5) 吸附作用范围。物理吸附可以形成单分子吸附层，也可以形成多分子吸附层；化学吸附仅发生在固体表面上能形成化学键的“吸附中心上”，由于固体表面单位面积上的吸附中心是一定的，故当吸附中心被气体分子完全占据时，化学吸附便饱和了，所以，只能是单分子层吸附。

(6) 吸附和脱附速率。物理吸附类似于凝聚，无需激活能，因此，吸附和脱附速度很快；化学吸附类似于化学反应，需要一定的激活能，因此，吸附和脱附速度比物理吸附和脱附速度慢。

应当指出，物理吸附和化学吸附是在一定条件下发生的，当条件变化时，物理吸附和化学吸附之间可以相互转化。例如，铜表面物理吸附的氢分子在激活后进一步靠近铜表面就可能转化为离解的氢原子与铜表面的化学吸附。在实际吸附过程中，既有物理吸附，也可能有化学吸附。

## 3.2　吸附和脱附过程的描述

### 3.2.1　吸附速率

吸附的首要条件是气体分子与固体表面的碰撞。固体表面单位时间、单位面积上碰撞气体分子的吸附数目称为吸附速率，用 $v_a$ 表示，可由下式计算：

$$v_a = \alpha \cdot \nu = \frac{\alpha \cdot p}{\sqrt{2\pi mkT}} \tag{3-6a}$$

式中　$\alpha$——吸附几率，表示入射气体分子被固体表面吸附的几率。对于物理吸附，$\alpha$ 称为凝聚几率，用 $\alpha_p$ 表示；对于化学吸附，$\alpha$ 称为粘附几率，用 $\alpha_c$ 表示。

$\nu$——气体分子对固体表面的碰撞频率，即单位时间入射到单位固体表面上的分子数目，其计算式见式（2-24）。

吸附几率的物理意义为发生吸附的入射分子数占总入射分子数的比率，其大小取决于以下因素：

(1) 激活能。能量高于吸附激活能的那部分入射气体分子才能发生化学吸附，物理吸附的激活能为零。

(2) 表面覆盖率。入射气体分子只有碰撞在固体表面的“吸附中心”上时才可能发生化学吸附，随着化学吸附的进行，表面覆盖率增加，“吸附中心”被大量占据，将影响化学吸附的进行。对于物理吸附，虽然可形成多分子层吸附，但外层吸附的气体分子吸附热小，易脱附，固体表面被大量覆盖后将影响到吸附速率。

(3) 吸附成功率。气体分子碰撞到固体表面上能否被吸附，取决于碰撞机制。在化学吸附中，气体分子处于势能曲线的 $E_a$ 顶峰时，即可能向左落入化学吸附势阱中，形成化学吸附，也可能向右落入物理吸附势阱中，形成物理吸附。在物理吸附中，气体分子原有能量在碰撞后若不能充分散失则易飞回空间，不能形成稳定的吸附。

以上原因会影响碰撞到固体表面上的气体分子形成吸附的几率，吸附几率 $\alpha$ 可用下式表示：

$$\alpha = c \cdot f(\theta)\exp[-E_a/(R \cdot T)] \tag{3-7a}$$

式中　$c$——吸附成功率；

$f(\theta)$——表面覆盖度函数。

对于化学吸附，$E_a \neq 0$。对于物理吸附，$E_a = 0$，则

$$\alpha_p = c \cdot f(\theta) \tag{3-7b}$$

由于吸附受多因素影响，因此吸附几率的值一般通过实验来确定。$\alpha_p$ 与固体表面的性质、温度、表面覆盖度有关，还与气体的种类、空间的压力等因素有关。表面温度越低，气体的沸点越低，物理吸附几率就越大。低温真空泵、冷阱、分子筛吸附泵等就是靠冷面吸附气体分子，从而达到抽气的目的。

### 3.2.2　脱附速率

吸附在固体表面上的气体分子在低压下或受热时，将脱离固体表面的束缚回到空间之中，此过程即是脱附过程。单位时间、单位面积上脱附的气体分子数目称为脱附速率，可由下式表示：

$$v_d = \frac{N_A \cdot \theta}{\bar{\tau}} = \frac{N_A \cdot \theta}{\tau_0}\exp[-E_d/(RT)] \tag{3-8a}$$

式中　$v_d$——脱附速率；

$N_A$——单位固体表面能吸附的气体分子数目；

$\theta$——表面覆盖率；

$\bar{\tau}$——平均吸附时间。

从式（3-8a）可见，$T$ 越高，$v_d$越大，此即是高真空、超高真空系统烘烤去气的原理。

吸附过程和脱附过程是同时进行的，当吸附速率和脱附速率相等时，固体表面上就维持恒定的吸附量。

### 3.2.3 吸附等温线

对于既定的固体表面和气体分子，处于吸附平衡态时，吸附量是固体表面温度和空间气体压力的函数，可表示为：

$$\sigma = f(p, T) \tag{3-9a}$$

当 $T$ 为常数时，吸附量是 $p$ 的函数：

$$\sigma = f(p) \tag{3-9b}$$

该函数曲线称为吸附等温线。吸附等温线表示了平衡吸附量与气体压力的关系。

3.2.3.1 朗谬尔（langmuir）吸附等温线

朗谬尔假设：

(1) 吸附只能发生在吸附中心，并且只有当分子碰撞于空着的吸附中心时才发生吸附；

(2) 每个吸附中心只能吸附一个气体分子；

(3) 表面上所有吸附中心对分子的吸附能都相等，而且吸附能不受临近是否吸附有气体分子的影响。

显然，上述假设是针对化学吸附的。

处于吸附平衡态时，吸附速率等于脱附速率，即：

$$v_a = v_d \tag{3-10}$$

单位固体表面上，已有 $\theta$ 部分被气体分子覆盖，不能产生化学吸附，还有 $1-\theta$ 部分未被气体分子覆盖，有吸附能力，设其吸附几率为 $\alpha_1$，则式（3-6a）改写成：

$$v_a = \alpha_1 p (2\pi mkT)^{-\frac{1}{2}} \cdot (1-\theta) \tag{3-6b}$$

令 $\beta = \dfrac{N_A}{\tau_0} \exp\left[-E_d/(RT)\right]$，则（3-8a）式可改写成：

$$v_d = \beta \cdot \theta \tag{3-8b}$$

将式（3-6b）、式（3-8b）代入（3-10）式，整理可得：

$$\theta = \frac{b \cdot p}{1 + bp} \tag{3-11}$$

式中，$b = \dfrac{\alpha_1}{\beta\sqrt{2\pi mkT}} = \dfrac{\alpha_1 \tau_0 \exp\left[E_d/(RT)\right]}{N_A\sqrt{2\pi mRT}}$。

式（3-11）给出了覆盖度与压力的关系式，称为朗谬尔吸附等温式。$\theta$ 与 $p$ 的关系曲线如图 3-5 所示。

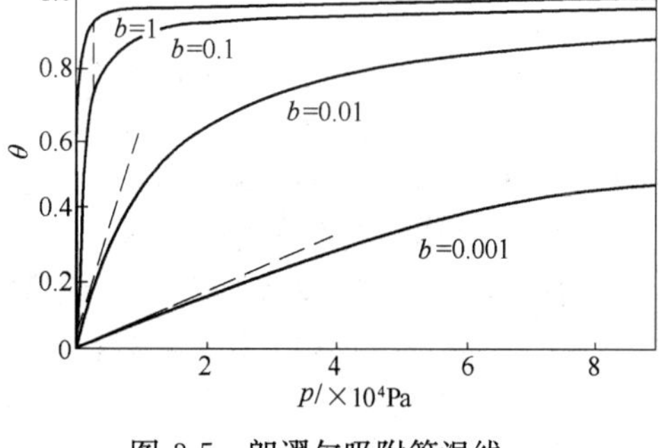

图 3-5 朗谬尔吸附等温线

由于 $b$ 与 $\dfrac{1}{\sqrt{T}}\exp\left[E_d/(RT)\right]$ 成正比，当温度较高时，$b$ 迅速减小，从图 3-5 中可见，吸附量

(覆盖度) 迅速减小。

当 $b \cdot p \ll 1$ 时，即压力较低、温度较高时，$\theta \approx b \cdot p$。此时，覆盖度与压力成正比，如图中曲线的初始段（近似为线性关系）。

当 $b \cdot p \gg 1$ 时，即压力较高、温度较低时，$\theta \approx 1$。此时，吸附处于饱和，如图中曲线的末端（趋于 $\theta = 1$ 的渐近线）。

若吸附量用单位固体表面吸附气体分子的摩尔数表示的话，那么：

$$\sigma = \frac{N_A \theta}{N_0} = A \cdot \theta \tag{3-12a}$$

式中　$N_A$——单位固体表面的吸附中心数；

$N_0$——阿伏加德罗常数；

$$A = N_A / N_0$$

将式（3-11）代入式（3-12a），可得：

$$\sigma = \frac{A \cdot b \cdot p}{1 + b \cdot p} \tag{3-12b}$$

此即朗谬尔公式。

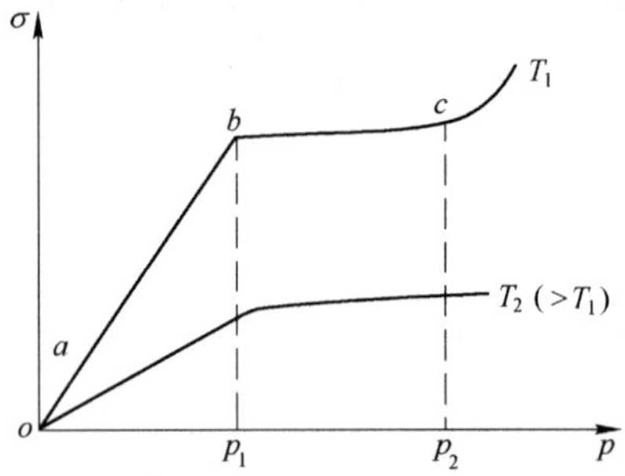


图 3-6　实测的吸附等温线

实验测得的吸附等温线如图 3-6 所示。当 $p$ 很小，$b \cdot p \ll 1$ 时，$\sigma \approx Abp$，是等温线中由原点出发的直线部分 $oab$ 段，说明单位面积上吸附气体的摩尔数与气体压力成正比。

当 $p$ 很大，$b \cdot p \gg 1$ 时，$\sigma \approx A$，是等温线中平行于 $p$ 轴的部分 $bc$ 段，说明吸附处于饱和状态。在 $c$ 点之后，由于压力很高，出现液化，吸附量将增加。

#### 3.2.3.2　多分子层吸附等温线

朗谬尔吸附等温式只适用于单层分子吸附。布鲁诺尔（Brunauer）、埃麦特（Emmetl）以及特勒（Teller）将吸附扩展到多分子层的情况，推导出了多层吸附等温式，简称 BET 等温式。

BET 做如下假设：吸附层建立时，同层分子彼此间无影响；第一层分子的吸附热与第二层以上的吸附热不同，第一层分子的吸附热由气体与表面的相互作用决定，第二层以上分子的吸附热取决于气体分子间的相互作用力。

处于吸附平衡态时，各层吸附的分子数维持一定，BET 式可表达如下：

$$\theta = \frac{b \cdot p}{(p_v - p)[1 + (b-1)p/p_v]} \tag{3-13}$$

式中　$p$——吸附气体的平衡压力；

$p_v$——同温下气体的饱和蒸气压；

$b$——与吸附热和汽化热有关的常数；

$\theta$——覆盖度，对于多层吸附，$\theta$ 大于 1。

由式（3-13）可知，当气体压力 $p$ 接近其饱和蒸气压 $p_v$ 时，$\theta \to \infty$，即可得到最大的吸附量。此时，相当于气体的凝结。

图 3-7 为 BET 吸附等温线，反映 $\theta$ 随 $p$ 变化的情况。当 $\theta<1$ 时，与朗谬尔等温线相似，当 $p$ 超过一定值，并接近于 $p_v$ 时，$\theta$ 增大，并趋于∞。

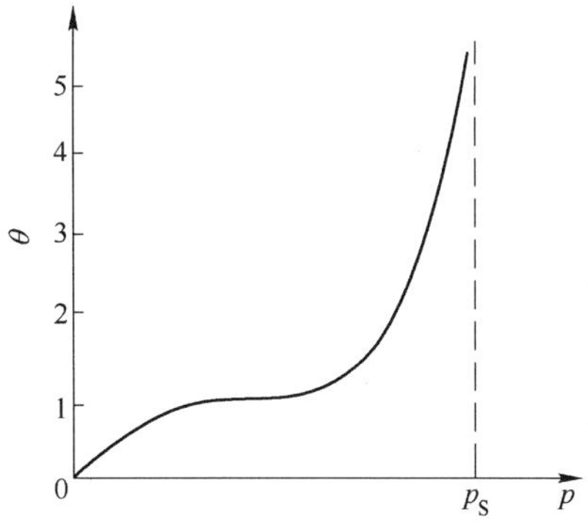


图 3-7 BET 吸附等温线

## 3.3 溶解和渗透

### 3.3.1 气体在固体中的溶解

气体分子在固体中的溶解要经历吸附、离解、溶解和在固体内的扩散等过程。

在一定温度和压力下，固体能溶解气体的饱和浓度称为该条件下的"溶解浓度"（溶解度）。溶解浓度与固体配组的性质、气体压力、温度有关。对于亲和力强的气体分子，其溶解度较大，材料的致密度较小时，能溶解更多的气体分子，原子直径小的气体，易溶于金属之中。

气体在固体中的溶解度一般很小。气体分子在固体中的溶解度与环境压力有关，压力越高，溶解度越大。溶解度与温度有关，对于溶解过程中有吸热效应的，溶解度随温度升高而增大，当溶解中有放热效应时，溶解度随温度升高而减小。

溶解的逆过程为解溶，是溶解在固体中的气体分子重新回到空间的过程。溶解或解溶的速度由溶解或解溶过程诸步骤中进行速度最慢者——扩散过程的速度决定。

### 3.3.2 气体在固体中的扩散和渗透

当溶解在固体中的气体存在浓度差时，气体将在固体中扩散，直至达到浓度平衡。这种扩散与气体自扩散和互扩散过程类似，也遵守费克定理，即扩散气体量与浓度梯度成正比。

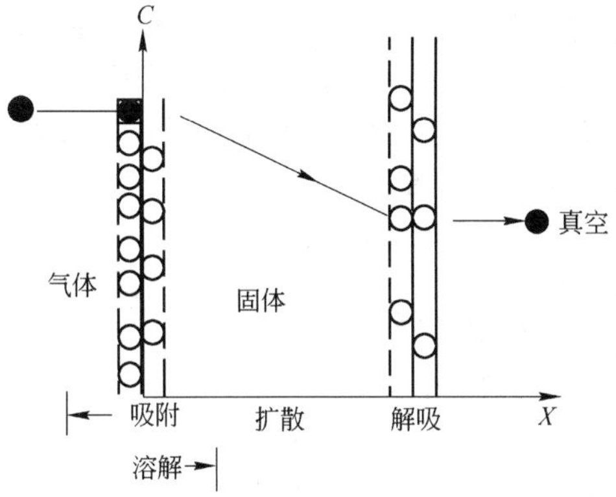


图 3-8 气体在固体中的渗透

气体通过吸附、溶解、向固体内部扩散以及从固体另一侧表面解吸的过程称为渗透。诺顿（Norton）描述的渗透过程如图 3-8 所示。

气体渗透量的多少用渗透系数来表征，表示固体两边压力差为一个大气压时，大气渗过单位厚度、单位固体表面的量。渗透系数的大小与材料以及气体的种类有关，由实验测得。实际上，很多材料的气体渗透系数很小，可以忽略不计。

# 4 真空中的电现象

## 4.1 电子发射

在真空技术应用中，使用或遇到电子发射的现象颇多。有时需要得到电子发射并有控制地加以利用，如气体放电管中的阴极；有时又要防止电子发射的出现，如超高真空电离计中防止离子收集极的光电发射。

### 4.1.1 电子发射基础

金属内的电子按其运动状态可分为束缚电子和自由电子。束缚电子所具有的能量较低，只能绕某一个原子核运动；若电子的能量超过一个特定的能量值（称为金属的束缚能级），则能够挣脱单个原子核的束缚，在整块金属内作自由热运动，成为自由电子。金属自由电子的浓度很高（约 $5\times10^{22}/\mathrm{cm}^3$），在金属边界处“电子气”具有 $10^{10}$ 数量级个大气压的巨大压力。尽管如此，金属表面在一般状态下并不发射电子，因为表面上有足够大的力阻止电子的逸出。

根据索末菲提出的金属自由电子模型，认为金属内部自由电子的势能恒定，并可以令它为零，自由电子可以在金属内自由运动。在金属表面则有一个足够高的势垒，于是一块金属就可以看作是一个“平底势垒箱”，正是这个高度记为 $W_a$（单位 J）的表面势垒，阻止着自由电子从金属表面逸出。

在金属中作自由热运动的自由电子，其速度或动能的分布遵守费米-狄拉克分布。在不同温度下，电子密度按能量分布的曲线如图 4-1 左侧部分所示。从中可以看出，假若金属温度为绝对零度 $T=0\,\mathrm{K}$，所有电子的能量都低于一个特定的能级 $E_F$，这个能级定义为费米能级，即费米能级是 0 K 温度下电子所具有的最大能量，如图中曲线 1。当金属温度 $T>0\,\mathrm{K}$ 时，部分电子的能量提高到 $E>E_F$ 的范围，温度越高，能量大于费米能级的电子数越多，电子的最大能量值也越大，如图中曲线 2、3。

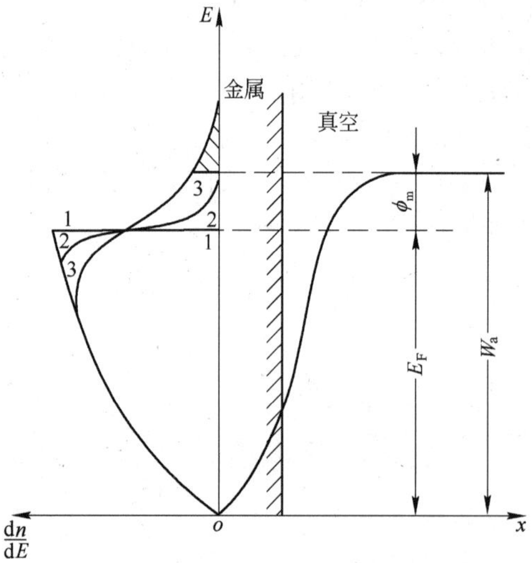


图 4-1 金属表面势垒和内部电子按能量的分布

要使电子脱离金属逸出到真空中，必须克服表面势垒的作用，即需要有外界因素对电子做功，使其能量增大超过表面势垒。一般定义，为了使金属中的电子能够克服表面势垒所必须给予它的最小能量叫做金属的逸出功。由于在绝对零度下金属中处于费米能级的电子具有最大能量，所需外界给予的能量就最小，而且费米能级上总有足够数量的电子供发射，不需要发射更低能级上的电子，所以金属逸出功 $\phi_m$、表面势垒高度 $W_a$ 和费米能级 $E_F$ 之间的关系为（参见图 4-1 左侧部分）。

$$\phi_m = W_a - E_F \tag{4-1}$$

各种金属材料的逸出功相差不大，具体量值可到有关书籍中查找。例如：常被用作热阴极电子发射材料的金属钨的逸出功为 4.55eV=7.289×10$^{-19}$J；金属钽的逸出功为 4.1eV=6.568×10$^{-19}$J。

### 4.1.2 热电子发射

将金属加热到足够高的温度，内部电子的能量随着温度的升高而增大，其中一部分电子的能量足以克服表面势垒而由金属体内进入真空，这样得到的电子发射就叫做热电子发射。

热电子发射现象可利用如图 4-2 所示的实验装置进行观察。

将图中玻璃壳内抽成真空，并在其中装上平板阳极 A 和金属丝做成的阴极 K，给阴极接上电源而通过电流使阴极加热，则毫安表指出阴极阳极线路内有电流通过。显然，这个电流是由高温的阴极发射电子并且电子向着具有正电位的阳极运动而引起的。将阳极电源 U 极性改变（即正负电极对调），则线路中的电流消失，这就证明了传导电流的是从炽热阴极发射出来的电子。

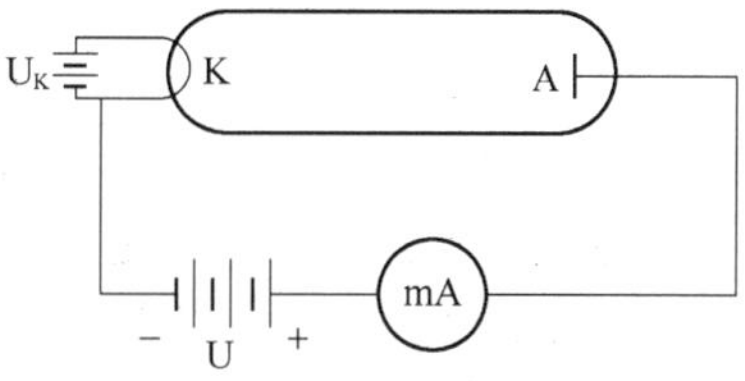

图 4-2 热电子发射实验装置示意图

热电子发射的机理可以用金属中自由电子按能量分布曲线加以解释。当金属中自由运动的电子从内部打到金属表面时，如果其能量小于势垒高度，则它们不能克服势垒而逸出金属，只有其垂直于金属表面的动能足以克服势垒的那些电子，才能形成发射。如图 4-1 所示，图中右侧画的是金属表面势垒，左侧画的是不同温度下电子按能量分布曲线。其中曲线 1 是 $T=0$ K 的情形，这时电子的能量 $E$ 都不高于$E_F$，没有任何发射；曲线 2 表示室温状态时的情形，电子具有的最高能量仍未超过表面势垒，实际上也观察不到电子发射；曲线 3 则表示温度已高到一定程度，已有较多电子的能量大于势垒高度，相当于图中曲线 3 下画阴影线的部分，这时就有相当大的热发射电流了。

纯金属表面的热电子发射密度，可由李查生-道斯曼公式计算，

$$j_0 = A_0 \cdot \overline{D} \cdot T^2 \cdot \exp\left(-\frac{\phi_m}{kT}\right) \tag{4-2}$$

式中 $j_0$——金属表面的电流发射密度，A/m$^2$；

$A_0$——发射常数，对于所有种类的金属都相同，$A_0$ =1.2×10$^6$A/（m$^2$·K$^2$）；

$T$——金属表面温度，K；

$\phi_m$——该种金属的表面逸出功，J；

$k$——玻耳兹曼常数，$k$=1.38×10$^{-23}$J/K；

$\overline{D}$——平均透射系数，考虑了金属表面势垒对不同能量电子的反射作用，因为并非能量高于势垒的电子都一定能越过势垒。不同材料的平均透射系数 $\overline{D}$ 或发射常数 $A=A_0\cdot\overline{D}$，可在有关书籍中查到。

电子枪设计中通常就是利用式（4-2）计算阴极温度和发射面积的。

当金属表面有加速电场存在时，其热电子发射现象会加强，这就是肖特基效应。在如图 4-2 的热电子发射实验中，为了收集阴极发射出来的电子，阳极必须加正电压。实验发现，阴极温度一定时，电流随电压升高而略有增长。这说明当阴极表面存在加速电场时，该电场除了加速电子使之被阳极收集外，还有帮助电子从阴极逸出的作用。产生的原因是外界加速电场使阴极表面势垒降低，有效逸出功减小，或者理解为电子在逸出过程中受到外电场力的加速，外电

场对电子做了功。

考虑肖特基效应的纯金属热电子发射密度，可用肖特基公式计算

$$j_e = j_0 \cdot \exp\left(\frac{e}{kT} \cdot \sqrt{\frac{eE}{4\pi\varepsilon_0}}\right) \tag{4-3}$$

式中 $j_e$——金属表面有加速电场作用时的热电子发射电流密度，$A/m^2$；

$j_0$——无电场作用时的电流发射密度，按式（4-2）计算；

$E$——作用于金属表面的加速电场强度，V/m；

$e$——电子电荷量，$e = 1.602\times10^{-19}$C；

$\varepsilon_0$——真空介电常数，$\varepsilon_0 = 8.854\times10^{-12}$F/m。

实验表明，当阴极表面电场不太强时，发射电流密度的实测数据与式（4-3）计算值吻合很好。

### 4.1.3 场致发射

如果在金属表面有足够强的加速电场存在，使金属表面势垒变矮变薄，那么即使在室温下，金属内的自由电子也能透过势垒逸出表面。这种受外电场作用所引起的金属电子发射，称为场致发射，也称作冷发射。

与热电子发射相比，场致发射是一种更加强而有效的发射手段。热电子发射中，电子逸出金属所需的能量来自于金属晶格的热运动，可即使我们把阴极加热到金属原子已显著蒸发的高温，动能足以克服表面势垒的电子也仅占金属中自由电子总数极小的一部分，外界提供给阴极的能量主要消耗于阴极的热辐射。而通过研究肖特基效应得知，降低阴极表面势垒是造成发射的另一途径。可以想像，如果阴极前的加速场加强到这种程度，以致表面势垒的顶点降低到费米能级以下，则金属中的电子将如决堤洪水，奔泄而出。其实，在势垒顶点尚未降到费米能级之前，加速场已使势垒变薄，大量电子穿透势垒发射出来，其电流密度比热发射电流密度大许多数量级。场致发射过程中不需要将阴极加热，外电场只对发射出的电子做功，因此耗费的能量更少。

当金属表面温度为 $T$（单位为 K）、外界强加速电场的电场强度为 $E$（单位为 V/m）时，场致发射的电流密度 $j$（单位为 $A/m^2$）计算公式为

$$j = A_1 \cdot (T + cE)^2 \exp\left(-\frac{b}{T + cE}\right) \tag{4-4}$$

式中，系数 $A_1$、$b$、$c$ 为常数，需根据不同金属材料查有关书籍。可以看出，当电场为零时，上式又变为李查生-道斯曼公式的形式。

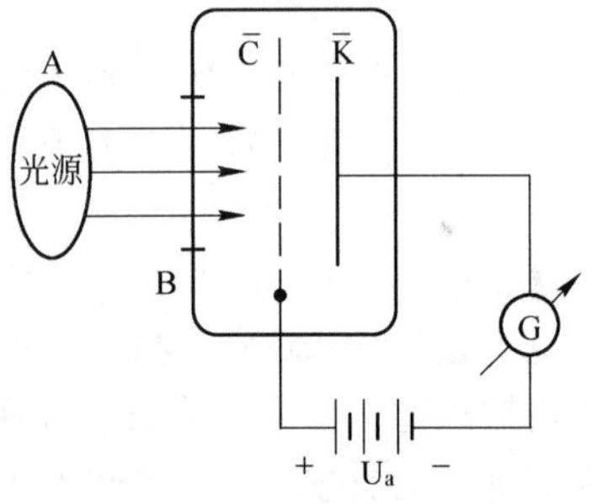


图 4-3 光电子发射实验装置示意图

### 4.1.4 光电子发射

当有外部光源的光束照射到金属表面上，且光的频率大于某一特定值时，金属中的电子可以获得能量而逸出金属表面，这种因光的照射而使金属发射电子的物理现象，称为光电子发射。在光照射下发射的电子称为光电子，光电子所形成的电流称为光电流。

光电子发射现象可以利用如图 4-3 所示的实验线路进行观察。

图中 A 为光源，B 为被抽成真空的玻璃壳体或金属壳体；

但若是金属壳体时，则必须在迎向光源 A 的方向制成玻璃（或石英玻璃）窗，以使光束射入真空壳体 B 内。C 是能使光线通过的金属栅网，通过它光线照射到圆盘 K 的表面上，K 是经过很好清洁处理的锌质圆盘。栅网 C 连接到直流电源的正极，而圆盘 $K$ 通过电流表连接到负极上。

实验中用光照射圆盘，在线路中会出现微弱电流。电流仅在一定的电源极性时出现，可见这一电流是在光线作用下从阴极发射的电子形成的，栅极和阴极圆盘之间的电压保证了电子在真空中能由阴极向栅极运动。

实验研究表明，光电发射现象遵从以下基本规律：

(1) 斯托列托夫定律。在入射光的频率或频谱成分不变时，单位时间内发射的光电子数目或饱和光电流 $I$ 与入射光的强度（光通量）$\phi$ 成正比，即

$$I = K\phi \tag{4-5}$$

式中，比例系数 $K$ 称为光电阴极灵敏度。

这个定律表明，若用单色光照射光敏面，光越强，光电发射越大。

(2) 爱因斯坦定律。光电子从金属表面发射出来时的最大初动能 $W_{max}$ 只与光的频率 $\nu$ 成线性关系，而与入射光的强度无关，即

$$W_{max} = \frac{1}{2}mv_{max}^2 = h(\nu - \nu_0) \tag{4-6}$$

式中，$h = 6.626\times10^{-34}$ J · s，是普朗克常数；$m = 9.11\times10^{-19}$ kg，是电子质量；$v_{max}$ 是光电子初速的最大值，m/s；$\nu_0$ 是由阴极材料所决定的一个特殊光频率，$s^{-1}$，称为极限频率。

爱因斯坦定律说明，发射出来的电子的最大初动能随着入射光频率的升高而直线增加，但入射光强度的增大对此不起作用。由定律还可知，对于每一种发射材料都存在着一个光电发射的极限频率 $\nu_0$，如果入射光的频率 $\nu$ 小于这个极限值，则不论光强度如何大，都不能得到光电发射。因为 $\nu_0$ 是在频率低（即波长长）的一端，所以 $\nu_0$ 也叫红限频率，相应的波长 $\lambda_0$ 叫做红限波长。红限频率 $\nu_0$ 与金属逸出功 $\phi_m$ 的关系为：

$$\nu_0 = \phi_m / h \tag{4-7}$$

(3) 光谱特性曲线。保持光通量不变，不同频率的光所引起的光电流曲线叫做光谱特性曲线。对于清洁的金属表面，光电流 $I$ 是随入射光频率 $\nu$ 的增高而增加的，这种现象称为正常光电效应。实验指出，当 $\nu$ 稍大于 $\nu_0$ 时，正常光电效应的频率特性曲线近似符合下式：

$$I/\phi \approx c \cdot (\nu - \nu_0)^2 \tag{4-8}$$

式中，$c$ 为一常数。

对于复杂的光电阴极，光电流的频率特性并不符合上述抛物线形状，而是在某些频率上光电流出现最大值，这种情形叫做选择性光电效应。

此外，实验发现，从光线照在表面上到产生光电发射，其时间间隔不超过 $3\times10^{-9}$ s。

### 4.1.5 二次电子发射

如果在真空中用具有一定能量或速度的电子（或离子等其他粒子）轰击金属表面，那么也会引起电子从金属中放射出来，这种物理现象称为二次电子发射。被发射出的电子叫做二次电子，而引起二次电子出现的入射粒子叫做原粒子。二次电子发射这一名词，广义地讲，包括在任何原粒子的撞击下，电子从固体或液体表面脱出的一切过程；狭义地讲，则仅指在电子的轰击作用下从物体表面脱出二次电子的过程，即原粒子是电子的情形，这时原粒子称为一次电子。下面分别介绍电子和离子入射金属表面的二次电子发射现象。

研究金属二次电子发射现象的基本线路如图 4-4 所示。发射一次电子的热阴极 K 和加速阳

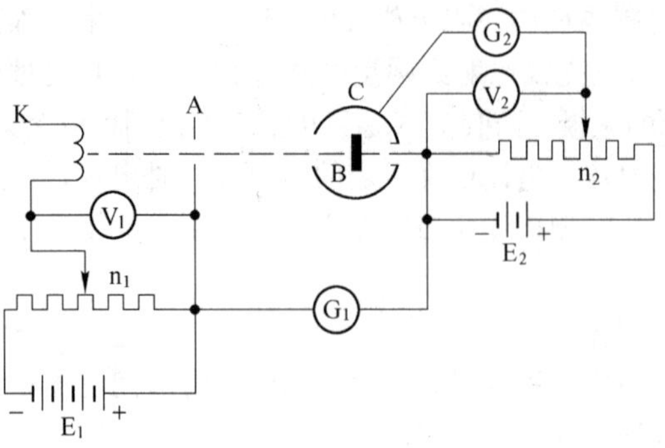


图 4-4　二次电子发射实验装置示意图

极 A 组成所谓电子枪，从阳极孔跑出的电子束具有相当于电子枪阳极和阴极之间电位差的能量。这一电位差用电位计 $n_1$ 调节，用电压表 $V_1$ 测量。这些一次电子轰击用所研究金属做成的二次电子阴极 B。因为这一实验是在真空管中进行的，二次电子阴极 B 又通过检流计 $G_1$ 和加速阳极 A 相连，因此在 A 和 B 之间的空间不存在电场。那么，电子在从电子枪的阳极 A 飞到二次电子阴极 B 的路程上，既不会遇到散射，也不会改变它们在从阴极 K 到阳极 A 的路程上所获得能量。从二次电子阴极 B 发射出的二次电子，被包围着它的收集极 C 所接收，在收集极上加上一个相对二次电子阴极为正的电位。二次电子流用收集极线路里的检流计 $G_2$ 测量。

用这样的线路进行实验可以得出如下的金属二次电子发射规律。

(1) 二次电子数与一次电子数的关系。对于相同的金属材料和相同的一次电子能量，二次电子数目 $n_2$（或二次电子流 $i_2$ ）与一次电子数目 $n_1$（或一次电子流 $i_1$ ）的关系为：

$$n_2 = \sigma \cdot n_1 , \qquad i_2 = \sigma \cdot i_1 \tag{4-9}$$

式中，$\sigma$ 称为二次电子发射系数，它表示一个一次电子所能产生的二次电子数。

(2) 二次电子发射系数与一次电子能量的关系。影响规律如图 4-5 所示。随着一次电子能量的增大，$\sigma$ 很快上升。在一次电子的能量约为 400～800eV 时达到最大值。继续增加一次电子的能量则发生了 $\sigma$ 的下降。在一次电子能量很大时，$\sigma$ 重新降为较小的数值。金属的二次电子发射系数极大值一般不大，在 1～1.4 的范围内。

(3) 二次电子的能量分布。二次电子的能量分布可用减速电位法研究，只需将图 4-4 中 $E_2$ 的极性改变就能使收集极电位变为比二次电子阴极为负的数值。

在不同的减速电位下测量收集极上的二次电子流，可得到二次电子的能量分布曲线图 4-6。这一曲线是在一次电子能量为 200eV 的情况下获得的。曲线表明到达收集极的电子绝大部分是真正的二次电子，它们具有比一次电子小得多的能量。相当于二次电子的绝大部分的第一个峰的能量为 5～15eV。实际上，这一位置不受一次电子的影响。收集极的电流中还存在着一定数量的反射的一次电子，这部分电子相当于图 4-6 上的第二个峰，峰的位置取决于二次电子的能量。这一部分反射电子的数量是很小的（峰不高而且狭窄）。

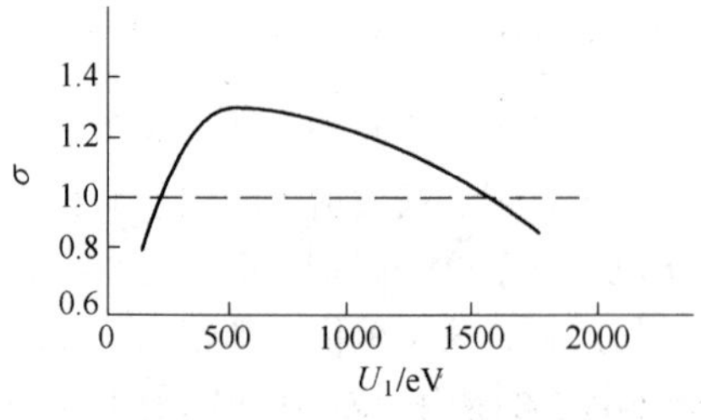


图 4-5　金属的二次电子发射系数与一次电子能量的关系

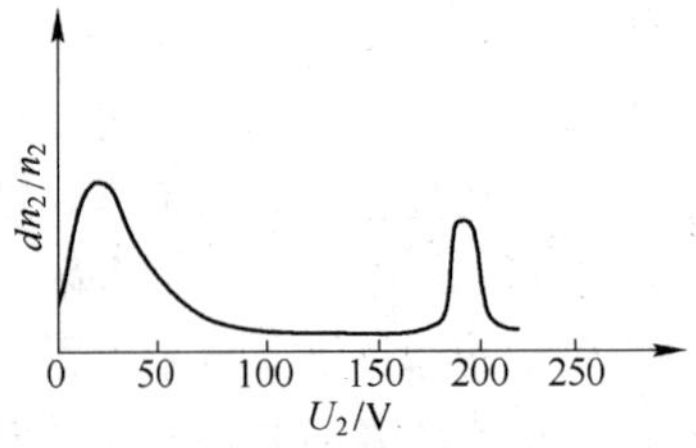


图 4-6　二次电子能量分布曲线

(4) 二次电子发射系数与一次电子投射角的关系。一次电子入射方向与金属表面法线方向之间的夹角称为一次电子投射角。某些金属的二次电子发射系数 $\sigma$ 与一次电子投射角 $\theta$ 的关系如图 4-7 所示，图中的 $\sigma_0$ 是投射角 $\theta=0$ 即一次电子垂直入射金属表面时的二次电子发射系数。可以看出，适当增大投射角可使 $\sigma$ 明显提高。

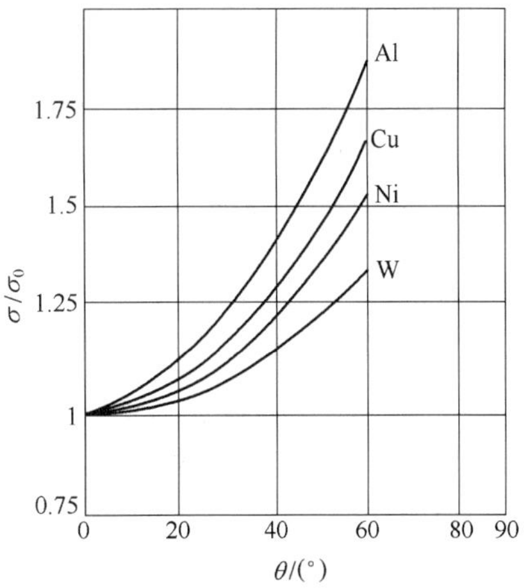


图 4-7 一次电子投射角对二次电子发射系数的影响

二次电子的发射机制包括两个基本过程：首先是一次电子入射并进入金属阴极的运动过程，伴随着这一过程，一次电子将能量传给了金属体内的二次电子。其次是二次电子由金属内部向表面运动的过程，在此期间，二次电子会因与其他电子碰撞而损失一部分所获得的能量。只有它们到达金属表面并保留有足够大的能量时，才能够克服表面势垒离开金属而形成二次电子发射。

在气体放电中，把正离子轰击金属阴极发出二次电子的过程称为 $\gamma$ 过程，同时把发射出的二次电子数目 $N_e$ 与入射离子数目 $N_i$ 之比（或二次电流 $i_c$ 与阴极离子电流 $i_i$ 之比）称为 $\gamma$ 系数：

$$\gamma=\frac{N_e}{N_i}=\frac{i_c}{i_i} \tag{4-10}$$

式中，系数 $\gamma$ 取决于阴极性质、正离子的质量、电离电位和它的动能。当轰击阴极的离子能量为几十到几百电子伏时，$\gamma$ 的数值在几百分之一到几十分之一的范围内，仅当能量为几千伏时，$\gamma$ 才达到比较大的数值。

在正离子作用下二次发射机理与电子轰击二次电子阴极的发射机理是不同的。其区别是正离子不能进入被轰击金属的深处，因而二次电子是从表层逸出的。同时，正离子轰击的二次电子发射存在着动能逸出和位能逸出两种作用机制。

当入射离子的电离能小于阴极逸出功 $\phi_m$ 的 2 倍时，$\gamma$ 系数和入射离子动能 $\varepsilon_i$ 的关系如图 4-8 所示。由图可以看出，要能产生二次发射，离子动能必须大于某一值 $\varepsilon_{imin}$。这一电子发射现象可用动能逸出理论加以解释，认为二次发射的产生是由于正离子的动能传给晶体格子后，再传给一个电子而使这个电子逸出金属。因此，动能逸出的二次发射要求轰击金属的离子有足够的动能。

实验中还发现，某些慢速正离子与金属接触时也能产生二次电子，这种情况下，电子的发射是由于正离子的位能（电离能量）引起的，称为位能逸出。发生位能逸出的条件是入射正离子的电离能量 $eU_i$ 大于金属的逸出功 $\phi_m$ 的 2 倍。即

$$eU_i \geqslant 2\phi_m \tag{4-11}$$

在位能逸出和动能逸出同时存在的情况下，$\gamma$ 系数和正离子动能的关系如图 4-9 所示。能够产生二次发射的条件为

$$eU_i+\varepsilon_i \geqslant 2\phi_m \tag{4-12}$$

式中，$eU_i$ 和 $\varepsilon_i$ 分别是正离子的电离位能和动能。需要大于 2 倍逸出功 $\phi_m$ 的原因是，每发射一个电子还应有一个电子与正离子中和。

与电子轰击下的二次发射一样，在正离子作用下的二次发射系数 $\gamma$ 随着离子束投射角的增加而有些增长，系数 $\gamma$ 同样与发射体的表面状况有很大关系。

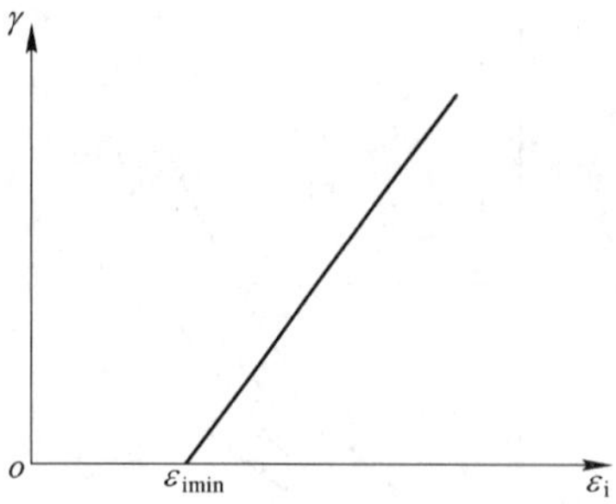


图 4-8　动能逸出情况下 γ 与离子动能的关系

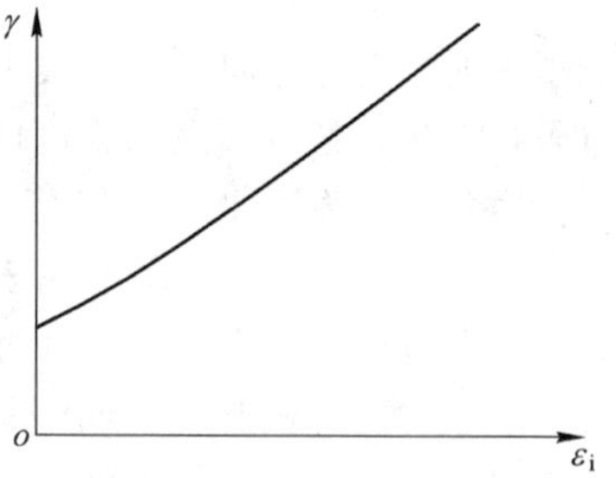


图 4-9　位能逸出情况下 γ 与正离子动能的关系

## 4.2　气体放电

所谓气体放电，就是空间气体中有宏观电流流过的气体导电现象。在气体成分、气体压力、外加电场、电极结构等条件不同的情况下，气体放电有着外部特征和内部机理都大不相同的多种形态，如汤生放电、辉光放电、弧光放电等。气体放电现象已在相当广泛的科学技术领域中得到应用，例如：利用其发光特性制成的气体放电照明灯和显示器件；利用放电中粒子受激发射原理制成的气体激光器；直接利用气体放电伏安特性工作的各种电子、离子器件；依靠弧光放电的高温电弧工作的电弧熔炼、焊接技术；依靠辉光放电的阴极溅射效应工作的溅射镀膜技术；以及利用气体放电产生的等离子体工作的等离子体切割、喷涂、焊接和离子清洗、注入、刻蚀等技术。

### 4.2.1　气体放电中的粒子碰撞

能够导电的物质中都存在有某一种或几种可以自由移动的荷电粒子，称为载流子，如固体金属中的自由电子，电解液中的正负离子。常态下的纯净气体中不含有荷电粒子，因此是不导电的绝缘体。要使气体放电，必须有带电粒子的产生。除了气体放电时电极表面的电子发射之外，气体中的荷电粒子主要来自于气体分子或原子的电离。这种电离经常是放电过程中各种粒子相互碰撞的结果。同时，气体放电中还经常发生其他一些类型的重要碰撞过程，所以本节首先介绍粒子间碰撞的基本知识。

所谓碰撞是指两个或两个以上粒子相互作用引起动量、动能或内能变化的过程。气体放电中的激发、电离、转荷、复合等基本过程，都离不开粒子间的碰撞。如果将参与碰撞的所有粒子看成是一个孤立的系统，则整个碰撞过程将严格遵守能量守恒定律和动量守恒定律。

物理学上把碰撞分为弹性碰撞和非弹性碰撞两大类。

弹性碰撞是指在碰撞过程中，弹、靶两粒子内部均未发生变化，两粒子的动能并未和粒子内能发生互相交换。在这类碰撞中，不仅总能量是守恒的，而且总的动能也是守恒的。

在非弹性碰撞中，靶或弹粒子的内部发生了变化，两粒子的动能和其内能发生了相互转变。这时两粒子的总能量虽依然是守恒的，但由于动能和原子内能有相互转变，动能就不再守恒了。如果碰撞中原子的内部变化是电子从低能级向高能级的跃迁，原子内能增加，则两粒子的总动能将因转化为原子内能而减少，这类非弹性碰撞称为第一类非弹性碰撞。反之，如果碰撞中原子的内部变化是电子从高能级向低能级的跃迁，则两粒子的总动能将因得到了原子内能而增加，这一类非弹性碰撞称为第二类非弹性碰撞。

下面分别介绍气体放电中经常发生的一些粒子碰撞过程。在过程表达式中，以 A、B 等大写字母表示基态原子或分子，$A^*$ 表示受激原子，$A^+$、$A^-$ 表示正负离子，e 表示电子，m 表示包括上述各种粒子在内的某一种粒子。

(1) 电离过程。如果一个中性原子或分子受其他某种粒子的碰撞而获得了足够的能量，则可以使一个核外电子完全脱离原子核变成空间的自由电子，原子则因为失去一个电子而带正电荷，其电量大小与电子电荷相等。这一过程称为原子的电离。电离过程的表达式为：

$$A \xrightarrow{m} A^+ + e$$

引发电离碰撞的粒子可以是具有较高能量的分子、电子、离子或光子。电离过程属于第一类非弹性碰撞，是产生气体载流子的主要形式。

(2) 激发过程。当原子受到某种外界作用（如受到电子的碰撞、光子的照射等），使某一核外电子能量增加，由原来的基态能级跃迁至较高能级，这一过程称为原子的激发。被激发了的原子成为受激原子。受激过程属于第一类非弹性碰撞，其表达式为：

$$A \xrightarrow{m} A^*$$

原子在激发状态下不能保持很长时间，通常在 $10^{-7}$s 左右的时间后，就要回到基态。当电子从较高能级回到原能级时，多余的能量便以电磁波辐射能的形式放出，即发出一个光子。但是，在原子的某种激发能级上，电子能停留很长时间，可达 $10^{-3}$～1s，这种能级称为介稳能级。电子停留在介稳能级期间，原子的状态成为介稳状态。

(3) 附着过程。在气体放电中，电子可以和正常原子互相结合。结合后，核外电子比原子核中的质子多了，对外显示负电性。这样的粒子称为负离子。电子和正常原子结合成负离子的过程称为附着过程。其表达式为：

$$e + A \longrightarrow A^-$$

电子最容易附着在能形成负价的原子上，因为这类原子最易吸引外来电子。在气体放电中最常见的是氧和卤族气体的原子。

附着过程属于第二类非弹性碰撞。负离子的动能大于附着电子和原子动能的总和。一般只有当电子和原子运动较慢时才能发生附着过程。

(4) 复合过程。复合过程是带正电的粒子和带负电的粒子结合成中性粒子的过程。复合是电离的相反过程，故亦称为消电离过程。正、负离子间的复合称为离子复合，复合后形成两个中性原子。电子和正离子的复合称为电子复合，复合后形成一个中性原子。它们可分别用下式表示：

$$A^+ + A^- \longrightarrow 2A$$

$$e + A^+ \longrightarrow A$$

复合过程是在气体放电时使气体中的带电粒子消失的主要物理过程。复合过程属于第二类非弹性碰撞，是电离能反过来转化为动能的过程。一般会伴随产生下列情况：1) 复合过程中发射出一个光子（称为复合发光）。此时，电离能主要转化为光子的能量。复合发光是气体放电中发光现象的主要原因。2) 发生复合的两个粒子和另一粒子同时发生碰撞（称三体碰撞）。此时，电离能主要转化为另一粒子的动能。若这个另外的粒子是器壁上的粒子，则复合过程将使器壁粒子的动能增加（宏观讲器壁温度上升），温度升高，即是起加热器壁的作用。

(5) 转荷过程。当离子和中性原子互相作用时，不但可以发生能量的交换，也可以进行电子的交换。正离子和中性原子相遇时，正离子从原子获得一个电子而成为中性原子，但仍保持原来较大的速度。原来的原子则变为正离子，但具有较低的速度。负离子同原子相遇时也可以把它一个多余的电子交出而成为速度较快的中性粒子，同时使原子变为速度较慢的负离子。上述粒子之间交换电荷的过程称为转荷过程。其过程表达式为：

$$A^{+}+B \longrightarrow A+B^{+} \text{ 或 } A^{-}+B \longrightarrow A+B^{-}$$

(6) 潘宁效应。当被激发的原子和中性原子相遇时，若前者的激发能大于后者的电离能，则有可能发生下列情况：被激发的原子释放能量成为中性原子，中性原子获得能量电离成为电子和正离子，这种现象称为潘宁效应。可用下式表示：

$$A^{*}+B \longrightarrow A+B^{+}+e$$

只有被激发的原子能够在较长的时间内存在的条件下，潘宁效应才有较大的发生几率，就是说，只有在气体中存在着被激发到介稳态的原子时，才会发生显著的潘宁效应。

在制备氖放电管时，常常在氖气中要掺入少量氩气，就是利用潘宁效应。原来，氖放电管点燃是使氖原子有足够数量的电离才能实现。但氖电离的发生几率比较小，要使氖气中有足够数量的电离比较困难。不过使氖从基态激发到能量为 16.53 eV 的亚稳态能级的发生几率却比较大，而且 16.53eV 比氩的电离能 15.76eV 大。这样，我们就可以利用潘宁效应，先将氖原子激发使之成为处于亚稳态的氖原子，而后使这些处于亚稳态的氖原子打击氩原子，使氩原子电离以点燃氖放电管。实践证明：这种点燃方法比直接用电子打击氖原子使氖原子电离来点燃要有效得多。

### 4.2.2　气体放电实验与特性

最简单的二极直流气体放电实验装置，如图 4-10a 所示。把一对平行电极板（阴极 K 和阳极 A）密封在适当真空度的管形容器内，即成气体放电管。使用可调节的直流稳压电源 $E_a$ 和限流电阻 R 作为外电路为其供电。当外电路的电参数合适时，放电管和外电路中就会有电流流过。利用电压表 V 和电流表 I，测量通过放电管的电流随放电管两电极间所加电压的变化关系，可得到如图 4-10b 的放电管伏安特性曲线。

作为闭合电路中的一部分，气体放电管中的气体放电特性与普通电路中的金属导电有如下不同之处：

(1) 载流子和导电机理不同。与金属单纯依靠自由电子导电不同，参与气体放电的载流子有电子和离子，而且这些载流子的密度和运动情况可随时变化。气体中载流子的产生机理分为两类：一类是由于外界因素对气体刺激所生成的载流子，称为被激载流子或原始载流子。例如由自然界各种辐射线照射气体分子引发的光电离或照射阴极产生的光电子发射；对电极加热升温产生的热电子发射；或利用其他电路直接向放电空间中发射电子等。另一类则是气体放电过程中内部粒子相互作用所生成的载流子，称为自激载流子或次级载流子。主要是粒子间的电离碰撞和电极的二次电子发射，以及放电发光所带来的光电离和光电子发射。

(2) 导电能力和伏安特性不同。与金属的恒线性伏安特性不同，气体放电的伏安特性是几何形状比较复杂的曲线。放电管中气体的导电能力不仅与气体成分、气体压强、电极材料、电极形状、电极间距离等自身因素有关，而且还与外电路所加电压和供应电流等外部因素有关。气体放电最终处于伏安特性曲线上的哪一点，完全是内外电路达到平衡的结果，并且与进入放电状态的过程和方式有关。

(3) 能量的转换和分配不同。金属导电中，自由电子从电场中获取能量后，除了以电磁形式对外做功外，主要是将其转化成焦耳热。在气体放电中，被电场加速的不仅有电子，而且还有离子，这些载流子从电场中获得的能量，通过各种碰撞过程，不仅可以转化成气体分子的热运动能量，而且还可以转化为激发能、电离能、光能和电极材料的热能。各种形式能量的分配比例又是与气体状态和放电参数直接有关。可见气体放电的能量转化要比金属导电复杂得多。

下面具体介绍放电管的伏安特性曲线图 4-10（b）。在 *OA* 段，极间气体中的原始带电粒子（被激载流子）在电场作用下向电极移动，形成电流，电流强度正比于管压降。当原始带电粒子的空间复合可以忽略不计，被激载流子全部都到达电极时，电流出现饱和，这就是 *AB* 段。继续增加电压，电场将使原始带电粒子的速度增加很大，它们与中性气体分子碰撞时会使之电离产生新的带电粒子（自激载流子），这就是所谓的繁衍过程，对应于电压升高电流随之增大的 *BD* 段，称为繁流放电。在 *D* 点，通过放电管的电流发生突增，管压降随即迅速降低，同时管中产生可见的光辉，*D* 点称为放电的破裂或着火。在 *EF* 段，不论增加电源电压或减小回路电阻使电流增加时，管压降保持恒定，这一段称为正常辉光放电。从 *F* 点开始，电流增大时管压降随之增加，这样特性的放电称为异常辉光放电。当异常辉光放电的电流和管压降增加到一定数值后，在 *G* 点放电又一次发生突变，管压降再次降低很多，而电流增加很大，管中的光辉也从柔和的辉光转变成强烈耀眼的弧光，形成 *GH* 段的弧光放电。弧光放电一般具有负电阻特性。

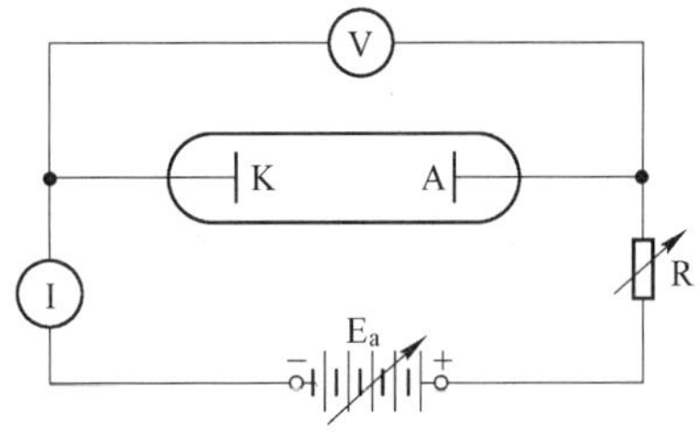


(a)

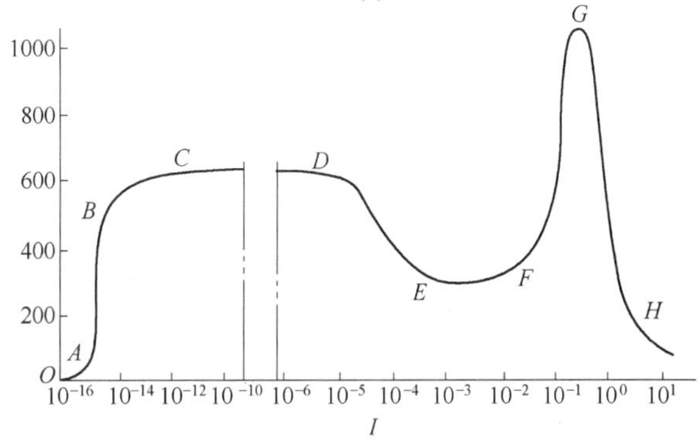


(b)

图 4-10 气体放电实验装置及其伏安特性曲线

*OC* 段放电是非自持的，如果除去原始电离，电流立即停止。在 *CD* 段放电开始满足自持条件，但还不是稳定的自持放电。*DE* 段为过渡区域，无法靠调节电路参数使放电长期稳定于这一阶段。*E* 点以后都是稳定的自持放电，由于放电管中有辉光或弧光出现，所以也统称之为光亮放电。对应地，*D* 点以前称为黑暗放电。*BD* 阶段放电的物理理论由汤生首先提出，所以又称为汤生放电。

## 4.2.3 汤生放电

对应伏安特性曲线上 *BD* 段的汤生放电，在真空工程中实际应用较少。但汤生放电理论所提出的产生自激载流子的三个电离过程，所对应引出的三个电离系数，以及所给出的自持放电条件，都是十分重要的，下面分别加以介绍。

### 4.2.3.1 繁衍过程（$\alpha$ 过程）

繁衍过程可以很好地解释伏安特性曲线上 *BD* 段电流增长的原因。当放电进入自激导电的阶段以后，电流增长的幅度是很大的，电流强度可一下子增加成百上千倍。这是参与导电的载流子和气体分子作多次电离碰撞后造成的。如图 4-11 所示，设想一个原始电子从阴极出发，在电场作用下向阳极运动，电子每一次和气体分子作电离碰撞，即产生一个新生的电子和一个新生的正离子。这个新生的电子和原始电子一样，也在电场作用下向阳极运动，参与导电的行列。这

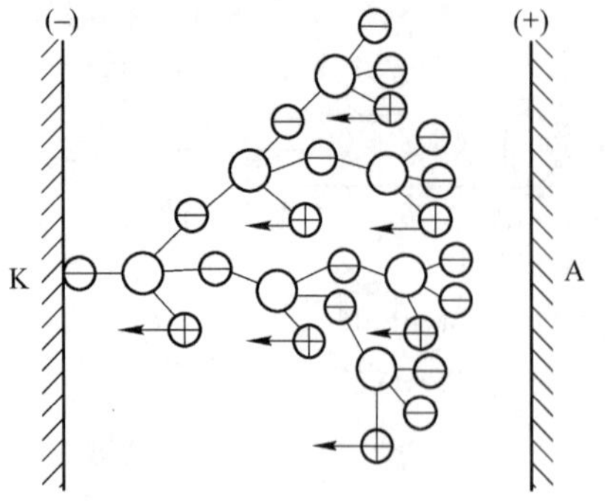


图 4-11 繁衍过程示意图
−—电子；+—正离子；○—中性气体分子

样，原始电子经一次碰撞后，就由一个变成两个（一个是原来的，另一个是新生的）；再一次与气体分子作电离碰撞，就由两个变成四个；又一次电离碰撞，就由四个变成八个等；以此类推，这样，参与导电的电子成倍增长。这种由于电子与气体分子不断发生电离碰撞而使导电电子成倍增长的过程称为繁衍过程。由于这种现象和雪崩相似，所以也称雪崩过程。

在繁衍过程中，电子产生的规律是：一个从阴极 K 出发的电子，经过繁衍过程到达阳极 A 时，将增加到 $n_d = e^{\alpha d}$ 个电子。其中 $d$ 为阴阳间距离（单位为 m）；$\alpha$ 则是一个电子经过单位距离平均所能产生的新生电子数目（单位为 $m^{-1}$），一般把它称为汤生第一电离系数，简称 $\alpha$ 电离系数，对应的电子繁衍过程也称为 $\alpha$ 过程。

若放电管中在单位时间内在阴极 K 附近有 $N_0$ 个原始电子形成，则当这些电子到达阳极 A 时，由于每一个电子都要增大 $e^{\alpha d}$ 倍，所以单位时间内进入阳极的电子个数将为：

$$N_d = N_0 e^{\alpha d} \tag{4-13}$$

若将上式两端都乘以电子电量 $q$（为了不和自然对数的底 $e$ 混淆，我们将电子电量的符号 $e$ 改用 $q$ 表示），并注意到 $N_0 q$ 就是不考虑繁衍过程可能达到的最大电流，即饱和电流 $I_{饱}$，则得到

$$I_d = I_{饱} e^{\alpha d} \tag{4-14}$$

式中 $I_d$ 是和 $N_d$ 对应的电流强度 $I_d = N_d q$，若估计 $\alpha d$ 值为 6～8，则 $e^{\alpha d}$ 的值为 400～3000，即比饱和电流强度大几百几千倍。

在导出式（4-13）和式（4-14）的过程中，曾假定所有原始电子都是在阴极附近形成的。这当然不符合实际情况，而事实上原始电子既可以在阴极 K 附近形成，也可以在两电极间的气体中形成。但这不至于影响两式的表达形式。因为我们可以把两电极之间气体中形成的原始电子按一定比例折合成在阴极 K 附近形成的原始电子。若把折合后的数值作为 $N_0$，则式（4-13）和式（4-14）仍可不改变其原来的表达形式。

可以看出，电离系数 $\alpha$ 的大小直接影响到气体导电的特性。根据电子在气体中的自由程分布律和发生电离碰撞的必要条件，可以得到 $\alpha$ 的计算公式为：

$$\alpha = \frac{1}{\overline{\lambda_e}} \cdot \exp\left(-\frac{U_i}{E\overline{\lambda_e}}\right) = Ap \cdot \exp\left(-\frac{Bp}{E}\right) \tag{4-15}$$

式中，$\overline{\lambda_e}$ 是电子在气体中运动的平均自由程，m；$E$ 是二电极间的空间电场强度，V/m；$U_i$ 是气体分子的电离电位，V；$p$ 是气体的压强，Pa；系数 $A = (\overline{\lambda_e} \cdot p)^{-1}$，$B = A \cdot U_i$。

#### 4.2.3.2 β过程和γ过程

根据式（4-14）计算出来的电流强度，还不是自激导电的全部电流强度，因为没有考虑在繁衍过程中所产生的正离子的作用。一个电子从阴极 K 出发到达阳极 A 所作的繁衍过程中，除了产生（$e^{\alpha d} - 1$）个新生电子外（这里之所以减去 1，是因为在到达阳极的 $e^{\alpha d}$ 个电子中，有一个是原始电子），同时还产生（$e^{\alpha d} - 1$）个新生正离子。这些正离子在电场作用下，向阴极 K 移动，在飞向阴极 K 的过程中，与气体分子碰撞，也可以使分子电离成电子和正离子。由正离子碰撞中性气体分子而使之电离的过程称为 β 过程，一个正离子沿电场方向运行单位路

程所产生的电离碰撞次数也记为β，一般称为汤生第二电离系数。另外，当这些正离子携带一定能量打上阴极 K 的表面时，会使阴极表面产生二次电子发射。这种因繁衍产生的正离子对阴极轰击而使阴极产生二次电子发射的现象，在气体放电中称为 $\gamma$ 过程，每个正离子打上阴极 K 的表面时使阴极发射出的二次电子数目也记为 $\gamma$，称为汤生第三电离系数。

无论是β过程或是 $\gamma$ 过程，产生的电子也都将参与气体导电的行列，对放电电流做出贡献，所以实际上自激放电的电流要比式（4-14）的计算值大。

4.2.3.3　自持放电

在分析繁衍过程中应该注意到，在这一过程中虽然可以产生很多新生电子，但归根到底还是由外因引起的原始电子产生的。若没有外因产生原始电子，就不会有繁衍过程产生新电子。所以一个原始电子连同它在繁衍过程中产生的新生电子进入阳极而消失时，若再没有另外由外因产生的原始电子进行补充，放电就会熄灭。亦即它是依靠外因来维持的。外因一旦消失，放电就会自动熄灭。这种依靠外因产生原始电子才能维持的放电称为非自持放电。

考虑到 $\gamma$ 过程后情况就不同了。当一原始电子进入阳极而消失时，由于这个原始电子在繁衍过程中所产生的 $(e^{\alpha d}-1)$ 个正离子打击阴极，尚能使阴极发射出 $\gamma(e^{\alpha d}-1)$ 个次级电子。这里的 $\gamma$ 即是二次发射系数。所以，当一原始电子连同它在繁衍过程中产生的新生电子一起进入阳极而消失时，就会有 $\gamma(e^{\alpha d}-1)$ 个次级电子进行补充。

在 $\gamma(e^{\alpha d}-1)<1$ 时，由于由 $\gamma$ 过程产生的次级电子还不足以补偿原始电子的损耗，不足的部分还需要其他由外因产生的原始电子来补充。放电还属于非自持放电的范畴。但当 $\gamma(e^{\alpha d}-1)\geqslant 1$ 时，放电特性就发生了质的变化。这时，由于由 $\gamma$ 过程产生的次级电子已能补偿进入阳极的电子，甚至补偿有余。这样当一个电子进入阳极消失时，就会有一个或一个以上的次级电子进行补偿。于是，外因即使消失，放电仍能继续维持。这种不依靠外因而能自己维持放电的过程称为自持放电。自持放电的条件是：

$$Q=\gamma(e^{\alpha d}-1)\geqslant 1 \tag{4-16}$$

## 4.2.4　破裂电压与帕邢定律

放电从非自持转变为自持后，不仅放电的特性发生质的变化（由依赖外因转变为内因），同时放电电流会因此而大幅度增大，并由黑暗放电转为光亮放电。所以通常把非自持放电过渡到自持放电的突变过程称之为破裂（或着火、点燃、击穿）。

发生破裂的条件就是式（4-16）所给出的倍增系数 $Q=1$。在放电管结构参数及内部气体成分、压力一定的条件下，倍增系数 $Q$ 与极间电压直接有关，即只有当放电管两极间的电压增大到一定数值时，放电才发生破裂。使气体发生破裂的极间电压称为放电的破裂电压（或着火电压、击穿电压）$V_S$。利用式（4-14）和式（4-15），以及极间电压 $V_S=Ed$ 的关系，可求出破裂电压的计算式为：

$$V_S=\frac{Bpd}{\ln(pd)+\ln(A)-\ln\ln\frac{1+\gamma}{\gamma}} \tag{4-17}$$

式中，各符号意义如前。

分析上式可以看出，$A$、$B$ 都是与气体种类有关的参数；$\gamma$ 虽然与电场强度有关，但经过取二次对数后已经影响很小；因此破裂电压 $V_S$ 主要受气体压力 $p$ 和极间距 $d$ 的影响。但是，$V_S$ 并不是分别随 $p$ 和 $d$ 来变化，而是二者乘积 $pd$ 的函数。即

$$V_S=f(pd) \tag{4-18}$$

1889 年，帕邢（Paschen）首先在实验室中得到上述关系。因此被称为帕邢定律。式（4-17）或式（4-18）称为帕邢公式。

依据帕邢公式，可以画出如图 4-12 的 $V_S$ 随 $pd$ 变化的关系曲线，称为帕邢曲线。帕邢曲线亦可通过实验得到，其形状与之相同。由图中曲线可看出，$V_S$ 首先随 $pd$ 的增加而降低，当达到一个最小值后，又随 $pd$ 的增加而增加。即在某一 $pd$ 值时 $V_S$ 有最小值。这一破裂电压最小值 $(V_S)_{min}$ 的出现和确定是很重要的一个规律。实际应用中，通常希望降低气体放电的破裂电压。

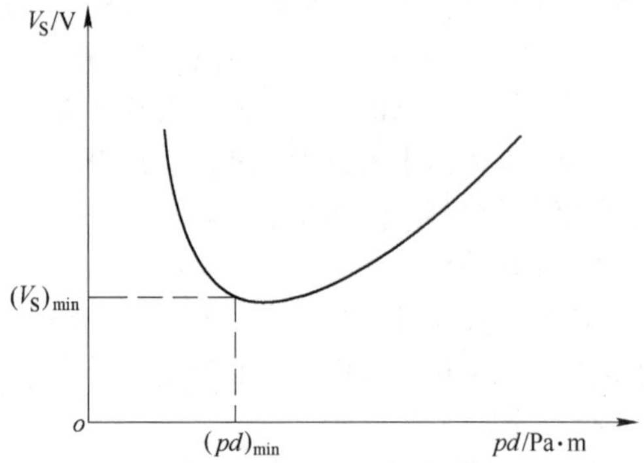

图 4-12 帕邢曲线

根据破裂条件式（4-16），可知破裂电压直接取决于 $\alpha$ 和 $\gamma$ 值。除去帕邢定律说明与 $pd$ 的关系外，$\gamma$ 还与阴极材料表面状况及电极结构有关；而 $\alpha$ 则取决于气体的成分。气体成分不同，$A$ 、$B$ 常数不同，击穿电压就不同。不同种气体的混合也能改变 $V_S$ 的值。混合气体中的放电现象在真空工程中十分常见，如被熔炼（或蒸镀）金属的蒸气与残余气体的混合，反应溅射镀膜时充入的惰性工作气体与活性反应气体的混合等等。如果混合的两种气体间满足潘宁效应条件，会使气体击穿电压下降；如果混入的气体是易吸附电子形成负离子的气体，或是分子性气体，一般击穿电压将升高。

着火后所形成的放电性质和形式与很多条件有关，主要的条件是气体的性质、气体的压力、电极的形状、电极的距离、外加电压的大小、外加电源的功率等。但是也不能简单的认为选择一定的条件便可以得到一定的放电形式。因为放电的条件还与放电时阴极所发射的电流密度大小等有关，因此和阴极温度和电子发射情况有关。所以用不同的着火方法也可得到不同的放电性质和形式。例如慢慢升高两个放在真空中而彼此有一定距离的电极之间的电压时，首先是得到辉光放电，然后再过渡到弧光放电。但是假如先将两个电极接触到一起，再把它们拉开，则可以直接得到弧光放电，如对真空电弧炉和多弧离子镀膜机的引弧皆属此例。若两电极之间电压很高而电源功率很小，则形成火花放电。

### 4.2.5 辉光放电

辉光放电是气体导电中的一种重要形式，由于放电时管内两电极空间出现特有的辉光而得名。通常低气压冷阴极放电管在击穿后立即形成稳定的自持的辉光放电，它的特点是电流密度尚较小，放电维持电压较高。以阴极位降为表征的气体中的电位分布，是辉光放电的主要特征。辉光放电区别于汤生放电之处，是管中电场受着空间电荷的影响；区别于弧光放电之处，是具有大的阴极位降，还有电子自阴极发射（逸出）的原因是由正离子轰击阴极，以及放电本身的辐射作用之下的光电作用，而在弧光放电中，则是由于阴极的热电子或场致电子发射。

辉光放电的形式可以利用如图 4-10 所示的气体放电实验装置演示。将和放电管相串联的限流电阻 $R$ 的阻值逐渐减少，使加在放电管两端的电压 $V$ 逐渐增大。当电压升高到破裂电压后，放电电流将会有大幅度的增加。实验发现：当电流增加到一定数值以后，随着电流的增长电压反而降低了，出现一个不稳定的放电阶段 $DE$。在这一阶段中，电压虽在不断降低，但电流还在继续增长。当电压和电流达到一定数值时，放电重趋稳定。与此同时，放电管中逐渐形成一种柔和的辉光。此即称之为辉光放电。辉光放电开始时，辉光只是覆盖一部分阴极表面积，而后随着电流的增长，逐渐扩展到整个表面，此时管压降并不随电流的增长而变化，通常称为正常辉光放电，对应于伏安特性曲线上的 *EF* 段；辉光覆盖全部阴极表面之后，若要使电流进一步增大，则需使电压升高，即伏安特性曲线上的 *FG* 段，称为异常辉光放电。

辉光放电之所以表现出如此奇特的伏安特性，完全是由于放电管内电极间的特殊电位分布和特殊的放电机制所决定的。辉光放电阴阳极间的电位分布曲线如图 4-13 所示，因为它是辉光放电特有的分布形式，直接展现了阴极位降的特征，所以常称之为辉光放电的特征电位分布。

辉光放电的外形特征是整个放电空间为明暗相间的光层所分隔，而大多数的光层则分布在紧靠阴极的地方，这些光层及放电中各种物理参量沿极间距离的分布情况如图 4-14 所示。各光层的物理特性如下：

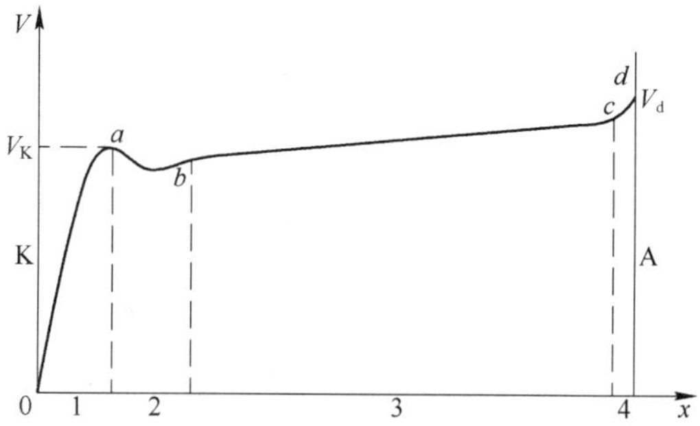

图 4-13　辉光放电的极间特征电位分布曲线

1—阴极位降区；2—过渡区；3—正柱区；4—阳极区

(1) 区域Ⅰ称为阿斯登暗区：这是一极薄的区域，由于电子刚从阴极发出，能量很小，不能产生电离和激发，所以是暗区。

(2) 区域Ⅱ称为阴极辉区：电子经过区域Ⅰ的加速具有了较大的动能，因而使得气体分子激发发光。因此可以推知阿斯登暗区的电位降落约为气体的最低激发电位。实验证明了这一点。

(3) 区域Ⅲ称为阴极暗区：由于电子的激发几率很小，而且电子所具有的能量必须在激发电位附近很小的范围内才可能产生激发。所以在区域Ⅱ中绝大多数的电子未经激发碰撞就已具有了不能再激发原子的较大能量。这时电子就进入所谓阴极暗区。由于在这一区域电子具有较大的能量，产生很强的电离，使得这里具有很高的正离子浓度，形成极强的正空间电荷，引起电场严重畸变。结果绝大部分的管压降都集中在这一区域和阴极之间。在这样的电场作用下，正离子以很大的动能轰击阴极，产生显著的 $\gamma$ 过程，而电子又以很大的加速度从阴极向前运动产生繁衍过程。

以上三个区域总称为阴极位降区。如前所述，阴极位降区是辉光放电的特征区域，所有辉光放电的基本过程都在这里完成。

接下来是一个过渡区，又可分为Ⅳ、Ⅴ两个小区。

(4) 区域Ⅳ称为负辉区：负辉区的光度最强而且和阴极暗区有明显分界。经过阴极暗区以后，电子能量大多都很小，加之在阴极暗区中新产生的大量慢速电子都向阳极运动，所以在这一区域中有较强的负空间电荷，因而形成了负的电场。由于电子速度很慢，很容易吸附（附着过程）在气体分子上形成负离子，并与由阴极暗区扩散来的正离子产生体积复合。在交界面上这一复合特别强，所以分界明显，光度很强。当然在这一区域中还是存在少量激发和电离的。

负辉区中离开阴极愈远，则电子受到阳极方面的加速愈大，空间电荷作用愈小，正负离子的体积复合也随之减小，所以光度愈来愈弱而逐渐过渡到下一区域。

(5) 区域Ⅴ称为法拉第暗区：这一区域是由前一区域发展而来的过渡区域。在这一区域中电离和激发都可忽略，仅因谐振辐射而稍有光辉。

电子在这一区域中将受到弱电场的加速，能量变大。但是由于不断的弹性碰撞使电子运动方向改变，最后其速度将逐渐接近麦克斯韦分布规律。这时就进入了正柱区。

(6) 区域Ⅵ是正柱区：正柱区是一等离子区。所谓等离子区就是电子浓度和正离子浓度相

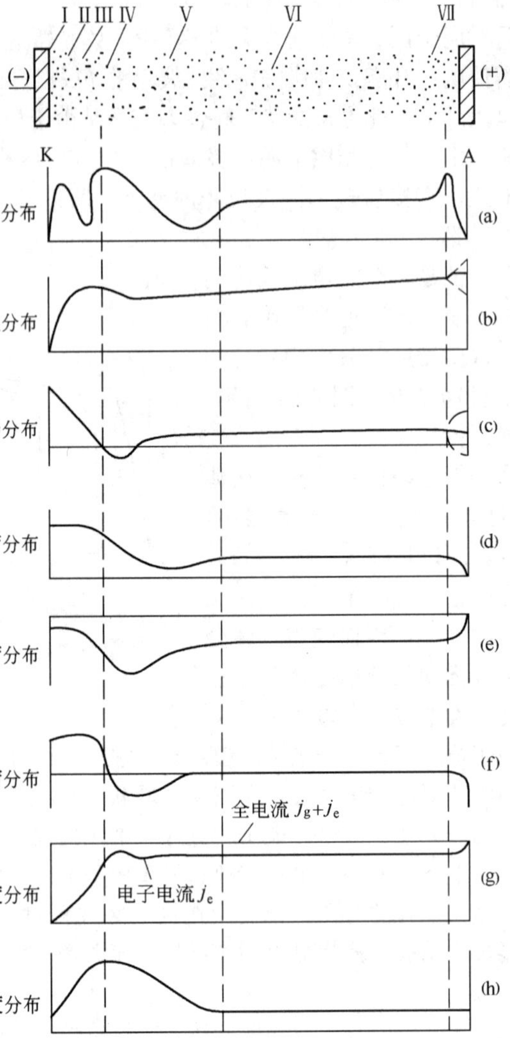


图 4-14　辉光放电参量分布图

等的区域。由于等离子区中电子和正离子的浓度都很大，一般为 $10^{10}\sim10^{12}$ 个电子/cm$^3$，而且电子的迁移率很高，所以等离子区域性质接近一良导体。正柱区在放电中的作用也就是传导电流。正柱区中存在着消电离，在平衡状态带电粒子必须得到不断的补充。因此正柱区中存在着电位降落。至于电位梯度的大小则决定于所需要的电离强度，消电离情况和产生电离的难易，而电位梯度又决定了正柱区的激发，故电位梯度愈强则发光愈强。

（7）区域Ⅶ称为阳极区域：阳极区域是或有或无的区域。存在与否及阳极位降的高低决定于外线路电流的大小、阳极的面积和形状。

辉光放电各光层的特性及相互间的关系，可通过改变极间距的实验来观察。在一个已发生辉光放电的管子中，改变阴阳电极间的距离（无论是移动阴极还是移动阳极），可以看到：靠近阴极部分的各光层大小及排列，直到正柱区的边缘都保持不变，只有正柱区的长度在随极间距的增大而加长，或随极间距的减小而缩短，以至这个区域完全消失为止。若将两电极进一步靠近，法拉第暗区乃至负辉区开始依次缩短消失，但负辉区与阴极位降区的明显界面位置则保持不变。最后，当阳极到达这个界面位置时，辉光放电就停止了。从中可以发现，正柱区的形状随着放电管的形状而异，与阴极和阳极的排列及形状无关（因此霓虹灯放电管可以制成各种形状）。阴极位降区才是辉光放电必不可少的部分。假使阴阳极间距离小于阴极位降区，而同时在管内可以找到较长的阴阳极间路径，则辉光放电就将选择这个较长的路径。当屏蔽罩与阴极表面的距离小于阴极位降区时，就可以限制阴极在此区域发生放电。

放电气体中强烈的电离效应，使得有一部分载流子不能及时进入电极或复合消失，从而逗留在放电空间中，因此被称为空间电荷。空间电荷可能是带正电的正离子，也可能是带负电的电子。由于在同一时间内，正离子从电场中获得的速度比电子小，在空间逗留的时间长，对放电所起的影响也大。所以对放电起主要作用的是正离子组成的空间电荷。辉光放电阴阳电极间正电荷、负电荷与净电荷的空间分布如图 4-14 所示。

空间电荷的作用，一方面是使气体的导电能力增强，气体的电阻减小。而另一方面，也是更主要的方面，是其本身产生电场，这电场叠加于外电场之上，使外电场发生畸变，使电位在空间的分布发生显著变化。辉光放电的特征电位分布就是外电场与空间电荷电场叠加的结果。

空心阴极放电是一种常用的特殊形状阴极的辉光放电。在普通的辉光放电管中装入两个平行的、等电位的平板阴极，如图 4-15 所示，那么在放电时，两个阴极附近将出现各自的阿斯登暗区、阴极辉区、阴极暗区和负辉区，而法拉第暗区和正柱区则是公共的。若设法让两个阴极 $K_1$和 $K_2$逐渐相互靠近，则当间距缩短到某一程度时，两个负辉区便相互重叠而合二为一，这时可观察到负辉区的发光程度和电流密度都大大增加，这种现象称为“空心阴极效应”。利用圆筒形状的阴极，将辉光放电的阴极区和负辉区包围在阴极空腔的内部，使负辉区相互重叠，这种辉光放电称为空心阴极辉光放电，简称为 HCD 放电。

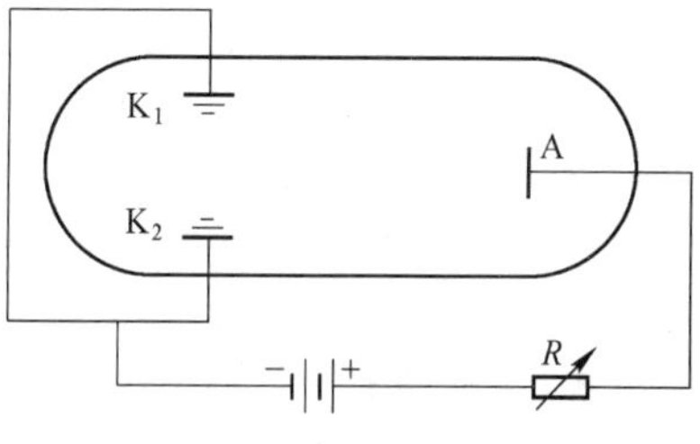

图 4-15 空心阴极辉光放电管

产生空心阴极辉光放电的关键条件是其特殊的空心阴极结构。发生空心阴极辉光放电的条件是：圆筒形空心阴极的半径必须大于阴极区的厚度而小于阴极区与过渡区之和；此外，阴极圆筒的长度与圆筒直径之比应小于 7。在阴极结构一定时，通过调节气压也可满足上面的条件。

与正常辉光放电相比，空心阴极辉光放电的主要特征是：管压降较低，电流密度大，在相同条件下电流密度可高出 1～3 个数量级；空心阴极中等离子区内的电子、离子浓度高，可达 $10^{13}$～$10^{14}$ $cm^{-3}$，约高出 $10^2$～$10^3$ 的数量级；阴极区存在着相当丰富的高能量粒子轰击阴极表面，产生强烈的阴极溅射，从而在阴极附近形成较高的金属蒸汽压。利用这些特性可制成各种用途的空心阴极放电管，如各种金属蒸汽的离子激光器、光谱灯、电子源等，尤其是作为空心阴极离子镀膜机的热源，在真空行业得到大量应用。

磁控辉光放电在近些年得到了广泛的应用。其独特之处是在阴极表面区域施加平行磁场，从而与垂直阴极表面的电场成正交电磁场分布。在电场作用下飞离阴极的电子，受到磁场洛仑兹力作用发生偏转，会重新飞向阴极，其运动轨迹是在与电、磁场分别垂直的第三方向上展开的各种摆线。在阴极表面的磁场分布通常构成闭合回路，这样可使电子沿着环形跑道循环不断地飞行。磁控辉光放电的要点就是控制电子在阴极表面作长时间远距离的飞行，增大与气体分子发生碰撞的机会，从而可以实现在低气体压强和低极间电压的条件下维持高强度的辉光放电。

### 4.2.6 弧光放电

弧光放电与辉光放电的电子发射机理不同。弧光放电具有更有效的电子发射，只要很小的发射面积就能产生很大的电流。所以发射电子的只是阴极表面温度最高、电场最强或逸出功最低的很小部分，因而弧光放电时阴极表面有一很小而极亮的辉点，辉点发射的电流密度高达每平方厘米几百至几千安培以上。

弧光放电两电极间的电位降由阴极位降、弧区位降和阳极位降三部分组成。电位在空间的分布曲线如图 4-16 所示。它和辉光放电的空间电位分布曲线相比很相似。差别仅在于：阴极位降区的宽度比辉光放电时窄得多，负辉区和法拉第暗区已消失，阴极位降区直接向正柱区过渡，阳极位降区的电位降比辉光放电时大。

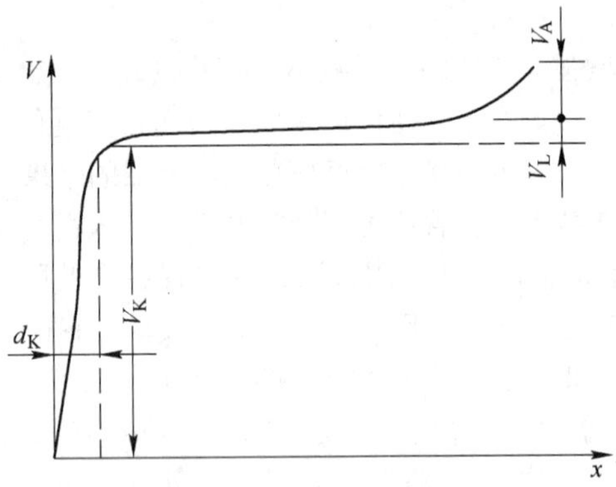


图 4-16 弧光放电的极间电位分布曲线
$d_K$—阴极位降区宽度；$V_K$—阴极位降；
$V_A$—阳极位降；$V_L$—弧区位降

弧光放电的外部特征可归纳为大电流，低电压，高热度，强弧光。弧柱区的电流密度可达 $100A/cm^2$，而辉光放电的电流密度仅为 1～10 $mA/cm^2$，实际中常用总电流是否大于 1A 来作为弧光放电的一个判据。弧光放电的阴极位降在 10V 左右，而辉光放电的阴极位降通常超过 100V，虽然弧光放电弧柱区位降可以较大，但总电压降一般远远小于辉光放电的总电压降。在气压足够高时，弧柱区轮廓明晰，有极高的亮度和热度，如电弧焊接和弧光灯，但在真空中和阳极面积相当大时，电弧可以没有明晰的轮廓，亮度和热度也都较低，只有阴极表面上极亮的阴极辉点作为弧光放电的特征。

弧光放电的伏安特性曲线如图 4-10b 中的 $GH$ 段。可以看到，随着放电电流的增加，放电电压迅速下降，伏安特性曲线的斜率是负的，称为负伏安特性。形成负特性的原因可简单解释如下：在靠近曲线 $G$ 点，由异常辉光放电向弧光放电过渡阶段，阴极电子发射机理由二次电子发射逐渐向热电子发射或场致发射过渡，电流越大，发射能力越强，所需的放电电压则越低。在达到 $H$ 段时，总放电电压只有 10～20V 左右，电流增大使弧区空间电荷密度升高，电阻减小，从而使弧区位降降低。

根据阴极发射电子的方式和机理不同，弧光放电可分为热电子弧光和场致弧光两大类，而热电子弧光又可细分为自持热阴极弧光放电和非自持热阴极弧光放电。

#### 4.2.6.1 热电子弧光

若放电管的阴极由难熔的金属构成，则当电流增大到一定程度时，正离子轰击阴极，将阴极加热到很高温度，使金属内电子逸出阴极表面而产生很强的热电子发射，这种弧光放电称为热电子弧光（热电弧）。阴极的热电子发射往往集中在一块很小的面积上，称之为阴极弧点。由于在温度较高的地方，电子发射最容易，因此热电子电弧的阴极弧点是固定的，并具有明显界限。

非自持热阴极弧光放电主要用于热阴极充气管。这种放电是阴极靠外电源加热来维持足够数量的热电子发射，电子从整个阴极表面发射出来，不形成阴极弧点。如果在放电时将阴极加热电源除去，则放电立即停止，因此这类弧光放电是非自持的。

综上所述可见：只要阴极的温度足够高，即能形成电弧，所以电弧的启动不一定非要加高电压从辉光放电过渡。例如，工业生产中，一般都用“拉弧”的办法获得弧光放电。所谓“拉弧”就是先将两个电极靠得很近，造成瞬时的大电流，加热阴极，而后再将两电极拉开，造成弧光放电。如电弧离子镀和真空电弧炉的引弧，皆属此例。

4.2.6.2 场致弧光

若所用阴极物质的蒸发温度不高（如汞阴极），则当阴极加热时，在它还没有达到足以产生显著的热电子发射所需要的温度以前，就开始强烈地蒸发。放电将在压力较大的阴极物质蒸气中进行。由于在这种压力下，电子的平均自由程很小（约 $10^{-5}$mm），电子将在很靠近阴极的地方激起原始电离。在电离过程中所形成的正离子空间电荷处于距阴极一个自由程远的区间，与阴极形成偶电层，并将在这段距离中达到很强的电位梯度。在这强电场的作用下阴极表面产生场致发射，强烈的场致发射与热电子发射相近，也将促使辉光放电向弧光放电过渡，这种依靠场致发射维持的弧光放电称为场致弧光。由于阴极物质蒸发需要汽化热，使阴极温度不能升得太高，所以这种弧光放电亦称为冷电弧。

由于冷电弧是由阴极在强电场作用下造成的，所以相应的阴极弧点必然在阴极表面场强特别强的那些地方。因为阴极在不断地蒸发，表面附近的正离子和蒸气受到蒸发出来的原子的冲击，其分布在不断地变化，因此在不采取特别措施的情况下，其弧点不可能是固定的，而是要发生随机游动。这和热电子弧光的弧点位置是有区别的。如果在阴极表面施加垂直于表面的磁场，对弧点移动具有约束作用。

### 4.2.7 高频放电

在两个电极间（无论电极是设在管外或管内）施加高频交变电场所引起的气体放电，称为高频放电。

交变电场频率的高低直接决定着气体放电的机制和性质。当频率很低时（如工频 50Hz），如果加在电极上的电压振幅高于着火电压，则在每正半周和负半周内，极间气体都要分别经历着火、放电、熄灭的过程。每个电极随着电压方向的改变而交替地作为阴极和阳极工作。繁衍过程产生的电子和离子，也都能在半个周期内从极间漂移进入相应的电极。显然，低频交流放电的过程机制与直流放电基本相同。

当交变电场的频率提高到一定值以后，大部分正离子由于漂移速度较慢，不能在半个周期内到达当时对应的阴极，而只是在两电极间振荡，放电机制主要由电子向当时的阳极漂移的过程所控制。进一步提高放电频率，不但正离子而且电子也不能到达电极，都在极间作谐振运动，进入电极的电子数量将大大减少。由于电子不断地来回运动，其电离能力将大大加强。这样，维持气体自持放电的电子，将不再是由电极所产生的二次电子来提供，而是由电子与气体粒子间的电离碰撞来产生。正离子可以近似认为在空间是不动的，其作用几乎完全在于形成空间电荷电场。在外电场变化周期小于放电空间电离和消电离时间时，两个电极不再单纯是交替地作为阳极和阴极，而是整个放电空间稳定在一种不变的放电形式——在电极附近的发光相似于直流辉光放电的负辉区，在放电管的中部则配置着与正柱区相对应的发光区。

高频放电时阴极过程已不重要，只要有高频电场作用就可形成气体放电。由于电极的作用不大，因此可以将电极放置在放电管里面或外面，即通常所说的内电极和外电极。甚至可以是无电极的所谓无极环形放电。

无极放电不仅能在交变电场下形成，而且也可以在交变磁场下形成。把一个没有电极的放电管放在高频线圈里，线圈的轴向交变磁场在放电管内感应出沿圆周方向的交变电场。另外由于管壁相对于中心等离子区带负电，因而在管壁附近形成一个沿半径方向由轴线指向管壁的恒定电场。在这两个电场和高频磁场的共同作用下，电子作环形运动，使气体粒子激发、电离。因为不同半径圆周上运动的电子能量不同，激发的能级和数量也不同，因此在放电管内产生了一些发光颜色不同的光环。环的直径越大，电子的能量也越大，气体粒子被激发的能级就越高。

高频放电的着火电压，是指放电发生时加在电极上快速交变电压的幅值。在一定频率范围内及其他条件相同情况下，高频放电的着火电压比直流放电着火电压低，最小时可低于直流电压的 1/10。原因在于电子在气体中来回振荡，产生电离碰撞的次数大大增加之故。

高频放电在雷达及脉冲技术方面有广泛的应用。在真空工程中，高频放电的频率范围一般指从 $10^6$ Hz（无线电频率）到 $10^{11}$ Hz 左右（微波与远红外交界）。根据高频放电可以采用半导体或绝缘体材料作阴极的原理，利用其阴极溅射现象，实现这两类材料的溅射镀膜，即射频溅射镀膜技术；高频火花检漏仪利用单极尖端高频放电产生的火花作为激励源，引发玻璃真空系统中的气体随之放电，可达到估测真空度和真空检漏的目的。

### 4.2.8　潘宁放电

潘宁放电是在电场和磁场联合作用下，使电子在较长的时间内局限于某一特定空间内运动，所形成的一种气体放电类型。

潘宁放电实验装置如图 4-17 所示。图中产生电场的两个电极，其阳极 A 是一个圆筒，阴极 K 是位于圆筒两端面处的垂直于轴线的两块平板。磁场 ***B*** 的方向沿圆筒轴线方向，如箭头所示。

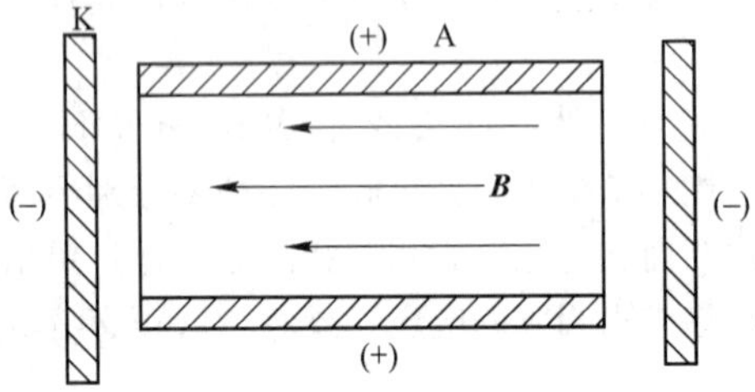


图 4-17　潘宁放电装置示意图
K—阴极；A—阳极；***B***—磁场

在上述实验装置中，电子的运动受到两方面的限制。一方面是外加电场对它轴向运动的限制，当电子沿轴向运动到两端面附近时，将受到阴极板的强大斥力，使它不致沿轴向逸出端面。另一方面是磁场对它半径方向运动的限制，电子在均匀磁场作用下围绕磁力线作圆周运动，它将限制电子向阳极运动。电子在受这两种力的同时作用下，便会长时间地在圆筒内作螺旋线形的来回运动。

电子在圆筒内长时间运动，必然会和气体分子发生碰撞而使大量气体分子电离。结果是在圆筒内形成空间电荷。由于正离子的运动不受磁场限制，所以很快便飞到阴极并被中和成中性气体分子了；而电离产生的电子则被限制在圆筒内运动，因此在圆筒内积累的空间电荷主要是电子。潘宁放电时，圆筒内的空间电子密度很高。这样，在圆筒内不仅有外加的电磁场，而且有空间电荷的电磁场。虽然情况比较复杂，但是只要单位时间内进入阳极的电子数和新产生的电子数（包括气体分子电离和离子入射阴极的二次电子发射）相等时，就会达到平衡状态，使气体出现稳定的自持放电。所以只要一个电子从形成开始到进入阳极消失为止，能和一个气体分子发生一次电离碰撞，即能满足自持条件。由于电磁场的限制，电子在圆筒内空间逗留的时间是很长的。因此，即使真空度很高，亦能满足自持放电条件（根据实验，在真空度高于 $10^{-10}$ Pa 的超高真空下，亦可形成自持的潘宁放电）。这是潘宁放电有别于其他所有放电类型的基本特点。

潘宁放电的其他一些特点是：这种放电过程完全没有热阴极，因而不怕阴极由于突然放（漏）气氧化或烧毁，不怕化学活性气体的毒化或破坏；同时也不会出现因热阴极的存在而产生的高温辐射和金属蒸气的污染；潘宁放电的线路和放电装置都较简单，易于制造。

# 5 真空中的气体流动

## 5.1 气体流动状态及其判别

### 5.1.1 稀薄气体的流动状态

当气体内部存在压力差时，气体会由压力高处向压力低处流动。真空技术中主要研究稀薄气体在管路中的流动问题。在管路中气体流动可分为三种基本流动状态：湍流、黏滞流和分子流。气源从一种状态转变为另一种状态时，存在过渡区域，称为湍-黏滞流，黏滞-分子流。

由于湍流仅发生于真空系统工作之初的很短时间内，因此一般不加考虑。

（1）湍流：管道中气体压力、流速较高时，流动处于不稳定状态，流场中各质点的速度随时间而变化，惯性力在流动中起主导作用。

（2）黏滞流：管路中气体压力逐渐降低后，流动变为具有不同速度的流动层，流线随着管道形状变化而变化。对其研究可采用经典流体力学方法。

（3）分子流：当管道中气体压力进一步降低到气体分子平均自由程和管道直径相当时，气体间的碰撞少到可以忽略的程度，气体分子只与管壁碰撞，气体的流动靠管内分子密度梯度推动进行，是大量分子单独运动的综合效果。对其研究可采用统计力学的方法。

（4）黏滞-分子流（过渡流）：处于黏滞流和分子流之间的一种中间流动状态。对其研究尚缺乏系统的理论，多采用对现有理论的修正或采用半经验公式的方法。

### 5.1.2 流动状态的判别

5.1.2.1 湍流与黏滞流的判别

湍流向黏滞流的转变，不仅与气体的压力、流速有关，还与流管的尺寸以及气体的特性有关，可用雷诺数来判别。雷诺数的计算表达式为：

$$Re = \frac{D \cdot u \cdot \rho}{\eta} \tag{5-1a}$$

式中 $Re$——雷诺数；

$D$——流管直径；

$u$——气流流速；

$\rho$——气体密度；

$\eta$——气体内摩尔系数。

当

$$\begin{aligned} &Re > 2200 \text{ 时，流动为湍流} \\ &Re < 1200 \text{ 时，流动为黏滞流} \end{aligned} \tag{5-2a}$$

若将气流速度 $u = \frac{4Q}{\pi D^2 p}$，$\rho = \frac{M}{V} = \frac{\mu p V}{RT}/V = \frac{\mu p}{RT}$，代入式（5-1a），整理可得：

$$Re = \frac{4\mu}{\pi RT\eta} \cdot \frac{Q}{D} \tag{5-1b}$$

式中　$Q$——气体的流量；

$R$——摩尔气体常数；

$T$——气体热力学温度；

$\mu$——气体分子摩尔质量。

对于 20℃空气，气体流动为湍流或黏滞流的判据为：

$$
\begin{aligned}
&Q>2650D \text{ 为湍流}\\
&Q>1440D \text{ 为黏滞流}\\
&1440D<Q<2650D \text{ 为湍-黏滞流}
\end{aligned}
\tag{5-2b}
$$

式中，$Q$ 的单位为 $Pa \cdot m^3/s$，$D$ 的单位为 m。

5.1.2.2　黏滞流与分子流的判别

在低压下，气体分子的平均自由程是一个重要参数，它与流管的直径之比可用以判别流动是否处于分子流态。克努森（M. Knudsen）的判别式为：

$$
\begin{aligned}
&\frac{\bar{\lambda}}{D}>\frac{1}{3} \text{ 为分子流}\\
&\frac{\bar{\lambda}}{D}<\frac{1}{100} \text{ 为黏滞流}\\
&\frac{1}{100}<\frac{\bar{\lambda}}{D}<\frac{1}{3} \text{ 为黏滞-分子流}
\end{aligned}
\tag{5-3a}
$$

对于 20℃空气，若将 $\bar{\lambda}=\dfrac{kT}{\sqrt{2}\pi\sigma^2\bar{p}}$ 代入上式，并整理可得判别式：

$$
\begin{aligned}
&D \cdot \bar{p}<0.02\text{Pa} \cdot \text{m} \text{ 为分子流}\\
&D \cdot \bar{p}>0.665\text{Pa} \cdot \text{m} \text{ 为黏滞流}\\
&0.02\text{Pa} \cdot \text{m}<D \cdot \bar{p}<0.665\text{Pa} \cdot \text{m} \text{ 为黏滞-分子流}
\end{aligned}
\tag{5-3b}
$$

式中　$k$——玻耳兹曼常数；

$\sigma$——气体分子的有效直径；

$\bar{p}$——气体的平均压力。

目前国内外多数学者推荐以下判据：

$$
\begin{aligned}
&\frac{\bar{\lambda}}{D}>1 \text{ 为分子流}\\
&\frac{\bar{\lambda}}{D}<0.01 \text{ 为黏滞流}\\
&0.01<\frac{\bar{\lambda}}{D}<1 \text{ 为黏滞-分子流}
\end{aligned}
\tag{5-3c}
$$

对于 20℃空气，将 $\bar{\lambda}=\dfrac{kT}{\sqrt{2}\pi\sigma^2\bar{p}}$ 代入上式，并整理可得：

$$
\begin{aligned}
&D \cdot \bar{p}<6.65\times10^{-3}\text{Pa} \cdot \text{m} \text{ 为黏滞流}\\
&D \cdot \bar{p}>0.665\text{Pa} \cdot \text{m} \text{ 为黏滞流}\\
&6.65\times10^{-3}<D \cdot \bar{p}<0.665\text{Pa} \cdot \text{m} \text{ 为黏滞-分子流}
\end{aligned}
\tag{5-3d}
$$

## 5.2　气体的流量和管道流导

### 5.2.1　气体的流量

气体流量的定义：压力为 $p$、温度为 $T$ 的气体通过某平面的容积流率 $dV/dt$ 与其压力 $p$ 的乘积：

$$Q = p\frac{\mathrm{d}V}{\mathrm{d}t} \tag{5-4}$$

5.2.1.1 黏滞流态下的流量公式

在黏滞流中，圆形断面管道上径向速度分布为抛物线，其流速可由下式表示：

$$u = \frac{p_1 - p_2}{4\eta L}(R^2 - r^2) \tag{5-5}$$

式中 $p_1$，$p_2$——管道两端的气体压力；

$L$——管长；

$R$——管道半径；

$r$——到管中心线的距离。

管道中的气流量可用泊谡叶（Poisuille）公式表示：

$$Q_v = \frac{\pi D^4}{128\eta L}\bar{p}\cdot(p_1 - p_2) \tag{5-6}$$

泊谡叶公式在气体压力为667～30664Pa范围内与实验结果有非常好的一致性。

5.2.1.2 分子流态下的流量公式

在分子流态下，气体分子只与管壁发生碰撞，并在管道壁上滞留一段时间后再飞离。由于气体分子飞离时的运动状态与碰壁时的运动状态无关（“漫反射”），因此，在管道中既存在着由入口向出口运动的气体分子，也存在着由出口向入口运动的气体分子，通过流管的流量为上述两者的净流量。克努森给出了分子流的流量公式为：

$$Q_m = \frac{\sqrt{2\pi}}{6\sqrt{\rho_1}}\cdot\frac{D^3}{L}(p_1 - p_2) \tag{5-7}$$

式中 $\rho_1$——单位压力下气体的密度。

5.2.1.3 黏滞-分子流态下的流量公式

黏滞-分子流的计算采用对理论公式的修正或半经验公式。克努森根据圆截面管实验，提出如下计算流量的半经验公式：

$$Q = Q_v + bQ_m \tag{5-8a}$$

式中 $Q_v$——黏滞流流量；

$Q_m$——分子流流量。

$$b = \frac{1 + \frac{\sqrt{\rho_1}}{\eta}D\cdot\bar{p}}{1 + 1.24\frac{\sqrt{\rho_1}}{\eta}\cdot D\cdot\bar{p}} \tag{5-8b}$$

从式（5-8）中可见，当 $\bar{p}$ 很小时，$b\approx1$，并且，$Q_v \ll Q_m$，那么 $Q\approx Q_m$，为分子流流量公式；当 $\bar{p}$ 较大时，$b\approx0.8$，并且 $Q_v \gg bQ_m$，那么 $Q\approx Q_v$，为黏滞流流量公式。因此，式（5-8）可作为气体流量的普遍公式，适用于三种流态流量的计算。

### 5.2.2 管道的流导

管道的流导，也称通导能力，表示气流的通过能力，用符号 $C$ 表示，其定义式为：

$$C = \frac{Q}{p_1 - p_2} \tag{5-9a}$$

即在单位压差下，流经导管的气流量，其单位为 $m^3/s$，也有用 L/s 表示的。

管路元件——导管、阀门、捕集器、除尘器等都希望流导尽可能大，以便气体顺利通过。

因此，流导是管路元件的重要参数。

### 5.2.3　管路元件串联、并联的流导计算

并联元件的总流导等于各分支流导之和：

$$C = C_1 + C_2 + \cdots + C_n \tag{5-9b}$$

串联元件的总流导的倒数等于各元件流导的倒数之和：

$$\frac{1}{C} = \frac{1}{C_1} + \frac{1}{C_2} + \cdots + \frac{1}{C_n} \tag{5-9c}$$

## 5.3　简单管道的流导计算

管道轴线是直线或近似于直线、断面形状和线性尺寸沿轴线保持不变或变化不大的管道称为简单管道。由简单管道串联、并联或有串联又有并联的管道称为复杂管道。

### 5.3.1　黏滞流时管道的流导计算

5.3.1.1　薄壁孔的流导

A　引述

在工程计算中，将孔板厚度远小于孔径的孔口称为薄壁孔。在此情况下，孔板的厚度对流导的影响可以忽略。

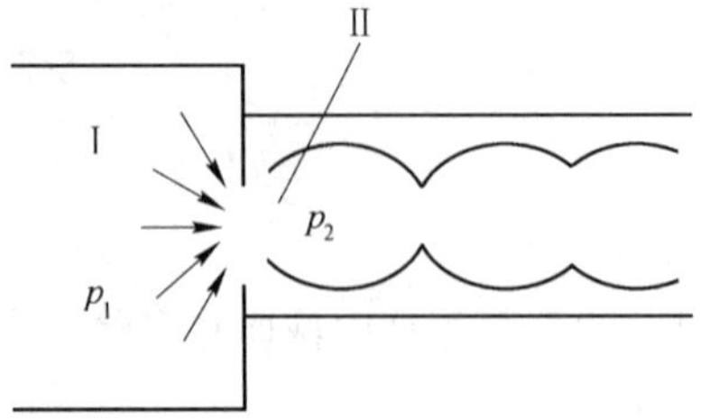


图 5-1　流经薄壁孔的黏滞流

黏滞流流经薄壁孔时，若 $p_1 > p_2$，则气体由Ⅰ空间流向Ⅱ空间，其流线如图 5-1 所示。气体在孔口处受压，流过孔口后由于压力低而膨胀，流线集中在管壁附近，使管中心形成低压带。随后，气体又由高压处向低压处聚集，于是又形成气流的压缩，而后又膨胀，又压缩……，但每次膨胀压缩的程度都比前一次有所减弱，直到气流分布均匀为止。

实验发现，当 $p_1$ 不变时，随 $p_2$ 下降，通过孔口的流速和流量都增加，但当 $p_2$ 下降到某一值时，气体的流速、流量不再随 $p_2$ 下降而增加了，这种情况如图 5-2 所示。

图上 $AB$ 段曲线表示通过孔口的气流量 $Q$ 随着压力比 $r$ 的下降而增加，当 $r = r_c$（临界压力比）时，$Q$ 增到最大值 $Q = Q_{max}$。之后的 $BC$ 段，虽然压力比继续下降，$Q$ 也不再变化。

$AB$ 段曲线中 $Q$ 与 $r$ 的关系，由如下公式给出：

$$Q = r^{1/K}\sqrt{\frac{2K}{K-1}\frac{RT_1}{\mu}\left[1 - r^{(K-1)/K}\right]} \cdot p_1 A \tag{5-10}$$

式中　$r$——孔口两侧的压力比，$r = \dfrac{p_2}{p_1}$；

$K$——气体的绝热指数，双原子气体，$K = 1.4$；单原子气体，$K = 1.2$；

$T_1$——Ⅰ空间内气体的热力学温度；

$\mu$——气体的摩尔质量；

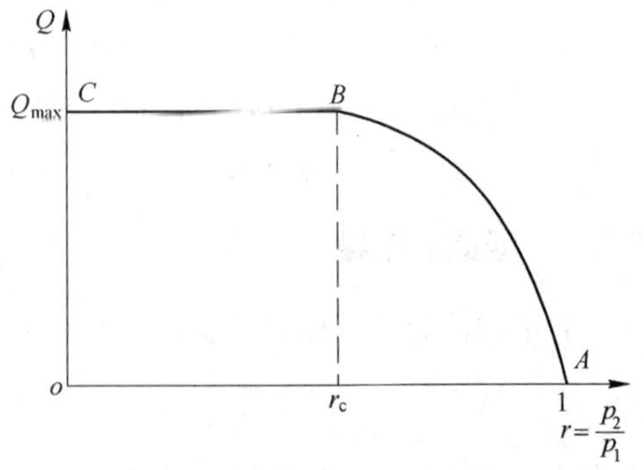


图 5-2　孔口流量与压力比的关系曲线

$A$——孔口的面积；

$p_1$——Ⅰ空间内气体的压力。

对于一定温度下的特定气体，气体流经孔口的气流量是孔口两侧压力比的函数，即 $Q=f(r)$。由 $\frac{dQ}{dr}=0$，可求得最大流量 $Q_{max}$ 对应的临界条件：

$$r_c=\left[\frac{2}{K+1}\right]^{\frac{K}{K-1}}$$

对于空气或其他双原子气体（如 $O_2$、$H_2$、$N_2$ 等），$K=1.4$，$r_c=0.525$；对于单原子气体，$K=1.2$，$r_c=0.564$。

B 流导的计算

根据流导的定义，黏滞流时薄壁孔的流导为：

$$C_{vk}=\frac{Q}{p_1-p_2}=r^{\frac{1}{K}}\sqrt{\frac{2K}{K-1}\frac{RT_1}{\mu}\left(1-r^{\frac{K-1}{K}}\right)}\frac{A}{1-r} \tag{5-11a}$$

对于双原子气体，流导为：

$$C_{vk}=7.36r^{0.712}\sqrt{(1-r^{0.288})\frac{T_1}{\mu}}\frac{A}{1-r} \tag{5-11b}$$

对于单原子气体，流导为：

$$C_{vk}=9.98r^{0.833}\sqrt{(1-r^{0.167})\frac{T_1}{\mu}}\frac{A}{1-r} \tag{5-11c}$$

对于 20℃空气，流导为：

$$\begin{aligned}&\text{当 } r>0.525 \text{ 时}, C_{vk}=766r^{0.712}\sqrt{1-r^{0.288}}\frac{A}{1-r}\\&\text{当 } r\leqslant 0.525 \text{ 时}, C_{vk}\approx 200\frac{A}{1-r}\\&\text{当 } r<0.1 \text{ 时}, C_{vk}\approx 200A\end{aligned} \tag{5-11d}$$

对于 20℃空气，圆形孔口的流导为：

$$\begin{aligned}&\text{当 } r>0.525 \text{ 时}, C_{vk}=602r^{0.712}\sqrt{1-r^{0.288}}\frac{D^2}{1-r}\\&\text{当 } r\leqslant 0.525 \text{ 时}, C_{vk}\approx 157\frac{D^2}{1-r}\\&\text{当 } r<0.1 \text{ 时}, C_{vk}\approx 157D^2\end{aligned} \tag{5-11e}$$

以上式中各量的单位采用国际单位。

5.3.1.2 长管道流导的计算

通常，管道入口对气体的流动是有影响的，但如果管道的长度较长，管端对气流的影响在工程计算中则可以忽略。在一般的工程计算中，当管道的轴线长度 $L$ 与管内径 $D$ 的比值 $\frac{L}{D}\geqslant 20$ 时，可以忽略管端的影响，此时管道定义为长管道。

A 黏滞流——柱坐标下的泊松方程

在具有均匀圆形截面的长管中（如图 5-3 所示），气流从高压 $p_1$ 区流向低压 $p_2$ 区。包含在半径为 $r$，壁厚为 $dr$ 的薄壁圆柱和长度为 $dz$ 内的气体，在气流方向受到截面积 $2\pi r dr$ 内压力差 $dp$ 的作用，作用力为：

$$dF_1=-\frac{dp}{dz}dz\cdot 2\pi r dr=-2\pi r\frac{dp}{dz}drdz \tag{5-12}$$

式中，负号表示在气流方向上压力减小。

由于气体的黏滞作用，气体在圆柱内表面处的速度大于圆柱外表面处的速度。由黏滞作用产生的黏滞力为：

$$F = \eta A \frac{\mathrm{d}u}{\mathrm{d}r}$$

式中　$\eta$——黏滞系数；

$A$——圆柱的表面积，$A=2\pi r\mathrm{d}z$。

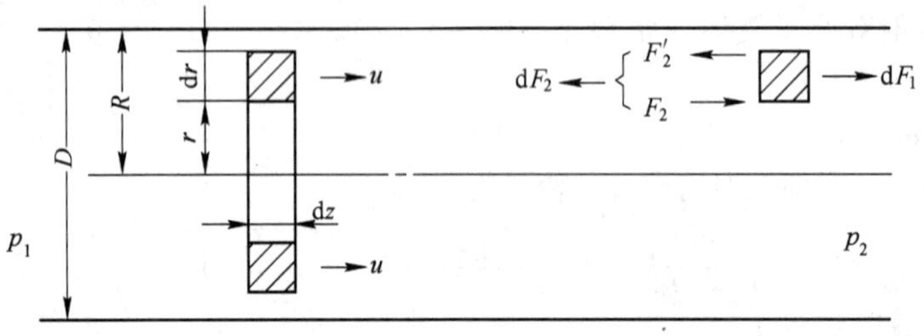


图 5-3　管中的黏滞流（原理图）

因此作用于圆柱内表面上的力为：

$$F_2 = -\eta \cdot 2\pi r\mathrm{d}z \frac{\mathrm{d}u}{\mathrm{d}r} = -2\pi\eta\left(r\frac{\mathrm{d}u}{\mathrm{d}r}\right)\mathrm{d}z \tag{5-13a}$$

由于 $\frac{\mathrm{d}u}{\mathrm{d}r}$ 是负值，所以这个力指向气流方向。在这个圆柱的外表面上，由黏滞性所产生的力为：

$$F'_2 = -\left(F_2 + \frac{\mathrm{d}F_2}{\mathrm{d}r}\mathrm{d}r\right) = 2\pi\eta\mathrm{d}z\left[r\frac{\mathrm{d}u}{\mathrm{d}r} + \frac{\mathrm{d}}{\mathrm{d}r}\left(r\frac{\mathrm{d}u}{\mathrm{d}r}\right)\mathrm{d}r\right] \tag{5-13b}$$

力的方向与气流的方向相反。

由黏滞性所产生的作用于圆柱上的合力为：

$$\mathrm{d}F_2 = F_2 + F'_2 = 2\pi\eta\frac{\mathrm{d}}{\mathrm{d}r}\left(r\frac{\mathrm{d}u}{\mathrm{d}r}\right)\mathrm{d}r\mathrm{d}z \tag{5-14}$$

力的方向与气流的方向相反。

稳定流动时，由压力差产生的力 $\mathrm{d}F_1$ 与由黏滞性产生的力 $\mathrm{d}F_2$ 相平衡，因而有：

$$-2\pi r\frac{\mathrm{d}p}{\mathrm{d}z}\mathrm{d}r\mathrm{d}z + 2\pi\eta\frac{\mathrm{d}}{\mathrm{d}r}\left(r\frac{\mathrm{d}u}{\mathrm{d}r}\right)\mathrm{d}r\mathrm{d}z = 0$$

即

$$\frac{1}{r}\frac{\mathrm{d}}{\mathrm{d}r}\left(r\frac{\mathrm{d}u}{\mathrm{d}r}\right) = \frac{1}{\eta}\frac{\mathrm{d}p}{\mathrm{d}z} \tag{5-15}$$

$$\frac{\mathrm{d}^2u}{\mathrm{d}r^2} + \frac{1}{r}\frac{\mathrm{d}u}{\mathrm{d}r} = \frac{1}{\eta}\frac{\mathrm{d}p}{\mathrm{d}z} \tag{5-16}$$

式（5-15）和式（5-16）即为圆截面管在柱坐标下，黏滞流流动的泊松方程。若圆截面管两端的压力为 $p_1$、$p_2$，且 $p_1>p_2$，管道长度为 $L$，则 $\frac{\mathrm{d}p}{\mathrm{d}z}=-\frac{p_1-p_2}{L}$，所以上述泊松方程可改写为：

$$\frac{1}{r}\frac{\mathrm{d}}{\mathrm{d}r}\left(r\frac{\mathrm{d}u}{\mathrm{d}r}\right) = -\frac{1}{\eta L}(p_1-p_2) \tag{5-17}$$

$$\frac{\mathrm{d}^2u}{\mathrm{d}r^2} + \frac{1}{r}\frac{\mathrm{d}u}{\mathrm{d}r} = -\frac{1}{\eta L}(p_1-p_2) \tag{5-18}$$

B 圆管的流导

由柱坐标下的泊松方程式（5-17），可解得圆截面管道内的流体流速为：

$$u = \frac{p_1 - p_2}{4\eta L}(R^2 - r^2) \tag{5-19}$$

圆管内的气体流量为：

$$Q = \frac{\pi D^4}{128\eta L}\bar{p}(p_1 - p_2) \tag{5-20}$$

根据流导的定义，圆截面管道的黏滞流流导为：

$$C_{vy} = \frac{Q}{p_1 - p_2} = \frac{\pi D^4}{128\eta L}\bar{p} \tag{5-21}$$

式中 $D$——管道内径；

$L$——管道长度；

$\eta$——气体的内摩擦系数；

$\bar{p}$——管道中气体的平均压力。

对于20℃空气，$\eta = 1.820\times10^{-5}$ Pa·s，代入式（5-21）可得：

$$C_{vy} = 1.34\times10^3\frac{D^4}{p}\bar{p} \quad (\mathrm{m^3/s}) \tag{5-22}$$

气体的内摩擦系数 $\eta$ 可由下式求得：

$$\eta = \eta_{0,大气}\frac{1+\frac{C}{273}}{1+\frac{C}{T}}\sqrt{\frac{T}{273}} \quad (\mathrm{Pa\cdot s}) \tag{5-23}$$

式中 $\eta_{0,大气}$——在0℃、一个大气压下气体的内摩擦系数，可查表5-1；

$C$——肖杰伦特常数，可查表5-1；

$T$——气体的热力学温度；

$\eta$——气体在 $T$ 温度下的内摩擦系数。

**表5-1 一些气体的肖杰伦特常数 $C$ 和20℃的黏性系数 $\eta_{20℃}$**

| 气 体 | $H_2$ | He | $N_2$ | $O_2$ | 空气 | Ar | CO | $CO_2$ |
|---|---|---|---|---|---|---|---|---|
| 肖杰伦特常数 $C/K$ | 84.4<br>76 | 80<br>79 | 104<br>112 | 125<br>132 | 112 | 142<br>169 | 100 | 254<br>273 |
| $\eta_{20℃}$/Pa·s | $8.95\times10^{-6}$ | $1.975\times10^{-5}$ | $1.761\times10^{-5}$ | $2.019\times10^{-5}$ | $1.820\times10^{-5}$ | $2.207\times10^{-5}$ | $1.75\times10^{-5}$ | $1.454\times10^{-5}$ |
| $\eta_{0,大气}$/Pa·s | $8.47\times10^{-6}$ | $1.869\times10^{-5}$ | $1.666\times10^{-5}$ | $1.910\times10^{-5}$ | $1.722\times10^{-5}$ | $2.088\times10^{-5}$ | $1.658\times10^{-5}$ | $1.376\times10^{-5}$ |
| 气 体 | $CH_4$ | $H_2O$ | Kr | Ne | $NH_3$ | Xe | Hg | |
| 肖杰伦特常数 $C/K$ | 155<br>（18～499℃） | 600 | 188<br>142 | 56<br>56 | 472<br>（−77～441℃） | 252<br>252 | 942<br>996<br>（218～610℃） | |
| $\eta_{20℃}$/Pa·s | $1.091\times10^{-5}$ | | $2.377\times10^{-5}$ | $3.302\times10^{-5}$ | $9.4\times10^{-6}$ | $2.288\times10^{-5}$ | | |
| $\eta_{0,大气}$/Pa·s | $1.032\times10^{-5}$ | | $2.249\times10^{-5}$ | $3.124\times10^{-5}$ | $8.89\times10^{-6}$ | $2.165\times10^{-5}$ | | |

注：表中不同列的数据系由不同作者所测。

C 同心圆环截面管的流导

对于如图5-4所示的同心圆环截面管，对柱坐标系下的泊松方程式（5-17）两次积分可得气体速度分布：

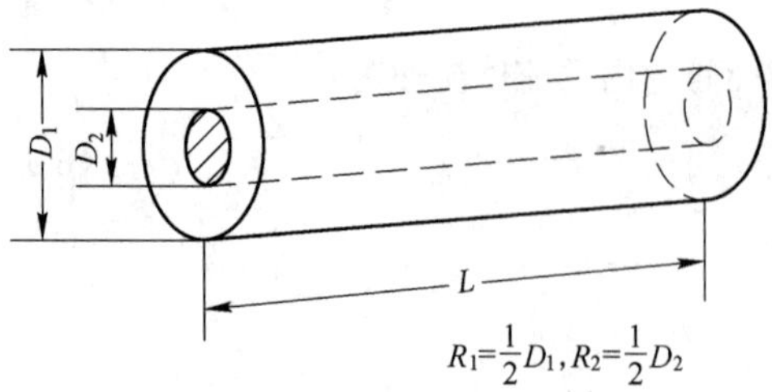


图 5-4　同心圆环截面管

$$u = -\frac{r^2}{4\eta}\cdot\frac{p_1-p_2}{L}+K_1\ln r+K_2 \quad (5\text{-}24)$$

代入边界条件：$r=R_1$时，$u=0$；$r=R_2$时，$u=0$，可得：

$$K_1 = \frac{p_1-p_2}{4\eta L}\cdot\frac{R_1^2-R_2^2}{\ln\frac{R_1}{R_2}}$$

$$K_2 = \frac{p_1-p_2}{4\eta L}\left[R_2^2-\frac{(R_1^2-R_2^2)\ln R_2}{\ln\frac{R_1}{R_2}}\right]$$

将 $K_1$ 和 $K_2$ 代入式（5-24），得：

$$u = -\frac{p_1-p_2}{4\eta L}\left[(r^2-R_2^2)-\frac{(R_1^2-R_2^2)\ln\frac{r}{R_2}}{\ln\frac{R_1}{R_2}}\right] \quad (5\text{-}25)$$

则气流量 $Q$ 为：

$$Q=\bar{p}\cdot 2\pi\int_{R_2}^{R_1}u\cdot r\mathrm{d}r=\frac{\pi}{8\eta L}(p_1-p_2)\bar{p}\left[(R_1^4-R_2^4)-\frac{(R_1^2-R_2^2)^2}{\ln\frac{R_1}{R_2}}\right] \quad (5\text{-}26)$$

由流导定义，可得同心圆环截面管黏滞流流导：

$$C_{\mathrm{vh}}=\frac{\pi\bar{p}}{128\eta L}\left[(D_1^4-D_2^4)-\frac{(D_1^2-D_2^2)^2}{\ln\frac{D_1}{D_2}}\right] \quad (5\text{-}27)$$

式中各量采用国际单位。对于 20℃空气，流导公式变为：

$$C_{\mathrm{vh}}=1.34\times10^3\,\frac{\bar{p}}{L}\left[(D_1^4-D_2^4)-\frac{(D_1^2-D_2^2)^2}{\ln\frac{D_1}{D_2}}\right]\quad(\mathrm{m^3/s}) \quad (5\text{-}28)$$

D　椭圆截面管的流导

对于如图 5-5 所示的椭圆截面管，气体的流速 $u$ 是 $x$，$y$ 的函数，即 $u=u(x,y)$。在椭圆截面上黏滞流的速度分布为：

$$u=A\left(1-\frac{x^2}{a^2}-\frac{y^2}{b^2}\right) \quad (5\text{-}29a)$$

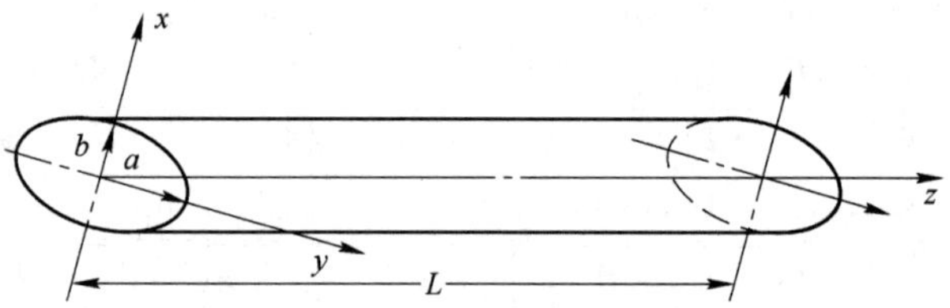


图 5-5　椭圆截面管

$a$—椭圆长半轴；$b$—短半轴；$L$—管长度

式中　$A$——系数；

$a$，$b$——椭圆长半轴、短半轴。

气体速度分布的泊松微分方程为：

$$\frac{\partial^2 u}{\partial x^2}+\frac{\partial^2 u}{\partial y^2}=-\frac{1}{\eta}\frac{\mathrm{d}p}{\mathrm{d}z}$$

$$\frac{\mathrm{d}p}{\mathrm{d}z}=\frac{p_1-p_2}{L} \quad (5\text{-}30)$$

式中　$L$——管道长度；

$p_1$，$p_2$——管道两端的压力；

$\frac{dp}{dz}$——管道中气体的压力梯度。

将式（5-29a）代入式（5-30），可求得系数 $A$ 为：

$$A=\frac{p_1-p_2}{2\eta L}\left(\frac{a^2b^2}{a^2+b^2}\right)$$

故

$$u=\frac{p_1-p_2}{2\eta L}\frac{a^2b^2}{a^2+b^2}\left(1-\frac{x^2}{a^2}-\frac{y^2}{b^2}\right) \tag{5-29b}$$

令 $y_1=\frac{y}{b},x_1=\frac{x}{a},r=\sqrt{x_1^2+y_1^2}$，代入上式，则通过管道的流量 $Q$ 为：

$$\begin{aligned} Q &= \bar{p}\iint u\mathrm{d}x\mathrm{d}y=\frac{p_1-p_2}{2\eta L}\bar{p}\frac{a^3b^3}{a^2+b^2}\iint[1-(x_1^2+y_1^2)]\mathrm{d}x_1\mathrm{d}y_1 \\ &= \frac{(p_1-p_2)}{2\eta L}\bar{p}\frac{a^3b^3}{a^2+b^2}\int_0^1(1-r^2)2\pi r\mathrm{d}r \\ &= \frac{\pi(p_1-p_2)}{4\eta L}\bar{p}\frac{a^3b^3}{a^2+b^2} \end{aligned} \tag{5-31}$$

由流导的定义，椭圆截面管的流导为：

$$C_{vt}=\frac{\pi a^3b^3}{4\eta L(a^2+b^2)}\bar{p} \tag{5-32}$$

对于 20℃空气，椭圆截面管的流导：

$$C_{vt}=4.31\times10^4\frac{\bar{p}}{L}\frac{a^3b^3}{a^2+b^2}\ (\mathrm{m^3/s}) \tag{5-33}$$

E 矩形截面管的流导

如图 5-6 所示，$a$、$b$ 为矩形截面的边长，$L$ 为管长。应用泊松微分方程，对流速在截面上积分，可得到体积流量，再乘以平均压强 $\bar{p}$，得到管道的气流量 $Q$ 为：

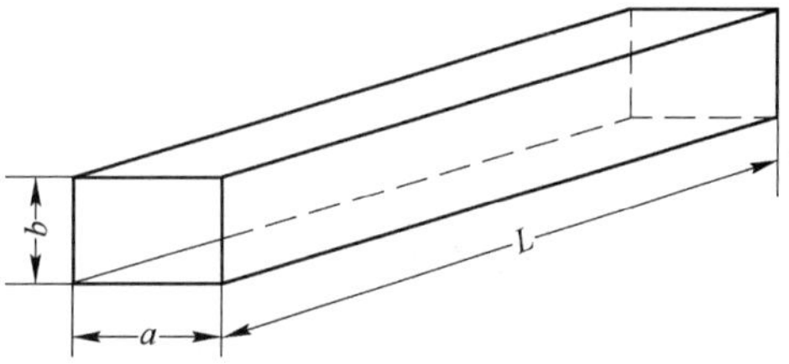

图 5-6 矩形截面管

$$Q=\frac{ab^3}{12\eta L}(p_1-p_2)\bar{p}\left[1-\frac{192b}{\pi^5a}\left(th\frac{\pi a}{2b}+\frac{1}{3^5}th\frac{3\pi a}{2b}+\frac{1}{5^5}th\frac{5\pi a}{2b}+\cdots\right)\right] \tag{5-34}$$

由流导定义得矩形截面管的流导 $C_{vj}$ 为：

$$\begin{aligned} C_{vj} &= \frac{ab^3}{12\eta L}\bar{p}\left[1-\frac{192b}{\pi^5a}\left(th\frac{\pi a}{2b}+\frac{1}{3^5}th\frac{3\pi a}{2b}+\frac{1}{5^5}th\frac{5\pi a}{2b}+\cdots\right)\right] \\ &= \frac{ab^3}{12\eta L}\bar{p}\cdot f\left(\frac{a}{b}\right) \end{aligned} \tag{5-35}$$

式中，$f\left(\frac{a}{b}\right)$ 可查表 5-2 或图 5-7。

**表 5-2 $f\left(\frac{a}{b}\right)$ 的数值**

| $\frac{a}{b}$ | 1 | 2 | 3 | 5 | 10 | 12 | 100 | $\infty$ |
|---|---|---|---|---|---|---|---|---|
| $f\left(\frac{a}{b}\right)$ | 0.423 | 0.687 | 0.788 | 0.875 | 0.938 | 0.949 | 0.994 | 1.00 |

对于 20℃空气，流导：

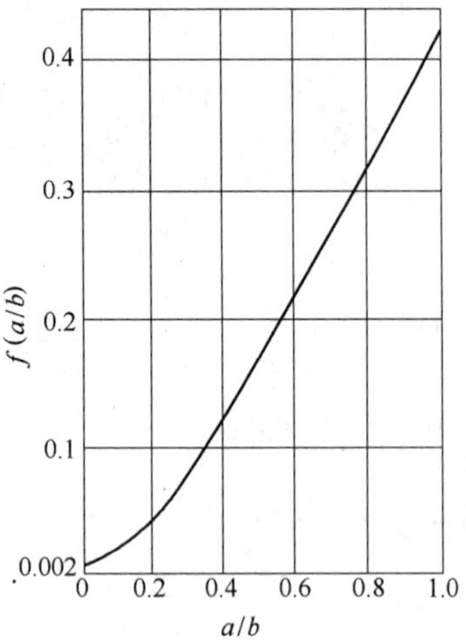


图 5-7　$f(a/b)$ 的曲线

$$C_{vj}=4.58\times10^{3}\frac{ab^{3}}{L}\bar{p}\cdot f\left(\frac{a}{b}\right)\ (\mathrm{m^3/s})\tag{5-36}$$

正方形截面管是矩形截面管的特例，即当 $a=b$ 时，$f\left(\frac{a}{b}\right)=f(1)=0.423$，式（5-36）变为：

$$C_{vf}=1.93\times10^{3}\frac{a^{4}}{L}\bar{p}\ (\mathrm{m^3/s})\tag{5-37}$$

F　径向辐射流管道的流导

在真空系统的某些元件中，如阀门、捕集器、除尘器等常遇到图 5-8 所示的径向辐射流动。这时沿 $r$ 方向的流动是轴对称的，因此流速只是 $y$ 的函数，此时泊松微分方程的形式为：

$$\frac{\partial^2 u}{\partial y^2}=\frac{1}{\eta}\frac{\mathrm{d}p}{\mathrm{d}r}\tag{5-38}$$

对上式连续两次积分，可得：

$$u=\frac{1}{2\eta}\cdot\frac{\mathrm{d}p}{\mathrm{d}r}\cdot y^2+K_1y+K_2\tag{5-39}$$

将边界条件 $y=\pm\frac{h}{2}$ 时，$u=0$ 代入式（5-39），解得：

$$K_1=0,K_2=-\frac{1}{8\eta}\cdot\frac{\mathrm{d}p}{\mathrm{d}r}h^2$$

将 $K_1$ 和 $K_2$ 代入式（5-39），可得：

$$u=\frac{1}{2\eta}\cdot\frac{\mathrm{d}p}{\mathrm{d}r}\cdot\left(y^2-\frac{h^2}{4}\right)\tag{5-40}$$

则气体的体积流量为：

$$S=\int_{-h/2}^{h/2}2\pi ru\,\mathrm{d}y=-\frac{\pi h^3}{6\eta}r\frac{\mathrm{d}p}{\mathrm{d}r}\tag{5-41}$$

因而气体气流量为：

$$Q=S\bar{p}=-\frac{\pi h^3}{6\eta}\bar{p}\cdot r\frac{\mathrm{d}p}{\mathrm{d}r}\tag{5-42}$$

黏滞流状态下，气体被视为不可压缩的连续介质，所以 $Q$ 在通道中任意位置处都相同。在等温流动条件下，有：

$$-r\frac{\mathrm{d}p}{\mathrm{d}r}=K(\text{常量})$$

$$\int_{p_1}^{p_2}\mathrm{d}p=-K\int_{R_2}^{R_1}\frac{\mathrm{d}r}{r}$$

$$p_1-p_2=K\ln\frac{R_1}{R_2}$$

所以

$$-r\frac{\mathrm{d}p}{\mathrm{d}r}=(p_1-p_2)/\ln\frac{R_1}{R_2}$$

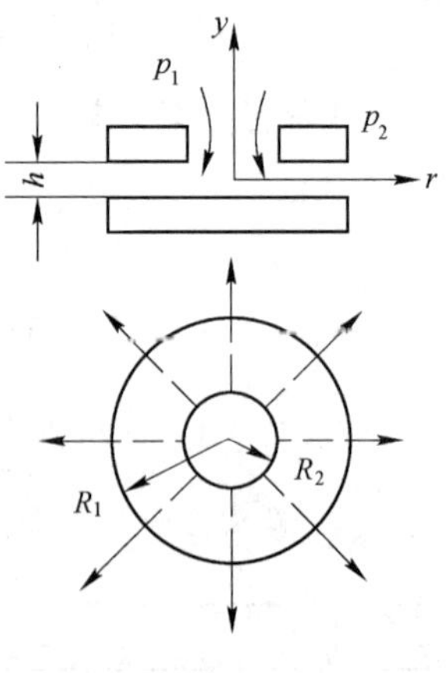


图 5-8　径向辐射流管道

将上式代入式（5-42），可得：

$$Q=\frac{\pi h^3}{6\eta}\bar{p}\ (p_1-p_2)/\ln\frac{R_1}{R_2}\tag{5-43}$$

流导 $C_{vs}$ 为：

$$C_{vs} = \frac{\pi h^3}{6\eta}\bar{p}/\ln\frac{R_1}{R_2} \quad (m^3/s) \tag{5-44}$$

对于20℃空气，流导为：

$$C_{vs} = 2.78\times10^4\frac{h^3\bar{p}}{\ln\frac{R_1}{R_2}} \quad (m^3/s) \tag{5-45}$$

G 圆截面锥管的流导

对于如图5-9所示的圆截面锥形管道，其黏滞流流导计算式为：

$$C_{vz} = \frac{3\pi D_1^3 D_2^3}{128\eta L\ (D_1^2 + D_1D_2 + D_2^2)}\bar{p} \tag{5-46}$$

对于20℃空气，流导为：

$$C_{vz} = 4.04\times10^3\frac{D_1^3 D_2^3}{L\ (D_1^2 + D_1D_2 + D_2^2)}\bar{p} \quad (m^3/s) \tag{5-47}$$

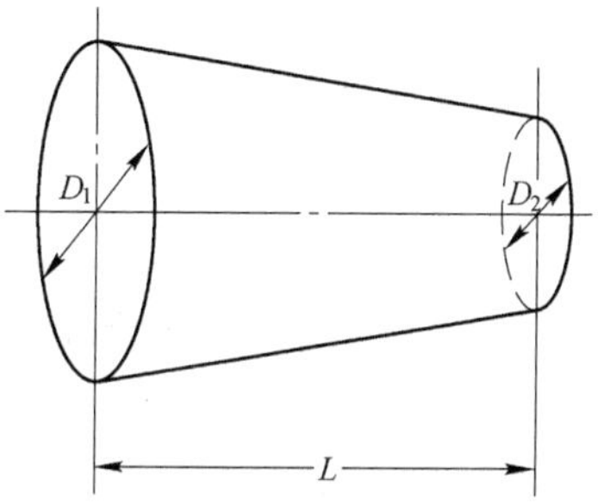


图5-9 圆截面锥形管道

5.3.1.3 短管道流导的计算

在黏滞流状态下，管道入口附近出现扰乱区（如图5-10所示），气流在管道入口处受到影响。实验表明，扰乱区的影响使管道的流量降低。这种影响称为管口效应。在工程计算中，如果管道的长径比 $\frac{L}{D} < 20$ 时，管口效应对气流的影响通常不能忽略。此时管道定义为短管道。

兰哈（Langhaar）经过实验得出，扰乱区的长度为：

$$L_e = 5.7\times10^{-2}DRe \tag{5-48}$$

式中 $D$——管道入口直径；

$Re$——雷诺数。

将雷诺数 $Re$ 计算式代入式（5-48），可得：

$$L_e = 8.74\times10^{-3}\frac{\mu Q}{\eta T}\ (m) \tag{5-49}$$

式中 $Q$——气流量；

$\mu$——气体的摩尔质量；

$\eta$——气体的内摩擦系数；

$T$——气体的热力学温度。

式中各量采用国际单位。

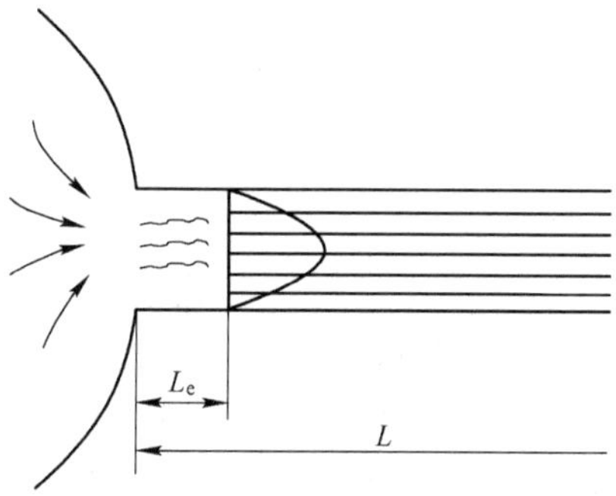


图5-10 管口扰乱区示意图

根据兰哈的精确计算，得出下式：

$$p_1 - p_2 = \frac{8\eta L}{R^2}\bar{u} + 1.14\rho\bar{u}^2 \tag{5-50}$$

式中 $p_1$，$p_2$——管道两端的压力；

$\bar{u}$——气体的平均流速；

$L$——管道长度；

$R$——管道半径；

$\rho$——气体密度。

将 $\bar{u}=\dfrac{4Q}{\pi D^2\bar{p}}$、$D=2R$ 代入式（5-50），并整理可得：

$$p_1-p_2=\frac{128\eta LQ}{\pi D^4\bar{p}}+\frac{5.8\rho Q^2}{\pi D^4\bar{p}^2} \tag{5-51}$$

将 $\rho=\dfrac{\mu}{RT}\cdot\bar{p}$ 代入上式，可得：

$$p_1-p_2=Q\left(\frac{128\eta L}{\pi D^4\bar{p}}+\frac{5.8\dfrac{\mu}{RT}Q}{\pi D^4\bar{p}^2}\right) \tag{5-52}$$

由流导定义，短管道的流导为：

$$C_{vd}=\frac{Q}{p_1-p_2}=\frac{\pi D^4}{128\eta}\bar{p}\frac{1}{L+4.53\times10^{-2}\dfrac{\mu Q}{R\eta T}} \tag{5-53}$$

对于20℃空气，短管道流导为：

$$C_{vd}=1.34\times10^3\frac{D^4\bar{p}}{L+2.96\times10^{-2}Q}\quad(\mathrm{m^3/s}) \tag{5-54}$$

一种粗略计算流导的方法，就是把短管看成是管口和长管的串联，因此其流导为：

$$C_{vd}=\frac{1}{\dfrac{1}{C_{vk}}+\dfrac{1}{C_{vy}}} \tag{5-55}$$

式中　$C_{vk}$——管口的流导；

$C_{vy}$——不考虑管口影响时，管道的流导。

实验证明，在 $p>26.7\mathrm{Pa}$ 时，黏滞流的管口效应，大致相当于把管道的有效长度增加一个管半径 $R$，则短管的流导为：

$$C_{vd}=\frac{\pi D^4}{128\eta(L+R)}\bar{p} \tag{5-56}$$

对于20℃空气，其流导为：

$$C_{vd}=1.34\times10^3\frac{D^4}{L+R}\bar{p}\quad(\mathrm{m^3/s}) \tag{5-57}$$

### 5.3.2　分子流时管道的流导计算

分子流时，当管道中存在分子密度梯度的情况下，气体的流动是依靠分子自身的热运动碰撞管壁而形成的。计算分子流流导的方法有多种，主要有：1）以克努森（M. Knudsen）和克劳辛（P. Clausing）为代表的公式计算法；2）蒙特卡罗（Monte-Carlo）法；3）以奥特莱（Oatley）和贝伦斯（Ballance）为代表的传输几率法。

#### 5.3.2.1　薄壁小孔的流导

当孔板厚度远小于孔径时，孔口被称为薄壁孔。若薄壁孔连接的是大容积，气体从大容积流向孔口，则该薄壁孔被称为薄壁小孔。

如图5-11所示，设薄壁小孔孔口的面积为 $A$，两侧的压力为 $p_1$ 和 $p_2$，且 $p_1>p_2$，气体的分子密度分别为 $n_1$ 和 $n_2$，则通过孔口的净流动气体分子数为：

$$N_{mk}=\frac{1}{4}n_1\bar{v}A-\frac{1}{4}n_2\bar{v}A \tag{5-58}$$

式中　$\bar{v}$——气体分子热运动平均速率。

若将净流动气体分子数 $N_{mk}$ 换算为 $p_1$ 压力下的气体流量 $Q_{mk}$，则有：

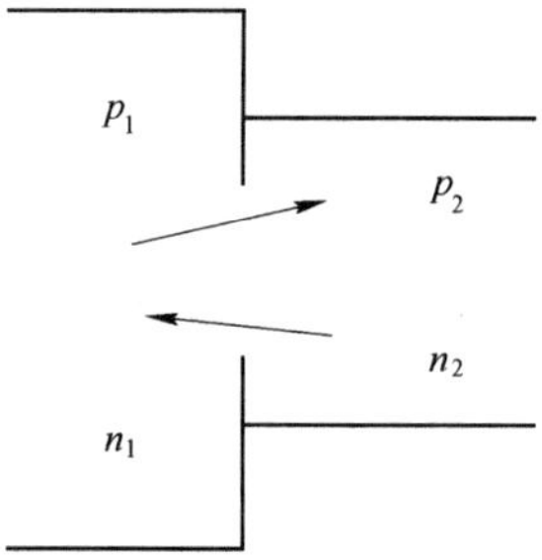


图 5-11 薄壁小孔

$$Q_{mk}=\frac{N_{mk}}{n_1}\cdot p_1=\frac{1}{4}\left(1-\frac{n_2}{n_1}\right)\bar{v}Ap_1=\frac{1}{4}(p_1-p_2)\bar{v}A \tag{5-59}$$

由流导定义，面积为 $A$ 的薄壁小孔的流导为：

$$C_{mk}=\frac{Q_{mk}}{p_1-p_2}=\frac{1}{4}\bar{v}A=\frac{1}{4}\sqrt{\frac{8RT}{\pi\mu}}A \tag{5-60}$$

对于 20℃空气，面积为 $A$ 的薄壁小孔的流导：

$$C_{mk}=116A \quad (m^3/s) \tag{5-61}$$

对于直径为 $D$ 的圆孔，其流导为：

$$C_{mk}=91D^2 \quad (m^3/s) \tag{5-62}$$

5.3.2.2 *薄壁隔板孔的流导*

如图 5-12 所示，两个大容器之间连接一段管道，管道的截面积为 $A_0$，管道的末端有一比管径小的孔，其面积为 $A$。若 $p_1>p_2$，则气体从Ⅰ容器通过管路流向Ⅱ容器。此时，$\frac{A}{A_0}$ 并不很小，因此，面积为 $A$ 的孔不能视为薄壁小孔，称为薄壁隔板孔。

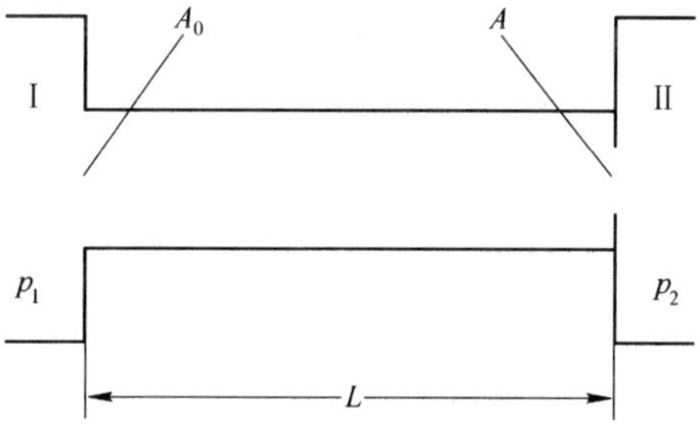


图 5-12 隔板孔示意图

当气体从Ⅰ容器通过管道流向Ⅱ容器时，应用串联管道流导计算公式，对于整个管路的流导 $C_m$，有：

$$\frac{1}{C_m}=\frac{1}{C_{A_0}}+\frac{1}{C_L}+\frac{1}{C_{A_d}} \tag{5-63a}$$

式中 $C_{A_0}$——面积为 $A_0$ 的薄壁孔的流导；

$C_L$——长管道的流导；

$C_{A_d}$——面积为 $A$ 的隔板孔的流导。

当气体从Ⅱ容器通过管路流向Ⅰ容器时。显然面积为 $A$ 的孔应被视为薄壁小孔，而面积为 $A_0$ 的孔对气流没有影响，所以对于整个管路的流导 $C_m$，有：

$$\frac{1}{C_m}=\frac{1}{C_A}+\frac{1}{C_L} \tag{5-63b}$$

式中 $C_A$——面积为 $A$ 的薄壁孔的流导。

对于同一段管路，无论气流方向如何，其流导是相同的，即管路的流导与气流方向无关。所以由式（5-63）可得：

$$\frac{1}{C_A}=\frac{1}{C_{A_0}}+\frac{1}{C_{A_d}} \tag{5-64a}$$

$$C_{A_d}=\frac{C_AC_{A_0}}{C_{A_0}-C_A}=C_A\frac{1}{1-\frac{C_A}{C_{A_0}}}=1.15\sqrt{\frac{T}{\mu}}\frac{A}{1-\frac{A}{A_0}} \tag{5-64b}$$

对于 20℃空气，薄壁隔板孔流导为：

$$C_{A_d}=116\frac{A}{1-\frac{A}{A_0}} \quad (m^3/s) \tag{5-64c}$$

对于圆孔，空气流导：

$$C_{A_d}=91\frac{D^2}{1-\left(\frac{D}{D_0}\right)^2} \quad (m^3/s) \tag{5-64d}$$

当 $\frac{D}{D_0} \leqslant 0.2$ 时，$\left(\frac{D}{D_0}\right)^2$ 较小可以略去不计。此时，可视为薄壁孔。

5.3.2.3　长管道的流导计算

A　任意截面形状长管道的克努森流导积分公式

在分子流状态下，分子只与管壁碰撞作随机的直线运动。单位时间内碰撞到单位表面上的分子数为 $N_1 = \frac{\bar{v}}{4}n$，其中 $\bar{v}$ 是分子的平均热运动速率，$n$ 是分子数密度。单位时间与管截面周长为 $B$、管长为 $L$ 的管壁碰撞的分子数目为：

$$N = N_1 \cdot BL = B \cdot L \cdot \frac{\bar{v}}{4}n \tag{5-65}$$

气体分子到达管壁表面时所具有的能量与它们的热运动速率 $\bar{v}$ 和气流的漂移速度 $u$ 有关。气体分子碰撞管壁表面，停留后再以平均热运动速率 $\bar{v}$ 随机地重新离开壁面。因此每个分子与管壁的动量交换量为 $m \cdot u$，其中 $m$ 是气体分子的质量。$N$ 个气体分子迁移到管壁的动量为：

$$G = N \cdot mu = BL\frac{\bar{v}}{4}n \cdot m \cdot u \tag{5-66}$$

而单位时间通过管道截面积 $A$ 的分子数为：

$$N_A = A \cdot u \cdot n \tag{5-67}$$

压力差（$p_1 - p_2$）对应的作用力为：

$$F = A \cdot (p_1 - p_2) = A \cdot kT(n_1 - n_2) \tag{5-68}$$

因为迁移到管壁的动量 $G$ 由压力损失来补偿，因此在平衡条件下，有：

$$F = G \tag{5-69}$$

整理后可得：

$$\frac{n \cdot u}{n_1 - n_2} = \frac{4AkT}{BLm\bar{v}} \tag{5-70}$$

由流导、流量定义，并将式（5-70）引入，整理可得：

$$C_m = \frac{Q}{p_1 - p_2} = \frac{u \cdot A \cdot n \cdot m}{kT(n_1 - n_2)} = \frac{4A^2}{BL\bar{v}} \tag{5-71a}$$

式中　$Q$——气流量；

$C_m$——管道的流导。

式（5-71a）中均匀气体分子漂移速度 $u$ 是迭加在分子热运动的麦克斯韦速度分布之上的。克努森假定分子的漂移速度与它的随机速率成正比，式中的数字因子应乘以 $\frac{8}{3\pi}$，因此，管路流导为：

$$C_m = \frac{4}{3} \cdot \frac{8kT}{\pi m} \cdot \frac{1}{\bar{v}} \cdot \frac{A^2}{BL} \tag{5-71b}$$

将 $\bar{v}^2 = \frac{8kT}{\pi m}$ 带入上式，有：

$$C_m = \frac{4}{3}\bar{v}\frac{A^2}{BL} \tag{5-71c}$$

对于变截面管，上式的一般形式为

$$C_m = \frac{4}{3}\bar{v} \Big/ \int_0^L \frac{B}{A^2}\mathrm{d}l \tag{5-72a}$$

式（5-72a）对于非圆截面管要乘以截面形状修正系数 $K$，即：

$$C_m = \frac{4}{3}\bar{v}K \Big/ \int_0^L \frac{B}{A^2}dl \tag{5-72b}$$

截面形状修正系数 $K$ 由实验确定。上式被称为克努森流导积分公式。

虽然该公式的导出过程存在问题，但至今许多场合仍在使用。

B　圆截面管的流导

对于恒截面管道，截面周长 $B$ 和截面面积 $A$ 都是常数。由克努森流导积分方程式（5-72）得：

$$C_m = \frac{4}{3}\bar{v}K\frac{A^2}{BL} \tag{5-73}$$

对于直径为 $D$ 的圆截面管，截面形状修正系数 $K=1$；截面周长 $B=\pi D$；截面面积 $A=\frac{1}{4}\pi D^2$，因而可得

$$C_m = \frac{1}{6}\sqrt{\frac{2\pi RT}{\mu}}\frac{D^3}{L} \tag{5-74}$$

式中　$R$——摩尔气体常数；

$T$——气体的热力学温度；

$\mu$——气体的摩尔质量；

$L$——管道的长度。

各量的单位皆为国际单位。

对于 20℃空气

$$C_m = 121\frac{D^3}{L} \quad (m^3/s) \tag{5-75}$$

在分子流状态下。对于圆截面管道，流量计算公式是式（5-7）。根据流导的定义可直接得到

$$C_m = \frac{\sqrt{2\pi}}{6\sqrt{\rho_1}}\frac{D^3}{L} = \frac{1}{6}\sqrt{\frac{2\pi RT}{\mu}}\frac{D^3}{L} = 1.2\sqrt{\frac{T}{\mu}}\frac{D^3}{L}$$

这个结果与克努森流导积分公式得到的结果相同。

C　同心圆环截面管的流导

对于如图 5-4 所示的同心圆环截面管，其截面周长 $B$ 和截面面积 $A$ 为：$B=\pi(D_1+D_2)$；$A=\frac{\pi}{4}(D_1^2-D_2^2)$，带入式（5-73），得：

$$C_m = \frac{4}{3}\sqrt{\frac{8RT}{\pi\mu}}K \cdot \frac{\left[\frac{\pi}{4}(D_1^2-D_2^2)\right]^2}{\pi(D_1+D_2)L}$$

$$= 1.2K\sqrt{\frac{T}{\mu}}\frac{(D_1^2-D_2^2)(D_1-D_2)}{L} \tag{5-76}$$

对于 20℃空气，流导为：

$$C_m = 121K\frac{(D_1^2-D_2^2)(D_1-D_2)}{L} \quad (m^3/s) \tag{5-77}$$

式中各量皆用国际单位制，形状修正系数 $K$ 值见图 5-13。

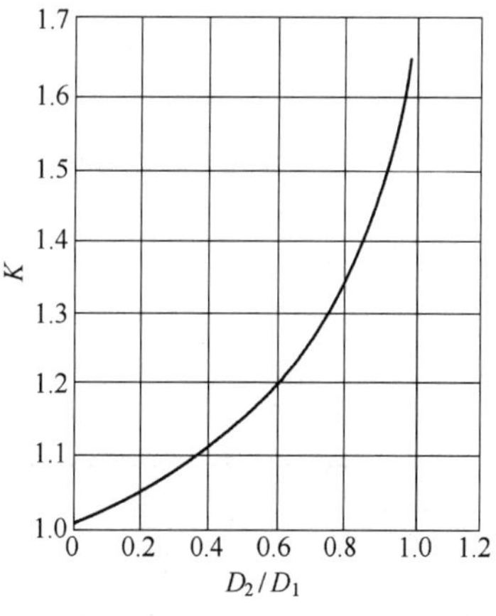


图 5-13　$K$ 与 $D_2/D_1$ 的关系曲线

D　椭圆截面管的流导

对于长半轴为 $a$，短半轴为 $b$ 的椭圆截面管，近似有：

$$A = \pi ab, B = 2\pi\left(\frac{a^2+b^2}{2}\right)^{\frac{1}{2}}$$

代入式（5-73），$K=1$，故得

$$C_m = \frac{4}{3}\sqrt{\frac{8RT}{\pi\mu}}K \cdot \frac{\pi^2 a^2 b^2}{2\pi\left(\frac{a^2+b^2}{2}\right)^{\frac{1}{2}}L} \tag{5-78}$$

对于20℃空气，流导为：

$$C_m = 1.37\times 10^3 \frac{a^2 b^2}{(a^2+b^2)^{\frac{1}{2}}L} \quad (m^3/s) \tag{5-79}$$

式中，$a$、$b$和$L$单位为m，$T$单位为K。

E　等边三角形截面管的流导

对于边长为$a$的等边三角形截面管有：

$$A=\frac{\sqrt{3}}{4}a^2, B=3a$$

代入式（5-73），$K=1.24$，故得：

$$C_m = \frac{1.24}{12}\sqrt{\frac{8RT}{\pi\mu}}\frac{a^3}{L} \tag{5-80}$$

对于20℃空气：

$$C_m = 48\frac{a^3}{L} \quad (m^3/s) \tag{5-81}$$

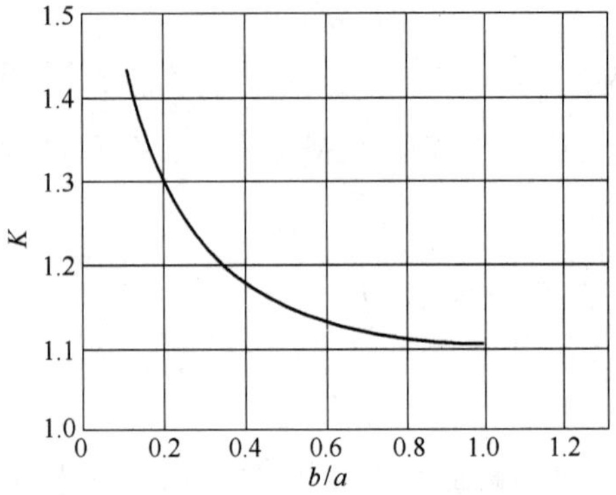


图5-14　$K$与$b/a$的关系曲线

F　矩形截面管的流导

对于边长为$a$和$b$的矩形截面管，有

$$A=ab, B=2(a+b)$$

代入式（5-73），得：

$$C_m = \frac{2}{3}\sqrt{\frac{8RT}{\pi\mu}}\cdot\frac{a^2 b^2}{(a+b)L}K \tag{5-82}$$

对于20℃空气，有：

$$C_m = 3.09\times 10^2 K\frac{a^2 b^2}{(a+b)L} \quad (m^3/s) \tag{5-83}$$

式中，截面形状修正系数$K$是克劳辛推导出的，称为克劳辛修正系数，可用下式计算，也可由图5-14或表5-3查得。

$$K=\frac{3}{8}\frac{(1+r)}{r^2}\left\{r\ln\left(r+\sqrt{1+r^2}\right)+r^2\ln\left[\frac{1+\sqrt{1+r^2}}{r}\right]+\frac{1}{3}\left[1+r^3-(1+r^2)^{\frac{3}{2}}\right]\right\} \tag{5-84}$$

式中　$r=\frac{b}{a}\leqslant 1$。

**表5-3　矩形截面的修正系数K**

| $r=\frac{b}{a}$ | 1 | $\frac{2}{3}$ | $\frac{1}{2}$ | $\frac{1}{3}$ | $\frac{1}{5}$ | $\frac{1}{8}$ | $\frac{1}{10}$ |
|---|---|---|---|---|---|---|---|
| $K$ | 1.108 | 1.126 | 1.151 | 1.198 | 1.297 | 1.400 | 1.444 |

对于正方形截面管，$a=b$，$K=1.108$，有：

$$C_m = 1.70\sqrt{\frac{T}{\mu}}\frac{a^3}{L} \quad (m^3/s) \tag{5-85}$$

对于20℃空气，有：

$$C_m = 1.71\times10^2\frac{a^3}{L} \quad (m^3/s) \tag{5-86}$$

G 平行平板窄缝的流导

如图5-15所示，窄缝是矩形截面管的特殊情况，即：

$a\gg b$，$L\gg b$，这时 $B = 2(a+b)\approx 2a$，故由式（5-73）得：

$$C_m = 3.07K\sqrt{\frac{T}{\mu}}\frac{ab^2}{L} \quad (m^3/s) \tag{5-87}$$

对于20℃空气，有：

$$C_m = 3.09\times10^2 K\frac{ab^2}{L} \quad (m^3/s) \tag{5-88}$$

式中，$a$、$b$和$L$都用m为单位。当$L\leqslant a$时，表5-3的修正系数不再适用。$K$值由表5-4或图5-16查得。

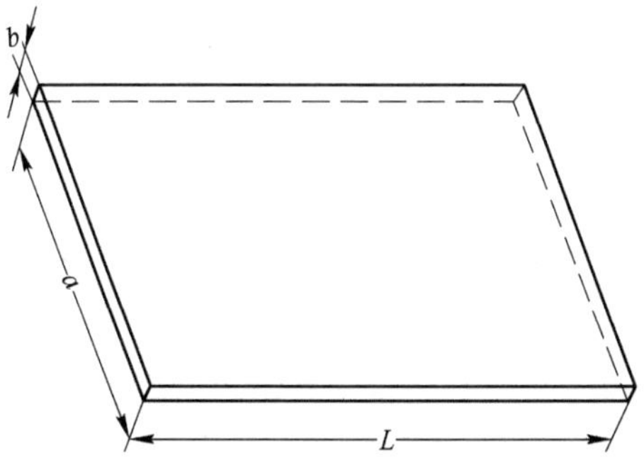


图5-15 窄缝示意图

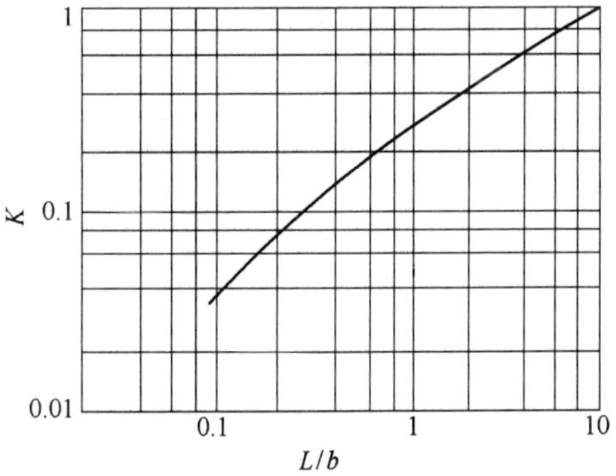


图5-16 $K$与$L/b$的关系曲线

**表5-4 窄缝的修正系数 $K$**

| $\frac{L}{b}$ | 0.1 | 0.2 | 0.4 | 0.8 | 1 | 2 | 3 | 4 | 5 | 10 | >10 |
|---|---|---|---|---|---|---|---|---|---|---|---|
| $K$ | 0.036 | 0.068 | 0.13 | 0.22 | 0.26 | 0.40 | 0.52 | 0.60 | 0.67 | 0.94 | 1 |

H 圆锥形管道的流导计算

对于圆锥形管道的任一截面有（见图5-17）：

$$B = \pi\left(D_1 - \frac{D_1 - D_2}{L}x\right)$$

$$A = \frac{\pi}{4}\left(D_1 - \frac{D_1 - D_2}{L}x\right)^2$$

实验表明，$K=1$。将$B$、$A$、$K$代入式（5-72），得：

$$C_m = \frac{4}{3}\sqrt{\frac{8RT}{\pi\mu}}\Bigg/\int_0^L \frac{\pi\left(D_1 - \frac{D_1 - D_2}{L}x\right)}{\frac{\pi^2}{16}\left(D_1 - \frac{D_1 - D_2}{L}x\right)^4}dx$$

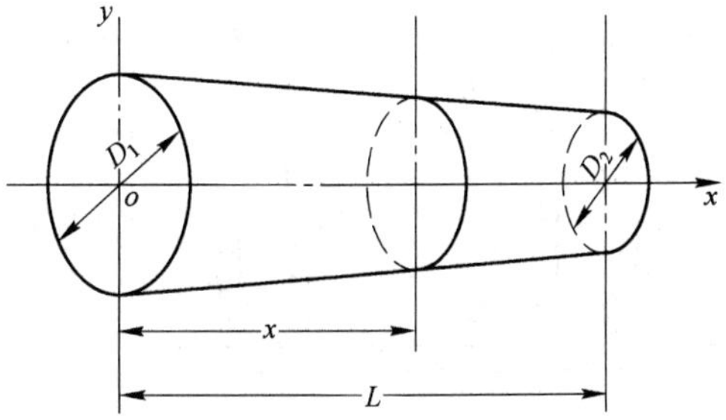


图5-17 圆锥形管道示意图

$$= 2.41\sqrt{\frac{T}{\mu}}\ \frac{D_1^2 D_2^2}{(D_1 - D_2)L} \quad (\mathrm{m^3/s}) \tag{5-89}$$

对于 20℃的空气，有：

$$C_m = 2.42 \times 10^2\ \frac{D_1^2 D_2^2}{(D_1 - D_2)L} \quad (\mathrm{m^3/s}) \tag{5-90}$$

5.3.2.4　考虑管口影响时，管道流导的计算

当管道的长度比较长时，忽略管道入口对气流的影响所引起的计算误差是很小的。但当管道较短时，管口对流导的影响就不可以忽略。这就是所谓的“短管”的流导计算问题。

A　达许曼计算公式

达许曼（S. Dushman）提出一种考虑管口影响的近似计算方法，即把“短管”的流导看作是管道的入口与管道串联，因而考虑管口影响时管道的流导为：

$$C_{md} = \frac{1}{\dfrac{1}{C_m} + \dfrac{1}{C_{mk}}} = \frac{C_m}{1 + \dfrac{C_m}{C_{mk}}} = \frac{C_{mk}}{1 + \dfrac{C_{mk}}{C_m}} \tag{5-91}$$

式中　$C_m$——不考虑管口影响时管道的流导；

$C_{mk}$——管入口的流导。

考虑管口影响时，直径为 $D$、长度为 $L$ 的圆管的流导为

$$\begin{aligned} C_m &= 0.903\sqrt{\frac{T}{\mu}}D^2\ \frac{1}{1 + \dfrac{3}{4}\dfrac{L}{D}} = C_{mk} \cdot P_r \\ &= 1.2\sqrt{\frac{T}{\mu}}\ \frac{D^3}{L}\ \frac{1}{1 + \dfrac{4}{3}\dfrac{D}{L}} = C_m \cdot K \end{aligned} \tag{5-92}$$

式中　$P_r = \dfrac{1}{1 + \dfrac{3}{4}\dfrac{L}{D}}$；

$K = \dfrac{1}{1 + \dfrac{4}{3}\dfrac{D}{L}}$。

B　圆管的克劳辛积分方程

1932 年，克劳辛（P. Clausing）提出传输几率（流导几率）的概念。传输几率的物理意义是在分子流条件下，落入管道入口的气体分子能从管道出口逸出的概率。有了传输几率的概念，管道的流导就可以表示为

$$C = C_{mk} \cdot P_r$$

式中，$C_{mk}$是管道入口的流导；$P_r$是管道的传输几率。管道入口的流导 $C_{mk}$是很容易求得的，因而求管道的流导关键就在于求管道的传输几率。传输几率是一个无量纲参量，其值的大小只与管道的流导的尺寸有关。

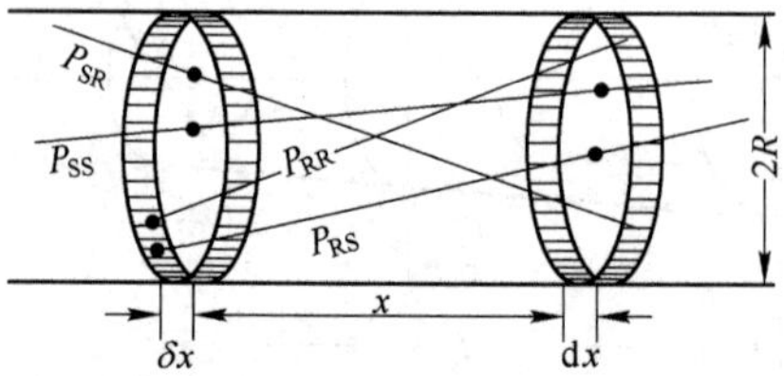

图 5-18　圆截面管分子流流导的四个几率

考虑如图 5-18 所示的圆截面管道，定义如下四个几率：

(1) $P_{RR}(x)\mathrm{d}x$：一个分子碰撞壁环 $2\pi R\delta x$，并按余弦定律漫反射后直接射到相距 $x$ 处的另一壁环 $2\pi R\mathrm{d}x$ 上的几率。

(2) $P_{RS}(x)$：一个分子由 $2\pi R\delta x$ 漫反射后能通过相距 $x$ 处的管子截面的几率。

(3) $P_{SR}(x)dx$ ：在管口截面 $\pi R^2$ 处的一个分子能通过相距 $x$ 处的壁环 $2\pi R dx$ 上的几率。

(4) $P_{SS}(x)$ ：在管口截面 $\pi R^2$ 处的一个分子能通过相距 $x$ 处的管子截面的几率。

这些几率之间有如下关系：

$$P_{RR}(x) = -\frac{dP_{RS}(x)}{dx} \tag{5-93}$$

$$P_{SR}(x) = -\frac{dP_{SS}(x)}{dx} \tag{5-94}$$

此外，在平衡状态下由壁环通过截面的分子数目与从截面射入到壁环的分子数目应该相同，因此有：

$$2\pi R\delta x P_{RS}(x) = \pi R^2 P_{SR}(x)\delta x$$

$$P_{RS}(x) = \frac{R}{2}P_{SR}(x) \tag{5-95}$$

进一步对圆截面管计算这些几率的数值。图 5-19 绘出了一球形容器，并把球面分成 $A$，$B$，$C$ 三个区。根据余弦定律，从 $A$ 面出发的分子可以垂直于 $B$、$C$ 的方向均匀分布地落在 $B$、$C$ 上。因为球冠 $B$ 的面积是 $2\pi rh$，球带 $C$ 的面积是 $2\pi rx$，所以一个分子通过 $A_1$ 进入 $A_2$ 的几率是：

$$\frac{2\pi rh}{2\pi rh + 2\pi rx} = \frac{h}{h+x}$$

这个几率就是 $P_{SS}(x)$ 。即

$$P_{SS}(x) = \frac{h}{h+x} \tag{5-96}$$

由图 5-19 可以计算出：

$$R^2 = \left(\frac{x}{2}+h\right)^2 - \left(\frac{x}{2}\right)^2 = h(h+x)$$

以及

$$h = \left(R^2 + \frac{x^2}{4}\right)^{\frac{1}{2}} - \frac{x}{2}$$

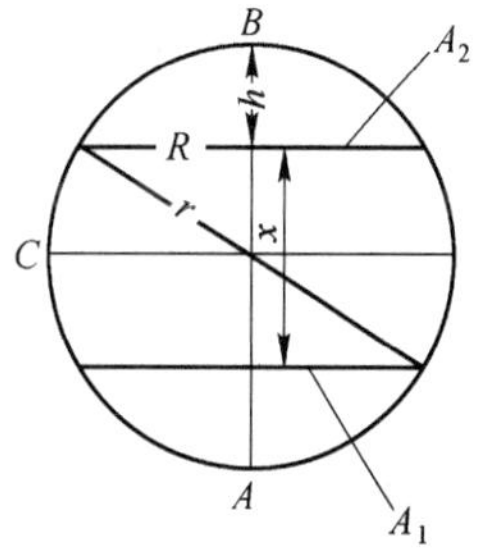


图 5-19 分子漫反射球

式中 $R$——球冠底圆半径。

将以上两式代入式 (5-96)，得

$$P_{SS}(x) = \frac{h^2}{R^2} = \left[\left(R^2 + \frac{x^2}{4}\right)^{\frac{1}{2}} - \frac{x}{2}\right]^2 / R^2 = \frac{1}{2R^2}\left[x^2 - x(x^2+4R^2)^{\frac{1}{2}} + 2R^2\right] \tag{5-97}$$

由式 (5-93) 至式 (5-95) 的关系还可以分别求出

$$P_{SR}(x)dx = \frac{1}{2R^2}\left[(x^2+4R^2)^{\frac{1}{2}} + \frac{x^2}{(x^2+4R^2)^{\frac{1}{2}}} - 2x\right]dx \tag{5-98}$$

$$P_{RS}(x) = \frac{1}{4R}\left[(x^2+4R^2)^{\frac{1}{2}} + \frac{x^2}{(x^2+4R^2)^{\frac{1}{2}}} - 2x\right] \tag{5-99}$$

$$P_{RR}(x)dx = \frac{1}{4R}\left[2 + \frac{x^3}{(x^2+4R^2)^{\frac{3}{2}}} - \frac{3x}{(x^2+4R^2)^{\frac{1}{2}}}\right]dx \tag{5-100}$$

克劳辛假定有一长为 $l$ 的圆截面管，在 $x$ 处的一个分子能以任何方式通过 $l$ 处截面的几率为 $P(x)$，则由图 5-20 可以看出，流导几率由下式决定：

$$P_r = \int_0^l P_{SR}(x)P(x)dx + P_{SS}(l) \tag{5-101}$$

其中：

$$P(x) = \int_0^l P_{RR}(\xi - x)P(\xi)d\xi + P_{RS}(l-x) \tag{5-102}$$

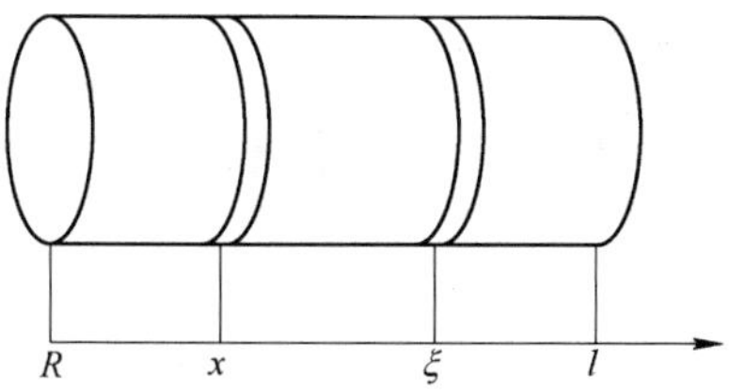


图 5-20 圆截面任意长管流导几率计算图

用式（5-99）、式（5-100）代入上式可得：

$$P(x)=\frac{1}{4R}\int_0^l\left\{2+\frac{(\xi-x)^3}{[(\xi-x)^2+4R^2]^{\frac{3}{2}}}-\frac{3(\xi-x)}{[(\xi-x)^2+4R^2]^{\frac{1}{2}}}\right\}P(\xi)\mathrm{d}\xi+$$
$$\frac{1}{4R}\left\{[(l-x)^2+4R^2]^{1/2}+\frac{(l-x)^2}{[(l-x)^2+4R^2]^{\frac{1}{2}}}-2(l-x)\right\}\tag{5-103}$$

式（5-101）、式（5-102）就是著名的克劳辛积分方程。

当 $\frac{R}{l}\geqslant 1$ 时，克劳辛方程有近似解：

$$P(x)=\alpha+\frac{1-2\alpha}{l}x\tag{5-104}$$

式中，

$$\alpha=\alpha\left(\frac{R}{l},\frac{x}{l}\right)=\alpha\left(\frac{R}{l},\frac{l-x}{l}\right)$$
$$=\langle\{(l-x)[(l-x)^2+4R^2]^{\frac{1}{2}}-(l-x)^2\}-[x(x^2+4R^2)^{\frac{1}{2}}-x^2]\rangle/$$
$$\left\{\frac{lx^2-(2x-l)(x^2+4R^2)}{(x^2+4R^2)^{\frac{1}{2}}}-\frac{l(l-x)^2-[2(l-x)-l][(l-x)^2+4R^2]}{[(l-x)^2+4R^2]^{\frac{1}{2}}}\right\}\tag{5-105}$$

表 5-5 列出了上式数值计算的结果。从表中可见，当 $\frac{R}{l}$ 大时 $\alpha$ 近似为与 $x$ 无关的常数。

**表 5-5　α 值**

| $\frac{x}{l}$ \ $\frac{R}{l}$ | 10 | 2 | 1 | 0.25 | 0 |
|---|---|---|---|---|---|
| 0 | 0.4759091 | 0.3963046 | 0.3262380 | 0.1631190 | $\frac{R}{l}$ |
| 0.2 | 0.4759167 | 0.3959445 | 0.3247135 | 0.1649489 | $\frac{2}{25}$ |
| 0.4 | 0.4759141 | 0.3957635 | 0.3239510 | 0.1705989 | $\frac{3}{25}$ |
| 0.5 | 0.4759143 | 0.3957406 | 0.3238563 | 0.171574 | $\frac{1}{8}$ |

当 $l\leqslant 4R$ 时式（5-105）可简化为：

$$\alpha=[l^2+4R^2-l]^{\frac{1}{2}}\Bigg/\left[2R+\frac{4R^2}{(l^2+4R^2)^{\frac{1}{2}}}\right]\tag{5-106}$$

当 $l>4R$ 时，取

$$\alpha=\alpha\left[\frac{R}{l},\frac{2R\sqrt{7}}{3l+2R\sqrt{7}}\right]\tag{5-107}$$

将式（5-97）、式（5-98）、式（5-104）代入式（5-101）可解得流导几率：

$$P_{\mathrm{r}}=\int_0^l\frac{1}{2R^2}\left[(x^2+4R^2)^{\frac{1}{2}}+\frac{x^2}{(x^2+4R^2)^{\frac{1}{2}}}-2x\right]\cdot\left(\alpha+\frac{1-2\alpha}{l}x\right)\mathrm{d}x+$$
$$\frac{1}{2R^2}[l^2-l(l^2-4R^2)^{\frac{1}{2}}+2R^2]$$
$$=\frac{\alpha}{2R^2}[l(l^2+4R^2)^{\frac{1}{2}}-l^2]+\frac{1-2\alpha}{2R^2l}\cdot$$

$$\left[l(l^2+4R^2)^{\frac{1}{2}}-\frac{1}{3}(l^2+4R^2)^{\frac{3}{2}}-\frac{2l^3}{3}+\frac{8}{3}R^3\right]+$$

$$\frac{1}{2R^2}[l^2-l(l^2+4R^2)^{\frac{1}{2}}+2R^2]$$

$$=\frac{1-2\alpha}{2R^2 l}[4R^3+(l^2-2R^2)(l^2+4R^2)^{\frac{1}{2}}-l^3]+$$

$$\alpha+\frac{1-\alpha}{2R^2}[l^2-l(l^2+4R^2)^{\frac{1}{2}}+2R^2] \tag{5-108}$$

式中 $P_r$——流导几率；

$R$——管道半径；

$l$——管长；

$\alpha$——由式（5-105）决定的常数。

表 5-6 列出了克劳辛用式（5-108）解出的不同 $\frac{R}{l}$ 下的流导几率 $P_r$ 值。表中还与达许曼管孔串联的结果作了对照，两者之间在 $\frac{R}{l}\to 0$，$\frac{R}{l}\to\infty$ 时比较一致，而中间范围的误差可达 12%。

**表 5-6 圆截面管的流导几率**

| $\frac{l}{R}$ | Dushman | Clausing | DcMarcus | $\frac{l}{R}$ | Dushman | Clausing | DcMarcus | $\frac{l}{R}$ | Dushman | Clausing | DcMarcus |
|---|---|---|---|---|---|---|---|---|---|---|---|
| 0 | 1.000 | 1.0000 | 1.0000 | 1.8 | 0.597 | 0.5384 | | 10 | 0.210 | 0.1973 | 0.1910 |
| 0.1 | 0.965 | 0.9524 | 0.9524 | 1.9 | 0.584 | 0.5256 | | 12 | 0.182 | 0.1719 | |
| 0.2 | 0.931 | 0.9092 | 0.9092 | 2.0 | 0.572 | 0.5136 | 0.5142 | 14 | 0.160 | 0.1523 | |
| 0.3 | 0.899 | 0.8699 | 0.8699 | 2.2 | 0.548 | 0.4914 | | 16 | 0.143 | 0.1367 | |
| 0.4 | 0.870 | 0.8341 | 0.8341 | 2.4 | 0.526 | 0.4711 | | 18 | 0.129 | 0.1240 | |
| 0.5 | 0.842 | 0.8013 | 0.8013 | 2.6 | 0.506 | 0.4527 | | 20 | 0.117 | 0.1135 | 0.1094 |
| 0.6 | 0.816 | 0.7711 | 0.7712 | 2.8 | 0.488 | 0.4359 | | 30 | 0.0817 | 0.0797 | 0.0770 |
| 0.7 | 0.792 | 0.7434 | 0.7434 | 3.0 | 0.470 | 0.4205 | 0.4201 | 40 | 0.0625 | 0.0614 | 0.0595 |
| 0.8 | 0.769 | 0.7177 | 0.7178 | 3.2 | 0.454 | 0.4062 | | 50 | 0.0506 | 0.0499 | |
| 0.9 | 0.747 | 0.6940 | 0.6940 | 3.4 | 0.439 | 0.3931 | | 60 | 0.0425 | 0.0420 | |
| 1.0 | 0.727 | 0.6719 | 0.6720 | 3.6 | 0.426 | 0.3809 | | 70 | 0.0367 | 0.0363 | |
| 1.1 | 0.708 | 0.6514 | | 3.8 | 0.412 | 0.3695 | | 80 | 0.0322 | 0.0319 | |
| 1.2 | 0.690 | 0.6320 | | 4.0 | 0.400 | 0.3589 | 0.3566 | 90 | 0.0288 | 0.0285 | |
| 1.3 | 0.672 | 0.6139 | | 5 | 0.348 | 0.3146 | 0.3105 | 100 | 0.0260 | 0.0258 | 0.0253 |
| 1.4 | 0.656 | 0.5970 | | 6 | 0.307 | 0.2807 | 0.2755 | 1000 | 0.002660 | 0.002658 | |
| 1.5 | 0.640 | 0.5810 | 0.5815 | 7 | 0.276 | 0.2537 | 0.2478 | ∞ | $8R/3l$ | $8R/3l$ | $8R/3l$ |
| 1.6 | 0.625 | 0.5659 | | 8 | 0.250 | 0.2316 | 0.2253 | | | | |
| 1.7 | 0.611 | 0.5518 | | 9 | 0.229 | 0.2130 | 0.2067 | | | | |

为了便于比较，图 5-21 给出了几种求解圆截面管道传输几率方法的计算结果。

C 克劳辛积分方程解的近似

克劳辛积分方程式（5-108）比较繁杂，圣特勒（Santeler）应用传输几率的概念，分析研究了任意长度管道的传输几率 $P_r$，所得到的公式比较简单，其研究方法如下：

如图 5-22（a）所示，设管总长为 $L$，把它分成相等长度的 $n$ 段，每段长为 $\Delta L$，即 $\Delta L=\frac{L}{n}$，并且假设 $\Delta L\ll R$。

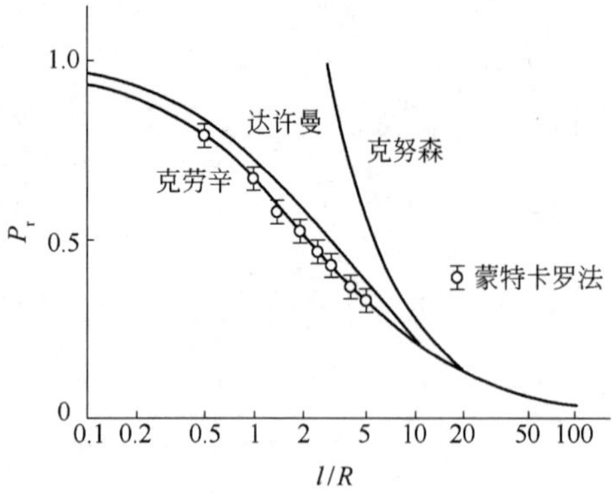


图 5-21　几种短圆管流导计算结果的比较

假定 $\Delta L$ 长管道的传输几率 $P_{r1}$，根据奥特莱（Oatley）第一公式，$n$ 段 $\Delta L$ 长管串联时，总长 $L = n \cdot \Delta L$ 的导管的传输几率为：

$$P_r = \frac{P_{r1}}{1+(n-1)(1-P_{r1})}$$

当 $n \gg 1$ 时，上式可近似写为：

$$P_r = \frac{P_{r1}}{1+n(1-P_{r1})} \tag{5-109}$$

为了得到长为 $\Delta L$ 的管道的传输几率，考虑图 5-22（b）。图中 A 为一个充分大的容器空间，在没有气流时，A 空间和 B 空间的压力相等，即 $p_A = p_B$。此时在系统中任何面元上，各个方向到达的分子几率相等。因为 $\Delta L \ll R$，所以面 1 的气体分子一半来自面 2，另一半来自面 3。假设面 3 是一个理想泵，则抵达面 3 的气体分子不再返回 B 空间，面 3 对分子漫反射的贡献为零，因而这时 B 空间的压力 $p_B = \frac{1}{2} p_A$。

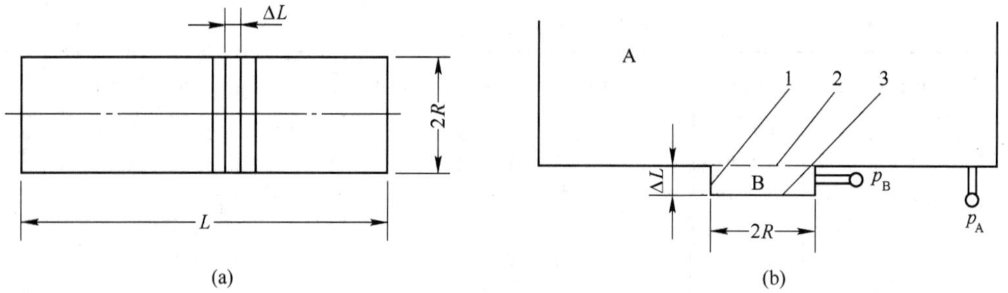


图 5-22　计算传输几率的导管示意图

现在计算从 A 空间入射面 2 的分子抵达面 3 的几率。面 2 上的总入射分子数为 $N_2 = \frac{1}{4} n\bar{v} \cdot \pi R^2$，入射到面 1 上的分子数为 $N_1 = \frac{1}{2}\frac{1}{4} n\bar{v} \cdot 2\pi R \cdot \Delta L$（这里要注意 $p_B = \frac{1}{2} p_A$），$N_2$ 和 $N_1$ 之差便是能直接抵达面 3 的分子数。同时入射面 1 的分子将按余弦定理漫反射，因此有一半抵达面 2，另一半抵达面 3。把以上的关系综合起来，便得到传输到面 3 的分子数：

$$N_2 P_{r1} = N_2 - N_1 + \frac{N_1}{2} = N_2 - \frac{N_1}{2}$$

故得：

$$P_{r1} = 1 - \frac{N_1}{2N_2}$$

将 $N_2 = \frac{1}{4} n\bar{v} \cdot \pi R^2$，$N_1 = \frac{1}{2}\frac{1}{4} n\bar{v} \cdot 2\pi R \cdot \Delta L$ 代入上式，则得

$$P_{r1} = 1 - \frac{\Delta L}{2R} \tag{5-110}$$

将式（5-110）代入式（5-109），$L$ 长管的传输几率为：

$$P_r = \frac{1}{1+\frac{L}{2R}} \tag{5-111}$$

这个结果和克劳辛的理论值比较，可以发现：当 $\frac{L}{R} \geqslant 2$ 时，开始出现明显误差，而在 $\frac{L}{R} < 2$ 时，两者的一致性很好。当 $\frac{L}{R} \leqslant 1.5$ 时，两者完全一致。

当 $\frac{L}{R} > 1.5$ 时，克劳辛给出的近似计算式为：

$$P_r = \frac{20+8\frac{L}{R}}{20+19\frac{L}{R}+3\left(\frac{L}{R}\right)^2} = \frac{20+16\frac{L}{D}}{20+38\frac{L}{D}+12\left(\frac{L}{D}\right)^2} \tag{5-112}$$

式中，$D=2R$，是圆截面管的直径。也有人将式（5-112）给出的 $P_r$ 称为克劳辛系数。

利用式（5-92）中 $P_r$ 与 $K$ 的关系，可以得到

$$K = \frac{3}{4}\frac{L}{D} \cdot P_r = \frac{15\frac{L}{D}+12\left(\frac{L}{D}\right)^2}{20+38\frac{L}{D}+12\left(\frac{L}{D}\right)^2} \tag{5-113}$$

D　积分方程精确解的发展

由于求解克劳辛积分方程比较困难，其解往往要么采用列数值表的形式，要么采用符合数值解的经验公式（5-111）和式（5-112）。

在克劳辛之后，德马库斯（DeMarcus）进一步改进了克劳辛的工作，建立了广义的克劳辛积分方程，得到管道的传输几率为：

$$P_r = N_1(L) + \int_0^L n(x)P(x,L)\mathrm{d}x \tag{5-114}$$

式中，$N_1(L)$ 为一个分子无碰撞地直接通过长为 $L$ 的管道的几率，$P(x,L)$ 为一个分子在 $x$ 处漫反射后无碰撞地通过 $L$ 处截面的几率。

式（5-114）中

$$n(x) = n_1(x) + \int_0^L K(x,y)n(y)\mathrm{d}y \tag{5-115}$$

式中，$n_1(x) = \frac{\mathrm{d}N_1(x)}{\mathrm{d}x}$，$K(x,y)$ 为一个分子在 $y$ 处漫反射后在 $x \sim x+\mathrm{d}x$ 处再碰撞的几率。

德马库斯积分方程的解仍然用列数值表来表示，列于表 5-6 中。从表中可以看到，当 $0 < \frac{L}{R} < 4.0$ 时计算结果与克劳辛计算值符合，误差在 1%之内。当 $\frac{L}{R} = 20$ 时，克劳辛计算值偏高 3.7%。

伯曼（Beman）沿用德马库斯的方法，给出了圆截面管道流导几率的级数展开式和渐进表达式：

当 $\frac{L}{R}$ 小时：

$$P_r = 1-\frac{1}{2}\left(\frac{L}{R}\right)+\frac{1}{4}\left(\frac{L}{R}\right)^2-\frac{5}{48}\left(\frac{L}{R}\right)^3+\frac{1}{32}\left(\frac{L}{R}\right)^4-\frac{13}{2560}\left(\frac{L}{R}\right)^5-\frac{1}{3840}\left(\frac{L}{R}\right)^6+\cdots \tag{5-116}$$

当 $\frac{L}{R}$ 大时：

$$P_r = \frac{8}{3\left(\frac{L}{R}\right)} - \frac{2\ln\left(\frac{L}{R}\right)}{4\left(\frac{L}{R}\right)^2} - \frac{91}{18\left(\frac{L}{R}\right)^2} + \frac{32}{3}\frac{\ln\left(\frac{L}{R}\right)}{\left(\frac{L}{R}\right)^3} + \frac{8}{3\left(\frac{L}{R}\right)^3} - \frac{8\left[\ln\left(\frac{L}{R}\right)\right]^2}{\left(\frac{L}{R}\right)^4} + 0\left[\frac{1}{\left(\frac{L}{R}\right)^4}\right] \tag{5-117}$$

对于式（5-116），当 $\frac{L}{R}=1$ 时，误差约为 0.04%；当 $\frac{L}{R}=0.5$ 时，误差小于 $1\times10^{-4}$%。对于式（5-117），当 $\frac{L}{R}=20$ 时，误差约为 1%。

5.3.2.5　管道弯曲对流导的影响

如图 5-23 所示，管道直角弯曲对气体分子流流动的影响是减少了分子直接通过管道的几率。通过弯角的分子可分为两类：一类沿路途 1 飞行，显然有入口孔的影响，应按圆管与入口孔串联考虑，其有效长度 $L_e$ 为：

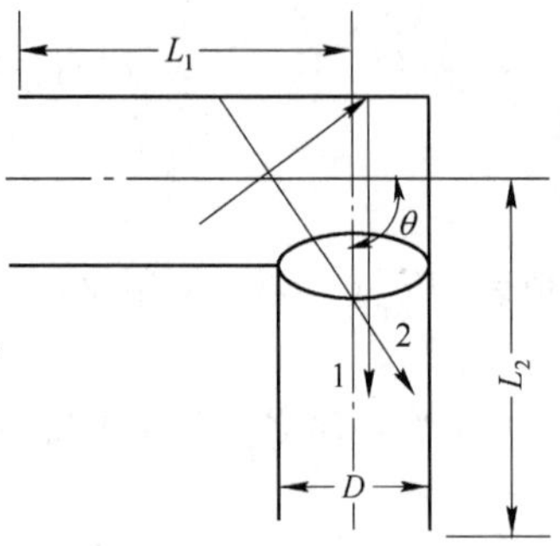

图 5-23　管道弯曲时流导计算图

$$L_e = L_1 + L_2 + \frac{4}{3}D$$

另一类沿路程 2 飞行，弯角对分子流没有影响，即 $L_e = L_1 + L_2$，实际情况必然是介于二者之间，因此有

$$L_1 + L_2 < L_e < L_1 + L_2 + \frac{4}{3}D \tag{5-118}$$

许多人倾向于取管道的有效长度 $L_e$ 为：

$$L_e \approx L_1 + L_2 + D \tag{5-119}$$

对于弯角 $\theta$ 的弯管，考虑到具有路程 1 的分子数应该与角 $\theta$ 的大小成正比，因此有：

$$L_e = L_1 + L_2 + \frac{4}{3}D\frac{\theta}{180} \tag{5-120}$$

式中，$\theta$ 为弯角角度。

较精确的半经验公式是：

当 $1 \leqslant \frac{L_1+L_2}{D} \leqslant 3$ 时：

$$L_e = 0.056\left(\frac{L_1+L_2}{D}\right)^2 + 0.08\left(\frac{L_1+L_2}{D}\right) - 0.38 \tag{5-121a}$$

当 $\frac{L_1+L_2}{D} > 3$ 时：

$$L_e = 2.0 - 4.75\frac{D}{L_1+L_2} \tag{5-121b}$$

5.3.2.6　组合系统的传输几率

1957 年奥特莱（Oatley）创造性地运用传输几率，较精确地求解出组合系统的流导。

设直径相同的管道 1 和管道 2 串联（见图 5-24（a）），其传输几率分别为 $P_{r1}$ 和 $P_{r2}$。由于圆筒形管道，它们的正、反向传输几率相等。如图所示，进入管道 1 入口的 $N$ 个分子中有 $NP_{r1}$ 个分子进入管道 2，而 $N(1-P_{r1})$ 个分子返回管道 1 并从管道 1 进入管道 2 的 $NP_{r1}$ 个分子中有 $NP_{r1}P_{r2}$ 个分子从管道 2 的出口孔逸出，有 $NP_{r1}(1-P_{r2})$ 个分子返回管道 1；返回管道 1

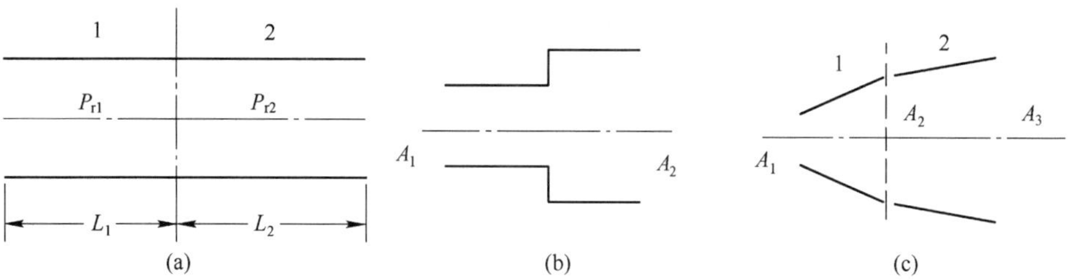


图 5-24　串联管道

(a) 相同直径的两管串联；(b) 具有两个开口的任意管道；(c) 锥形管的串联

的分子中有 $NP_{r1}^2(1-P_{r2})$ 个分子从管道 1 的入口孔逸出，而有 $NP_{r1}(1-P_{r1})(1-P_{r2})$ 个分子又进入管道 2；这些再次进入管道 2 的分子，又有 $NP_{r1}P_{r2}(1-P_{r1})(1-P_{r2})$ 个分子从管道 2 的出口逸出；如此循环下去，从管道 1 的入口孔流入 $N$ 个分子，最后从管道 2 的出口孔逸出的分子数为

$$NP_r = NP_{r1}P_{r2}\left[1+(1-P_{r1})(1-P_{r2})+(1-P_{r1})^2(1-P_{r2})^2+\cdots\right]$$
$$= NP_{r1}P_{r2}\frac{1-(1-P_{r1})^n(1-P_{r2})^n}{1-(1-P_{r1})(1-P_{r2})}$$

略去高阶无穷小项 $(1-P_{r1})^n(1-P_{r2})^n$，得：

$$P_r = \frac{P_{r1}P_{r2}}{P_{r1}+P_{r2}-P_{r1}P_{r2}}$$

即

$$\frac{1}{P_r} = \frac{1}{P_r} + \frac{1}{P_{r2}} - 1 \tag{5-122}$$

当 $n$ 个相同直径的管道串联时，同理可得

$$\frac{1}{P_r} = \sum_{i=1}^{n}\frac{1}{P_{ri}} - (n-1) \tag{5-123}$$

假设一真空系统管路元件仅有两个开口，其面积为 $A_1$ 和 $A_2$，见图 5-24b。该元件的正向传输几率为 $P_{r1}$ 反向传输几率为 $P'_{r1}$。若该元件的出入口分别连接大容积，两大容积内气体的压力和温度相同，则从两方向通过该元件的分子数必须相等，否则一容器内压力将上升，另一容器内的压力将下降。因此，任何真空系统管路元件的正、反方向流导相等，故有：

$$P_{r1}A_1 = P'_{r1}A_2$$

即：

$$\frac{P'_{r1}}{P_{r1}} = \frac{A_1}{A_2} \tag{5-124}$$

一般来说，一个管道正、反方向的传输几率是不相等的。假设正向传输几率为 $P_{r1}$ 和 $P_{r2}$，反向传输几率为 $P'_{r1}$ 和 $P'_{r2}$ 的两个管道串联（见图 5-24c），这里 $P_{r1} \neq P'_{r1}$，$P_{r2} \neq P'_{r2}$。1965 年贝伦斯（J. O. Ballance）利用上述类似的方法导出：

$$P_r = \frac{P_{r1}P_{r2}}{P'_{r1}+P_{r2}-P'_{r1}P_{r2}}$$

即：

$$\frac{1}{P_r} = \frac{1}{P_{r1}} + \frac{P'_{r1}}{P_{r1}}\left(\frac{1}{P_{r2}} - 1\right)$$

根据式（5-124）管道正、反向传输几率的关系，得：

$$\frac{1}{P_r}=\frac{1}{P_{r1}}+\frac{A_1}{A_2}\left(\frac{1}{P_{r2}}-1\right) \tag{5-125}$$

若有入口截面面积分别为 $A_1$，$A_2$，$A_3$，…，$A_n$的 $n$ 个管道串联，总的传输几率为 $P_r$，则有：

$$\begin{aligned}\frac{1}{P_r}&=\frac{1}{P_{r1}}+\frac{A_1}{A_2}\left(\frac{1}{P_{r2}}-1\right)+\frac{A_1}{A_3}\left(\frac{1}{P_{r3}}-1\right)+\cdots+\frac{A_1}{A_n}\left(\frac{1}{P_{rn}}-1\right)\\&=\frac{1}{P_{r1}}+\sum_{i=2}^{n}\frac{A_1}{A_i}\left(\frac{1}{P_{ri}}-1\right)\end{aligned} \tag{5-126}$$

式中　$A_i$——第 $i$ 个元件的入口截面积；

$P_{ri}$——第 $i$ 个元件的正向传输几率。

对于图 5-24（c）所示的锥形管道的串联，宾逊也推导出式（5-126）的关系。

### 5.3.3　黏滞-分子流时管道的流导计算

黏滞-分子流状态是黏滞流与分子流之间的过渡态，通过直径为 $D$，长度为 $L$ 的圆截面管的气体流量可用克努森给出的半经验公式（5-8）计算。根据流导的定义，圆截面管的流导为

$$C=\frac{\pi D^4\bar{p}}{128\eta L}+\frac{\sqrt{2\pi}}{6\sqrt{\rho_1}}\cdot\frac{D^3}{L}\cdot b$$

式中，

$$b=\frac{1+\dfrac{\sqrt{\rho_1}}{\eta}D\bar{p}}{1+1.24\dfrac{\sqrt{\rho_1}}{\eta}D\bar{p}}$$

将 $\rho_1=\frac{\mu}{RT}\cdot\bar{p}$，$\eta=\frac{1}{2}\rho\bar{v}\bar{\lambda}=\frac{1}{2}\frac{\mu}{RT}\bar{p}\bar{v}\bar{\lambda}$，$\bar{v}=\sqrt{\frac{8RT}{\pi\mu}}$ 代入上式，有：

$$b=\frac{1+1.2533\dfrac{D}{\bar{\lambda}}}{1+1.5475\dfrac{D}{\bar{\lambda}}}$$

$$C=2.45\times10^{-2}\frac{D^4}{\eta L}\bar{p}+1.2\sqrt{\frac{T}{\mu}}\frac{D^3}{L}\cdot\frac{1+1.2533\dfrac{D}{\bar{\lambda}}}{1+1.5541\dfrac{D}{\bar{\lambda}}}\quad(\mathrm{m^3/s}) \tag{5-127}$$

式中　$D$，$L$——管道内直径和长度，m；

$\eta$——气体内摩擦系数，Pa·s；

$\bar{p}$——气体平均压力，Pa；

$T$——气体的热力学温度，K；

$\mu$——气体的摩尔质量，kg/mol；

$\bar{\lambda}$——气体分子的平均自由程，m。

对于 20℃空气，管道的流导为：

$$C=1.34\times10^3\frac{D^4}{L}\bar{p}+1.21\times10^2\frac{D^3}{L}\cdot\frac{1+188D\bar{p}}{1+233D\bar{p}}\quad(\mathrm{m^3/s}) \tag{5-128}$$

式（5-128）也可改写为：

$$C=1.21\times10^2\frac{D^3}{L}\cdot\frac{1+199D\bar{p}+2580\,(D\bar{p})^2}{1+233D\bar{p}}$$

$$=C_m\cdot J\qquad(m^3/s)\tag{5-129}$$

式中，$C_m$是不考虑管口影响时管道的流导，而系数 $J$ 为：

$$J=\frac{1+199D\bar{p}+2580\,(D\bar{p})^2}{1+233D\bar{p}}\tag{5-130}$$

可见 $J$ 是 $D\bar{p}$ 的函数，即 $J=f(D\bar{p})$。给定 $D\bar{p}$ 值，可计算出 $J$ 值，表 5-7 给出了一些计算结果。

**表 5-7 $J=f\,(D\bar{p})$ 的数值表**

| $D\bar{p}$/Pa·m | 0.01 | 0.02 | 0.03 | 0.04 | 0.05 | 0.1 | 0.2 | 0.3 | 0.4 | 0.5 | 0.6 |
|---|---|---|---|---|---|---|---|---|---|---|---|
| $J$ | 0.975 | 1.06 | 1.15 | 1.27 | 1.38 | 1.92 | 3.03 | 4.13 | 5.24 | 6.34 | 7.45 |

# 6 真空泵的分类和性能

## 6.1 真空泵的分类

近年来，已开发出从大气压到高真空，仅用一台泵就能实现的新型真空泵。但一般来说，为了获得高真空、超高真空及极高真空，还是串联多台真空泵构成机组形式来完成抽气任务的。因此，正确了解泵的工作原理、主要性能、结构特点以及分类等，对于用户选择经济适用的真空泵是非常重要的。

真空泵是用以产生、改善和维持真空的装置。按其工作原理，基本上分为气体传输泵和气体捕集泵两种类型。

### 6.1.1 气体传输泵

气体传输泵，它是一种能使气体不断吸入和排出泵外以达到抽气目的的真空泵。这种气体传输泵含有容积泵和动量传输泵两大类。

6.1.1.1 容积真空泵

容积真空泵是利用泵腔容积的周期性变化来完成吸气、压缩和排气的装置。气体排出前被压缩，这种泵分为往复式和旋转式两种。

(1) 往复式真空泵，利用泵腔内活塞的往复运动，将气体吸入、压缩并排出。因此，又称它为活塞式真空泵。

(2) 旋转式真空泵，利用泵腔内活塞的旋转运动，将气体吸入、压缩并排出。属于此类的泵种很多。

1) 油封式机械泵，它是利用油类密封各种运动部件的间隙，减少有害空间的一种旋转式容积真空泵。这种泵通常带有气镇装置，故称气镇式真空泵，按其结构特点分为：旋片泵，定片泵，滑阀泵，余摆线泵以及多室旋片泵等。

2) 干式真空泵，目前所谓的干式真空，一般通用的说法是：能在大气压到 $10^{-2}$ Pa 的压力范围内工作的真空泵；在泵的抽气流道（如泵腔）中，不能使用任何油类和密封液体，排气口与大气相通，能够连续向大气中排气的泵，即称为干式真空泵。按其工作原理分，也有干式容积真空泵，如多级罗茨泵、多级活塞泵、爪型泵、螺杆泵、涡旋泵等；此外还有动量传输式干式泵。如涡轮干式泵，离心干式泵等。这种泵的抽气不再有油的污染了，是近期开发研制较多的泵种。

3) 液环真空泵，带有多叶片的转子偏心装在泵壳内，当转子旋转时，把液体（水或油类）抛向泵壳形成与泵壳同心的液环，液环同转子上的叶片形成了容积周期性变化的几个小容积实现吸气、压缩和排气，由于液环起到压缩气体的作用故又称它为液体活塞真空泵。

4) 罗茨真空泵，泵内装有两个相反方向同步旋转的双叶或多叶形的转子，转子间、转子与泵壳内壁之间均保持有一定的间隙。它属于无内压缩式的真空泵。按用途又分为湿式罗茨泵，直排大气式罗茨泵和机械增压泵等类型。

6.1.1.2 动量传输式真空泵

动量传输式真空泵是利用高速旋转的叶片或高速射流，把动量传输给被抽气体或气体分子，使气体连续不断地从入口传输到出口真空泵。这种泵可分为以下几种类型。

(1) 分子真空泵。它是利用高速旋转的转子把动量传输给气体分子，使之压缩、排气的一种真空泵。它有如下3种形式。1) 牵引分子泵，高速旋转的转子表面与气体分子相碰，把动量传给气体分子，将气体分子拖动到泵的出口排出。因此，它是一种动量传输泵。2) 涡轮分子泵，泵内装有多级带槽的圆盘或叶片的转子，在定子圆盘（或定片）间旋转，转子的圆周线速度很高，通常在分子流状态下工作。3) 复合式分子泵，它是由涡轮分子泵和牵引分子泵，优化组合，串联起来工作的一种真空泵，可在分子流或过渡流状态下工作。

(2) 喷射真空泵，它是利用文丘里效应的压力降产生的高速射流把气体输送到泵出口的一种动量传输泵，适于在黏滞流和过渡流状态下工作的真空泵。这种泵又可细分为3种。1) 水喷射泵，以水为工作介质的喷射真空泵。2) 气体喷射泵，以非可凝性气体（如空气）作为工作介质的喷射泵。3) 蒸气喷射泵，以蒸气（水、油或汞等蒸气）作为工作介质的喷射泵。其中水蒸气喷射泵应用较多，油蒸气喷射泵，也称作油增压泵，或称油扩散喷射泵。

(3) 扩散泵，以油或汞蒸气作为工作介质。对汞扩散泵不带分馏结构，对油扩散泵多采用分馏式结构，以提高泵的性能。

### 6.1.2 气体捕集泵

气体捕集泵，它是一种将被抽气体吸附或凝结在泵内表面上的真空泵，它有以下两种形式：

(1) 吸附泵。它主要依靠具有大表面积的吸附剂的物理吸附作用来抽气的一种捕集式真空泵。如吸附阱、吸气剂泵。此外还有连续不断形成新鲜的吸气剂膜的捕集式真空泵，如溅射离子泵，热蒸发的升华泵等。

(2) 低温泵。利用低温表面来冷凝捕集气体的真空泵。如冷凝泵和小型制冷机低温泵等。

## 6.2 真空泵性能的表示法

对各种真空泵的性能，都有规定的测试方法来检验其性能的优劣，真空泵的主要性能有：

(1) 极限压力。将真空泵与检测容器相连，放入待测的气体后，进行长时间连续地抽气，当容器内的气体压力不再下降，而维持某一定值时，此压力即为泵的极限压力，其单位用Pa表示。

(2) 流量。在真空泵的吸气口处，单位时间内流过的气体量称为泵的流量。在真空技术中，流量的单位用压力×体积/时间来表示，即用 $Pam^3/s$ 或 $Pam^3/h$ 表示。通常泵要给出流量与入口压力的关系曲线。

(3) 抽气速率。在真空泵的吸气口处，单位时间内流过的气体的体积称为泵的抽气速率。即气体A的抽气速率 $S_A$ 为流量 $Q_A$（$Pam^3/s$）除以测试罩内这种气体A的分压力 $p_A$ 而得，即

$$S_A = \frac{Q_A}{p_A} \quad (m^3/s) \tag{6-1}$$

一般真空泵的抽气速率与气体种类有关。给定的抽气速率，表示对某种气体的抽气速率。如无特殊标明，多指抽空气而言。

(4) 抽气的概念。若真空容器所有的内表面上无气体的吸附和脱附现象发生，这种抽气过程称作理想状态的抽气过程。设被抽容积为 $V(m^3)$，泵的抽气速率为 $S(m^3/s)$，在这种理想状态的抽气过程中，容器内压力 $p$(Pa) 的变化如下式所示。

$$V\frac{dp}{dt}=-Sp \tag{6-2}$$

当时间 $t=0$ 时，压力为 $p_0$，压力 $p$ 与时间 $t$ 的关系式为

$$p = p_0 \exp\left(-\frac{S}{V}t\right) \tag{6-3}$$

由上式可以看出，当 $t$ 不断增加时，压力 $p$ 则不断下降，达到了抽真空的目的。

若极限压力 $p_u$ 对 $p$ 和 $p_0$ 的影响不容忽略时，上式则变成如下形式

$$(p-p_u)=(p_0-p_u)\exp\left(-\frac{S}{V}t\right) \tag{6-4}$$

上式仅适用于大气压到 $10^{-1}$ Pa 这个范围内。当压力再低时，抽气时间要大大延长。因为，当气压低于 $10^{-1}$ Pa 时，容器的内表面上大量放气。若单位时间内，容器内气源产生的气体量为 $\Sigma Q(Pam^3/s)$，则式 (6-2) 变成为

$$V\frac{dp}{dt}=-Sp+\Sigma Q \tag{6-5}$$

式中 $\Sigma Q$ 包括如下各项：

$$\Sigma Q = Q_l + Q_d + Q_p + Q_b + Q_r \tag{6-6}$$

式中　$Q_l$ ——漏气量；

$Q_d$ ——容器内表面吸附气体的脱附量；

$Q_p$ ——容器内部的扩散或渗透的放气量；

$Q_b$ ——泵向真空容器的返流气量；

$Q_r$ ——真空容器内装配的机构的放气量。

这种关系，在对数坐标上，压力 $p$ 与时间 $t$ 呈直线关系，如图 6-1 所示，从图上可以看出式 (6-3) 有效的范围，在这个范围压力成直线减少，称作容积抽气。超过这个范围，压力下降有所偏移，最后与横轴平行了。这时式 (6-5) 的 $\Sigma Q$ 起作用了，在真空系统中 $Q_d$ 及 $Q_r$ 占大部分，因此这段为表面放气的排气过程，通常称表面排气。

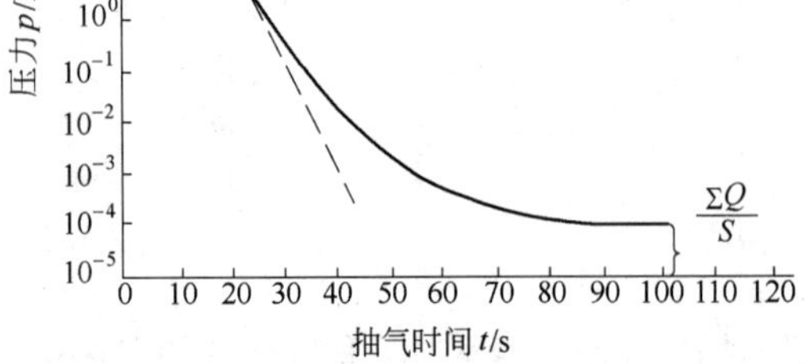


图 6-1　真空容器内压力和抽气时间的关系曲线

式 (6-5) 的解为

$$p(t)=\frac{\Sigma Q}{S}+\left(p_0-\frac{\Sigma Q}{S}\right)\exp\left(-\frac{S}{V}t\right) \tag{6-7}$$

若长时间抽气，$\exp\left(-\frac{S}{V}t\right)$ 项的影响可

以忽略，这时压力下降，仅取决于上式的右侧第一项，即

$$p(t)=\frac{\Sigma Q}{S} \tag{6-8}$$

经研究得知放气率也与时间有关，即

$$Q(t)=Aq(t) \tag{6-9}$$

式中 $A$——表面积；

$q(t)$——单位面积的放气率，经研究得知，表面上常吸附有大量的水蒸气。

为了获得超高真空，烘烤这道工序是必不可少的。因为温度高了，气体分子在表面上滞留时间短了，短时间 $Q$ 能快速下降。在 250～450℃条件下烘烤比不烘烤，压力能够下降 3～4 个数量级。除掉水蒸气后，残余气体多为金属中溶解的氢气了，有针对性地排除氢气，可使真空度进一步提高。

由式（6-5）得知，处于平衡态时 $\frac{\mathrm{d}p}{\mathrm{d}t}=0$，而 $\Sigma Q$ 为定值时，得到极限压力为

$$p_{\mathrm{u}}=\frac{\Sigma Q}{S} \tag{6-10}$$

这时得知，容器内压力 $p$ 不能继续下降的原因是 $\Sigma Q$ 引起的。在容器不漏气的情况下，极限压力取决于表面放气率。式（6-5）即为古典的真空排气的基本方程。为了获得更低的极限压力，必须使 $\Sigma Q$ 值进一步降低。对容器的检漏是必不可少的。目前可使 $p_{\mathrm{u}}$ 达到 $10^{-10}$ Pa 以下，获得了极高真空。

## 6.3 真空泵的用途及使用范围

### 6.3.1 真空泵的用途

根据真空泵的性能，在各种应用的真空泵系统中它可作为下列泵使用。

（1）主泵。在真空系统中，用来获得所要求的真空度的真空泵。

（2）粗抽泵。从大气压开始，降低系统的压力达到另一抽气系统开始工作的真空度。

（3）前级泵。用以使另一个泵的前级压力维持在其最高许可的前级压力以下的真空泵。前级泵也可以作粗抽泵使用。

（4）维持泵。在真空系统中，当抽气量很小时，不能有效地利用主要前级泵，为此，在真空系统中配置一种容量较小的辅助前级泵，维持主泵正常工作或维持已抽空的容器所需之低压的真空泵。

（5）粗（低）真空泵。从大气压开始，降低容器压力且工作在低真空范围的真空泵。

（6）高真空泵。在高真空范围内工作的真空泵。

（7）超高真空泵。在超高真空范围内工作的真空泵。

（8）增压泵。装于高真空泵和低真空泵之间，用来提高抽气系统在中间压力范围内的抽气量或降低前级泵容量要求的真空泵（如机械增压泵和油增压泵等）。

### 6.3.2 各种真空泵的使用范围

各种形式的真空泵的工作压力范围，如表 6-1 所示。

**表 6-1　各种真空泵的工作压力范围**

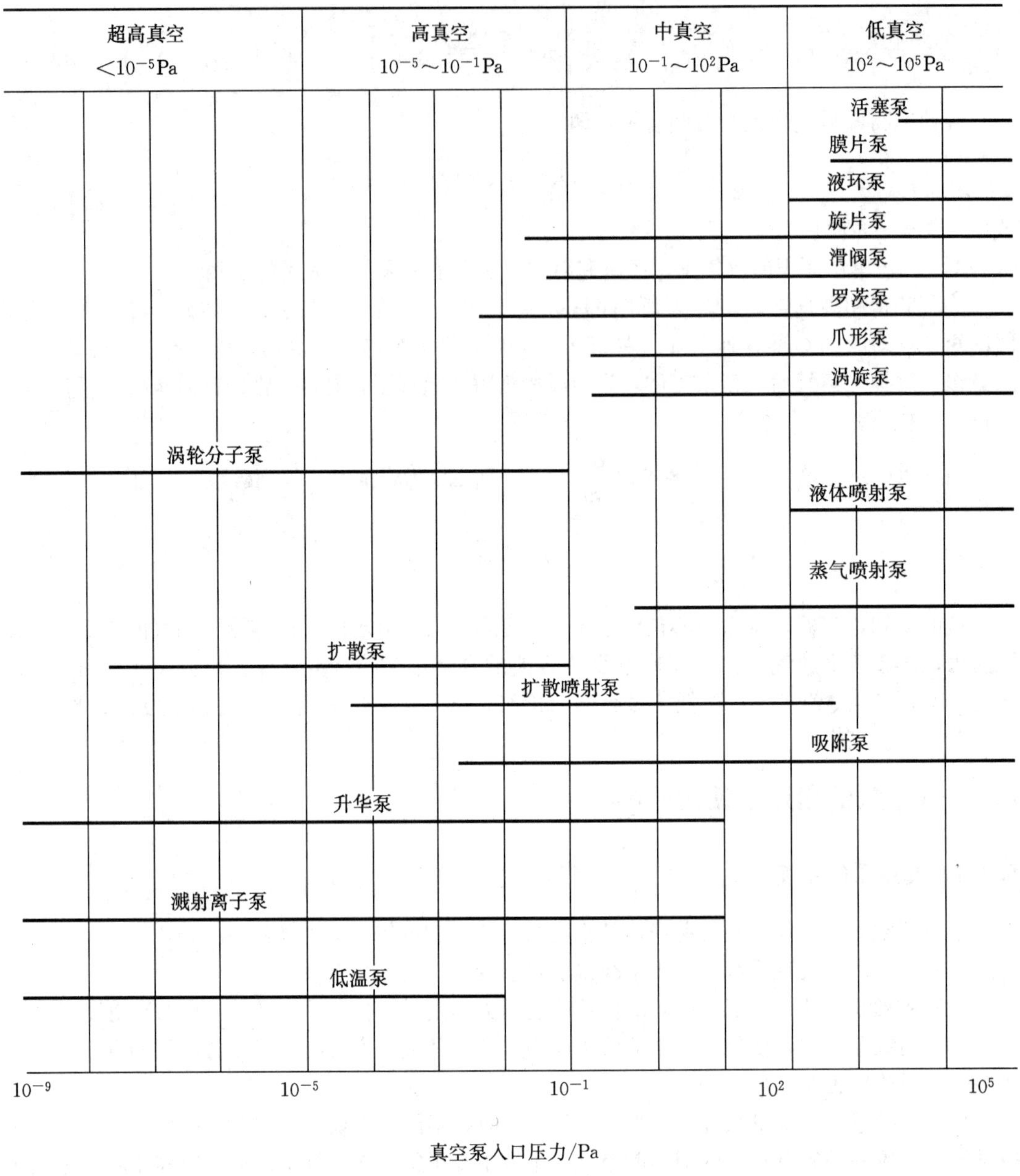


## 6.4　真空泵的型号及规格表示法

国产的各种真空泵的型号是根据国家机械行业标准规定来编制的。真空泵的型号是由基本型号和辅助型号两部分组成的，即

基本型号　辅助型号

① ② ③ - ④ ⑤ ⑥

两者之间为一条短横线。

①代表真空泵级数，以阿拉伯数字表示。不分级或单级者省略。

②代表真空泵名称，以构成名称的一个（或两个）关键字的汉语拼音第一（或第二）个字

母（印刷体大写）表示，如表 6-2 所示。

③代表真空泵特征，以其关键字的汉语拼音第一（或第二）个字母（印刷体大写）表示，按表 6-3 规定或自编补充代号。

**表 6-2 真空泵名称**

| 序号 | 真空泵名称 | 代号 | 关键字意义及拼音字母 | 真空泵规格或主参数 | 相应单位 |
|---|---|---|---|---|---|
| 1 | 往复真空泵 | W | “往”复“wang” | 抽气速率 | L/s |
| 2 | 定片真空泵 | D | “定”片“ding” | | |
| 3 | 旋片式真空泵 | X | “旋”片“xuan” | | |
| 4 | 滑阀真空泵 | H | “滑”阀“hua” | | |
| 5 | 罗茨真空泵（机械增压泵） | ZJ | “增”压“zeng”，“机”械“ji” | | |
| 6 | 余摆线真空泵 | YZ | “余”摆“yu”，“真”空“zhen” | | |
| 7 | 溅射离子泵 | L | “离”子“li” | | |
| 8 | 单级多旋片式真空泵 | XD | “旋”片“xuan”，“多”“duo” | 抽气速率 | $m^3/h$ |
| 9 | 分子泵① | F | “分”子“fen” | 进气口径 | mm |
| 10 | 油扩散真空泵 | K | “扩”散“kuo” | | |
| 11 | 汞扩散真空泵 | KG | “扩”散“kuo”，“汞”“gong” | | |
| 12 | 油扩散喷射泵（油增压泵） | Z | “增”压“zeng” | | |
| 13 | 升华泵 | S | “升”华“sheng” | | |
| 14 | 回旋泵（弹道泵） | HX | “回”“hui”“旋”“xuan” | | |
| 15 | 复合式离子泵 | LF | “离”子“li”，“复”合式“fu” | | |
| 16 | 锆铝吸气剂泵 | GL | “锆”“gao”“铝”“lü” | | |
| 17 | 制冷机低温泵 | DZ | “低”温“di”，“制”冷“zhi” | | |
| 18 | 灌注式低温泵 | DG | “低”温“di”，“灌”注“guan” | | |
| 19 | 分子筛吸附泵 | IF | “吸”附“xi”，“分”子“fen” | 分子筛重量 | kg |
| 20 | 水喷射泵 | PS | “喷”射“pen”，“水”“shui” | 抽气量 | kg/h |
| 21 | 空气喷射泵 | PQ | “喷”射“pen”，空“气”“qi” | | |
| 22 | 蒸气喷射泵 | P | “喷”射“pen” | | |

①个别规格泵的进气口径相同而抽气速率不等，则可同时标出抽气速率，单位：L/s。

**表 6-3 真空泵特征**

| 代号 | 关键字意义及拼音字母 | 代号 | 关键字意义及拼音字母 |
|---|---|---|---|
| W | “卧”式“wo” | T | “凸”腔“tu” |
| Z | “直”联“zhi” | F | “风”冷“feng” |
| S | “升”华器“sheng” | X | 磁“悬”浮“xuan” |
| D | “多”式、“多”元“duo” | J | “金”属密封“jin” |
| C | “磁”控“ci” | G | “干”式（无油）“gan” |

④代表真空泵使用特点（多指被抽气体性质），对于可凝性被抽气体，以印刷体大写字母

"N"表示；对于腐蚀性被抽气体，以印刷体大写字母"F"表示。无特指者省略。

⑤代表真空泵规格或主参数，以阿拉伯数字表示。

⑥代表真空泵设计序号，从第一次改型设计开始，以字母 A、B、C……顺序表示。

真空泵型号示例：

W-35B，为往复式真空泵，抽速为 35L/s，第二次改型设计；

2X-15A，为双级旋片式真空泵，抽速为 15L/s，第一次改型设计；

ZJ-600，为机械增压泵，抽速为 600L/s；

K-800，为油扩散泵，进气口径 800mm；

Z-400，为油增压泵，进气口径为 400mm。

# 7 容积式真空泵

## 7.1 液环真空泵

### 7.1.1 液环泵的工作原理及特点

液环式真空泵（简称液环泵）是一种粗真空泵，它所能获得的极限压力，对于单级泵为2.66～9.31kPa；对于双级泵则为0.133～0.665kPa，如串联大气喷射器可达0.27～0.67kPa。

液环泵也可用作压缩机，称为液环式压缩机，它属于低压的压缩机，其压力范围为$1\times10^5$～$2\times10^5$Pa。

液环泵最初用作自吸水泵，而后逐渐用于石油、化工、机械、矿山、轻工、造纸、动力、冶金、医药和食品等工业及市政与农业等部门的许多工艺过程中，如真空过滤、真空送料、真空脱气、真空蒸发、真空浓缩和真空回潮等，得到了广泛的应用。由于真空应用技术的飞跃发展，液环泵在粗真空获得方面一直被人们所重视。由于液环泵压缩气体的过程是等温的，故可抽除易燃、易爆的气体，此外还可抽除含尘、含水的气体，因此，液环泵的应用日益增多。

液环泵的工作介质多为水故称为水环泵。液环泵所能达到的极限压力也与工作介质饱和蒸汽压有关。

7.1.1.1 工作原理

由图7-1可见，液环泵是由叶轮1、液环2、橡胶球3、泵体4、吸气口A、排气口B等几部分组成。

在泵体中装有适量的工作液。当叶轮按顺时针方向旋转时，工作液体被叶轮抛向四周，由于离心力的作用，液体形成了一个决定于泵腔形状的近似于等厚度的封闭圆环。液环的上部分内表面恰好与叶轮轮毂相切，液环的下部内表面刚好与叶片顶端接触（实际上叶片在液环内有一定的插入深度）。此时由于叶轮偏心安装，叶轮轮毂与液环之间形成一个月牙形空间，而这一空间又被叶轮分成叶片数目相等的若干个小腔。如果以叶轮的上部0°为起点，那么叶轮在旋转前180°时小腔的容积由小变大，且与端面上的吸气口相通，此时气体被吸入，当吸气终了时小腔则与吸气口隔绝；当叶轮继续旋转时，小腔由大变小，使气体被压缩；当小腔与排气口相通时，气体便被排出泵外。

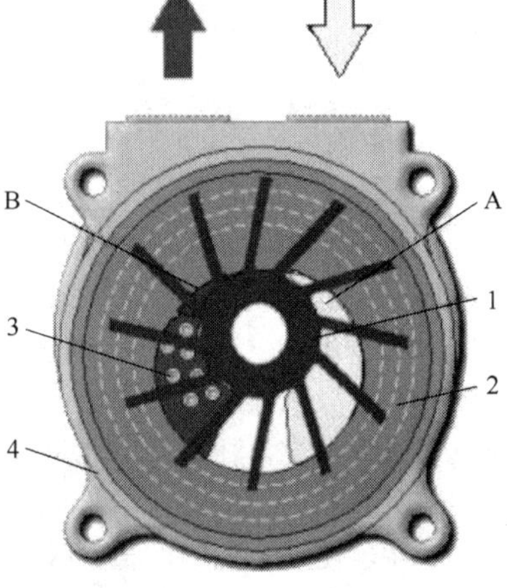

图7-1 液环泵工作原理图

A—吸气口；B—排气口

1—叶轮；2—液环；3—橡胶球；4—泵体

综上所述，液环泵是靠泵腔容积的变化来实现吸气、压缩和排气的，因此它属于容积真空泵。

液环泵的吸气口终止位置和排气口开始位置决定着泵的压缩比。因为吸气口终止位置决定吸气小腔吸入气体的体积，而排气口开始的位置决定排气时被压缩的气体的体积。对已经确定了结构尺寸的液环泵，就可以求出其压缩比。同样，给定压缩比，也可以确定出吸气口终止位置和排气口起始位置。吸气口位置是由吸气容积最大而决定的，从而得到 $S_{max}$。

液环真空泵一般抽速范围为 10～25000m³/h。吸入压力为 20kPa、30kPa 和 40kPa。液环泵的极限压力不是非常重要，因为它与所使用的液体种类有关。

在液环泵中，液环压缩气体的能量是这样传递的：液体被叶轮带动之后形成液环，这时叶轮把能量传给液体使之动能增加，液体才具有一定的速度在泵腔内回转。就单作用液环泵来说，在吸入侧（前 180°）埋在叶轮内的液体被叶轮加速，当液体从叶轮腔内被甩出之后，液体具有与叶片端点切线速度相近的速度；在前半周，由于吸入气体压力恒定，其各点速度相等。在后半周，气体被压缩，当液环重新进入叶轮腔时速度下降，其动能部分转变成势能，以抵抗气体膨胀压力。而在空载不压缩气体时，后半周液体的动能便会推动叶轮加速回转。

7.1.1.2　液环泵的特点

液环泵与其他类型的机械真空泵相比有如下优点：

(1) 结构简单，制造精度要求不高，容易加工；

(2) 结构紧凑，泵的转数较高，一般可与电动机直连，无须减速装置。故用小的结构尺寸，可以获得大的排气量，占地面积也小；

(3) 压缩气体基本是等温的（通常多变压缩指数 $n$=1.1～1.15），即压缩气体过程，温度变化很小；

(4) 腔内无金属摩擦表面，无须对泵内进行润滑，而且磨损很小，转动件与固定件之间的间隙可由液体来密封；

(5) 吸气均匀，工作平稳可靠，操作简单，维修方便。

液环泵也有其缺点：

(1) 功率消耗大，效率低，一般在 30%左右，较好的可达 50%；

(2) 极限压力高，它取决于液体种类；

(3) 真空度低，这不仅是因为受到结构上的限制，更重要的是受工作液饱和蒸气压的限制。用水作工作液，极限压强只能达到 2000～4000Pa。用油作工作液，可达 130Pa。

总之，由于液环泵的等温压缩，故可抽易燃、易爆的气体。由于有这些突出的特点，尽管它效率低，仍然得到广泛的应用。

### 7.1.2　液环泵的基本类型与结构

7.1.2.1　基本类型

液环泵按不同结构可分成如下几种类型：

(1) 单级单作用液环泵。所谓单级是指只有一个叶轮，单作用是指叶轮每旋转一周，吸气、排气各进行一次。这种泵的极限压力较低，抽速和效率也低。

(2) 单级双作用液环泵。单级是指只有一个叶轮，而双作用是指叶轮每旋转一周，吸气、排气各进行两次。在相同抽速条件下，双作用泵比单作用泵可大大减小尺寸和重量。由于工作腔对称分布在轮毂两侧，这样就改善了作用在转子上的载荷。但是，这种泵有些零件比较复杂，加工较困难。但它的抽速较大、效率较高、极限压力也较高。

(3) 双级液环泵。双级液环泵大多数是由单作用泵串联而成。这种液环泵实质上是两个单级单作用的液环泵的叶轮共用一根心轴连接而成。它的主要特点是在较低的压力下，仍然具有较大的抽速，工作稳定。

(4) 气体喷射器＋液环泵机组。这种机组，是由大气喷射器串联液环泵来构成的。这种机组可以提高低压下的抽速，扩大了液环泵的使用范围，如图 7-2 曲线所示。

气体喷射器是由喷嘴、混合室和扩压器组成，用管道将它于液环泵的进气口连接。

这种机组的工作原理是：先开动液环泵，为气体喷射器造成所需的预真空，使喷嘴的入口与出口之间造成压力差，通常以大气为驱动气体。驱动气体通过喷嘴进入泵内，驱动气体经过喷嘴得到加速，将被抽气体吸入，驱动气体与被抽气体在混合过程中进行动量交换，对气体进行压缩后进入液环泵的进气口，再经泵压缩排至泵外。

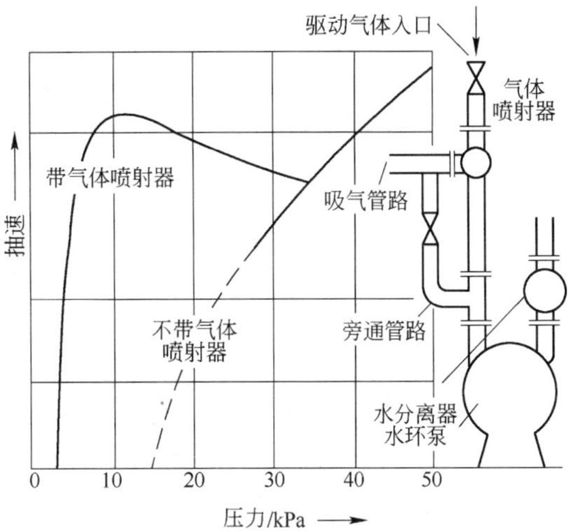

图 7-2 气体喷射器＋液环泵机组

7.1.2.2 液环泵的基本结构

就液环泵的结构而言，双级泵比单级泵复杂，双作用泵比单作用泵也要复杂些。现以结构最简单、产量较多、用途最广的单级单作用水环泵为例，来说明其基本结构。

图 7-3 为水环泵的结构图。其抽速为 0.2$m^3$/s。水环泵主要由泵体、叶轮、端盖组成。端盖上部是进气管和排气管。进气管和排气管分别通过端盖上的进气孔和排气孔与泵腔相通。泵轴偏心安装在泵体之中，叶轮用键固定在轴上。叶轮与端盖之间的间隙用泵体和端盖间的垫片来调整。填料函配备在前、后端盖上，在端盖上有水管通向填料函来冷却，进入泵体补充运行中水的消耗。泵腔的加工精度要求不高，但不能有渗漏。端盖上有吸气孔和排气孔。在排气孔下方，还设有橡皮球阀。

橡皮球阀是一种特殊结构。它的作用是消除泵在运转过程中所产生的过压缩和压缩不足的现象。这两种现象都会引起过多地消耗功率。因为水环泵没有排气阀，而且排气压力是固定的，水环泵的压缩比决定于进气口终止位置和排气口起始位置。然而这两个位置是固定不变的，因而不适应吸入压力变化的需要。为了解决这个问题，一般在排气口下方设置橡皮球阀，以便当泵腔内过早达到排气压力时，球阀自动开启，气体排除，消除了过压缩现象。一般在设计水环泵时都以最低吸入压力来定压缩比，以此来定排气口的位置，这也就会避免了压缩不足的现象发生。

### 7.1.3 液环泵的使用与注意事项

液环泵，一般说来所用的工作液体都是水。作用在转子上的能量被液体接收并传给被压缩的气体，这样就造成了水环的温度升高。水环的部分水与气体一起被压缩排出泵外。在压缩过程中产生的大部分热量被带走。因而需要不断地补充新鲜的水，以使水环泵的工作温度保持恒定。在多数的水环泵中，其工作温度约为 15～20℃，它取决于所补充水的温度。

实际上，水环泵的极限压力并不十分重要，因为不同的液体，在压力低于 50 ～ 60hPa 时，会发生气蚀现象，泵的部件会遭到损坏。

当泵接近极限压力时，抽速很低，泵入口处的水开始沸腾。当转至泵的出口时。形成的气

图 7-3　水环泵的结构图

泡开始破裂。这样就会产生很大的噪声，同时泵的驱动轮和泵腔等部件被逐渐破坏。这种现象通常称作为气蚀现象。一旦气蚀现象发生，就要通过小阀引入少量的新鲜空气。在这种情况下，在入口管道上开个小孔，以便定量地加入些新鲜的气体，如果使用气体喷射器，气蚀现象就不会产生了。

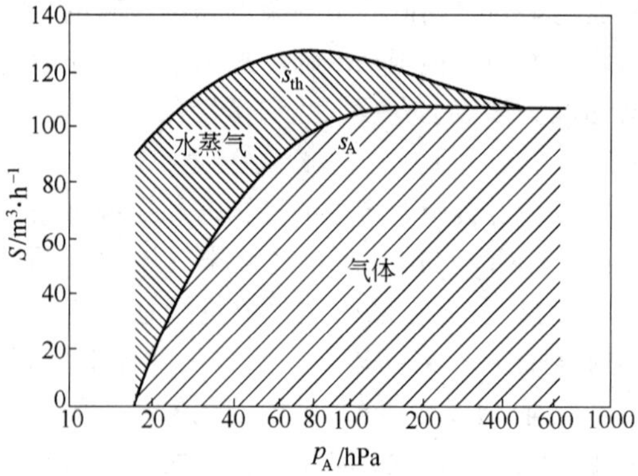


图 7-4　双级液环泵抽速随压力变化曲线

$S_A$—有效抽速；$S_{th}$—几何抽速；工作温度—$t=15℃$

单级水环泵只适于入口压力为 130～1013kPa 的压力范围，压缩比约为 1∶7。若入口压力低于 130kPa 时，推荐使用双级水环泵。在双级泵中两个泵腔串联接通，工作腔的容积比约为 2.5∶1。

这种双级水环泵的抽速与入口压力之间的关系如图 7-4 所示。

双级水环泵的极限压力取决于水的蒸气压力。假设在泵工作温度下的水蒸气压力为 $p_{H_2O}$，入口压力为 $p_A$，几何抽速为 $S_{th}$，那么根据经验，在压力低于 130hPa 时，泵的有效抽速为

$$S_A = S_{th}(1 - p_{H_2O}/p_A)$$

考虑到油的蒸气压较低，双级液环泵也可以使用油作为泵的工作液体，因而可获得较低的极限压力。但是，在需要抽除大量水蒸气的时候，特别在粗抽和精抽的情况下，因为油易于吸水形成一种乳化液，故液环泵在这种情况下很少使用油作为泵液。如果使用油作为泵液，在泵上还要配备一个油冷却装置，以便散除压缩热。

很少使用三级泵或多级的液环泵。然而，液环泵常和气体喷射泵、水喷射泵和罗茨泵串联使用。

在这种情况下可获得更低的极限压力。气体喷射泵的工作气源多为大气压力下的空气，或在大气压力下，工作时不凝结的其他气体。

液环泵做气体喷射泵的前级泵，如果气体喷射器的吸气阀关闭，液环泵的吸气压力应在气蚀压力范围之外。因此，带有气体喷射器的液环泵可以达到零流量。

为了保证压缩热被带走，泵工作时需不断向泵内供水。如果水变得太热，水蒸气压升高，泵的极限压力就会受到影响。此外，在排气时和密封处都会有水的损失，所以也要补充新水。泵抽除带有水分的气体，水和气体常由气水分离器分开。

## 7.2　往复式真空泵

### 7.2.1　概述

往复式真空泵（简称往复泵）又名活塞式真空泵，属于低真空获得设备之一。它与水环真空泵相比较，具有真空度高、消耗功率低等优点；与旋片真空泵相比较，它能被制成大抽速的泵。这种泵的主要缺点是结构复杂，老式泵带有牵引移动配气装置。近年来，在改进往复泵结构方面做了不少工作，采用固定气阀代替移动气阀，简化了结构，改善了性能。除此之外，国内外对降低往复泵的功率消耗，减少泵的振动噪声，提高转速，缩小体积等方面都做了不少工作。随着科学技术的发展，无油式往复泵也正在成熟并走上市场。

往复式真空泵从结构形式上可分立式和卧式两种；从级数上可分单级、双级和四级泵；从抽气方式上可分为单作用和双作用；从润滑方式上可分有油的和无油的。一般单级泵可获得极限压力为1330～2660Pa，双级泵极限压力可达4～7Pa，三级泵极限压力可达0.1～2.6Pa。

往复式真空泵的用途广泛，如在石油、化工、医药、食品、轻工、冶金、电气、空间模拟等领域都有应用。

### 7.2.2　往复泵的结构和工作原理

往复泵的结构和工作原理如图7-5所示，主要部件有汽缸1及在其中做往复直线运动的活塞2，活塞的驱动是用曲柄连杆机构3（包括十字头）来完成的。除上述主要部件外还有排气阀4和吸气阀5等重要部件，以及机座、曲轴箱、动密封和静密封等辅助件。

运转时，在电动机的驱动下，通过曲柄连杆机构的作用，使汽缸内的活塞做往复运动。当活塞在汽缸内从左端向右端运动时，由于汽缸的左腔体积不断增大，汽缸内气体的密度减小，而形成抽气过程，此时被抽容器中的气体经过吸气阀5进入泵体左腔。当活塞达到最右位置时，汽缸左腔内就完全充满了气体。接着活塞从右端向左端运动，此时吸气阀5关闭。汽缸内的气体随着活塞从右向左运动而逐渐被压缩，当汽缸内气体的压力达到或稍大于一个大气压时，排气阀4被打开，将气体排到大气中，完成一个工作循环。当活塞再自左向右运动时，又重复前一循环，如此反复下去，被抽容器内最终达到真空状态下的某一稳定的平衡压力。

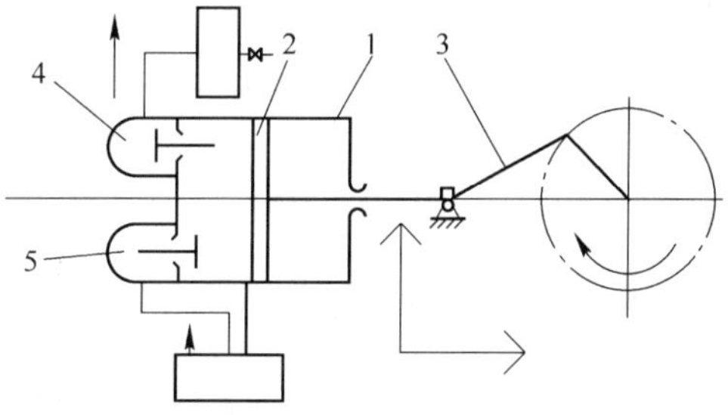


图7-5　往复泵的结构和工作原理

1—汽缸；2—活塞；3—曲柄连杆机构；4—排气阀；5—吸气阀

### 7.2.3　往复泵的主要性能参数

7.2.3.1　抽气速率

往复泵的名义抽速 $S_d$ 可表示为

$$S_d = S_t \cdot \eta_c \tag{7-1}$$

对于单作用的往复泵几何抽速 $S_t$ 为

$$S_t = \frac{\pi}{4} D^2 \cdot S \cdot n \cdot i \tag{7-2}$$

对于双作用的往复泵几何抽速 $S_t$ 为

$$S_t = \frac{\pi}{4}(2D^2 - d^2) \cdot S \cdot n \cdot i \tag{7-3}$$

抽气效率 $\eta_c$ 可表示为

$$\eta_c = \lambda_V \cdot \lambda_p \cdot \lambda_T \cdot \lambda_L \tag{7-4}$$

上述各式中 $S_t$ 亦称汽缸行程容积，$m^3/min$；$D$ 为汽缸直径，m；$d$ 为活塞杆直径，m；$S$ 为活塞的行程，m；$n$ 为曲轴转速，r/min；$i$ 是并联抽气缸数；$\lambda_V$ 为相对容积系数；$\lambda_p$ 为吸气压力系数；$\lambda_T$ 为吸气温度系数；$\lambda_L$ 为泄漏系数。

影响抽速的因素较多，这里仅就几个系数的取值讨论如下：

(1) $\lambda_T$ 的取值。$\lambda_T$ 主要是考虑在吸气过程中，由于汽缸和活塞表面对吸入气体的加热，残余容积中排气时已被加热的残余气体的热量带入，进气过滤器阻力损失转换成热量等引起吸气终了时汽缸中气体温度将高于进气管中气体温度，使实际吸气量减少。这部分影响很难计算，一般按经验取 $\lambda_T = 0.97 \sim 0.99$。

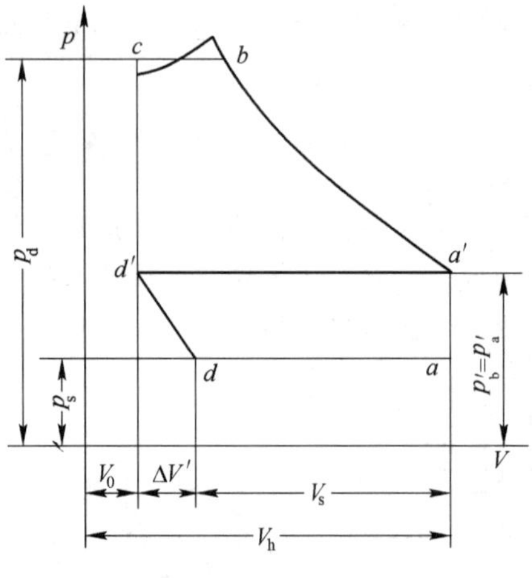


图 7-6　真空泵的实际示功图

(2) $\lambda_p$ 的取值。由于进气阀弹力和进气过滤器阻力，气道各部分阻力的影响，使汽缸实际进气压力 $p_s'$，低于进气压力 $p_s$，推荐取 $\lambda_p = 0.8 \sim 0.85$。

(3) $\lambda_V$ 的确定。由图 7-6 真空泵的实际示功图可见，在吸气行程开始时，余隙容积 $V_0$ 中的高压气体首先膨胀到低于吸气管道中的吸气压力 $p_s$ 的 $d$ 点时，汽缸才开始吸气，直至吸气终了。图 7-6 中汽缸余隙容积 $V_0$ 中的气体在吸气过程中膨胀所占的体积为 $\Delta V'$，实际吸气的容积为 $\Delta V_s'$。$\lambda_V = \frac{V_s'}{V_h} = \frac{V_h - \Delta V'}{V_h}$，$V_h$ 表示行程容积，$\lambda_V$ 则反映了余隙容积 $V_0$ 对吸气量的影响，$V_s'$ 表示考虑余隙膨胀影响后的吸气容积。

$\lambda_V$ 的数值可由式 (7-5) 求出。

$$\lambda_V = 1 - \alpha\left[\left(\frac{p_d'}{p_s}\right)^{\frac{1}{m}} - 1\right] \tag{7-5}$$

式中，$\alpha$ 为相对余隙容积系数，其定义为 $\alpha = V_0/V_h$；$m$ 为多变指数，$m = 1.2$；$p_s$ 为吸气压力，Pa；$p_d'$ 为瞬时平均压力，如图 7-6 所示，$p_d' = p_s'$。

影响 $\lambda_V$ 的因素有：1) 实际平均排气压力 $p_d$。排气阀的阻力损失越大，则 $p_d$ 越大，$p_d'$

（$p'_s$）也越大，$\lambda_V$ 就变小。2）相对余隙容积系数 $\alpha$。$\alpha$ 越大则 $p'_d$ 越大，$\lambda_V$ 就越小。如果取 $\lambda_p=0.82$，$\lambda_T=0.98$，$m=1.2$，$p_s=2.67\times10^3$Pa，$p_d=1.064\times10^5$Pa，则 $\alpha$ 对 $p'_d$（$p'_s$）和 $\lambda_V$ 的影响如表 7-1 所示。3）极限压力越低，即吸气压力 $p_s$ 越小，尽管 $p'_s$（$p'_d$）也变小，但因 $p_s$ 变得更小，所以 $\lambda_V$ 变小，$p_s$ 对 $p'_s$ 和 $\lambda_V$ 的影响如表 7-2 所示。4）吸气压力系数 $\lambda_p$。吸气损失愈大，则 $p_s$ 愈小，$\lambda_V$ 愈小。温度系数 $\lambda_T$。当余隙 $V_0$ 中的气体经过平衡通道向吸入侧膨胀时，如汽缸冷却效果较好，则 $\lambda_T$ 较大，$p'_s$（$p'_d$）较大，$\lambda_V$ 就较大。

**表 7-1　$\alpha$ 对 $p'_s$、$\lambda_V$ 的影响**

| $\alpha$ | 0.1 | 0.08 | 0.06 | 0.04 | 0 |
|---|---|---|---|---|---|
| $p'_s$/Pa | $8.38\times10^3$ | $6.92\times10^3$ | $5.85\times10^3$ | $4.66\times10^3$ | $2.26\times10^3$ |
| $\lambda_V$ | 0.793 | 0.871 | 0.923 | 0.965 | 1 |

**表 7-2　$p_s$ 对 $p'_s$、$\lambda_V$ 的影响**

| $p_s$/ Pa | $5.32\times10^3$ | $3.99\times10^3$ | $2.66\times10^3$ | $1.33\times10^3$ | $0.67\times10^3$ |
|---|---|---|---|---|---|
| $p'_s$/Pa | $9.31\times10^3$ | $8.14\times10^3$ | $6.92\times10^3$ | $5.72\times10^3$ | $4.92\times10^3$ |
| $\lambda_V$ | 0.93 | 0.91 | 0.871 | 0.762 | 0.58 |

（4）$\lambda_L$的确定。由于排气时活塞环密封不严造成向大气和导向套一侧泄漏，进气阀延时关闭和关阀不严向进气管的泄漏，吸气时排气阀延时关闭和关闭不严向汽缸内的泄漏，排气阀座密封不严，向汽缸内泄漏和填料函的泄漏等原因，将减少泵的实际吸入气体量。对真空泵而言应考虑具体结构而定，一般可取 $\lambda_L=0.85\sim0.95$。

7.2.3.2　极限压力

当泵的吸气量为零时，此时，泵入口的压力值称为极限压力。通常滑阀式往复泵真空度较高，固定阀的往复泵真空度较低。这里以固定环状阀立式往复泵为例，讨论影响真空度的因素和解决办法。

A　吸、排气阀的阻力损失

吸、排气阀的阻力损失愈小，则泵的耗能小、温升小，可提高相对容积系数 $\lambda_V$，降低泵的极限压力。具体措施是：

1）设计超薄型气阀，阀盖、阀座减薄之后减小了气道长度，缩小了流动阻力，减少了阀孔造成的余隙容积。

2）尽可能设计大直径的气阀，以增大气阀中气流通道面积，减小阀隙气速，日本规定设计真空泵气阀的气速 $c_V<30$m/s，我们可以借鉴。$c_V=\dfrac{F\cdot c_m}{f}$，式中 $F$ 为活塞工作面积；$c_m$ 为活塞平均线速度；$f$ 为阀隙通道面积，与阀片平均直径、阀片个数、阀片升程 $h$ 有关。升程 $h$ 的大小主要受 $c_V$ 和阀片关闭时的撞击速度限制。往复泵气阀的升程一方面要考虑阀隙气速 $c_V$ 不能太大，以减少阻力损失，另一方面更重要的是要保证阀片能在接近极限压力时仍能及时启闭，以免影响真空度。

3）弹簧力太大，气阀的阻力大；弹簧力太小，阀片又不能及时关闭。所以，弹簧力大小要设计得恰到好处。往复泵为保证足够高的真空度，对采用移动阀的真空泵或采用固定阀而缸体上开平衡气道的真空泵都倾向采用低转速、长行程。对吸气阀而言，所存在的问题是吸气行程快接近终了时，由于平衡气道的作用，高压侧余隙容积中的气体流向吸气侧，使吸气侧气体压力升高，会有部分气体通过吸气阀返回到吸气管道中。当活塞返程压缩缸中气体时，若吸气阀迟后关闭，返回到吸气管中的气体会更多，从而影响极限压力，从这一点出发，吸气阀的弹簧力应稍大些好。但从吸气的角度看，要求到达极限压力时，即活塞移到吸气行程终了之前时，吸气阀能打开，有一些气体吸进汽缸内，从而提高真空度，这就要求吸气阀的弹簧力不能太大。这是矛盾的，采用平衡通道的真空泵此矛盾更突出。处理的方法是在保证吸气阀不太迟后关闭的情况下尽可能取小的弹簧力，以便减小吸气阀的阻力损失。对排气阀而言，在接近极限压力时，排气阀要能及时打开，利于排出气体，这就要求弹簧力不能太大。排气终了，活塞回程时，由于平衡通道的作用，余隙容积中的气体压力很快下降，排气阀在内外压差较大的情况下易于关闭，不会产生迟后关闭现象。因此，弹簧力可以取得小些，以便减少排气阀的阻力损失。

4）采用超薄型环状阀片，以减轻其重量，有利于在压差较小时能够开启，达到降低极限压力的目的。

B　余隙容积 $V_0$

余隙容积对真空度的影响很大，设计时应尽可能减小余隙容积。减小余隙容积的措施有：

1）轴向布置气阀。适于汽缸直径较大，轴向能布置气阀的情况。

2）气阀尽可能布置得靠近汽缸中心，不产生偏置，否则会增加余隙容积。

3）采用超薄型气阀、阀盖、阀座，使气阀通道造成的余隙较小。

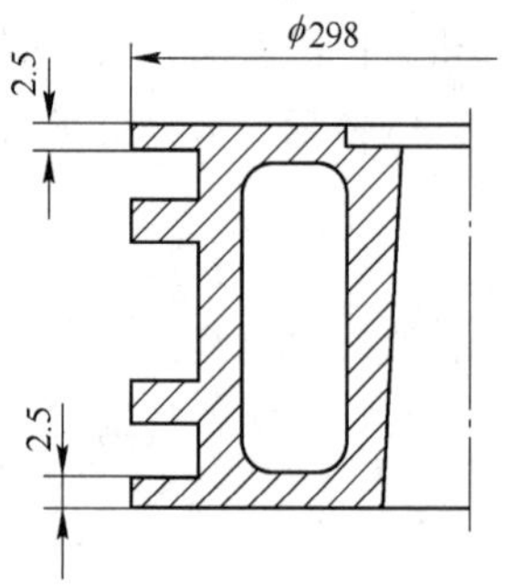

图 7-7　活塞示意图

4）气阀装到阀腔以后，气阀内凸表面与缸盖平齐，以减小余隙容积。

5）活塞到外止点时，活塞螺母与螺母腔之间的空隙取得小一些，以减小余隙。

6）活塞到内、外止点时，活塞端面与缸盖或填料箱之间的止点间隙取小一些（如 0.8mm）。

7）活塞上、下活塞环沟槽外缘厚度取得较小，例如图 7-7 中只有 2.5mm 厚，目的也是减小余隙容积。

8）平衡通道的横断面积 $f_0$ 在保证平衡气流畅通的情况下不宜取得太大，否则会影响余隙容积。

日本设计真空泵时取相对余隙容积 $\alpha=0.015\sim0.025$，一般设计时取 $\alpha\leqslant0.03$。

C　曲轴的转速及活塞行程

往复泵的转速不宜太高，特别是采用移动阀式和采用平衡通道的固定阀式真空泵，转速更不能高。因为转速高了以后，在一定的抽气速率下，行程就短，为装气阀缸径又不能太小，则会引起余隙容积增大，膨胀线和压缩线变短，对提高真空度不利。特别是转速快了以后，平衡通道的作用就不明显，来不及平衡气体。转速太高以后，气阀的动作也跟不上，易产生滞后现象，不利于真空度的提高。日本对移动阀的往复泵，曲轴转速规定不能超过 250r/min，对不开平衡气道的固定阀真空泵，曲轴转速也不能超过 500r/min。活塞的平均线速度 $c_m=\frac{s\cdot n}{30}$ 不应大于 1.85m/s。

行程与缸径之间关系，日本规定 $D/S=1.5\sim3.5$，为保证往复泵的真空度，行程 $S$ 不能太小，否则真空度不会高。

为提高往复泵的真空度，应该采用低转速、长行程。

D 填料密封的性能

填料密封性能的好坏对泵的真空度影响较大，密封不好，空气会漏入汽缸，降低泵的真空度。日本设计的无油润滑往复式真空泵的填料采用了5道密封环，如图7-8所示，隔环采用L形，密封性能较好。国内采用5道填充聚四氟乙烯密封环，在填料的外侧还设置了两道刮油环，以阻止机身中的油进入汽缸，如图7-9所示。

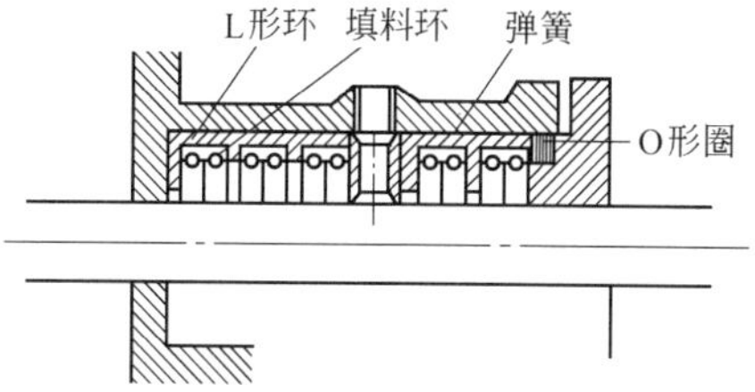


图7-8 日本真空泵用填料密封

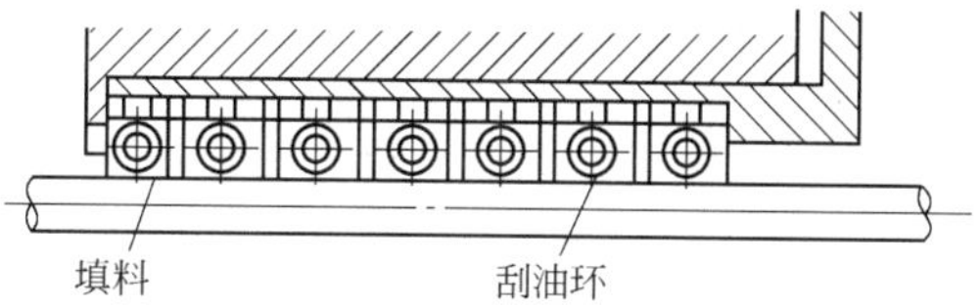


图7-9 国产真空泵用填料密封

E 活塞环的密封

活塞环的密封好坏对真空度的影响也很大。对无油润滑的往复式真空泵，日本采用2道填充聚四氟乙烯环或石墨作为活塞环，如图7-10所示。活塞环为开式，环内孔处加了张力环，以保证活塞环的弹力，提高密封效果。另外还设置了2道导向环（或称支承环），导向环为整圈式。图7-11采用了4道活塞环和1道导向环，密封性能较好，二级抽气真空度可达104.5Pa。国内LVP型真空泵采用的活塞环如图7-12所示，活塞环槽为两个，每槽中放两个活塞环。活塞环采用填充聚四氟乙烯材料，活塞环内侧加了张力环。这种结构的优点是既保证了密封效果，又减小了活塞的轴向高度。

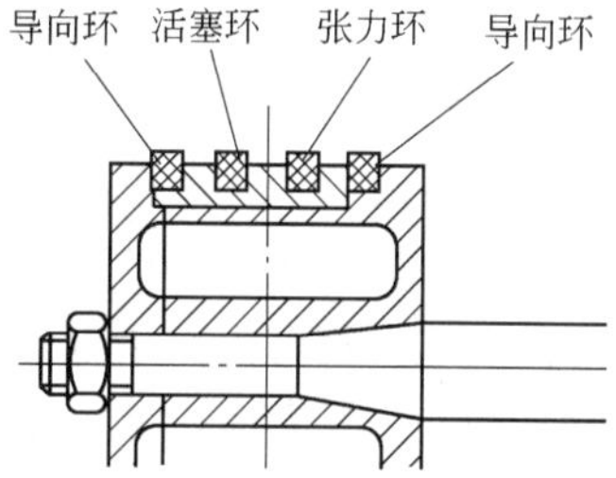


图7-10 日本采用的活塞环

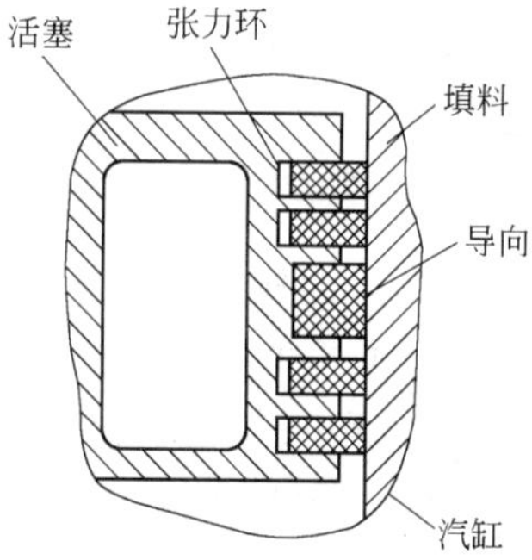


图7-11 VWP泵采用的活塞环

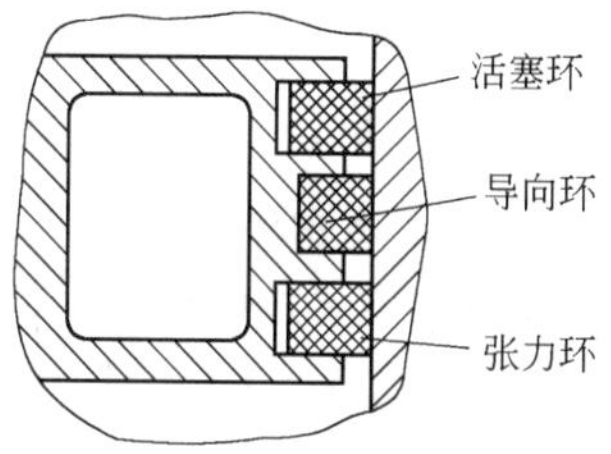


图7-12 LVP泵采用的活塞环

7.2.3.3 泵所需的功率

往复泵所需功率可以通过图7-6求出实际示功图的面积来计算。为了计算简便，这里给出从理想示功图推导而来的计算公式：

$$N = 1.66 \times 10^{-5} p_s S_t \frac{m}{m-1}\left[\left(\frac{p_d}{p_s}\right)^{\frac{m-1}{m}} - 1\right]\lambda_V \tag{7-6}$$

式中 $N$——往复泵所需功率，kW；

$p_s$——吸气压力，Pa；

$p_d$——排气压力，Pa；

$S_t$——泵的几何抽速，$m^3/min$；

$m$——多变指数，$m=1.2\sim1.3$；

$\lambda_V$——相对容积系数。

对往复泵来说，利用式（7-6）可计算出不同吸气压力 $p_s$ 下的功率，但对设计者来说为正确选择电机，需知道泵所需的最大功率。一般真空泵的排气压力 $p_d$ 可视为常数，其值稍大于一个大气压，且与排气阀弹簧力有一定关系，这里取 $p_d=1.07\times10^5\text{Pa}$，因此 $N$ 仅与吸气压力 $p_s$ 有关，令 $\dfrac{\partial N}{\partial p_s}=0$，即可求出 $N_{\max}$。利用式（7-6），则得：

$$\frac{1}{m}\left(\frac{p_d}{p_s}\right)^{\frac{m-1}{m}}-1=0,\ \frac{p_d}{p_s}=m^{\frac{m}{m-1}}$$

$$p_s=m^{-\frac{m}{m-1}}p_d \tag{7-7}$$

当 $p_d=1.07\times10^5\text{Pa}$，$m=1.2$ 时，可求得 $p_s=3.6\times10^4\text{Pa}$ 时 $N$ 出现最大值，若 $m=1.3$ 时则可求得 $p_s=3.4\times10^4\text{Pa}$ 时 $N$ 出现最大值。

以上计算的值仅为往复泵汽缸、活塞进行气体压缩所需的功率，由于往复泵有曲轴连杆等传动部件及各种密封间的摩擦损失，所以电机通过皮带轮传给曲轴部分的功率应大于 $N$，若把各摩擦件的传动损失均考虑在机械效率内，则有 $N_{轴}=\dfrac{N}{\eta_{机}}$。通常选 $\eta_{机}=0.7\sim0.85$。若往复泵采用皮带传动，需考虑皮带传动效率 $\eta_{皮}$，一般可选 $\eta_{皮}=0.96\sim0.99$。

除此之外，泵的内泄漏、冷却温度、运动负荷的波动、吸气状态突然变化等因素无法用数值关系表示，可参考往复式压缩机，将电机功率增加 5%～15%。因此，往复泵的电机功率可表示为：

$$N_{电}=(1.05\sim1.15)\frac{N_{\max}}{\eta_{机}\cdot\eta_{皮}} \tag{7-8}$$

### 7.2.4　往复泵设计中的几个问题

#### 7.2.4.1　开平衡通道

如图 7-13（c）所示，活塞由内止点 $D$ 向外止点移动到 $E$ 点时，盖侧缸内的气体压力被均衡为 $p'_s$。活塞由 $E$ 点移至 $F$ 点时，盖侧缸内的气体被压缩至 $p_d$。活塞由 $F$ 点移到 $G$ 点时，盖侧缸排气结束，此时活塞右侧第一道活塞环的右边与盖侧平衡通道的右边线相对应，如图 7-13（a）所示，盖侧余隙容积中的气体一方面开始由平衡通道流入轴侧缸内，另一方面还继续经排气阀排出。当活塞由 $G$ 点移到点 $H$ 时（外止点），盖侧余隙容积中的气体大部分已通过盖侧的平衡通道流入轴侧缸内，盖侧余隙中的气体压力由 $p_d$ 降至 $p_H$。当活塞由外止点 $H$ 向内止点

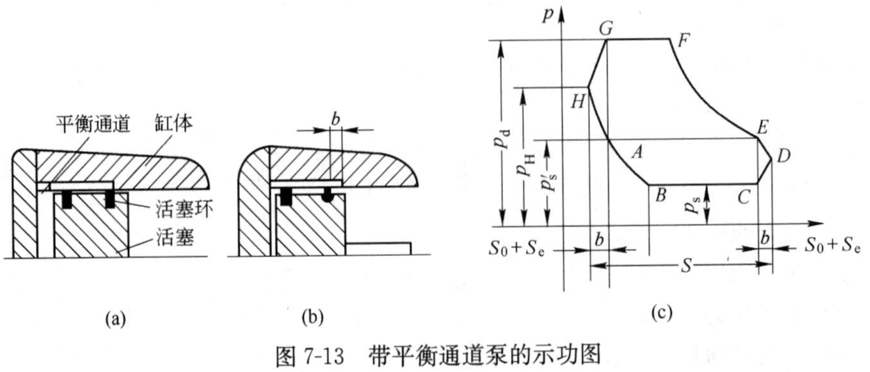


图 7-13　带平衡通道泵的示功图

移动到$A$点时，重复出现图7-13（a）中的位置，此时盖侧余隙容积中的气体压力降至$p'_s$，与轴侧缸内的气体压力相等，压力平衡结束。当活塞由$A$点移至$B$点时，盖侧余隙容积中的气体膨胀，压力由$p'_s$降至$p_s$。活塞由$B$点移至$C$点时，盖侧缸内吸气结束，轴侧气体被排出。活塞由$C$点移至$D$点，再由$D$点移至$E$点时，轴侧余隙容积中的气体压力由$p_d$均衡$p'_s$。所以$G$点到$H$点之间的轴向宽度称为盖侧平衡通道的宽度，用$b$表示。同样，$C$点到$D$点之间的轴向宽度为轴侧平衡通道的宽度，亦用$b$表示。实际上，当汽缸中抽气未达到极限压力，活塞排气到$G$点时，盖侧缸中剩余的气体一方面从排气阀中继续排出，另一方面也开始有一些气体经盖侧平衡通道流入轴侧缸内，直到盖侧余隙容积中的气体压力低于$p_d$到一定程度时，排气阀关闭，缸中无气体排出，而余隙容积中的气体还在继续通过平衡通道流入轴侧，直到活塞两边的气体压力相等为止。因此，实际排气终点不在$G$点，而是在$GH$线上的某一点。由于$b$值不太大，为简化问题起见，近似取排气终点为$G$点。排气终点的压力为$p_d$；平衡终点为$A$点，平衡终了的压力为$p'_s$。设缸内容隙容积为$V_0$，活塞的工作面积为$F$，折算的余隙行程为$S_0$，则$V_0=S_0F$；有效行程容积$V_h=(S-2b)F$，相对余隙容积$\alpha=V_0/V_h=\dfrac{S_0}{S-2b}$，$S$为活塞行程。设平衡通道容积为$V_e$，折算的平衡容积行程为$S_e$，则$V_e=S_eF$。平衡通道宽度为：

$$b=\frac{(S+S_0)\left(\frac{1}{\varepsilon}\right)^{\frac{1}{m}}-S_0}{1+\left(\frac{1}{\varepsilon}\right)^{\frac{1}{m}}} \tag{7-9}$$

式中 $\varepsilon$——压力比的平方根，$\varepsilon=\sqrt{p_d/p_s}$；

$m$——多变指数，常取=1.2。

平衡气道可以帮助活塞顺利通过死点位置。

#### 7.2.4.2 往复泵活塞环的设计

活塞环的作用是减少压缩侧的气体泄漏到吸气侧，以提高泄漏系数$\lambda_L$，增大排气量。在接近极限压力时，若活塞环密封不好，必然会影响真空度。

活塞环的数量可用下式计算

$$N=\frac{Kp_mV_pT}{\gamma} \tag{7-10}$$

式中 $K$——系数，$K=20\times10^{-10}$；

$p_m$——活塞环组上的平均压差，$p_m=p_s\dfrac{K}{K-1}\left[\left(\dfrac{p_d}{p_s}\right)^{\frac{K-1}{K}}-1\right]$，$K=1.4$；

$V_p$——线速度，$V_p=\dfrac{sn}{30}$；

$T$——使用寿命，常取$T=10000$h；

$\gamma$——环径向磨损量，取$\gamma=1.5$mm。

一般往复泵常取4道活塞环。活塞环典型结构如图7-10、图7-11、图7-12所示。活塞环径向厚度$t=\sqrt{D}/1.5$，轴向高$h=(0.5\sim1.0)t$。

#### 7.2.4.3 张力环的设计

从图7-12可见，张力环的作用是为活塞环提供初弹比压$p_k$。$p_k\geqslant p_d\dfrac{2t}{D}$，$t$为活塞环的径向厚度。通常取$p_k=(0.15\sim0.18)\times10^5$Pa为宜。张力环的自由间隙$A=5.7p_k\dfrac{D}{E}\left(\dfrac{D}{t}-1\right)^3$，$E$为材料弹性模量。环装入汽缸后的最大弯曲应力为：

$$\sigma_{\max} = 0.526\,\frac{AE}{t}\,\frac{1}{\left(\frac{D}{t}-1\right)^2} < [\sigma_B] \tag{7-11}$$

7.2.4.4　无油往复泵的设计问题

凡在真空泵的抽气流道内无任何液态工作介质或密封介质的往复泵都可称为无油往复泵。无油泵可使被抽容器内获得清洁真空，在排气时不污染环境，是一种很有发展前途的真空泵。无油往复泵主要用在半导体工业、医药工业、表面科学和食品工业等领域。

设计无油往复泵的关键是活塞环和密封环或填料函的自润滑材料。目前使用最多的是填充聚四氟乙烯材料。

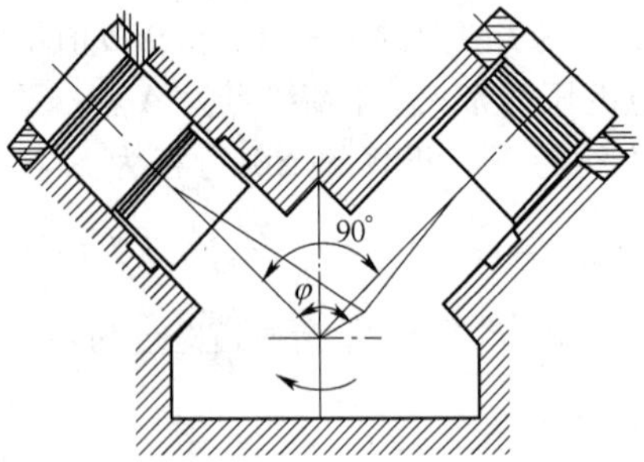


图 7-14　无十字头往复泵示意图

填充聚四氟乙烯由聚四氟乙烯（PTEE）与一种或数种填充物组成，如炭纤维、玻璃纤维、青铜粉、石墨、二硫化钼等按一定比例组成的混合物，经过压制、烧结后，可加工成活塞环。这种活塞环韧性较好，不易折断，化学性质稳定，耐高温达 250℃，低温达 −200℃，并能在金属表面形成一层薄膜，摩擦系数小，因而具有良好自润滑性能。

炭纤维增强聚四氟乙烯（CFRP）是一种新兴的密封材料，其耐磨性、耐热性、强度及弹性模量均高于其他填充聚四氟乙烯，自润滑性能优异，最近几年发展很快。

为减少活塞杆处的填料密封，无油往复泵常采用无十字头的结构，如图 7-14 所示。这种结构使泵的尺寸和重量都减小了，成本降低了，但在曲轴箱内需抽真空，曲轴伸出端必须采用无油机械密封。

为降低往复泵的极限压力，美国瓦里安（Varian）公司开发出一种三级往复泵，如图 7-15 所示。它是由四个阶梯形活塞和四个阶梯形汽缸组成，活塞的背面是小直径部分，活塞的背面空间由次级活塞抽气，以减少泄漏降低极限压力。每个汽缸都有进气阀和排气阀。这四个活塞

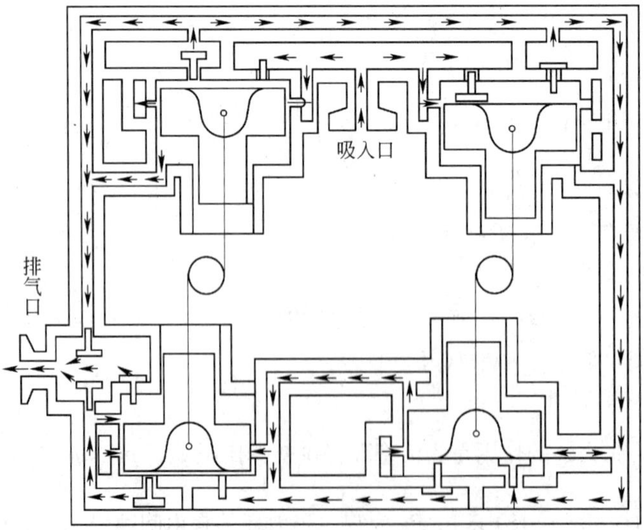


图 7-15　三级无油往复泵示意图

组成四个压缩级，为增加抽速，头两个活塞的进气孔与泵进气孔相连，组成并联抽气，第四个活塞两侧作用。当排气压力高于大气压时，有一部分排入大气；在低于大气压时，依次排入第三个、第四个汽缸，然后排入大气。汽缸的内表面衬有聚合材料，以降低摩擦系数与磨损。泵的极限压力可达 2.6Pa，压缩比达 $10^5$，进气压力低时，泵消耗功率低，因散热条件好，泵温低不需冷却水。

## 7.3 油封机械泵

### 7.3.1 旋片式油封真空泵

7.3.1.1 概述

旋片式油封机械泵（简称旋片泵），是一种变容式气体传输真空泵，是真空技术中最基本的真空获得设备之一。其工作压力范围为 101325～$1.33\times10^{-2}$ Pa，属低真空泵。它可以单独使用，也可以作为其他高真空泵的前级泵，用以抽除密封容器中的干燥气体。若附有气镇装置，还可以抽除一定量的可凝性气体，被广泛应用于冶金、机械、电子、化工、轻工、石油及医药等领域。但旋片泵不适于抽除含氧量过高的、有爆炸性的、对金属有腐蚀性的、与泵油会发生化学反应的、含有颗粒尘埃的气体。

旋片泵多为中小型泵，有单级和双级两种。一般双级泵，可以获得较高的真空度。目前旋片泵产品已经系列化，其型号和基本参数见表 7-3。

**表 7-3 旋片泵型号与基本参数**

| 序 号 | 型 号 | 抽气速率/$L\cdot s^{-1}$ | 极限压力/Pa | | 电机功率（不大于）/kW | 进气口径/mm |
|---|---|---|---|---|---|---|
| | | | 无气镇时 | 有气镇时 | | |
| 1 | 2X-0.5 | 0.5 | $6.7\times10^{-2}$ | $6.7\times10^{-1}$ | 0.18 | 10 |
| 2 | 2X-1 | 1 | $6.7\times10^{-2}$ | $6.7\times10^{-1}$ | 0.25 | 15 |
| 3 | 2X-2 | 2 | $6.7\times10^{-2}$ | $6.7\times10^{-1}$ | 0.4 | 20 |
| 4 | 2X-4 | 4 | $6.7\times10^{-2}$ | $6.7\times10^{-1}$ | 0.6 | 25 |
| 5 | 2X-8 | 8 | $6.7\times10^{-2}$ | $6.7\times10^{-1}$ | 1.1 | 32 |
| 6 | 2X-15 | 15 | $6.7\times10^{-2}$ | $6.7\times10^{-1}$ | 2.2 | 50 |
| 7 | 2X-30 | 30 | $6.7\times10^{-2}$ | $6.7\times10^{-1}$ | 4.0 | 65 |
| 8 | 2X-70 | 70 | $6.7\times10^{-2}$ | $6.7\times10^{-1}$ | 7.5 | 80 |
| 9 | 2X-150 | 150 | $6.7\times10^{-2}$ | $6.7\times10^{-1}$ | 14 | 125 |

随着旋片泵应用数量的增加和应用领域的扩展，对于缩小泵的体积、减轻泵的重量、降低电耗、减小泵的噪声、防止泵的喷油等要求更为迫切，而提高泵的转速是改进泵性能的一个重要途径。高速直联泵已逐步由小型泵向中型泵发展。在国外，直联泵的使用相当普遍，我国随着旋片材料和泵油质量的提高、泵结构的不断改进，中型直联泵的研制和应用将会得到迅速发展。

7.3.1.2 旋片泵的工作原理与结构特点

A 工作原理

图 7-16 为旋片泵工作原理示意图。旋片泵主要由泵体、转子、旋片、弹簧、端盖等组成。转子偏心地安装于泵体内且外圆与泵体内表面相切（两者间有很小的间隙），转子开槽，槽内

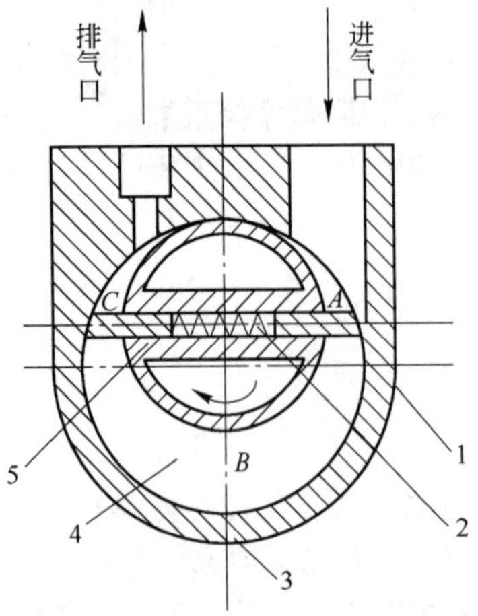


图 7-16　旋片泵工作原理图
1—旋片；2—旋片弹簧；3—泵体；
4—端盖；5—转子

装有旋片。当转子旋转时，旋片靠离心力和弹簧张力使其顶端与泵体内壁始终接触，沿泵体内壁滑动。

图 7-16 中，旋片把转子、泵体、端盖形成的月牙形空间分隔成 $A$、$B$、$C$ 三部分。若转子按图中箭头方向旋转时，$A$ 空间的容积增加，压力降低，气体经泵入口被吸入，此时处于吸气过程；$B$ 空间的容积减小，压力增加，处于压缩过程；$C$ 空间的容积进一步缩小，压力进一步增加，当压力超过排气压力时，压缩气体推开泵油密封的排气阀，处于向大气中的排气过程。在泵的连续运转过程中，不断进行着吸气、压缩和排气过程，从而达到连续抽气的目的。

B　结构特点

旋片泵在结构上可分为油封式（图 7-17（a）所示）和油浸式（图 7-17（b））两大类。油封式结构是指油箱设置在泵体上，泵油起到密封排气阀的作用，泵体靠水冷或风冷。一般大泵多采用这种结构。油浸式结构是将整个泵体浸在泵油中，泵油起到密封和冷却作用。小泵和直联泵多采用这种结构形式。

泵体是旋片泵的主体，其结构有 3 种类型：整体式、中壁压入式和组合式，如图 7-18 所示。其中，整体式结构要求加工精度高，高低真空级两腔同心度不易保证，适用于小泵；中壁压入式结构高低真空腔为一整体，中壁由压力机压入或经冷却后装入，结构简单、加工和装配量小，内孔可一次加工成形，能保证前后腔的同心度，比组合式泵体节约机加工和装配工时，但中壁尺寸公差要求严格；组合式结构中各零件易于加工，容易保证高精度，废品率低，互换性好，适于大批量生产，但其加工面多，装配麻烦。

为保证泵腔内以及泵轴头密封处的润滑，泵体上开有专门的油路。

转子和旋片是旋片泵的核心部件。转子结构有三种形式：整体式、压套式和转子盘式。其中，整体式转子的加工基准是两端中心孔，与转子盘式结构相比，其加工件和装配量少，加工简单，节省工序，几何精度和尺寸精度也得到了保证。但缺点是对材质要求较高，而且其旋片槽加工较困难，难以达到高精度，较适于大泵；压套式结构如图 7-19（a）所示，两半转子中间用衬块保证旋片槽宽，该结构加工量稍小些，但要求加工精度较高，装配较复杂；转子盘式是当前采用最多的形式，其结构如图 7-19（b）所示，两半转子盘用螺钉和锥销紧固后，两转子体之间形成旋片槽，这种结构零件多，加工装配量大，有较高的加工精度。

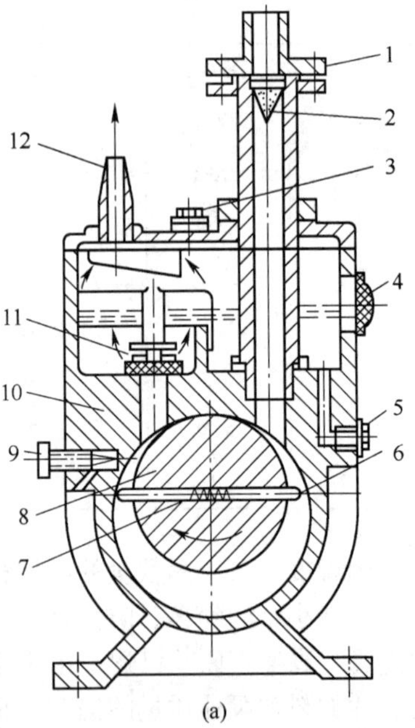


图 7-17a　油封式 2X 型旋片泵结构简图
1—进气管；2—滤网；3—注油活塞；
4—油窗；5—放油螺塞；6—旋片；
7—旋片弹簧；8—转子；9—气镇阀；
10—泵体；11—排气阀；12—排气管

旋片在泵运转过程中始终与泵腔内壁接触，因此，旋片要有一定的强度和耐磨性，材料一般采用铸铁、石墨、

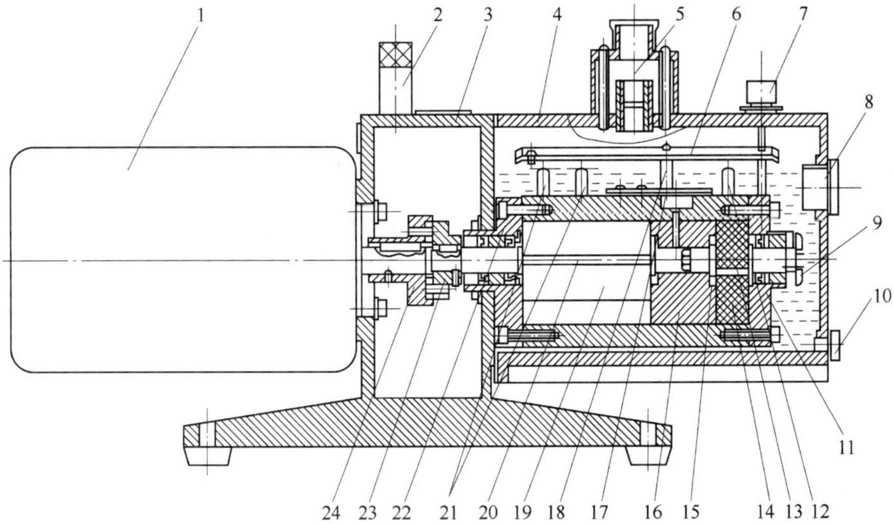


(b)

图 7-17b 油浸式 2X 型旋片泵（直联旋片泵）结构简图

1—电动机；2—手把；3—支架；4—油箱；5—排气管；6—挡油板；7—气镇阀；8—油窗；9—油泵；10—放油螺塞；11—低级泵盖；12—排气阀；13—低级旋片弹簧；14—低级旋片；15—低级转子；16—中隔板；17—中间气道压板；18—挡油板支柱；19—高级转子；20—高级旋片及弹簧；21—辅助排气阀；22—高级泵盖；23—泵联轴器；24—电机联轴器

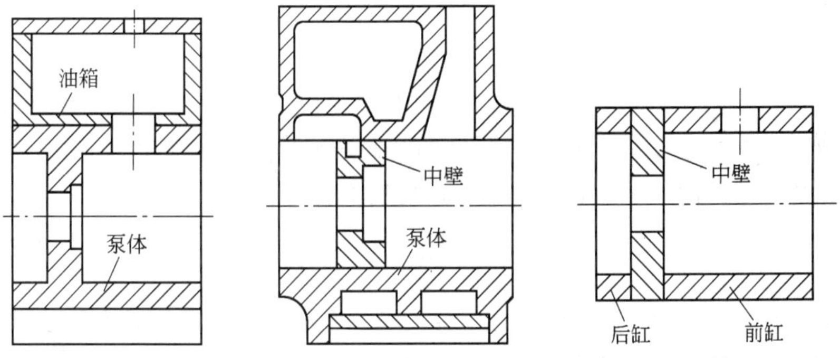


图 7-18 泵体结构

(a) 整体式；(b) 中壁压入式；(c) 组合式

高分子复合材料等，大抽速的直联泵多采用高分子复合材料。

排气阀是旋片泵主要易损件之一，将影响泵的抽气性能并产生噪声。排气阀有两种形式：一种是用橡胶垫做阀片，如图 7-20 (a) 所示；另一种是用布质酚醛层压板或弹簧钢片做阀片，如图 7-20 (b) 所示。排气阀必须浸在泵油中。在排气过程中，压缩气体推开排气阀片，穿过泵油排出。泵油起到密封的作用。其中，当用酚醛层压板或弹簧钢片做阀片时，要求阀片平整，阀片能在限制板导向杆上自由窜动。此时在阀座上要钻 $\phi$ (0.6～0.8) mm 的小孔，以便回油。在双级泵中，当高真空级与低真空级泵腔宽度不等时，需在两级之间设置中间辅助排气阀，如图 7-21 所示。辅助排气阀的作用是在入口压力较高、经高真空级压缩的气体已达到排气压力时，辅助排气阀打开，部分气体由辅助排气阀排出，部分气体由低真空级抽走。随着入口压力的降低，辅助排气阀排气量逐渐减少，在高真空级排气压力，即低真空级的进气压力，

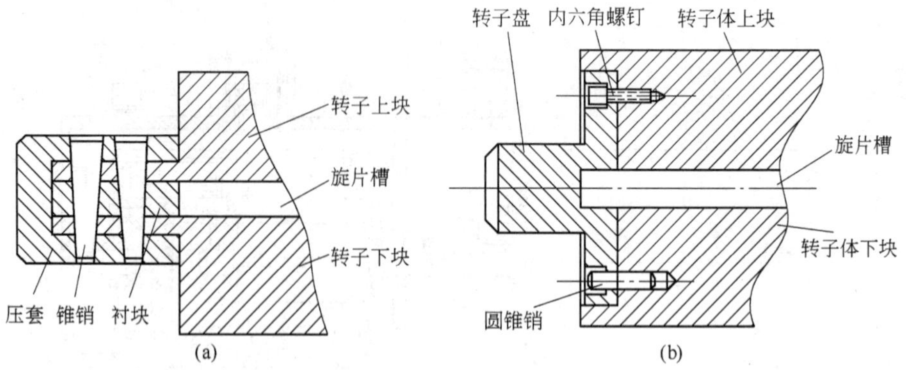


图 7-19　转子结构

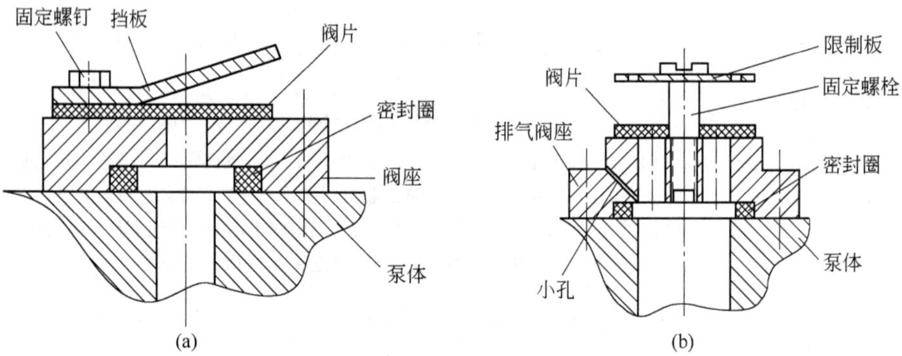


图 7-20　排气阀结构

低于辅助排气阀的开启压力（近似为大气压时），辅助排气阀就会关闭。对于小型旋片泵，高低真空腔可做成等腔结构，此时不必设置中间辅助排气阀。

一般来说，被抽气体中都含有可凝性气体，为抽除可凝性气体，要为旋片泵配置气镇装置。

为防止泵喷油、返油、改善泵的润滑条件，扩大泵的使用范围，旋片泵还配有多种附件，如油雾捕集器、分子过滤器、尘粒过滤器、化学过滤器、油过滤器等。随着技术进步和工艺要求的提高，旋片泵的结构更趋完善，性能将进一步提高，应用更加广泛。

#### 7.3.1.3　气镇原理

为了抽除可凝性气体，油封式机械真空泵常装有气镇装置，所以它又被称为气镇泵。

##### A　气镇原理

泵抽除的气体多为永久性气体和可凝性气体的混合物。在压缩和排气过程中，当可凝性气体的分压超过泵温时该气体的饱和蒸气压时，可凝性气体将会凝结并混于泵油中，随泵油循环，并在返回高真空侧时重新蒸发变成蒸气。泵不断地运转，这种凝结物就会不断地增加，结果使泵的极限真空下降，影响了泵的抽气性能，加重了泵油的污染程度。

气镇法可以有效地防止可凝性气体凝结。该方法是在被抽气体被压缩过程中将经过控制的永久性气体（通常为室温干燥空气）由气镇孔掺入其中，使可凝性气体分压达到泵温时的饱和蒸气压之前，压缩气体的压力已达到排气压力，排气阀打开，将可凝性气体同永久性气体一同排出。

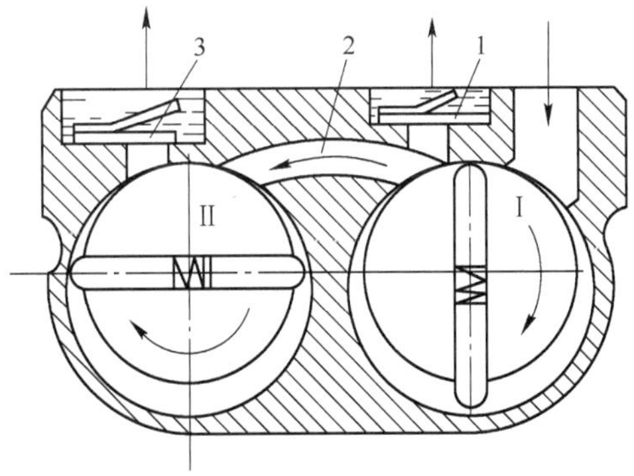


图 7-21 双级泵结构示意图

Ⅰ—高真空级；Ⅱ—低真空级；

1—中间辅助排气阀；2—通道；3—低真空级排气阀

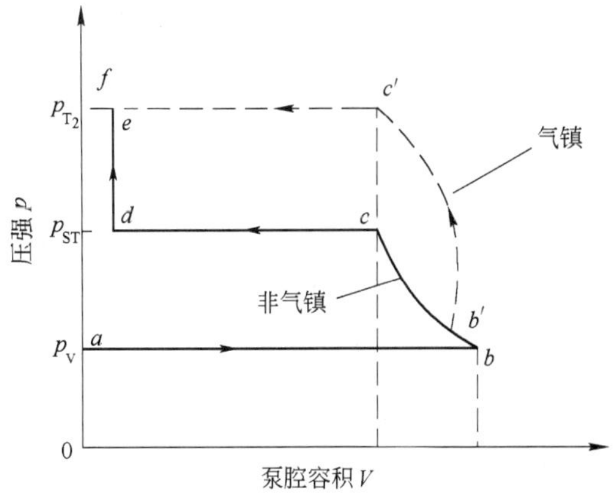


图 7-22 气镇工作原理图

图 7-22 描述了上述气镇过程。$ab$ 表示蒸气吸入过程，蒸气的吸入压强为 $p_V$。对于气镇泵，吸气终了后，稍加压缩至 $b'$点，就开始向泵腔内掺气，并压缩至排气压强 $p_{T_2}$，由 $b'c'$表示。等压排出混合气体，由 $c'f$ 表示。对于非气镇泵，蒸气吸入后被压缩到泵温时的饱和压强 $p_{ST}$，以 $bc$ 表示。泵继续压缩，蒸气逐渐液化，其过程由 $cd$ 表示。这时泵对液体（液化的蒸气及泵腔内的泵油）进行压缩，使压强突然上升到达排气压强 $p_{T_2}$，如 $de$ 所示。最后液体被排至油箱中，水与泵油相混，如 $ef$ 所示。然而在掺气过程中，可凝性气体的压缩达到 $c$ 点，此时空气及蒸气混合物的全压强就已达到排气压强 $c'$。在排气压强下，蒸气的分压强只达到 $p_{ST}$，因全压强已达到排气压强，排气阀被推开进行排气，未凝结的蒸气保持气体状态一起排至大气中。这就是气镇泵的工作原理。

B 气镇阀的结构特点

气镇阀（掺气阀）是由节流阀和逆止阀两部分组成，其结构如图 7-23 所示。节流阀控制掺入气体量，逆止阀防止泵腔内气体压力高于掺气压力时出现返流。气镇孔的位置设置一般有两种：一种是开在泵排气口附近，当压缩腔与排气口相通时，开始掺气；另一种是设置在端盖上，当吸气终了以后，转子再转过一个角度（10°～15°）时，露出气镇孔，开始掺气。泵掺气时使泵的极限压力上升和抽气速率下降。在低压时，适当打开气镇阀，掺入少量气体，可以减小泵油冲击排气阀引起的噪声。高速直联泵在高的泵温（90～100℃）下运行，有利于可凝性气体的抽出。

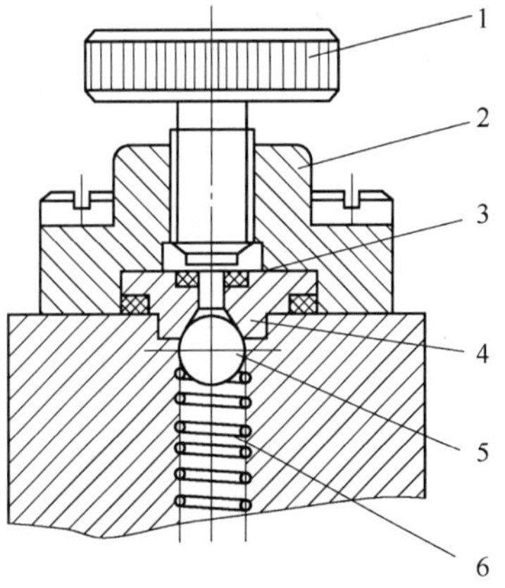


图 7-23 气镇阀结构

1—调节阀；2—气镇阀座；3—密封垫；4—挡块；5—钢球；6—弹簧

7.3.1.4 性能参数及主要几何尺寸的确定

旋片泵的性能参数有：极限压力、抽气速率、功率、温升、振动、噪声、寿命等。其中极限压力、抽气速率和功率为主要性能参数。

A 极限压力

旋片泵入口压力与抽气时间的关系曲线见图 7-24。泵开始工作不久，出现最低压力 $p'_g$，泵继续运转，由于泵温升高使泵油饱和蒸气压上升、黏度下降，入口压力稍有

回升至 $p_g$。$p_g$ 即是泵获得的稳定的最低压力，亦是泵的极限压力。旋片泵的极限压力与测量时使用的真空计的种类有关。用压缩式真空计测量时，极限压力值比用热传导真空计（热偶计或皮氏计等）测量的结果约低一个数量级。这是因为前者只能测得永久气体的分压，后者测得的是被抽气体的全压。我国现行规定使用压缩式真空计来测量油封机械泵的极限压力。

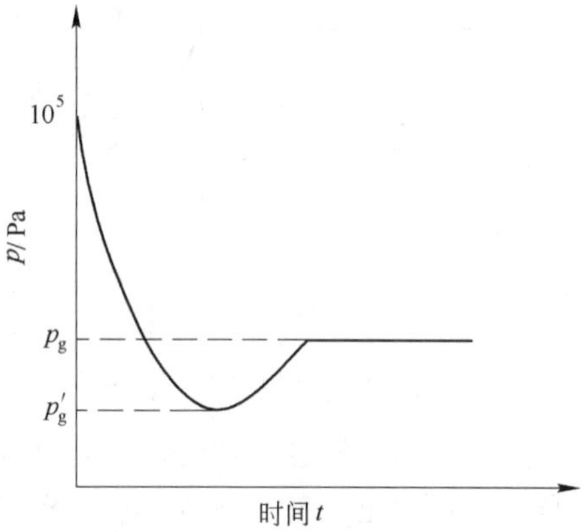


图 7-24　泵的入口压力与时间的关系曲线

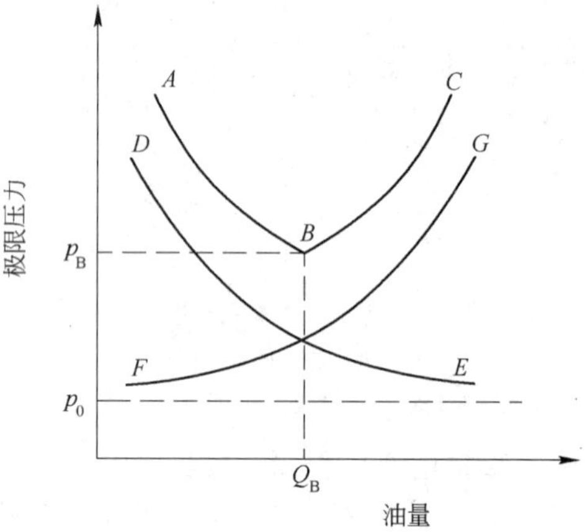


图 7-25　油量与极限压力的关系

泵循环油量也影响泵的极限压力。油循环量与泵极限压力的关系见图 7-25。随着油量的增多，密封效果越好，泵的极限压力与油量的关系应按图中 *DE* 变化，最终达到油的饱和蒸气压泵 $p_0$ 。而实际上油中含有大量的空气和水分，泵油进入泵腔后，吸收在泵油中的空气和水分又释放出来，泵极限压力与油量的关系应按 *FG* 变化，在 *DE* 和 *FG* 两曲线的共同影响下，泵极限压力与油量的关系为曲线 *ABC*。最低压力注油量的油量 $Q_B$ 为最佳。一般泵 $p_B$ 对应油应保持在指定油位上，使泵的循环油量保持一定。对于双级泵，泵油要经过低真空级脱气后才能进入高真空级，这样可以减少泵油在高真空级中的放气量，以降低泵的极限压力。

泵的极限压力与泵油的工作温度有关。油温越高，油的饱和蒸气压越高，泵的极限压力也越高。

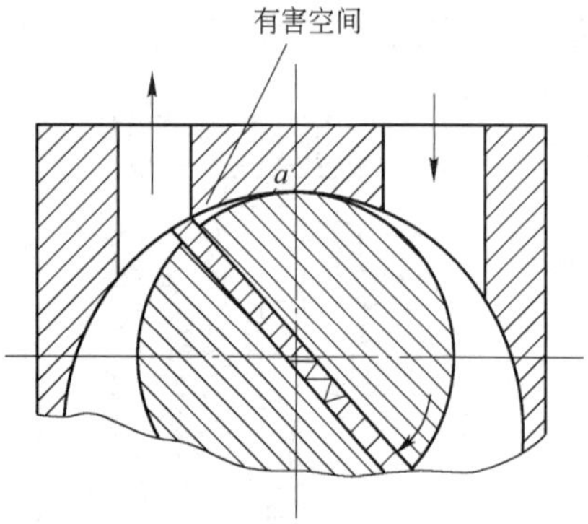


图 7-26　泵的有害空间示意图

泵中有害空间的存在如图 7-26 所示，转子与泵腔的接触点 *a* 到排气口之间的压缩气体不能被旋片推出泵腔，而是随着旋片通过 *a* 点的间隙回到吸气侧。有害空间能使泵的极限压力升高。泵中循环的泵油充填其中可以消除有害空间对泵极限压力的影响。

影响泵极限压力的其他因素还有零件的加工精度，运动件之间的间隙，轴端密封等。泵出厂时一般要逐台检验极限压力，并经过一段时间的跑合，使其性能稳定。

B　抽气速率

抽气速率是指旋片泵单位时间排出的气体体积。常用的有名义抽速、几何抽速和实际抽速三种。抽速的单位为 L/s。国外常用$m^3/h$。

(1) 名义抽速。名义抽速是旋片泵出厂时的标牌抽速。按着国家标准规定，旋片泵的名义抽速已规格化。

(2) 几何抽速。几何抽速是旋片泵按额定转数运转时，单位时间内抽除的几何容积。几何抽速 $S_{th}$ 是吸气终了时吸气腔容积 $V_s$ 与转子转数 $n$，以及转子旋转一周的排气次数 $z$ 的乘积，即：

$$S_{th} = V_s \cdot n \cdot z = A \cdot l \cdot n \cdot z \tag{7-12}$$

式中 $A$——吸气终了时封闭的吸气腔截面积；

$l$——泵腔宽度。

为了使泵充分吸气，吸气终了时的封闭的吸气腔容积应处于最大值。考虑泵中存在返流、泄漏及进气管路阻力的影响，为保证泵能够达到其名义抽速，设计时，几何抽速应为名义抽速的 1～1.2 倍。提高泵的转数，可以提高抽速、缩小泵的尺寸。

(3) 实际抽速。实际抽速是旋片泵实际测得的抽速。它是入口压力的函数。随着入口压力的降低实际抽速逐渐下降，达到极限压力时，实际抽速为零。此时泵的抽气量与泵内气体经间隙的返流量处于动态平衡。

C 功率

旋片泵在每个运动周期内经历吸气、压缩和排气三个过程，其 $p$-$V$ 曲线见图 7-27。其中 $ab$ 为入口压力 $p_1$ 时的吸气过程；$bc$ 为压缩气体至排气压力 $p_2$ 时的压缩过程；$cd$ 为打开排气阀的排气过程。压缩气体的压缩功为：

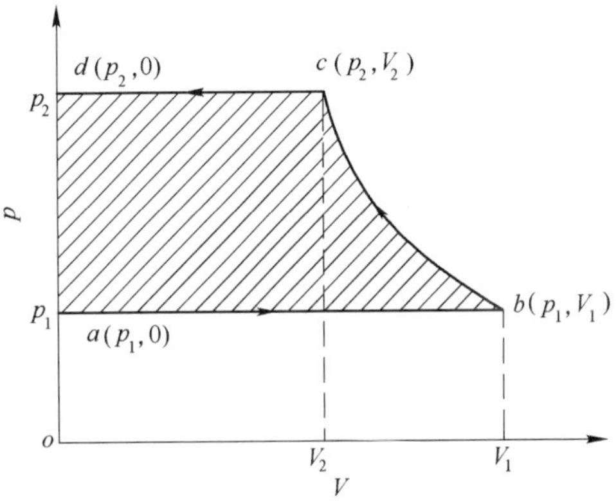


图 7-27 旋片泵的 $p$-$V$ 图

$$W = \int_{p_1}^{p_2} V \mathrm{d}p \tag{7-13}$$

由于压缩过程既不是等温过程，也不是绝热过程，而是多变过程，所以 $bc$ 段应满足：

$$p_1 \cdot V_1^m = p_2 \cdot V_2^m \tag{7-14}$$

式中 $m$——多变指数，$1<m<K$，一般取 $m=1.3$；

$K$——绝热指数。

泵每一个循环的压缩功 $W$ 为：

$$W = \frac{m}{m-1} \cdot p_1 \cdot V_1 \cdot \left[ \left( \frac{p_2}{p_1} \right)^{\frac{m-1}{m}} - 1 \right] \tag{7-15}$$

功率是单位时间所作的功，其计算式为

$$N = p_1 S_{th} \frac{m}{m-1} \left[ \left( \frac{p_2}{p_1} \right)^{\frac{m-1}{m}} - 1 \right] \tag{7-16}$$

式中，$S_{th}$ 为泵的几何抽速。

压缩功率随入口压力的变化而变化，功率与入口压力的关系见图 7-28。其中功率在 $\frac{\mathrm{d}N}{\mathrm{d}p_1} = 0$ 时有最大值：

$$N_{max} = p_2 S_{th} m^{\frac{1}{1-m}} \tag{7-17}$$

最大功率对应的入口压力：

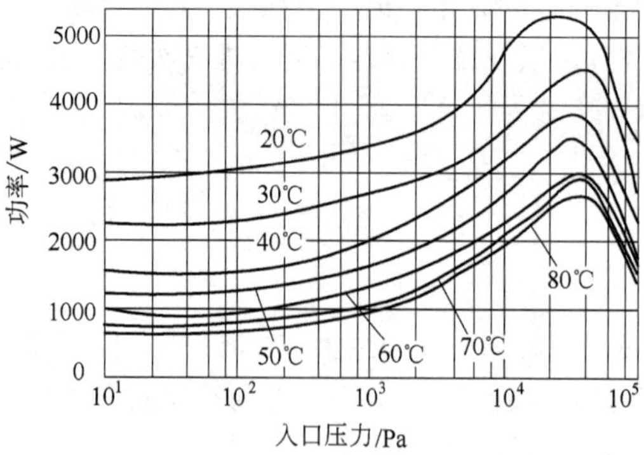


图 7-28　功率与入口压力、泵温的关系

$$p^* = \frac{p_2}{m^{\frac{m}{m-1}}} \tag{7-18}$$

除了压缩气体之外，泵还需克服摩擦、过载等。由于泵油的黏性随温度变化较大，因此克服油摩擦所需要的功率也随泵温变化（见图 7-28）。在低压时，气体压缩量很小，泵的功率绝大部分消耗在摩擦损失上。如果在气镇条件下运行，则泵的功率变化不明显。考虑以上因素，在设计时选用电动机的功率应为：

$$N_g = \frac{\varepsilon \cdot N_{max}}{\eta_m \cdot \eta_p} \tag{7-19}$$

式中　$\varepsilon$——过载系数，一般取 $\varepsilon = 1.2 \sim 1.4$；

$\eta_m$——泵的机械效率，取 $\eta_m = 0.75 \sim 0.80$；

$\eta_p$——泵的传动效率，取 $\eta_p = 0.9 \sim 0.95$（三角皮带传动）。

D　主要几何尺寸的确定

根据泵的名义抽速，选择旋片数量和转子转数，就可以确定泵腔、转子、旋片、排气口的几何尺寸。一般油封式选片泵旋片数量多为 $z = 2$，也有 $z = 3$。转子转数一般在 400～1500r/min 范围内。

a　泵腔直径 $D$、长度 $l$ 的确定

在式（7-12）$S_{th} = n \cdot z \cdot l \cdot A$ 中，令

$$A = \frac{\pi}{4}(D^2 - d^2)k_v \tag{7-20}$$

$$l = a \cdot D \quad 系数\ a = 0.40 \sim 0.50$$

$$d = b \cdot D \quad 系数\ b = 0.75 \sim 0.90$$

式中　$k_v$——面积利用系数；

$d$——转子直径。

$k_v$ 面积利用系数是系数 $b$ 的函数，对于两旋片旋片泵、三旋片旋片泵 $k_v$ 与 $b$ 值的对应关系见表 7-4、表 7-5。

**表 7-4　两旋片时 $k_v$ 值**

| $b$ | $k_v$ | $b$ | $k_v$ | $b$ | $k_v$ |
|---|---|---|---|---|---|
| 0.75 | 0.860 | 0.79 | 0.854 | 0.83 | 0.847 |
| 0.76 | 0.858 | 0.80 | 0.852 | 0.84 | 0.846 |
| 0.77 | 0.857 | 0.81 | 0.851 | 0.85 | 0.845 |
| 0.78 | 0.856 | 0.82 | 0.849 | | |

**表 7-5　三旋片时 $k_v$ 值**

| $b$ | $k_v$ | $b$ | $k_v$ | $b$ | $k_v$ |
|---|---|---|---|---|---|
| 0.80 | 0.6533 | 0.84 | 0.6440 | 0.88 | 0.6350 |
| 0.81 | 0.6509 | 0.85 | 0.6418 | 0.89 | 0.6327 |
| 0.82 | 0.6487 | 0.86 | 0.6394 | 0.90 | 0.6304 |
| 0.83 | 0.6462 | 0.87 | 0.6372 | | |

$$S_{th}=\frac{\pi}{4}\cdot z\cdot n\cdot a\cdot k_v(1-b^2)D^3$$

则
$$D=\sqrt[3]{\frac{4S_{th}}{\pi\cdot z\cdot n\cdot a\cdot k_v\cdot(1-b^2)}} \tag{7-21}$$

取
$$S_{th}=(1.1\sim1.15)S_d$$

式中 $S_d$——泵名义抽速。

$$l=a\cdot D=\sqrt[3]{\frac{4S_{th}\cdot a^2}{\pi\cdot z\cdot n\cdot k_v\cdot(1-b^2)}} \tag{7-22}$$

对于双级泵，低真空级泵腔直径 $D_1$ 一般与高真空级泵腔直径 $D$ 相等，长度 $l_1=(0.17\sim1)l$。

b 转子直径 $d$、偏心距 $e$ 的确定

$$d=b\cdot D$$

$$e=\frac{1}{2}(D-d) \tag{7-23}$$

c 旋片的长度 $h$、厚度 $B$ 和顶端圆弧半径 $r_n$ 的确定

旋片在转子槽内，随转子旋转，顶端始终与泵腔接触，并在转子槽内滑动。为防止因旋片太短影响其自由滑动或因旋片太长发生干涉，旋片长度应满足：在最大伸出量时（见图 7-29（a）），旋片在转子槽内的长度 $h_2\geqslant0.4h$；在两旋片最接近时（见图 7-29（b）），旋片长度 $h<\sqrt{R^2-e^2}$。从图 7-29（a）中知：$h_2=h-h_1$，$h_1=D-d=2e$

则
$$h_2=h-2e\geqslant0.4h\text{，可得 }h\geqslant\frac{10}{3}e \tag{7-24}$$

且
$$h<\sqrt{R^2-e^2}$$

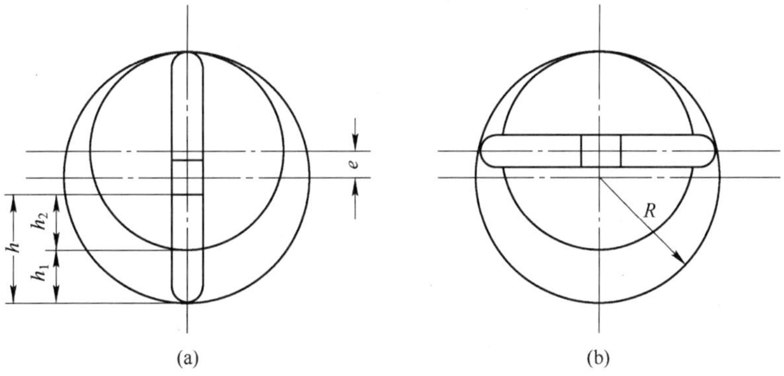


图 7-29 旋片位置极限图

旋片厚度 $B$ 应满足强度要求，同时还要考虑转子槽的加工工艺性。$B$ 的选择可参考表 7-6。

**表 7-6 旋片厚度 B**

| 型号（2X-） | 0.5 | 1 | 2 | 4 | 8 | 15 | 30 | 70 | 150 |
|---|---|---|---|---|---|---|---|---|---|
| $B$/mm | 6 | 6 | 8 | 8 | 10 | 10 | 12 | 14 | 15 |

为减少旋片顶端与泵腔内壁接触而产生的磨损，旋片顶端应加工成圆弧。顶端圆弧半径 $r_n$ 应满足：旋片与泵腔的接触点 $C$ 沿圆弧连续移动且不发生突跳。图 7-30 表示旋片顶端与泵腔的接触情况。

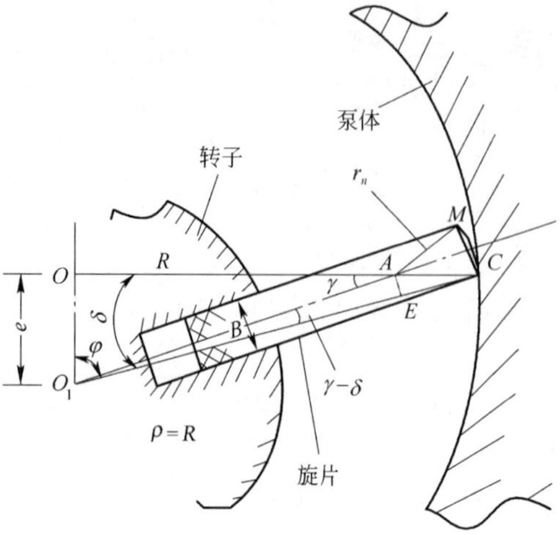


图 7-30　旋片端部接触情况

图 7-30 中，$\gamma$ 为接触点 $C$ 处公法线（过泵腔中心和旋片顶端圆弧中心）与旋片中心线的角，$\varphi$ 为旋片中心线与转子、泵腔中心连线的夹角。

在$\triangle AOO_1$ 中，由正弦定理得：

$$\sin\gamma = \frac{e}{R-\gamma_n}\sin\varphi$$

当 $\gamma$ 为最大值 $\gamma_{max}$ 时，接触点 $C$ 移到旋片顶端圆弧边缘点。当 $\varphi=\frac{\pi}{2}$ 时，$\gamma=\gamma_{max}$。

则　$\sin\gamma_{max} = \dfrac{e}{R-r_n}$

又　$\sin\gamma_{max} = \dfrac{B/2}{r_n}$

则　$$r_n = \frac{R \cdot B}{B+2e} \tag{7-25}$$

d　排气口面积的确定

排气口的面积也与泵排气级的抽速、排气气流速度以及吸入气体的压力有关，为保证排气顺畅，排气面积可取：

$$A_1 = \frac{S_{th_2}}{v} \tag{7-26a}$$

式中　$v$——排出气流速度，$v$=20～30m/s；

$S_{th_2}$——排气级的几何抽速，对双级泵 $S_{th_2}=\frac{l_2}{l_1}\cdot S_{th}$；

$l_1$，$l_2$——高、低真空腔长度。

若排气口为圆孔，数目为 $N_z$，则排气孔直径为：

$$d_2 = \sqrt{\frac{4A}{N_z\pi}} = \sqrt{\frac{4S_{th_2}}{N_z \cdot \pi \cdot v}} \tag{7-26b}$$

7.3.1.5　旋片泵的运行和维护

A　油的返流

在旋片泵工作时，油蒸气会逆着气流运动方向进入泵入口，通过入口管路最终进入被抽容器。油蒸气的返流量随压力的降低而增加，在极限压力附近时，返流量最大（见图 7-31）。返流油蒸气主要由泵油中最轻的馏分组成。

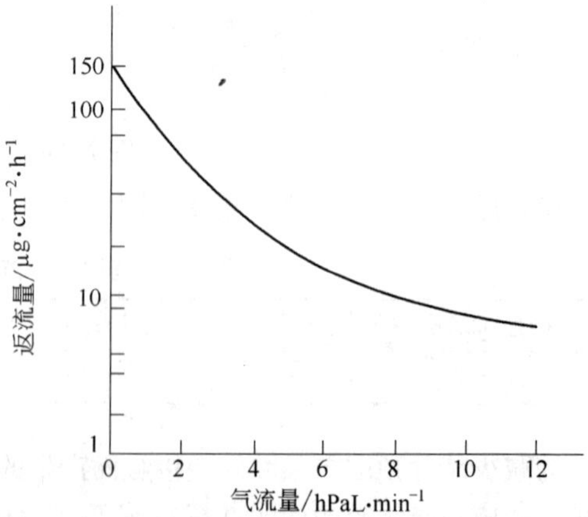


图 7-31　油蒸气返流量与气流量的关系图

油的返流会污染真空室，影响最终产品的质量，必须加以控制。防止油返流的措施主要有：

（1）在泵入口管道上设置放气阀，使入口压力维持在 10Pa 或更高，这样可以减小返流 98%。

(2) 对于单级泵，在泵运转时打开气镇阀就能很好地防止油的返流。

(3) 在泵入口设置吸附阱，依靠吸附剂吸附返流蒸气。粒状活性氧化铝可以吸附99%的返流油蒸气。这种吸附阱需定期更换吸附剂，以防吸附材料吸气能力达到饱和而失效。

(4) 使用特殊泵油。特殊泵油的返流量很小，但由于价格较贵，因此影响到它的广泛使用。

B 泵的启动与停止

通常旋片泵由三相交流电机驱动特别注意电源线的连接，以保证旋转方向的正确，否则，泵油将被排到真空室。因此泵应设置反向制动以防止泵的反转。当电源线接错时，泵不能启动。为防止电机烧坏，还应设置过载开关，通常为温控开关。

停泵时，出口空气的压力将使泵反转，会使泵油返到真空室中，空气也会进入真空室破坏真空。因此需要特殊的阀门把泵和真空室隔开，以防止空气和泵油进入真空室。图7-32的保护阀置于泵入口管道中，其作用为：当泵断电或控制开关断开时，关闭泵与真空室之间的管道，并且向泵入口放气。这种保护阀通常为电磁放气阀。它与电机电源连在一起，控制空气的进入。电机断电时，电磁阀打开，靠大气与泵入口的压差关闭泵与真空室之间的通道，然后大气进入泵入口。泵启动时，电磁阀关闭，泵对保护阀抽空，阀板靠弹簧压力打开。在一般的旋片泵中，常常在泵入口内设置有空气隔离阀，起到上述保护阀的作用，这时在入口管路上就无需设置电磁放气阀了。

C 泵油的过滤和更换

为防止泵油中的粉尘、颗粒物质随泵油一起进入泵腔，在泵运转过程中应设有连续过滤装置。图7-33是油过滤器结构简图。过滤器与泵之间由同轴套管连接。当泵转动时，泵油靠大气与泵腔内的压差或由独立的油泵经外管进入过滤器，过滤后的油经内管进入泵的循环油路中。过滤器内的过滤芯在油经过时挡住了机械污染物，净化了泵油。过滤器上常常联上压力表以显示过滤器是否堵塞。当压力增加，油不能正常流动时，即为过滤器堵塞，应更换

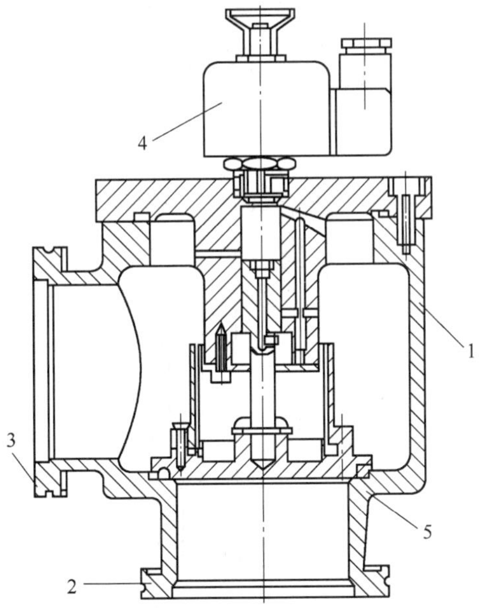


图7-32 保护阀

1—阀体；2—真空室入口连接法兰；3—旋片泵入口连接法兰；4—电磁放气阀；5—阀板

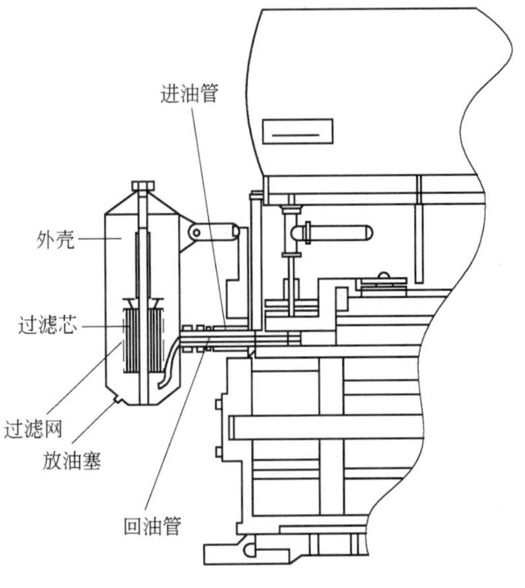


图7-33 油过滤器结构简图

或清洗过滤芯。

现代旋片泵很少需要经常维护，主要注意油量、油的颜色和状态。一般每周检查一次油量。泵在高的入口压力或在气镇条件下工作时，每天都要检查油量，因为在此条件下工作，泵油的损失是比较严重的。

换油的时间间隔依工作条件而定。一般因油润滑不良、油分解或污染物太多使泵极限压力上升时，就需要更换油了。

D　油雾的产生及分离

在旋片泵排气过程中，悬浮在被抽气体中的油滴随气体一起被排出。因此，常在泵出口看到“油雾”。同时也有少量的油蒸气被排出。随着环保要求的提高，新型旋片泵一般在出口设置油气分离装置。

在被排出气体中的油滴直径大约 0.01～0.8μm，这样小的液滴不能用一般的编织网过滤，而是采用特殊纤维制成过滤装置来实现油气分离，其中要有足够小的微孔吸收油雾。分离器的结构见图 7-34。过滤元件置于圆筒油雾分离器之中，被排出气体由泵出口进入分离器，经过过滤元件的气体到达过滤器出口时，已经得到净化。油在分离器中被收集，收集的油量可由观察窗看到。当过滤元件被堵时，压力将增加。当压力达到 $1.5\times10^{5}$ Pa 时，分离器的安全阀打开，此时必须清洗或更换过滤元件。

E　除尘装置

在有些真空工艺中会产生大量的灰尘，这些灰尘将随被抽气体一起进入旋片泵。灰尘混在泵油中，像研磨剂一样会对泵转子和泵腔造成磨损和破坏。在灰尘量较少时，可以由油过滤系统滤除，但灰尘量较大时，为防止泵损坏，保证泵正常运转时必须使用除尘器。

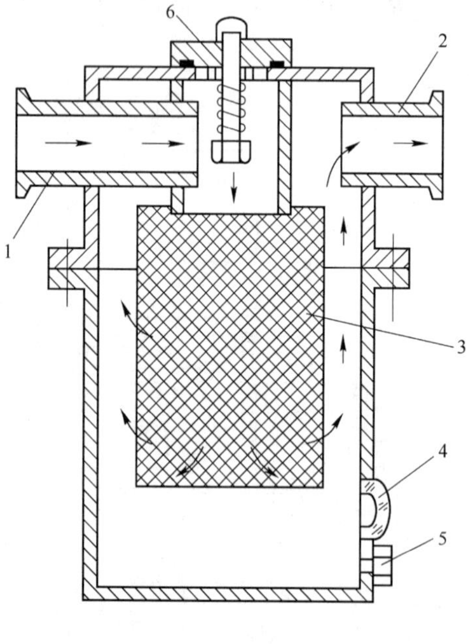


图 7-34　油气分离器

1—排气连接法兰；2—分离器出口；3—过滤元件；4—集油观察窗；5—放油塞；6—泄压阀

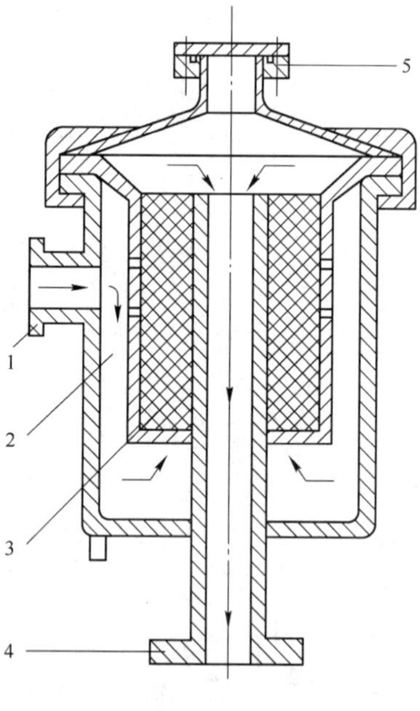


图 7-35　除尘器的工作原理图

1—入口法兰；2—外筒室；3—油浸过滤器；4，5—出口法兰

除尘器的工作原理见图 7-35。被抽气体由除尘器入口 1 进入除尘器，外筒室 2 相当于旋风

分离器，大颗粒灰尘在此被分离并沉积于外筒室底部。较小的颗粒随被抽气体进入油浸过滤器。经过充分除尘的气体由出口 4 或 5 进入真空泵。

## 7.3.2 滑阀式油封机械泵

### 7.3.2.1 概述

滑阀式油封机械泵（简称滑阀泵）同旋片泵一样，也是一种变容积式气体传输泵。其应用范围和使用条件与旋片泵基本相同。

滑阀泵由于其结构特点，容量比旋片泵大得多，因此常常被用在大型真空设备上。滑阀泵有单级和双级两种类型。单级泵的极限压力，小泵不大于 0.6Pa，大泵不大于 1.3Pa（均关气镇），双级泵的极限压力不大于 0.06Pa（关气镇）。抽速大于 150L/s 的滑阀泵多采用单级形式。

由于滑阀泵的旋转质量有较大的偏心，如果没有很好的质量平衡，在运转时会产生较大的振动。但泵旋转质心的运动轨迹是形状复杂的封闭曲线，因此很难实现对滑阀泵惯性力的完全平衡。做好滑阀的质量平衡，减少泵的振动一直是滑阀泵需要解决的一个重要课题。滑阀泵的振动限制了泵转速的提高，泵转数一般在 350～600r/min，个别的也有达 1000r/min 以上的。新型三腔滑阀泵的出现，较好地解决了滑阀的质量平衡，使泵的振动得到了有效控制，泵转速也可相应得到提高。

### 7.3.2.2 滑阀泵的工作原理和结构特点

A 工作原理

图 7-36 为滑阀泵工作原理图。滑阀泵主要由泵体、偏心轮、滑阀组件和导轨等组成。

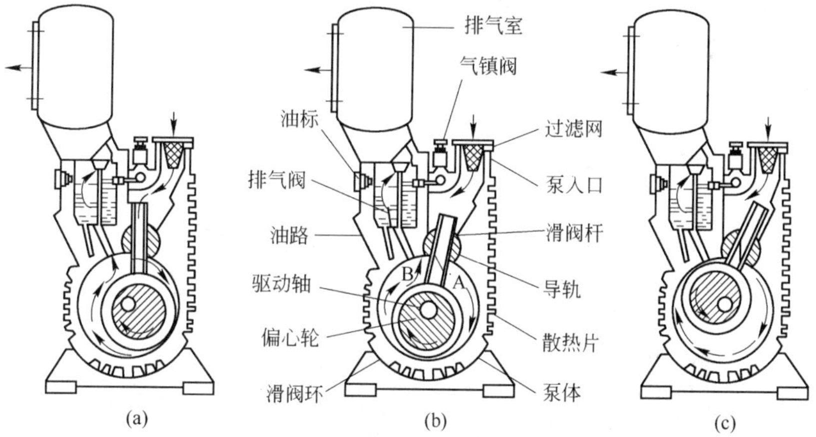


图 7-36 滑阀泵工作原理图

与泵腔同心的驱动轴带动偏心轮旋转，偏心轮带动滑阀环运动，使滑阀杆在导轨中上下滑动和左右摆动。滑阀将泵腔分成 A、B 两个部分。当驱动轴按图中所示方向转动时，A 腔的容积增加，压力降低，泵入口气体经滑阀杆（A 腔一侧的开口）进入 A 腔，此时处于吸气过程。当滑阀处于左上方位置时（图 7-36（c）），A 腔容积达到最大，此时进气口与 A 腔隔绝，完成吸气过程；B 腔的容积减小，压缩气体。当 B 腔内气体压力达到排气压力时，推开油封的排气阀，开始排气。当滑阀处于左上方位置时，排气终了。在连续运转过程中，泵不断地进行吸气、压缩和排气过程，从而达到了连续抽气的目的。

B　结构特点

图 7-37 为滑阀泵结构图。与旋片泵相似，滑阀泵也设有气镇阀，气镇孔开在排气口附近或端盖上，以排出含有可凝性蒸气的被抽气体。在泵出口设置油气分离器，以减少泵油的损耗和对环境的污染。

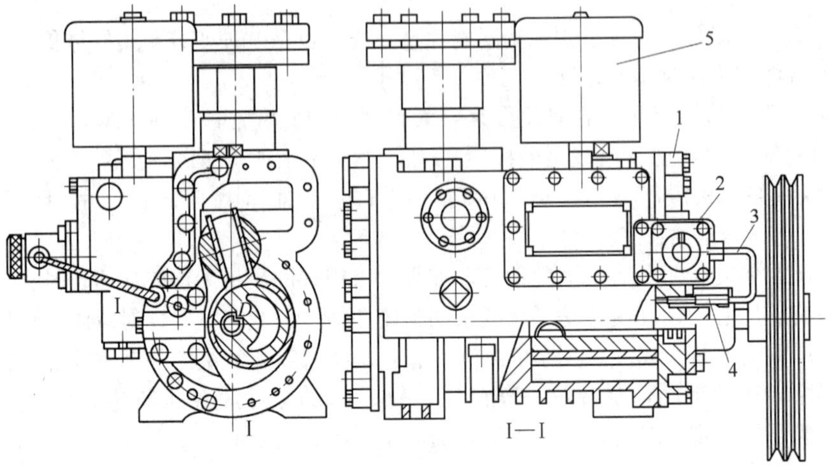


图 7-37　滑阀泵结构图

1—泵盖；2—气镇量调节阀；3—导管；4—逆止阀；5—油气分离器

为了减少滑阀不平衡惯性力引起的振动，对于单缸单级泵，要在驱动轮对面一侧加平衡轮，并在驱动轮上加不平衡质量进行平衡减振；对于双缸滑阀泵，如图 7-38 所示，(a) 为单级并联，常用于大、中型泵，以提高抽速；(b) 为双级串联，常用于中、小型泵，以降低极限压力，该结构中，两个滑阀长度比一般为 2∶1，相差 180°设置，再在驱动轮上加上不平衡质量（见图 7-39）。

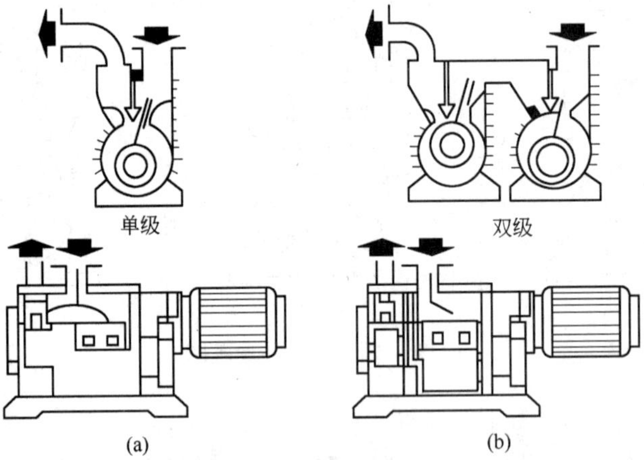


图 7-38　双缸滑阀泵结构

对三缸滑阀泵，有等长缸和不等长缸两种形式，以不等长缸为常见，其三缸布置如图 7-40 所示。中间是一长缸，两端各为等长短缸，长缸与短缸长度比为 2∶1，相差 180°布置。中间滑阀产生的惯性力由两侧滑阀产生的相反方向的惯性力所平衡，因此，三缸滑阀泵的振动很小，无需将泵固定在地基上就可以正常工作了。

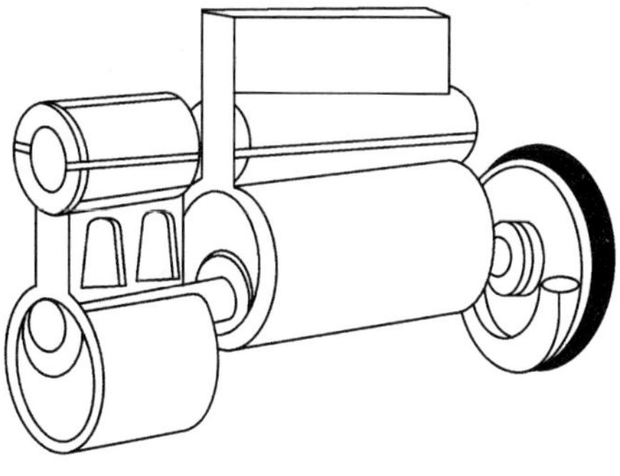

图 7-39 双缸滑阀泵的平衡

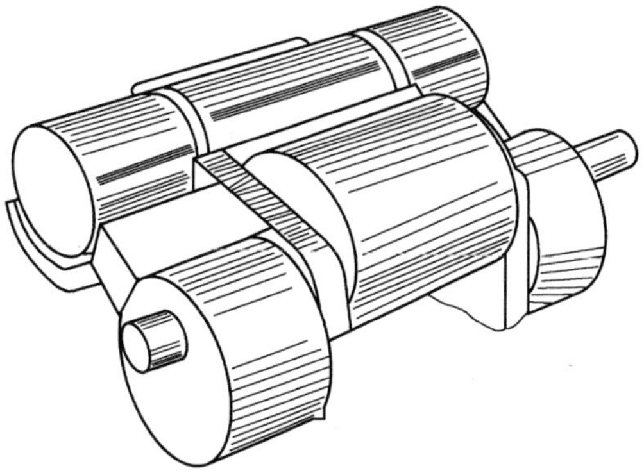

图 7-40 三缸滑阀泵滑阀组件

排气阀是滑阀泵中的易损件，也是泵主要噪声源之一。图 7-41 是一种特殊结构的排气阀。在入口压力较高时，排气量较大，排气阀硬阀板打开；在极限压力时，只有少量的气泡和泵油被排出，此时，硬阀板不动，由柔性阀板打开排气。为防止油的返流，增加噪声，柔性唇必须在 0.01s 时间内完成打开、关闭动作。

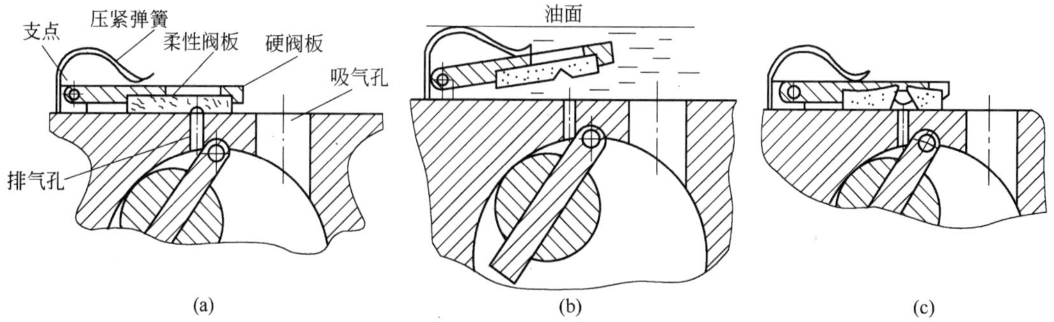


图 7-41 排气阀的一种特殊结构

滑阀泵为排出可凝性蒸气也设置了气镇阀。在极限压力下，为减小油冲击排气阀产生噪声，也可以通过气镇阀向泵内放入少量干燥空气。

泵油在滑阀泵中起到润滑和密封的作用。适当的设置油路是十分重要的，有时可采用油泵进行强制供油。在双级泵中，泵油应先进入低真空侧，经脱气的泵油再进入高真空侧，以便获得更低的极限压力。

在滑阀泵出口处应设置油雾捕集器，用以捕集和回收由排气阀排出的混在被抽气体中的油滴，既可以节省泵油，又可以减少对环境的污染。油雾捕集器一般有三级：第一级是碰撞罩，除去较大的油滴；第二级是不锈钢填料，收集小油滴；第三级是烧结的玻璃纤维，捕集可见油雾，其结构见图 7-42。

#### 7.3.2.3 滑阀泵性能参数和主要几何尺寸的确定

##### A 性能参数的选择

滑阀泵的性能参数有：极限压力、抽气速率、功率、转数、温升等，与旋片泵的基本参数相同。由于偏心力的存在，限制了滑阀泵转数的提高，表 7-7 给出了一般的国产滑阀泵的转数。

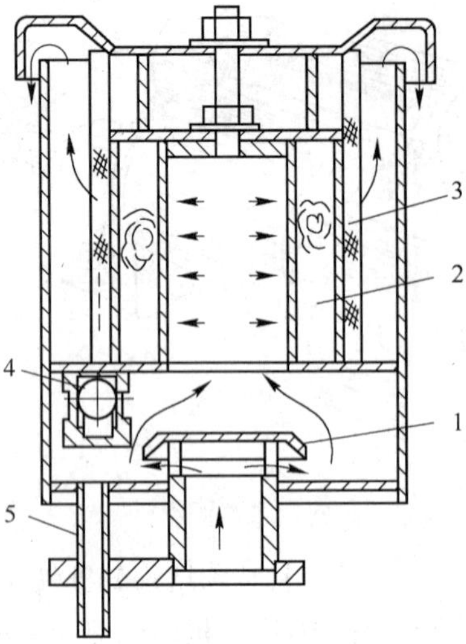


图 7-42　油雾捕集器
1—碰撞罩；2—不锈钢填料；3—玻璃纤维；4—返油阀；5—回油管

B　主要几何尺寸的确定

根据泵的名义抽速 $S_d$，泵转数 $n$，并联缸数目 $z$，就可以确定泵腔直径 $D$，长度 $l$，滑阀环直径 $d$，偏心轮偏心距 $e$，导轨中心至泵腔中心的中心距 $F$ 等泵的主要尺寸。

由滑阀泵几何抽速公式：

$$S_{th} = \frac{\pi}{4}(D^2 - d^2) \cdot L \cdot n \cdot z \tag{7-27}$$

令　　$l/D = a$，$d/D = b$

取　　$S_{th} = (1 \sim 1.2) S_d$

则

$$D = \sqrt[3]{\frac{4S_{th}}{\pi \cdot a \cdot n \cdot z(1 - b^2)}} \tag{7-28}$$

$$d = b \cdot D \tag{7-29}$$

$$l = a \cdot D \tag{7-30}$$

$$e = \frac{D}{2} - \frac{d}{2} \tag{7-31}$$

**表 7-7　滑 阀 泵 的 转 数**

| 型　号 | 2H-8，15，30 | H-70，150 | H-300，600 |
|---|---|---|---|
| 转数/r · min$^{-1}$ | 600～500 | 500～450 | 450～360 |

系数 $a$ =0.9～1.2（单缸泵），$a$ =0.6～0.75（双缸泵），大泵取大值，小泵取小值。大泵取大值可不使滑阀径向尺寸过大，降低其圆周速度，不使泵温过高，影响泵油的密封性，保证泵的极限压力，同时不使泵的振动、噪声和磨损过大；小泵取小值，适当增大泵腔的径向尺寸，提高其加工工艺性。

系数 $b$ =0.65～0.7。$b$ 取值小，可以提高泵的抽速，但 $b$ 值的减小，即滑阀环直径 $d$ 值的减小受转轴强度、滑阀环强度、偏心轮最薄处强度的制约。由图 7-43 中可知：

$$d = \frac{D}{2} + r_{轴} + \delta_{轮} + \delta_{环} \tag{7-32}$$

则

$$b = \frac{d}{D} = \frac{1}{2} + \frac{r_{轴} + \delta_{轮} + \delta_{环}}{D} \tag{7-33}$$

式中　$r_{轴}$——转轴半径；

$\delta_{轮}$——偏心轮最薄处厚度；

$\delta_{环}$——滑阀环的厚度。

$r_{轴}$、$\delta_{轮}$、$\delta_{环}$ 的取值应满足强度要求。

滑阀导轨中心与泵腔中心的距离 $F$ 与偏心距 $e$ 和滑阀杆摆角 $\alpha$ 的关系如图 7-44 所示。过 $O_2$ 点作以 $O_1$ 为圆心，$e$ 为半径的转子中心运动轨迹的切线，切点为 $P$，此时的滑阀杆摆角为 $\alpha$。由直角三角形 $O_1PO_2$ 知：

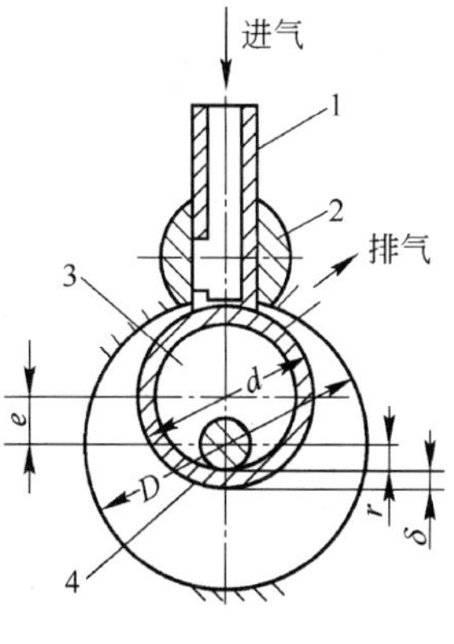


图 7-43 滑阀在最上位置的状态

1—滑阀；2—导轨；3—偏心轮；4—泵轴

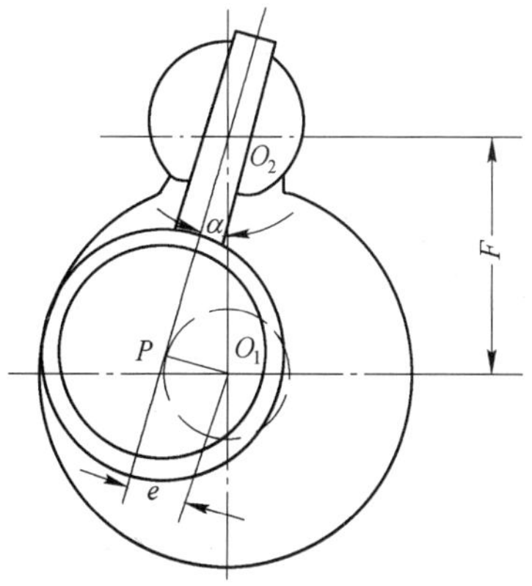


图 7-44 中心距 $F$ 的确定

$$F=\frac{e}{\sin\alpha} \tag{7-34}$$

$$\alpha\leqslant 15^\circ$$

$\alpha$ 太大会影响泵的工作平稳性，但也不能太小，否则泵的尺寸将相应增加。

泵入口直径应按相关技术标准选定。

泵出口尺寸计算方法与旋片泵出口尺寸计算方法相同。

7.3.2.4 机械泵油

机械泵油（又称真空泵油）主要用于机械泵的密封和润滑，因而泵油的性质直接影响着机械泵的性能。同时真空泵对泵油也不断提出新的要求。国内外都对真空泵油制定了标准。1992年我国石化公司制定了《矿物油型真空泵油》行业新标准 SH 0528—92。

现仅对真空泵油的基本性能和有关要求作如下介绍：

(1) 为使真空泵能获得规定的抽气性能，要求真空泵油要有适当的运动黏度和黏度指数，室温饱和蒸气压低，抗乳化性能好，化学稳定性和耐热抗氧化性好，闪点高，成本低等特点。

(2) 真空泵油在使用过程中，由于氧化等原因，一部分变质，同时又从外界混入各类杂质。当变质成分和杂质多到一定程度时，颜色变了，黏度和酸值升高了，析出不溶性的树脂状物质，而且蒸气压增高，这时油的性能恶化，泵油不能继续使用了，必须更换新油。但这种不能使用的废油可以再生利用。

## 7.4 罗茨真空泵

### 7.4.1 概述

罗茨真空泵（简称罗茨泵）是一种无内压缩的旋转变容式真空泵。它是由罗茨鼓风机演变而来的。根据罗茨泵工作压力范围不同，它可分为直排大气的干式真空泵和湿式罗茨泵，这种罗茨泵属于低真空罗茨泵；此外还有中真空罗茨泵（机械增压泵）和高真空多级罗茨泵等。近年来，罗茨泵得到了广泛的应用。一般来说，罗茨泵具有以下特点：

(1) 在较宽的压力范围内有较大的抽速；

(2) 设有旁通溢流阀可在大气压力下启动，缩短了抽气时间；

(3) 转子之间、转子与泵腔壁之间有间隙，泵内运动件无摩擦，不必润滑，泵腔内无油；

(4) 转子形状对称，动平衡性能良好，运转平稳，选择高精度的齿轮传动，运转时噪声低；

(5) 结构紧凑，占地面积小，通常选卧式结构，泵腔内气体垂直流动，有利于被抽的灰尘或冷凝物的排除。

罗茨泵在真空工程领域中应用时，一般与前级泵（旋片泵，滑阀泵和水环泵等）串联构成机组，在中真空范围，作为机械增压泵来应用；双级或多级罗茨泵机组可获得高真空；对于干式清洁无油的抽气系统多用气冷式罗茨泵机组；对于含水蒸气的被抽系统，多用湿式罗茨泵。

从罗茨泵的结构原理得知，转子可在高速下运转，故泵的抽速很高（可高达 100000$m^3/h$ 以上)，而且结构简单，运行经济。因而，罗茨泵在冶金、石油化工、轻工造纸、电工电子以及食品等工业部门得到广泛的应用。

### 7.4.2　罗茨泵的工作原理及其结构特点

罗茨泵是一种双转子的容积式真空泵。其抽气过程如图 7-45 所示，在泵腔内有两个形状对称的转子，转子形状有两叶、三叶和四叶的。两个转子彼此朝相反方向旋转，由轴端齿轮驱动同步转动。转子彼此无接触，转子与泵腔壁也无接触，其间通常有 0.15～1.0mm 的间隙，泵腔靠间隙来密封。

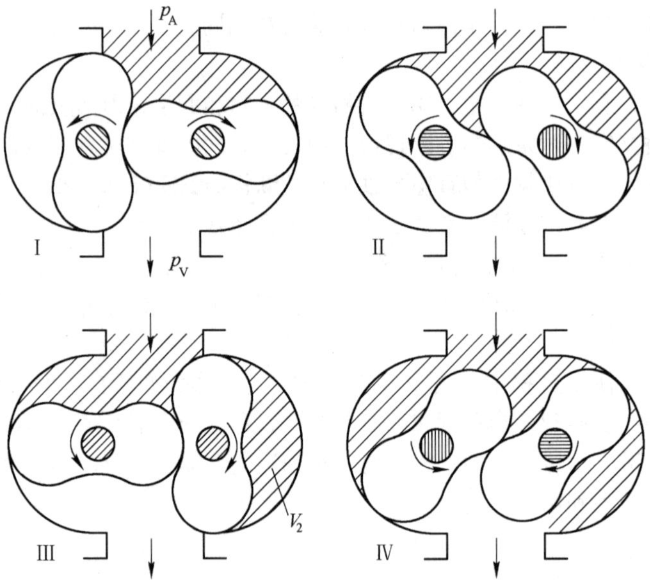


图 7-45　罗茨泵的抽气过程

$p_A$—吸入压力；$p_V$—出口压力；$V_2$—泵腔容积

由于罗茨泵泵腔内无摩擦，转子可高速运转，一般为 1500～3000r/min，而且不必用油润滑，可实现无油清洁的抽气过程。泵的润滑部位仅限于轴承和齿轮，以及动密封处。泵没有往复运动，平稳、转速高、尺寸小，可获得大的抽速。

从图 7-45 得知，由于转子的不断旋转，被抽气体从吸气口进入泵腔，被封闭在吸气腔 $V_2$

之内，再经排气口排出泵外。由于在吸入$V_2$空间内的气体没有被压缩，当转子的顶部转过排气口边缘时，$V_2$空间这时与排气侧相通，由于排气侧气体压力较高，有部分高压气体返流到$V_2$空间内，使泵腔内的压力突然升高达到排气压力。此即所谓的外压缩过程。转子继续旋转时，被抽气体被排出泵外。两个转子的不断运转，即实现了罗茨泵的抽气过程。转子的主轴旋转一周，共排出 4 个$V_2$容积的气体。因而，泵的几何抽速为

$$S_{th} = 4V_2 \frac{n}{60} = 2\pi R^2 ln\, k_0 \frac{10^{-6}}{60} \quad (L/s) \tag{7-35}$$

式中 $n$——泵轴的转速，r/min；

$R$——转子的半径，mm；

$l$——转子长度，mm；

$k_0$——转子断面系数。已知转子断面形状后，$k_0$值便可确定。

目前国内外的罗茨泵，多数为卧式结构，泵的进气口在上，排气口在下，这种卧式结构重心低，高速运转时稳定性好。罗茨泵的结构剖面示意图如图 7-46 所示，其两个转子是通过一对高精度的齿轮来实现其相对同步旋转的（见图 7-47）。

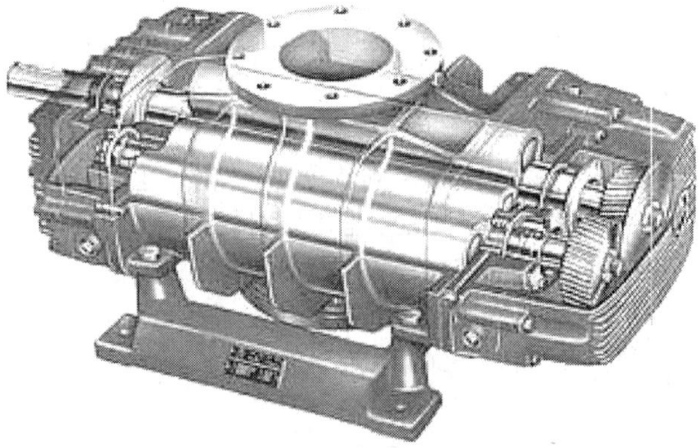

图 7-46 罗茨泵的剖面示意图

图 7-47 一对两叶转子以及传动齿轮

泵的传动多为直联式的，大泵则有皮带传动的。电动机与传动齿轮，多设在转子轴的两侧，安装拆卸方便。主动轴传递的扭矩较大，轴要有足够的强度和刚度，轴与转子要固结牢靠。罗茨泵的密封很关键，主动轴外伸部分、两个转子的轴承与泵腔之间设有动密封，泵腔与各端盖设有静密封。

为了避免罗茨泵的误操作，一般都设有旁路溢流阀，其结构如图 7-48 所示。由泵的许可

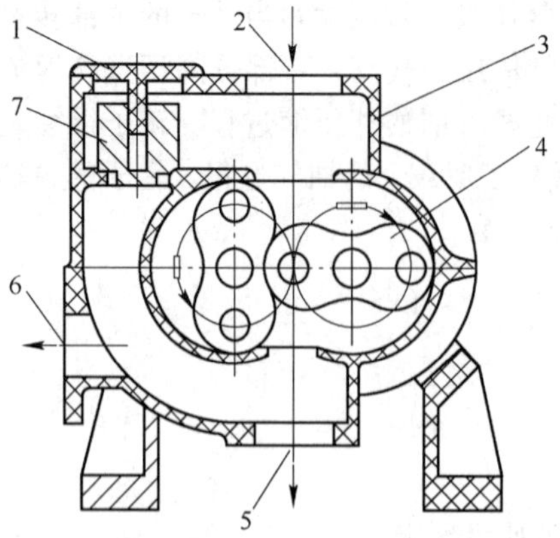


图 7-48　罗茨泵旁通溢流阀结构示意图

1—溢流阀阀片；2—进气口；3—泵体；4—转子；5，6—排气口；7—溢流阀砝码

压力差 $\Delta p$ 来设计旁路溢流阀，可在大气压力下启动，使罗茨泵和前级泵同时连续运转，因而对容器的抽气时间大为缩短（达 30%～50%）。其中许可压力差 $\Delta p$ 可以通过调节砝码的自重来控制。

在旁路溢流阀打开期间，罗茨泵的抽速为

$$S=\frac{S_V p_V}{p_A}=\frac{S_V(p_A+\Delta p)}{p_A} \tag{7-36}$$

式中　$S_V$——前级泵抽速；

$p_V$——泵出口压力；

$p_A$——泵入口压力；

$\Delta p$——泵的溢流阀的许可压力差，$\Delta p=p_V-p_A$。

从式（7-36）中可以看出，罗茨泵的抽速 $S$ 随入口压力 $p_A$ 下降而有所增加，故可缩短启动时间。

从图 7-49 得知，曲线 1 为前级泵的抽速曲线，曲线 2 为罗茨泵在 $1.3\times10^3$ Pa 时启动的抽速，曲线 3 为带溢流阀的罗茨泵抽速曲线，图 7-48 为有溢流阀工作增加的抽速部分。因而，有溢流阀的罗茨泵可缩短启动时间。

在罗茨泵的压缩过程中产生的热量被传到转子和泵体上。转子很难将热量传至泵外，而泵体的热量很容易被散失到周围大气中。因而转子与泵体之间就出现了温差。加剧了转子的热膨胀。当泵负荷增大时，转子膨胀会令间隙消失，导致转子被卡死。因而出现了气冷式罗茨泵，用冷却的气体或大气去直接冷却热态的转子，从而减少了转子与泵壳间的温差，提高了罗茨泵的抗热能力。具体结构示意图，如图 7-50 所示。

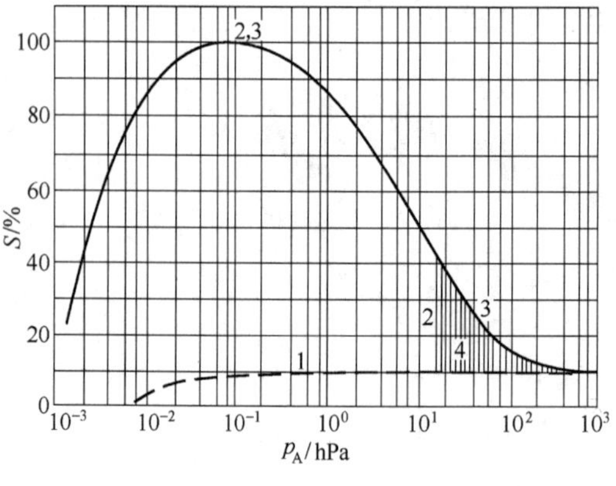


图 7-49　罗茨泵有、无溢流阀时抽速的比较

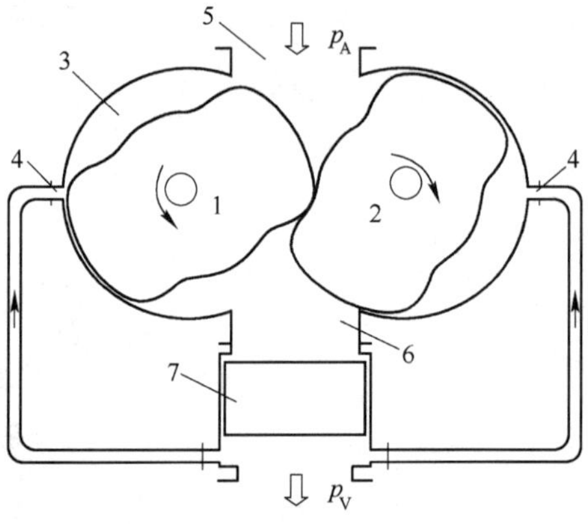


图 7-50　气冷式罗茨泵原理图

1，2—转子；3—泵腔；4—冷气入口；5—抽气口；6—泵出口；7—冷却器

这种气冷式罗茨泵可用于高压差和高压缩比的情况下工作。这种泵的结构简单，冷却器与泵的出口相连，便于维修和更换。由于散热均匀，转子与泵体之间的间隙仍可保持很小，有利于泵容积效率的提高。这种泵直排大气时，小泵的极限压力可达 $2\times10^4$ Pa，大泵可达 $1\times10^4$ Pa，如若两台串联，可获得极限压力（2～3）$\times10^3$ Pa。

由热力学得知，罗茨泵排气温度 $T_2$ 的上升率与容积效率 $\eta_V$ 成反比，与 $K-1$ 成正比。即

$$\frac{T_2}{T_1}-1=\frac{1}{\eta_V}\frac{\gamma-1}{\gamma}(K-1) \tag{7-37}$$

式中 $T_1$——吸气温度；

$T_2$——排气温度；

$\gamma$——比热比；

$K$——压力比。

为了防止泵腔内转子因膨胀而卡死的事故发生，若增大间隙，则会使 $\eta_V$ 下降，从式（7-37）可看出，若 $\eta_V$ 下降仍会导致 $T_2$ 的上升。为了解决这个问题，向泵腔内注水，注入少量的水，可使内部间隙的泄漏量靠水封的作用使之明显降低，泵的效率 $\eta_V$ 可提高，杜绝内部热接触的现象发生。在抽除气体或水蒸气的场合，这种专门用水封的罗茨泵得到广泛应用。通常称它为湿式罗茨泵。

在湿式罗茨泵中，注水量 $q=$（0.2～1.0）$G$（$G$ 为被抽气体的质量流量），这时

$$\frac{T_2}{T_1}-1=\frac{1}{\eta_V}\frac{K-1}{\dfrac{\gamma}{\gamma-1}+\dfrac{q\,c_W}{ARG}} \tag{7-38}$$

式中 $c_W$——水的比热容；

$A$——功的热当量；

$R$——摩尔气体常数。

当注水量 $q=0$ 时，则式（7-38）与干泵的计算式（7-37）相同。

为了节省功率，可实现两级压缩，工作压力可延至（0.5～1.5）$\times 10^4$ Pa 以下。通常的两级抽速 $S_{th}$ 之比为 1.6～2.0。为防止在低真空时的过压缩，设有中间排气阀，一般不等腔的双级容积泵多采用此法。

这种泵的极限压力，与水环泵基本相同，受水蒸气压力的影响较大，对于双级压缩式的泵约为 $2\times 10^3$ Pa。

这种湿式罗茨泵可以吸入少量的水，但水吸入量过大时，要在泵入口前设置分离器，将水分离后，再以适当的水注入是可以的。这种泵直接向大气中排放，噪声较大，故需加消声器。这种泵在造纸行业，过滤机的真空脱水，煤矿的瓦斯排放，以及化工部门得到广泛应用。

罗茨泵在高真空领域工作，称为机械增压泵，在压差小的地方使用，轴的动力消耗也低，间隙返流也少，间隙中气体的流动，随压力下降由黏性流过渡到分子流状态，返流低，这时压力比较高，$\eta_V$ 也高。由于低压时，排气量很少，压缩气体产生的热量也低，因此不必注水和在排气口处加冷却器，其排气温度可在 100℃以下。

机械增压泵的出口压力在 $4\times 10^3$ Pa 以下，吸入压力在 $10^3\sim 10^{-1}$ Pa 范围内。若出口压力在 $10^3$ Pa 以下，入口压力在 $10^2\sim 1$ Pa 范围内使用，效率最高。

### 7.4.3 罗茨泵主要参数的确定

#### 7.4.3.1 罗茨泵的有效抽气量

罗茨泵抽除的有效气流量 $Q_{eff}$ 可从理论抽气量 $Q_{th}$ 和通过间隙从排气侧向吸气侧返流量 $Q_V$ 之差来确定。即

$$Q_{eff}=Q_{th}-Q_V \tag{7-39}$$

当罗茨泵的入口压力为 $p_A$ 时，理论抽气量 $Q_{th}$ 则为

$$Q_{th} = p_A S_{th} \tag{7-40}$$

对于罗茨泵的返流量 $Q_V$，可由两部分组成。即

$$Q_V = Q_{V_1} + Q_{V_2} \tag{7-41}$$

式中 $Q_{V_1}$——转子与泵体间的间隙泄漏量。

若间隙的流导为 $L$，前级压力为 $p_V$，则

$$Q_{V_1} = L(p_V - p_A) \tag{7-42}$$

由于罗茨泵的转子旋转非常快，没能把吸入的气体分子全部排入前级侧，而再次带入高真空侧，引起返流。如转子在前级真空侧吸附的气体，转子转到高真空侧被解吸放出。两转子啮合处的空腔容积，即所谓的有害空间内的气体被带回到高真空侧，这部分返流量统称为 $Q_{V_2}$。即

$$Q_{V_2} = S_r p_V \tag{7-43}$$

式中 $S_r$——转子返流速率。

因此，有效抽气量 $Q_{eff}$则可用下式计算

$$Q_{eff} = Sp_A = p_A S_{th} - L(p_V - p_A) - S_r p_V \tag{7-44}$$

7.4.3.2 零流量时压缩比

将泵口封闭，使 $Q_{eff}=0$，由式（7-44）可得出

$$K_0 = \left(\frac{p_V}{p_A}\right)_0 = \frac{S_{th} + L}{S_r + L} = \frac{S_{th}}{S_r + L} + \frac{L}{S_r + L} \tag{7-45}$$

零流量压缩比 $K_0$是罗茨泵最重要的性能参数之一，它可通过测量得到。它与气体种类有关。压缩比 $K_0$的最大值用 $K_{0max}$表示。

罗茨泵的零流量压缩比 $K_0$与出口压力的关系如图 7-51 所示。因为 $K_0$通常大于 10，因而，式（7-45）右侧第二项 $L/(S_r+L)$ 小于 1，故可近似将式（7-45）写成

$$K_0 = \frac{S_{th}}{S_r + L} \tag{7-46}$$

在 $p_V>1.5\times10^3$ Pa 时，流导 $L$ 较大，因而 $S_r$的返流作用和 $L$ 的返流作用相比可以略去。因而，

$$K_0 \approx \frac{S_{th}}{L}$$

在 $p_V<10$Pa 时，流导内处于分子流状态，$L$ 的返流作用小于 $S_r$的返流作用。因而，

$$K_0 \approx \frac{S_{th}}{S_r}$$

在较高的 $p_V$时，因间隙流导处于黏滞流态，流导 $L$，在这时有所增加，因而压缩比 $K_0$在向高的 $p_V$方向上有所下降。在低的 $p_V$条件下，流导 $L$ 处于分子流状态是定值，这时受 $S_r$的影响。$K_0$在向低的 $p_V$方向上也是降低的。而在 $p_V\approx10^0$ Pa 附近，$K_0$有最大值 $K_{0max}$出现，如图 7-51 所示。

泵的尺寸增加使泵的 $S_{th}$比 $L$ 增加得快，因此大容量的罗茨泵的 $K_0$也有所增加，从图 7-51 上也能看出，大泵的 $K_0$较高。

罗茨泵的极限压力 $p_{A,e}$（在罗茨泵和前级泵构成机组时），可用前级泵的极限压力 $p_{V,e}$和与其相对应的压缩比 $K_{0,e}$之比来求得。即

$$p_{A,e} = \frac{p_{V,e}}{K_{0,e}} \tag{7-47}$$

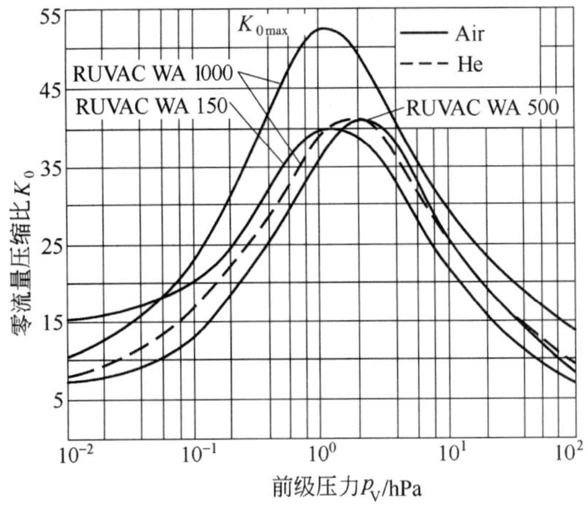


图 7-51 零流量压缩比 $K_0$ 与前级压力 $p_V$ 的关系

例如 $p_{V,e}=1\text{Pa}$，对于 RUVAC WA 1000 泵来说（见图 7-51），这时对应的 $K_{0,e}=10$，故罗茨泵的极限压力为 $p_{A,e}=1\times10^{-1}\text{Pa}$。

对于双级罗茨泵的压缩比约等于单级泵压缩比的连乘。因此，双级泵可得到更低的极限压力。

7.4.3.3 有效压缩比与容积效率

在真空工程中，罗茨泵多与前级泵串联构成机组来使用。这种机组的抽气特性，往往通过简单的计算即可获得。

若前级泵抽速为 $S_V$，而罗茨泵的抽速为 $S$，根据连续性方程得知，串联的两个泵的抽气量是相等的。罗茨泵的出口压力 $p_V$，等于前级泵的入口压力。因而，得下式

$$Sp_A=S_Vp_V \tag{7-48}$$

有效压缩比 $K_{eff}$ 和理论压缩比，分别为：

$$K_{eff}=\frac{p_V}{p_A},\ K_{th}=\frac{S_{th}}{S_V} \tag{7-49}$$

把式（7-48）代入式（7-44），从式（7-49）定义得出

$$\frac{1}{K_{eff}}=\frac{p_A}{p_V}=\frac{S_V}{S_{th}+L}+\frac{S_r+L}{S_{th}+L} \tag{7-50}$$

一般来说，流导 $L$ 和几何抽速 $S_{th}$ 相比，可以略去。因此，$S_V/(S_{th}+L)\approx S_V/S_{th}$；$(S_r+L)/(S_{th}+L)\approx(S_r+L)/S_{th}$。所以式（7-50）可改写成：

$$\frac{1}{K_{eff}}=\frac{1}{K_{th}}+\frac{1}{K_0} \tag{7-51}$$

罗茨泵机组的有效抽速 $S$ 对罗茨泵几何抽速 $S_{th}$ 之比，定义为容积效率 $\eta_V$。

$$\eta_V=\frac{S}{S_{th}}=\frac{K_{eff}}{K_{th}}=\frac{K_0}{K_{th}}/(1+\frac{K_0}{K_{th}}) \tag{7-52}$$

由式（7-52）可以看出，只要已知：前级泵的抽气特性 $S_V=f(p_V)$，罗茨泵的几何抽速 $S_{th}$ 和罗茨泵测得的零流量压缩比 $K_0=f(p_V)$，便能求得容积效率 $\eta_V$ 值。这时机组的抽速 $S$ 可按下式计算：

$$S=\eta_VS_{th}=S_{th}\frac{\frac{K_0}{K_{th}}}{1+\frac{K_0}{K_{th}}} \tag{7-53}$$

若令 $\alpha=\frac{K_0}{K_{th}}$，则式（7-52）可写成

$$\eta_V=\frac{\alpha}{1+\alpha}$$

其值如图 7-52 所示。

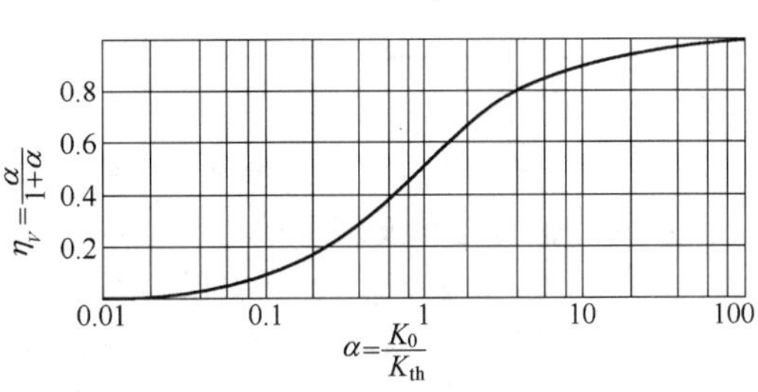


图 7-52 罗茨泵的容积效率 $\eta_V$ 与 $\alpha$ 的关系曲线

现举例计算，选 RUVAC WA 1000 型罗茨泵，其前级泵分别选为 E250 型和 E75 型的单

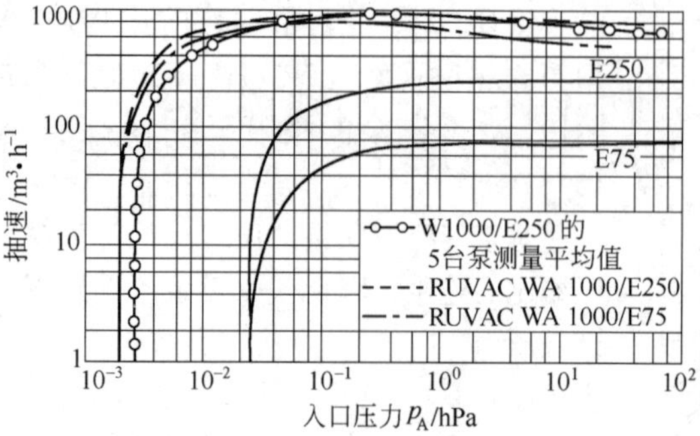


图 7-53　罗茨泵机组的抽速曲线

级滑阀泵。罗茨泵的 $S_{th}=975m^3/h$，按不同的出口压力 $p_V$ 各点去求罗茨泵机组的抽气性能。得出不同前级泵的罗茨泵机组的抽气性能如表 7-8 所示。也可按计算值画出罗茨泵机组的抽气特性曲线，如图 7-53 所示。从图中可以看出罗茨泵机组的测试曲线，在低于 7Pa 时，计算值与实验值有些偏差，其他部分理论计算与实验值基本相符。因此，可以通过计算求得罗茨泵机组的抽气性能，对于多级泵组合时，要从最后级向前计算，从各级的前级泵开始计算。

**表 7-8　罗茨泵与不同前级泵组成机组的抽气速率计算**

| $p_V$/Pa | $S_V$/m³·h⁻¹ | $K_{th}=\frac{S_{th}}{S_V}=\frac{975m^3/h}{S_V}$ | $K_0$（测得） | $\frac{K_0}{K_{th}}$ | $\eta_V=\frac{\frac{K_0}{K_{th}}}{1+\frac{K_0}{K_{th}}}$ | $S=\eta_V\cdot S_{th}$ | $p_A=\frac{p_V\cdot S_V}{S}$/Pa |
|---|---|---|---|---|---|---|---|
| | | 式（7-49） | 图 7-71 | | 式（7-52） | 式（7-53） | 式（7-48） |
| E250 | | | | | | | |
| 13300 | 250 | 3.9 | 13 | 3.34 | 0.77 | 750 | 4430 |
| 5300 | 250 | 3.9 | 16.5 | 4.23 | 0.81 | 789 | 1680 |
| 1300 | 250 | 3.9 | 27 | 6.93 | 0.874 | 851 | 382 |
| 700 | 250 | 3.9 | 34 | 8.72 | 0.898 | 875 | 200 |
| 100 | 250 | 3.9 | 52 | 13.3 | 0.93 | 906 | 27.6 |
| 70 | 245 | 3.98 | 49.5 | 12.4 | 0.929 | 905 | 18.9 |
| 10 | 185 | 5.26 | 27 | 5.14 | 0.838 | 817 | 2.3 |
| 5 | 105 | 9.28 | 19 | 2.05 | 0.673 | 656 | 0.8 |
| E75 | | | | | | | |
| 10000 | 74 | 13.2① | 13 | 0.985 | 0.496 | 484 | 1530 |
| 4000 | 74 | 13.2 | 16.5 | 1.25 | 0.556 | 542 | 550 |
| 1000 | 74 | 13.2 | 27 | 2.04 | 0.673 | 656 | 113 |
| 500 | 74 | 13.2 | 34 | 2.58 | 0.722 | 704 | 53 |
| 100 | 74 | 13.2 | 52 | 3.94 | 0.798 | 778 | 9.5 |
| 50 | 71 | 13.7 | 49.5 | 3.61 | 0.784 | 764 | 4.7 |
| 10 | 52 | 18.7 | 27 | 1.44 | 0.59 | 575 | 0.9 |
| 4 | 27 | 36.1① | 19 | 0.53 | 0.35 | 341 | 0.3 |
| $p_{V,e}=0.2$ | | | $K_{0,e}=14.0$ | | | | $p_{A,e}=0.15$ |

① 因为 $K_{th}$ 不能大于 $K_0$，否则容积效率 $\eta_V<0.5$。

### 7.4.3.4　罗茨泵与前级泵抽速之间的关系

罗茨泵的抽速与前级泵抽速之间的关系，主要取决于容积效率 $\eta_V$ 和罗茨泵许可的压力差（$\Delta p=p_V-p_A$）。如果容积效率 $\eta_V$ 低，则罗茨泵机组的有效抽速 $S$ 将会明显下降（因为 $S=\eta_V S_{th}$）。如果罗茨泵的压力差超过许可的最大压力差，由于压缩功将使转子过热膨胀，而会被卡死。因为泵壳较易于向周围环境散热，是不会太热的。

罗茨泵最大允许压差 $\Delta p$，小型泵要比大型泵大些，一般为 $4\times10^3\sim10^4$ Pa，在较高的压力范围（$1.5\times10^4$ Pa 以上）时，允许的压力差稍高，因为被抽气体量多些，改善了转子的冷却。由于压差 $\Delta p$ 的增加，必将引起所需功率也要增加。

在罗茨泵的出口管道设置专用的气体冷却器（如图 7-50），这时许可的最大压差可以增加，因为冷却气体的回流能保持转子的温度在规定的范围内。

根据连续性方程（7-48），可有如下形式

$$\frac{p_V}{p_A}=\frac{S}{S_V} \quad 或 \quad \frac{p_V-p_A}{p_A}=\frac{S}{S_V}-1 \tag{7-54}$$

罗茨泵的压力差（$p_V-p_A$）要比最大许可的压力差 $\Delta p_{max}$ 小。由式（7-54）可看出如下关系

$$\frac{S}{S_V}\leqslant\frac{\Delta p_{max}}{p_A}+1 \tag{7-55}$$

（1）在入口压力较低时，即中真空范围，$p_A<100$Pa 时，最大允许压力差 $\Delta p_{max}=5000$Pa。若入口压力 $p_A=100$Pa 时，从式（7-55）可得

$$\frac{S}{S_V}=\frac{50}{1}+1=51$$

对于 $p_A=10$Pa 时，

$$\frac{S}{S_V}=\frac{50}{0.1}+1=501$$

因此，$p_A<100$Pa 时，抽速之间关系不取决于最大许可的压力差，而要注意，必须有足够高的容积效率 $\eta_V$。若零流量压缩比平均值为 $K_0=30$，而理论压缩比 $K_{th}=10$，经计算得容积效率 $\eta_V=0.75$，这个值比较高。

在中真空和高真空范围，抽速比多采取 $S:S_V=10:1$。在入口压力有较大变化或前级压力 $p_V$ 变小，则压缩比 $K_0$ 下降，故抽速多选择 $S:S_V=5:1$。

当罗茨泵在较高压力下启动时，压力下降速度很快，达到了要求的压力，启动时虽然超过了最大许可压力差，但短时间超负荷（几分钟内）一般罗茨泵的马达不会发生问题。

对入口压力非常低（$p_A<1$Pa）或前级泵气镇阀工作时，通常使用双级前级泵，否则罗茨泵所需的前级压力很难达到，而且，在这种压力下前级泵的抽速变得太低了，将导致压缩比太高，容积效率降低。

（2）泵入口压力处在粗真空范围，$p_A>100$Pa 时，这时最大许可压力差 $\Delta p_{max}$ 变成了重要因素。如果 $\Delta p_{max}=7500$Pa，入口压力 $p_A=1500$Pa，由式（7-55）得出：

$$\frac{S}{S_V}=\frac{75}{15}+1=6$$

若入口压力 $p_A=7500$Pa 时，则有

$$\frac{S}{S_V}=\frac{75}{75}+1=2$$

罗茨泵与前级泵的抽速比，对入口压力为 $p_A=1500$Pa 时是 6∶1；对 $p_A=7500$Pa 时是2∶1。

在粗真空范围内，罗茨泵和前级泵抽速比，对每种情况要分别去确定，一般来说，是比较小的，而容积效率相当好。

所需的条件很容易从罗茨泵和前级泵的抽气量的曲线图上看出，假定前级泵的抽速为常数与入口压力无关，如 $S_V=250\text{m}^3/\text{h}=69\text{L/s}$。而三种罗茨泵的抽速分别为

$S_{th1}=500m^3/h=1389L/s, K_{th1}=2$；

$S_{th2}=1000m^3/h=278L/s, K_{th2}=4$；

$S_{th3}=2000m^3/h=556L/s, K_{th3}=8$；

假定最大许可压力差为

$$\Delta p_{max1}=8000Pa \quad 和 \quad \Delta p_{max2}=5000Pa$$

对于这三种泵在不同压差条件下的启动压力可由图 7-54 看出：对于 $\Delta p_{max1}=8000Pa$ 时，得点 1、2、3；对于 $\Delta p_{max2}=5000Pa$ 时，得出其对应点为 4、5、6。是以几何抽速值为基础的，而不是罗茨泵的有效抽速，实际的启动压力高些也不会发生泵过载。

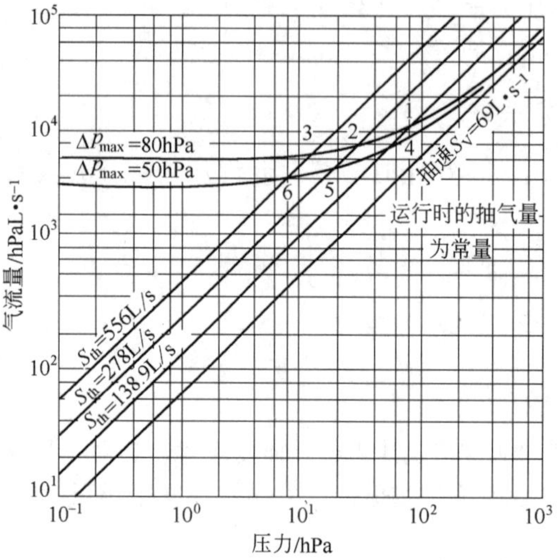


图 7-54　气流量与入口压力关系曲线图

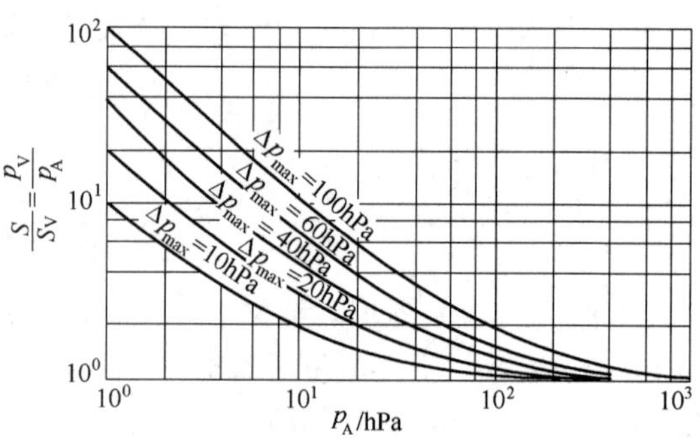


图 7-55　抽速比与入口压力的关系

这个图还可以确定，在一定气流下，可实现的压力和压力差值。如图上指出的运行时的抽气量 $Q=1.3\times10^5Pa\cdot L/s$，得出前级泵的进气压力 $p_V=1900Pa$。若此时利用 $S_{th2}=278L/s$ 的罗茨泵，由此得到入口压力 $p_A=470Pa$。事实上，因为 $S_{th}>S$，得到的入口压力将会比 470Pa 高些。其压力差 $\Delta p=p_V-p_A=1900Pa-470Pa=1430Pa$。

若前级泵的抽速与压力无关，在大型的油封式机械泵情况下，罗茨泵与前级泵的抽速比以及最大许可的入口压力，从图 7-55 可以获得。这个图是以式（7-55）为基础，以实例表示的。如对 $S:S_V=10:1$，压力差 $\Delta p_{max2}=6000Pa$，则罗茨泵可连续工作的入口压力为 $p_A=660Pa$。

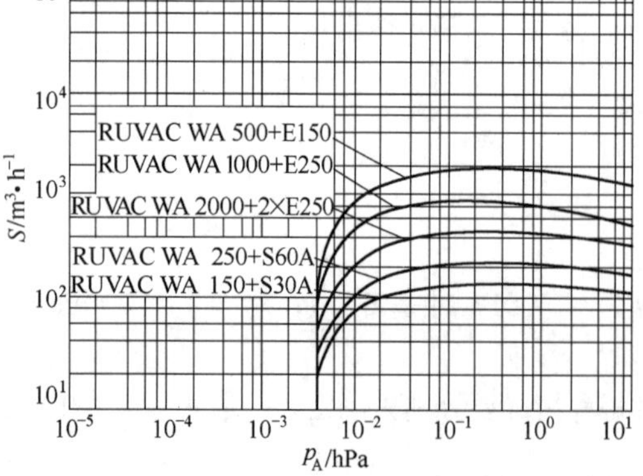


图 7-56　油封机械泵为前级泵时的
罗茨泵抽速曲线

#### 7.4.3.5　抽速与极限压力

罗茨泵是一种容积泵，它的抽速和极限压力，对各种气体是不变的。对抽除分子量比氮气低的气体（如 He 和 $H_2$）时，由于间隙泄漏量有增加而引起抽速稍有下降，但 $K_0$ 值下降是明显的（见图 7-51）。

在用油封机械泵作罗茨泵前级泵时的抽速和极限压力，如图 7-56 所示。

从图上看出，在入口压力为100～10Pa范围内有最大抽速。在较高压力和较低压力时，由于返流作用较大些，故抽速在这两种情况下稍微有些下降。罗茨泵抽气腔内是干燥无油的，故抽气曲线对应的压力是全压力。

罗茨泵机组的极限全压力与选择的前级泵种类有关。一般为$10^{-1}$Pa，它受前级泵泵油的蒸气压力以及齿轮箱、轴承处润滑油的蒸气压力的影响。

罗茨泵上有油的空间要同前级真空侧相连通，由齿轮和轴承负荷引起的油裂化物被前级泵抽除而对罗茨泵入口处无影响。在较高压力下工作时，较高的压力差会使油通过轴封处而进入被抽空间去。为了避免这种现象发生，可将含油的空间另设小真空泵抽空，以保证泵腔内的清洁。

罗茨泵的润滑油通常使用机械泵油或低蒸气压力的扩散泵油。使用扩散泵油在低负荷下是适当的。

在液环泵作为罗茨泵的前级泵时，罗茨泵的抽速和极限压力，取决于液环泵使用的液体。水是通用的工作液体，水环泵的极限压力为2000～3000Pa，它取决于供水的温度。罗茨泵机组的极限压力可达到100Pa，它是由水环泵来的水蒸气所决定的。若使用带气体喷射器的水环泵作前级泵时罗茨泵机组的极限压力$p_A \approx 10$Pa。因为气体喷射器的运行，对水蒸气的返流有个阻挡作用。罗茨泵和水环泵组成的机组的抽速曲线如图7-57所示。

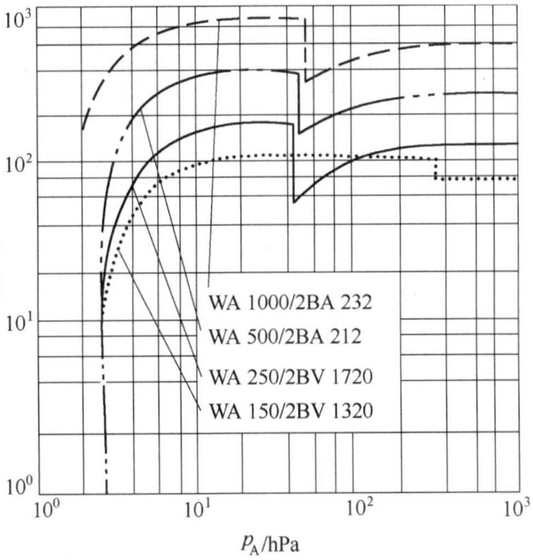


图7-57　水环泵作前级泵的罗茨泵的抽速曲线

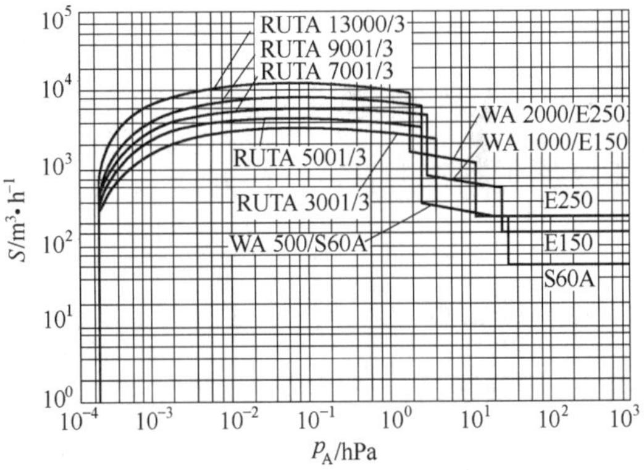


图7-58　多级泵组合的抽速曲线

一般来说，用一台罗茨泵与单级前级泵组成为机组的情况很多，但要求有更低的极限压力和更高的抽速时，常用多台罗茨泵串联后再加前级泵组成机组。如图7-58所示，为多级泵组合的抽速曲线。

#### 7.4.3.6　功率计算

罗茨泵所需的功率，是由大部分的压缩功和少部分的摩擦功所组成。

对于压缩功可由下式求出

$$W = \int_{p_A}^{p_V} V\mathrm{d}p$$

罗茨泵的泵腔$V$由零开始打到最大吸气腔容积$V_2$（图7-45），当转子旋转一周时排除$4V_2$

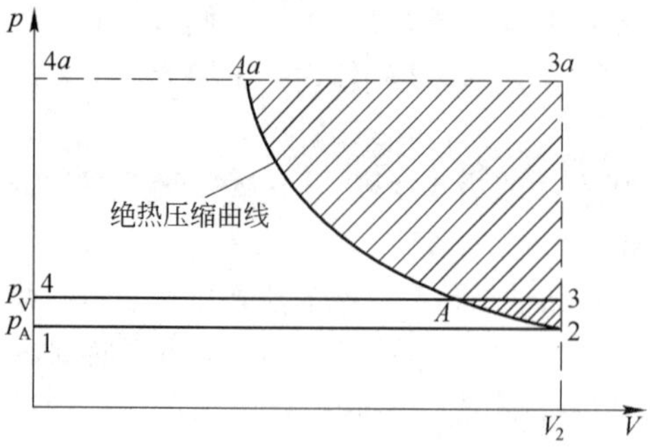


图 7-59　罗茨泵的示功图

体积，当转速为 $n$ 时，排除的容积即为罗茨泵的几何抽速 $S_{th}$。其压缩功由示功图 7-59 表示。在点 1 处开始泵腔吸气打到点 2 结束吸气，当泵腔与排气口相通时，压力突然增高达排气压力在点 3 处，继续排气到点 4 结束。如果排气压力高时由点 1、2、3$a$ 到达 4$a$ 为一个压缩循环过程。

罗茨泵的压缩功为矩形（为点 1—点 2—点 3—点 4；或点 1—点 2—点 3$a$—点 4$a$）。图上的带剖面线的部分为罗茨泵和绝热压缩泵的压缩功之差。而且罗茨泵的压差或压缩比越大则压缩功之差也越大。一般罗茨泵的压差或压缩比都不应选得过高，以便减少这个差值。

压缩气体的有用功率的计算式为

$$N_i = S_{th}(p_V - p_A) \times 10^{-6} \quad (\mathrm{kW}) \tag{7-56}$$

式中，$S_{th}$的单位为 L/s；$p_A$ 及 $p_V$ 的单位为 Pa。

克服罗茨泵运转时摩擦所消耗的功率，通常以机械效率 $\eta_M$来表示，故消耗的总功率为

$$N = \frac{N_i}{\eta_M} \quad (\mathrm{kW}) \tag{7-57}$$

式中，$\eta_M$=0.5～0.85。它考虑了罗茨泵的热力损失、气体动力损失和机械损失。

双级罗茨泵的压缩功如图 7-60 所示。湿式罗茨泵有作成双级的，可以节省功耗，还能降低工作压力范围。假设 $\lambda = S_{th1}/S_{th2}$ 或 $\lambda = \frac{V_{th1}}{V_{th2}}$，则双级泵的压缩气体所需功率为

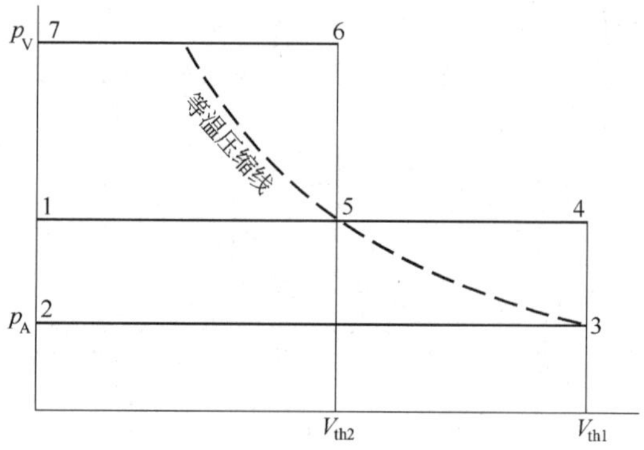


图 7-60　双级罗茨泵压缩功图

$$N_2 = p_V S_{th_1}\left[\frac{1}{\lambda} + (\lambda - 2)\frac{p_A}{p_V}\right] \times 10^{-6} \quad (\mathrm{kW}) \tag{7-58}$$

通常 $\lambda$=1.6～2.0，若 $\lambda$=1.0 时，则式（7-58）与式（7-56）相同。

### 7.4.4　罗茨泵的转子型线

罗茨泵的转子多数为双叶直齿的，也有三叶斜齿的，如图 7-61 所示。它的横断面的外轮廓线称为转子的型线。工作时，两个转子靠传动比为 1 的一对齿轮来驱动。转子的表面不接触，但转子之间的间隙要保持一定，这样一来，转子的型线必须做成共轭曲线。转子型线可做成各种各样的曲线。但实际上，型线的选择要考虑以下几个条件：

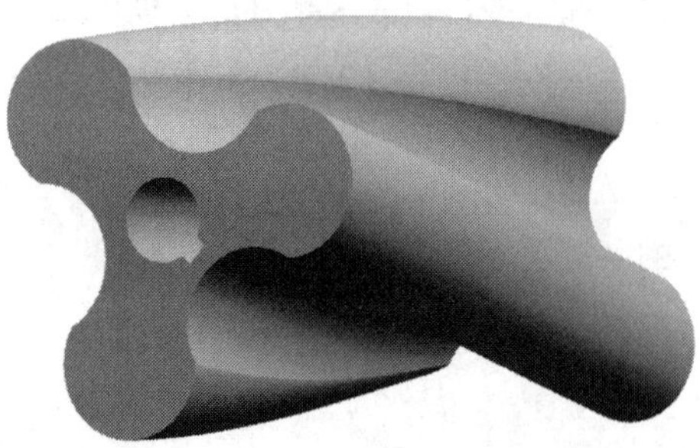

图 7-61　三叶斜齿型罗茨泵转子

（1）泵应有良好的工作性能，容积利用系数要尽可能大，即转子在泵腔内占的体积要小；

（2）要有良好的几何对称性，互换性好，运转平稳；

（3）转子要有足够的强度，加工工艺性要好。

实际上，转子的型线多由圆弧线、渐开线和摆线组合而形成整个转子外轮廓型线。

罗茨泵转子型线有理论型线和实际型线之分。理论型线保证转子在旋转过程中，两个转子始终相互啮合。实际型线是由理论型线并留有间隙得来的。它要保证两个转子在运转中永远保持一定的间隙。

确定转子的型线，是按选定的已知型线部分去求与其共轭的另一型线部分，而且主要是确定没有间隙时的理论型线。

### 7.4.5 罗茨泵主要尺寸的确定

由实际抽速来确定罗茨泵的主要尺寸。从式（7-35）可得出

$$R=\sqrt{S/(\eta_V \cdot k_0 \cdot k_l \cdot u_2)}$$

式中，$k_l=l/R$，为转子长度系数，$k_l=2\sim4$；$\eta_V=0.4\sim0.9$；$u_2=2\pi Rn/60$，转子圆周速度，m/s。

对于抽速大于 450L/s 的罗茨泵，对于压缩比 2 和 5，其 $\eta_V$ 与吸入压力 $p_A$ 有关。抽空气和氢气时，其值如图 7-62 所示。

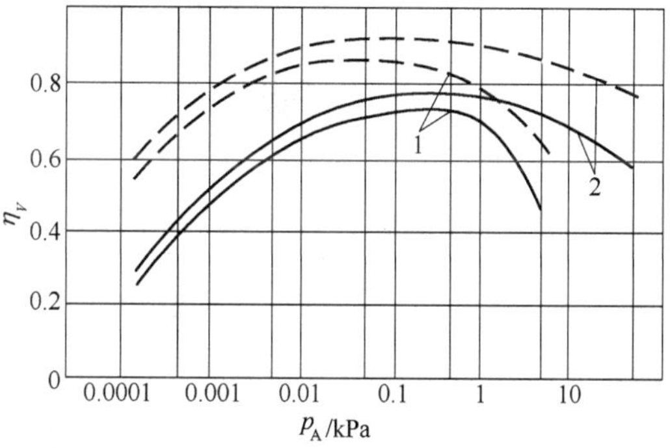


图 7-62 吸入压力 $p_A$ 与容积效率 $\eta_V$ 的关系

（实线表示空气，虚线表示氢气）

1—压缩比为 5；2—压缩比为 2

圆周速度 $u_2$ 的选择与转子的材料有关。因为 $u_2$ 决定转子的离心力的大小，也就是决定转子的强度。对铝合金制造的转子 $u_2=30\sim80$m/s 范围内选取，钢制的转子 $u_2=50\sim100$m/s 范围内选取，若用钛合金制造的转子，则 $u_2=80\sim150$m/s。由于罗茨泵是电机直接驱动的，因而 $u_2$ 的变化范围较宽，中心距 $A=2a$ 要符合标准规定。

转子的断面系数 $k_0$ 是由转子的结构型线决定的。对于双叶转子为 0.617～0.5（$b/a=1$，$k_0=0.617$）；对于三叶转子 $k_0$ 在 0.59～0.49 范围之内。

为了降低间隙的流导，有时转子头部的型线，按半径 $R'$ 来加工（$R'$ 为转子中心引起的转子半径），如图 7-63 所示。给定的转子头部型线 $DE$ 部分的包络线为 $ABC$ 部分，其半径为 $R''=2a-R'$ 的圆。再考虑间隙，则转子头的半径 $R'_H=R'-\delta_1/2$，腰部的半径 $R''_H=R''-\delta_1/2$。这种转子头的情况下，径向间隙 $\delta_2$ 的流导降低了，在分子流态其流导计算公式为

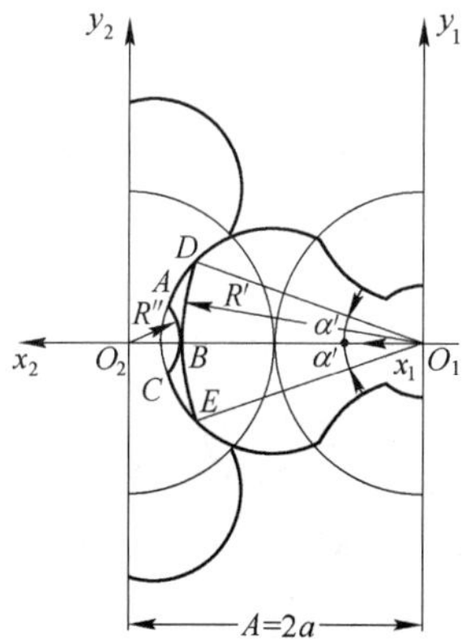


图 7-63 按 $R'$ 切削的转子头的型线

$$U_2=36.4\sqrt{\frac{T_V}{M}}\frac{\delta_{2\max}l}{2R'\alpha'}\ln\frac{2R'\alpha'}{\delta_{2\max}}$$

式中 $2\alpha'$——切削的中心角（见图 7-63）。

在切转子头的情况，出现了容积 $ADB$ 和 $BEC$，在这个容积中的气体，从排气侧向吸气侧有气体返流携带。在这种情况下，系数 $\lambda_0$ 不等于零。因而导致了 $\eta_V$ 和抽速的降低。

为了进一步降低转子部分（*DE* 弧）的径向间隙的流导，可在其上加工成 0.1～0.2mm 深的沟槽（断面可为半圆形，矩形和三角形），但在这种情况下，转子头上的槽会使携带气体量增加。

### 7.4.6 多级罗茨真空泵

为了满足以半导体、电子工业为代表的制造工艺对无油的清洁真空的需要，越来越多的干式真空获得设备得以开发及广泛应用。其中，干式罗茨真空泵以其抽速大、对工作条件要求较宽松等优点在干泵市场中占有重要的地位。而在干式罗茨泵当中，则是以多级罗茨真空泵为主，美日等真空技术比较发达的国家都已开发生产出多级罗茨泵的系列产品，见图 7-64，应用于半导体及化工工业中。

图 7-64 日本 ANLET 株式会社生产多级罗茨泵

所谓“多级”是相对于传统意义上的“单级”罗茨泵而言的，即在转子轴上串联多级罗茨型转子（如图 7-65 所示为五级转子串联的转子轴），各级转子由中间壁来隔离，形成相对独立的泵腔，各级泵腔之间通过上一级的进气口和下一级的排气口间的气流通道相连接。各级转子的直径和形状是相同的，而各级转子的宽度有时是不同的，向高压侧方向变窄了。为了增加压缩比，使用图 7-65 所示的气冷式三叶转子。被抽气体从第一级的进气口进入泵腔，经一级压缩后，通过气流通道进入下一级泵腔中继续压缩，气体经过如此逐级压缩，最后从最后一级的排气口排出。简言之，“多级”就是“多级转子”，“多级泵腔”，“多级压缩”。

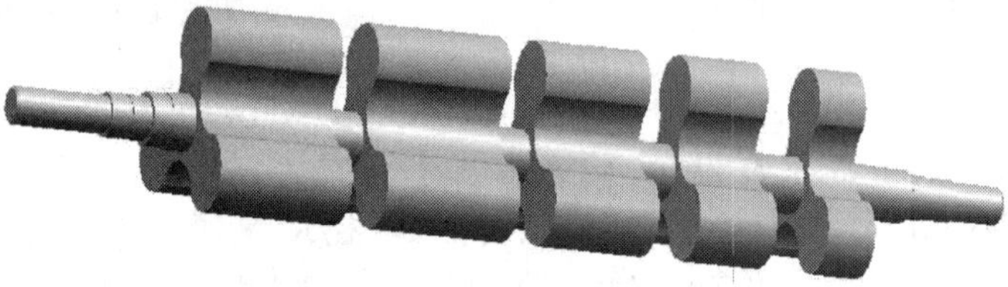

图 7-65 五级三叶罗茨型转子轴

多级罗茨泵通过多级转子的串联实现多个罗茨泵串联的效果，由于是串联，所以多级罗茨泵并不能比单级罗茨泵拥有更大的抽速，其理论抽速是取决于第一级的理论抽速。但是，这种结构却可以使罗茨泵达到很高的压缩比，因此，多级罗茨泵是可以作为主泵直排大气，而无需再配置前级泵，这样就可以避免前级泵环节给系统带来的油气污染。3～6 级的罗茨泵可从大气压抽到极限压力 1Pa，如此高的压力差会使转子过热膨胀，而产生卡死现象，所以要在高压段对转子进行气冷，以控制转子的温度不超过其允许范围。一般的气冷方案是使从各级的排气口排出的气体流经冷却器冷却，再返回到该级的工作腔中，利用冷却气体来冷却转子。当然，这种冷却方法是要以损失罗茨泵的抽速为代价的。为了防止轴承和齿轮的润滑油向泵腔内返流，多级罗茨泵的泵腔和齿轮箱之间隔开或用迷宫式结构加以密封，为了提高无油的程度，齿轮箱也有另外用真空泵排气的情况。

# 7.5 干式真空泵

## 7.5.1 爪式真空泵

7.5.1.1 概述

近年来真空技术的应用领域日趋广泛，已扩展到整个工业。而在以半导体、电子工业为代表的制造工艺中，迫切要求无油污染的清洁真空。因被抽气体中往往含有腐蚀性蒸气及磨损粒子，油封泵对此是无能为力的。因而近年来某些国家相继研制出工作在大气压到 0.1Pa 区域内的干式真空泵，以满足干式工艺的要求。

干式真空泵有非接触型的罗茨式、爪式、螺杆式，接触型的叶片式、凸轮式、活塞式等。非接触型可以高速旋转，但最大压缩比小。接触型的转速不能太高，但最大压缩比大。尤其在大气压附近，因逆流量变大使后者的压缩比为前者的 5～8 倍。另外，干式真空泵的转速越高，其压缩比越大，所以干式真空泵的转速多为 3000r/min。

从使用寿命、所能达到的压缩比、转速及动平衡性等方面考虑，宜采用多级爪式转子串联或罗茨转子与多级爪式转子串联组合成干式真空泵。

这种泵采用了形状复杂的爪式转子，它也类似罗茨泵形式，两个转子与泵体之间形成泵腔的抽气容积，吸气口和排气口分别固定在两侧端盖的侧面上，由转子在旋转过程中自动开闭。目前有两种结构型式，一种是三级爪式转子加一级罗茨型转子构成的多级泵，另一种是四级爪式转子串联构成的多级泵，如图 7-66 所示。

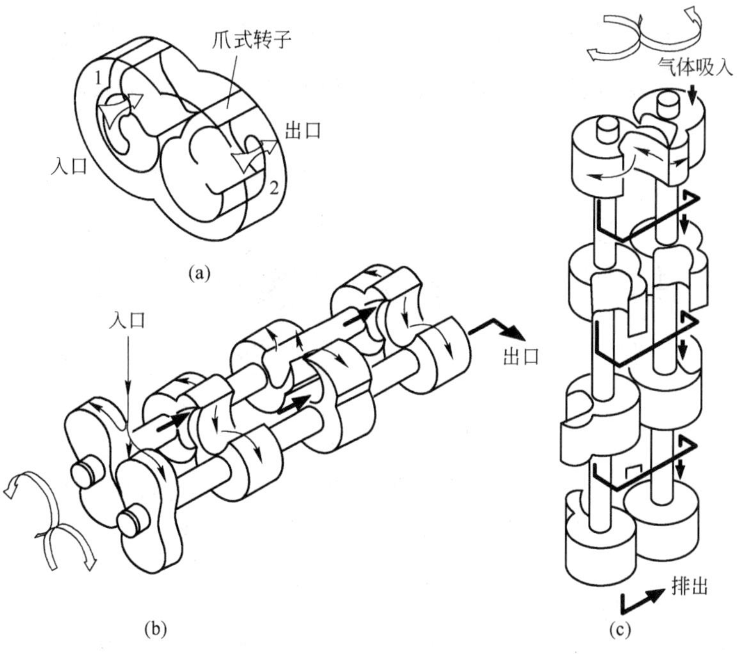


图 7-66 多级爪式泵的抽气过程示意图

罗茨泵和爪式泵的压缩比如图 7-67 所示。

由于爪式泵沿轴向逆流少，故压缩比在高压区较高。这种泵的吸、排气口设置在泵腔的端壁上，多级连接很方便，气道流畅，泵内腔压力变化平缓，有利于防止可凝性气体的凝结。为

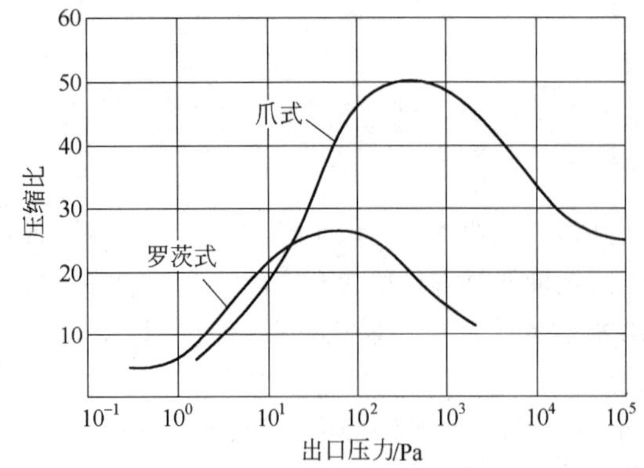


图 7-67 罗茨泵和爪式泵的压缩比与出口压力的关系

了防止可凝性气体在泵内凝结，也要向泵腔内通净化气体。现在的爪式泵极限压力为 1～10Pa，抽速为 100～180m³/h。

7.5.1.2 爪式泵的工作原理

图 7-68 表示爪式泵的工作过程。两个转子按箭头方向旋转时，吸气口与泵腔接通，泵腔容积变大而吸气，当转子关闭吸气口时吸气结束，以后泵腔变小而压缩气体，当排气口打开后泵腔排气，排气口关闭时则排气完毕，如此循环工作。

7.5.1.3 爪式泵转子的理论型线

A 曲爪式转子的理论型线

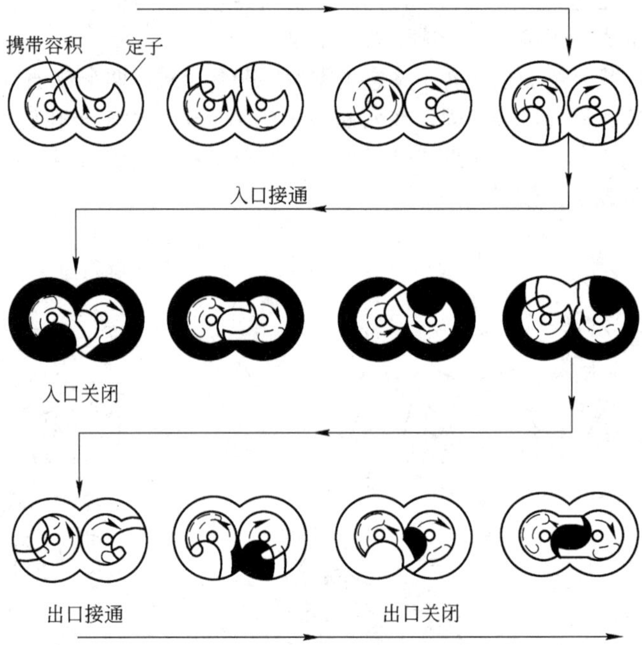


图 7-68 爪式泵的工作过程

如图 7-69 所示，曲爪式转子的理论型线为 *ABCDEFGHA* 组成的轮廓，由六段曲线构成。

第 1 段曲线 *AB* 与另一转子上的对应点 *F* 共轭，为 1 段摆线。

第 2 段曲线 *BC* 与另一转子上的对应圆弧 *EF* 共轭，故仍为一段圆弧。

第 3 段曲线 *CDE* 与另一转子上的对应点正共轭，为 1 段摆线。

第 4 段曲线 *EF* 与另一转子上的对应圆弧 *BC* 共轭，故仍为 1 段圆弧。

第 5 段曲线 *FG* 与另一转子上的对应点 *A* 共轭，是 1 段摆线。

第 6 段圆弧 *AHG* 与另一转子上的对应圆弧 *AHG* 作纯滚动。

由上述分析可知，爪式转子的理论型线是由几段圆弧和几段摆线组成，下面重点求出各段摆线的方程式。

图 7-70 表示曲爪转子型线的创成原理。$O_1$ 圆为定圆，$O_2$ 圆为动圆，$O_1$ 与 $O_2$ 的半径均为 $R_0$，令 $O_2B=R_m$（爪顶圆半径）且固结在 $O_2$ 圆上。令 $O_2A=R$（节圆半径）亦固结在 $O_2$ 圆上。当 $O_2$ 圆在 $O_1$ 圆周上作纯滚动时，$B$ 点的运动轨迹 $P_1PQ$ 便是图 7-69 中的 $CDE$ 摆线部分。$A$ 点的运动轨迹 $P_{(h)}Q_{(h)}$ 便是图 7-69 中的 $F'G'$ 摆线部分。图 7-69 中的摆线 $AB$ 是由 $CD$ 摆线经过坐标翻转、旋转而形成的，所以只要由图 7-70 求出曲线 $P_1PQ$ 及 $P_{(h)}Q_{(h)}$ 的方程便可。

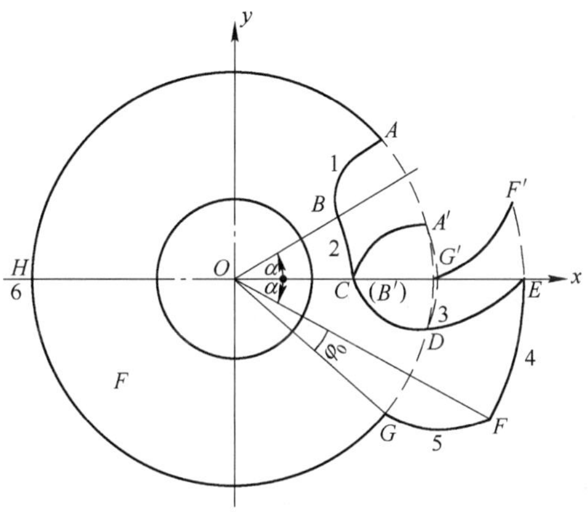


图 7-69 爪式转子的型线

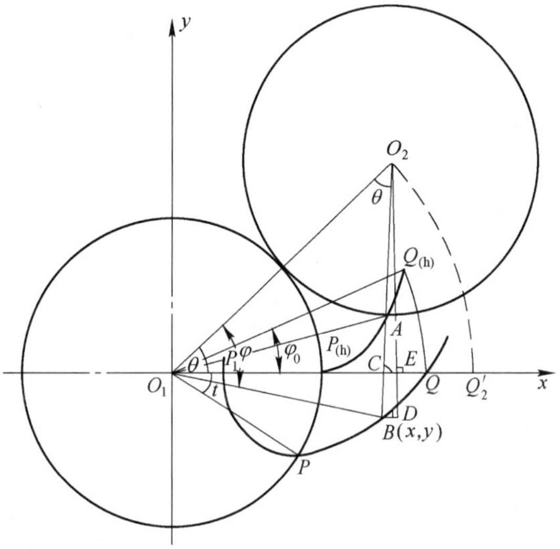


图 7-70 爪式转子的型线创成

当圆心 $O_2$ 位于 $x$ 轴上的 $O_2'$ 位置时，参变量 $\theta$ 为零度，此时 $B$ 点与 $P_1$ 点重合，$A$ 点与 $P_{(h)}$ 点重合。当动圆处于 $O_2$ 位置时，$B$ 点轨迹方程为：

$$\left.\begin{aligned}x&=2R\cos\theta-R_m\cos 2\theta\\y&=2R\sin\theta-R_m\cos 2\theta\end{aligned}\right\}\tag{7-59}$$

该方程表示的轨迹与爪顶圆及节圆的交点分别为 $Q$、$P$ 点。

令式（7-59）中的 $R_m=R$，便得出 $A$ 点的轨迹方程：

$$\left.\begin{aligned}x&=2R\cos\theta-R\cos 2\theta\\y&=2R\sin\theta-R\sin 2\theta\end{aligned}\right\}\tag{7-60}$$

式（7-60）便是爪背部曲线 $FG$（图 7-69）的坐标方程。

为了具体算出在图 7-70 所示坐标系中的各段摆线，尚须求出 $P$、$Q$、$Q_{(h)}$ 三点对应的参变量 $\theta_P$、$\theta_Q$、$\theta_{Q(h)}$。

（1）求 $\theta_P$。由图 7-70 可知，$O_1B^2=x^2+y^2$，当 $B$ 点与 $P$ 点重合时：

$$O_1B^2=x^2+y^2=O_1P^2=R^2$$

将式（7-59）中的 $x$、$y$ 代入上式整理得：

$$\theta_P=\arccos\frac{3R^2+R_m^2}{4R\cdot R_m}\tag{7-61}$$

即 $\theta$ 从 $O$ 变到 $\theta_P$ 时，$B$ 点划出摆线 $P_1P$。

（2）求 $\theta_Q$。当 $B$ 点移到 $Q$ 点时，式（7-59）中的 $y$ 值为零，则有：

$$\theta_Q=\arccos\frac{R}{R_m}\tag{7-62}$$

即 $\theta$ 从 $O$ 到 $\theta_Q$ 时，$B$ 点划出摆线 $P_1Q$ 。

（3）求 $\theta_{Q(h)}$ 。因 $Q_{(h)}$ 点位于爪顶弧上，故 $Q_{(h)}$ 点满足：

$$x^2 + y^2 = R_m^2$$

将式（7-60）代入上式整理得：

$$\theta_{Q(h)} = \arccos\theta\frac{5R^2 - R_m^2}{4R^2} \tag{7-63}$$

（4）求在同一坐标系中的转子理论型线方程。

知道了转子各段型线的形状、起点及终点，便可容易地通过坐标变换，求出在同一坐标系中的各段型线方程，这些型线方程是转子的加工、测量及找动平衡等所必须的。下面介绍坐标变换的方法，如图 7-69 所示。

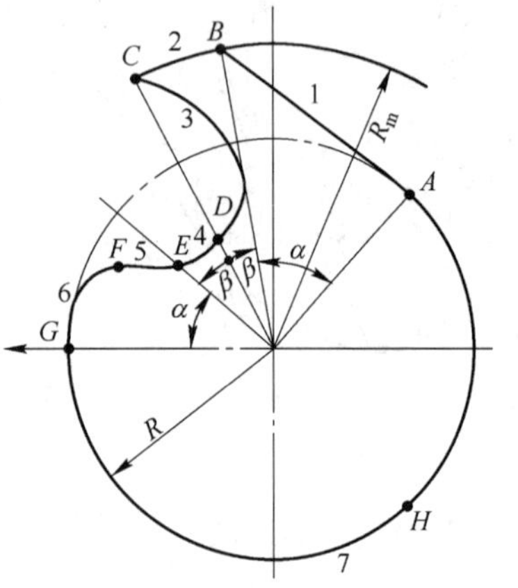

图 7-71　直爪式转子型线

（1）曲线 $AB$ 是由图 7-69 所示坐标系中的 $CD$ 曲线经过坐标翻转、旋转得到的。

（2）曲线 $BC$ 是 1 段圆弧，其圆心角为 $\alpha$，半径 $r = 2R - R_m$ 。

（3）曲线 $CDE$ 由式（7-59）给出，不需坐标变换。

（4）曲线 $EF$ 是 1 段圆弧，其圆心角为 $\alpha$，半径为 $R_m$ 。

（5）曲线 $FG$ 是由图 7-69 所示坐标系中 $E_1G'$ 经坐标旋转得到的。

（6）曲线 $AHG$ 是半径为 $R$ 的圆弧。

B　直爪式转子的理论型线

如图 7-71 所示，直爪式转子的型线由 7 段组成。

第 1 段直线 $AB$ 与另一转子上对应的 $FG$ 曲线共轭，故 $FG$ 弧为直线 $AB$ 的包络线。

第 2 段圆弧 $BC$ 与另一转子上对应的 $DE$ 圆弧共轭。

第 3 段曲线 $CD$ 与另一转子上对应的 $C$ 点共轭，故 $CD$ 弧是 1 段摆线。

第 4 段圆弧 $DE$ 与另一转子上对应的 $BC$ 圆弧共轭。

第 5 段曲线 $EF$ 与另一转子上的对应点 $B$ 共轭，是 1 段摆线。

第 6 段曲线 $FG$ 与另一转子上对应的直线 $AB$ 共轭，是 $AB$ 直线的包络线。

第 7 段圆弧 $AHG$ 与另一转子上对应 $AHG$ 圆弧共轭，二者作纯滚动。$R$ 为节圆半径，$R_m$ 为爪顶圆半径。

上述 7 段曲线中的摆线方程求法与曲爪式转子的型线方程求法相同，此处从略。下面重点求出包络线 $FG$ 的方程。

如图 7-72 所示，直线 $AB$ 为直爪背部轮廓。令 $O_1$ 圆固定不动，让动圆 $O_2$ 在 $O_1$ 圆的圆周上作纯滚动。直线 $AB$ 固结在动圆 $O_2$ 上，角 $\theta$ 为参变量。

当 $O_2$ 圆转至 $O_2'$ 时，$AB$ 直线转至 $A'B'$ 位置，过节点 $P$ 引 $A'B'$ 的垂线 $PN$，则 $N$ 点便是直线 $AB$ 的包络线 $FG$ 上的一点（图 7-71）。$N$ 点的 $x$，$y$ 坐标方程为

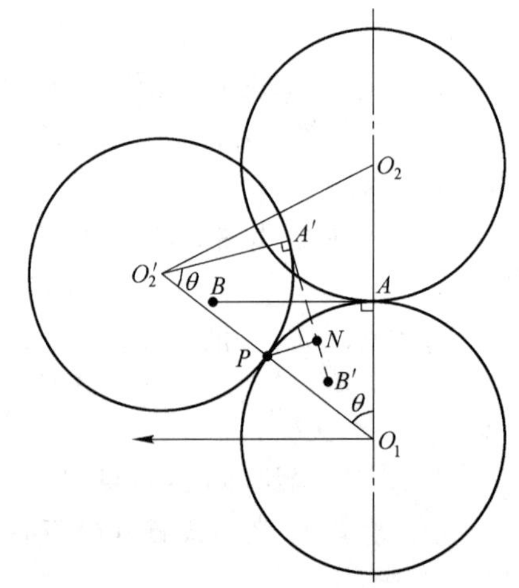

图 7-72　直爪式转子型线的构成

$$\left.\begin{aligned}x&=R\cos\theta+(1-\cos\theta)R\cos(180^\circ+2\theta)\\y&=R\sin\theta+(1-\cos\theta)R\sin(180^\circ+2\theta)\end{aligned}\right\}\tag{7-64}$$

然后参照曲爪的摆线方程求法去求出直爪的各段摆线方程。至此，直爪式转子的整个型线方程都已求出。

7.5.1.4 爪式泵几何抽速的计算

爪式泵的工作过程如图 7-73 所示。图 7-73 (b) 表示吸、排气终了位置，此时吸气腔体积 $V_s$ 为最大，封闭腔 $V_c$ 中的气体被封闭。当转子按箭头方向继续旋转时，$V_c$ 腔中的气体经两次膨胀之后，其中部分气体将被带回到吸气腔中。令排气压力为 $p_0$，吸气压力为 $p_i$，当转子转至图7-73 (d) 位置时，被带回的气体（体积为 $V_c$，压力为 $p_0$）一部分将扩散到 $V_s$ 中，使其中的压力由 $p_i$ 增加至中间压力 $p$，假定这一扩散过程是在等温条件下进行的。

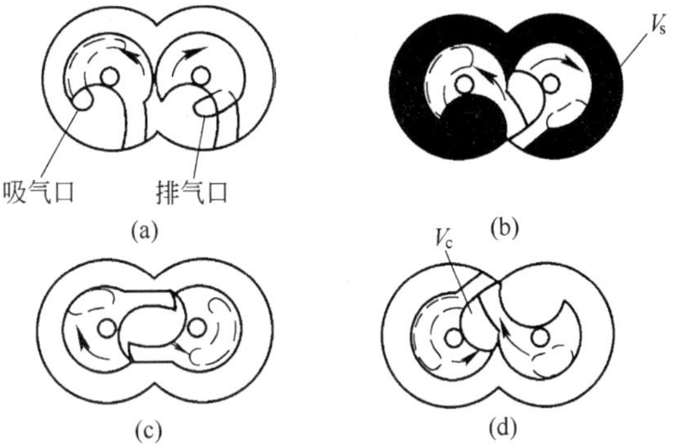


图 7-73 爪式泵工作过程示意图

则有

$$p_0V_c+p_iV_s=(V_c+V_s)p\tag{7-65}$$

假定在图 7-73 (b) 位置时吸、排气口刚封闭，在图 7-73 (d) 位置时吸气口刚好打开，则转子每转一周排出来的气体量 $Q$ 为

$$Q=V_sp-p_0V_c\tag{7-66}$$

由式 (7-65) 得

$$p=\frac{p_0V_c+p_iV_s}{V_c+V_s}\tag{7-67}$$

将式 (7-67) 代入式 (7-66)：

$$Q=\frac{p_0V_c+p_iV_s}{V_c+V_s}\cdot V_s-p_0V_c$$

该泵的理论抽气体积为 $V$，即 $Q=p_iV$ 代入上式：

$$V=\frac{\frac{p_0}{p_i}V_c+V_s}{V_c+V_s}\cdot V_s-\frac{p_0}{p_i}V_c$$

令 $K=\dfrac{p_0}{p_i}$ 为压缩比，则上式变为：

$$V=\frac{V_s^2-KV_c^2}{V_c+V_s}\tag{7-68}$$

泵的几何抽速 $S$ 为：

$$\begin{aligned}S&=\frac{nV}{60}=\left[\frac{V_s^2-KV_c^2}{V_c+V_s}\right]\frac{n}{60}\\&=\frac{A_s^2-KA_c^2}{A_c+A_s}\cdot l\cdot n/60\times10^{-6}\ (\mathrm{L/s})\end{aligned}\tag{7-69}$$

式中 $n$——转子转速，r/min；

$l$——转子厚度，mm；

$A_s$,$A_c$——$V_s$、$V_c$ 对应的截面积，$mm^2$。

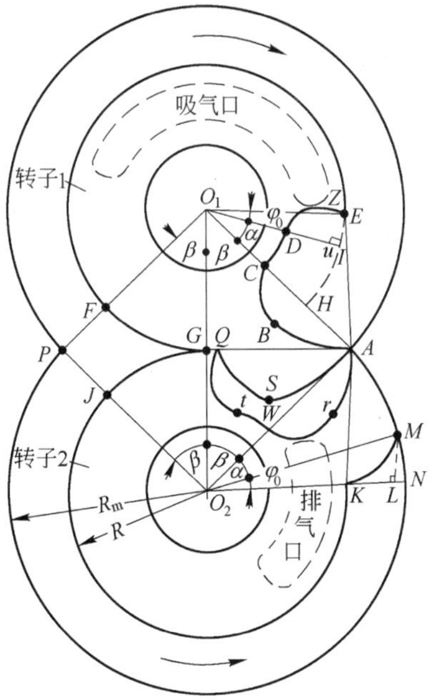


图 7-74 爪式转子的型线

由式（7-69）可知，为求解 $S$ 必须先求出 $A_s$ 与 $A_c$。

（1）求 $A_c$。如图 7-74 所示，$A_c$ 是由 $ASQtWrA$ 围成的曲线多边形的面积，即：

$$A_c = A_{QtWr} - A_{AQS} = A_{AEDCB} - A_{KM} \tag{7-70}$$

令 $A_1 = A_{EZDu}, A_2 = A_{ABC}, A_3 = A_{MKL}, A_4 = A_{AHCDuE}, A_5 = A_{AKN}, A_6 = A_{MLN}$

则

$$A_c = A_1 + A_2 + A_4 - A_5 + A_3 + A_6 \tag{7-71}$$

将式（7-59）化为 $y = f(x)$ 显函数形式。即

$$\begin{aligned} y = f(x) = & 2R\sin\left[\arccos\left(\frac{2R+\sqrt{4R^2-8R_m x+8R_m^2}}{4R_m}\right)\right] \\ & -R_m\sin\left[2\arccos\left(\frac{2R+\sqrt{4R^2-8R_m x+8R_m^2}}{4R_m}\right)\right] \end{aligned} \tag{7-72}$$

$$A_1 = \int_{2R-R_m}^{b_1} f(x)\mathrm{d}x \tag{7-73}$$

$$A_2 = \int_{2R-R_m}^{b_2} f(x)\mathrm{d}x \tag{7-74}$$

$$A_3 = \int_{R}^{b_3} f(x)\mathrm{d}x \text{（其中 } f(x) \text{ 中的 } R_m \text{ 换成 } R\text{）} \tag{7-75}$$

其中积分上限 $b_1$、$b_2$、$b_3$ 可将 $Q_P$、$Q_Q$、$Q_{Q(h)}$ 代入式（7-65）中求解。于是由式(7-66) 便可求出 $A_c$。

（2）求 $A_s$ 。由图 7-74 可知，$A_s$ 由 9 块面积组成，即

$$A_s = A_1 + A_2 + A_3 + A_6 + A_7 + A_8 + A_9 + A_{10} + A_{11} \tag{7-76}$$

式中，$A_1 = A_{EZDu}, A_2 = A_{ABC}, A_3 = A_{MKL}, A_6 = A_{MLN}, A_7 = A_{AHFP}, A_8 = A_{PJKN}, A_9 = A_{CDHI}, A_{10} = A_{PFGJ}, A_{11} = A_{EuI}$ 。

式（7-76）中的 $A_1$、$A_2$、$A_3$ 在解 $A_c$ 时已求出，其余 6 块面积可由普通的几何学方法求解。

将求出的 $A_s$、$A_c$ 以及选定的泵腔长度 $l$ 和泵轴转速 $n$ 一并代入式（7-69）便可求出几何抽速 $S$ 。

（3）求容积利用系数 $\lambda$ 。因计算 $A_s$ 较繁，引入容积利用系数 $\lambda$ 更为方便。令

$$\lambda = \frac{A_s}{2\pi R_m^2} \tag{7-77}$$

#### 7.5.1.5　爪式转子质心的计算

因爪式泵转子转速较高，一般为 3000r/min，故必须对爪式转子的动平衡进行计算。首先要求出爪式转子的质心。因爪式转子为均质，故质心即为形心。下面求其形心的坐标（$X,Y$）。

图 7-75 中实线示出转子的轮廓。

令　$A_1 = A_{EZDu}, A_2 = A_{ABC}, A_3 = A_{MKL}, A_4 = A_{EuI}$ ,

$A_5 = A_{MLN}, A_6 = A_{DOC}, A_7 = A_{IHKO}, A_8 = A_{AON}$

$A_1 \sim A_5$ 表示的 5 块面积的形心坐标可分别由下式求解

$$\left.\begin{aligned} X_i &= \frac{\int_{ai}^{bi} xf(x)\mathrm{d}x}{\int_{ai}^{bi} f(x)\mathrm{d}x} \\ Y_i &= \frac{\int_{ai}^{bi} f^2(x)\mathrm{d}x}{2\int_{ai}^{bi} f(x)\mathrm{d}x} \end{aligned}\right\} \tag{7-78}$$

其中计算 $A_1 \sim A_3$ 的形心坐标时，$f(x)$ 同式（7-72），积分上、下限同式（7-73）～式（7-75）。

计算 $A_4$ 的形心坐标时，$f(x)=\sqrt{R^2-X^2}, b_4=R, a_4=R\cos\varphi_0$。

计算 $A_5$ 的形心坐标时，$f(x)=\sqrt{R_m^2-X^2}, b_5=R_m, a_5=R_m\cos\varphi_0$。

上述求出的 $A_1 \sim A_5$ 的形心坐标是指图 7-70 坐标系而言，因此尚须根据坐标变换原则再转换到图 7-75 坐标系（$x,y$）中。$A_6 \sim A_8$ 表示 3 个扇形面积，其形心计算从略。

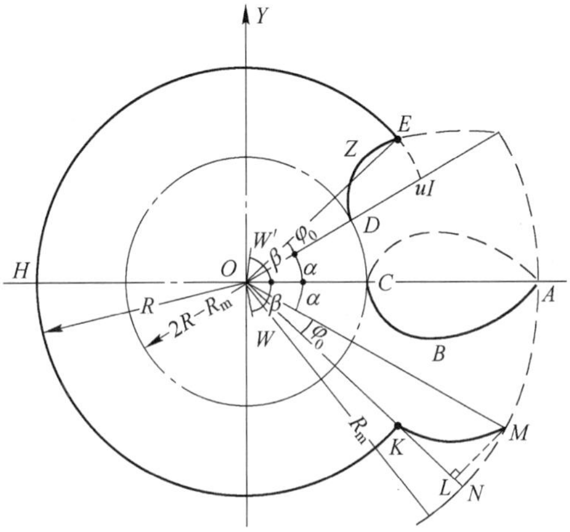


图 7-75　转子形状图

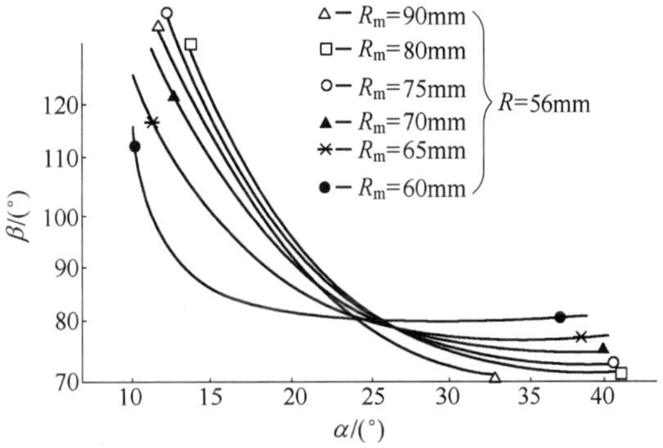


图 7-76　质心计算图

至此，将已求得的计算数代入下式便可求出转子的形心坐标 $X,Y$。

$$\left.\begin{aligned} X&=\frac{A_6Y_6+A_7Y_7+A_8Y_8-(A_1X_1+A_2X_2+A_3X_3+A_4X_4+A_5X_5)}{A_6+A_7+A_8-(A_1+A_2+A_3+A_4+A_5)} \\ Y&=\frac{A_6Y_6+A_7Y_7+A_8Y_8-(A_1Y_1+A_2Y_2+A_3Y_3+A_4Y_4+A_5Y_5)}{A_6+A_7+A_8-(A_1+A_2+A_3+A_4+A_5)} \end{aligned}\right\} \tag{7-79}$$

图 7-76 表示求出的几组质心数据可供读者参考。

因爪式泵通常为多级串联，所以恰当排列各级转子在公共轴上的相位会有助于整机的平衡。如图 7-75 所示，两转子相对排列，实线所示的转子形心为 $W$，虚线所示的转子形心为 $W'$，如果角 $\beta=90°$，则相对放置的两个等厚度的转子会达到完全平衡。

由图 7-76 可知，$\beta$ 是 $\alpha$ 与 $R_m/R$ 的函数，当 $R_m/R$ 一定时，$\alpha$ 角越小则 $\beta$ 角越大。而 $\alpha$ 小则爪变薄，会降低其抗弯强度。因转子爪除承受气体的压力差外，尚须将被抽介质中的颗粒碾碎并刮掉和排出泵腔中的沉积物，因此选择 $R_m/R$ 及 $\alpha$ 参数时必须考虑被抽介质的情况。

#### 7.5.1.6　爪式泵的性能及结构特点

图 7-77 给出了罗茨转子加爪式转子的四级泵和全为爪式转子的四级泵的性能曲线。二者抽速最大值对应的入口压力值不同。二者的极限压力相差不大，均在 1Pa 以下。罗茨加爪式转子组成的四级泵，其抽气性能较好，由图

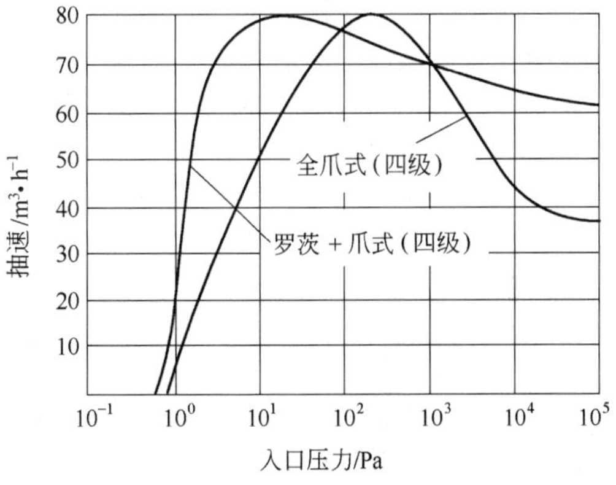


图 7-77　爪式泵性能曲线

7-77可以看出：在入口压力为 1～100Pa 之间和 $10^3$～$10^5$ Pa 之间，罗茨加爪式转子的四级泵抽气性能优于全爪式转子的四级泵。只当入口压力为 $10^2$～$10^3$ Pa 之间，全爪式转子的四级泵的抽气性能较好。

一般的无油干式泵和油封机械泵相比，其压缩比较小，要克服高的压力差，向大气直接排气，还要抽除大量的颗粒物，因此选择有效的抽气机构是非常重要的。爪式泵有高的容积效率和内压缩，转子可高速无接触的运转，是实现干式抽气较好的抽气机构，但它也需要多级串联方能达到所需的极限压力。

爪式转子除能压缩气体之外，还有转子自行开闭的阀门作用，即可周期地开闭泵腔的入口和出口。由于有内压缩和这种阀门作用，可实现高的压缩比和高的容积效率。在功率消耗低的情况下有较高的抽速。被抽气体的种类对压缩比的影响较小。转子与泵体之间的间隙较大，小颗粒物很容易被抽除。这种抽气原理的干式泵，目前我国已有多家生产。

图 7-78 所示为全爪式转子的四级泵的结构示意图。

该泵的主轴为垂直安装，气流可从顶部向底部流动，这样的布置有利于颗粒物及液体的排放。泵内各级的压力分布如图 7-79 所示。第一级的压力比为 3，第二级的压力比为 5，第三级的压力比为 10，第四级的压力比为 7。各级泵腔的抽气容积除第一级较大外，其他各级均相等。由于抽气过程在各级间隙的返流所处的流动状态的不同，其各级反流情况也不尽相同，各级所能达到的压缩比也不相同。

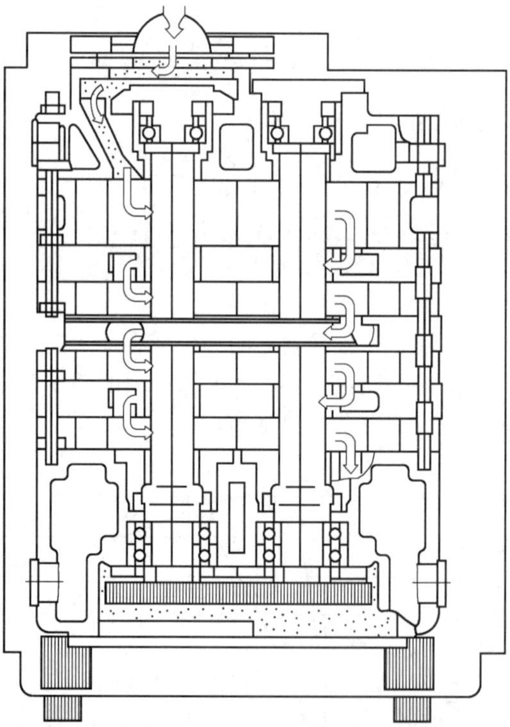

图 7-78　全爪式转子的四级泵的结构示意图

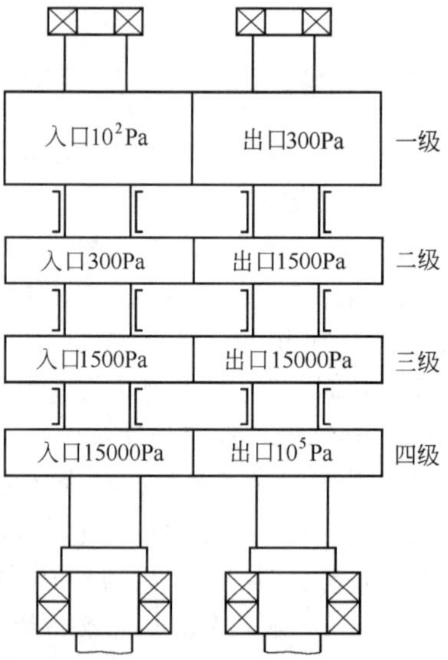


图 7-79　各级压力分配图

在中间各级的排气口出现沉积物时，在这些部位上使用可拆的管道，用快速接头连接，不必拆开整台泵就能对泵清洗。轴承和密封处用水冷却，中间部分用空气冷却。这样可使转子和泵体的温差小。与被抽介质接触的表面耐腐蚀。转子由马达和齿轮转动，轴承和齿轮处有润滑。选用一种特殊的活塞环密封装置，以防润滑油蒸气向泵腔内泄漏。该泵四级为层状结构，检修方便，定位精度高。

为了安全运行，泵入口处设有过滤网，灰尘收集器及消声器。

整个泵可装在一个罩内，对其进行吸气，以防被抽气体的外泄。这种泵装有4个小滚轮，移动方便。

7.5.1.7 爪式泵的特点

爪式泵是为半导体工业发展而研制的，它有如下一些特点：

(1) 泵腔内无润滑剂，因而无返油现象发生；

(2) 抽气元件为非接触式的，可实现高速运转（3000r/min）；

(3) 与被抽气体接触的表面防腐蚀耐磨损；

(4) 在泵腔内气流垂直运动，少量的颗粒物和液体等在重力作用下易于排除；

(5) 该泵形式多样，功能可以扩展，泵的主体，带有齿轮、马达以及气体净化设备，附件有入口处防返流的阀门，出口处有截流阀，电气监控及报警装置；

(6) 齿轮和泵轴的下轴承用PFPE油润滑，上端盖内的轴承用PFPE油脂润滑；

(7) 第二、第三、第四级均有净化气体入口，以改善被抽介质顺利通过泵腔，无此需要的可以不用通净化气体，净化气体用3个流量计分别调节，相互都是独立的，以保证节约惰性气体，利用3个电磁阀可微调其流量；

(8) 入口防返流阀能将被抽容器与泵腔隔断，出口处截流阀能将泵的出口封闭起来，将泵通以净化气体，这些阀可自动开关，真空系统有可靠的保护，杜绝了向真空室的返流，泵的各种附件如图7-80所示；

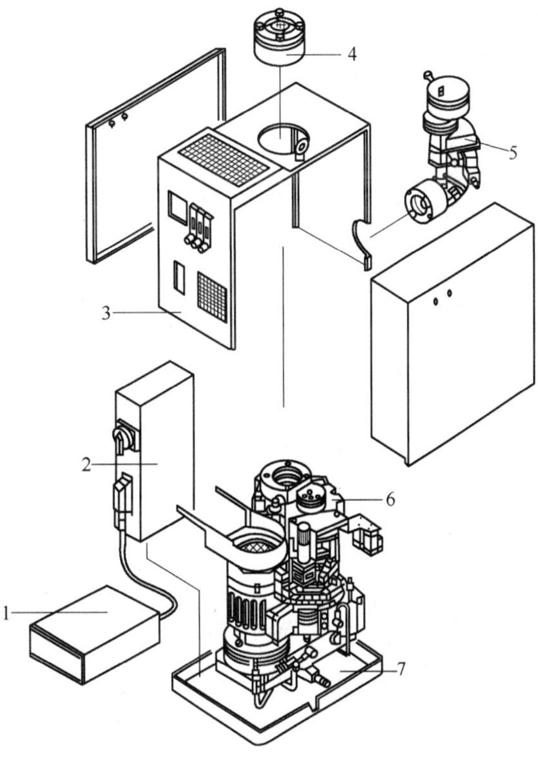


图7-80 爪式泵附件图

1—遥控器；2—供电装置；3—外罩；4—防返流阀；5—出口截流阀；6—泵主体；7—底座

(9) 电气监控与操作，主要有电源，远距离操作和开关阀等的控制。

当泵出现故障时泵能自动停止，两个阀门一齐关闭或截流阀关闭。动力和遥控有一台变压器和整流器，以提供所需的电流电压，以满足监控过程的需要。动力电源、继电器用以对马达的接通与断开及马达超负荷的保护。操作过程有显示器，有按钮控制，可控制马达、防返流阀的控制阀和截流阀的控制阀，第二、第三、第四级的净化气体的通断阀，惰性气体的主阀，净化气体向轴封处通气用的阀门等。故障的监控报警或停止，系统安全自动控制，也可按钮操作。启动时，打开净化气体，泵正常运行3min，净化气体向各段通入，通净化气体对泵性能有些影响。每当遇到紧急情况时可按停止键，净化气体继续接通，关闭入口防返流阀，各级泵净化 1min，净化结束，马达再停止，关闭惰性气体截止阀。

### 7.5.2　涡旋式真空泵

7.5.2.1　概论

涡旋式真空泵（简称涡旋泵）是近年来开发出的一种新型干式真空泵。它具有如下优点：

(1) 间隙小、泄漏少，具有较高的压缩比，在较宽的压力范围内有稳定的抽速；

(2) 结构简单，零部件少；

(3) 工作压力范围宽，由于压缩腔容积的变化是连续的，因而驱动扭矩变化小，功率变化小；

(4) 振动噪声小，可靠性高。

由于其性能优越，涡旋泵作为一种新型的无油泵在国内、外真空行业内越来越引起人们的重视。近来，人们对涡旋式压缩机的研究越来越多。涡旋式无油真空泵是由涡旋式压缩机演化而来的。涡旋泵的研制和生产主要集中在美国、日本和英国。

7.5.2.2　涡旋泵的工作原理

涡旋泵的基本结构（图 7-81），主要包括左定子、右定子、转子、曲轴、防自转机构、进气口、排气口等部分。气体在由涡旋定子和涡旋转子组成的月牙腔内压缩，涡旋定子固定在机架的周边上，在涡旋定子的周边上开有吸气口，在转子和定子涡旋体中心部开有排气口。涡旋转子随着曲轴的回转以偏心量 $R_{or}$ 作半径绕定子中心作公转运动。涡旋转子还受防自转机构的约束；不能自转，始终保持着一种固定的姿势，其中心绕涡旋定子的中心作半径为 $R_{or}$ 的圆周运动。

涡旋泵的抽气原理，如图 7-82 所示。

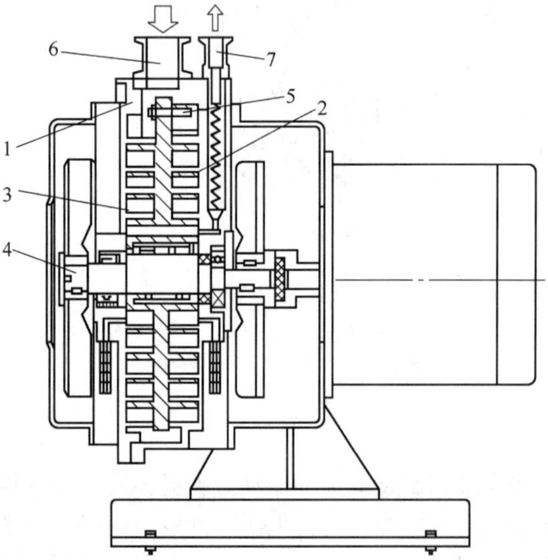


图 7-81　涡旋泵结构简图

1—左定子；2—右定子；3—转子；4—曲轴；5—防自转机构；6—进气口；7—排气口

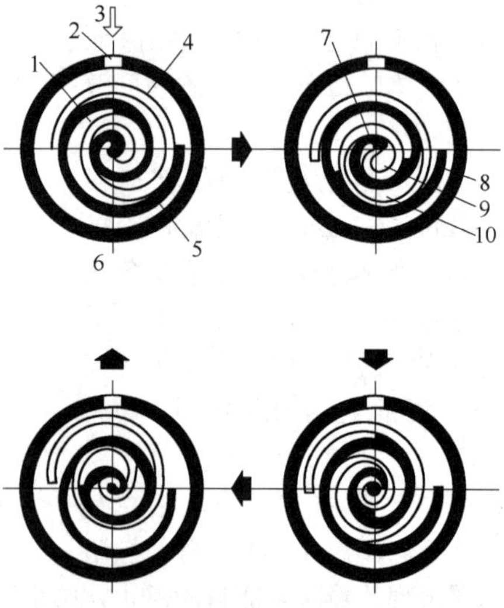


图 7-82　涡旋泵抽气原理图

1—压缩室；2—吸气口；3—气体；4—涡旋转子；5—涡旋定子；6—吸气结束；7—排气口；8—吸气行程；9—排气行程；10—压缩行程

两个涡旋定子和涡旋转子的涡线基本相同，只要将两者的相位错开 180°，并且各自中心保持相距 $R_{or}$ 即可组合而成。结果在两个涡旋体之间形成了一系列月牙形压缩腔。图 7-82 表示涡旋转子中心每回转 90°按顺时针方向作圆周运动时的状态。图 7-82（a）表示吸气结束后，涡旋体外圆周的压缩室处于关闭状态。由此可以设想压缩机构是压缩腔一面向中心处移动，压缩腔的容积一面连续地逐渐变小，一个压缩腔从吸气，经压缩，最后排气的全过程。

7.5.2.3 涡旋泵的主要性能参数

A 抽气速率

涡旋泵的几何抽气速率 $S_{th}$ 是由泵的几何尺寸和转速所决定的，设转速为 $n$，则 $S_{th}$ 可用下式表达

$$S_{th} = 2(V_{il} + V_{ol} + \Delta V)n \tag{7-80}$$

式中 $V_{il}$、$V_{ol}$——转子和定子涡旋体所形成的最外层内腔和外腔的最大容积腔的容积；

$\Delta V$——最外层压缩腔容积修正值。

由于涡旋泵存在轴向和径向泄漏，总泄漏量 $Q_t$ 由上节求出，所以实际抽速 $S$ 要低于几何抽速 $S_{th}$，设 $p_l$ 为吸入压力，$p_2$ 为排气压力，$Q_t$ 为总泄漏量，则

$$Sp_l = S_{th} - Q_t \tag{7-81}$$

所以实际抽速 $S$ 表示为

$$S = S_{th} - \frac{Q_t}{p_1} \tag{7-82}$$

B 极限压力

涡旋泵的极限压力是指不吸入气体长期运转，在测试罩内所达到的稳定的最低压力，用 $p_0$ 表示，此时泵的抽速 $S=0$，令式（7-82）中的抽速 $S$ 为零，则可求得极限压力

$$p_0 = \frac{Q_t}{S_{th}} \tag{7-83}$$

C 所需功率

涡旋泵所需的功率分为压缩气体的有用功率和克服摩擦的附加功率两部分。

涡旋泵是一种变容式真空泵，它在运转中总是循环动作的每一循环部分为吸气、压缩、排气三个阶段，气体压缩过程可以看作是多变过程，由热工学知道，有用功率可近似用示功图求出，如图 7-83。

有效功为

$$A = \frac{m}{m-1} p_1 V_1 \left[ \left( \frac{p_2}{p_1} \right)^{\frac{m-1}{m}} - 1 \right] \tag{7-84}$$

功率计算公式为

$$W = p_1 S_{th} \frac{m}{m-1} \left[ \left( \frac{p_2}{p_1} \right)^{\frac{m-1}{m}} - 1 \right] \tag{7-85}$$

式中 $p_1$——泵入口压力，Pa；

$p_2$——泵排气压力，Pa；

$m$——多变指数，$m$=1.3～1.4。

根据 $\frac{dW}{dp} = 0$ 可以解出 $W_{max}$ 对应的入口压力 $p$

$$p = \frac{p_2}{m^{\frac{m}{m-1}}} \tag{7-86}$$

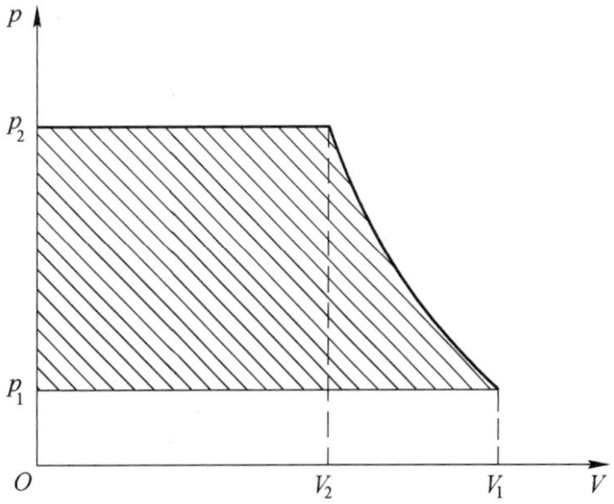


图 7-83 涡旋泵的 $p$—$V$ 图

式中 $p$——功率最大值 $W_{max}$（W）所对应的吸入压力。

则
$$W_{max} = p_2 S_{th} m^{\frac{m}{m-1}} \times 10^{-3} \tag{7-87}$$

以上讨论的是气体压缩过程所需的功率，选择电动机功率时，除考虑泵在压缩过程中所需要的功率外，还要考虑因摩擦、过载等所消耗的功率。一般按下式选用电动机功率$W_g$（W）：

$$W_g = \frac{\varepsilon W_{max}}{\eta_m \eta_p} \tag{7-88}$$

式中 $\varepsilon$——泵的过载系数，$\varepsilon=1.2\sim1.4$；

$\eta_m$——泵的机械效率，$\eta_m=0.75\sim0.80$；

$\eta_p$——泵的传动效率。

# 8 动量传递式真空泵

## 8.1 分子真空泵

### 8.1.1 概述

分子真空泵（简称分子泵）是1913年德国人盖得（W. Gaede）首先发明的。他又以气体的外摩擦作用为分子泵奠定了理论基础。

虽然分子泵是一种机械泵，但它已摆脱了那种靠容积变化来抽气的容积泵原理，而是靠高速运动的刚体表面来携带气体分子实现抽气的一种新型机械真空泵。通常把用高速刚体表面携带气体分子按一定方向运动的现象称为分子牵引，或称为气体的外摩擦输运现象。因此，人们把盖得发明的分子泵称为牵引分子泵。这种泵具有启动时间短，抽重气体比抽轻气体快等一系列优点。但由于它的密封间隙小，容易引起机械故障以及加工精度要求高等，除特殊需要外，实际上很少应用，曾有些人做过不少改进，出现过几种不同类型的牵引分子泵，但由于抽速低没有推广应用，曾一度被结构简单的扩散泵所代替。

德国人贝克（W. Becker）1956年发明了一种适于超高真空下工作的涡轮分子泵。这种泵和牵引分子泵相比，在结构和原理方面并不完全相同。涡轮分子泵是以高速旋转的动叶片和静止的定叶片相互配合来实现抽气的。这种泵的极限压力可以达到$10^{-9}$Pa以下，对油蒸气等高分子量气体的压缩比很高，几乎能达到测不出的程度。因而残余气体中油蒸气的分压力很低。由于轴承用的润滑油仅在泵的出口侧存在，故泵在运转过程中入口处检查不出油的痕迹。因此，涡轮分子泵可以获得清洁无油的超高真空。这种泵如果长期不用，轴承处的油蒸气会扩散到泵的入口侧，降低泵所能达到的清洁程度。为了消除油蒸气的污染，在工作时，须对泵的入口进行烘烤除气，烘烤温度要严格控制，过高会使叶片变形。有的在停泵时，用压力为13hPa的干燥气体充入泵内，以消除油蒸气返流造成的污染。

涡轮分子泵是一种高速旋转的机械泵，动叶片的线速度很高，转子的转速一般为200～1200r/s。这样的转子会因为动平衡不好而引起振动，使轴承很快磨损，涡轮分子泵的寿命也会因此而降低，所以分子泵动平衡的好坏是发展涡轮分子泵的关键所在。此外，涡轮分子泵对异物进入非常敏感，通常在泵的入口处设置金属过滤网。

为了彻底杜绝油蒸气对涡轮分子泵的污染和进一步提高涡轮分子泵的性能，近些年来，又出现利用空气轴承和磁悬浮轴承的新型涡轮分子泵。这样一来，涡轮分子泵作为清洁的超高真空泵就更加完善了。目前涡轮分子泵，经过烘烤去气可以获得极高真空。

我国在分子泵的研究和生产方面进展很快，在20世纪60年代研制成功的卧式涡轮分子泵的基础上，很快发展了铣制和扭制叶片的两种立式涡轮分子泵系列产品，并有抽速110、150、450、550、600、1200、1500和3500L/s等多种规格。并将磁悬浮式轴承用于涡轮分子泵。

近十年来，由于轴承和高速旋转以及数控加工技术的不断发展，国际上涡轮分子泵的研制也取得了长足的进步，抽速从50L/s已发展到25000L/s（日本）甚至达40000L/s（俄罗斯）。

涡轮分子泵的压缩比与涡轮叶片的级数有关。提高泵的压缩比要增加叶片的级数。而牵引分子泵的压缩比与抽气槽的形状有关。提高压缩比很容易。在尺寸相同的情况下，牵引分子泵的抽速比涡轮分子泵的抽速低很多。因而，利用这两种泵各自的特点，1972 年出现了一种高抽速高压缩比的涡轮-牵引复合式分子泵。这种复合式分子泵利用空气静压轴承和气动马达，可以完全做到无油。采用一种无摩擦的螺旋动密封，不用前级泵便可直接向大气中排气。

涡轮分子泵的结构不断改善，用途越来越广。在某些应用领域已有代替油扩散泵的趋势。

目前磁悬浮式涡轮分子泵和宽域型复合分子泵也早已达到实用化程度，使涡轮分子泵向高流量、高出口压力方向发展，使分子泵不仅在极高和超高真空范围内应用，还可用于高真空和中真空范围。现在成为清洁真空的重要的获得手段，应用领域在不断扩大。

### 8.1.2　牵引分子泵的抽气原理与结构特点

牵引分子泵除单独使用外，还常做复合式分子泵中间或最后的抽气级用，因此它常在分子流和黏滞流状态下工作。

为了获得牵引分子泵主要参数之间的关系，首先必须研究一下盖得提出的理论模型。

气体在两个平行平面 1 和 2 之间运动。二平面的速度分别为 $u_1$ 和 $u_2$，如图 8-1 所示，其运动方向为 $Ox$。认为气体速度在 $Ox$ 的垂直方向上非常小（$v_y = v_z = 0$）。在垂直于运动平面的 $Oz$ 方向以及 $Oy$ 方向上，气体压力为常数。

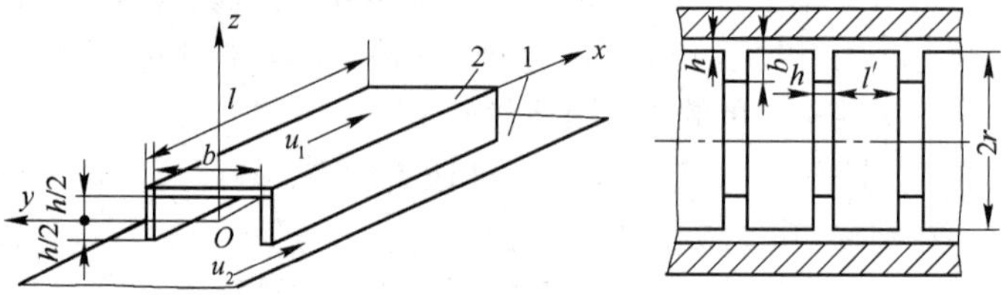


图 8-1　牵引分子泵工作原理图

因而得出

$$\frac{\mathrm{d}^2 v_x}{\mathrm{d}z^2} = \frac{1}{\eta} \cdot \frac{\mathrm{d}p}{\mathrm{d}x}$$

式中　$\eta$——动力黏性系数；

$v_x$——$Ox$ 方向上气体运动速度。

将上式积分后，得到两平板间气体速度沿通道高度的关系式，即

$$v_x = \frac{1}{\eta} \cdot \frac{\mathrm{d}p}{\mathrm{d}x} \cdot \frac{z^2}{2} + C_1 z + C_2 \tag{8-1}$$

式中　$C_1$ 和 $C_2$——积分常数。

如图 8-1 所示，假如气体沿平行 $xOy$ 的两个平面内流动，令两平行平面与 $xOy$ 面的距离分别为 $z = \frac{h}{2}$。

在气体稳定流动时，在表面 1 附近的气体层，受到外摩擦力 $R_1 = -\varepsilon f(v'_{x1} - u_1)$ 和内摩擦力 $R'_1 = -\eta f \frac{\mathrm{d}v'_{x1}}{\mathrm{d}z}$，其气体层上力的平衡条件：

$$\varepsilon(v'_{x1} - u_1) + \eta \frac{\mathrm{d}v'_{x1}}{\mathrm{d}z} = 0$$

同理，对靠近平面 2 的气体层上的平衡条件：

$$\varepsilon(v'_{x2}-u_2)-\eta\frac{\mathrm{d}v'_{x2}}{\mathrm{d}z}=0$$

式中 $\varepsilon$——外摩擦系数（表面对气体的阻力）；

$v'_{x1}$、$v'_{x2}$——对表面 1 和 2 附近的气体层的速度；

$f$——作用摩擦力的表面积。

由式（8-1）求得 $v'_{x1}$ 和 $v'_{x2}$，以及 $z=\frac{h}{2}$ 和 $z=-\frac{h}{2}$ 分别代入力的平衡方程式，则得出

$$\varepsilon\left(\frac{\mathrm{d}p}{\mathrm{d}x}\cdot\frac{h^2}{8\eta}+C_1\frac{h}{2}+C_2-u_1\right)+\eta\left(\frac{\mathrm{d}p}{\mathrm{d}x}\cdot\frac{h}{2\eta}+C_1\right)=0$$

$$\varepsilon\left(\frac{\mathrm{d}p}{\mathrm{d}x}\cdot\frac{h^2}{8\eta}-C_1\frac{h}{2}+C_2-u_2\right)+\eta\left(\frac{\mathrm{d}p}{\mathrm{d}x}\cdot\frac{h}{2\eta}-C_1\right)=0$$

从上述两式求得积分常数 $C_1$ 和 $C_2$ 分别为

$$C_1=\frac{u_1-u_2}{2\eta/\varepsilon+h};\ C_2=\frac{u_1+u_2}{2}-\frac{\mathrm{d}p}{\mathrm{d}x}\left(\frac{h}{6\eta}+\frac{1}{\varepsilon}\right)$$

因而式（8-1）可写成

$$v_x=\frac{\mathrm{d}p}{\mathrm{d}x}\left(\frac{z^2}{2\eta}-\frac{h^2}{8\eta}-\frac{h}{2\varepsilon}\right)+(u_1-u_2)\frac{z}{2\eta/\varepsilon+h}+\frac{u_1+u_2}{2}$$

通过槽宽 $b$（在 $Oy$ 方向上，$y_1-y_2=b$）通道的气体的体积流量为 $S$，即通道的抽速（单位为 $m^3/s$）：

$$S=m\frac{RT}{MP}=b\int_{-h/2}^{h/2}v_x\mathrm{d}z=\frac{u_1+u_2}{2}hb-\frac{\mathrm{d}p}{\mathrm{d}x}\frac{bh^2}{2}\left(\frac{h}{6\eta}+\frac{1}{\varepsilon}\right) \tag{8-2}$$

式中 $m$——气体的质量流量，kg/s；

$R$——摩尔气体普适常数，$R=8314$J/（kmol·K）；

$T$——绝对温度，K；

$M$——气体的分子量，kg/kmol。

在这个公式中，外摩擦系数 $\varepsilon$ 与压力 $p$ 的关系为

$$\varepsilon=\theta p$$

式中 $\theta$——外黏滞性系数，对 293K 的空气，则 $\theta=1.61\times10^{-3}$ s/m。

将 $\varepsilon$ 代入上式积分，在 $x_1$ 和 $x_2$ 处对应的压力为 $p_1$ 和 $p_2$，从而得出几何参数、速度和抽气参数之间的函数关系，即

$$x_1-x_2=\frac{h^2}{6\eta(u_1+u_2)}(p_1-p_2)+\left[\frac{h}{\theta(u_1+u_2)}+\frac{mRTh}{3M6\eta(u_1+u_2)^2}\right]$$
$$\times\ln\frac{p_1-2mRT/Mbh(u_1+u_2)}{p_2-2mRT/Mbh(u_1+u_2)} \tag{8-3}$$

由式（8-3），在压力平衡 $p_1=p_2=p$ 的条件下，抽气通道的最大抽气质量流量为

$$m=Mbhp(u_1+u_2)/2RT \tag{8-4}$$

在 $m=0$ 时，有最大压力差。

$$l(u_1+u_2)=\frac{h^2}{6\eta}(p_1-p_2)+\frac{h}{\theta}\cdot\ln\frac{p_1}{p_2}$$

式中 $l$——通道长度，$l=x_1-x_2$。

这个公式表达了黏性力和外摩擦力对工作状态即压力的影响。在压力较高时，上式的右侧的第二项比第一项小很多，即在高压力下（黏性流动），得

$$(p_1-p_2)_{\max}=6\eta l(u_1+u_2)/h^2 \tag{8-5}$$

或当 $u_1=0$，令 $u_2=u$ 时

$$(p_1-p_2)_{\max}=6\eta lu/h^2 \tag{8-6}$$

由此看出压力差是常量，与绝对压力 $p$ 无关。

在低压力状态下（气体流动近于分子流状态时），第一项非常小，同第二项比，可以忽略，故得

$$l(u_1+u_2)=\frac{h}{\theta}\cdot\ln\frac{p_1}{p_2} \tag{8-7}$$

因为 $u_1=0$，所以压缩比 $\tau_{\max}$ 为

$$\tau_{\max}=\frac{p_1}{p_2}=e^{Lu\theta/h} \tag{8-8}$$

通道的最大抽速，在压力平衡 $p_1=p_2=p$ 的条件下，为

$$S_{\max}=\frac{mRT}{Mp}=\frac{buh}{2} \tag{8-9}$$

考虑从一个通道向另一个通道经间隙气体泄漏时，其最大压缩比可从下式求得

$$A\left(\tau_{\max}+\frac{1}{\tau_{\max}}-2\right)+B(\tau_{\max}-1)-C\lg\tau_{\max}+\lg^2\tau_{\max}=0 \tag{8-10}$$

式中，$A=(2\pi rh')^3/l'b(2.303h)^2$；$B=s'\omega h'\theta(2\pi r)^3/b(2.303h)^2$（$\omega$ 为转子旋转频率，$s'=(2b+h)/(2\pi r)$）；$C=(u_1+u_2)2\pi r\theta/2.303h$（$u_1=u_2=2\pi(r-b/2)\omega$）；$h'$、$l'$、$b$、$r$ 及 $h$ 为常量，如图 8-1 所示。

这样一来，根据给定的抽速 $S$，从式（8-3）求 $S_{\max}$，并要保证 $S_{\max}>(5\sim10)S$，和许可的工作轮外表面上的运动速度 $u$ 的条件下，确定通道的几何参数 $h$ 和 $b$（$b>5h$）。在复合分子泵中利用牵引分子泵的转子的速度 $u$，它取决于高真空级转子的旋转频率和尺寸，即等于涡轮分子泵工作轮外径上许可的速度 $u_2$，牵引分子泵部分抽气通道的长度 $l$ 等于牵引分子泵转子的外圆周长度。按式（8-3）和式（8-10），根据气体的流动状态可计算出泵所能建立的压力差或压力比。

牵引分子泵级数是根据压缩气体的压力来确定的。涡轮分子泵工作叶轮有效工作的压力范围是分子流状态（约为 0.1Pa），所以牵引分子泵可压缩气体到压力为 $10^3$Pa，其抽气效率已明显降低。因此在牵引分子泵级的出口压力达到 $10^3$Pa 以上时，应该利用漩涡式真空级了。

由盖得研制的第一台及早期的牵引分子泵的结构，如图 8-2 所示。

泵内有旋转的转子，转子的四周有沟槽用挡板隔开。这种泵抽速小结构复杂。在结构上不断改进，其转子做成圆柱形和圆盘形，使性能得到很大提高，在现代的复合分子泵中得到了进一步应用，而且在结构上有了很大的改进。除作复合分子泵的前级段用之外，还可以单独使用。

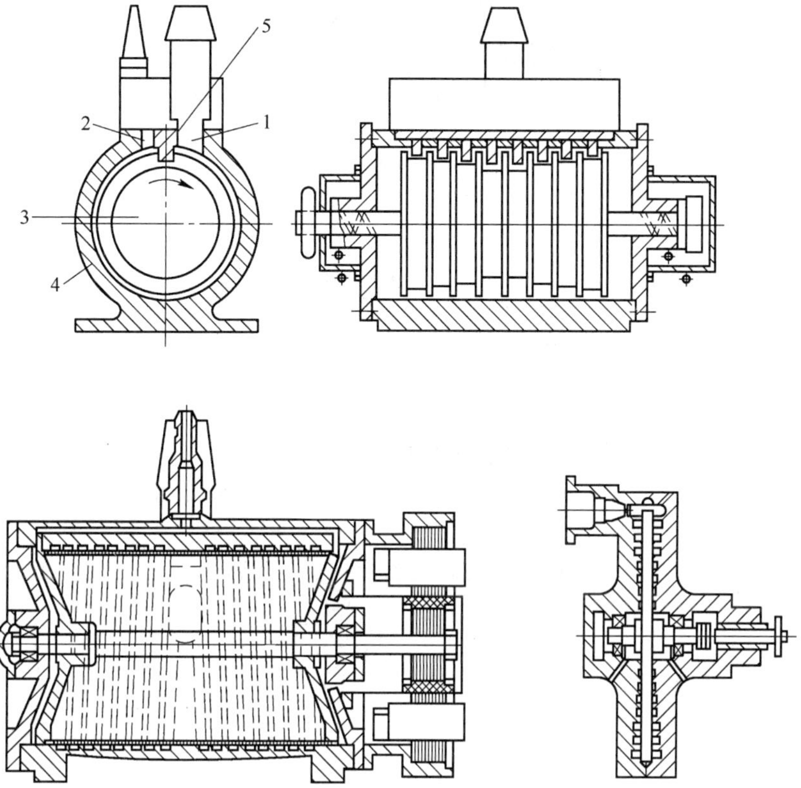


图 8-2 牵引分子泵结构简图

1—吸气口；2—排气口；3—转子；4—泵体；5—挡块

### 8.1.3 多槽螺旋式牵引分子泵的设计原理

上节已讲过牵引泵的工作原理，但在通道中处于黏滞流态和分子流态。因此，必须对盖得提出的理论进行扩展，以便达到实际应用的目的。多槽螺旋式牵引分子泵就是这一理论扩展应用的实例。

由上节式（8-2）给出通道抽速公式，从而得出流量公式如下：

$$Q_0=\frac{u_1+u_2}{2}bhp-\frac{bh^2}{2}\left(\frac{h}{6\eta}p+\frac{1}{\theta}\right)\frac{\mathrm{d}p}{\mathrm{d}x} \tag{8-11}$$

式中 $Q_0$——通道气流量，Pa·m³/s；

$u_1$——上壁速度，m/s；

$u_2$——下壁速度，m/s；

$p$——气体压力，Pa；

$\eta$——内黏滞性系数，Pa·s；

$\theta$——外黏滞性系数，s/m。

将式（8-11）写成 $Q_1$ 和 $Q_2$ 两项之和，每项相当于单独的流量，即

$$Q_1=\frac{u_1+u_2}{2}bhp \tag{8-12}$$

$$Q_2=\frac{bh^2}{2}\left(\frac{h}{6\eta}p+\frac{1}{\theta}\right)\frac{\mathrm{d}p}{\mathrm{d}x} \tag{8-13}$$

$Q_1$ 表示在 $x$ 方向上气体的正向流量；而 $Q_2$ 则表示反向流量。

现讨论一下式（8-13），从右侧括弧中得知，第一项与压力 $p$ 有关，而第二项为常量。因此在通道抽气的某一瞬间，不是第一项起支配作用，就是第二项起支配作用。于是式（8-13）可简化成为

$$Q_{2\eta} = \frac{bh^3}{12\eta} \cdot p \frac{dp}{dx} \tag{8-14}$$

和

$$Q_{2\theta} = \frac{bh^2}{2\theta} \cdot \frac{dp}{dx} \tag{8-15}$$

由上两式可得出一个特征压力 $p_s$，也就是黏滞流态和分子流态的分界压力，即

$$p_s = \frac{6\eta}{\theta h} \tag{8-16}$$

分界压力 $p_s$ 对应的通道长度定义为分界长度 $x_s$。

从式（8-16）看出，分界压力 $p_s$ 与通道的几何量 $h$ 和 $\eta/\theta$ 的比值有关。现把压力范围分成 $p > p_s$ 和 $p < p_s$ 两个区域来分别讨论。

对于 $p > p_s$ 区域，气体为黏滞流状态，此时的气流量应为

$$Q_0 = \frac{u_1 + u_2}{2} bhp - \frac{bh^3}{12\eta} \cdot p \frac{dp}{dx} \tag{8-17}$$

对于 $p < p_s$ 区域，则为分子流态，此时的气流量为

$$Q_0 = \frac{u_1 + u_2}{2} bhp - \frac{bh^2}{2\theta} \cdot \frac{dp}{dx} \tag{8-18}$$

从分界压力 $p_s$ 处定为 $x$ 的坐标原点，即 $x = 0$，当 $p = p_r$ 大气压力时其坐标 $x = x_s$，对式（8-17）积分得到在 $p_r \geqslant p \geqslant p_s$ 范围内，压力 $p$ 与坐标 $x$ 的关系。

$$p = \left(\frac{u_1 + u_2}{h^2}\right) 6\eta x + p_s \tag{8-19}$$

当 $p \leqslant p_s$ 时，则 $0 > x > -\infty$，对式（8-18）积分得

$$p = p_s \exp\left[\frac{(u_1 + u_2)\theta}{h} x\right] = p_s \exp mx \tag{8-20}$$

从式（8-19）可以看出，当压力 $p$ 处于 $p_r$ 和 $p_s$ 区间内时，压力 $p$ 与距离 $x$ 成线性关系；从式（8-20）可以看出在 $p \leqslant p_s$ 区间内，$p$ 与 $x$ 成负指数关系。

多槽螺旋式牵引泵的抽气特性及结构如图 8-3（a）所示。图 8-3（b）为图 8-3（a）上的 C 部放大图。图上有 $\gamma$ 个宽度为 $b$ 的抽气槽，各槽之间用宽度为 $l'$ 的凸台分隔，转子与定子之间的间隙为 $h'$。抽气槽与转轴 $AA'$ 的垂线成 $\varphi$ 角，凹槽深度为 $h$，转子的转速为 $n$，转子对槽的相对速度 $u = 2\pi rn\cos\varphi$（沿槽方向的速度分量，实现抽气）。

由图 8-3 得知，其几何关系为

$$\left.\begin{aligned} dx_1 &= \cos\varphi dx \\ dx_2 &= \sin\varphi dx \end{aligned}\right\} \tag{8-21}$$

$$\left.\begin{aligned} u_1 &= 2\pi rn \\ u_2 &= 0 \end{aligned}\right\} \tag{8-22}$$

$$\left.\begin{aligned} b &= \left(\frac{2\pi r - \gamma l}{\gamma}\right)\sin\varphi \\ l' &= l\tan\varphi \end{aligned}\right\} \tag{8-23}$$

式中 $b$——槽的宽度；

$r$——转子的半径。

并令 $s=\tan\varphi$，得 $\cos\varphi=\dfrac{1}{\sqrt{1+s^2}}$，$\sin\varphi=\dfrac{s}{\sqrt{1+s^2}}$。

令相邻的三个槽的中点分别为 $B_1$、$B_0$ 和 $B_2$，其相应的压力为 $p_-$，$p_0$ 和 $p_+$，它们与 $x$ 的坐标位置有关。

由图 8-3 得知：

$$B_0B_2\cos\varphi=\frac{2\pi r}{\gamma}$$

$$B_1B_0\cos\varphi=\frac{2\pi r}{\gamma}$$

因而

$$B_0B_2=B_1B_0=\frac{2\pi r}{\gamma}\sqrt{1+s^2} \tag{8-24}$$

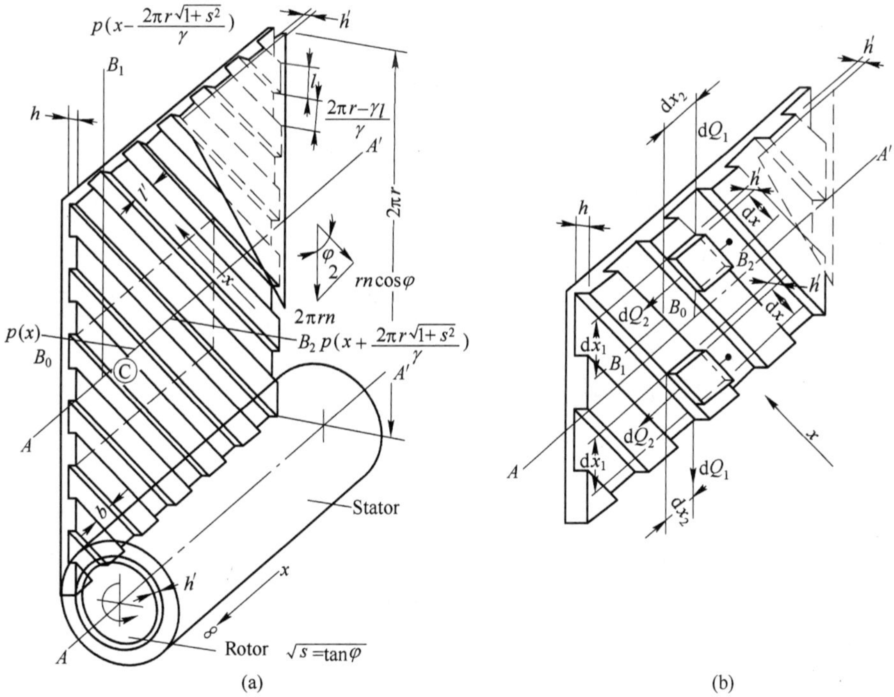


图 8-3 多槽螺旋式牵引分子泵工作原理示意图

（a）多槽螺旋泵的内表面展开图；

（b）图（a）的局部 C 详细示意图

在分子流态时，压力 $p$ 与坐标 $x$ 成负指数关系。当 $0\geqslant x>-\infty$ 时，则有：

$B_0$ 点的坐标为 $x$，压力为 $p_0=p_s\exp mx$；

$B_1$ 点的坐标为 $x-\dfrac{2\pi r}{\gamma}\sqrt{1+s^2}$，其压力为

$$p_-=p_s\exp m\left[x-\frac{2\pi r}{\gamma}\sqrt{1+s^2}\right]$$

$B_2$ 点的坐标为 $x+\frac{2\pi r}{\gamma}\sqrt{1+s^2}$，其压力为

$$p_+=p_s\exp m\left[x+\frac{2\pi r}{\gamma}\sqrt{1+s^2}\right]$$

如图 8-3（b）所示，多槽螺旋泵工作在分子流状态下，由于转子旋转的携带作用，造成间隙 $h'$ 的返流量为 $dQ_1$，其方向垂直于转轴 $AA'$。从式（8-18）的第一项导出，并用 $h'$ 代替 $h$，用 $dx_2$ 代替 $b$，则得

$$dQ_1=\frac{u_1+u_2}{2}h'p\,dx_2 \tag{8-25}$$

由于相邻槽的压力差造成的间隙 $h'$ 的返流量为 $dQ_2$，其方向为转轴 $AA'$ 方向。此 $dQ_2$ 可从式（8-18）的第二项导出

$$dQ_2=\frac{h'}{2l'\theta}\Delta p\,dx_1 \tag{8-26}$$

式中，用 $dx_1$ 代替 $b$；用 $h'$ 代替 $h$；用 $\frac{\Delta p}{l'}$ 代替 $\frac{dp}{dx}$。

将式（8-21）～式（8-23）代入式（8-25）和式（8-26），则得

$$dQ_1=\frac{\pi mh'}{\sqrt{1+s^2}}p\,dx \tag{8-27}$$

$$dQ_2=\frac{h'^2}{\sqrt{2l'\theta(1+s^2)}}\Delta p\,dx \tag{8-28}$$

由 $B_2$ 点到 $B_0$ 点的返流量为 $dQ'$，即

$$\begin{aligned}dQ'&=dQ_1+dQ_2\\&=\left[\frac{\pi mh's}{\sqrt{1+s^2}}\left(\frac{p_++p_0}{2}\right)+\frac{h'^2(p_+-p_0)}{\alpha 2l'\theta\sqrt{1+s^2}}\right]dx\end{aligned} \tag{8-29}$$

由 $B_0$ 点向 $B_1$ 点得返流量为 $dQ''$，即

$$\begin{aligned}dQ''&=dQ_1+dQ_2\\&=\left[\frac{\pi mh's}{\sqrt{1+s^2}}\left(\frac{p_0+p_-}{2}\right)+\frac{h'^2(p_0-p_-)}{\alpha 2l'\theta\sqrt{1+s^2}}\right]dx\end{aligned} \tag{8-30}$$

在 $B_0$ 点处气流的净增量为 $dQ$，即

$$dQ=dQ'-dQ''$$

将 $p_0$、$p_-$ 和 $p_+$ 代入式（8-29）和式（8-30），并积分，则得

$$\begin{aligned}Q=&\left\{\frac{h'^2}{\alpha 2l'\theta\sqrt{1+s^2}}\left[\exp\left(\frac{m2\pi r\sqrt{1+s^2}}{\gamma}\right)+\exp\left(-\frac{m2\pi r\sqrt{1+s^2}}{\gamma}\right)-2\right]\right.\\&\left.+\frac{\pi mh's}{2\sqrt{1+s^2}}\left[\exp\left(\frac{m2\pi r\sqrt{1+s^2}}{\gamma}\right)+\exp\left(-\frac{m2\pi r\sqrt{1+s^2}}{\gamma}\right)\right]\right\}p_s\frac{\exp(mx)}{m}\end{aligned} \tag{8-31}$$

式中，$\alpha$ 为修正系数，即槽中心处压差，经修正为凸台两端的压差，即 $\alpha=\frac{B_0B_2}{l'}$。

因为从槽必须抽走的气流量为 $Q$，由式（8-18）给出新的公式：

$$Q=\left[\frac{\pi mh(2\pi r-\gamma l)s}{\gamma(1+s^2)}-\frac{h^2(2\pi r-\gamma l)}{2\gamma\theta\sqrt{1+s^2}}m\right]p_s\exp(mx) \tag{8-32}$$

令式（8-31）和式（8-32）两式相等，从中便可求出 $m$ 值。

我们定义，两个相邻槽之间的压力比为 $k$,而 $k$ 总是大于 1 的。多槽螺旋式牵引泵相邻槽，即在点 $x$ 和 $x+[2\pi r(1+s^2)]/\gamma$ 之间的压力比为

$$k=\frac{p_+}{p_0}=\exp\left(\frac{m2\pi r\sqrt{1+s^2}}{\gamma}\right) \tag{8-33}$$

从上式可以看出，每一个螺旋距离的压缩比 $k$ 是个常数与 $x$ 无关。经式（8-33）求得 $m$ 为

$$m=\frac{\gamma}{2\pi r\sqrt{1+s^2}}\ln k \tag{8-34}$$

由式（8-31）和式（8-32）相等求得的 $m$ 表达式与式（8-34）中的 $m$ 相等，消去 $m$ 即可得出压缩比 $k$ 的公式。

$$\frac{(2\pi r)h'^2}{\alpha Lh^2(2\pi r-\gamma l)\gamma}\cdot\frac{1+s^2}{s^2}\cdot\frac{(k-1)^2}{k}+\frac{(2\pi r)^3h'n\theta}{2h(2\pi r-\gamma l)\gamma}(1+s^2)\frac{k^2-1}{k}$$
$$-\frac{(2\pi r)\theta n}{h\gamma}\ln k+\ln^2 k=0 \tag{8-35}$$

从式（8-35）可求得 $k$ 值。将式（8-34）代入式（8-20），得出压力 $p$ 与 $x$ 的关系式

$$p=p_s\exp\left(\frac{-\gamma\ln k}{2\pi r\sqrt{1+s^2}}x\right) \tag{8-36}$$

螺旋通道的长度 $x$ 为

$$x=\frac{2\pi r\sqrt{1+s^2}}{\gamma\ln k}\ln\frac{p_s}{p}$$

在分子流态，压力由 $p_0$ 到 $p_s$，泵的高度 $H$ 为

$$H=x\sin\varphi=\frac{2\pi rs}{\gamma\ln k}\ln\frac{p_s}{p_0} \tag{8-37}$$

经计算得知，在分子流态下，泵的高度 $H$ 很短。

当 $p<p_s$ 时，由式（8-18）可写成抽速 $S$ 的表达式，即

$$S=\frac{Q_0}{p}=bh\left(\frac{u_1+u_2}{2}-\frac{h}{2\theta}\cdot\frac{\Delta p}{p}\cdot\frac{1}{\Delta x}\right)$$

用

$$\Delta x=\frac{2\pi r\sqrt{1+s^2}}{\gamma}$$

和

$$\frac{\Delta p}{p}=\frac{k-1}{k}$$

来代换，则上式得

$$S=\frac{bh}{\sqrt{1+s^2}}\left(\pi rn-\frac{h\gamma}{4\pi r\theta}\cdot\frac{k-1}{k}\right) \tag{8-38}$$

多槽螺旋式牵引泵的抽速则为

$$S=(2\pi r-\gamma l)h\frac{s}{1+s^2}\left(\pi rn-\frac{h\gamma}{4\pi r\theta}\cdot\frac{k-1}{k}\right) \tag{8-39}$$

此式即为 $\gamma$ 个槽的抽速，其中 $\theta=3/8(\pi m/kT)^{1/2}$，与气体性质有关。

通过式（8-35）和式（8-39）可以计算压缩比 $k$ 和多槽螺旋式泵的抽速 $S$。在几何参数中间，$\varphi$ 值是抽气性能的主要调节参数。选择最佳的 $\varphi$ 值，可使压缩比 $k$ 和抽速 $S$ 都处于最佳状态。

从下述计算实例中可以看出，调节 $\varphi$ 值来满足抽速 $S$ 的作用。

若结构参数为 $h=5\times10^{-3}$m,$h'=0.25\times10^{-3}$m,$l=23\times10^{-3}$m,$\gamma=6$,$r=45\times10^{-3}$m,$n=1000\text{s}^{-1}$ 和 $\alpha=2$。被抽气体为空气 $\theta=1.61\times10^{-3}$s/m。

将各值代入式（8-35）后求得压缩比 $k$，再代入式（8-39），则得抽速 $S$ 与 $\varphi$ 的关系式，即

$$S = 0.1023 \frac{s}{1+s^2} \quad (\mathrm{m^3/s}) \tag{8-40}$$

因为 $\pi rn \gg \frac{h\gamma}{4\pi r\theta} \cdot \frac{k-1}{k}$，故可将式（8-39）的 $\frac{h\gamma}{4\theta\pi r} \cdot \frac{k-1}{k}$ 项忽略，式（8-39）可写成

$$S = (2\pi r - \gamma l)h(\pi rn)\frac{s}{1+s^2} \tag{8-41}$$

若用式（8-41），其抽速 $S$ 的误差达 20%，不同的 $\varphi$ 值与 $s$ 和 $k$ 的关系，经计算如表 8-1 所示。

**表 8-1　$\varphi$ 与 $k$ 和 $s$ 的关系**

| $\varphi$ | $s=\tan\varphi$ | $k$ | $S$ /$\mathrm{m^3\cdot s^{-1}}$ | $\varphi$ | $s=\tan\varphi$ | $k$ | $S$ /$\mathrm{m^3\cdot s^{-1}}$ |
|---|---|---|---|---|---|---|---|
| 10 | 0.176 | 12.5 | 0.017 | 40 | 0.839 | 12.2 | 0.050 |
| 20 | 0.364 | 15.4 | 0.032 | 50 | 1.191 | 9.1 | 0.050 |
| 30 | 0.577 | 14.6 | 0.044 | 60 | 1.732 | 5.3 | 0.044 |
| 35 | 0.700 | 13.6 | 0.048 | 70 | 2.747 | 1.8 | 0.032 |

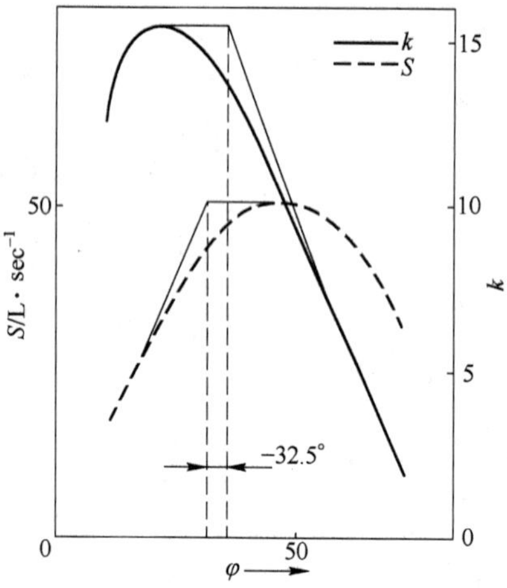


图 8-4　多槽螺旋式泵分子态时 $S$，$k$ 和 $\varphi$ 的关系

对空气，$\varphi$ 与 $S$ 和 $k$ 的关系如图 8-4 所示。

从图 8-4 上可以选择所要求的一对 $k$ 和 $s$，以确定最佳的 $\varphi$ 角。如图 8-4 所示，$\varphi=30°\sim32.5°$ 时泵的抽速和压缩比为最佳值。

在黏滞态时压力 $p$ 与通道长度 $x$ 成正比，即

$$p = m'x \tag{8-42}$$

式中　$m'$——比例系数。

按与分子态相同的办法，令经间隙的返流量与从槽抽走的气流量相等。可以求得 $m'$ 值。即

$$m' = 12\pi rn\eta ls^2 \frac{\frac{2\pi r-\gamma l}{\sqrt{1+s^2}} - 2\pi rh'\sqrt{1+s^2}}{(2\pi r\sqrt{1+s^2})^2 h'^3 + (2\pi r - \gamma l)h^3 ls^2} \tag{8-43}$$

由式（8-42）得知

$$x = \frac{1}{m'}(p_r - p) \tag{8-44}$$

$$x_s = \frac{1}{m'}(p_r - p_s) \tag{8-45}$$

$$H_s = \frac{1}{m'}(p_r - p_s)\sin\varphi \tag{8-46}$$

式中，$H_s$ 为多槽螺旋式泵，压力由 $p_s$ 压缩到 $p_r$ 的高度。如果泵的几何参数为 $h=1.5\times10^{-3}\mathrm{m}$，$h'=0.1\times10^{-3}\mathrm{m}$，$r=50\times10^{-3}\mathrm{m}$，$n=500\mathrm{s^{-1}}$，$\alpha=2$，$\gamma=6$，$\varphi=5°$。

对于 $\eta=1.83\times10^{-5}\mathrm{Pa\cdot s}$，$\theta=1.61\times10^{-3}\mathrm{s/m}$，则 $p_s=46\mathrm{Pa}$，将各参数代入式（8-43），求

得 $m' = 6146.3\text{Pa/m}$，因而

$$H_s = \frac{1}{m'}(p_r - p_s)\sin\varphi = 1.437\text{m}$$

实际上这样高的结构是不能实现的，因此要设法降低泵的高度。我们由已知的几个公式：

$$p = m'x;\ p = p_s\exp(mx)$$

$$p = \frac{Q}{bh}\frac{1}{u};\ x_s = \frac{1}{m}(p_r - p_s)$$

来画出图 8-5 给出的压力 $p$ 和速度 $u$ 与抽气槽长度 $x$ 的关系曲线。

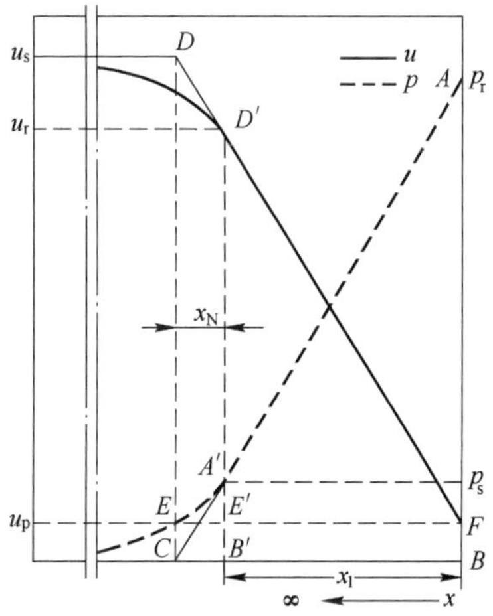


图 8-5 压力 $p$ 和速度 $u$ 与槽长度 $x$ 的关系

从相似三角形 $ABC$、$A'B'C$ 和 $DEF$，$D'E'F$，得知

$$\frac{x_s + x_N}{x_N} = \frac{p_r}{p_s}$$

或者

$$x_N = \frac{x_s p_s}{p_r - p_s} \tag{8-47}$$

和

$$\frac{u_N - u_r}{u_s - u_r}\ \frac{x_s + x_N}{x_s} \tag{8-48}$$

式中 $u_s$——气体分子在压力 $p_s$ 点的速度；

$u_r$——泵出口处，压力 $p_r$ 点气体分子的速度；

$u_N$——泵入口处，气体分子的速度，即槽表面在 $\varphi$ 角方向的速度分量。它等于

$$u_N = \frac{\pi rn}{\sqrt{1+s^2}} \tag{8-49}$$

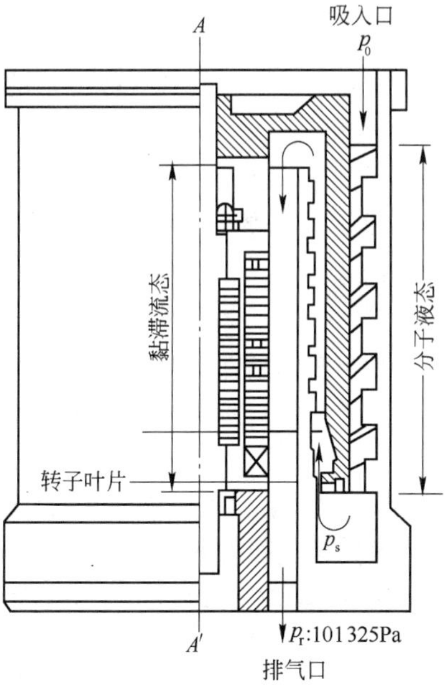


图 8-6 直排大气的牵引泵的结构示意图

由式 (8-47) ～式 (8-49) 导出

$$u_s = \frac{\pi rn}{\sqrt{1+s^2}} \cdot \frac{p_r - p_s}{p_r} + \frac{p_s}{p_r}u_r \tag{8-50}$$

上式未知项 $\left(\frac{p_s}{p_r}\right)u_r$，可从式 (8-12) 得

$$\frac{Q_1}{bh} = u_r p_r = u_s p_s$$

经整理得

$$u_s = \frac{\pi rn}{\sqrt{1+s^2}} \cdot \frac{p_r}{p_r + p_s} \tag{8-51}$$

在黏滞流态，长度为 $x_s$ 的管道，入口压力为 $p_s$，而这时气体分子的速度为 $u_s$。

若是我们想办法使气体分子的速度达到 $u_s$，在通道长度 $x < x_s$ 时，其压力可同样能达到 $p_s$。实际上在泵的入口处，增加一个圆盘，并带有叶片，使气体分子的速度达到 $u_s$，就可以缩短黏滞流态工作的通道长度。

如图 8-6 所示，在黏滞态的入口处加一个带叶片的转子，使气体分子达到速度 $u_s$ 值，即可缩短黏滞流

态通道的长度。

黏滞流态时的抽速公式，用式（8-17）得

$$S=\frac{Q_0}{p}=\frac{u_1+u_2}{2}bh-\frac{bh^3}{12\eta}\cdot\frac{\mathrm{d}p}{\mathrm{d}x} \tag{8-52}$$

用 $\mathrm{d}p/\mathrm{d}x=m'$，上式可写成

$$S=bh\left(\frac{u_1+u_2}{2}-\frac{h^2}{12\eta}m'\right) \tag{8-53}$$

将式（8-43）的 $m'$ 代入式（8-53）得

$$S=bh\left\{\frac{u_1+u_2}{2}-\pi rnlh^2s^2\frac{\dfrac{(2\pi r-\gamma l)h}{\sqrt{1+s^2}}-2\pi rh'\sqrt{1+s^2}}{\dfrac{(2\pi r\sqrt{1+s^2})^2h'^3}{\gamma\alpha}+(2\pi r-\gamma l)h^3ls^2}\right\} \tag{8-54}$$

相对速度为 $2\pi rn\cos\varphi$ 代替 $\dfrac{u_1+u_2}{2}$，再把 $b$ 代以 $\gamma b$（因有 $\gamma$ 个抽气通道）。

把式（8-54）括弧内的第二项忽略，所引起的误差为20%，使式（8-54）得以简化成

$$S=(2\pi r-\gamma l)\pi rnh\frac{s}{1+s^2} \tag{8-55}$$

此 $S$ 即为多槽螺旋泵在黏滞流态时的抽速计算公式。式中 $S$ 与 $\eta$ 无关。

### 8.1.4　涡轮分子泵的抽气原理及结构特点

在研究涡轮分子泵的抽气机理时，首先取出涡轮分子泵的一个转子叶列，如图8-7（a）所示，叶片的倾角为 $\alpha$，叶片厚度为 $t$，叶片的节距为 $a$，叶片弦长为 $b$，叶片是彼此平行的很长的平板。转子叶片将空间分割成空间①和空间②。气体分子从空间①经叶片通道进入空间②的通过几率为 $M_{12}$。从 $A_1A_1$ 面的左侧入射的气体分子进入②侧的通过几率大于从 $A_2A_2$ 面入射的气体分子进入到①侧的通过几率 $M_{21}$。转子的运动速度 $\bar{u}$，其运动方向如图8-7（a）所示。

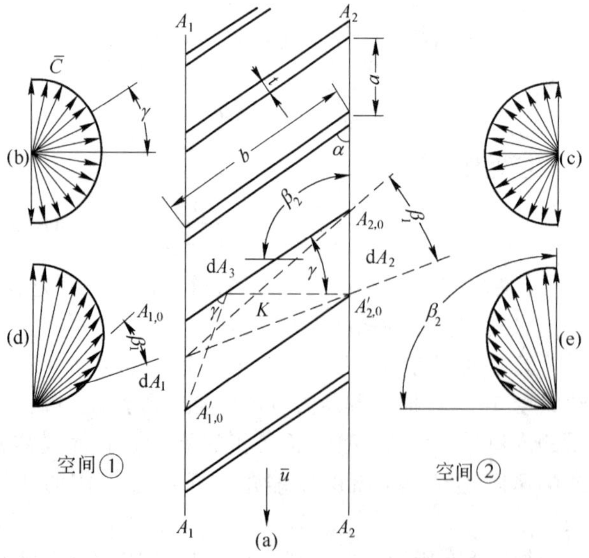

图8-7　涡轮分子泵的抽气原理图

在空间①和②内的气体分子的速度分布如图8-7（b）和（c）所示，但仅一半的速度矢量是朝向 $A_1A_1$ 面和 $A_2A_2$ 面的。气体分子都以相同的平均热运动速度 $\bar{C}$ 运动，为简化起见，令 $\bar{u}=\bar{C}$。

如果我们站在动叶列上观察两侧气体分子的相对速度分布，则如图8-7（d）和（e）所示的形式。

现在令 $A_{1,0}, A'_{1,0}, A'_{2,0}, A_{2,0}$ 之间的叶片通道空间为 $K$。

从左侧①入射到表面元 $\mathrm{d}A_1$ 上的气体分子，其速度分布如图8-7（d）所示，在与两个叶片面成 $\beta_1$ 的扇形空间，气体分子可自由地通过叶片通道。在 $A_{1,0}$ 和 $A'_{1,0}$ 之间任取的表面元

$dA_1$，所对应的 $\beta_1$ 角稍有些不同。可从图 8-7（d）和（a）另取。在 $A_{2,0}$ 和 $A'_{2,0}$ 之间取 $dA_2$，其入射气体分子的入射角度 $\beta_2$，没有一个气体分子从右边向左边自由地飞过 $K$ 区。因此从叶片运动的观点看，由①向②自由飞过 $K$ 区的通过几率大于由②向①自由飞过 $K$ 区的通过几率，即 $M_{12\text{free}} > M_{21\text{free}}$。

在不能直接飞过 $K$ 区的气体分子，则要入射到叶片的上壁 $A_{1,0}$—$A_{2,0}$ 或下壁 $A'_{1,0}$—$A'_{2,0}$ 上，因而，这些气体分子将被吸附在壁上停留一段时间后被解吸，各向同性的向半空间发射，因为叶片表面的温度与气体分子的温度相同，所以发射的气体分子的热运动速度为 $\overline{C}$。从特殊的表面元 $dA_3$，$dA_3$ 的选取面对于 $A'_{1,0}A'_{2,0}$ 的中间，故 $dA_3$ 上解吸的气体分子入射到①侧和入射到②侧的几率是相等的（因为 $dA_3$ 对 $A_{1,0}A'_{1,0}$ 面和对 $A_{2,0}A'_{2,0}$ 面的张角均为 $\gamma$）。从叶片的几何关系看，对 $dA_3$ 右边的所有表面元对②侧的张角总是大于对①侧的（$\gamma_2 > \gamma_1$）。因为 $dA_3$ 左侧的单元数少于右侧的单元数，因此由壁面上解吸的气体分子朝向②侧的要大于朝向①侧的。同样得知对 $A'_{1,0}$—$A'_{2,0}$ 壁的作用相反，但粒子的数目也是逐渐减少了。总的看来从壁上解吸的气体分子进入②侧的粒子数大于进入①侧的粒子数。因为解吸的粒子还可能入射到相对的叶片壁上再被吸附和解吸，最后传输到①侧或②侧的粒子不是显而易见的，只能从大量的计算中才能得到。

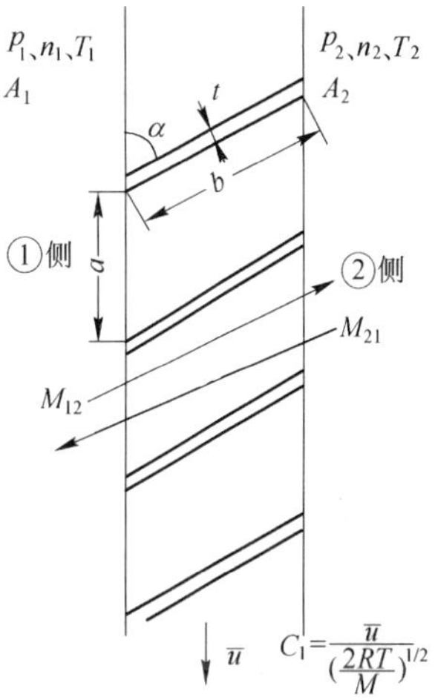


图 8-8 单叶列简化结构图

研究涡轮分子泵的抽气原理时，首先研究单级转子叶列的抽气特性。

假设涡轮分子泵的一个单叶列的简化模型如图 8-8 所示。经过叶列的气体分子的平均自由程远远大于叶列通道的几何尺寸，气体分子以麦克斯韦速度分布，以平均热运动速度运动，在叶列上吸附及解吸遵守余弦定律，叶片的厚度 $t$ 远小于节距 $a$，故可略去不计。在半径方向上叶片的运动速度认为是常量 $\bar{u}$。对于叶片的参数常以倾角 $\alpha$，节弦比 $s_0 = a/b$ 和无因次速度比 $C_1 = \bar{u}/\sqrt{2RT/M}$ 来表征。

从①侧到②侧的通过几率为 $M_{12}$，从②侧到①侧的通过几率为 $M_{21}$。在①侧的气体分子密度为 $n_1$，压力为 $p_1$，气体温度为 $T_1$，通道口面积为 $A_1$，在②侧相应的为 $n_2$，$p_2$，$T_2$ 和 $A_2$。

气体分子从①侧到②侧的净气流量为

$$\frac{\overline{C}n_1}{4}A_1 H = \frac{n_1\overline{C}}{4}A_1 M_{12} - \frac{n_2\overline{C}}{4}A_2 M_{21} \tag{8-56}$$

式中 $H$——表征抽气效率的抽气系数（也称何氏系数）。

若 $A_1 = A_2$，$T_1 = T_2$，$p_2/p_1 = n_2/n_1$，则式（8-56）可写成

$$H = M_{12} - \frac{p_2}{p_1}M_{21} \tag{8-57}$$

或

$$\frac{p_2}{p_1} = \frac{M_{12}}{M_{21}} - \frac{H}{M_{21}} \tag{8-58}$$

若 $p_1 = p_2$（即 $n_1 = n_2$），则由式（8-57）得最大抽气系数为

$$H_{\max} = M_{12} - M_{21} \tag{8-59}$$

若 $H=0$（即抽速等于零时），则由式（8-58）得最大压缩比 $K_{max}$ 为

$$K_{max}=\left(\frac{p_2}{p_1}\right)_{max}=\frac{M_{12}}{M_{21}} \tag{8-60}$$

在分子流范围内，单叶列的抽气特性可用式（8-59）和式（8-60）两式来表示。

气体分子通过叶列的通过几率 $M_{12}$ 和 $M_{21}$ 与叶列的速度比 $C_1$，叶列倾角 $\alpha$ 和叶列的节弦比 $a/b$ 有关。通常 $M_{12}$ 和 $M_{21}$ 可用积分方程法、蒙特卡罗法、传输矩阵法和角系数法求得。

涡轮分子泵都是由多级叶列串联组成的，即转子、定子、转子、定子、转子、……、转子，按次序转子和定子交替排列。叶列的级数是由泵要求的压缩比来确定的，一般涡轮分子泵都有 15～31 级叶列。

以单叶列的抽气特性为基础来讨论多级叶列的抽气性能。按一般道理来说，多级叶列是由单级叶列组成的，它和多级泵是由单级泵串联起来的情况是一样的。第一级叶列的入口为泵的入口侧，最末级叶列的出口为泵的前级侧。多级叶列总的正向和反向的传输几率也可用蒙特卡罗法和近似法计算。

多级叶列首先应该注意的问题是如何去选择这些组成多级泵的单叶列的几何尺寸和形状，从上述的单叶列的抽气特性的分析结果看出，几何形状不同的叶片其抽气特性是不同的。因此，在多级叶列组合时，在泵的吸入侧附近应选择抽速大的叶片形状，其压缩比可相对小一些。在经过几级叶列压缩之后，压力增大，抽速下降，这时就应该选择那种压缩比高抽速低的叶片形状，这样安排叶列，整个涡轮分子泵的抽气性能就会得到抽速高，压缩比大，级数少的结果。

若想提高叶列的抽速，叶列的几何参数应选 $a/b \geqslant 1.0$，$\alpha=30^\circ\sim40^\circ$；若想提高压缩比则应选 $a/b \geqslant 0.5$，$\alpha=10^\circ\sim20^\circ$。叶片的速度比 $C_1$ 值越高，叶列的抽气性能越好，但由于叶列受强度和与气体摩擦生热的限制，$C_1$ 值不能选得过高，一般 $C_1 \leqslant 1.0$ 为宜。

在叶列之间向左向右流动的气体分子是不符合麦克斯韦速度分布的。然而按麦氏速度分布计算其误差不大，因此便将叶列按麦氏分布得到的传输几率的结果，用来表示涡轮分子泵串联叶列的传输几率。这样使问题简化了。

对于定子叶列可以用对转子叶列相同的办法进行计算。当定子的两侧均为转子时，本质上和转子叶列的两侧均为定子叶列的情况是相同的。如果令观察者站在转子叶列上去观察定子叶列，就会发现定子叶列以转子叶列相反的方向旋转。这个观察者可以是被抽气体分子本身。如果定子叶列一侧是自由空间（没有转子叶列），则速度比 $C_1=0$，即气体分子与定子叶列不存在相对速度 $\bar{u}$。因而通常涡轮分子泵的第一级叶轮为转子叶列，而最末一级叶轮也是转子叶列，每一级叶列都发挥应有的抽气作用。

涡轮分子泵的叶列是几何相似的。而且转子叶列槽的方向与定子叶列槽的方向恰好相反。叶列的分布情况如图 8-9 所示。

涡轮分子泵是由泵壳 2，主轴 1，转子叶列 3，定子叶列 4 组成的。涡轮分子泵的抽气组件是由多级转子叶列和多级定子叶列相间排列组成的。通常选择不同几何参数的叶列组成高、中、低三个抽气段，高段以提高抽速为目的选叶列的几何参数，低段以提高压缩比为目的选叶列的几何参数，而中段是高、低段的过渡阶段，既考虑适当的抽速又兼考虑压缩比的过渡达到合理的匹配，以适应流量 $Q=sp=$ 常数的要求。

转子的驱动常由中频电机或气动马达来实现。

涡轮分子泵的组合叶列间都存有间隙，如图 8-10 所示。转子叶列与定子叶列间的间隙为

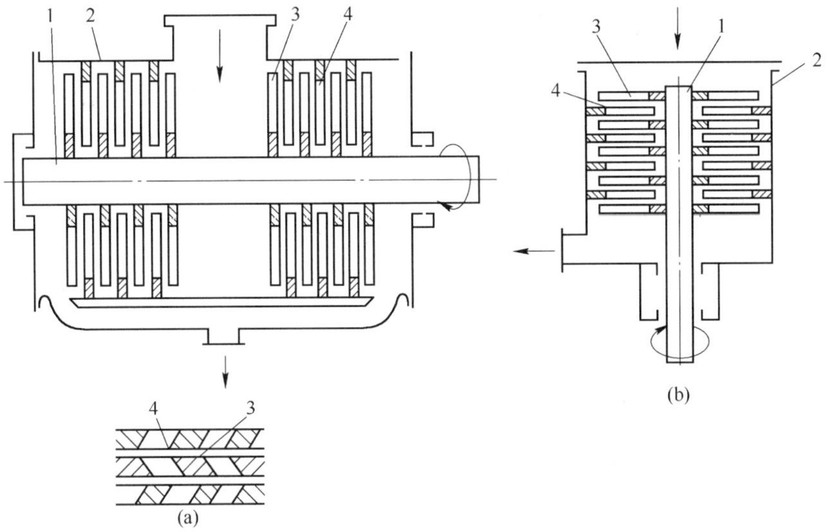


图 8-9 涡轮分子泵结构示意图

$\delta_3$，转子叶列顶端与泵壳之间的间隙为 $\delta_2$，定子叶列内孔与轴之间的间隙为 $\delta_1$。

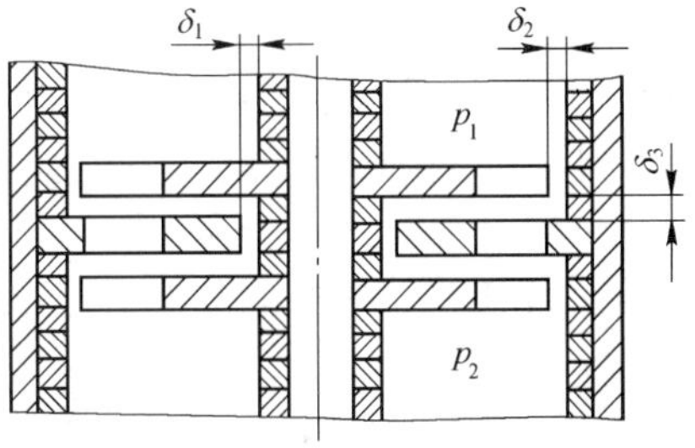


图 8-10 叶列的安装间隙示意图

实际的安装间隙是根据安装条件决定的。对于工作轮外径 $D_2=100\sim200$mm 时，$\delta_3=1\sim1.2$mm；对于 $D_2=500\sim700$mm 时，$\delta_3=2\sim2.5$mm。因为防止叶列振动相碰，工作轮外径 $D_2$ 增大时，则 $\delta_3$ 的值也要增大。对于 $\delta_2$ 间隙的选取为径向间隙的环形面积 $F_2$ 与转子叶轮槽的抽气面积 $F_p$ 之比，即 $F_2/F_p=0.02$，间隙返流的面积为正向抽气面积的2%；环形间隙 $\delta_1$ 的面积 $F_1$ 与定子叶列的抽气面积 $F_C$ 之比，即 $F_1/F_C=(4\sim6)\times10^{-3}$。间隙 $\delta_1$、$\delta_2$ 和 $\delta_3$ 的值对叶列的抽速和压缩比影响很大，故需尽量在许可条件下选小值。

为了稳定工作，在泵制造时，要做好转子的动平衡，根据俄罗斯有关资料报道转子许可不平衡量为

$$G=0.107m/n \tag{8-61}$$

式中 $m$——转子的质量，g；

$n$——转子旋转频率，$s^{-1}$。

对泵选择的轴承，在用油或油脂润滑的条件下，轴承直径 $d$（单位为 mm）乘以旋转频率 $n$（单位为 $s^{-1}$）要低于临界值，即

$$dn\leqslant13000\quad(\text{mm/s}) \tag{8-62}$$

### 8.1.5 涡轮分子泵抽气性能的计算

涡轮分子泵的抽气性能由泵的极限压力和抽速以及前级压力等组成。

在泵的出口侧气体流动处于分子流态时，泵的极限压力与泵的叶列级数、泵吸入侧泵体内表面及转子的零件表面的放气率，泵的抽速以及抽气腔的密封程度有关。

泵的抽速则与工作轮叶列通道的几何参数以及工作轮特性的合理匹配有关。

涡轮分子泵的结构有非常良好的气密性，因此，泵的极限压力主要取决于吸入侧零、部件的表面放气率。现在泵体多由 12Cr18Ni10Ti 不锈钢制造，工作轮多由铝合金或钛合金制造。

材料的放气率、放出的气体成分与表面加工的质量，高真空下烘烤除气状态以及表面氧化膜的情况有关。经高真空下烘烤除气，不锈钢的平均放气率为 $3\times10^{-8}\sim3\times10^{-10}\,\mathrm{Pa\cdot m^3/(s\cdot m^2)}$；而铝合金和钛合金经高真空下烘烤除气后，其平均放气率为 $(2\sim5)\times10^{-7}\,\mathrm{Pa\cdot m^3/(s\cdot m^2)}$。

在不考虑泵的漏气影响时，泵所能获得的极限压力为

$$p_{\min}=\frac{\sum\limits_{j=1}^{j=m}F_jq_j}{S}\quad(\mathrm{Pa})\tag{8-63}$$

式中　$F_j$——吸入侧某气体部分的表面积，$\mathrm{m^2}$；

$q_j$——某放气部分的出气率，$\mathrm{Pa\cdot m^3/(s\cdot m^2)}$；

$S$——泵的工作抽速，$\mathrm{m^3/s}$。

涡轮分子泵的总压缩比为 $K_t$，即

$$K_t=\frac{p_f}{p_{\min}}=\prod_{i=1}^{n}K_i\tag{8-64}$$

式中　$p_f$——泵的前级压力，Pa；

$K_i$——第 $i$ 工作轮的压缩比；

$n$——工作轮的级数。

第一个工作轮的抽速

$$S_{01}=S_1+u_1(K_1-1.0)\tag{8-65}$$

式中　$S_1$——第一个工作轮抽除的气体的体积。

$$S_1=S_p+\frac{Q_1}{p_1}\quad(\mathrm{m^3/s})\tag{8-66}$$

式中　$S_p$——泵已知的抽速，$\mathrm{m^3/s}$；

$u_1$——径向环形间隙的流导，$\mathrm{m^3/s}$，[$u_1(K_1-1.0)$ 为经过径向环形间隙返流的气体的体积（单位为 $\mathrm{m^3/s}$），仅被第一工作轮抽除]；

$Q_1$——吸气侧的放气量，$\mathrm{Pa\cdot m^3/s}$。

径向环形间隙的流导 $u_i$ 为

$$u_i=\frac{8}{3}\sqrt{\frac{RT}{2\pi M}}\frac{ab^2}{l}\Gamma''\tag{8-67}$$

式中　$R$——摩尔气体常数，J/kmol；

$T$——气体的温度，K；

$M$——气体的分子量；

$a$——工作轮周长，m；

$b$——径向间隙，m；

$l$——工作轮的宽度，m；

$\Gamma''$——与 $b/l$ 有关的系数（如图 8-11 所示）。

对于 293K 的氮气，则 $u_i$ 为

$$u_i = 314ab^2\Gamma''/l \quad (\mathrm{m^3/s})$$

对于第 $i$ 个工作轮，

$$S_{0i} = S_i + u_i (K_i - 1.0)$$

其中

$$S_i = \frac{S_{i-1}}{K_{i-1}} + \frac{Q_i}{p_i} \tag{8-68}$$

式中 $p_i$——第 $i$ 工作轮的吸气压力；

$Q_i$——第（$i-1$）和第 $i$ 工作轮之间表面放气量

$Q_i = \sum_{j=1}^{j=m} F_{ji}q_{ji}$，$j$ 为第 $i$ 工作轮前出气表面的标号。

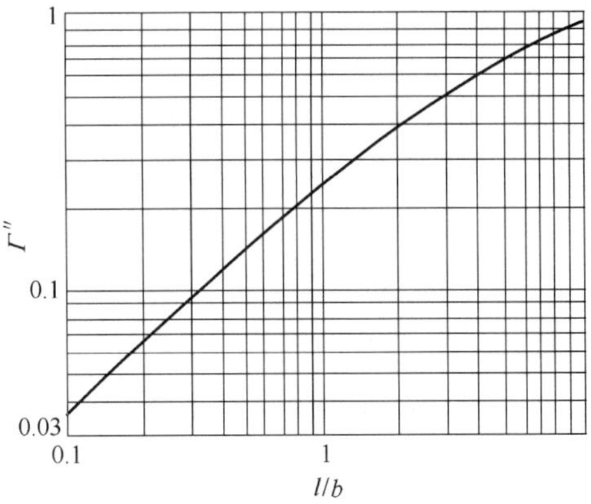


图 8-11 分子流态下系数 $\Gamma''$ 与间隙通道的 $l/b$ 之间的关系

第 $i$ 个工作轮的压缩比，在考虑有气体经过间隙返流和零部件的表面放气时

$$K_i = K_{\max gi} - \frac{S_i}{S_{\max i}}(K_{\max gi} - 1.0) \tag{8-69}$$

式中 $K_{\max gi}$——第 $i$ 个工作轮在有间隙返流时的最大压缩比，即

$$K_{\max gi} = \frac{S_{\max i}K_{\max gi} + u_i (K_{\max i} - 1.0)}{S_{\max i} + u_i (K_{\max i} - 1.0)} \tag{8-70}$$

式中，$S_{\max i}$ 和 $K_{\max i}$ 为第 $i$ 个叶轮的最大抽速和最大压缩比，在第 $i$ 轮的几何参数确定后可从相关书籍查得并由下式求得：

$$S_{\max i} = 36.4H_{\max i}F_i\sqrt{\frac{T}{M}} \quad (\mathrm{m^3/s}) \tag{8-71}$$

式中 $F_i$——第 $i$ 个工作轮叶列通道端面积之和，$\mathrm{m^2}$；

$T$——气体温度，K；

$M$——气体的分子量。

从上式可以看出，工作轮叶片通道的几何参数、被抽气体的种类和温度对抽气性能有很大影响。对于不同的 $a$ 和 $a/b$ 值的工作轮其抽气性能多半取决于叶轮的圆周速度 $\bar{u}$ 和气体分子热运动的最可几速度 $\sqrt{2RT/M}$ 之比 $C_1$。当 $C_1$ 值越大则叶列的 $H_{\max}$ 和 $K_{\max}$ 也越大。

在图 8-12 上给出，当 $\alpha = 35°$，$C_1 = 0.2$、$0.4$、$0.6$ 和 $0.8$ 时，$H_{\max}$ 和 $K_{\max}$ 与 $a/b$ 的关系。从

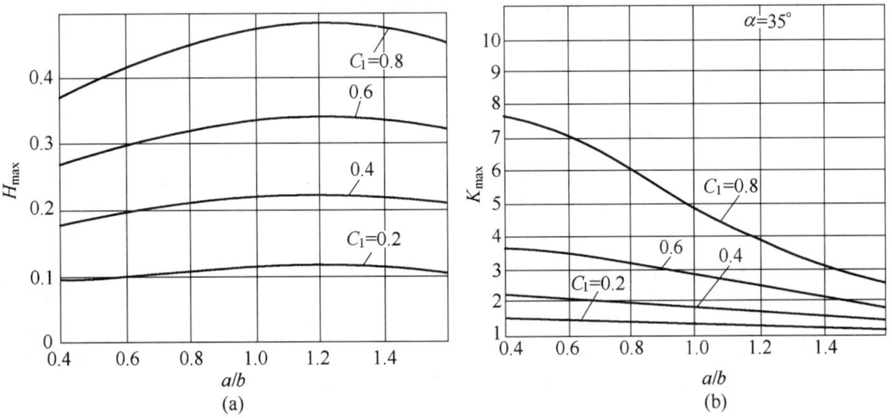


图 8-12 $\alpha = 35°$ 时，$H_{\max} = f(a/b)$，$K_{\max} = f(a/b)$

图上看出在 $a/b=1\sim1.4$ 时 $H_{max}$ 有最大值。而且随 $C_1$ 的增长而 $H_{max}$ 增大。对于 $K_{max}$ 则随 $C_1$ 的增长和 $a/b$ 的减小而增大。

在图 8-13 上给出，以 $a/b$ 为变量的 $H_{max}$ 和 $\alpha$ 的关系；再以 $\alpha$ 为变量的 $H_{max}$ 与 $a/b$ 的关系曲线。在 $\alpha=35°\sim40°$ 时有 $H_{max}$ 的最大值。这时，气体分子从一侧向另一侧通过的几率有不同值存在。而当 $\alpha$ 角越小，从相反方向通过的几率值越小，也就是 $M_{12}-M_{21}$ 的差的绝对值降低了。同时角度 $\alpha>35°\sim40°$ 时，气体在叶轮相反方向通过时气体分子同通道表面的作用，就使 $M_{12}$ 和 $M_{21}$ 相差不多了，当 $\alpha=\frac{\pi}{2}$ 时，$M_{12}=M_{21}$。

从图 8-13（b）的关系曲线，可以求得最佳的 $a/b$ 值，以便保证有最大的 $H_{max}$ 值，即保证有最大的正反向的通过几率的差值。

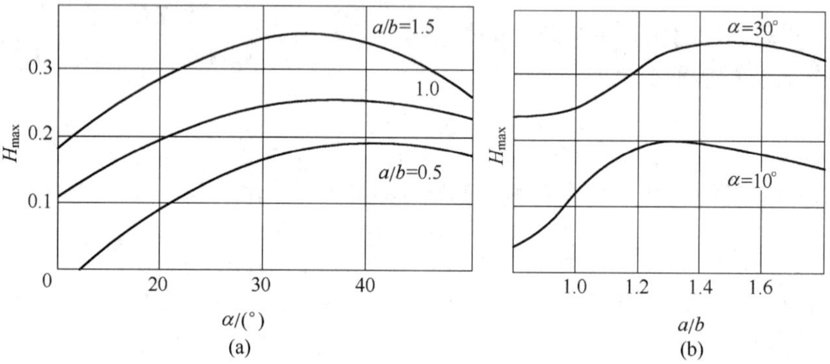


图 8-13 在 $C_1=0.6$ 时，$H_{max}=f(\alpha)$，$H_{max}=f(a/b)$

$a/b$ 值越小，则叶片通道相对越长，气体分子向反方向通过的正向通过几率变小导致通过几率值降低，使 $H_{max}$ 下降。

当 $a/b$ 值过大时，气体分子经过叶列通道中与叶片壁面碰撞的分子数减少了，削弱了叶片壁对分子的作用，导致了通过几率之差减少了，即 $H_{max}$ 也就下降了。

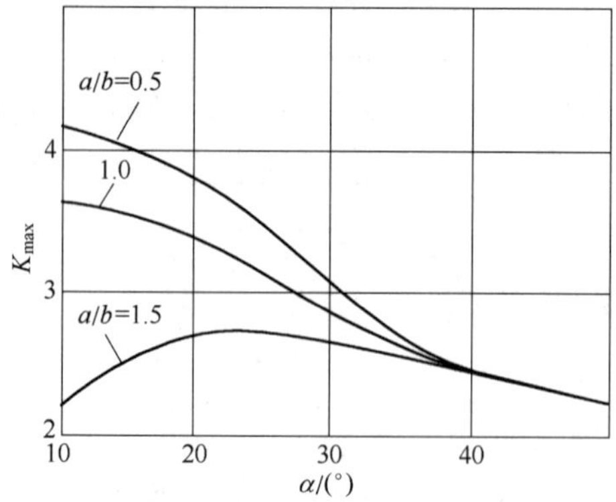


图 8-14 当 $C_1=0.6$ 时 $K_{max}$ 与 $\alpha$ 的关系

最大压缩比与角度的关系 $K_{max}=f(\alpha)$，如图 8-14 所示。当 $\alpha$ 角增加时，反向通过几率增加了，结果使最大压缩比 $K_{max}$ 降低了。

对于 $a/b$ 值小时，气体分子同叶片通道壁的作用增强了，使压缩比增加了。在 $a/b$ 值大时，经过叶片通道与叶片壁无碰撞的几率增加了，结果使叶轮的压缩比降低了。

从图 8-12（a）看出 $C_1$ 从 0.2 到 0.8 时，在 $\alpha=35°$ 时 $a/b$ 的最佳值是不变的。见图 8-13（a），不同的 $a/b$ 值对应的最佳角度值实际上是不变的，即 $\alpha=35°\sim40°$。

理论研究得知，$H_{max}$ 达到最大值所对应的 $a/b$ 值为 1.0～1.4。对所有的 $\alpha$ 角基本上都是这样的。而对这样的 $a/b$ 值，最大压缩比 $K_{max}$ 没有明显的变化。

在确定圆周速度 $\bar{u}$ 和气体分子热运动最可几速度之比 $C_1$ 之后，选定叶片的几何参数 $\alpha$ 和

$a/b$ 就可以确定出叶轮的抽气特性和叶轮的主要参数 $H_{max}$ 和 $K_{max}$。

在给定 $C_1$ 之后，对各级叶轮的 $\alpha$ 和 $a/b$ 值有一定的要求。

从吸入侧泵的第一个工作轮，应该有尽可能大的抽速，因为它也就确定了整个泵的抽速。而以后串联的各级叶轮应该保证泵所需的总的压缩比。各参数选择合理，就可能用最少的工作轮的数目来达到整个泵所需的总的压缩比。

由上述分析得出如下结论：

(1) 为了保证工作轮有较高的通过几率，因而，可得到较高的抽速，在保持可行的最大压缩比时，几何参数应在 $\alpha = 35^\circ \sim 40^\circ, a/b = 1.0 \sim 1.4$ 之间来选取。

(2) 在保证足够高的 $H_{max}$ 时，要有尽可能高的 $K_{max}$ 值，其几何参数，必须在 $\alpha = 10^\circ \sim 20^\circ, a/b = 0.6 \sim 0.8$ 之间选取。

(3) 为了提高工作轮的工作抽速和压缩比，必须提高工作轮的转速。

(4) 为了改善工作轮的抽气性能，把叶片做成按半径扭曲的，实际上不适当的。

在用小的 $\alpha$ 和 $a/b$ 的工作叶片组成抽气叶列组时，它只适用于泵体内表面和转子零件表面放气量小的时候。若放出的是大分子量气体且放气量大的，所有的工作轮都应该用开式结构。

图 8-15 给出 $a/b = 1.0$ 时 $H_{max}$ 和 $K_{max}$ 和 $C_1$ 的关系。

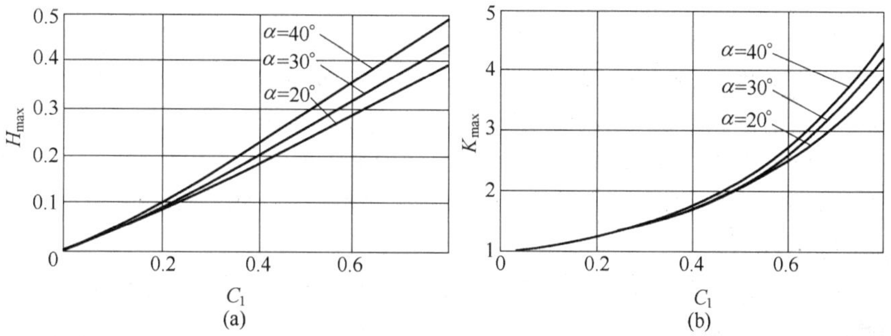


图 8-15 在 $a/b = 1.0$ 时 $H_{max} = f(C_1)$ 和 $K_{max} = f(C_1)$

当 $C_1$ 增加时，压缩比 $K_{max}$ 随 $C_1$ 呈指数增加，而抽气系数 $H_{max}$ 随 $C_1$ 呈线性变化（在 $C_1 = 0 \sim 0.8$ 之间，偏差不超过 9%）。

因此，对于给定 $\alpha$ 和 $a/b$ 时在有足够精度的情况下，这种线性关系可写成

$$H_{max} = AC_1$$

式中 $A$——与 $\alpha$ 和 $a/b$ 值有关的常数。

因而，当 $C_1 \leqslant 0.8$ 时，用工作轮抽气时，对不同分子量的被抽气体的最大抽速值是不变的。即由式 (8-71) 得

$$S_{max} = 36.4 H_{max} F\sqrt{\frac{T}{M}} = 36.4A\frac{\bar{u}}{\sqrt{\frac{2RT}{M}}}F\sqrt{\frac{T}{M}}$$

$$= \frac{36.4A\bar{u}F}{(2R)^{1/2}}$$

由上式看出最大抽速与被抽气体的类别无关，对各种气体的最大抽速值不变。

当压缩比 $K \neq 0$ 时，泵的工作抽速随被抽气体分子量的降低而稍有些提高。

在泵抽不同分子量气体时，从泵的吸气口断面到第一个工作轮之间的管道的阻力不同，而使工作抽速有些变化。另外，还有叶轮环形间隙的流导也与气体的分子量有关，在气体分子量

小时，被抽气体通过间隙的返流量也要增加，因而环形间隙的流导也会影响泵的工作抽速值。

被抽气体的分子量越小，泵所能建立的压缩比就越小。

因而，对一般的涡轮分子泵，对氢气的压缩比为 $10^3 \sim 10^4$；对氮的压缩比为 $10^8 \sim 10^9$，对重的气体（如 $M$=50～100），压缩比可高达 $10^{12} \sim 10^{15}$。

根据这个特点得知，被抽的真空系统中的残余气体为轻的气体，主要是氢。而质量数 $M$ 大于 44 的气体并不存在了。

被抽气体温度下降，对泵的工作抽速无明显的影响。实际上只能提高泵的压缩比。如果将泵的抽气部分冷却到液氮温度时，可有效地提高泵的压缩比，对轻的气体可提高 $10^2 \sim 10^3$ 倍，泵的极限压力也降低了。

前级泵的选择也很重要。在涡轮分子泵的排气侧，最后的工作轮的后边，前级泵要保证在此处，处于分子流状态。在涡轮分子泵整个吸入压力的范围内，前级泵的抽速不应该小于涡轮分子泵在出口条件下的抽速。

理论和实验研究指出，吸入压力，大约从 $p = 10^{-1} \sim 1.0$Pa 再提高时，在泵的工作轮中，就会出现过渡流或黏滞流状态。因而会显著地影响泵的抽速和压缩比。

现在作为涡轮分子泵前级泵的多为油封式旋片泵或无油式机械泵。在吸入压力为 1.0～$10^{-1}$Pa 时，泵的抽速已为零了。

实验研究结果得知：抽速为 200L/s 的涡轮分子泵的前级压力 $p_f$ 对泵的极限压力 $p_{min}$ 有影响，当前级压力在从 1.0Pa 变到 20Pa 时。实际上泵的极限压力不受影响，这是因为在泵的最后级中出现气体过渡流的影响并不明显所致。在前级压力从 65Pa 增加到 130Pa 时，泵的极限压力从 $4\times10^{-5}$Pa 增加到 $2\times10^{-3}$Pa。在继续增加前级压力从 130 到 200Pa 时，泵的极限压力大约增加三个数量级，而这时泵的压缩比从 $K = 10^4$ 降到 $K = 10^2$，这是受涡轮分子泵的抽气叶列中气体流动的状态的变化所决定的。

涡轮分子泵的抽速与吸入压力无关的最大吸入压力为 $10^{-1}$～1.0Pa。采用过渡压力，即涡轮分子泵的排气压力和前级泵的吸气压力不应该超过 65～130Pa。在这种过渡压力下，前级泵的抽速应该等于涡轮分子泵抽除排气通道总的放气时的抽速。

在作为前级泵所能建立的压力低于 $10^{-1}$Pa 时，仅在涡轮分子泵建立的压缩比低于前级泵假定的吸入压力和式（8-63）确定的极限压力之比才适用，即用涡轮分子泵建立的压缩比，在没有泵体内表面和转子零件表面的放气时决定泵的级数。

涡轮分子泵抽气性能的计算方法是在涡轮分子泵抽气通道结构材料等已知后，进行其验算性质的计算，其计算步骤如下：

（1）确定泵体和转子、定子工作轮在吸入侧和叶轮之间的表面放气量：$Q_1$ 和 $Q_2$。

（2）按式（8-63）求泵的极限压力。

（3）选择前级泵，保证涡轮分子泵最后的工作轮之后的气体流动处于分子流态。

（4）计算确定工作轮的数目（转子和定子）。

按次序从第一个工作轮开始计算一直到前级压力为止，压缩比的计算按式（8-64）进行。这是在计算抽速为零时（即 $p_{min}$）的情况下最大的压缩比。认为第一个工作轮的抽速是由吸气侧放气和间隙返流所组成的。即

$$S_{01} = \frac{Q_1}{p_{min}} + u_1 (K_1 - 1)$$

第一个工作轮所建立的压缩比由式（8-69）确定。

第 $i$ 个工作轮前的压力为

$$p_i = p_{i-1}K_{i-1} \tag{8-72}$$

（5）在整个吸入压力范围内，由给定的 $Q_{\min f}$ 到 $S_{\max}p_f$ 的气流量确定泵的抽气性能的计算点。

经过前级泵的最小气流量由放气流量确定的，即

$$Q_{\min f} = Q_1 + \sum_{i=2}^{i=n} Q_i + Q_{3f}$$

式中 $Q_{3f}$——涡轮分子泵排气腔（在最末级的工作轮之后）的放气量。

按前级泵的特性，$Q_f = Q_{\min f}$ 定出 $p_f$ 和 $p_{\min}$ 最后工作轮上的压缩比为

$$K_n = \frac{K_{\max gn}S_{\max n}}{S_{\max n} + (S_{n+1} - Q_{3f}/p_{n+1})(K_{\max gn} - 1)}$$

式中 $S_{n+1} = Q_{\min f}/p_{n+1}$；$p_{n+1} = p_f$。

对第 $i$ 个工作轮

$$K_i = \frac{K_{\max gi}S_{\max i}}{S_{\max i} + (S_{i+1} - Q_{i+1}/p_{i+1})(K_{\max gi} - 1)} \tag{8-73}$$

按 $K_n$ 值确定最后工作轮的抽速

$$S_n = (S_{n+1} - Q_{3f}/p_{n+1})K_n$$

最后工作轮前的压力 $p_n = p_f/K_n$。

按此逐级确定 $K_i$、$S_i$、$p_i$ 从所有的工作轮一直到第一个工作轮为止。因而可确定出泵的实际的 $p_{\min}$ 值。

还要计算出泵的吸入工作压力 $p_p$ 和对应的泵抽速 $S_p$ 的表达式 $S = f(p)$。在这种情况下，在确定级数时，按给定的泵的抽速来求第一个工作轮的抽速，即

$$S_{01} = S_p + \frac{Q_1}{p_p} + u_1(K_1 - 1)$$

涡轮分子泵电动机的功率计算。

涡轮分子泵电动机的功率主要消耗在压缩气体，克服机械损失以及驱动润滑用的油泵所需的功率。

涡轮分子泵压缩气体近似于等温压缩，尽管有很大的压缩比（$10^8 \sim 10^{10}$），但气体的密度非常低（吸入压力 $10^{-10} \sim 10^{-2}$Pa）。

在涡轮分子泵中，气体压缩，是靠工作轮向高压力方向传输气体分子，以克服各种气流阻力。

在涡轮分子泵中机械损失不大，泵用高精度滚动轴承，因此机械效率 $\eta_M = 0.95 \sim 0.97$。

泵压缩气体所耗的功率 $N_H$；

$$N_H = mL_{us} \quad (W) \tag{8-74}$$

式中 $m$——质量流率 kg/s，$m = S\rho$（$S$ 为泵的抽速（$m^3/s$），$\rho$ 为气体的密度（$kg/m^3$），$\rho = p/RT$）。

等温压缩功

$$L_{us} = 2.3RT\lg\left(\frac{p_f}{p}\right)$$

式中 $R$——摩尔气体常数，J/（kg·K）；

$T$——压缩气体的温度，K；

$p_f$——泵的前级压力，Pa；

$p$——吸入的最低工作压力，Pa。

油泵电动机功率

$$N_0 = V_0(p_{0f} - p_{01} + \rho_0 gh) \quad (\mathrm{W})$$

式中 $V_0$——油的容积流量，$m^3/s$；

$p_{0f}$——油泵的排出压力，Pa；

$p_{01}$——油泵的吸入压力，Pa；

$h$——泵所建立的压头，m；

$\rho_0$——油的密度，$kg/m^3$。

涡轮分子泵电动机功率

$$N = (N_n + N_0)/\eta_M \quad (\mathrm{W})$$

为了提高转子的启动力矩，缩短惯性启动时间，计算所得功率常增大10%～15%。

按上述公式计算所得的功率很低，人们通常根据所要求的启动时间来确定电动机的功率。

## 8.2 喷射真空泵

### 8.2.1 概述

喷射泵是利用液体或气体的高速射流携带被抽气体，使被抽容器内获得一定真空度的一种低真空泵。

喷射泵具有结构简单、工作稳定可靠、可以抽出含有水蒸气、粉尘、易燃易爆以及有腐蚀性气体等特点，抽气量很大，已广泛应用于冶金、化工、食品、制药等领域。其缺点是能量损失较大，抽气效率较低。

喷射泵可按工作介质的不同分为水喷射泵、大气喷射泵和水蒸气喷射泵。本节讲述水喷射泵和水蒸气喷射泵。

### 8.2.2 水喷射泵

水喷射泵是用水为工作介质，通过高速射流来引射被抽气体，使被抽容器达到一定的真空度的低真空获得设备。单级泵的极限压力为3.3kPa，两级泵串联可获得更低一些的极限压力，但受到水饱和蒸汽压的限制。

水喷射泵可以单独使用，也可以作为其他真空泵的前级。

8.2.2.1 水喷射泵的工作原理

如图8-16所示，具有一定压力的水经过喷嘴1形成高速射流进入吸入室2，将水的压力能

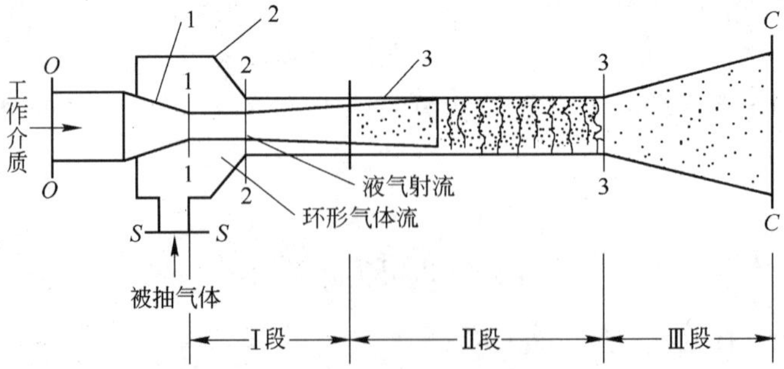


图8-16 水喷射泵的工作原理

1—喷嘴；2—吸入室；3—扩压器

转化为动能；吸入室内的被抽气体被高速射流强制携带进入扩压器 3，在扩压器中两股流体进行扩散混合，进行动量和能量交换，两者的压力和速度逐渐趋于一致，并且在泵出口处混合流体的压力高于大气压力而排到大气中。在水喷射泵工作过程中，被抽气体中可凝性气体溶于水中，不可凝性气体从排气口排出，水通过水泵循环使用。

尽管水喷射泵结构简单，但由于泵内流体流动为气液两相流，气体和液体间存在很大的比重差，因此，其中的流动的情况比较复杂，可大致分为三个过程，对应于图 8-16 中Ⅰ～Ⅲ段。

Ⅰ段是水射流与被抽气体相对运动段。液体射流从喷嘴喷出，其边界层对气体的粘滞作用将被抽气体携带至扩压器的渐缩段，此段内气液两相存在相对运动，并且两者均为连续介质。

Ⅱ段是气液混合段。在扩压器喉部水射流表面波动幅度增大，水射流被剪切分散形成液滴并扩散到气体中，在高速流动中与气体分子碰撞进行动量和能量交换，将气体加速和压缩。此段内，液体变为非连续介质，而气体仍为连续介质。

Ⅲ段是扩压运动段。气液混合介质进入扩压器渐扩段，气体被液滴粉碎成微小气泡分散在重新聚合成的液体之中，形成泡沫流。此段内，混合介质的压力升高，气体被进一步压缩，液体为连续介质，气体为离散介质。由于液体的热容量较大，因此气体可认为被等温压缩。

#### 8.2.2.2　水喷射泵的结构

水喷射泵由喷嘴、吸入室和扩压器组成。

喷嘴的作用是将水的压力能变为动能，其结构对泵的性能影响较大，常用的形式有锥形收缩型、圆形薄壁孔口型、流线型以及多孔型等。

吸入室与进气管相连，一般为圆筒形，其截面积为喷嘴出口面积的 6～10 倍。

扩压器由渐缩段、喉管和渐扩段组成。渐缩段的收缩半角为 15°～30°，其作用是使被抽气体顺利进入喉管；喉管使液体与气体均匀混合，并进行质量迁移和能力传递；渐缩段是将气液混合介质的动能转变成压力能，使被抽气体得到压缩，其渐扩角为 5°～8°。

水喷射泵按喷射方式可分为：连续喷射式、旋流喷射式以及脉冲喷射式。

连续喷射式的工作液是连续供给的，目前大多数水喷射泵采用这种方式。

旋流喷射式的工作液射流是旋转的，可增大气液的接触面积，加快射流破碎的速度，提高喷射泵的效率，但旋流发生器要消耗部分能量。

脉冲喷射式的工作液是脉冲供给的，脉冲喷射流可加速流体间的混合，减少混合段的长度，其传能方式类似于活塞压缩机。

水喷射泵按结构形式可分为单级泵和多级泵。单级泵按喷嘴结构形式的不同，可分为单喷嘴短喉管、短喷嘴长喉管以及多喷嘴水喷射泵。

图 8-17 为单喷嘴水喷射泵结构图。短喉管水喷射泵体积小，工作效率低，喉管长度为喉管直径的 5～8 倍；长喉管水喷射泵效率较高，喉管长度为喉管直径的 10～60 倍。

图 8-18 为多喷嘴水喷射泵结构图。喷嘴数量为 4～19 个。由于工作射流与被抽气体的接触面积大增，所以工作效率较高。

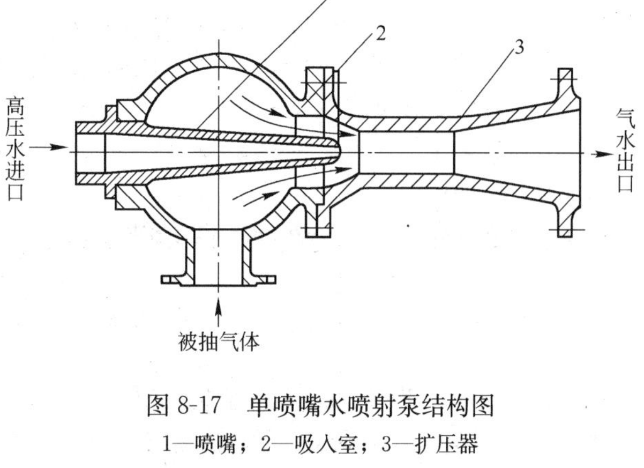


图 8-17　单喷嘴水喷射泵结构图

1—喷嘴；2—吸入室；3—扩压器

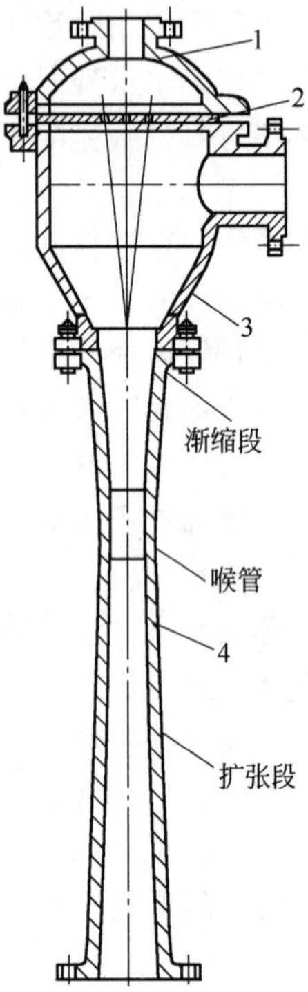


图 8-18　多喷嘴水喷射泵结构图

1—进水室；2—多孔喷嘴；3—吸入室；4—扩压器

水喷射泵、工作水泵、管路、阀门、水气分离器以及测量仪表等组成水喷射泵工作系统，可垂直安装，也可以水平安装。

垂直安装时，流动对称，阻力损失小，传能效果较好；水平安装时，气液两相流动过程受重力影响，气泡向上集中使流动阻力损失增大。

安装高度可采用低位安装，也可采用高位安装。低位安装时，水喷射泵扩压器出口比排水池液面高出 0～2m，安装比较容易；高位安装时，水喷射泵扩压器出口比排水池液面高出 8～10m。由于高位水的重力势能对被抽气体的附加压缩，因此比低位安装的抽气量增加 30%左右。

8.2.2.3　泵性能参数和尺寸计算

A　泵的性能参数

水喷射泵的主要性能为极限压力、抽气量和抽速，以及反映泵抽气效率的体积引射系数，其中抽气量与抽速的关系为：

$$Q = S \cdot p \tag{8-75}$$

式中　$Q$——泵的抽气量；

$S$——泵的抽速；

$p$——泵入口压力。

水喷射泵的极限压力取决于水温对应的水饱和蒸汽压；抽气量随工作介质流量和压力的增加而增加，当抽出蒸汽或蒸汽混合物时，泵的抽气量远大于抽出空气时的情形；抽速与被抽气体的压力、温度有关，与泵的排气压力有关，与工作介质体积流量、温度、压力有关，其计算式为：

$$S = K \cdot G_W \cdot \frac{p_A - p_V}{p_A} \frac{T_A}{T_W} \left( \sqrt{\frac{p_W - p_A}{p_B - p_A}} - 1 \right) \tag{8-76a}$$

式中　$K$——与被抽气体有关的常数，对于空气，$K=0.85$；

$G_W$——工作介质的体积流量；

$T_W$——工作介质的温度；

$p_W$——工作介质的压力；

$T_A$——被抽气体的温度；

$p_A$——被抽气体的压力；

$p_B$——泵的排气压力；

$p_V$——泵的极限压力。

当 $p_A \gg p_V, p_W \gg p_B \gg p_A$ 时，泵的抽速：

$$S \approx K \cdot G_W \cdot \frac{T_A}{T_W} \cdot \sqrt{\frac{p_W}{p_B}} \tag{8-76b}$$

从上式中可见，此时泵的抽速与被抽气体的压力无关。

水喷射泵的体积引射系数为泵的抽速与工作介质体积流率之比：

$$\gamma = \frac{S}{G_W} = K \frac{p_A - p_V}{p_A} \frac{T_A}{T_W} \left( \sqrt{\frac{p_W - p_A}{p_B - p_A}} - 1 \right) \tag{8-77a}$$

式中　$\gamma$——泵的体积引射系数。

当 $T_W \approx T_A$，$p_A \gg p_V$时，引射系数：

$$\gamma \approx K \left( \sqrt{\frac{p_W - p_A}{p_B - p_A}} - 1 \right) \tag{8-77b}$$

B　几何参数计算

根据泵的工作真空度，需要的抽气量，排气压力以及被抽气体温度，工作介质温度和压力，可由式（8-76）求出所需工作介质的体积流量，然后求出水喷射泵的几何参数。

（1）喷嘴出口截面积：

$$f_1 = \frac{G_W}{0.95\sqrt{2\nu(p_W - p_A)}} \tag{8-78}$$

式中　$\nu$——水的比容。

（2）喷嘴出口直径：

$$d_1 = 2\sqrt{\frac{f_1}{\pi}} \tag{8-79}$$

（3）扩压器喉部截面积：

$$f_3 = \frac{p_W - p_A}{p_B - p_A} \cdot f_1 \tag{8-80}$$

（4）扩压器喉部直径：

$$d_3 = 2\sqrt{\frac{f_3}{\pi}} \tag{8-81}$$

（5）喷嘴出口到扩压器喉部入口的距离：

$$l = 1.5d_3 \tag{8-82}$$

（6）扩压器喉部长度：

$$l_3 = 8d_3 \tag{8-83}$$

（7）扩压器出口直径：

$$d_4 = 2.5d_3 \tag{8-84}$$

（8）扩压器渐扩段张角：

$$\alpha = 8^\circ \tag{8-85}$$

### 8.2.3　水蒸气喷射泵

水蒸气喷射泵是以水蒸气为工作介质，从拉瓦尔喷嘴中喷射出高速蒸汽射流来携带被抽气体，从而达到抽出气体的目的。单级泵的压缩比一般为 8～10，为了获得更低的工作压力，需多个喷射泵串联起来工作，泵级数与工作压力的关系见表 8-2。

**表 8-2 泵级数与工作压力的关系**

| 泵级数 | 1 | 2 | 3 | 4 | 5 | 6 |
|---|---|---|---|---|---|---|
| 工作压力 | 13～100kPa | 2.7～27kPa | 0.4～4kPa | 67～670Pa | 6.7～133.3Pa | 0.67～13.3Pa |

8.2.3.1 工作原理

单级泵主要由拉瓦尔喷嘴、混合室、扩压器等组成，如图 8-19 所示。

泵的抽气过程可分为三个阶段，气流的压力和速度的变化如图 8-20 所示。

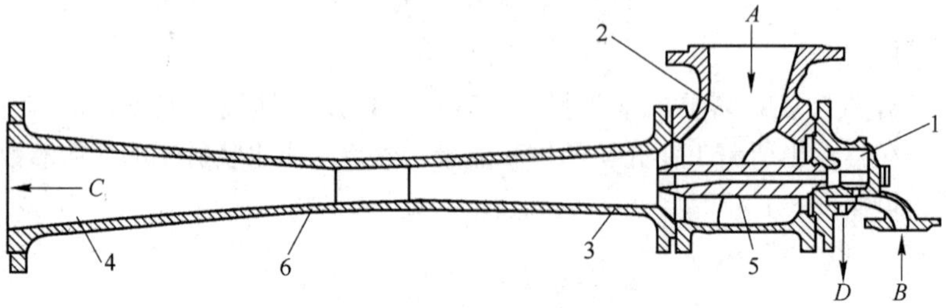


图 8-19 蒸汽喷射泵的结构图

1—工作蒸汽进入室；2—吸入室；3—混合室；4—压缩室；5—拉瓦尔喷嘴；6—扩压器

A—被抽气体入口；B—工作蒸汽入口；C—混合气流出口；D—工作蒸汽冷凝液排放口

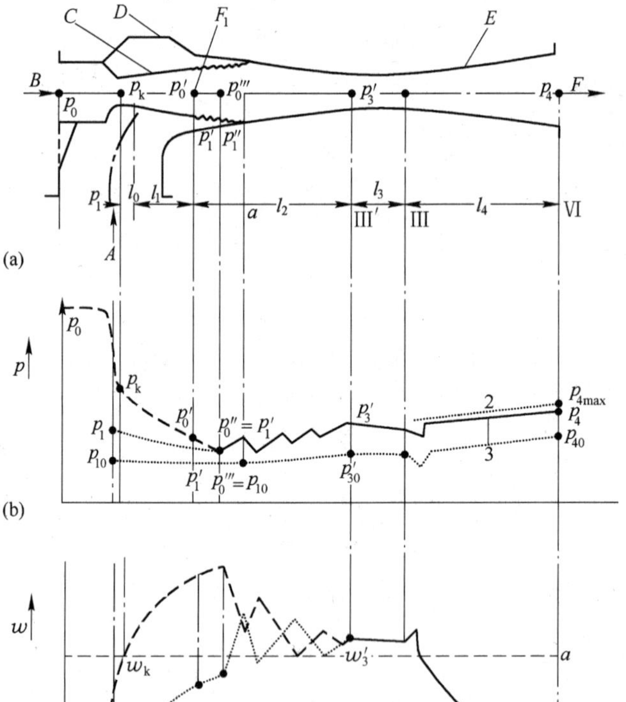


图 8-20 蒸汽喷射泵内压力与气流速度变化过程

A—被抽气体；B—工作蒸汽；C—拉瓦尔喷嘴；D—混合室；E—扩压器；F—混合气流

“——”表示混合气流；“- - -”表示工作蒸汽流；“……”表示被抽气体

(1) 工作蒸汽在拉瓦尔喷嘴中的流动。

工作蒸汽经拉瓦尔喷嘴加速，在喷嘴喉部达到音速 $W_k$，在喷嘴扩张段气流继续加速，在出口处获得的超音速气流喷射到混合室中。在此过程中高压工作蒸汽的压力能转化为动能，其压力由 $p_0$降为 $p_0'$，在混合室中形成低压，将被抽气体吸入。

(2) 工作蒸汽和被抽气体在混合室中的流动。

工作蒸汽和被抽气体在混合室中进行动量和能量交换，使两者的速度逐渐趋于一致。

(3) 混合气体在扩压器中的流动。

混合气体在扩压器中减速增压，在其喉部处出现正激波，使气流的压力突升，速度骤降至亚音速。在其扩张段速度进一步降低，压力进一步升高，最终克服出口反压而排到泵外，实现动能向压力能的转换。

8.2.3.2 抽气特性

A 单级泵抽气性能参数及影响因素

水蒸气喷射泵的抽气性能可由引射系数和压缩比来描述。

引射系数为被抽气体质量流率与工作蒸汽质量流率之比：

$$\mu = \frac{G}{G_0} \tag{8-86}$$

引射系数反映泵的抽气能力和效率。

压缩比为泵出口压力与入口压力之比：

$$Y = \frac{p_4}{p_1} \tag{8-87}$$

压缩比反映泵的排气能力以及可以获得的工作真空度。

泵的抽气性能与工作介质的压力、温度、流量有关，与被抽气体的种类、压力、温度、流量等因素有关。

B 变工况时压力沿扩压器轴线的分布

若保持被抽容器的压力不变，调节泵入口气流量和出口压力，则扩压器内气流压力与出口压力和引射系数的关系如图 8-21 所示。从图中可见，泵的引射系数随出口压力的减小而增加，即对于不变的入口压力而言，压缩比减小，引射系数增加。当泵出口压力低于某一值 $p_4$ (g) 后，引射系数不再随出口压力下降而增大，而是保持一定值 $\mu_g$不变。此时，激波发生在扩压器喉部或喉部之后，对渐缩段内的流动不产生影响。$\mu_g$称为极限引射系数（或最大引射系数），$p_4$ (g) 称为极限反压力（或临界反压力）。水蒸气喷射泵工作时出口反压力不应超过极限反压力，即 $p_4 \leqslant p_4$ (g)。当 $p_4 \geqslant p_4$ (g) 时，泵工作不稳定。

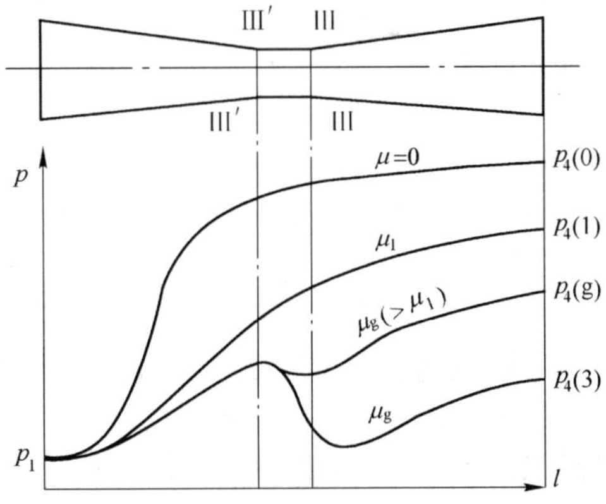


图 8-21 变工况时压力沿扩压器轴线的分布

C 单级泵的抽气特性曲线

泵入口压力与泵抽气量的关系曲线称为泵的抽气特性曲线，图 8-22 为一定工作蒸汽压力下泵抽气量与吸入压力、极限反压力的关系曲线。从图中可见，泵入口压力随泵抽气量的增加而明显上升，即气体负荷增加，工作真空度将下降；而极限反压力随抽气量的增加上升的

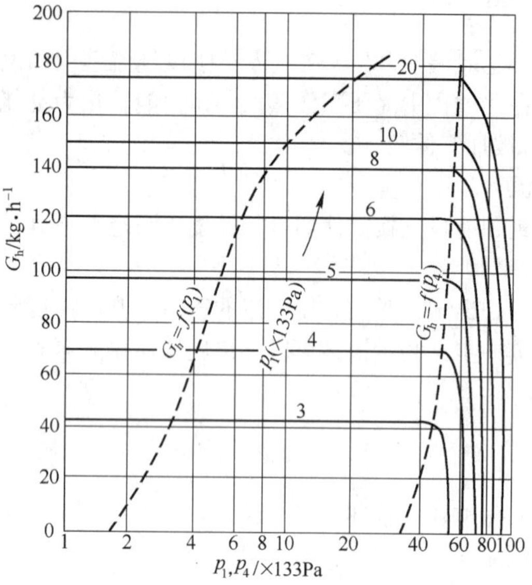


图 8-22　$G_h=f(p_1)$；$G_h=f(p_4)$ 关系曲线

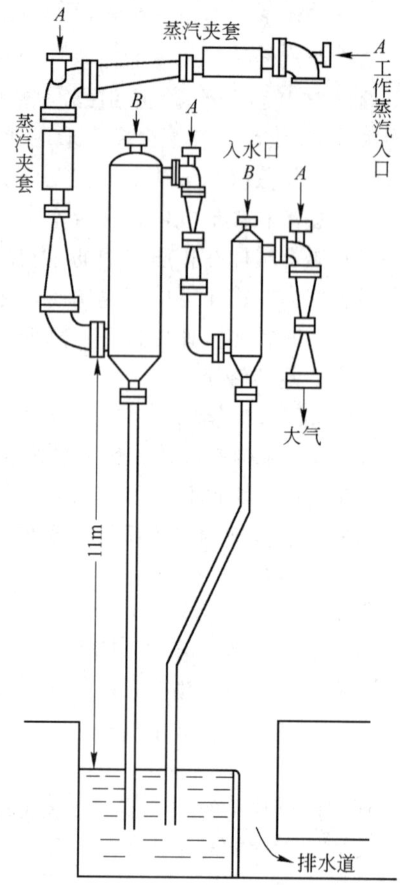


图 8-23　高架式蒸汽喷射泵

不多。减少气体负荷能提高真空度，但气体负荷过少时会使扩压器喉部内产生的激波前移，造成泵工作的不稳定，因此，在气体负荷变化较大的场合，可备用几台泵并联运行，根据气体负荷的多少决定开启泵的数量，这样既可以保证泵工作的平稳可靠，又能节省能源。

#### 8.2.3.3　多级喷射泵系统的组成和结构

##### A　多级泵的组成

为了获得更高的真空度，可将两个或两个以上泵串联起来工作，中间还要设置冷凝器将失去工作能力的蒸汽冷凝以减少下级泵的气体负荷。多个喷射泵、冷凝器以及管路、阀门、供水、供气系统、测控系统等构成多级喷射泵系统。图 8-23 为 4 级水蒸气喷射泵系统。

##### B　冷凝器

冷凝器按其安装位置可分为：前冷凝器、中间冷凝器和后冷凝器。

前冷凝器安装在第一级泵入口之前，当被抽气体中含有大量可凝性蒸汽，并且蒸汽分压大于冷却水温度对应的饱和蒸汽压时，可以采用前冷凝器。

中间冷凝器安装在两级泵中间，其具体安装位置和大小视混合气体中可凝性蒸汽的多少和分压大小以及冷却水温度而定。在多级泵系统中，中间冷凝器普遍使用，一般需设置多个中间冷凝器。

后冷凝器安装在末级泵之后，用于消除末级泵的废气或余热回收，只在特殊情况下设置。

冷凝器的结构形式有混合式、表面式和喷射式，如图 8-24、图 8-25、图 8-26 所示。

混合式冷凝器中，冷却介质与被冷却气体直接混合进行热量交换，因而冷却效果好，并且结构简单，在水蒸气喷射泵系统中广泛使用。

表面式冷凝器中，冷却介质与被冷凝气体通过固体表面进行热量交换，便于冷凝物的处理和回收，结构复杂，冷却效率较低，只在特殊场合下使用。

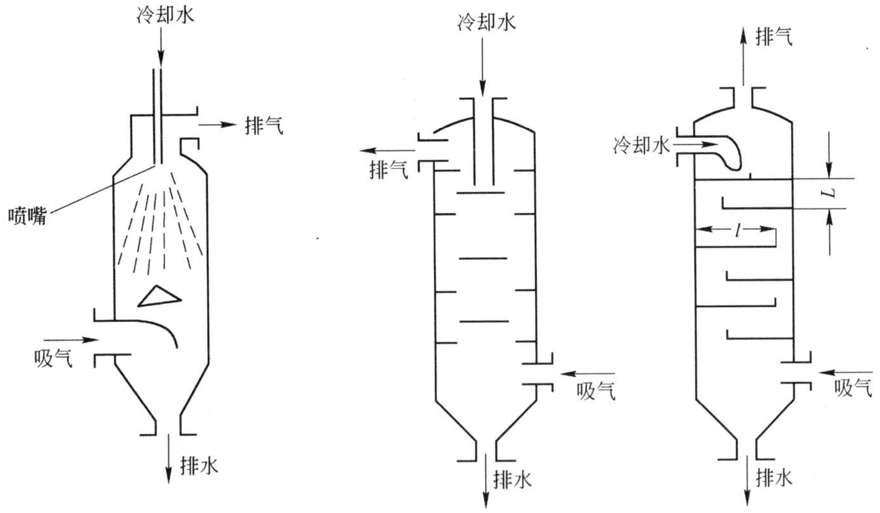


图 8-24 混合式冷凝器示意图

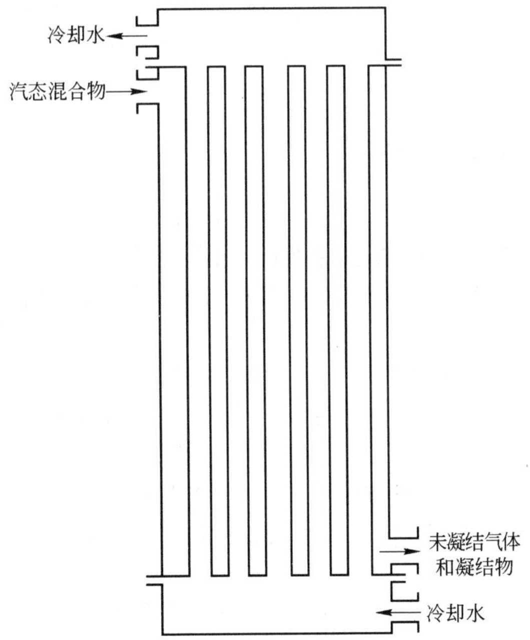


图 8-25 表面式冷凝器

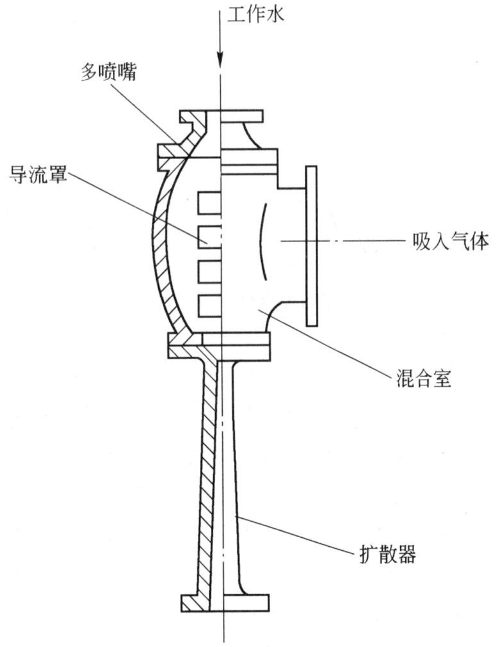


图 8-26 喷射式冷凝器

喷射式冷凝器中，以压力水为工作介质，经喷嘴形成高速射流，具有抽吸和冷凝双重作用，适用于含有大量可凝性气体的场合。

C 蒸汽加热套

当泵入口压力低于 533Pa 时，工作蒸汽急剧膨胀使其温度大幅度下降，会在喷嘴出口处以及扩压器入口处结冰，使泵抽气性能恶化。为防止上述现象发生，可在喷嘴和扩压器渐缩段处

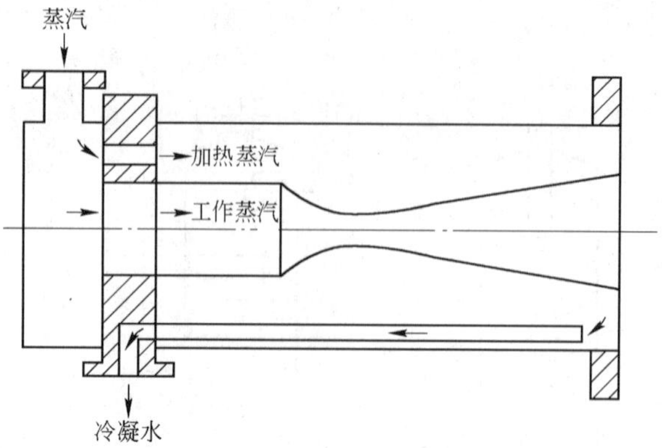


图 8-27　蒸汽加热套结构示意图

设置蒸汽夹套，通入工作蒸汽进行加热，其结构如图 8-27 所示。

D　启动泵

在某些工艺过程中，如钢液真空处理等，要求在很短的时间内将被抽容器抽空至需要的真空度。为满足这种工艺要求和有效利用蒸汽，可在真空系统中设置启动泵。启动泵与泵系统并联，在喷射泵系统启动时使用。当系统正常工作后，启动泵停止工作。在图 8-28 中，4B、3B 为启动泵。在 2S 喷嘴中可采用伸缩针结构，当 1S 未工作时，伸缩针退回，2S 在大的工作蒸汽流量下工作；当 1S 正常工作时，伸缩针插入，4B、3B 停泵，泵系统进入正常工作状态。

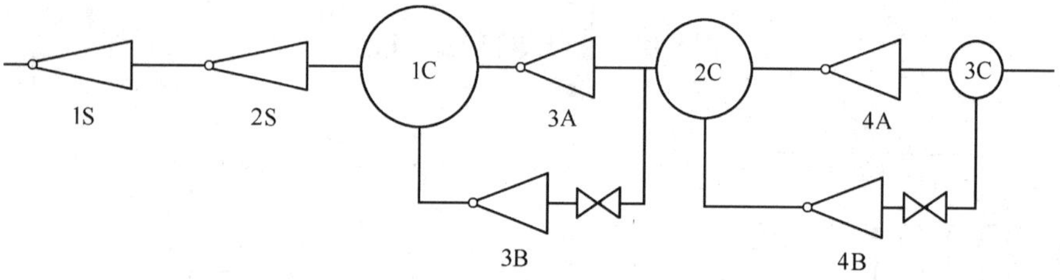


图 8-28　设置启动泵的蒸汽喷射泵系统

E　工作蒸汽供应系统

工作蒸汽的品质对喷射泵的实际抽气性能影响较大。蒸汽喷射泵使用的工作蒸汽为饱和或稍过热。为保证蒸汽系统的供热质量，使抽气系统正常有效地工作，供气系统根据需要设置以下装置：

(1) 蒸汽减温或过热装置。对于热网供热（过热度大于 100℃），蒸汽需降温使用，因此，在供气管网上要增设蒸汽自动减温装置。对于自备锅炉供气，为保证工作蒸汽具有一定的过热度，需在锅炉供气管路上安装过热器。

(2) 汽水分离器。对于不带过热器的锅炉供气系统，锅炉提供的蒸汽干度常低于 96%。在环境温度较低，且长距离管线供气条件下，蒸汽干度会远小于 96%，这时应设置汽水分离器，使工作蒸汽的干度达到 98%以上。

(3) 节流降压装置。在多级泵系统中，第一级泵吸入压力较低，工作蒸汽膨胀量很大，这要求喷嘴随之增大，并且会增加蒸汽流动过程中的摩擦损失。因此应设置节流降压装置。经过节流，蒸汽压力有所下降，同时还可以提高工作蒸汽的干度或过热度，对泵稳定工作有利。

(4) 蒸汽排放装置。供气之初，为将管路中的初始冷凝水和未饱和蒸汽排出，要在供气系统上设置蒸汽排放装置。蒸汽排放装置还可以在喷射泵系统快速停泵时防止供气锅炉或管网出现压力突升，保证系统的安全。

(5) 被抽气体冷却与除尘装置。水蒸气喷射泵的抽气能力随被抽气体的温度升高而降低，如图 8-29 所示。当被抽气体温度较高时，应在泵入口抽气管路上设置冷却装置。

当被抽气体中含有大量灰尘时，灰尘会在管路弯头、阀门、喷射泵中大量沉积而使气流阻

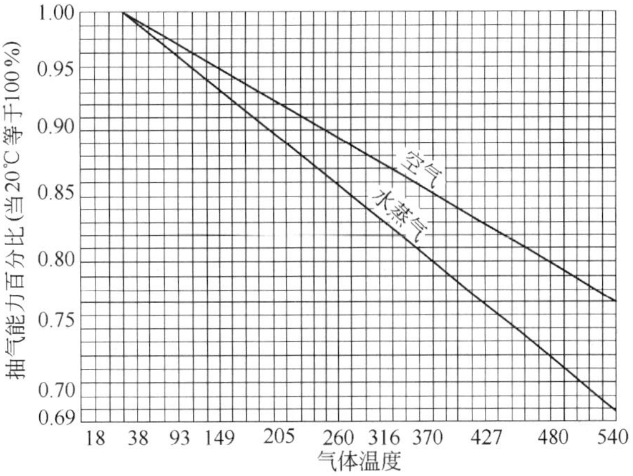


图 8-29 泵抽气量与被抽气体温度之间关系

塞、阀头失灵等，最终会导致泵系统抽气性能恶化。因此，必须在喷射泵入口抽气管路上设置除尘装置。

(6) 消音装置。为减少蒸汽排放时的噪声，可在蒸汽排放口和末级泵出口设置消音装置。

(7) 泵的安装形式。水蒸气喷射泵系统的安装形式有高架式、半高架式以及低架式三种。

高架式安装是使用最广泛的一种形式，安装高度不低于 11m，这样可以使冷凝器中的冷凝水靠自重克服大气压力而自然排出。高架式安装故障率低，可长期连续运行，缺点是辅助平台、上下蒸汽管路等造价高，操作维护不便。

半高架式安装是将泵置于 5m 高的平台上，采用离心水泵强制抽出冷凝器中的冷凝水，因此，冷凝器中水位要与水泵连锁控制，以防止返水事故的发生。半高架式安装形式的优点是安装位置低，缺点是水泵在低压下工作时易产生气蚀造成返水事故，降低了泵系统运行的可靠性，故很少采用。

低架式安装有两种情况，一种是汽水串联喷射泵，另一种是蒸汽喷射引流式泵。汽水串联喷射泵由蒸汽喷射泵和水喷射泵串联而成，无需冷凝器，故可低架安装，其优点是安装方便，不足之处是获得的真空度低，只适于粗真空场合。蒸汽喷射引流式泵是利用工作系统本身的蒸汽源带动以蒸汽引流喷射泵，用于抽出冷凝器中的冷凝水，这种形式的安装，操作方便，占地面积小，适用于中小型泵系统。

#### 8.2.3.4 水蒸气喷射泵的设计计算

A 工作蒸汽参数选择

一般而言，工作蒸汽的压力越高，工作蒸汽和冷却水的消耗越少，但蒸汽压力过高时，工作蒸汽和冷凝水的减少量就不明显了，并且会带来生产费用和设备投资费用的增加，因此，一般工作蒸汽的压力在（0.4～1.6）MPa（表压）范围内选择。在喷射制冷方面，人们也致力于利用压力为（0.2～0.3）MPa 的低压乏汽。

过热蒸汽或饱和蒸汽对泵的抽气性能影响不大，但考虑到蒸汽管路热损失以及工作蒸汽在喷嘴中膨胀降温等因素，一般工作蒸汽过热 10～20℃。工作蒸汽过热度较大，不仅浪费能源，还会使泵的工作不稳定。

B 冷却水温度的选择

冷凝器入口水温越低，冷却水消耗越少。当吸入压力较高时，冷却水温度对工作蒸汽和冷却水消耗量影响不大。冷却水温度与泵系统工作环境温度有关，随四季有所变化。

C 多级泵系统中压缩比分配

泵总的压缩比为：

$$Y=\frac{p_4}{p_1} \tag{8-88}$$

式中 $p_1$——第一级泵入口压力；

$p_4$——末级泵出口压力，$p_4 =$ （1.05～1.1）$\times 10^5$Pa。

每级泵的平均压缩比：

$$\overline{Y} = \sqrt[n]{Y} \tag{8-89}$$

式中　$n$——泵系统级数。

以 $\overline{Y}$ 为基准，调整各级泵的压缩比，并且满足：

$$p_1 \cdot Y_1 \cdot Y_2 \cdots Y_n > p_4$$

各级泵压缩比调整的原则为：

（1）从第一级到最末一级泵压缩比依次减小，最大压缩比 $Y_{max} = 10 \sim 12$，最小压缩比 $Y_{min} = 3 \sim 4$；

（2）各级泵之间的压力重叠度为 10%，即相邻两级泵的前一级泵极限反压力比后一级泵的吸入压力高 10%；

（3）当泵中混合物蒸汽分压对应的饱和温度高于冷却水温度 10℃时，需设置冷凝器，冷凝器的气阻约为 670～1330Pa。前级冷凝器阻力取小值，末级冷凝器阻力取大值。

D　气体负荷的估算

（1）当量换算。在水蒸气喷射泵的设计计算中，被抽气体指 20℃纯空气。对任意温度下空气或其他被抽气体需进行当量换算，修正系数可按图 8-30 选取，其中：

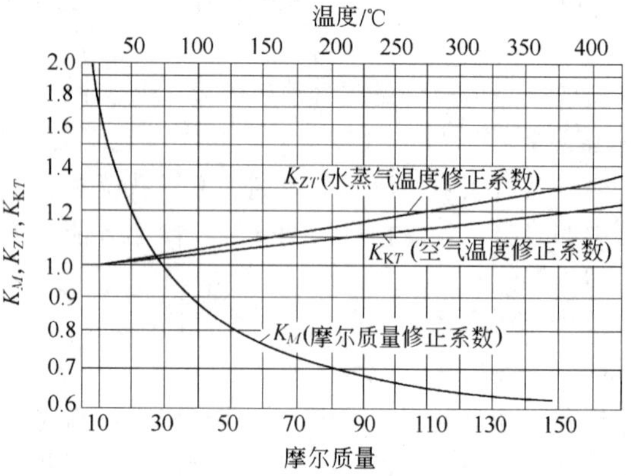


图 8-30　当量换算图

$K_{KT}$为空气温度修正系数；$K_{ZT}$为水蒸气温度修正系数；$K_M$为摩尔质量修正系数。

被抽气体为空气时，其当量气体负荷为：

$$G_{20} = G_K \cdot K_{KT} \tag{8-90}$$

式中　$G_K$——空气质量流量。

被抽气体为水蒸气时，其当量气体负荷为：

$$G_{20} = G_Z \cdot K_{ZT} \cdot K_M \tag{8-91}$$

式中　$G_Z$——水蒸气质量流量。

被抽气体为水蒸气和空气的混合气体时，其当量气体负荷为：

$$G_{20} = G_K \cdot K_{KT} + G_Z \cdot K_{ZT} \cdot K_M \tag{8-92}$$

对于其他混合气体，先求出混合气体的平均摩尔质量，其当量气体负荷：

$$G_{20} = G_h \cdot K_M \cdot K_{KT} \tag{8-93}$$

式中　$G_h$——混合气体质量流量。

（2）工作蒸汽放气量。工作蒸汽中含气量占总流量的 0.1%，即

$$G_{0K} = G_0 \times 10^{-3} \tag{8-94}$$

式中　$G_0$——工作蒸汽质量流量。

（3）冷却水放气量。冷却水中含气量占总流量的 0.001%，即

$$G_{SK} = W \times 10^{-5} \quad (8\text{-}95)$$

式中 $W$——冷却水质量流量。

(4) 水蒸气喷射泵系统的漏气量。漏气量与泵系统的容积有关，泵系统的最大漏气量 $G_l$ 参见图 8-31。

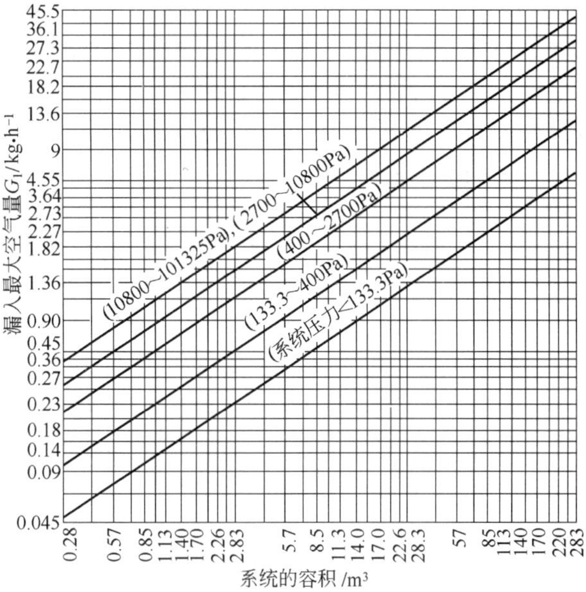


图 8-31 被抽系统漏入空气的最大量

综上所述，喷射泵系统的气体负荷为：

$$G = G_{20} + G_{0K} + G_{SK} + G_l \quad (8\text{-}96)$$

E 工作蒸汽消耗量的计算

工作蒸汽消耗量可由气体负荷和泵的引射系数求得：

$$G_0 = \frac{G}{\mu} \quad (8\text{-}97)$$

式中 $\mu$——泵的引射系数。

引射系数与压缩比和膨胀比有关。膨胀比为工作蒸汽压力与泵吸入压力之比，即：

$$B = \frac{p_0}{p_1} \quad (8\text{-}98)$$

式中 $B$——膨胀比；

$p_0$——工作蒸汽压力。

若已知膨胀比 $B$ 和压缩比 $Y$，可由表 8-3 查得引射系数 $\mu$ 的值。

F 喷嘴尺寸的计算

(1) 喉部直径：

$$D_{KP} = 1.6\sqrt{\frac{G_0}{p_0 \times 10^{-5}}} \quad (\text{mm}) \quad (8\text{-}99)$$

式中，$p_0$ 单位为 Pa，$G_0$ 单位为 kg/h。

(2) 出口直径：

$$D_1 = C \cdot D_{KP} \quad (8\text{-}100)$$

式中，$C$ 为计算参数，对于饱和蒸汽：

$$C = \begin{cases} 0.61 \times 2.52^{\lg B} & B \leqslant 500 \\ 0.51 \times 2.56^{\lg B} & B > 500 \end{cases} \quad (8\text{-}101a)$$

对于过热蒸汽：

$$C = \begin{cases} 0.67 \times 2.77^{\lg B} & B \leqslant 500 \\ 0.56 \times 2.36^{\lg B} & B > 500 \end{cases} \quad (8\text{-}101b)$$

**表 8-3　引射系数选择表**

| $\mu$ \ B / Y | 10 | 15 | 20 | 30 | 40 | 60 | 80 | 100 | 150 | 200 | 300 | 400 | 600 | 800 | 1000 | 1500 | 2000 | 3000 | 4000 |
|---|---|---|---|---|---|---|---|---|---|---|---|---|---|---|---|---|---|---|---|
| 1.2 | 3.1 | 3.42 | 3.6 | 3.71 | 3.8 | 3.89 | 3.95 | 4.0 | 4.01 | 4.02 | 4.03 | 4.04 | 4.05 | 4.06 | 4.06 | 4.06 | 4.07 | 4.07 | 4.07 |
| 1.4 | 1.73 | 1.98 | 2.11 | 2.31 | 2.4 | 2.47 | 2.52 | 2.56 | 2.59 | 2.61 | 2.61 | 2.62 | 2.62 | 2.63 | 2.64 | 2.65 | 2.65 | 2.66 | 2.66 |
| 1.6 | 1.12 | 1.32 | 1.45 | 1.58 | 1.67 | 1.75 | 1.79 | 1.83 | 1.88 | 1.92 | 1.95 | 1.98 | 2.00 | 2.00 | 2.01 | 2.01 | 2.01 | 2.01 | 2.01 |
| 1.8 | 0.81 | 1.00 | 1.11 | 1.23 | 1.29 | 1.36 | 1.41 | 1.44 | 1.49 | 1.53 | 1.58 | 1.61 | 1.64 | 1.66 | 1.67 | 1.67 | 1.69 | 1.70 | 1.71 |
| 2.0 | 0.58 | 0.76 | 0.87 | 0.98 | 1.05 | 1.12 | 1.17 | 1.20 | 1.24 | 1.28 | 1.32 | 1.35 | 1.38 | 1.40 | 1.42 | 1.44 | 1.45 | 1.46 | 1.47 |
| 2.2 | 0.46 | 0.60 | 0.71 | 0.82 | 0.89 | 0.97 | 1.01 | 1.05 | 1.10 | 1.13 | 1.17 | 1.20 | 1.23 | 1.25 | 1.26 | 1.28 | 1.30 | 1.32 | 1.33 |
| 2.4 | 0.37 | 0.48 | 0.55 | 0.68 | 0.72 | 0.82 | 0.96 | 0.90 | 0.94 | 0.98 | 1.02 | 1.05 | 1.09 | 1.12 | 1.14 | 1.17 | 1.20 | 1.22 | 1.23 |
| 2.6 | 0.30 | 0.41 | 0.49 | 0.58 | 0.65 | 0.71 | 0.77 | 0.81 | 0.86 | 0.90 | 0.94 | 0.97 | 1.00 | 1.03 | 1.06 | 1.06 | 1.10 | 1.12 | 1.13 |
| 2.8 | 0.24 | 0.34 | 0.41 | 0.50 | 0.57 | 0.64 | 0.69 | 0.73 | 0.73 | 0.82 | 0.87 | 0.89 | 0.93 | 0.96 | 0.98 | 1.00 | 1.03 | 1.04 | 1.05 |
| 3.0 | 0.19 | 0.28 | 0.34 | 0.41 | 0.47 | 0.53 | 0.59 | 0.62 | 0.68 | 0.71 | 0.77 | 0.81 | 0.86 | 0.89 | 0.91 | 0.93 | 0.94 | 0.96 | 0.98 |
| 3.2 | 0.17 | 0.25 | 0.31 | 0.38 | 0.43 | 0.50 | 0.54 | 0.57 | 0.62 | 0.67 | 0.71 | 0.75 | 0.79 | 0.82 | 0.84 | 0.86 | 0.89 | 0.91 | 0.92 |
| 3.4 | 0.16 | 0.22 | 0.27 | 0.35 | 0.40 | 0.46 | 0.50 | 0.52 | 0.58 | 0.62 | 0.67 | 0.70 | 0.73 | 0.76 | 0.78 | 0.80 | 0.82 | 0.84 | 0.85 |
| 3.6 |  | 0.19 | 0.24 | 0.31 | 0.36 | 0.42 | 0.46 | 0.49 | 0.54 | 0.59 | 0.63 | 0.65 | 0.69 | 0.71 | 0.73 | 0.75 | 0.76 | 0.78 | 0.79 |
| 3.8 |  | 0.17 | 0.22 | 0.28 | 0.33 | 0.39 | 0.43 | 0.45 | 0.50 | 0.53 | 0.57 | 0.60 | 0.63 | 0.65 | 0.67 | 0.69 | 0.71 | 0.73 | 0.74 |
| 4.0 |  |  | 0.19 | 0.25 | 0.30 | 0.35 | 0.40 | 0.42 | 0.46 | 0.50 | 0.53 | 0.55 | 0.59 | 0.61 | 0.62 | 0.64 | 0.66 | 0.68 | 0.70 |
| 4.5 |  |  | 0.15 | 0.20 | 0.24 | 0.25 | 0.33 | 0.36 | 0.40 | 0.44 | 0.48 | 0.51 | 0.53 | 0.55 | 0.57 | 0.59 | 0.60 | 0.62 | 0.63 |
| 5.0 |  |  |  | 0.16 | 0.19 | 0.24 | 0.28 | 0.31 | 0.35 | 0.38 | 0.41 | 0.43 | 0.46 | 0.48 | 0.50 | 0.51 | 0.53 | 0.55 | 0.56 |
| 5.5 |  |  |  |  | 0.16 | 0.21 | 0.24 | 0.27 | 0.30 | 0.33 | 0.37 | 0.40 | 0.42 | 0.44 | 0.45 | 0.47 | 0.49 | 0.51 | 0.52 |
| 6.0 |  |  |  |  |  | 0.18 | 0.20 | 0.23 | 0.26 | 0.30 | 0.33 | 0.36 | 0.39 | 0.41 | 0.42 | 0.43 | 0.45 | 0.45 | 0.47 |
| 7.0 |  |  |  |  |  | 0.15 | 0.17 | 0.19 | 0.22 | 0.25 | 0.29 | 0.31 | 0.34 | 0.36 | 0.37 | 0.39 | 0.41 | 0.42 | 0.43 |
| 8.0 |  |  |  |  |  |  |  | 0.16 | 0.19 | 0.22 | 0.25 | 0.27 | 0.30 | 0.32 | 0.33 | 0.35 | 0.36 | 0.38 | 0.39 |
| 9.0 |  |  |  |  |  |  |  |  | 0.16 | 0.19 | 0.21 | 0.23 | 0.26 | 0.28 | 0.30 | 0.32 | 0.33 | 0.35 | 0.36 |
| 10.0 |  |  |  |  |  |  |  |  |  |  | 0.18 | 0.20 | 0.23 | 0.25 | 0.27 | 0.29 | 0.30 | 0.32 | 0.33 |

(3) 入口直径：

$$D_0 = (3 \sim 4) D_{KP} \tag{8-102}$$

(4) 喉部长度：

$$l_0 = (1 \sim 2) D_{KP} \tag{8-103}$$

(5) 渐扩段锥度：

$$K = \begin{cases} 1:4 & p \geqslant 133\text{Pa} \\ 1:3 & p < 133\text{Pa} \end{cases} \tag{8-104}$$

(6) 渐缩段锥度：

$$K_4 = 1:1.2 \tag{8-105}$$

G　扩压器尺寸的计算

(1) 喉部直径：

$$D_3 = 1.6\sqrt{\frac{\frac{18}{29}(G_K + G_{0K} + G_{SK} + G_1) + G_Z + G_0}{p_4 \times 10^{-5}}} \quad (\text{mm}) \tag{8-106}$$

当喷射泵位于冷凝器之前时，$G_{SK}=0$

（2）入口直径：

$$D_2=\begin{cases}1.5D_3 & p_1\geqslant 13.3\text{kPa}\\ 1.7D_3 & p<13.3\text{kPa}\end{cases} \tag{8-107}$$

（3）出口直径：

$$D_4=1.8D_3 \tag{8-108}$$

（4）喉部长度：

$$l_3=(2\sim 3)D_3 \tag{8-109}$$

（5）渐缩段锥度：

$$K_2=1:10 \tag{8-110}$$

（6）渐扩段锥度：

$$K_3=1:8\sim 1:10 \tag{8-111}$$

H　混合室入口直径

$$D_h=(2\sim 2.5)D_3 \tag{8-112}$$

I　冷却水消耗量的计算

$$W=0.6\times\frac{G_s}{t_2-t_1}\ (\text{t/h}) \tag{8-113}$$

式中　$G_s$——通过冷凝器水蒸气的凝结量；

$t_1$，$t_2$——冷却水入水、出水温度。

而

$$G_s=G_{Z4}-G'_{Z4}\ (\text{kg/h}) \tag{8-114}$$

式中　$G_{Z4}$，$G'_{Z4}$——冷凝器入口、出口处可凝性蒸汽量。

且

$$G'_{Z4}=18\times\frac{G_K}{M_K}\cdot\frac{p'_{Z4}}{p'_4-p'_{Z4}}\ (\text{kg/h}) \tag{8-115}$$

式中　$p'_4$——冷凝器出口混合物全压力；

$M_K$——不可凝气体的分子量；

$p'_{Z4}$——冷凝器出口处蒸汽分压，与冷凝器出口处混合物温度 $t'_4$ 相对应，并且，$t'_4=t_1+(1\sim 3)$。

而

$$p'_4=p_4-\Delta p \tag{8-116}$$

式中，$\Delta p$ 为冷凝器气阻，前级冷凝器 $\Delta p=670\text{Pa}$，末级冷凝器 $\Delta p=1330\text{Pa}$。

## 8.3 油扩散泵

油扩散泵是射流泵的一种，是以扩散泵油为工作介质，由锅炉加热形成油蒸气，经喷嘴加速后形成高速射流，被抽气体扩散到油蒸气射流中，被携带到泵出口而排出。扩散泵工作在高真空区域，其工作压力范围为 $10^{-1}\sim10^{-6}$ Pa，极限压力可达 $10^{-8}$ Pa。扩散泵具有结构简单，操作方便，使用寿命长，抽速大的特点，是获得高真空的主要设备之一，在真空冶金、石油化工等领域中得到广泛应用。但由于扩散泵效率低，并存在油蒸气反扩散（返油）对真空室会造成污染等问题，限制了油扩散泵在要求清洁真空环境中的应用，国外油扩散泵的使用量有明显减少的趋势。

### 8.3.1　工作原理

油扩散泵工作原理如图 8-32 所示。锅炉内的扩散泵油经电加热而沸腾形成油蒸气，油蒸气经导流管进入伞形喷嘴，经过喷嘴形成超音速蒸气射流；由于存在密度梯度，油蒸气射流上方的被抽气体扩散到蒸汽射流内部，与工作蒸汽分子碰撞，在射流方向上获得动量，从而被携带到泵壁处；油蒸气在水冷泵壁上冷凝成油滴，释放出其中的被抽气体；油滴沿泵壁流回锅炉后再被加热形成蒸气，而释放出来的被抽气体则被前级泵抽出。

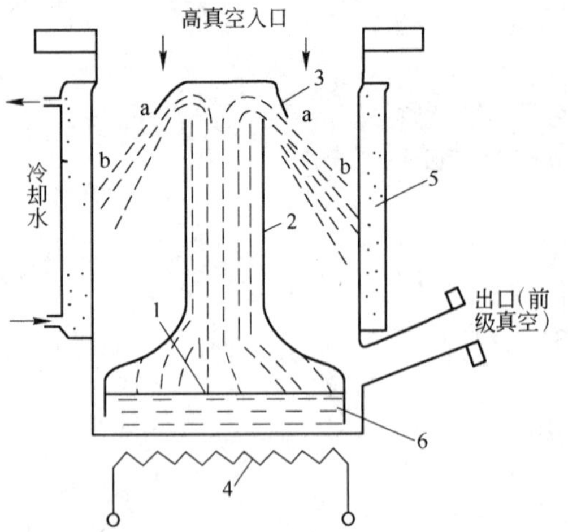


图 8-32　油扩散泵的抽气过程示意图

1—锅炉；2—导流管；3—喷嘴；4—加热器；5—冷凝器；6—工作介质；ab—射流的抽气表面

### 8.3.2　扩散泵的结构

图 8-33 是油扩散泵的结构简图。扩散泵主要由泵体、锅炉、多级喷嘴、导流管等组成。

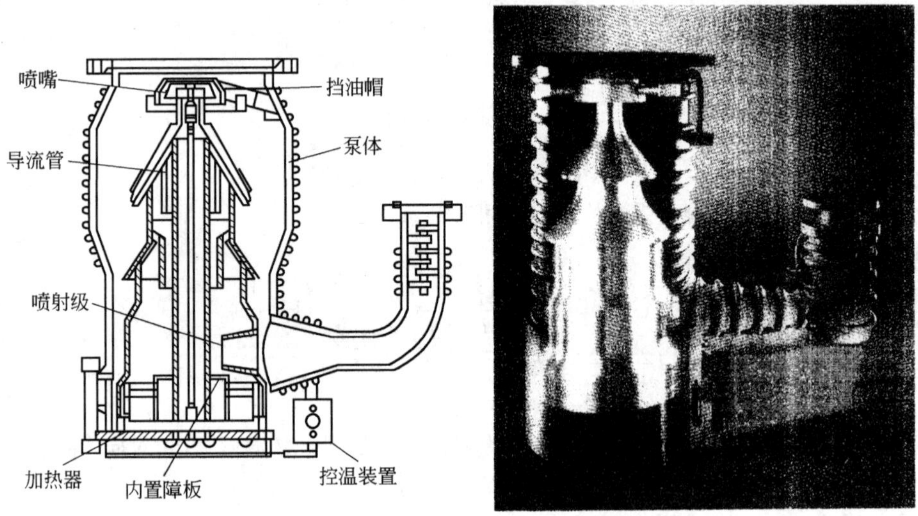


图 8-33　油扩散泵结构

8.3.2.1　泵体

一般扩散泵泵体为直筒形，对于大抽速泵也有用锥形或凸腔形泵体的，如图 8-34 所示。

凸腔泵是将泵入口法兰下部一段的直径扩大，扩大直径的凸腔延伸到第二级喷嘴射流射到的泵壁处。由于扩大了抽气作用的空间，增大了第一级、第二级喷嘴间的流导，所以使泵的抽速得到提高。

泵壁可采用铜管或水套进行冷却，以使油蒸气凝结。冷却部位只限于蒸汽射流喷射到的区域，这样使得冷凝下来的油滴在回到锅炉前有一定的温升，将溶解在其中的气体释放出来，减少油蒸气中的含气量，可以提供高泵的真空度。

8.3.2.2　喷嘴

(1) 扩散喷嘴。扩散喷嘴为伞形，如图 8-35 所示。多级扩散泵中扩散喷嘴直径一级比一

图 8-34 扩散泵外形

级大，成塔状。泵入口端喷嘴直径较小，主要考虑泵的抽速。气体经过压缩后，密度增加，故下一级喷嘴可以大一些，这样可以阻止压力增高的气体穿过蒸汽射流反扩散到泵入口侧，影响泵的真空度。

喷嘴与导流管间的间隙关系到油蒸气的流量，会影响到泵的性能。一般喷嘴间隙 $\delta=0.5\sim2mm$。

喷嘴张角对泵性能也有影响。喷嘴张角一般为 50°～80°，若喷嘴张角过大，蒸汽射流喷射到泵壁的距离增加，在泵壁附近不能形成较密集的蒸汽射流，气体的反扩散会增加；若张角太小，则油蒸气射流的水平速度分量增加，油蒸气容易反射到高真空侧，并且会阻碍被抽气体的扩散。

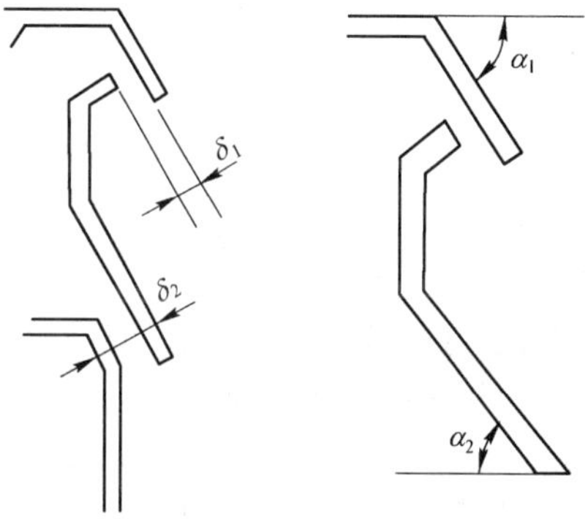


图 8-35 扩散喷嘴

(2) 喷射喷嘴。喷射喷嘴设置在扩散泵末级，其结构如图 8-36 所示。喷射喷嘴与扩压器配合，使泵能够达到较高的排气压力，这与水蒸气喷射泵的结构和工作原理是一样的。

8.3.2.3 加热器和分馏装置

加热器提供泵油沸腾成为蒸气的能量，以及补偿泵中各部分的热损失，其中加热泵油的有效功率占总功率的 60%～70%。若采用封闭式加热器，锅炉底面和加热器之间无空气间隙存在，加热器的有效功率可提高到总功率的 85%～90%。

分流装置如图 8-37 所示。其作用是将泵油中的不同馏分进行分离，提高泵的极限压力。

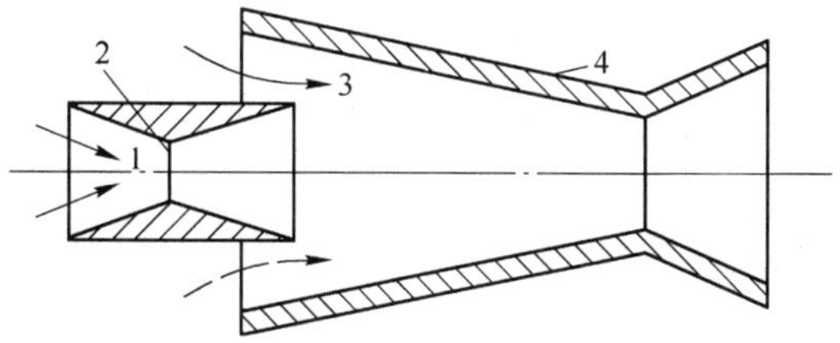


图 8-36 喷射式喷嘴

1—油蒸气；2—喉部；3—被抽气体；4—扩压器

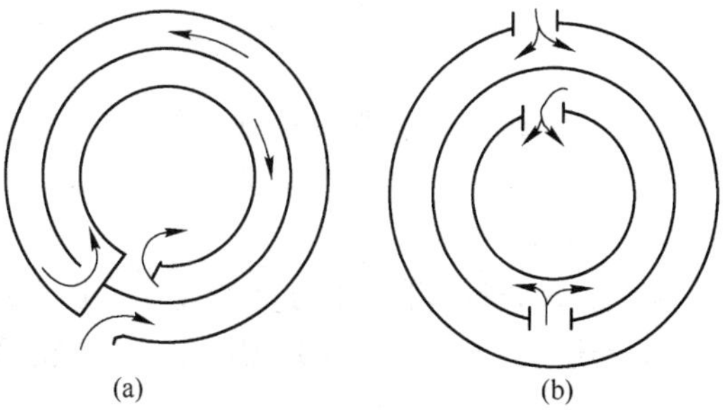


图 8-37 分流装置示意图

水冷泵壁凝结的油滴流回锅炉，在分馏装置中被加热，轻馏分先被加热成蒸汽，供给末级喷嘴，重馏分流到中心时才被加热成蒸汽供给高真空喷嘴，从而实现轻重馏分的分离，这样可使油蒸气的返流量大幅度减少，极限真空可提高一个数量级。

### 8.3.3 扩散泵的性能

8.3.3.1 抽气速率

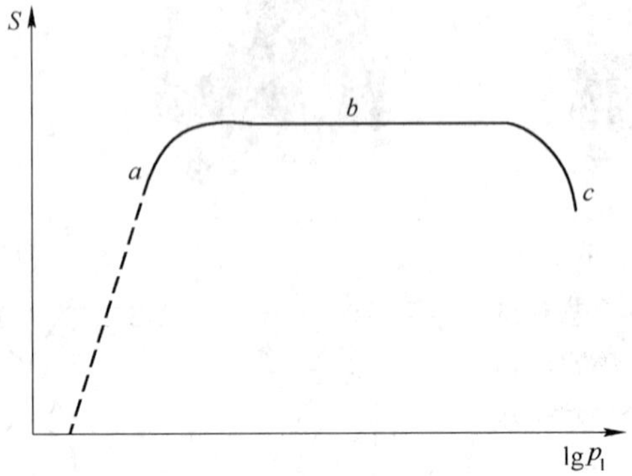


图 8-38 泵抽速与入口压力的关系

扩散泵的抽气速率与泵入口压力的关系如图 8-38 所示。从图中可见，泵抽速在很宽的压力范围保持不变，在压力较低和压力较高时，泵的抽速会下降。

当泵入口压力较低时，气体从前级通过蒸汽射流的反扩散会增加，同时工作油蒸气中的含气量和泵壁放气量的影响也显现出来，此时泵抽速将下降。当泵入口压力较高时，大量气体分子进入到蒸汽射流中与蒸汽分子碰撞，使射流的定向运动速度衰减较大，甚至会造成蒸汽射流同泵壁脱离，这样增大了前级侧被抽气体的返流量，使泵抽速下降。

泵的抽速还与被抽气体的种类、温度有关，与泵的几何尺寸有关，与泵油的种类等因素有关，其抽气模型建立在费克扩散定律的基础之上。

扩散泵的抽气模型如图 8-39 所示，气体分子向蒸汽射流中的扩散服从费克第一定律，则射流表面处单位时间内扩散到射流中的气体分子数目为：

$$I_D = -\int D \cdot \frac{dn}{dx} \cdot dA_D \tag{8-117}$$

式中 $D$——气体分子的扩散系数；

$n$——气体分子数密度；

$A_D$——工作蒸汽射流表面积。

气体分子在蒸汽射流内部的浓度分布满足费克第二定律，则：

$$\frac{\partial n}{\partial t} = D\frac{\partial^2 n}{\partial x^2} \tag{8-118}$$

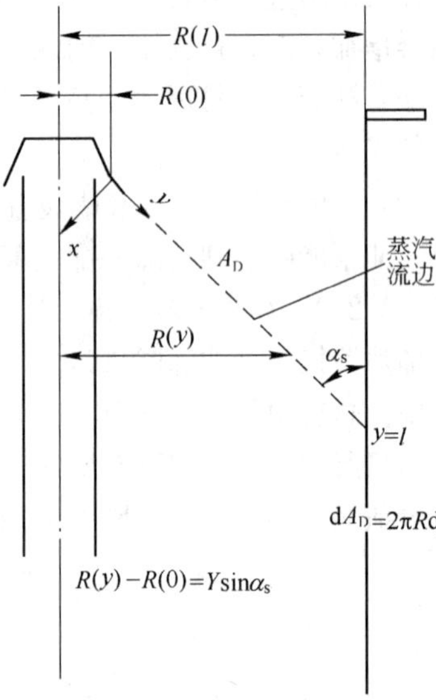


图 8-39 扩散泵的抽气模型

若坐标系按图 8-39 所选，则边界条件为：

$t=0$ 时，$n=0$；$x=0$ 时，$n=n_0$；

$x=\infty$时，$n=0$。

其中，$n_0$ 为蒸汽射流上方被抽气体的分子数密度。

将上述边界条件代入（8-118）式，对其求解，可得：

$$n\left(\frac{x}{2\sqrt{D\cdot t}}\right) = n_0\left[1-\mathrm{erf}\left(\frac{x}{2\sqrt{D\cdot t}}\right)\right] \tag{8-119}$$

式中，erf（$x$）为误差函数，且：

$$\mathrm{erf}\,(x)=\frac{2}{\sqrt{\pi}}\int_0^x e^{-x^2}\,\mathrm{d}x$$

由（8-119）式可得：

$$\left.\frac{\mathrm{d}n}{\mathrm{d}x}\right|_{x=0}=-\frac{n_0}{\sqrt{\pi\cdot D\cdot t}}=-\frac{n_0}{\sqrt{\dfrac{\pi\cdot D_0\cdot y}{n_\mathrm{d}\cdot w}}} \tag{8-120}$$

式中 $w$——蒸汽射流速度；

$n_\mathrm{d}$——蒸汽射流的分子数密度；

$D_0$——当 $n_\mathrm{d}\gg n$，以及 $M_{蒸汽}\gg M_{气体}$时，气体的扩散系数。

其中，$M_{蒸汽}$、$M_{气体}$为油蒸气、被抽气体的摩尔质量。

将式（8-120）代入式（8-117），并将 $\mathrm{d}A_\mathrm{D}=2\pi R(y)\mathrm{d}y$ 代入，可得：

$$I_\mathrm{D}=-\int_0^l\frac{D_0}{n_\mathrm{d}}\left(-\frac{n_0}{\sqrt{\dfrac{\pi\cdot D_0\cdot y}{n_\mathrm{d}\cdot w}}}\right)\cdot 2\pi R(y)\cdot\mathrm{d}y=2n_0\sqrt{\frac{\pi D_0\cdot w}{n_\mathrm{d}}}\int_0^l\frac{R(y)}{\sqrt{y}}\mathrm{d}y \tag{8-121}$$

式中 $l$——蒸汽射流的有效长度；

$R(y)$——蒸汽射流径向半径，是 $y$ 的函数。

泵在蒸汽射流边界处的抽速为：

$$S_\mathrm{D}=\frac{I_\mathrm{D}}{n_0}=2\sqrt{\frac{\pi D_0\cdot w}{n_\mathrm{d}}}\int_0^l\frac{R(y)}{\sqrt{y}}\mathrm{d}y \tag{8-122a}$$

又 $R(y)=R(0)+y\sin\alpha_\mathrm{s}$，并代入（8-122a）式，得：

$$S_\mathrm{D}=2\sqrt{\frac{\pi D_0\cdot w}{n_\mathrm{d}}}\int_0^l\frac{y\sin\alpha_\mathrm{s}+R(0)}{\sqrt{y}}\mathrm{d}y=\frac{4}{3}\sqrt{\frac{\pi D\cdot w\cdot l}{n_\mathrm{d}}}[R(l)+2R(0)] \tag{8-122b}$$

式中 $R(l)$——泵体内径；

$R(0)$——喷嘴外径。

又 $l=\dfrac{R(l)-R(0)}{\sin\alpha_\mathrm{s}}$，代入式（8-122b），可得：

$$S_\mathrm{D}=\frac{4}{3}\sqrt{\frac{\pi D_0\cdot w[R(l)-R(0)]}{n_\mathrm{d}\sin\alpha_\mathrm{s}}}[R(l)+2R(0)] \tag{8-122c}$$

从上式可见，泵的抽速与泵的几何尺寸有关，与蒸汽射流的特性以及被抽气体的种类有关。

8.3.3.2 极限压力

泵的极限压力与前级侧气体的反扩散量、泵壁温度下泵油的饱和蒸汽压、蒸汽射流的放气量以及泵壁放气量等因素有关。前级侧气体的反扩散量与蒸汽射流下部气体压力、蒸汽射流的速度和密度以及气体的分子量大小有关，泵入口压力与出口压力的关系曲线如图 8-40 所示。从图中可见，当泵出口压力小于泵最大出口压力 $p_{2\max}$时，泵入口压力 $p_1$不受出口压力 $p_2$的影响，此时，气体反扩散对泵的极限压力影响不大。泵的极限压力主要由泵油的饱和蒸气压、泵油的裂化程度及泵壁的放气决定。

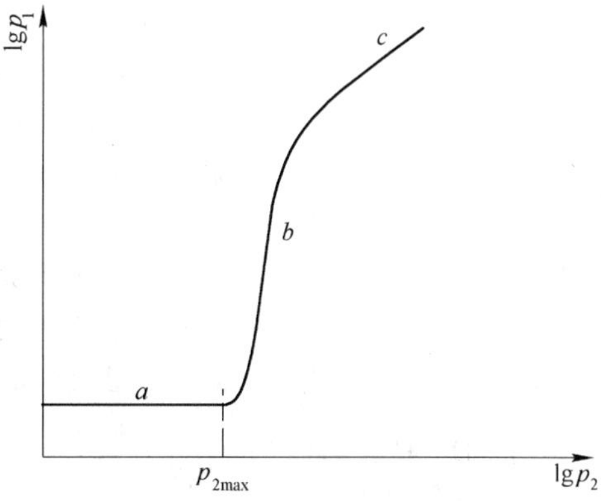


图 8-40 泵入口压力与出口压力的关系

8.3.3.3 最大出口压力

扩散泵的最大出口压力主要取决于最后一级喷嘴的工作状态，与蒸汽射流密度、喷嘴蒸汽流量及最后一级喷嘴的结构有关。

为提高泵的最大出口压力，可提高泵的加热功率，这样可以提高蒸汽射流的密度和喷嘴流量。最大出口压力与加热功率成线性关系。油扩散泵的最大出口压力一般规定为 40Pa。

### 8.3.4 扩散泵返油及减少返油的措施

扩散泵的工作介质是扩散泵油，工作中总会有部分油蒸气返流到高真空侧，影响泵的极限真空，并且会对被抽容器造成污染。扩散泵的返流量与泵油的特性以及扩散泵的结构有关。

8.3.4.1 扩散泵油的特性

(1) 对扩散泵油的要求有 4 点：1）分子量大；2）常温下饱和蒸气压低，以获得高的极限真空度；3）沸腾温度下饱和蒸气压较高，以获得较高的出口压力；4）热稳定性、抗氧化性好，凝固点、低温黏度低，无毒，无腐蚀性，价格低廉。

(2) 扩散泵油的饱和蒸气压。扩散泵油的饱和蒸气压与温度的关系由下式表达：

$$\lg p = A - \frac{B}{T} + 2.123 \tag{8-123}$$

式中 $p$——泵油的饱和蒸气压，Pa；

$A$，$B$——与泵油种类有关的常数，可由表 8-4 查得；

$T$——泵油的工作温度，K。

**表 8-4 各种泵油的蒸气压常数 *A* 和 *B* 值**

| 泵油型号 | 274 号硅油 | 275 号硅油 | 276 号硅油 | 三氯联苯 | 增压泵油 | 扩中 1 | 扩轻 1 | 3 号扩散泵油 |
|---|---|---|---|---|---|---|---|---|
| $A$ | 8.50 | 11.46 | 9.96 | 8.01 | 5.50 | 9.92 | 9.57 | 10.64 |
| $B$ | 4760 | 5720 | 5400 | 3300 | 2960 | 4950 | 5000 | 5400 |

8.3.4.2 泵油的返流及减少返流的措施

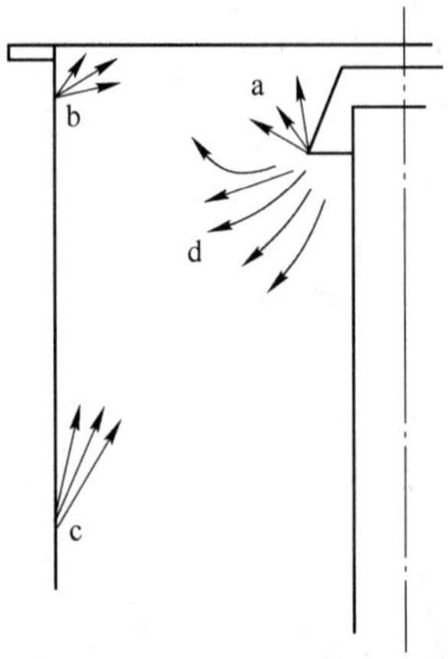


图 8-41 扩散泵的主要返流源

扩散泵返油的油蒸气如图 8-41 所示，源于以下 4 个方面：

(1) 凝结于顶喷嘴表面上油膜的蒸发（图中 a），占整个返油量的 70%左右；

(2) 泵壁上凝结油膜的蒸发（图中 b），与泵壁的冷却情况有关；

(3) 蒸气射流碰撞泵壁后的散射（图中 c），与射流的强度有关；

(4) 蒸气射流中油分子向高真空侧的扩散（图中 d），与射流的温度有关。

为减少泵油的返流量，应针对上述返油源采取相应措施：

(1) 在顶喷嘴上加挡油帽，如图 8-42（a）所示。挡油帽可以大大减少顶喷嘴表面油膜的蒸发返油量，并且对泵的抽速影响不大，因此，已成为现代扩散泵的必备部件；

(2) 在泵入口紧贴泵壁处加挡油环，如图 8-42（b）所示。加挡油环可以减少泵壁上凝结油膜的蒸发返油量；

(3) 调节锅炉加热功率。通过加热功率的调节来获得合理的蒸汽射流强度和射流温度，可以减少返油量，国内外先进扩散泵上已经采用了加热功率调节装置。

为了减少扩散泵油蒸气返流到真空室中，在实际使用中，一般在扩散泵和真空阀门之间设

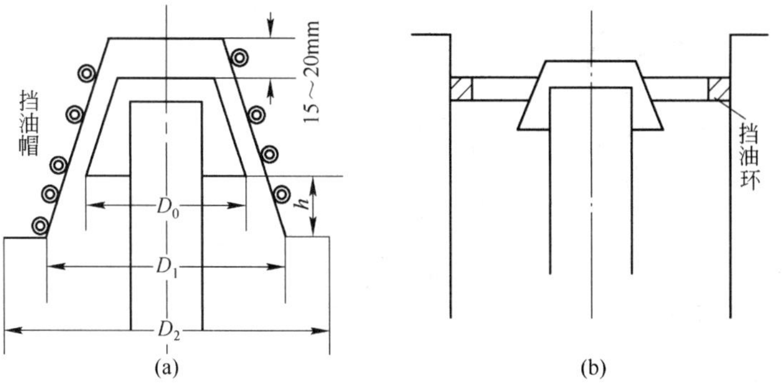


图 8-42　挡油帽与挡油环

置冷阱。

### 8.3.5　超高真空扩散泵

为了获得超高真空，可在扩散泵入口段设置水冷障板和加热除气装置，使油蒸气的返流量更小。但泵的有效抽速因设置障板而大幅度减小。其结构如图 8-43 所示。

超高真空油扩散泵的极限压力可以达到 $10^{-8}$ Pa 数量级。

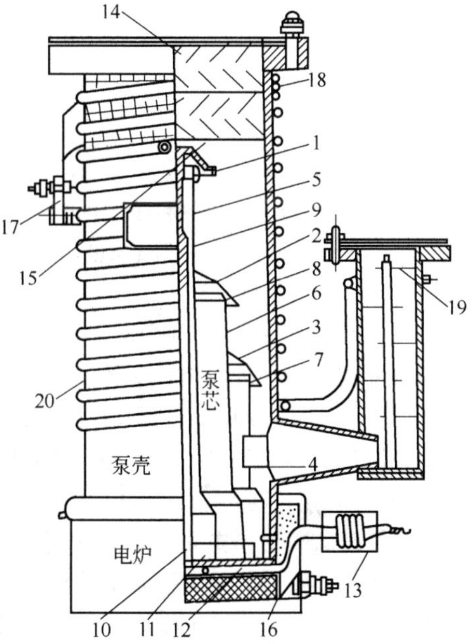


图 8-43　超高真空油扩散泵结构图

1—一级喷嘴；2—二级喷嘴；3—三级喷嘴；4—四级喷嘴；5—内导流管；6—中导流管；7—外导流管；8—定距垫片；9—弹簧；10—拉杆；11—分馏环；12—快速冷却水管；13—快速冷却水套；14—人字形挡板；15—防爬板；16—电炉；17—烘烤电源接线座；18—泵体上段加热器；19—挡油阱；20—泵壳

## 8.4　油扩散喷射真空泵

油扩散喷射泵是从油扩散泵发展而来的，兼有扩散泵和喷射泵的特点，工作压力范围在 $10\sim10^{-2}$ Pa。在此压力区间内，油扩散喷射泵有较大的抽速和较高的最大出口压力，其抽气量是扩散泵的 4～20 倍，加热功率是扩散泵的 2～5 倍。由于油扩散喷射泵的工作压力范围正处于油扩散泵和油封机械泵抽气能力下降区域，因此，该泵除可以做主泵外，还常常用于大型油扩散泵和前级机械泵之间，保证真空系统的有效工作，与罗茨泵的作用相似，所以油扩散喷射泵也被称为油增压泵。

油扩散喷射泵已广泛应用于真空感应熔炼、真空电弧熔炼、真空干燥、真空压力浸渍、真空蒸馏等设备上。

### 8.4.1　工作原理和结构特点

8.4.1.1　工作原理

油扩散喷射泵工作压力范围内的被抽气体流动状态处于黏滞流和分子流之间。在压力较高时，油蒸气射流对被抽气体的抽出以黏性携带为主，这有如喷射泵的抽气原理。这时要求蒸汽射流具有足够的密度。在压力较低时，油蒸气射流对被抽气体的抽出以扩散携带为主，这如同

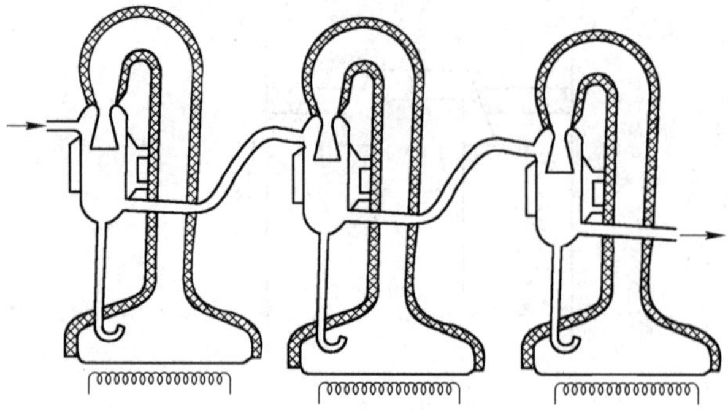

图 8-44　多级喷嘴串联抽气原理

扩散泵的作用原理。这时要求蒸汽射流有一定的稀薄程度。综合上述两种情况，必须选择合理的蒸汽射流状态，保证泵的抽气性能。

为了使泵在更宽的压力范围内具有大的抽速，同时又有高的出口压力，在实际应用中都是多级喷嘴串联起来工作的，其抽气原理如图 8-44 所示。在多级喷嘴结构中，下一级喷嘴要保证上一级喷嘴的正常工作，因此，每个单级喷嘴的抽气特性应满足：

$$G = S_1 \cdot p_1 \leqslant S_2 \cdot p_2 \leqslant \cdots \leqslant S_n \cdot p_n \qquad (8\text{-}124)$$

式中　$G$——泵的抽气量；

$S_1$，$S_2$，…，$S_n$——各级喷嘴的抽速；

$p_1$，$p_2$，…，$p_n$——各级喷嘴的入口压力。

8.4.1.2　结构特点

图 8-45 为双级喷嘴油扩散喷射泵的结构。因为扩散喷射泵工作压力较高，所以无需对泵油进行分馏。由于扩散喷射泵的加热功率较高，因此其锅炉蒸发面积和加热面积比油扩散泵的大。泵的加热器有裸露式和封闭式两种。锅炉内的蒸汽压力为 1～2kPa，个别情况可达 4kPa。

在油扩散喷射泵中采用伞形喷嘴，其结构如图 8-46。伞形喷嘴由下唇 a 和上帽 b 组成。蒸汽由与下唇相连的导流管进入喷嘴，改变方向后经喷嘴最小断面处时，蒸汽流达到音速。在之后逐渐扩大的通道内连续膨胀，达到超音速。喷嘴与泵轴线相垂直的平面成 60°～70°的倾角。扩张度（出口断面积与最小断面积之比），入口级为 20～50，出口级为 2～3。

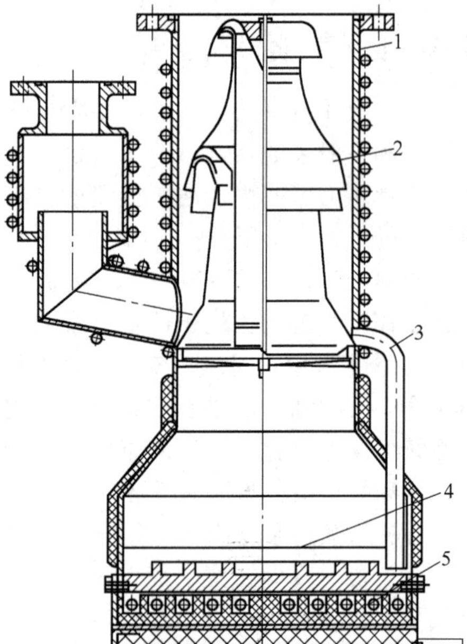


图 8-45　小型双级油扩散喷射泵结构图

1—泵体；2—导流管；3—汇流管；4—锅炉；5—电热器

为了提高泵的最大出口压力，在大型油扩散喷射泵中，出口级往往采用喷射喷嘴。喷射级喷嘴需要的高压力蒸汽由锅炉直接提供。经过对高压力蒸汽进行孔板节流降压后的蒸汽供给其余各级喷嘴，使各级喷嘴的工作蒸汽压力分布更为合理。

油扩散喷射泵的泵体用碳钢制成，有圆筒形，也有圆锥形。小型泵采用焊在泵壳外壁上的螺旋铜管通水冷却，大型泵的冷却采用水套结构。

当采用圆筒形泵体时，因为各级喷嘴的抽速依次减小，所以各级喷嘴与泵体之间的环形气流通道面积应逐级缩小，即导流管直径和喷嘴尺寸要逐级加大。在蒸汽消耗量一定时，喷嘴喉部面积（最小断面积）一定。如果导流管直径增大，就要求喷嘴喉部间隙缩小。有时太小的喉部间隙在结构上很难保证，这时可以采用锥形泵体。

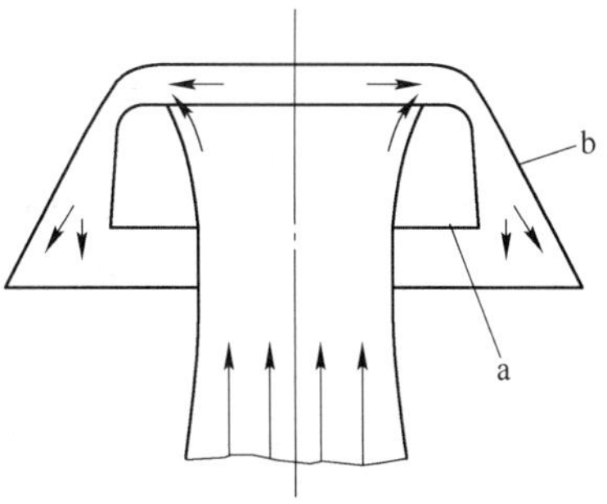


图 8-46　伞形喷嘴示意图
a—下唇；b—上帽

在采用锥形泵体时，各级喷嘴的尺寸相同，各级环形通道面积逐渐缩小。但在抽气性能相同的情况下，锥形泵体的高度约为圆筒形泵体高度的 1.5 倍。图 8-47 为带喷射级的锥形泵体油扩散喷射泵的结构。

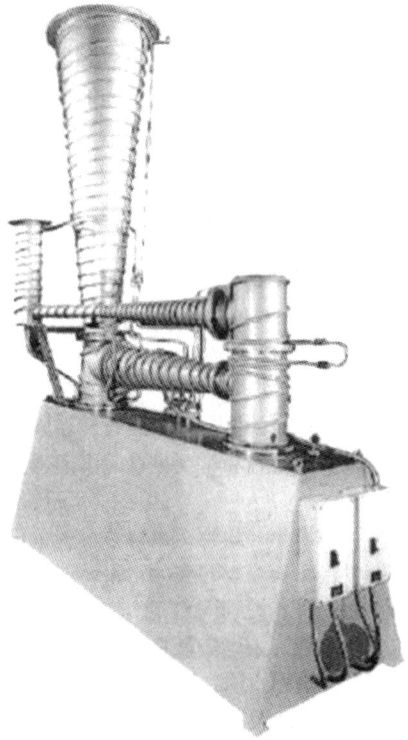

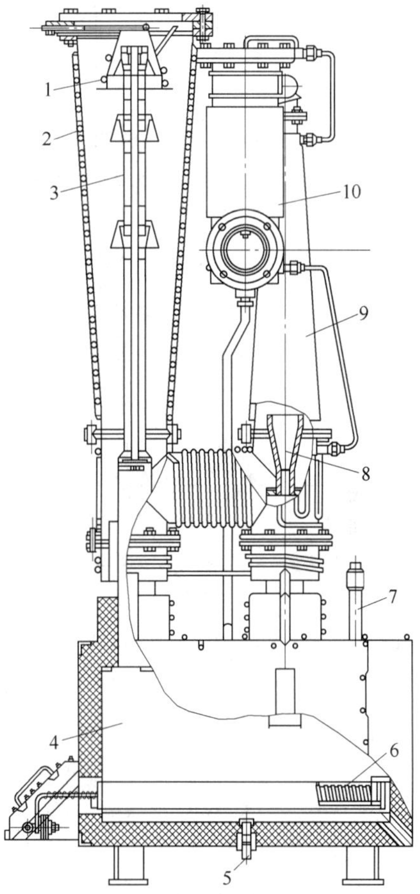


图 8-47　带喷射级的油扩散喷射泵结构图
1—挡油帽；2—泵体；3—导流管；4—锅炉；5—放油孔；6—加热器；
7—注油管；8—喷射喷嘴；9—喷射级混合室；10—挡油阱

## 8.4.2　抽气特性

油扩散喷射泵的抽气特性可用泵入口压力与泵抽速之间关系曲线来表示，见图 8-48。从图中可见，在泵工作压力范围内泵的抽速有一个最大值，对应的入口压力与蒸汽射流的状态有关。若加大加热功率，则蒸汽射流密度增大，抽速最大值对应的工作压力将增大。

泵的加热功率对抽气量和最大出口压力也有影响。当泵加热功率变化时，泵抽气量与泵入口压力之间的关系如图 8-49 所示。当加热功率变小时，锅炉温度降低，蒸汽射流密度降低，增加了被抽气体向蒸汽射流内的扩散作用，在低压时抽气量有所增加，而在高压时抽气量有所降低。泵最大出口压力与加热功率的关系如图 8-50 所示。加大泵的加热功率可以提高泵的最大出口压力。

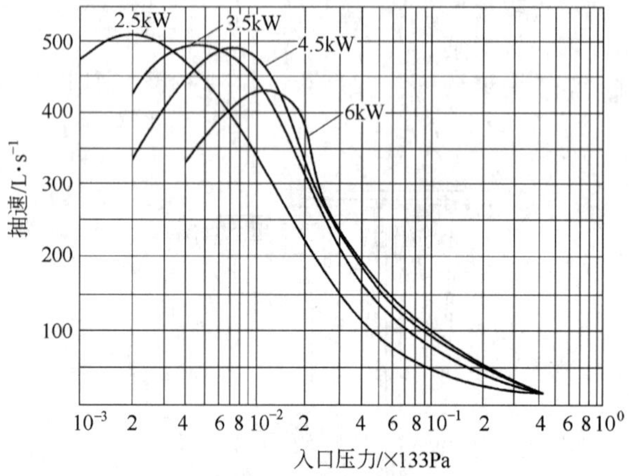


图 8-48　不同加热功率时泵入口压力与抽速之间的关系

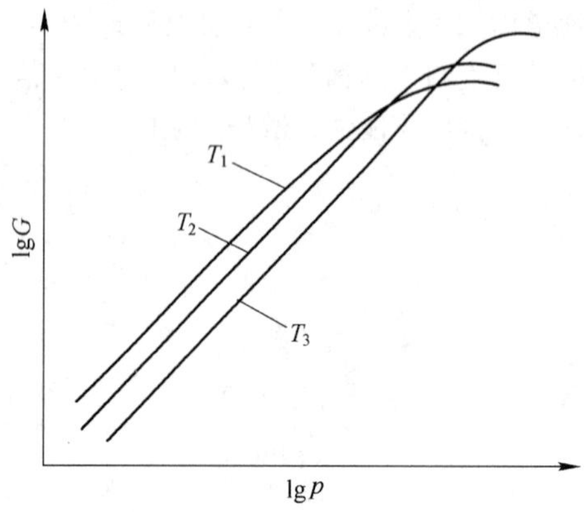


图 8-49　不同锅炉温度（$T_1 < T_2 < T_3$）时泵（单级）的抽气量与入口压力的关系

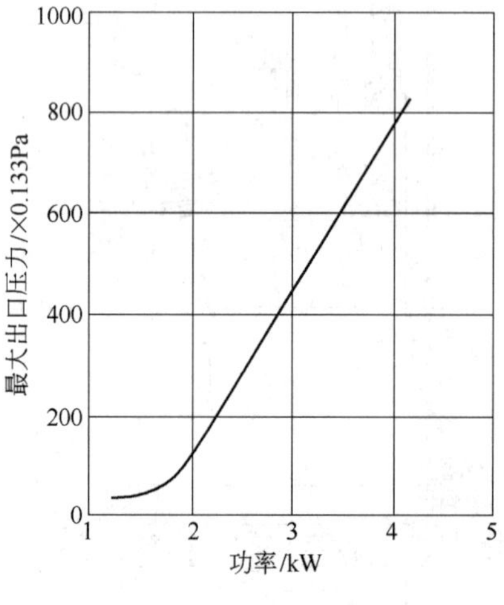


图 8-50　泵加热功率与最大出口压力的关系

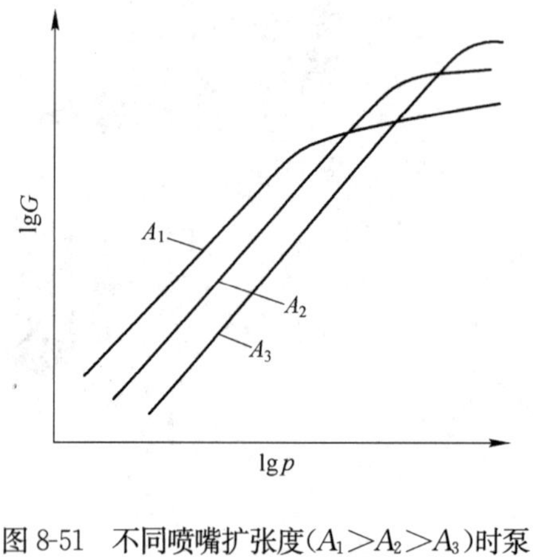


图 8-51　不同喷嘴扩张度（$A_1 > A_2 > A_3$）时泵（单级）的抽气量与入口压力的关系

喷嘴扩张度也影响泵的抽气量和最大出口压力。加大喷嘴的扩张度会使蒸汽射流密度下降，可提高泵在低压范围内的抽气量，而泵在高压范围内的抽气量会有所下降，如图 8-51 所示。喷嘴的扩张度对泵最大出口压力的影响见图 8-52，减小喷嘴的扩张度可以提高泵的最大出口压力。

单级喷嘴的抽速与喷嘴出口压力的关系如图 8-53 所示。从图中可见，当泵出口压力低于最大出口压力时，抽速不随出口压力的增加而变化。当出口压力超过最大出口压力后，泵抽速急剧下降，不能正常工作。

喷嘴喉部断面积影响泵的蒸汽消耗量，蒸汽消耗量对抽气量的影响如图 8-54 所示。当入口压力较高时，增加工作蒸汽量可以提高泵的抽气量，在低压时，增加工作蒸汽量则对抽气量影响不大。

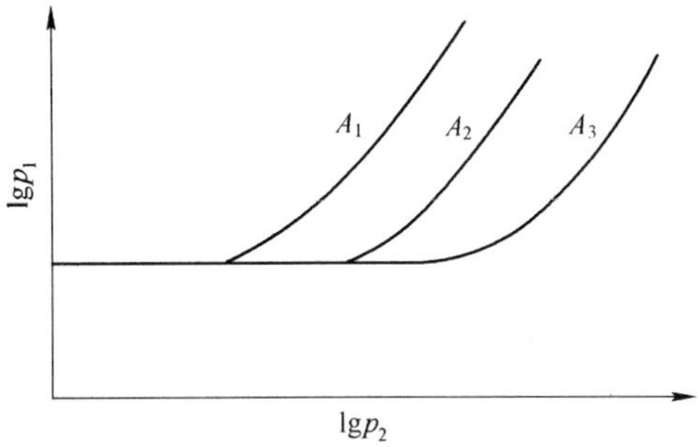


图 8-52 不同扩张度（$A_1>A_2>A_3$）单级泵的入口压力与出口压力的关系

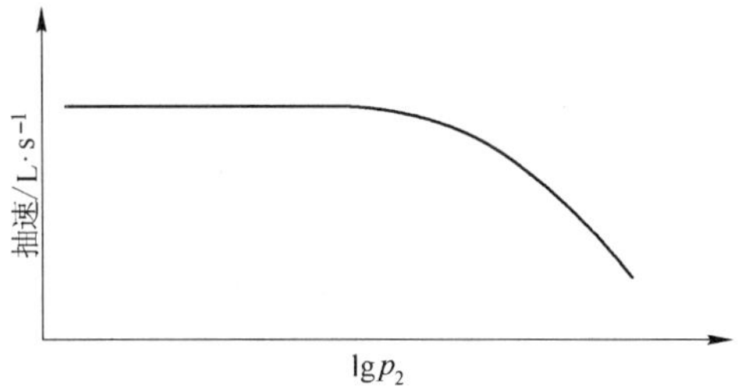


图 8-53 单级喷嘴的抽速与出口压力的关系

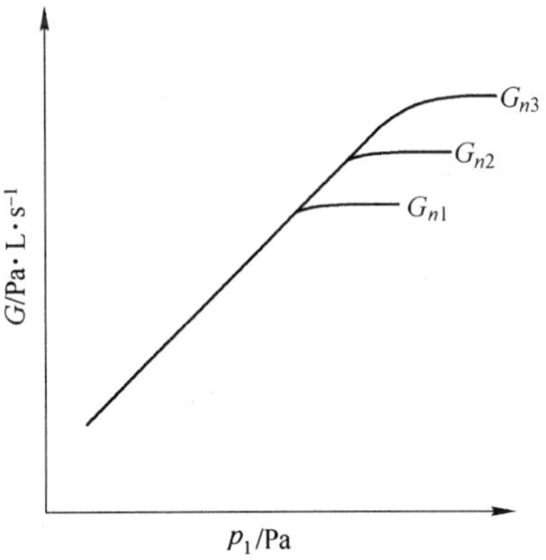


图 8-54 不同蒸气流量 $G_n$ 下单级泵抽气量 $G$ 与入口压力 $p_1$ 的关系（$G_{n1}<G_{n2}<G_{n3}$）

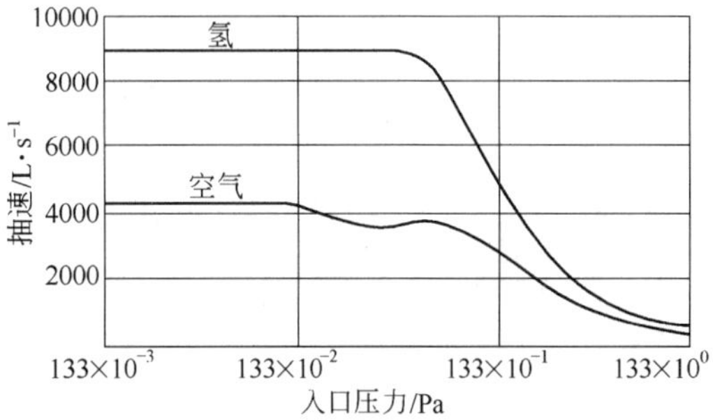


图 8-55 抽氢气和空气时，泵的抽速与入口压力的关系

泵的抽气特性与被抽气体的种类有关，对于小分子气体的抽速较大，如图 8-55 所示。

减小喷嘴尺寸可以增加抽气通道的面积，增加泵的抽速，但会降低泵的最大出口压力，因此需增加泵的级数，泵的高度会增加。

### 8.4.3 泵油及减少返油的措施

由于油扩散喷射泵在 $10 \sim 10^{-2}$ Pa 区域内有较大的抽气量，因此要求泵油有好的热稳定性、抗氧化性，在锅炉工作温度下有较高的饱和蒸汽压，以提高蒸汽射流强度及泵的最大出口压力。泵油的汽化潜热要小，馏分要窄。泵油在室温下的饱和蒸气压在 $10^{-3}$ Pa 数量

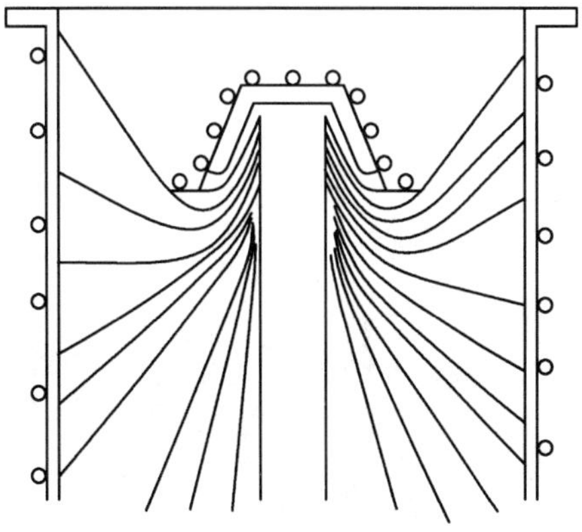

图 8-56 挡油帽的工作原理

级。

同扩散泵返油一样，从喷嘴出来的超音速蒸汽流会有一部分向泵入口侧迁移。为减少油蒸气向泵入口的返油，可在喷嘴上方装置挡油帽，如图 8-56 所示。挡油帽可以切断向泵入口迁移油蒸气的流线，使蒸汽流线最终落到泵壳水冷壁上，把油蒸气冷凝掉。泵装置挡油帽可减少返油量 95%，抽速会下降 5%～10%。

为减少油蒸气向泵出口前级真空侧迁移，可在喷射级之后装置水冷冷凝器。冷凝器由一组有孔和无孔铜质圆盘组成，相间安装在水冷支架上，其结构如图 8-57 所示。

在泵启动和关闭阶段，各级喷嘴的蒸汽射流不稳定，此时要关闭泵与真空室间的真空阀门，防止油蒸气向被抽容器中返流。

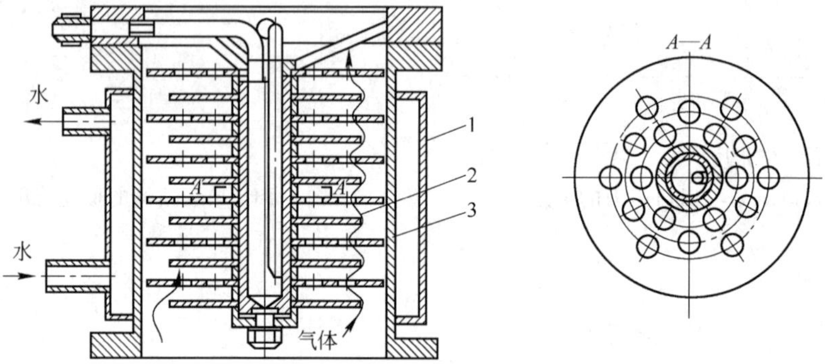


图 8-57　前级盘式挡油冷凝器

1—冷却水套；2—无孔圆盘；3—带孔圆盘

# 9 气体捕集式真空泵

## 9.1 低温泵

### 9.1.1 概述

低温抽气是获得洁净真空环境的一种快捷而有效的方法。低温泵是利用低温表面将被抽空间的气体冷凝、捕集、吸附或冷凝+吸附，使被抽空间的压力大大降低，从而获得并维持真空状态的抽气装置。低温泵抽气是一种储存式捕集排气，它所抽走的气体不是直接排到泵外，而是储留在泵内，一旦冷凝表面温度发生变化，它所抽走的气体又会重新放出，而破坏泵的正常工作。

低温泵的特点是：(1) 抽气压力范围宽，其抽气工作压力范围为 $10^{-1}$～$10^{-12}$ Pa；(2) 起始压力高（原则上可从大气压开始抽气），极限压力低，极限真空度可达到 $10^{-13}$ Pa；(3) 抽气速率大，对于 20℃空气，低温泵的最大抽气速率可达 $10^{6}$ L/s（11.6 L/（s·$cm^{2}$））；(4) 抽气种类广，低温泵可以抽除各种气体，获得清洁的超高真空。特别适合应用在抽除可凝性气体及气体负荷大，真空度要求高的场合；(5) 泵的结构形式灵活，低温吸气面可以做成插入式，用于无法布置其他类型泵的场合，使得泵结构设计的自由度增大；(6) 作为大容量的排气系统，占地面积小。但是，低温泵运行时需要制冷剂或制冷设备。

低温泵的应用范围相当广泛：(1) 外层宇宙空间模拟。在空间科学技术中，宇宙空间存在着真空和低温状态，外层空间的真空度可达 $10^{-14}$ Pa，温度为 3K 左右。因此，低温泵是宇宙空间模拟的理想抽气设备。此外，研究空间条件下材料表面现象，低压空气动力学试验，火箭发动机高空点火试验，空间生物技术等，都用到低温泵。(2) 应用在高能物理、等离子体研究中。(3) 应用在薄膜制备领域。(4) 应用在微电子学，尤其是半导体微电子技术，如离子注入，离子刻蚀等。(5) 应用在现代表面分析仪器中。

### 9.1.2 低温抽气原理

低温泵的抽气基本原理是：设法使某一固体表面温度足够低，使其低于空气中主要气体成分的饱和蒸汽压温度，则空气中的大部分气体被凝结。

实际上，在低温抽气过程中，低温表面上发生的现象是十分复杂的。它受传导、气—固相变，低温沉积物的不断生长和不断变化、低温沉积物的结构及其热物理性质等多种因素的影响。加之所抽气体往往是热物理性质各不相同的多种组分混合气体，使情况更为复杂。

低温抽气机理归纳起来主要有两种：一种是根据速度分布决定捕获率的学说，它认为飞到冷表面的气体分子中，仅仅是能量低于某一临界值的分子才被捕获；另一种是动态平衡学说。这种学说认为飞到冷表面上的气体分子停留在冷表面上，同时有另外一些分子从表面蒸发，离开表面，被捕捉和离开表面的分子之差就是抽气速率。后者比较流行。

如图 9-1 所示，用液态 He 冷却固体表面达 4.2K，空气中除 $H_2$、He 以外，大部分气体的饱和蒸汽压都低于 $10^{-10}$ Pa，即空气中主要气体成分都会被冷凝，达到了抽真空的目的。按低

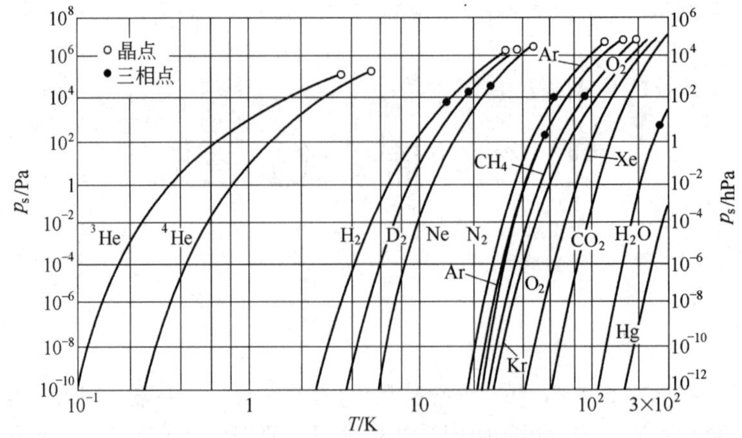


图 9-1　各种气体的蒸气特性曲线

温冷凝原理抽真空的泵称低温冷凝泵。

在泵的低温表面上粘贴固体吸附剂，气体分子入射到吸附剂上而被捕集。这种泵叫低温吸附泵。根据吸附剂不同，这种泵又可分为两种类型：一类是非金属吸气剂泵，以活性炭、分子筛等为吸附剂；另一类是金属吸附剂泵，以蒸发或升华在冷面上的钛、锆、钼等金属或其合金为吸气剂。气体霜也有类似吸附剂一样的捕集吸气作用，像二氧化碳、水蒸气等易冷凝的气体，在低温表面上凝结的同时，将不易冷凝的气体（如氦）也一起埋葬或捕集吸附抽除。

### 9.1.3　低温冷凝抽气的基本方程

在冷凝板沉积物表面的低温抽气过程，不但发生分子凝聚的正向过程，同时还发生反射和被凝聚分子蒸发的逆向过程。抽气时，正向过程进行的速度大于逆向过程进行的速度。总的抽气速度在数值上等于两者速度之差。

为建立方程，首先作如下假定：

（1）冷凝板温度远低于被抽气体的三相点温度；

（2）抽气时，朝冷凝板方向运动的气体之间不发生相互作用；

（3）忽略低温沉积层影响时，假定被冷凝气体的相变热全部从低温沉积物传至冷凝板。这时低温沉积层自身的温度 $T_s$ 等于冷凝板的温度 $T_p$。

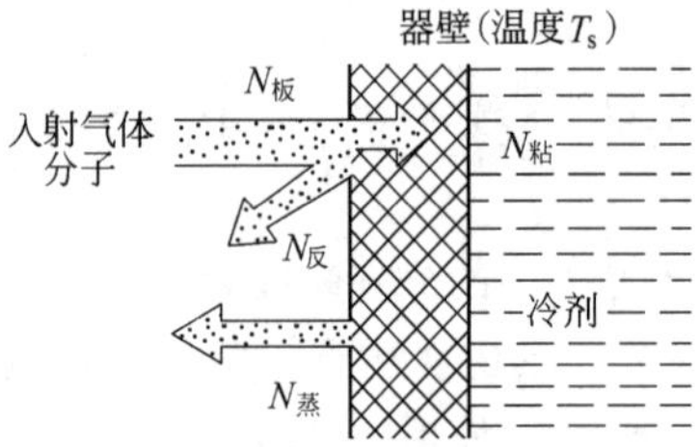


图 9-2　低温冷凝

图 9-2 表示在低温冷凝抽气过程中，存在着入射、反射及蒸发三部分气体分子。若 $N$ 为落在冷凝板上的气体分子数；$N_r$ 为反射出的气体分子数；$N_2$ 为蒸发出的气体分子数，则被抽除（即被捕获）的气体分子数 $N_1$ 为

$$N_1 = N - (N_r + N_2) \tag{9-1}$$

上式为低温冷凝抽气的基本方程。被抽除的气体分子数 $N_1$ 也就是单位时间在单位冷凝表面上所凝结的气体分子数。

当满足 $N_r + N_2 = 0$ 时，达到理想的最大抽气效率。即入射的气体分子全部被冷凝板所捕获。

如果 $N = N_r + N_2$，则抽速等于零。即落在冷凝板上的分子数等于离开它的分子数，达到了动态平衡。

在实际的低温泵中，低温抽气的效率介于这两种极限工况之间。

### 9.1.4 低温吸附抽气

当在低温面上粘贴多孔固体吸附剂时，如果使某一带有吸附剂的固体表面温度足够低，使其低于气体成分的吸附平衡气压温度，这些吸附剂将以自己的多孔吸附功能来捕获被抽空间的气体，达到了抽真空的目的，称低温吸附抽气。低温下，固-气界面上发生的这种吸附现象是物理吸附。其吸附量与吸附剂的表面积成正比。图 9-3 给出低温泵吸附现象的示意图。

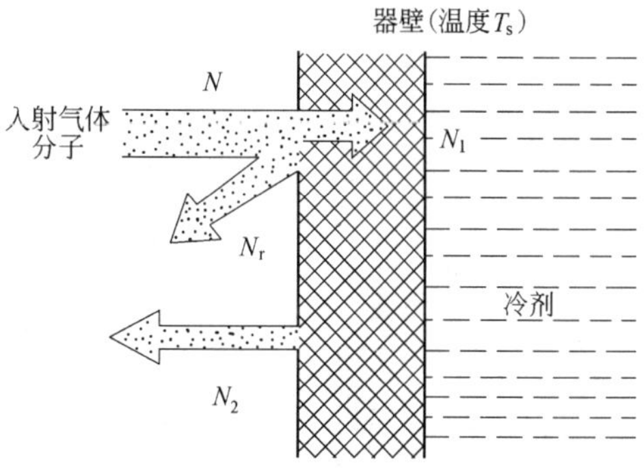

图 9-3 低温吸附

在一个低温表面上粘有多孔吸附剂。设吸附剂表面温度等于冷表面温度 $T_s$，气体分子以温度 $T$ 入射，打在吸附剂表面上，每秒打在每平方厘米上的分子数

$$\varphi=\frac{1}{4}n\bar{v}=p\,(2\pi mkT)^{-\frac{1}{2}}\quad (\text{分子数}/(\text{cm}^2\cdot\text{s}))$$

在吸附抽气过程中，打在吸附表面上的分子，只有 $C$ 部分被表面吸附捕获，被单位表面抽除的分子数为

$$C\varphi=C\,p\,(2\pi mkT)^{-\frac{1}{2}}\qquad (\text{分子数}/(\text{cm}^2\cdot\text{s}))$$

若在抽气过程中某阶段，有 $N$ 个分子已被吸附，它们均匀分布在吸附剂的微观表面 $A$ 上，且具有平均停留时间 $\tau$。则平均解吸速率为 $N/(A\cdot\tau)$（单位为分子数/（$\text{cm}^2\cdot\text{s}$））。于是有纯抽速为

$$\frac{\mathrm{d}N}{\mathrm{d}t}=C\varphi A_{\mathrm{p}}-NA_{\mathrm{p}}/(A\cdot\tau)\qquad (\text{分子数}/\text{s})\qquad (9\text{-}2)$$

式中 $A_{\mathrm{p}}$——低温泵抽气室的宏观表面积，或称投影截面积。一般 $A_{\mathrm{p}}\ll A$。

设计低温泵时，应使上式等号右边第一项尽量增大，使第二项尽量减小。开始抽气时 $N=0$，故第二项为零。可见 $C\cdot A_{\mathrm{p}}$决定着泵的最大可能抽速。其中 $A_{\mathrm{p}}$仅是几何形状的设计问题。$C$ 却依赖于若干物理因素，如抽气表面的微观形状、气体和吸附剂表面的物理化学性质、泵体和低温吸附表面的温度以及气体的流量。

当其他因素相同时，疏松表面的 $C$ 值较大。因为当气体分子逃逸表面前，将与表面发生多次碰撞；另外，高沸点气体 $C$ 值较低沸点 $C$ 值大，因为沸点反映了气体原子和表面间相互吸引的牢固程度。在这诸因素中表面温度是决定性因素。

### 9.1.5 低温捕集抽气过程

实际上，低温泵所抽的气体往往是混合气体，如空气，因而对某一冷表面来说同时存在“可凝性”气体和“不可凝性”气体。于是在低温表面上便发生如下奇特现象：即在可凝性气体的凝结过程中，能不断捕获其他非可凝成分，并降低其分压力，起到一种抽气作用，称这种作用为低温捕集。

该过程包括两个方面：(1) 裹挟性的共吸附，即当可凝结气体流向低温表面凝结时把非可凝性气体也裹带到低温表面上，共同被吸附。也有当非可凝性气体还没有来得及离开低温表面时又有一些可凝性气体凝结在它上面，从而把它覆盖在可凝性气体底下来捕获非可凝性气体。(2) 可凝性气体在低温表面形成固态沉积层，这是一种多孔性、疏松的结晶结构。它像多孔固

体吸附剂一样能吸附一定量的不可凝性气体，从而使不可凝气体的压力降低，起到一定的抽气作用。

### 9.1.6　低温泵分类及基本结构

9.1.6.1　低温冷凝泵

如图 9-4 所示，低温冷凝泵由三种部件组成：（1）低温介质（液氦）冷却的抽气表面；（2）各种形状和温度的辐射屏（液 $N_2$ 温度）；（3）泵体。

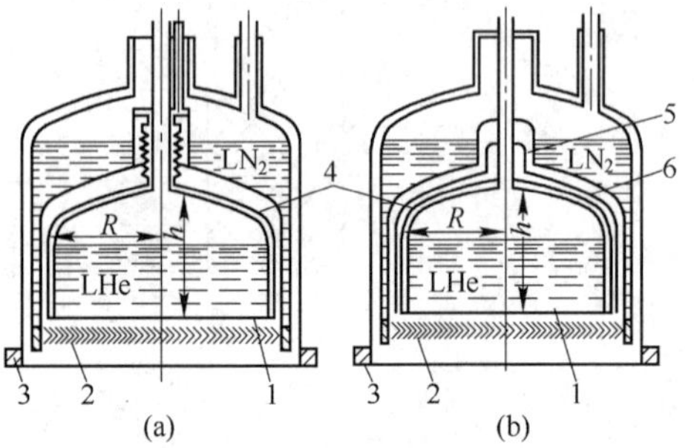


图 9-4　低温冷凝泵

1—冷凝面；2—人字形挡板；3—法兰；4—双层外套；5—铜箔；6—辐射屏

图 9-4（a）是第一代泵的结构简图。基本结构是不锈钢液氦容器，底部作为抽气面，周围被液氮容器包围。冷凝抽气面镀银，且挡板透射极小的热辐射，这一措施，显著地降低了低温表面的热负荷，因而使氢的平衡压强大为降低。2.3K 的镀银低温表面可以获得（9.33±2.66）$\times10^{-8}$Pa 的氢平衡压强；当周围以液氮冷却挡板屏蔽时，氢平衡压强趋近于 $1.33\times10^{-10}$Pa；如果把挡板温度降至 64K，则可获得 $1.33\times10^{-11}$Pa。

另一种方法是在镀银表面上预先冷凝一层 Ne、Ar、$O_2$ 等气体，则可以获得 $1.33\times10^{-10}$Pa 的氢压强；如果再把周围的挡板降至 78K 和 64K，则可分别测得 $10^{-11}$ 和 $10^{-12}$Pa 的氢压强。

冷凝面下边的挡板有两个作用：（1）减少室温对冷凝面的热辐射；（2）气体分子通过它被冷却后再打到冷凝面上。可凝性气体被冷凝在它上面；不可凝性气体则被预冷，从而减少了对低温冷量的消耗。因此要求它对气体的传输几率尽可能大。

该泵的另一特点是除底部外，液氦容器壁的其他面做成双层。冷却期间夹层空间抽成真空以绝热。该泵的缺点是液氦损耗较大。有 80%以上的液氦消耗于液氮保护壁的热辐射。

图 9-4（b）是对图 9-4（a）进行了改进的第二代泵。基于上述缺点，该泵在液氦双层壁和液氮容器之间附加一个辐射屏，固定在液氦容器的颈管处，并被排出的气体冷却。屏内壁涂黑，外壁镀银，温度 $T<30$K。这样，双层壁的热负荷可减小到忽略不计。

在给定的抽速下，由于图 9-4（b）所示结构的泵降低了热负荷，当不考虑液氦的传导损失时，使液氦消耗比常规低温泵的净蒸发率低一个数量级；若考虑传导损失，大约低两个数量级。因而使 4.2K 液氦的保存时间，即泵的工作寿命得到延长。

9.1.6.2　低温吸附泵

利用低温表面上的吸附剂和打在其上的气体分子发生吸附而达到抽气作用的泵。根据所用吸附剂不同，又可分为三种类型：（1）非金属吸附剂泵：以活性炭、分子筛等为吸附剂。（2）金属吸附剂泵：以蒸发或升华在冷面上的钛、钽、钼等金属或其合金为吸气剂。（3）气体霜吸附：以二氧化碳、水蒸气等易冷凝的气体在低温表面成霜作为吸附剂（也有类似吸附剂一样的吸气作用）。它是靠低温捕集作用抽气。在低温表面上凝结（成霜）的同时，将不易冷凝的气体（如氦、氢）也一起埋葬或吸附抽除，它是抽除非冷凝性气体的一种有效方法。

实际应用的低温泵常将低温冷凝与吸附作用结合起来，组成可以抽除各种气体的冷凝吸附泵结构。

9.1.6.3 制冷机低温泵

制冷机低温泵是把低温面及挡板组装在封闭循环制冷机系统中与制冷机组合为一体的低温泵。它是利用泵的低温表面的低温冷凝、低温吸附和低温捕集等物理现象来获得和保持高真空和超高真空。其特点为：(1) 便于抽气系统实现完全自动化控制；(2) 可实现较高的抽速，$S \geqslant 100m^3/s$，可以满足大型真空设备中所需要的抽速。

A 制冷原理与循环系统

现代低温泵为闭循环小型制冷机式低温泵，整个低温泵系统由低温泵、压缩机和制冷膨胀机等部分组成。制冷介质氦气由压缩机压缩，经进气管到膨胀机。这时进气阀门打开，膨胀机活塞在专用电机带动下向上运动，使膨胀机下腔充满高压气体。当活塞到达上部顶端时，关闭进气阀，同时打开排气阀，使膨胀机与低压端相通，气体膨胀制冷，活塞向下移动把冷量贮存在活塞内的蓄冷器中。如此多次循环，在一、二级冷头处分别获得低于 80K 和 20K 的低温，并使气体在低温面上凝结，在活性炭上吸附而被抽除。

低温泵系统的核心是小型制冷机，它是一种小型闭循环氦气膨胀制冷机。目前制冷机中广泛采用的循环（适用于 $T=20K$ 的低温循环）有：斯特林循环制冷机、索尔文循环制冷机和 G-M（吉福特-麦克马洪）循环制冷机等。尤以斯特林循环和 G-M 循环制冷机使用最广。

图 9-5 是 G-M 循环制冷机低温泵的工作系统，系统的主要部件有：(1) 制冷单元：包括制冷机（膨胀机）、一、二级冷头、低温抽气冷阵及泵体；(2) 压气单元：氦压缩机、换热器、油气分离器、管路滤油器等；(3) 吸附器、阀门等辅助元件。该系统的工作气体是 99.998%高纯氦。

G-M 循环制冷机低温泵的优点是制冷与压缩部分可以分开安装，所以制冷部分可以做得很小，振动容易控制。缺点是压比低，可逆性较差。G-M 循环制冷机低温泵最低温度可达 7K 左右。

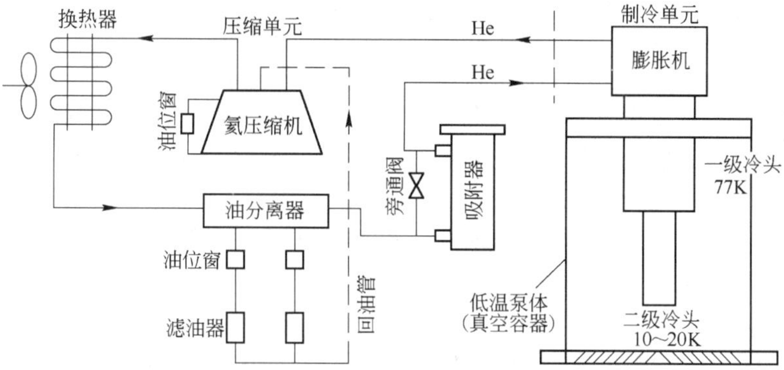


图 9-5 G-M 循环制冷机低温泵系统

B 制冷机低温泵的结构组成

图 9-6 为制冷机低温泵的结构示意图，(a) 图为一立式低温泵，由制冷机 2、活性炭吸附面 4（吸附板）、低温冷凝面 5（冷板）、屏蔽挡板 7、屏蔽罩 9、泵壳 10 组成。为了对其运行进行监测，还设有氢蒸气压温度计 1，其氢蒸气压温泡 8 装在制冷机的二级冷头 6 上，该泵通过泵壳上端的法兰与被抽容器相连。当泵工作时，由于制冷机一、二级冷头产生低温并制得冷量，使得挡板及屏蔽罩达到 77～80K，冷板及活性炭吸附面达到 15～20K 低温，并不断地供给冷量，于是便将容器中可凝性气体经挡板预冷后冻结在冷板上，而将不可凝性气体经挡板预冷后吸附在活性炭吸附面上，形成所需要的真空。如果是开式装置，则将不断流入被抽容器的气体，连续地冻结和吸附在冷板及活性炭吸附面上，从而保持住所需要的真空。

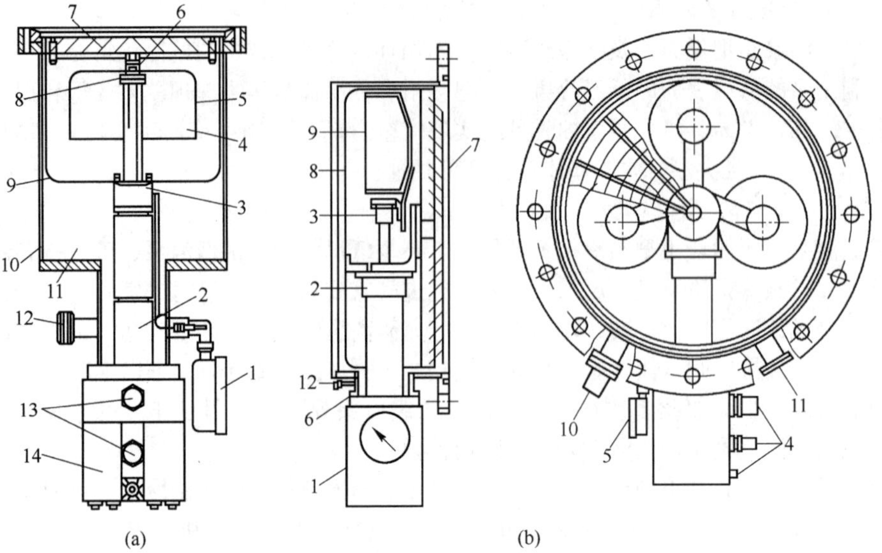


图 9-6　典型制冷机低温泵结构

(a) 立式低温泵头结构

1—氢蒸气压温度计；2—制冷机；3—一级冷头；4—活性炭吸附面；5—低温冷凝面；
6—二级冷头；7—屏蔽挡板；8—氢蒸气压温泡；9—屏蔽罩；10—泵壳；
11—真空腔；12—再生抽气排出口；13—氦气管线；14—冷头驱动组件

(b) 一种窄泵低温泵头结构

1—制冷机；2—一级冷头；3—二级冷头；4—气体、电气接头；5—$H_2$蒸气压温度计；
6—排水口；7—百叶窗式入口障板；8—保温屏蔽板；9—冷板（3 个）；
10—压力安全阀；11—排气口；12—清洗口

在有些系统中，在泵壳的上端法兰与被抽容器之间还设置高真空隔离阀。当泵停止工作时，将此阀关闭以保持被抽容器的真空度不变。泵停止工作后，制冷机不再产生冷量，冷头逐渐恢复常温。这时冻结在冷板上的可凝性气体将蒸发，被活性炭吸附的非可凝性气体将解吸，它们都跑到气相中去，从而形成较高的压力。为安全及排出这些气体在泵壳上设有再生抽气排出口 12，泵工作时，它用密封塞塞住。当停机时，泵壳内压力升高，通过内外压差将密封塞顶开，壳内气体自动排放到大气。

屏蔽罩 9 及挡板 7 由制冷机一级冷头 3 来维持其 77～80K 的低温，并不断地供给冷量；低温冷凝面 5 及活性炭吸附面 4 由制冷机的二级冷头 6 保持其 10～20K 的低温，并连续供给冷量把需要冷凝和吸附的气体都冷凝和吸附在它上面，形成真空及抽气作用。

图 9-6（b）为一百叶窗挡板与制冷机冷头平行的低温泵窄泵结构，它的泵头的外形尺寸较小。

图 9-7 是日本 ULVAC 公司的 CRYO-U12H 型低温泵的泵体结构图。其第一级冷头与 80K 辐射屏和障板相连，主要抽除水蒸气；第二级冷头与 15K 的低温板相连，抽除其他可凝性气体；最里边是 15K 活性炭床，抽除 He、Ne、Ar 等气体。这种结构的特点是单独设有活性炭床，而不是将活性炭粘在低温板的内表面。因此，对惰性气体的抽速可以提高。

C　制冷单元

制冷机低温泵的制冷单元结构如图 9-8 所示。

一级冷阵：辐射屏＋一级挡板。同制冷机的一级冷头相连，其温度通常在 45～100K 范围

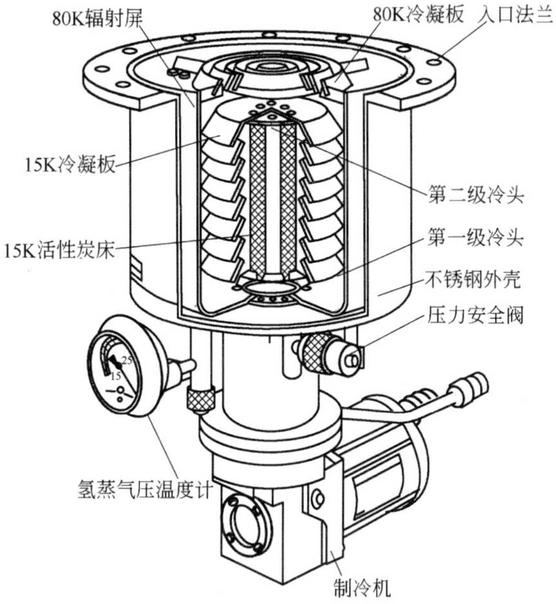


图 9-7 CRYO-U12H 型低温泵结构

内；

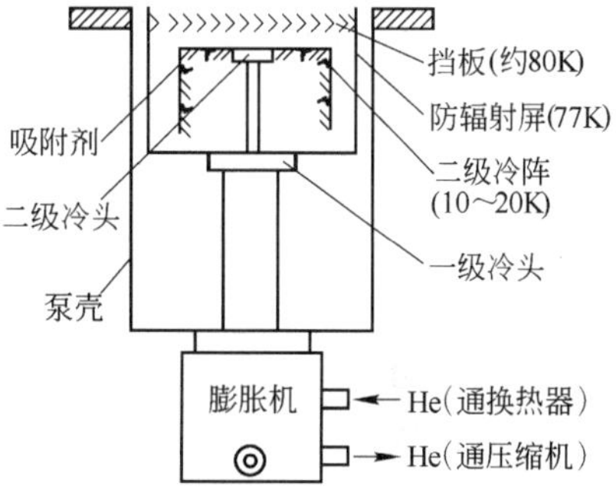


图 9-8 制冷单元结构示意图

二级冷阵：外侧裸露的无氧铜抽气表面＋内侧金属面上粘贴吸附剂（一般为活性炭）形成的吸附抽气面。二级冷阵与制冷机二级冷头相接，温度为 10～20K。

各级冷阵的作用如下：

一级冷阵中的挡板和防辐射屏用于阻挡来自泵壁和真空室的热辐射，保护二级冷阵免受室温热辐射的直接照射，以减小制冷功率损耗，维持泵的正常工作；同时，它还具有抽除 $H_2O$、$CO_2$ 等大多数碳氢化合物及其高凝结点气体的功能；另外还预冷一级冷阵不能抽除的其他气体。

二级冷阵的外表面是冷凝抽气，用于抽除 $N_2$、$O_2$、Ar 等可凝性气体，而对 He、Ne、$H_2$ 等非可凝性气体进行预冷；粘贴活性炭的内侧以低温吸附来抽除 He、Ne、$H_2$。

泵在抽混合气体时（如空气），还会发生低温捕集抽气作用，即可凝性气体在一、二级低温表面冷凝后形成固态多晶霜层，它对非可凝性气体具有相当的捕集抽气功能。

## 9.1.7 低温泵的极限压力

### 9.1.7.1 凝结系数 $\alpha$（粘附几率）

低温冷凝泵凝结气体分子的原理如图 9-9 所示。规定：凝结系数（理论）$\alpha$ 为入射到冷面上的气体分子被冷凝吸附的几率（入射到冷凝面上并发生物理吸附的气体分子数与入射到冷面上的分子数之比）。

设有一个温度为 $T$ 的低温表面 d$s$，单位时间内被 $N$ 个气体分子所碰撞，有 $N_r$ 个气体分子被反射出来，有 $N_1=N-N_r$ 个气体分子被凝结（物理吸附，表面温度越低，吸附的时间越长），与此同时 d$s$ 表面上还有 $N_2$ 个气体分子从凝结面上蒸发（脱附）出来，则凝结系数（理

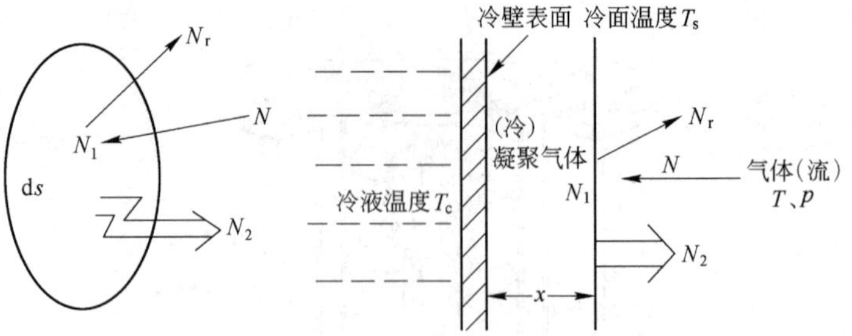


图 9-9　气体分子与低温冷面之间的作用

论）$\alpha$ 为：

1）不考虑蒸发（d$s$ 表面温度很低）：$\alpha=\dfrac{N-N_r}{N}=\dfrac{N_1}{N}$；

2）考虑解吸蒸发，则 $\alpha'=\dfrac{N-N_r-N_2}{N}=\dfrac{N_1-N_2}{N}$。

当冷凝表面温度很低（$N_2$很小）时，有 $\alpha=\alpha'$。

在实际应用中，为了方便求出 $\alpha$，定义有效凝结系数 $\alpha_s$，$\alpha_s$可通过实测求出。有效凝结系数 $\alpha_s=$ 泵的实测抽速 / 泵的最大理论抽速。

9.1.7.2　极限压力

在分子流状态下，根据气体分子运动论，打在冷壁上的气体分子（$N$）中有少部分分子将被反射回来（$N_r$）。另外已经被冷凝的气体分子中也有一部分会（蒸发）出来（$N_2$）。

根据余弦定律（麦克斯韦速度分布），气体分子在单位面积上的碰撞几率（单位时间碰撞的分子数）$N$ 为

$$N=\frac{1}{4}n\bar{c}_1=\frac{p}{\sqrt{2\pi MkT}} \tag{9-3}$$

设气体分子打到冷凝面上的凝结系数（粘附几率）为 $\alpha$，则在单位冷面上气体分子冷凝吸附的速率为

$$N_1=\frac{p\alpha}{\sqrt{2\pi MkT}} \tag{9-4}$$

如果凝聚的气体分子数超过单分子层而形成凝聚固态（$x$ 厚），则单位时间内，由单位面积上蒸发的分子数（即蒸发速率）为：

$$N_2=\frac{p_s}{\sqrt{2\pi MkT_s}} \tag{9-5}$$

式中　$T_s$，$p_s$——冷凝层表面温度和 $T_s$下的饱和蒸气压。

当凝结（吸附）速率与蒸发速率达到平衡时（抽气速率为 0），应有：$N_1=N_2$，而此时的气相压力（$p=p_g$）即为极限压力

$$p_g=\frac{1}{\alpha}p_s\left(\frac{T_g}{T_s}\right)^{\frac{1}{2}} \tag{9-6}$$

当冷凝表面温度非常低时（例如液 He 温度），$N_r$、$N_2$很小，$N_1>>N_r$、$N_1>>N_2$，此时 $\alpha\to1$，所以有：

$$p_g = p_s \left(\frac{T_g}{T_s}\right)^{\frac{1}{2}} \tag{9-7}$$

对低温冷凝泵，如设 $T=300\text{K}$，$T_s=4.2\text{K}$，代入式（9-6）得

$$p_g = 8.4p_s$$

即泵的极限真空度 $p_g$约高于同温饱和蒸气压力一个数量级。

对于带有低温吸附板的低温泵，式（9-6）中的 $p_s$应改为 $T_s$下的吸附平衡压力 $p_e$，$p_e$远远低于 $p_s$。

在 4.2K 温度下，除 He、$H_2$、Ne 以外，各种气体的 $p_s$均很低。因此，当泵冷面温度达到 LHe 温度时，对大多数气体来说，$p_g$达到 $10^{-9}$Pa 是很容易的。

对 He、$H_2$、Ne 等难以冷凝的气体来说，采用低温吸附方法除气比较有效。

9.1.7.3 降低泵极限压力 $p_g$的方法

根据前述极限压力的概念，欲降低极限压力，实质上就是设法增强抽气因素，减小反抽气因素。在超高真空下，冷凝泵的极限压力 $p_g$主要由被抽气体的饱和蒸汽压和被抽容器的表面放气压力构成。而低温泵中所用材料大部分是不锈钢，不锈钢放出的主要是氢气，因此，增强低温泵对氢的抽除很有意义。

（1）降低冷面温度 $T_s$和防辐射挡板温度 $T_B$。

降低 $T_s$可降低被抽气体饱和蒸气压。降低 $T_B$可减少已凝结气体的脱附。防辐射挡板在低温泵中起两个作用：1）起热屏蔽作用；2）预冷凝气体的作用。

极限压力与挡板温度和气体饱和蒸气压之间存在下列关系

$$p_g = p_s + A\,(T_B{}^4 - T_s{}^4) \tag{9-8}$$

式中 $A$——与辐射屏种类有关的常数，对人字形单层挡板 $A=(1.2\sim2.6)\times10^{-18}\,\text{Pa}\cdot\text{K}^{-4}$；

$T_s$——冷板温度。

$T_B$——挡板温度。

上式表明，挡板温度升高时，极限压力升高，尤其当挡板温度高于 90K 后，情况更恶化。这是由于挡板温度上升，原来可凝结在挡板上的气体量减少，不可凝结的气体也未能很好地预冷，这些气体将把相当大的热量带到冷区的冷板上；另外，从挡板辐射到低温板上的热量也增加，从挡板辐射的光子频率也发生变化，从而使已冷凝的 $H_2$大量解吸。于是，低温泵的极限压力就偏离了该冷凝板温度下被冷凝氢的饱和蒸气压，使极限压力升高。因此，欲要降低极限压力 $p_u$，就必须降低挡板温度 $T_B$。

（2）降低低温抽气前容器中不可凝气体的分压力。

在低温泵中，达到极限压力 $p_g$后的主要残余气体是不可凝气体。因此，应设法将其去除。有效的去除方法有：

1）预抽法。从图 9-1 中 Ne、He、$H_2$的饱和蒸气压曲线知，使用 4.2K 低温板，从大气压开始抽气，$p_g$只能达到 $5\times10^{-2}$Pa。若在低温泵启动前先用其他泵对容器进行预抽，则不可凝气体分压也相应减小。如预抽至 $1.3\times10^{2}$Pa，再用 4.2K 低温板抽气，$p_g$可达 $5\times10^{-4}$Pa。

预抽的真空度愈高，泵极限压力愈低。此外，使用预抽法还可减少冷量的消耗及冷面上凝结层量，从而可提高泵的寿命。

2）冲洗法。如果用 20K 下的低温可凝气体 $CO_2$、$N_2$等冲洗被抽容器，经几次冲洗置换后，可将容器中原有的不可凝气体大大减少，且分压也大大降低。当低温泵启动后可凝性气体

容易冷凝，降低了 $p_g$。

(3) 提高吸附抽气效率。

选择吸附效果好的吸附剂，增加吸附剂量和吸附面积，增强对难凝结气体的吸附。吸附剂的选择原则：1)（内）表面积大；2）热传导性能好（导热系数 λ 大）。

(4) 增强低温面捕集抽气作用。

把对不可凝气体捕集性较强的气体引进系统，当它与冷板接触时便凝结捕集非可凝性气体。利用气体霜的吸附捕集作用抽除 He、$N_2$ 等不易冷凝气体。如在 4.2K 低温表面上预冷 $N_2$ 形成冷霜凝结层，可使 $H_2$ 压力降低两个数量级。

(5) 加强密封措施，减小气体的泄入量。尽量减小前级泵的反流、反扩散等。

(6) 防备外界一切热量的渗入，以减少某些热量的渗入引起的反抽气因素增大。如设计合理的挡板、屏蔽罩以及进行的一系列合理的抛光、黑化等处理。

(7) 选择合适的材料、防止泵体内壁放气和气体对泵体的渗透。

### 9.1.8　低温泵的抽速

影响低温泵抽速的因素很多，精确地计算低温泵的抽速有一定困难。可分成理论抽速和实际抽速来讨论。

9.1.8.1　理论抽速

A　分子流状态下的理论抽速（正常工作压力范围）

设泵冷却表面面积为 $A$，(单位时间）碰撞到冷面上的气体分子就凝结在表面上，而没有碰撞到冷面上的气体分子则遍布于容器中，于是根据分子流状态下的余弦定律，单位时间碰撞到冷面上的气体分子数为：

$$N = \frac{1}{4} n\bar{c}_1 A$$

式中　$\bar{c}_1$ ——气体分子平均速度。

则冷面上的最大（体积）理论抽速 $S_{max}$ 为

$$S_{max} = \frac{1}{4}\bar{c}_1 A = \left(\frac{kT_g}{2\pi M}\right)^{\frac{1}{2}} \cdot A = 3.64 \cdot A\sqrt{\frac{T_g}{M}} \quad (L/s) \qquad (9\text{-}9)$$

式中　$T_g$——被抽气体温度，K；

$M$——被抽气体分子量。

如抽 20℃空气，则有

$$S_{max} = 11.6A \quad (L/s)$$

B　过渡流及黏滞流状态下的理论抽速

在过渡流及黏滞流状态下，气体分子密度较大，对泵抽气的影响因素有：(1) 气体分子相互间的碰撞；(2) 冷面与空间气体之间有温度梯度和压力梯度（冷面低←空间高）。

其综合结果迫使气体分子向低压方向定向连续流动，其最大值为：

$$S_{max} = A\left[\frac{kRT_g}{M}\right]^{\frac{1}{2}} \left(\frac{2}{k+1}\right)^{-\frac{k+1}{2(k-1)}} \qquad (9\text{-}10)$$

式中　$k$——绝热指数；

$R$——摩尔气体常数。

通过式 (9-1)、式 (9-2) 的计算表明：过渡流及粘滞流状态下的理论抽速大于分子流状态下的理论抽速。而且，理论抽速 $S_{max}$ 与被抽气体的压力和冷面温度 $T_s$ 无关。实际上，这是不可能的，当被抽气体压力等于冷凝物在冷面温度下的平衡压力时，泵就失去了抽气能力，此时，$S=0$。

9.1.8.2 泵的实际抽速

A 被抽气体的压力 $p$、低温表面温度 $T_s$对泵抽速的影响

当考虑被抽气体压力 $p$ 和低温表面温度 $T_s$对泵抽速的影响因素时有

$$S_{pt}=\sqrt{\frac{kT_g}{2\pi M}}A\cdot\left(1-\frac{p_s}{p}\sqrt{\frac{T_g}{T_s}}\right)$$

$$=S_{max}\left(1-\frac{p_s}{p}\sqrt{\frac{T_g}{T_s}}\right) \tag{9-11}$$

气体的饱和蒸气压 $p_s$随 $T_s$呈指数下降，当被抽气体的压力一定时，低温表面的温度 $T_s$越低，实际抽速越接近理想抽速。因此，要尽可能使低温表面的温度与制冷机冷头（或冷剂）的温度保持一致。尤其是低温吸附泵，更要注意这一点，才能获得尽可能大的抽速。一般，由于 $p_s$值较小，$p$ 对抽速的影响只在低压力范围才明显化。

B 冷凝捕获系数 $\alpha$ 对泵抽速的影响

根据冷凝捕获系数 $\alpha$ 的定义

$$\alpha=\frac{N-N_r-N_2}{N}$$

若低温表面的温度很低，解吸的分子数 $N_2$可忽略不计。考虑到捕获系数的影响，抽速 $S$ 的表达式为

$$S_\alpha=\alpha S_{pt}=\alpha S_{max}\left(1-\frac{p_s}{p}\sqrt{\frac{T_g}{T_s}}\right)=3.64\alpha A\sqrt{\frac{T_g}{m}}\left(1-\frac{p_s}{p}\sqrt{\frac{T_g}{T_s}}\right) \tag{9-12}$$

C 泵辐射挡板对抽速的影响

一般情况下，低温抽气表面不能在室温下直接暴露给气源。在超高真空下，因为来自辐射的热负荷会超过来自气体分子冷凝的热负荷。因此为减少低温介质的消耗，减轻低温板的热负荷，低温抽气面要用光密闭的具有中间温度（一般 $LN_2$）的防辐射挡板加以屏蔽，此时低温泵的抽速要受到挡板通导能力的限制，其抽速 $S_u$为

$$\frac{1}{S_u}=\frac{1}{S_\alpha}+\frac{1}{u}\quad 或\quad S_u=\frac{S_\alpha u}{S_\alpha+u} \tag{9-13}$$

式中 $u$——辐射挡板流导，L/s。

挡板根据实际需要可以做成各种形状，其通导能力（流导）可采用蒙特卡洛等方法计算。

D 凝结层对抽速的影响

冷凝泵在工作一段时间以后，低温面上将凝结一定厚度的固态气体层（气体分子在低温表面上不断凝聚时，先建立起单分子层，接着多分子层，直至建立起有一定厚度的凝结层），它的存在对泵的抽速有一定的影响。

气体分子入射到低温凝结层时，把气体分子本身所具有的一部分能量传递给凝结层，分子吸附时还将放出吸附热（等于汽化热），此外凝结层还将受到周围环境的热辐射。因此凝结层除了底层处于冷剂（或冷面）温度外，其表面温度则高于冷面温度。

9.1.8.3 典型抽速特性曲线

低温泵的抽速曲线与一般真空泵抽速曲线不同，低温泵在高压力区的抽速大于在低压力区域的抽速，低温泵冷凝吸附不同的气体时，其抽速特性曲线是不同的，而且实测表明其不同温度下的吸附等温线也不同，趋势类似，但斜率不同。

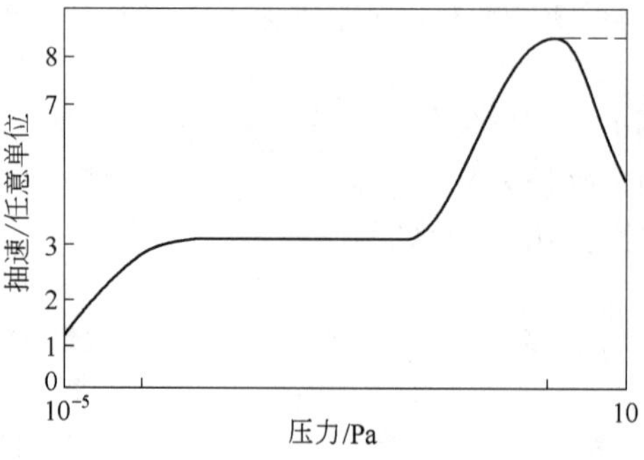


图 9-10　典型抽速曲线（$CO_2$ 在 77K 冷面上凝结）

图 9-10 是 Dawson 和 Haygood 测得的室温下 $CO_2$ 在 77K 低温冷面上凝结的典型抽速曲线，可对其解释如下：

开始抽气时，泵入口压力较高，气流量超过泵的低温冷凝能力，而且由于气体的热传导和对流传热效应较强，使冷凝层表面温度上升，吸附几率（凝结系数）较低，并且非凝结性气体在冷凝板附近堆积，对被抽气体形成阻挡层，可凝性气体必须经过碰撞才能通过阻挡层凝结在冷凝板上，此时气体分子在冷凝表面（或阻挡层）上的反射数量（$N_r$）较大；所以使抽速较低。

随着压力逐渐降低，冷板温度趋于稳定，气体分子的反射量下降，被冷凝吸附的气体分子数量逐渐上升，即抽速增加。直到某一最大（临界）值。此后，虽然随着气体压力的降低，气体反射量继续降低，但是因为吸附冷凝层中冷凝的气体重新蒸发的数量增加，而且因压力降低，单位时间内碰撞到冷凝表面上的气体分子数量下降，使得重新蒸发的气体分子数量大于反射量减少的数量，所以 $S$ 下降。在分子流状态下，冷板的吸附能力远大于碰撞到冷板上的气体分子数量，泵冷板面积一定，抽速一定，与压力无关（见公式 14-1）。直到极限压力下（容器内的压力与凝结物的蒸发压力平衡时），冷凝吸附的气体数量与从冷凝层蒸发的气体数量相等，抽速为零。

### 9.1.9　低温泵的其他参数

#### 9.1.9.1　排气量

低温泵的排气量是指泵的抽速下降至零（或下降 30%）时，所抽的气体总量，又称抽气容量。

$$Q = S \cdot p \cdot t_{max} \tag{9-14}$$

式中　$Q$——排气量；

$p$——工作压力；

$S$——抽速；

$t_{max}$——最长抽气工作时间，指泵开始工作到抽速下降至初始抽速的 70%～80%这段时间。

从式（9-14）可知，排气量与工作压力有关。当泵的制冷能力一定，外来的总热负荷及低温制冷机冷头（或称冷板）能付出的冷凝功率，是限制排气量的因素之一，决定了泵的工作压力，从而决定着泵的最大排气量。

在高压力下，气体的热传导和冷凝热十分可观，甚至气体的对流换热也起作用，再加上辐射热，决定了低温泵的最大工作压力，从而决定了低温泵的最大排气量。

低温泵的极限压力与排气量相互矛盾，极限压力越低允许的排气量越小，因为排气量越大，则在冷板表面凝结的固态沉积物越多，层厚越大。但是这些沉积层仅仅只有底层才直接与低温板接触，接近冷凝温度。由于沉积层的热阻，使沉积层表面部分的温度较高，且沉积层愈厚，表面温度愈高，从而使气相中的平衡压力升高，极限压力也将升高。若要求的极限压力愈低时，允许的凝聚层温升就小，因而允许的排气量也小，故论及一台低温泵的排气量时，应视要求的极限压力而定。

从式（9-14）得知，排气量与抽速有关。对于可凝性气体，严格来说，抽速并不是常数，随被抽气体的饱和蒸气压力、冷板温度等参数而变化。因此首要问题在于确定当 $p_s$ 逼近 $p$ 时，抽速开始降落以前，到底有多少气体能被低温泵抽除，其次要知道，低温泵在完全饱和以前到底能容纳多少气体量。

对不可凝气体的排气量必须考虑以下因素：

（1）凝聚系数随总吸附气体量的增加而下降。如果吸附一种气体，吸附容量和工作压力之间近似为直线关系。但是，如果在吸附前已吸附了其他气体，它们之间便不成直线关系。

（2）不可凝气体的吸附等温线完全取决于温度。排气量对低温板上的瞬时总热负载很敏感，只要使温度上升 1～2K，就将造成吸附板停止工作；如果吸附板过饱和，气体还将开始解吸。

需要特别指出的是，泵的抽氢容量特别重要。因为真空容器壁和一些工艺过程放出的主要是 $H_2$ 气，一台泵一旦抽氢容量饱和，抽速立即下降到零，从而使泵失去抽气能力，在实用上这是很不利的。

9.1.9.2 制冷时间

低温泵开始制冷到额定温度（例如 20K）的时间为制冷时间。它与多种因素有关。在冷液式泵中，与冷剂的流量、蒸发速率、热负荷、制冷时的真空度、泵的结构等因素有关。在制冷机低温泵中，则与制冷机的机型、制冷量、热负荷、制冷时的真空度、启动压力及泵的结构等因素有关。

选用和设计低温泵时，一般应使制冷时间短些，对工作有利，当然还要考虑经济性。目前国内外的产品中，小型泵制冷时间不大于 90min，大型泵不大于 180min。

小型制冷机低温泵，从室温降至低温板温度所需制冷时间可用下式计算

$$t_\mathrm{d}=\sum_{i=1}^{n}\frac{mC_{i-(i+1)}(T_i-T_{i+1})}{W_{i-(i+1)}}+t_0 \tag{9-15}$$

式中 $m$——二级冷板的重量，g；

$C_{i-(i+1)}$——在 $T_i$ 到 $T_{i+1}$ 温度内冷板材料的平均比热，J/（g·K）；

$W_{i-(i+1)}$——$T_i$ 到 $T_{i+1}$ 温度间隔内平均有效制冷功率，J/s；

$t_0$——制冷机空载降温时间，s；

$n$——所分的温度间隔数。温度间隔取得越小，计算越精确。

9.1.9.3 制冷功率及温度

为了得到相同的极限压力，对于不同的气体和气体混合物，需要的低温表面温度及冷量完全不同；对于同一种气体，当用不同的抽气方法时，为了获得相同的极限压力，所需要的低温表面温度及冷量也不相同。根据热力学第二定律，为了获得低温下 $T_s$ 的制冷量 $Q_s$，所需最小功率 $W_{min}$ 为

$$W_{\min}=\frac{Q_s}{T_s}(T_a-T_s) \tag{9-16}$$

式中 $T_a$——室温温度。

可见，所需最小功率与 $Q_s$ 和 $T_s$ 有关。

表 9-1 给出在不同的温度 $T_s$ 下，制取 1W 冷量所需要的最小室温功率 $W_{min}$ 和消耗的实际功率 $W_{red}$。

**表 9-1　$T_a=300K$ 时，在不同温度 $T_s$ 下制取 1W 冷量所需要的功率**

| 温度 $T_s$/K | 理论值 $W_{min}$/W | 实际耗功的近似值 $W_{red}$/W | $W_{red}/W_{min}$ |
|---|---|---|---|
| 80 | 2.75 | 10 | 3.64 |
| 20 | 14 | 70 | 5 |
| 14 | 20 | 150 | 7.5 |
| 4 | 70 | 1500 | 20.27 |
| 2 | 150 | 6000 | 40 |
| $10^{-3}$ | $3\times10^5$ | 兆瓦（MW）级 | |

从表 9-1 得知，温度 $T_s$ 越低，实际消耗的功率越大，花费的成本也越高，而且是成许多倍的增高。因此在设计低温泵时，在能达到相同极限压力和抽速的情况下，应做好低温设计，尽可能提高温度 $T_s$，并尽可能减少其热负荷，即泵对冷量的消耗。

9.1.9.4　低温泵的工作寿命

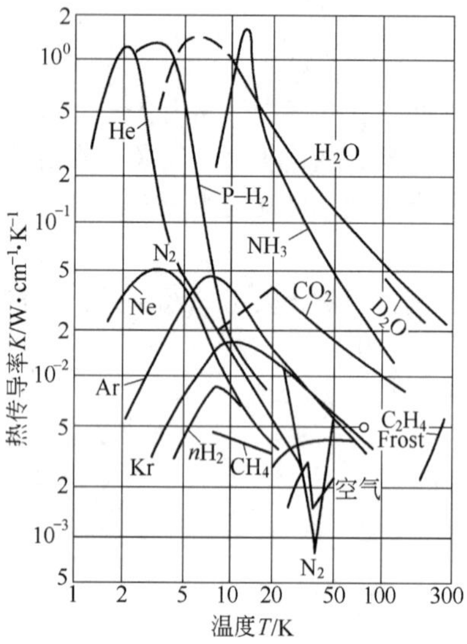


图 9-11　凝结物的热传导率

A　冷凝泵的工作寿命

根据泵的类型不同，冷凝泵的工作寿命有两个含义，一是泵使用到冷凝板必须加热再生的时间，称为再生寿命；另一是贮槽式低温泵充一次冷剂所能工作的时间，称为装填寿命。

（1）再生寿命：

$$t=D\frac{A^2}{K'M^2} \tag{9-17}$$

$$D=\rho\lambda(T_s-T_w)$$

式中　$A$——冷凝面面积，$cm^2$；

$K'$——凝结热，J/g；

$M$——凝结量，g/s；

$\rho$——凝结物密度，$g/cm^3$；

$T_s$——凝结层外表面温度，K；

$T_w$——冷凝面温度，K；

$\lambda$——凝结物的热传导率。$\lambda$ 与 $\rho$ 的值可从图 9-11 和图 9-12 查出。

（2）贮槽式泵的装填寿命：

$$t=V/Q_v \tag{9-18}$$

式中　$V$——冷剂容积，L；

$Q_v$——单位时间冷剂耗量，L/s。

本维纽蒂（Benvenuti）讨论了贮槽式泵的寿命，认为贮槽容器的高度与半径比最多不超过 4，再高不会提高泵的装填寿命。

B　吸附泵的工作寿命

吸附泵的最大工作寿命 $t_{max}$ 等于吸附板两次活化（再生）所间隔的时间

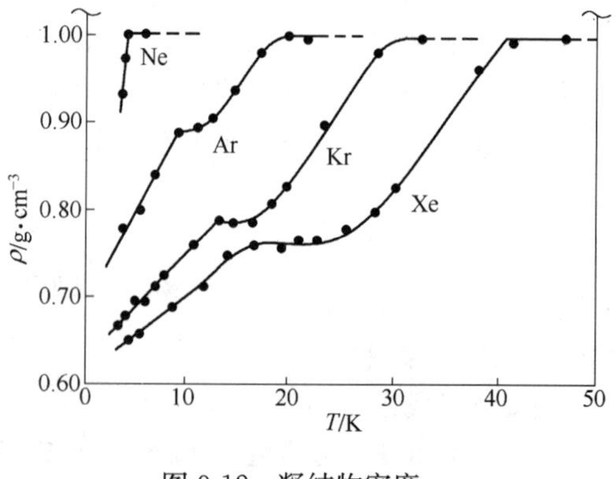


图 9-12　凝结物密度

$$t_{\max} = \frac{Vm}{Sp} \tag{9-19}$$

式中 $V$——吸附容量，Pa · L/kg，可根据吸附等温线确定；

$m$——吸附剂质量，kg；

$S$——抽速，L/s；

$p$——泵入口压力，Pa。

为了再生时不产生有爆炸危险的混合气体，每 1m$^3$ 泵室容积中 $H_2$ 含量不应超过安全界线，通常为 1600～6600Pa · m$^3$。此外，还要在泵上装一个安全阀。

## 9.2 溅射离子泵

### 9.2.1 概述

溅射离子泵是 1958 年由 Hail 等人发现潘宁放电真空计在测量真空时，真空计本身有一定的抽气作用，根据这一现象而发明的，因此又称潘宁泵。它是一种使用较广泛的无油清洁真空泵。

溅射离子泵的优点是：(1) 无油、无振动、无噪声；(2) 使用简单可靠，寿命长，可烘烤；(3) 不需要冷剂，置放方向不限；(4) 工作压力范围宽 ($1～10^{-10}$ Pa)；(5) 对惰性气体抽速大，是目前抽惰性气体较好的泵。

其缺点为：(1) 带有笨重的磁铁，体积和重量较大；(2) 对有机蒸气污染敏感，连续抽 30min 油蒸气就会使泵启动困难；(3) 二极泵在抽惰性气体时，会出现氩不稳定性。

这种泵被广泛地应用于现代尖端技术的超高真空领域中，如原子能工程、核工业、高能加速器、宇宙模拟、表面物理、电子工业和高纯金属的冶炼等领域。

### 9.2.2 溅射离子泵基本结构和工作原理

9.2.2.1 溅射离子泵的结构

图 9-13 示出了最简单的二极型溅射离子泵的工作原理图。泵的阴极由 Ti 板组成；阳极由多个不锈钢圆筒（或四方格、六方格）并联组成排气部件，置于两块阴极钛板之间。为了增加抽速，实际应用的离子泵由多个排气部件组成。每一个方格为一个单元泵，抽速约为 $1～3s^{-1}$。磁场方向垂直于阴极板（永久磁铁），当在阳、阴极之间加上适当直流高压（对阴极为正电位 3kV～8kV），并且在泵内气体压力低于 1Pa 时，在阳极筒内产生放电。

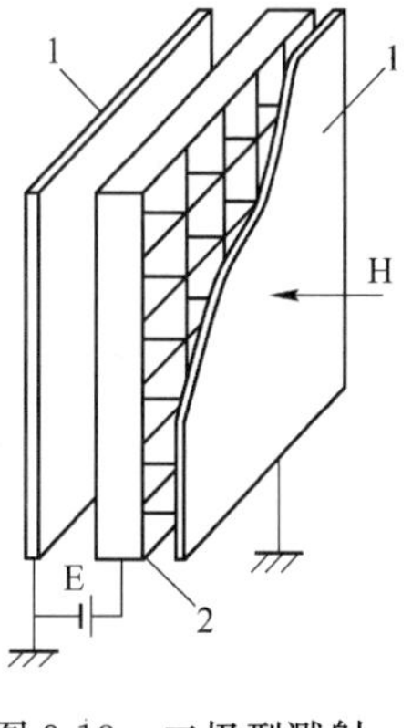


图 9-13 二极型溅射离子泵的工作原理图

1—阴极板；2—阳极筒

9.2.2.2 单元泵内的物理过程

当单元泵加上电场与磁场以后，等电位线的形状如图 9-14 所示。在电磁场的综合作用下，空间中的自由电子运动如下：自由电子在电场作用下的定向运动，可分解成两个速度分量：轴向速度分量 $\vec{v}_z$ 和径向速度分量 $\vec{v}_x$ 。$\vec{v}_x$ 与磁场 $\vec{H}$ 方向垂直，因而磁场产生对电子的作用力——洛仑兹力为 $\vec{f}=-e\vec{v}_x\vec{H}$ 。这样电子在 $\vec{v}_x$ 与 $\vec{f}$ 的综合作用下，在水平横截面上作轮滚线运动，轮滚线的圈大小受电、磁场强度控制。电场越强（电子速度愈大）则轮滚线的圈也就愈大，大到一定程度，电子就落到阳极上。磁场作用相反，磁场愈强，轮滚线的圈愈小，起约束的作用。所以阳极电压较高时，需要加较强的磁场，以免电子直接落到阳极上。

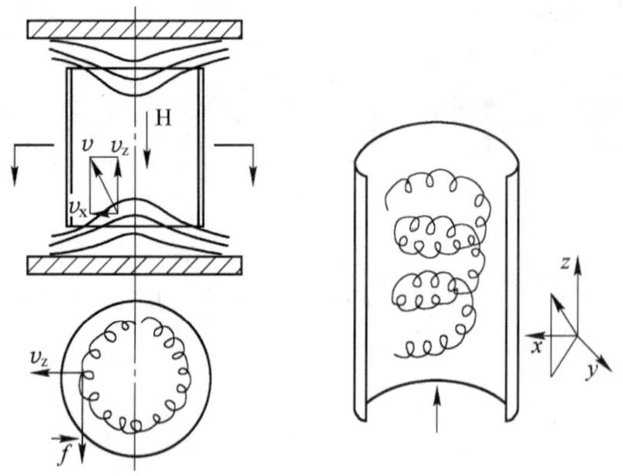


图 9-14　电子在单元泵电磁场中的运动

轴向电场的作用是使电子同时在 $\vec{v}_z$ 作用下沿阳极筒轴向运动。如图 9-14 所示，电子受轴向电场力作用向上加速运动，跨过阳极中心水平线后，开始受斥力而减速运动，靠近阴极时 $v_z$ 为零而反向，重新受轴向电场的加速向下运动，过中心水平线后又开始减速，快到阴极前 $v_z$ 又变为零而反转。如此不停地作上下往复运动。电子的运动轨迹：在电磁场的综合作用下，电子的轨迹像一根拉开了的电炉丝绕成一个螺旋状放在阳极筒里。

很多电子受磁场的约束，以轮滚线的形式贴近阳极筒旋转，而形成一层旋转电子云，像走马灯似地快速旋转。电子在阳极筒里受磁场约束，转速很高，电子路程也很长。要经历很长的路程后才落到阳极筒上。

在 $10^{-4}$Pa 时，电子约经历 1km 的路程才落到阳极上；在 $10^{-8}$Pa 时，电子约经历 $10^4$km。电子在电子云中的束缚时间也随压力的降低而增加。在 $10^{-4}$Pa 时，电子的束缚时间为 1ms；而在 $10^{-10}$Pa 时，可达 17min。

由于大量电子在阳极筒里长时间旋转，所以气体分子很容易被电子碰撞电离。电离情况为，电子（自由＋发射）在运动中与气体分子碰撞，使气体分子产生电离，形成离子和电子。离子在电场作用下飞向阴极并轰击 Ti 板，并产生以下作用：

(1) 角度、能量合适，注入阴极板内。

(2) 钛原子不断被溅射出来，沉积在阳极筒内壁和阴极板上，形成 Ti 膜而吸气。

每一个轰击阴极的离子所能溅射出来的钛原子数称溅射率。能量大和质量大的离子溅射能力强些，斜射要比正面轰击的效果好得多。为保证阳极筒内壁上钛薄膜的吸气能力，必须有足够的溅射率，即要加足够的电压，以保证离子的轰击能量。

(3) 打出二次电子。

气体分子被电离放出的电子叫做繁流二次电子。这两种电子都受电、磁场约束而进入旋转电子云，补偿因跑到阳极上而损失的电子，维持潘宁放电。

9.2.2.3　对不同气体的抽气过程（机理）

溅射离子泵对不同气体的抽除机理如图 9-15 所示，A 为在低压下（$10^{-2}$～$10^{-6}$Pa），当阴极和阳极之间加上高电压时，引起场致发射（潘宁放电），产生电子；B 为在电、磁场作用下

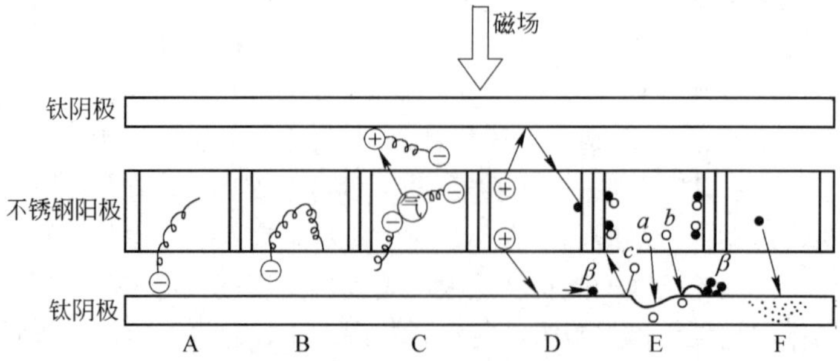


图 9-15　溅射离子泵对不同气体的抽除机理

电子在阳极筒内作往复螺旋运动；C为电子与气体分子碰撞产生正离子和繁流二次电子，引起雪崩效应；D为活性气体和惰性气体离子在电场作用下加速向阴极运动，并轰击Ti阴极，溅射出钛原子落在阳极筒上形成新鲜Ti膜，进行吸气；也有的落在阴极外围区（β区）。活性气体离子溅射产额很低，约为1。E为活性气体的一部分注入阴极表层，大部分与新鲜Ti膜反应形成化合物，化学吸附在阳极筒内壁上（少量化学吸附在阴极β区）；惰性气体电离后，离子在轰击阴极过程中被排除。其排除方式为：1）少量离子直接注入阴极表面内或β区（如图中a）；部分斜射的离子切入阴极表面，离子和钛一起被掀掉，埋葬在β区（图中b）。2）离子从阴极表面获得一电子中和成中性粒子（原子或分子）后，发生荷能中性粒子反射到阳极筒内表面的钛沉积膜层中被埋掉（图中c），荷能粒子能量决定于入射角和阴极材料的原子量。F为$H_2$的抽除：由于$H_2$质量小，溅射能力很低。氢离子打到钛板上与电子复合成H原子，然后扩散进入到钛的晶格内，形成TiH固溶体而被排除。常温下这种固溶体中$H_2$的浓度为0.05%。但离子继续撞击及其他热源会使阴极Ti板升温，TiH在温度高于250℃时开始分解放出氢气，并导致钛阴极板晶格膨胀龟裂。G为水蒸气不能直接排除。水蒸气先在阳极筒内碰撞分解为$H_2$和$O_2$，其中$O_2$与Ti膜形成化合物，$H_2$与上述一样被排除。

根据以上说明，活性气体靠阳极上的沉积层抽除，靠阴极上沉积层抽除，也靠注入阴极抽除，因而抽速较大；惰性气体靠阳极上沉积层抽除，靠阴极上沉积层抽除少部分，因而抽速较小。溅射离子泵对惰性气体氩气的抽速是氮气的1%。

### 9.2.3 离子泵抽气过程中的Ar不稳定性

#### 9.2.3.1 Ar循环不稳定现象

普通溅射离子泵为最简单的二级型结构（阴阳极结构），二极型泵制造工艺简单，磁铁的磁隙小，但泵要求的启动压力低。如果泵不要求在较高压力下启动，而且对抽惰性气体没有特殊要求，选用二极型泵较好。

简单二极式溅射离子泵的最大缺点是$S_{Ar}/S_{N_2}$只有1%，这使得它难以应用到排除惰性气体的真空系统中；其次是它的工作稳定性较差。二极型泵在经过长时间抽气后，会出现Ar循环不稳定现象。即溅射离子泵在抽除氩、氦和氙等惰性气体时，经常会出现真空系统内的压力突然脉冲式地上升，然后又下降，压力幅度为$10^{-2}$Pa数量级。图9-16示出了二极型溅射离子泵在$10^{-3}$Pa的空气压力下进行数百小时或在$10^{-4}$Pa下数千小时的排气后所出现的氩不稳定性。

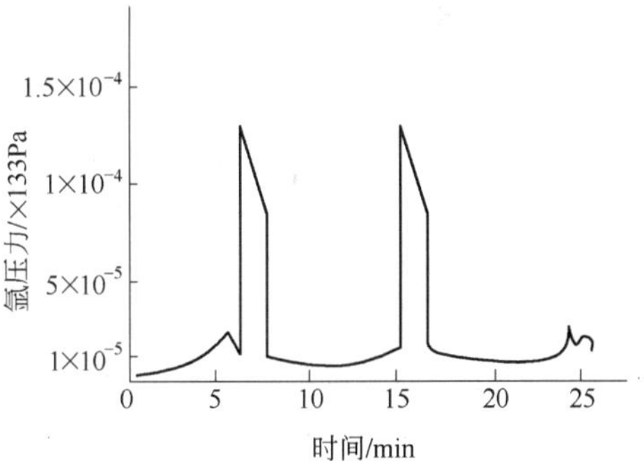


图9-16 氩压力不稳定性

对于经常暴露大气的系统很容易观察到此现象。氩压力循环变化的原因是由于系统经长时间抽气后，压强降低，使气体放电模式变化，离子轰击阴极表面不再集中于中心部位，而放电开始向周围阳极边缘所对的阴极环形部分（β区）扩展，在正离子轰击下引起溅射和氩气释放（也会引起化合物分解）导致埋藏在这些地方的氩大量释放，反过来又增加更大的离子轰击，故氩压力急剧上升，因而压力升高，但随后放电又向阴极中央集中，边缘重又抽除氩气，压力降低。到全部放出后，又恢复以清除为主的过程，氩气压力迅速下降。

这种氩气的脉冲式放出，也可以由于压力、阳极电压等的变化而爆发。此外，当温度升至

300℃以上，被排氩开始释出，但直至750℃仍未全部放出。

对于氦气，初始抽速比较大，因为所有放电产生的氦离子几乎都打入钛阴极表面内。但随着表面上氦浓度的增加，被溅射放出的数量增加，故抽速衰减。如果温度升高至250℃，氦也大量释出。

Ar不稳定性是由阴极的功能引起的：因为二级泵的阴极一方面作为溅射源，另一方面又作为Ar的收集极，所以出现周期性释放被掩埋在阴极β区内的气体。

9.2.3.2　溅射离子泵改进形式

二极式溅射离子泵对氮抽速小和不稳定，主要是由于钛溅射区与惰性气体埋藏区都同在阴极板上，没有明显的分开，因而前头被埋的惰性气体往往就被后面跟进的离子重新轰出来。

为了提高对惰性气体的抽速，克服氩循环不稳定现象，应把这两种作用（溅射与埋藏作用）分开。因而发展了各种改进型的溅射离子泵。并且引入了对氩抽速$S_{Ar}$与对氮抽速$S_{N_2}$之比值作为离子泵的优劣指标之一。

（1）三电位三极型：在阴极和阳极之间增加一个处于中间电位的收集极来埋藏收集惰性气体离子的结构，称为三极型，其结构示意如图9-17（a）所示。该型泵阴极做成格子形状，直射的离子可以自由通过，使斜射（入射角40°～80°）到阴极上的离子增加，提高溅射率，由于收集极不会遭受斜射溅射，溅射到收集极上的离子能量较阴极的小，而且多为直射，所以溅射不如阴极激烈，低能离子可以被阴极溅射的Ti掩埋在收集极上。阳极、阴极分别接±3kV，收集极接地，对氩的抽速为氮的21%（$S_{Ar}/S_{N_2}$比值为21%）。

（2）二电位三极型：汉密顿（Hamilton）将三电位方式改为双电位方式，即阳极和收集极

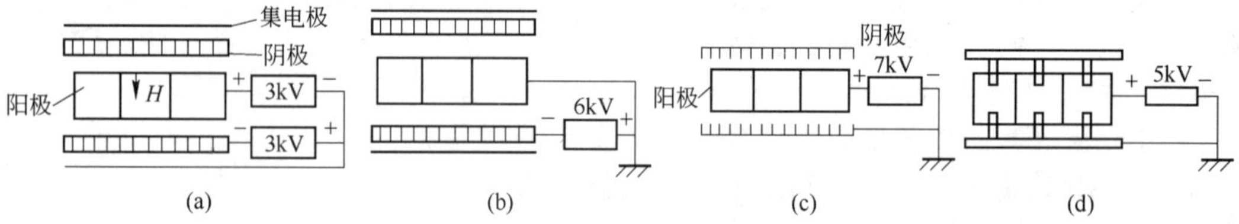


图9-17　改进型溅射离子泵的结构形式

（a）三电位三极型；（b）二电位三极型；（c）异形阴极二极型；（d）阴极短柱型

同电位，阳极与收集极均接地，阴极接－6kV，克服了三电位泵的结构和电源复杂，磁隙大等不足，如图9-17（b）所示。在三电位方式下，离子可以打到收集极上；而在双电位方式下，离子不能打到收集极上。因此，双电位方式的氩再释出应该更小。对氩的抽速为氮的25%（$S_{Ar}/S_{N_2}$比值为25%）。

（3）异形阴极二极型：因为三极泵在磁场方向深度越大，需要的磁铁越强，否则抽速就越小；而且结构过于复杂，所以出现了开槽阴极的二极型泵，如图9-17（c）所示。槽侧面（凸部）作为溅射区，槽底部（凹部）作为气体捕获区，离子斜射在槽侧面，溅射率大。

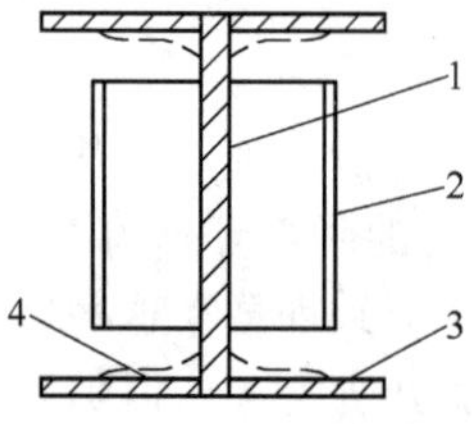


图9-18　磁控管型泵

1—阴极柱；2—阳极；3—阴极板；4—溅射钛层

（4）阴极短柱型溅射离子泵，$S_{Ar}/S_{N_2}$等于25%。

（5）磁控管型：在两块阴极板上穿一根钛柱，位于阳极中心位置，形成一个简单的磁控管，如图9-18所示，磁场仍为轴向。溅射的钛沉积在阳极内壁以及两块阴极板上，惰性气体主要被埋藏在阴极柱附近的钛板上。根据实验，$S_{Ar}/S_{N_2}$大约为12%～20%。

据安德鲁（Andrew）的报道，离子轰击钛柱引起的钛溅射率比一般二极型大 30～40 倍，因而工作稳定性和抽气速率较佳。

（6）选择适当的阴极材料：钽的原子量大，溅射率高，在二极泵中，可使 Ar 离子等撞击阴极后反射到阳极上而被捕获得多，提高了对惰性气体的抽速。但 Ta 价格较贵，泵的制造成本增加。

用 Ti 合金也可起到以上类似作用，如用 Ti-15Mo 合金，可使泵抽氢速率提高 60%，抽空气速率提高 15%左右（在 $7\times10^{-4}$Pa）。

## 9.2.4 泵的工作特性

### 9.2.4.1 放电电流的特性

由于泵内放电空间内电子云不断电离气体分子的结果，在泵外电源回路上构成了放电电流 $I$，$I$ 的大小与泵内气体压力 $p$ 的 $n$ 次方成比例：

$$I\propto p^n \text{或} I=Cp^n \tag{9-20}$$

式中 $I$——离子流；

$C$，$n$——常数，$n\geqslant1$（因为繁流放电及产生二次电子）。

可依据泵工作时放电电流的大小，估计泵内压力的高低。

### 9.2.4.2 抽速特性

离子泵的抽速与放电强度（$I/p$）成正比：

$$S=\propto\frac{I}{p}\text{；}S=k\frac{I}{p}$$

式中，$k$=6.7～10.7Pa · L/库仑（对应阳极电压 3～6kV）

将 $I$ 代入： $$S=kCp^{n-1} \tag{9-21}$$

当 $n>1$，抽速 $S$ 随压力 $p$ 的降低而下降。$n$ 越大，降速越快；当 $n=1$ 时，$S=kC$，泵在整个压力范围内的抽速 $S$ 不变。

一个设计良好的溅射离子泵，$S$-$p$ 关系如图 9-19 所示，高抽速范围较宽。离子泵的额定抽速一般指在 $p=10^{-4}\sim10^{-5}$Pa 时的抽速。

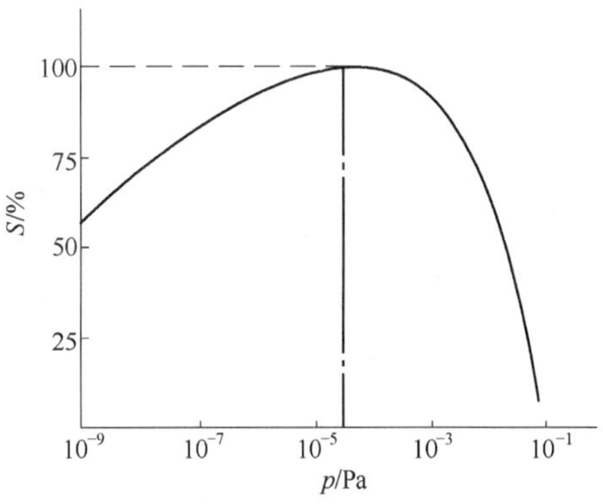


图 9-19 泵的 $S$-$p$ 关系曲线

抽速特性曲线解释如下：

（1）当压力较高时，抽速较低原因：1）$p$ 较高时，电离产生的放电电流大，由于高压电源是高内阻的，强电流通过高内阻时压降较大，因此实际加到阳极上的电压较低；2）过多的空间电荷存在，使电子云的范围扩展，致使空间电位下降。

由于上述原因，使离子没有足够的能量轰击阴极 Ti 板来产生高的溅射率，从而不能产生足够的 Ti 原子吸气，致使泵的抽速 $S$ 下降。

（2）当压力较低时，抽速下降原因：气体稀薄、密度太低，空间赖以产生繁流的初始电子及补充的二次电子太少，致使放电强度太低；另外由于 Ti 膜沉积速率低，气体脱附现象有较大影响，所以引起抽速 $S$ 下降。

可采用加大磁场强度或阳极筒直径方法，使空间电子云中的电子在空间停留时间加长，从而延长电子路径，增加电子与气体分子的碰撞次数，充分发挥电子在空间的电离作用。因而可使放电强度随压力降低而下降的速度减慢，从而使泵在超高真空下的抽速下降缓慢。

### 9.2.5　溅射离子泵的使用维护

9.2.5.1　烘烤

当溅射离子泵长期暴露大气时，不但会出现启动困难，而且极限压力也高，抽速也小，这主要是溅射离子泵内钛沉积层吸附了大量水汽之故。为驱除水汽必须烘烤。

烘烤时应将磁钢、各种引线、橡胶密封圈等拆下，缓缓升温，直至250～300℃，恒温12h，烘烤时泵内真空度应不低于$1\times10^{-1}$Pa。烘烤完毕后，缓缓打开烘箱，装上磁钢。

9.2.5.2　氩清洗处理

溅射离子泵沾污过油蒸气或其他有机物，阴极板氧化或大量排过氢气，则溅射离子泵真空度会下降。一般可采用烘烤去气后再进行氩清洗处理。氩清洗是用氩离子轰击钛板，把阴极板上的沾污物或溶解在阴极板里面的氢轰击出来。再被大量溅散的钛所吸收或埋葬掉。充氩压力应维持在$10^{-2}$Pa量级或观察离子流，大约在10～200mA之间摆动。氩清洗一般1～2h。

9.2.5.3　工作寿命

由于溅射离子泵的溅散率取决于轰击的离子数和能量，因此压力愈高，阴极溅射愈剧烈，故其使用寿命与工作压力成反比。为提高泵的使用寿命，尽量不要在$10^{-1}$～$10^{-2}$Pa压力范围内工作。

## 9.3　分子筛吸附泵

### 9.3.1　分子筛的结构

分子筛是一种人工合成的吸附剂，其原料一般为白色晶体粉末，粒度范围为1～10μm。实际应用的粒状、条状或球状的分子筛，是在原粉中加进羊甘土作为粘接剂而加工成型的。

分子筛内部含有大量的水分，当加热到一定温度脱除水分后，其晶体结构保持不变，同时形成许多与外部相通的均一的微孔。当气体分子直径比此微孔孔径小时，可以进入孔的内部，从而使某些分子大小不同的物质分开，起到筛分的作用，所以称之为分子筛。

分子筛的结构比较复杂，其骨架由铝硅酸盐阴离子构成。铝硅酸盐阴离子骨架可以形象地看作是一座晶体的“化学建筑物”，其中排列着几种不同形状和大小的“房子”（晶穴）。这些房子以几种不同形式的“走廊”（孔道）纵横贯穿着，而且房子上还开有大小不同的窗口（晶孔）。

分子筛的容积大约有一半是空腔（晶穴）。小于晶孔直径的气体分子即可通过晶孔而吸附于晶穴的内表面。巨大的内表面积决定了分子筛能大量吸气的特性。5A型分子筛的内表面积为585$m^2/g$，13X型分子筛内表面积为520$m^2/g$。因此5A型的吸气能力要比13X型略强些。在液态氮温度下，分子筛吸附的气体体积为其自身体积的50～110倍。

组成分子筛的化学通式为

$$M_{2/V}O \cdot Al_2O_3 \cdot nSiO_2 \cdot mH_2O$$

式中，$M$是金属正离子（通常是Na、K、Ca、Sr、Ba等），$V$是它的价数，$n$称为硅铝比，$m$是含水分子数。一般$n=2$～10，$m=0$～9。

根据化学组成和结构的不同，分子筛有许多种。真空技术中常用分子筛的物理化学性质见表9-2，规格及技术特性见表9-3。

**表 9-2　分子筛的物理化学性质**

| 比热/J•(kg•℃)$^{-1}$ | 导热系数/J•(m•℃)$^{-1}$ | 吸附热/MJ•kg$^{-1}$ | pH 值（水中） | 对水强度 |
|---|---|---|---|---|
| 879 | 2119 | 3.83 | 8～9 | 不易龟裂，较硅胶稳定 |

**表 9-3　分子筛的规格及技术特性**

| 型号 | 形状 | 粒度/mm | 晶穴直径/$10^{-10}$m | 晶孔直径/$10^{-10}$m | 堆密度/kg•L$^{-1}$ | 化学组成 | 吸附特性 | |
|---|---|---|---|---|---|---|---|---|
| | | | | | | | 吸水量/g | 吸附其他物质的特性 |
| 5A | 粉末<br>球形<br>条形 | 1～4μm<br>ϕ4～6<br>ϕ4 | 约 12 | 4.9～5.6 | 0.8<br>0.53 | 0.7CaO • 0.3$Na_2OAl_2O_3$ • (2±0.08) $SiO_2$ • 4.5$H_2O$ | >0.25<br>>0.21<br>>0.21 | 吸附正构烃类，直径小于 5×$10^{-10}$m 的分子，吸附的主要分子与 4A 型分子筛相同；不吸附异构烃、环烷烃及芳烃类 |
| 10X | 粉末<br>条形<br>球形 | ϕ2～4<br>ϕ4～9 | 约 25 | 8～9 | 0.5～0.6 | 0.7CaO • 0.3$Na_2O$ • $Al_2O_3$ • (2.45±0.05) $SiO_2$ • 6$H_2O$ | >0.26<br>>0.23 | 吸附异构烷烃、环烷烃、芳烃，吸附的主要分子与 4A 型分子筛相同；不吸附异构烃，环烷烃及芳烃类 |
| 13X | 粉末<br>球形<br>条形 | ϕ4～6<br>ϕ4 | 约 25 | 9～10 | 0.8<br>0.53 | $Na_2O$ • $Al_2O_3$ (2.45 ± 0.05) $SiO_2$ • 6$H_2O$ | >0.23 | 吸附小于 10×$10^{-10}$m 的各种分子，吸水量 35.5%（重量），吸附的主要分子同 10X 型分子筛；不吸附含氟三丁胺 |

表 9-4 给出了组成空气的各种气体分子的半径和沸点（因测量方法不同，测量的半径大小稍有差别），以便和分子筛的晶孔尺寸相比较，正确地选用分子筛型号。

**表 9-4　空气中各种气体分子的性质**

| 气　体 | He | Ne | Ar | Kr | Xe | $H_2$ | $N_2$ | $O_2$ | $CO_2$ | CO | $H_2O$ | 空气 |
|---|---|---|---|---|---|---|---|---|---|---|---|---|
| 分子半径/×$10^{-10}$m | 0.96 | 1.15 | 1.40 | 1.60 | 1.75 | 1.15 | 1.55 | 1.45 | 1.60 | 1.60 | 1.30 | 1～2 |
| 沸点/℃ | −269 | −246 | −186 | −153 | −109 | −253 | −196 | −183 | −78.5 | −91.5 | 100 | −194.2 |

从表 9-4 中可见，5A 型分子筛用来排出一般系统中气体及水蒸气是比较合适的，也是常用的吸气材料；13X 则经常用来作为扩散泵上挡油阱的材料，因为油蒸气分子的直径比较大（阿皮松油分子直径为 10×$10^{-10}$m），所以需要用晶孔直径较大的分子筛。

### 9.3.2　分子筛的抽气原理

分子筛吸气能力可以用吸附等温线来表示。吸附等温线是在一定温度下，分子筛对气体的吸附量与气体的平衡压力的关系曲线。图 9-20 是几种类型分子筛对水蒸气的吸附等温线。

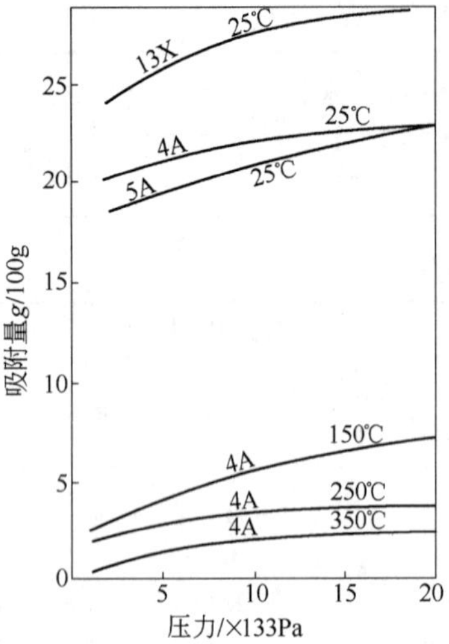


图 9-20　分子筛对水蒸气的吸附等温线

从图 9-20 可见：对 4A 型分子筛抽除水蒸气，温度从 350℃降到 25℃，吸附量大幅度增加；对 5A 型分子筛吸附 $N_2$气，温度从 293K（20℃）降到液氮温度（77K），气体吸附量增加很多。将分子筛装在一个容器里，则分子筛增加的吸附量正好等于容器中气体量的减少，此即分子筛的抽气作用。

分子筛的吸附特性：分子筛晶体是离子型的，它对气体的吸附能力与气体分子的极性有关。例如，对于极性强的水分子，它就具有极强的吸附能力，而对惰性气体的吸附能力就很弱。因此，对于混合气体，分子筛能先吸附某些气体。分子筛吸附了某些气体以后，对其他气体的吸附能力就大为减弱了。

分子筛对气体的吸附是物理吸附，过程是可逆的。低温下吸附的气体，在温度回升时将如数地释放出来。但这种释放是缓慢的，并不是回升到一定温度就能迅速地全部放出。

### 9.3.3　分子筛吸附泵的结构形式

分子筛吸附泵的结构应满足如下条件：1）使分子筛能得到充分冷却。通常采用一些导热面或液氮管，冷却较深部位的分子筛；2）使气体易于深入分子筛内部。通常用一些金属网挡住分子筛，以维持气体有一定的通导深入泵的内部；3）节省液氮的消耗量；4）易于对分子筛加热再生；5）因为分子筛在液氮温度下吸附大量的气体，当温度回升时，所吸气体会慢慢地放出来，使泵内形成几十倍于大气压的高压，会造成破坏事故。因此必须设安全阀，当压力超过大气压时自动打开。

吸附泵的结构因冷却方式不同，可分为内冷式和外冷式。

#### 9.3.3.1　*内冷式*

图 9-21 为一台内冷式吸附泵结构示意图。泵外壳由不锈钢制成。在泵壳内安放着导热性能好的液氮容器，容器外侧焊有许多导热性能良好的无氧铜翼片，以保证分子筛能得到充分而均匀的冷却和烘烤，液氮置于容器内。翼片四周有镍网或不锈钢制成的网围住，防止分子筛散漏掉。翼片间距适当（一般为 6mm），以保证分子筛的充分冷却泵壳是一个具有真空夹层的双层壁。

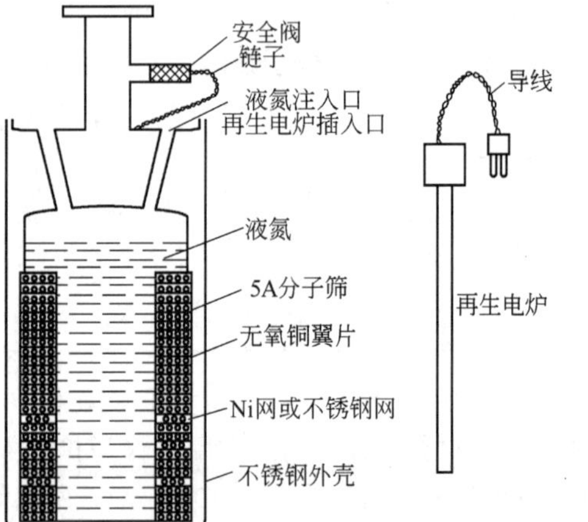


图 9-21　内冷式吸附泵的结构

泵使用时，把泵与被抽系统接通，再由上盖板的液氮注入孔将液氮灌入容器，置于翼片上的分子筛便被冷却，分子筛便大量吸气，抽吸被抽系统中的气体，使系统达到一定的真空度。被抽成真空。被抽吸的气体贮存在分子筛吸附剂内，因此这种泵吸附直到分子筛饱和为止。

分子筛真空泵需加热再生，待再生完毕后再次使用。再生时，将泵与被抽系统切断，停止供给液氮，则液氮蒸发完后，容器升温，吸附剂吸入的气体将重新释放出来，得到解吸活化。当气体放出后使泵内压强高于大气压，这时气体将把安全阀上的橡皮塞子冲出，排入大气中。再生时也可由液氮注入口插棒状电热器，通电加热，如对分子筛可加热至300～350℃，一般分子筛脱水温度为300～350℃，时间为0.5～1h。若用几次后分子筛吸气能力明显衰退，则需在500～550℃下加热激活。

一般的吸附泵，分子筛装量约为1kg，可以把50L的容器由大气压抽到1Pa，液氮消耗约为3L。如果两台吸附泵串联使用（采用二级抽气），可以达到$5\times10^{-2}$Pa以下。

内冷式吸附泵的优点：分子筛能充分冷却，因而极限真空和吸气容量都较高；消耗的液氮较少；附件少（不需要外附液氮套）；再生电炉功率小。缺点是加工较复杂。

9.3.3.2 外冷式

图9-22给出两种外冷式吸附泵的结构示意图。泵壳是一个不锈钢圆筒，焊上辐射状铜制的导热片或液氮冷却管，以保证分子筛冷却良好。泵的中心安放一个顶端封闭的圆柱状金属网筒，以保证气路畅通。分子筛放在这些导热片（或液氮冷却管）与网筒之间。吸附泵套上一只塑料筒盛放液氮；分子筛需加热再生时，把它卸下，另装一“穿衣式”电炉加热。

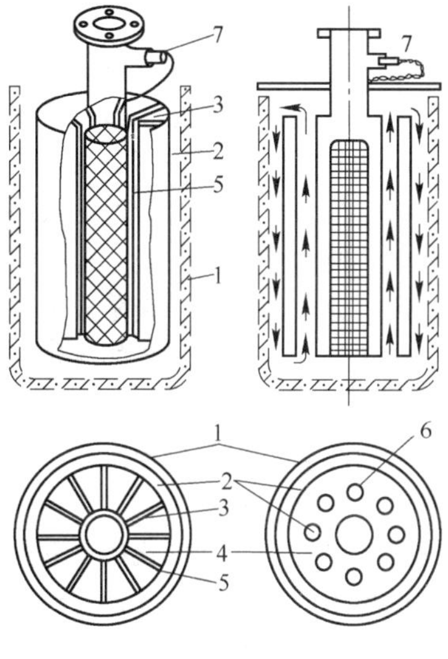


图9-22 外冷式吸附泵的结构

1—液氮套；2—液氮；3—导热片；4—分子筛；5—不锈钢（银、镍）网；6—液氮冷却管；7—安全阀

这种类型的吸附泵，单泵抽50L体积，从大气压开始，可达1Pa。双级串联，可达$10^{-1}$Pa。双泵的液氮消耗量约为8～10L。

这种结构的优点是加工简单，漏气可能性小，循环启动方便。缺点是液氮消耗量大，附件多，分子筛的冷却不够好，因此吸气容量和极限真空都较内冷式差些。

## 9.3.4 低温吸附泵的特性

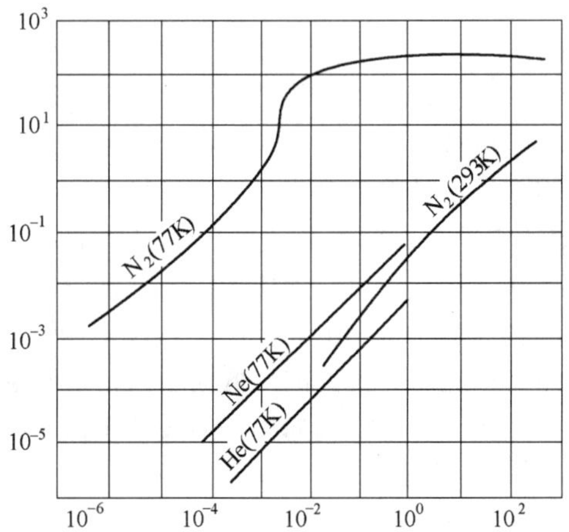


图9-23 5A分子筛对$N_2$、Ne、He的吸附等温线

9.3.4.1 极限压力

利用吸附等温线可确定吸附泵的极限压强。在某温度下，分子筛的吸附气体量与平衡压强的关系可以做成曲线图。图9-23的纵坐标为每克分子筛吸附的气体量$Q_T/W$（单位为Pa·L/g），横坐标为平衡压强。

设有一体积为$V$的密封真空系统，室温下具有的氮气分压为$p_1$，泵内盛有$W$克的分子筛。当泵被冷却到77K时，由于吸附作用，将得到较低的平衡压强$p_2$，因此，吸附时，每克吸附剂所吸附的气体量为$(p_1-p_2)V/W$，该数值必须与在77K时的吸附等温线上相应于$p_2$下的$Q_T/W$值相等。即

$$\frac{(p_1-p_2)V}{W}=\frac{Q_T}{W} \tag{9-22}$$

若 $p_1$已知，又根据吸附等温线，在一定的温度下，$Q_T/W$ 为一定值。于是由式（9-22）可求得吸附泵的极限压强 $p_2$。式中 $V/W$ 为吸附泵所排气体的体积对泵内所装分子筛重量之比。称为负荷率 $q$。一般吸附泵的负荷率在 0.001～0.1 之间。用一个分子筛吸附泵排除大气能够得到的极限总压力约为 1Pa，具体视分子筛再生和使用情况而异；这主要取决于残余 Ne，He 气的分压力。

为了得到连续抽气，可使两个泵切换工作，为了抽除较大容积中的气体，可同时使用几个吸附泵。当两个泵常规串联使用时，二级泵的极限压强比一级泵的改善不多。甚至再加一级吸附泵，也不会改善多少。这主要是由于分子筛对 Ne、He 等惰性气体的吸附能力很低之故。所以一般分子筛吸附泵采用二级串联抽气。即一个泵作为预抽级，当达到一定真空度后，关闭该泵，再将第二个与系统接通的吸附泵启动，即注入液氮，第二个吸附泵就可在第一个泵抽的基础上把系统抽到更高的真空度。

影响分子筛真空泵极限压力的因素主要是惰性气体和水气的影响，其次是：(1) 器壁的解吸和放气；(2) 通过器壁的渗透和密封处的泄漏；(3) 热表面上的化学反应；(4) 与机械泵、离子泵、喷射泵联用时，还有机械前级泵的反扩散、离子泵的再释放、喷射泵的反流。因此，应尽量消除以上因素对极限压强的影响。

9.3.4.2 抽速

吸附泵的抽速是变化的，初始抽气时，吸附泵的抽速很大。随着吸附量的增加，吸附剂的吸附速率不断降低，泵的抽速也随之降低。当吸附的气体量超过它的允许最大负载值时，泵内平衡压强稳速上升，以致使泵失去抽气能力。因此，往往同时用两个吸附泵串联使用。第一个泵将系统中的大部分气体排除后，才启动第二个吸附泵，这时泵在远小于允许负载下工作，排气量实际很小，泵主要起维持真空度的作用。只有这时，泵的抽速才有一定的意义和确定数值。吸附泵的抽速因结构、吸附剂用量等而异，并且受泵进口流导的影响很大。在高真空下，一个很小的吸附泵便能具有较大的抽速。

## 9.4 钛升华泵

### 9.4.1 概述

一些过度族的金属和难熔金属（钛、锆、钽、铌、钼、钨等），在一定的温度范围内，对活性气体有很好的吸附和吸收性能。在真空条件下，用电阻加热或电子轰击加热的方法，可以将这些金属蒸发沉积在器壁上，形成一层薄膜，用来对活性气体进行吸附。上述各种材料中，钽的吸气性能最好，但它的蒸发温度过高，加热元件容易损坏。锆难以蒸发，抽氢性能不如钛、钽、钼优良。在室温下，铌膜抽气性能不如钛，但低温性能好。由于钛的价格便宜，易于蒸发，而且抽气性能和工艺性能较好，因此，目前经常采用钛作为升华泵的吸气材料。

利用加热的方法升华钛并使其沉积在一个冷却的表面上，对气体进行薄膜吸附的抽气装置，称为钛升华泵。钛升华泵和其他真空泵相比，有如下优点：(1) 抽速大。新鲜钛膜在液氮温度下，对氮的抽速可达 10.1L/（$cm^2$·s），对氢的抽速可达 19.9L/（$cm^2$·s）。(2) 极限真空度高。可达 $10^{-10}$Pa。(3) 在超高真空状态下，泵的抽速随着压力的降低而增大，这时泵的抽速主要受泵口流导的限制。(4) 可获得“清洁”的真空。(5) 结构简单，运转费用低。其主要缺点是对惰性气体的抽速较小，因此常与其他类型泵搭配使用。

### 9.4.2 泵的工作原理与抽气性能

从图 9-24 可见，钛升华泵的结构大致可分为三部分：吸气面、升华器（热丝或加热器）

和控制器。钛升华泵的工作过程是由控制器通电给升华器，使钛加热到足够高的温度（1100℃）直接升华。升华出来的钛沉积在用水或液态氮冷却的表面上，形成新鲜的钛膜层。钛在升华和沉积的过程中，与活性气体结合成稳定的化合物（固相的 TiO 或 TiN），结果将空间的气体分子抽除了。

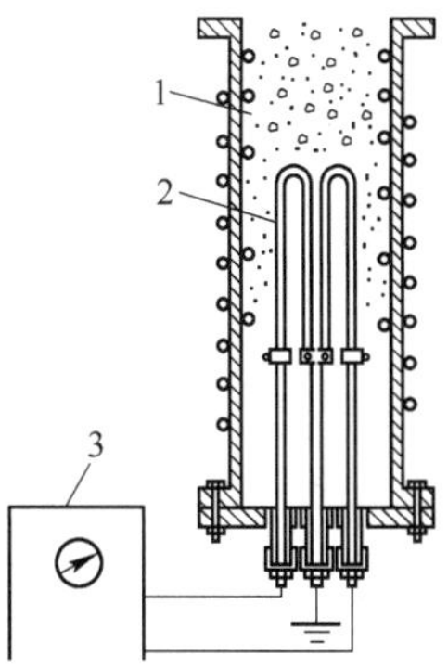

图 9-24 钛升华泵结构
1—吸气面；2—蒸发热丝；3—电气控制装置
·—升华出来的钛；o—活性气体

钛升华泵抽除的气体分子吸附在钛膜上，吸附机理是比较复杂的，通常认为是物理吸附和化学吸附综合作用的结果，以化学吸附为主。

钛升华泵的抽速受很多因素影响，升华速率是决定其抽速的主要因素之一。若吸气面积足够大，在一定的压力范围内，升华速率高，则泵的抽速大。当然，钛膜沉积速率与排气量要相称，否则第一层钛膜吸气尚未饱和，第二层又覆盖上去，即使升华率高，抽速也增大不了多少。为了维持恒定的抽速，减少钛的消耗，需要对升华率进行调节。真空度高时要把升华率降低。升华率过大，会使泵壁上的钛膜过厚而起皮。在一定条件下，调节升华率可以控制抽速。因此，升华率稳定可控是衡量泵性能的主要指标之一。

吸气面也是决定泵性能的重要因素之一。吸气面越大，泵的抽速也越大。但泵口流导往往限制了大型泵的抽速。对空气室温下，泵口最大流导是 11.7L/（$cm^2$ · s）。因此，设计时，钛泵吸气面的总吸气能力要小于泵口的流导。近几年来，大型升华钛泵已不再单独带有泵体，而是把钛升华器放在被抽容器里，利用容器壁作为吸气表面，这样既省去了泵体，又避免了泵口流导对抽速的限制。

D. J. Harra 等人提出用下式估算钛升华泵的抽速

$$S=\frac{\sigma AK}{1+\dfrac{\sigma AKBGp}{R}} \quad (\mathrm{L/s}) \tag{9-23}$$

式中 $\sigma$——吸气面的最大粘着系数；

$A$——吸气面面积，$cm^2$；

$K$——吸气面的比通导，L/（$cm^2$ · s）。$K=3.64\sqrt{T/M}$（$T$ 为气体绝对温度，$M$ 为气体的摩尔质量）；

$G$——1Pa · L 气体的分子数（$G=7.22\times10^{19}/\mathrm{T}$）；

$p$——压力，Pa；

$R$——钛蒸发速率（每秒供给吸气面的钛原子数）；

$B$——1 个气体分子需要结合的钛原子数（钛原子数/气体分子数，$B=1\sim2$）。

根据式（9-1），当 $p$ 值大，$R$ 值小时，$1\ll\dfrac{\sigma AKBGp}{R}$，则抽速 $S$ 为

$$S\approx\frac{R}{BGp} \tag{9-24}$$

此时抽速与压力 $p$ 成反比，与钛蒸发率 $R$ 成正比。

当 $p$ 值小，$R$ 值大时，$1\gg\dfrac{\sigma AKBGp}{R}$，则抽速 $S$ 近似为

$$S\approx\sigma AK \tag{9-25}$$

### 9.4.3 钛升华器的结构

对钛升华器的要求是：能提供所需要的钛升华率；钛升华率易于调节，可连续或间断地供应吸气剂；钛升华器本身出气少或易于去气；要有足够的工作寿命，即要有足够的钛储存量。对于不同口径、不同工作压力的泵，要求的升华率和吸气剂储量差别很大，可以从每小时几十克甚至到几百克的升华率，上千克的储存量。因此，很难设计一种升华器满足这样宽的要求。通常可分为低升华率的和高升华率的两种升华器。

低升华率的升华器大多在小型系统中，用以帮助溅射离子泵启动，或者提供较大的活性气体抽速，通常把升华率每小时几十毫克，吸气剂储量为几克到几十克的升华器，称为小功率升华器。对这种升华器的主要要求是工作可靠、操作方便、结构简单。

高升华率的升华器通常用于做主泵的系统中。要求升华率在每小时几克到几十克，特殊的也有每小时几百克的。为保证工作寿命，储钛量要求尽可能地多。

钛升华器按加热方式有电阻加热式、热传导加热式、辐射加热式、电子轰击加热式等类型。

9.4.3.1 电阻加热式

电阻加热式直接通电加热钛丝，常用于提高真空度。

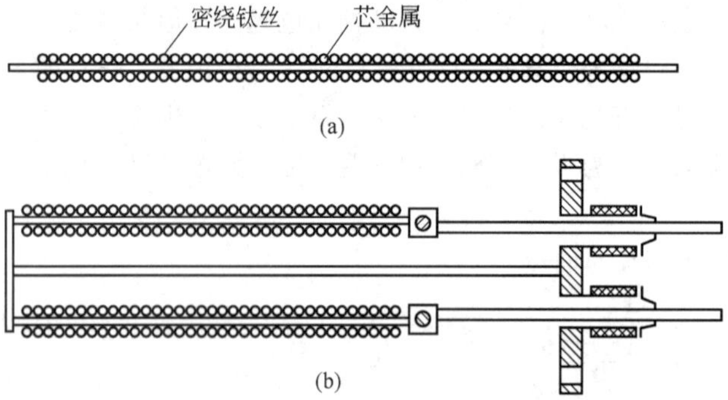


图 9-25 缠绕式钛升华器

(a) 单根缠绕钛丝升华器；(b) 双根缠绕钛丝升华器

(1) 缠绕钛丝式升华器。它是将钛丝直接绕在钨杆或钼杆上，钨杆或钼杆通电加热到足够高的温度，钛就不断地升华出来。其优点是：结构简单，便于制作，易于控制升华率且去气彻底；有一定的工作寿命；电源简单。其缺点是升华率不稳定，如使用不当升华器芯柱易出现热点，造成局部过热使芯柱熔断，影响使用寿命。钨杆电阻小，加热电流大，电压低，使电源变压器体积大，重量大。图 9-25 是这种升华器的示意图。

(2) 钛钼丝式升华器。如图 9-26，这种升华器是将钛（85%）与钼（15%）冶炼成合金或将钛直接镀在钼杆上，然后将钛钼丝直接通电加热，使钛不断升华。这种升华器克服了缠绕式局部熔断，影响使用寿命的缺点。但是它消耗功率大；升华率和电阻率随着升华时间增长而变化，升华率不易维持恒定。当升华器工作一段时间后，钛钼丝变细，升华表面变小，要维持升华量不变，必须相应地增加加热功率。钛钼丝变细后，电阻率增大，要维持恒定的升华量就要相应地加大电流值。因此，这种升华器控制升华率比较困难。

9.4.3.2 辐射加热式

这种升华器从结构上将加热源和升华源分成两部分，如图 9-27 所示。它是利用放在钛球内的螺旋钨丝，由电阻加热作为热源，利用辐射加热空心钛球，使钛升华。

这种结构的优点是加热比较均匀，储钛量较大。例如球直径为 3cm，壳厚 3～4mm，钛储量可达 50g，有效钛量约为 35g。操作方便可靠，电源简单、轻巧；克服了氧化铍陶瓷式的制造困难、价格昂贵的缺点。不足之处是钛的储量仍然有限，高升华率使用时寿命短，加热丝固定困难，容易烧断。结构设计时要考虑更换的问题。

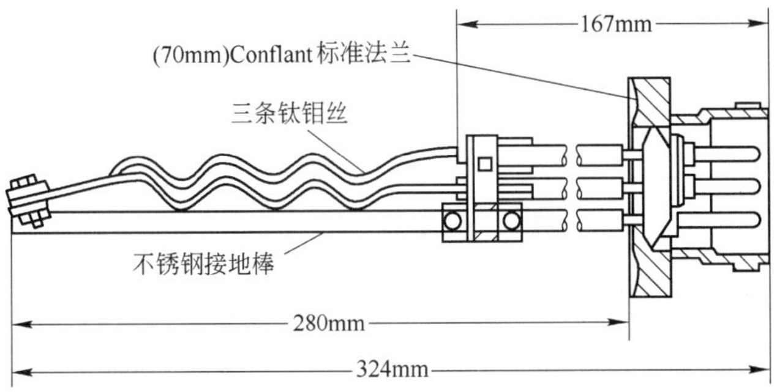


图 9-26 钛钼合金丝升华器

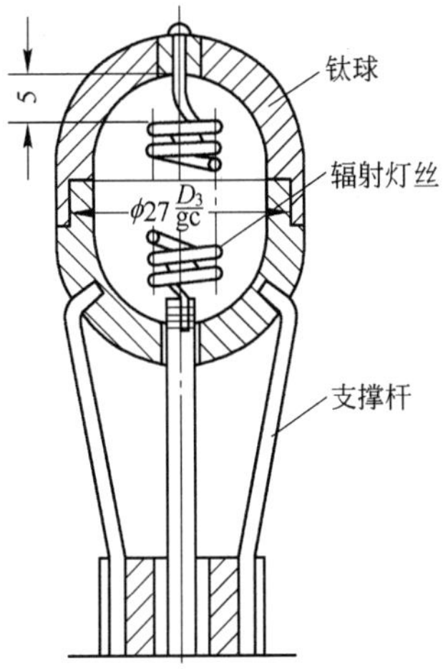


图 9-27 热辐射球式升华器

## 9.5 电离升华泵

电离升华泵又称轨旋式离子泵。它结构简单，体积小，重量轻，造价低，制造方便。它既有钛升华泵的特点，能使钛加热到1200℃而升华，来抽除活性气体，又有溅射离子泵的特点，对惰性气体电离抽气，且不用磁场而获得高效率抽气作用。其有效工作范围宽，大约在 $10^{-2} \sim 10^{-9}$ Pa，而且可以在超高真空区域内保持恒定的抽速。

这种泵的缺点是电离抽气与钛损耗之间有矛盾，欲提高惰性气体的抽速，势必加高阳极电压，提高发射电流，因此钛的损耗增大，泵的寿命缩短；欲增加储钛量延长泵的寿命，阳极要变粗，电子的轨道变短，电离抽速下降。这种泵的直径越大，所需阳极电压越高，上万伏的电压对生产不安全，电子轰击阳极会产生有害于人体的X射线，不适于做大泵。

### 9.5.1 电离升华泵的工作原理

如图 9-28 所示，电子从灯丝 1 发射出来，由于灯丝附近的屏蔽 7（与灯丝同电位，接地）的作用，使电子在离开灯丝时具有足够大的角动量，这样电子就不会立即打在阳极上，而进入到由阳极 2（加正高压）和阴极 4（接地）建立起来的对称对数静电场中，连续作轨道旋转运动，具有很长的平均自由程。在电子作轨道旋转过程中气体被电离，电子也损失了能量，轨道逐渐缩小，最后撞击到阳极钛柱上，使钛升华。升华的钛碰到冷却的泵壳上，形成新鲜的钛膜，像钛升华泵一样使活性气体被抽除。同时电子在飞行中对惰性气体电离，正离子飞向阴极，像溅射离子泵一样，达到抽除惰性气体的作用。

如果钛的升华率足够高，粘着几率接近于 1，那么，对活性气体的抽速主要受泵口流导的限制。对惰性气体，抽速为

$$S = \frac{N_e \bar{\sigma} \bar{L} \phi_s}{1000} \quad (\mathrm{L/s}) \qquad (9\text{-}26)$$

式中 $N_e$——每秒注入的电子数；

$\bar{\sigma}$——对气体的平均电离截面，$cm^2$；

$\bar{L}$——电子平均自由程（可达 1000cm）；

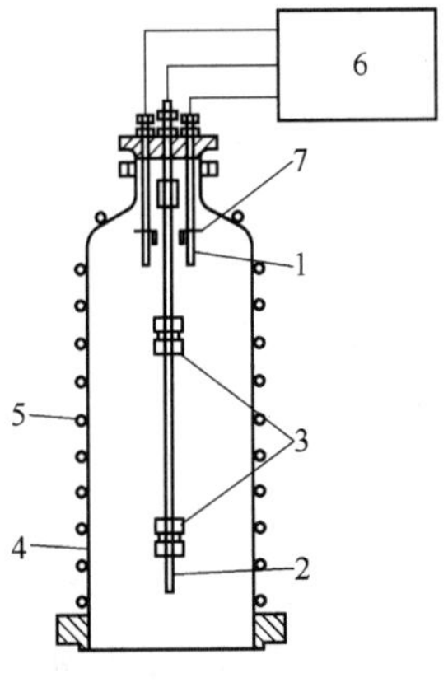


图 9-28 电离升华泵的工作原理

1—灯丝；2—阳极；3—铁柱；4—阴极（泵壳）；5—水冷管；6—电源（控制器）；7—屏蔽

$\phi_s$——撞击泵壁的离子的粘着几率。

该式可简化成便于测量的形式

$$S = 23.6 I_i \phi_s / p \tag{9-27}$$

式中　$p$——系统压力，Pa；

$I_i$——离子流，A。

若 $\phi_s$已知，$I_i$和 $p$ 可测得，则 $S$ 便可求。

### 9.5.2　电离器的结构

灯丝、栅极和离子收集极（即泵壳）组合在一起称为电离器。图 9-29 为几种常用形式的电离器。

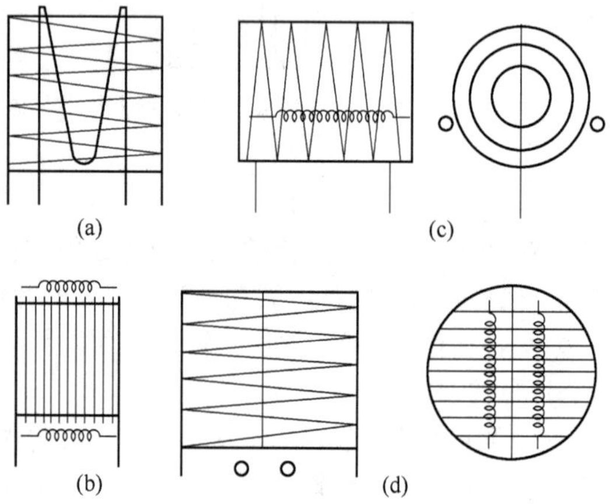


图 9-29　几种电离器结构示意图

图 9-29 中（a）为Ⅰ型电离器。其栅极采用立式结构。栅网由 $\phi$0.35mm 的钼丝绕成，栅距为 4mm。栅网上、下两端用镍带加固，周围用 4 根 $\phi$2mm 的边杆支撑，栅网的尺寸为 $\phi$80×80mm。两根 V 形灯丝安置在栅极正中，其中一根备用。灯丝电流 $I_f = 8 \sim 9$A，栅极电流 $I_e = 150 \sim 180$mA，栅极电压 $U_g$=800～900V。

图 9-29 中（b）为Ⅱ型电离器。栅极也采用立式结构，栅网由 $\phi$0.35mm 的直钼丝与两端的钼带框架焊接而成，栅距为 4mm。栅网两侧用 $\phi$1.5mm 的钼杆作支撑。栅网尺寸为 $\phi$55×55mm。两根单螺旋灯丝分别置于栅网的上、下方。工作参数与Ⅰ型相同。

图 9-29 中（c）为横式栅电离器。结构类似Ⅰ型，但水平放置，故称为横式栅。栅网由 $\phi$0.35mm 的钨丝绕成，栅距为 10mm。并用两根钼杆构成矩形框架作支撑。栅网两端还各自加有 $\phi$50mm 和 $\phi$30mm 的两个圆环，构成封闭式结构。栅网尺寸为 $\phi$70×90mm，两根单螺旋灯丝分别放在栅网两侧。

图 9-29 中(d)为篮式电离器。它是由类似Ⅰ型的立式栅下方加一平栅网构成。立栅由 $\phi$0.3mm 的钨丝绕成,栅距为 8mm。平栅网用 $\phi$0.15mm 的直钨丝与环形迹框点焊成型,栅距为 6mm。栅网由两根 $\phi$1.5mm 的钼杆支撑。栅网尺寸为 $\phi$90mm×80mm。两根单螺旋灯丝均位于平栅下方。

横式栅和篮式栅电离器的性能比Ⅰ型和Ⅱ型电离器有明显提高，电离灵敏度提高约 1 倍，对氮气的抽速提高约 1 至 2 倍。尤其是横式栅电离器具有结构简单、易于除气等特点，更适合于在抽速 1000L/s 以下的中小型电离升华泵中使用。

## 9.6　锆铝合金吸气泵

锆铝吸气泵采用锆铝合金吸气材料（84%锆、16%铝）在高温下吸附活性气体的特性而制成。该泵结构简单，体积小，造价低，操作安全可靠，维修方便，清洁无油。对活性气体尤其是对氢具有很高的抽气能力。但不能抽惰性气体。此外还有一种锆钒铁合金材料（70%锆，24.6%钒，5.4%铁）作为吸气剂的活化温度 450℃，室温下对活性气体具有较大抽速。

锆铝吸气泵对氢及其同位素氘、氚的吸气是可逆的，而对其他活性气体的吸气是以稳定的化合物扩散到吸气剂体内，但存在饱和寿命问题。在 $10^{-8}$～1Pa 压力范围内抽氢速率几乎保持恒定。对其他活性气体 CO、$CO_2$、$O_2$、$N_2$、$H_2O$ 等的吸气速率，在压力低于 $10^{-3}$Pa 时，在 400℃下达到饱和。该泵对各种活性气体的吸气速率随着吸气剂吸气量的增加而降低。当吸气速率随吸气量的增加而达到名义抽速的 80%时，要在高温下再激活处理。再激活的次数一般可达 20 次。

这种泵可用在受控装置中储存和释放 $N_2$ 及其同位素氘、氚。在高能加速器的真空系统中与分子泵或溅射离子泵同时工作，能提高系统的极限真空；还可用来转运 $H_2$ 及其同位素。用在超高真空装置时，连同装置一起放进烘烤装置中，不用外加电源便可作烘烤时的维持泵使用；也可用于溅射离子泵的启动。

### 9.6.1 锆铝吸气泵的结构及其抽气原理

锆铝吸气泵的结构如图 9-30 所示。主要有泵壳、泵芯和加热器组成。泵壳由不锈钢法兰和筒体用氩弧焊接而成，并用金属密封；泵芯是抽气的主要部件，它与加热器密切配合，若两者结合在一起则为直热式泵，若两者分开则为间热式泵。

锆铝吸气泵的泵芯是用 84%锆和 16%铝（简称锆铝 16）组成的合金粉末涂敷在金属吸气带上做成的。合金的主要成分是 $Zr_5Al_3$ 及 $Zr_3Al_2$。其合金结构是铝进入锆晶格中，使晶格间产生很多孔穴。这就增加了锆的吸气面积，提高了气体在合金内的扩散速率。吸气作用首先在合金颗粒表面进行，然后往体内扩散。在 180℃以下以表面吸附为主，在 180℃以上以体内扩散为主。所以这种合金在 350～450℃范围内对所有的活性气体都有很大的抽气能力。在温度低于 200℃时，泵对 CO、$CO_2$、$O_2$、$N_2$、$H_2O$ 等活性气体不吸附，只在表面上与合金形成稳定的化合物，产生一层很薄的钝化层，阻止气体继续往体内扩散。在温度高于 350℃时，这些活性气体在合金体内有很大的扩散速率。在高于 750℃时，钝化层很快被消除。在 350～450℃时，体内扩散速率不如高温时大，但仍能以足够的扩散速率清洗合金颗粒表面，获得满足吸气速率所需要的清洁吸气表面。

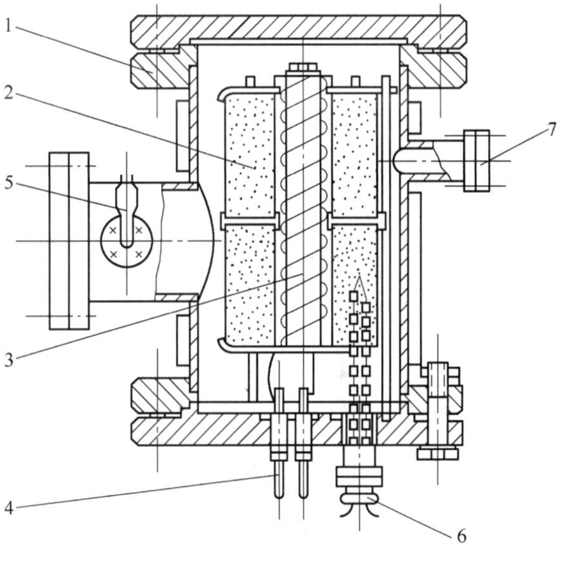

图 9-30 锆铝吸气泵结构

1—泵壳；2—泵芯；3—加热器；4—电极；5—真空规；6—热电偶；7—气体分析器接头

锆铝 16 合金涂覆带可在常温下长期暴露在湿度为 80%的大气中。在工作过程中，合金表面吸气饱和时，可经过高温激活处理后重新产生新鲜的吸气表面。因此，涂覆带可反复激活多次，直到吸气带上的吸气剂全部饱和为止。此时泵的寿命已到，需要更换锆铝合金吸气带。

当吸气剂长期工作在高温下出现“饱和”，使吸气速率降低到原来的 80%时，或吸气剂表面形成氧化膜使吸气速率消失等情况，都必须进行再激活处理，也就是高温处理。锆铝吸气剂带的激活温度为 750～850℃，镍基带不得超过 960℃。激活时的压力应低于 1Pa。激活能使吸气剂表面的固体氧化膜（和其他化合物膜）分解，使金属和气体的生成物向更深的体内扩散，生出高度活泼的金属表面，同时还可以除去过量的氢。

锆铝吸气剂对氢的吸收和其他气体不同。大多数活性气体同吸气剂形成热稳定性化合物，在激活时，主要是向体内扩散。而氢却不同，它在吸气剂内呈固溶体吸收，吸气特性对温度的依赖性很强。对氢的吸气是物理吸附，在温度为200～350℃时，大量吸 $H_2$。在350～400℃时，$H_2$能渗透到合金里面；而在500℃以上时，有些 $H_2$就会释放出来。对 $H_2$的吸附平衡等温线符合下列关系式

$$\lg p = 2.28 + \lg Q^2 - \frac{700}{T} \tag{9-28}$$

式中　$p$——$H_2$平衡压力，Pa；

$Q$——$H_2$的吸附量，Pa·L/g；

$T$——工作温度，K。

高温激活时，主要是释放氢气。锆铝16合金对 $H_2$有很大的抽气速率，在一定温度下有一定的平衡压力。激活效率与激活温度及激活时间有关，激活温度高，则激活时间短，反之则激活时间长。但当激活温度低于730℃时，无论激活多久也不能得到全激活。

图9-31给出了锆铝吸气泵间热式泵芯结构。根据所要求的一次吸气量计算出吸气带的实际装量，按照装量把锆铝16合金带折叠成皱纹状或单个折叠片，装架成环形圆柱体，再用不锈钢盘压紧固定在三根支柱上。每一层环形圆柱体的高度相当于吸气带宽度。间热式泵芯靠位于泵中心的由95%的 $Al_2O_3$制成的螺纹管上缠绕的钨丝通电发热来获得激活温度和工作温度。

直热式泵芯结构如图9-32所示。不锈钢支架由一根不锈钢管上、下各焊多根放射状钢条

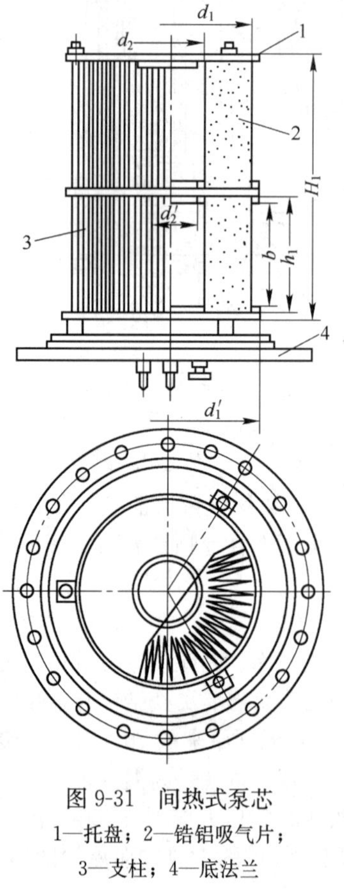


图9-31　间热式泵芯

1—托盘；2—锆铝吸气片；3—支柱；4—底法兰

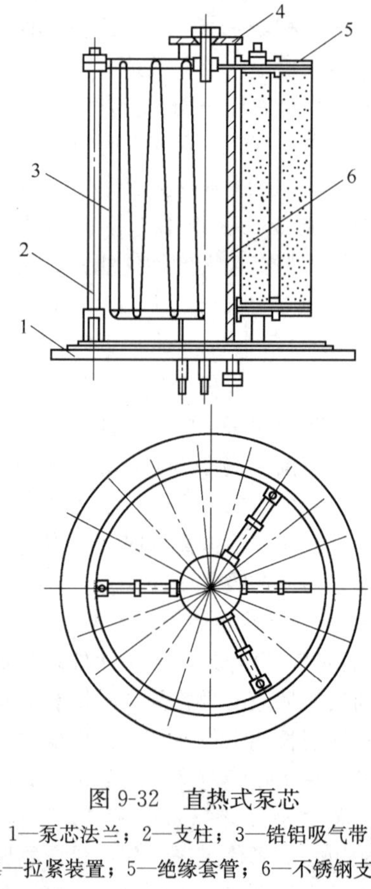


图9-32　直热式泵芯

1—泵芯法兰；2—支柱；3—锆铝吸气带；4—拉紧装置；5—绝缘套管；6—不锈钢支架

制成。将吸气带上、下绕在装有绝缘套的放射状不锈钢条上。为防止基带受热伸长，导致相邻锆铝片接触而引起短路造成温度不均，用拉紧装置将吸气带张紧。吸气带可以分段并联。直热式泵芯是以向吸气带上通电，来获得吸气带自身升温的。

### 9.6.2 锆铝吸气泵的工作条件

根据锆铝合金的吸气特性，对不同的工作情况要求不同的工作温度，具体概况如下：

(1) 压力低于 $10^{-3}$Pa，抽活性气体（如 CO、$CO_2$、$N_2$、$O_2$）时，工作温度为 400℃。因这时体内扩散速率使合金表面维持足够的吸气速率而不能释放 $H_2$。

(2) 在 $10^{-3}$～1Pa 压力范围内，抽活性气体（如 CO、$CO_2$、$N_2$、$O_2$、$H_2O$、$CN_4$ 等）时，工作温度应为 750℃。这时需提高温度加快体内扩散速率，进而加速清洗吸气剂表面。

(3) 对 $H_2$ 要求高抽速，并在系统中出现活性气体杂质 1%的环境中应用时，工作温度为 400℃。

(4) 对纯 $H_2$ 要求大抽速和大吸气量时，工作温度为 200～300℃。

(5) 抽纯 $H_2$ 要求尽可能大的吸气量而不需要大抽速时，可在 25℃常温下工作。

在高真空或超高真空系统中使用，工作温度一般为 400℃。

### 9.6.3 锆铝吸气泵的主要结构尺寸

在设计泵时，首先要知道工作温度、工作压力下对给定气体的抽气速率，一次吸气量的最大值和达到此吸气量时的最低抽速。按此要求确定其主要尺寸的方法如下：

(1) 泵口直径 $D$（单位为 cm）：

$$D=\sqrt{\frac{S}{K}} \tag{9-29}$$

式中 $S$——泵对给定气体的抽速，L/s；

$K$——系数，小泵取小值。在 400℃时，对 $H_2$，$K=4.5$～6.5；对 $N_2$，$K=1.1$～1.3；对 CO，$K=1.7$～2。

(2) 泵芯吸气面积 $F$（单位为 $cm^2$）：

$$F=\frac{1000Q_i}{m_i q_i K_i} \tag{9-30}$$

式中 $F$——吸气带实际装量的涂覆层表面积，$cm^2$；

$Q_i$——对特定气体要求的一次吸气量，Pa · L；

$m_i$——单位面积上的吸气剂量，$mg/cm^2$；

$K_i$——系数，单面涂层取 0.9，双面涂层取 0.55；

$q_i$——在工作温度和工作压力下抽速降至名义抽速的 80%时，吸气剂吸附的吸气量，Pa · L/g。在 400℃，$4\times10^{-4}$ Pa 时，对 $H_2$ 取 2.5，对 $N_2$ 取 1.2，对 CO 取 2.2。

(3) 泵芯环形圆柱体外径 $d_1$（单位为 cm）

$$d_1=0.6D \tag{9-31}$$

(4) 泵芯环形圆柱体内径 $d_2$（单位为 cm）

$$d_2=0.4D \tag{9-32}$$

(5) 泵芯有效吸气高度 $H_1$（单位为 cm）

对单个折叠片按下式求得

$$H_1=F_K\cdot[\alpha/2-\arcsin(d_2/d_1\cdot\sin\alpha/2)]/[180(d_1-d_2)] \tag{9-33}$$

式中 $F_K$——吸气带占有面积，$cm^2$。

对单位吸气带 $F_K=F$，双面吸气带 $F_K=F/2$。$\alpha$ 为折叠角，取 5°～10°。

# 10 真空测量

## 10.1 概述

### 10.1.1 真空测量的研究对象

真空技术中习惯以各向同性的中性气体的压力来表示真空度的高低。通常把用于测量比大气压小得多的气体压力的工具称为真空计或真空规。由于指定空间内被测气体大多数为混合气体，因此，一般意义上的真空测量应属于混合气体的全压力测量。所用的真空计也是测量全压力的真空计。

真空测量技术还包括气体成分分析和分压力测量两方面内容。前者是指定性地判断残余气体中包含有哪些种类气体成分并大略估计各自所占的比例，后者则是指能满足一定精度要求的定量测定各种气体成分的分压力值。所使用的仪器基本是不同类型的质谱计，分别被称为残余气体分析仪和分压力计。

目前所采用的真空计，一种是从其本身测得的压强物理量中直接算出气体的压力值，这就是绝对真空计。另一种是通过与气体压力有关的物理量以间接的方法反映出所测的气体压力值，这就是相对真空计。由于相对真空计必须通过绝对真空计的校准才能准确地对真空度进行测量，因此在真空测量技术中除了应包括对气体全压力和分压力的测量外，还必须把真空计的校准问题纳入其内。

### 10.1.2 真空度量值的单位

真空度量值的单位采用压力的单位，目前国内外已经统一采用了国际单位制中的“牛顿/米$^2$”为单位，称为“帕斯卡”（Pascal），简称为帕（Pa），即 $1Pa=1N/m^2$。由于在工程实用中，帕的量值太小，因此又常用 kPa 和 MPa 为单位来表示压力。

测量压力大于 100Pa 的低真空时，也可以用“真空度百分数”来表示。若真空度百分数为 $\delta$，则

$$\delta=\frac{1\times10^5-p}{1\times10^5}\times100\% \tag{10-1}$$

式中　$p$——以 Pa 为单位的压力值。

我国过去真空测量技术中最常采用的单位是“毫米汞柱”（mmHg），指 0℃时，1mm 高的水银柱所产生的流体静压力。

$$1mmHg=13.5951g/cm^3$$

此外，人们还常用托（Torr）来近似表示这个单位，并把 1Torr 定义为 1Torr＝1/760atm。

表 10-1 给出了各种压力单位相互间的换算关系。

**表 10-1　压力单位换算**

| 单位 | 帕 Pa | 托 Torr | 微米汞柱 μmHg | 微 巴 μbar | 毫 巴 mbar | 大气压 atm | 工程大气压 am | 英寸汞柱 inHg | 磅/英寸² lb/in² |
|---|---|---|---|---|---|---|---|---|---|
| 1Pa | 1 | $7.50062\times10^{-3}$ | 7.50062 | 10 | $10^{-2}$ | $9.86923\times10^{-6}$ | $1.0197\times10^{5}$ | $2.953\times10^{-4}$ | $1.450\times10^{-4}$ |
| 1Torr | 133.322 | 1 | $10^{3}$ | $1.33322\times10^{3}$ | 1.33322 | $1.31579\times10^{-3}$ | $1.3595\times10^{-3}$ | $3.937\times10^{-2}$ | $1.934\times10^{-2}$ |
| 1μmHg | 0.133322 | $10^{-3}$ | 1 | 1.33322 | $1.33322\times10^{-3}$ | $1.31579\times10^{-6}$ | $1.3595\times10^{-6}$ | $3.937\times10^{-5}$ | $1.934\times10^{-5}$ |
| 1μbar | $10^{-1}$ | $7.50062\times10^{-4}$ | $7.50062\times10^{-1}$ | 1 | $10^{-3}$ | $9.86923\times10^{-7}$ | $1.0197\times10^{-6}$ | $2.953\times10^{-5}$ | $1.450\times10^{-5}$ |
| 1mbar | $10^{2}$ | $7.50062\times10^{-1}$ | $7.50062\times10^{2}$ | $10^{3}$ | 1 | $9.86923\times10^{-4}$ | $1.0197\times10^{-3}$ | $2.953\times10^{-2}$ | $1.450\times10^{-2}$ |
| 1atm | 101325 | 760 | $760\times10^{3}$ | $1013.25\times10^{3}$ | 1013.25 | 1 | 1.0333 | 29.921 | 14.696 |
| 1am | 98066.3 | 735.56 | $735.56\times10^{3}$ | 980663 | $980663\times10^{-3}$ | 0.967839 | 1 | 28.959 | 14.223 |
| 1inHg | 3386 | 25.40 | $25.40\times10^{3}$ | $3.386\times10^{4}$ | 33.86 | $3.342\times10^{-2}$ | $3.453\times10^{-2}$ | 1 | $4.912\times10^{-1}$ |
| 1lb/in² | 6895 | 51.715 | $51.715\times10^{3}$ | $6.895\times10^{4}$ | 68.95 | $6.805\times10^{-2}$ | $7.031\times10^{-2}$ | 2.086 | 1 |

### 10.1.3　真空计的分类及测量范围

每一种真空计都只能适用于一定的压力范围，有的能测出全压强，有的则只能测出永久性气体的分压强。有的反应迅速，有的反应缓慢。目前真空计种类繁多，因此应对其进行分类。

真空计的分类主要有两种方法，一是按真空计读数的刻度方法进行分类，即前面所叙述的绝对真空计和相对真空计。前者如 U 形管压力计、压缩式真空计、热辐射式真空计等。后者如热传导真空计、电离真空计等。另一种是按真空计的测量原理进行分类，也有两种，即直接测量真空计和间接测量真空计，前者是以直接测量单位面积上的力为原理，如静态液位真空计、弹性元件真空计等，后者是通过低压下与气体压力有关的物理量的变化来间接地测量出压力的变化，如压缩式真空计、热传导真空计、热辐射真空计、电离真空计、黏性真空计、分压力真空计等。

表 10-2 是按真空计的工作原理进行分类的各种类型真空计的测量范围。

**表 10-2 真空计分类及测量范围**

| 原 理 | | 类 别 | | 测量范围/Pa | 备 注 |
|---|---|---|---|---|---|
| 力 | 重力 | 液体真空计 | 汞柱真空计 | $10^{2}$～$10^{5}$ | ① |
| | | | 油柱真空计 | $10^{1}$～$10^{3}$ | |
| | | | 基准汞柱真空计 | $10^{1}$（$10^{-1}$）～$10^{4}$ | |
| | | | 基准油柱真空计 | $10^{-2}$（$10^{-3}$）～$10^{2}$ | |
| | | | 压缩真空计 | $10^{-1}$（$10^{-6}$）～$10^{3}$ | ①，④ |
| | 机械力 | 变形真空计 | 弹簧管真空计 | $10^{3}$～$10^{5}$ | ① |
| | | | 膜盒真空计 | $10^{1}$～$10^{3}$ | |
| | | | 薄膜电容真空计 | $10^{-3}$～$10^{-5}$ | ② |
| | | | 薄膜应变真空计 | $10^{2}$～$10^{5}$ | ① |
| | 阻尼力 | 黏滞真空计 | 振幅衰减真空计 | $10^{-3}$～1 | ③ |
| | | | 磁悬转子真空计 | $10^{-4}$～1 | |
| | | | 振膜真空计 | $10^{-1}$～$10^{4}$ | |
| | 分子力 | | 热辐射真空计 | $10^{-5}$～1 | ② |
| 气体分子热传导 | | 热传导真空计 | 电阻真空计 | $10^{-1}$（$10^{-2}$）～$10^{2}$ | ③ |
| | | | 半导体真空计 | $10^{-3}$～$10^{2}$ | |
| | | | 热偶真空计 | $10^{-1}$～$10^{2}$ | |
| | | | 热电堆真空计 | $10^{-1}$～$10^{2}$ | |
| 对 流 | | 对流真空计 | | $10^{2}$～$10^{5}$ | ③ |
| 气体电离 | 恒源荷能粒子碰撞 | 热阴极计 | 普通电离真空计 | $10^{-5}$～$10^{-1}$ | ③ |
| | | | 高压强电离真空计 | $10^{-4}$～$10^{2}$ | |
| | | | 超高真空电离计 | $10^{-9}$（$10^{-11}$）～$10^{-2}$ | |
| | | | 热阴极磁控计 | $10^{-11}$（$10^{-13}$）～$10^{-5}$ | |
| | | 放射源电离真空计 | | $10^{-1}$～$10^{4}$（$10^{5}$） | |
| | 自持放电 | 冷阴极计 | 潘宁计 | $10^{-4}$～1 | ③ |
| | | | 反磁控计 | $10^{-9}$（$10^{-11}$）～$10^{-2}$，$10^{-5}$～$10^{1}$ | |
| | | | 正磁控计 | $10^{-8}$～$10^{-2}$，$10^{-3}$～$10^{2}$ | |

①与气体种类无关，是绝对真空计。

②与气体种类关系甚小，近似为绝对真空计。

③与气体种类有关，是相对真空计。

④非理想气体的压强测量受到限制。

### 10.1.4 真空测量的特点及真空计的选用原则

真空测量技术具有如下特点：

（1）测量范围宽。真空技术的发展已可获得 $1.1\times10^{5}$ Pa 直至 $10^{-14}$ Pa，宽达 19 个数量级的压力范围。因此不可能依靠一种测量原理和一种真空计来实现整个范围的真空度测量。不同种类的真空计对应各自不同的压力测量范围，即有不同的量程。

（2）多为间接测量。除了压力较高的真空区域（$10^{5}$～10Pa），采用压力的直接测量外，大部分低压空间气体的测量都是利用低压下气体的某些特性（如热传导、电离等）进行间接的真空度测量，因此对相对真空计的校准工作就显得更为重要。

（3）通常采用电测技术。由于间接测量的真空计大都采用非电量电测技术，因此测量反应迅速，灵敏度高，为实现自动化创造条件。

（4）测量值与气体种类有关。大部分真空计的读数与被测气体的种类和相关成分有关，因此测量时应注意被测气体的种类和成分，以避免造成误差。

（5）测量精度不高。在间接测量压力的过程中，往往需要引进外加能量（如热能、电能、机械能、放射能等等）。由于这些外加能量的引用将不可避免产生测量误差，而稀薄气体所能产生的测量信号本身很微弱。这就决定了真空计的测量精度远比其他的物理仪器的测量精度低。因此把真空测量基准仪表和标准仪表的不准确度定为 $(2\sim10)\times10^{-2}$，工作仪表的测量误差控制在 $\pm20\times10^{-2}$ 以内是比较确切的。

选用真空计时应考虑如下一些原则：

（1）所用设备要求的压力范围内，选用的真空计是否有足够的测量精度，整体性能如何；

（2）被测气体能否对真空计造成损伤；

（3）所选真空计对被测的气态空间能否造成影响；

（4）真空计所测的压力值是全压力，还是分压力，是否已校准，仪器的灵敏度是否与被测的气体种类有关；

（5）所选真空计能否实现连续测量，电气指示以及反应时间如何？

（6）仪器的稳定性、可靠性、使用寿命如何？

## 10.2　液位式真空计

U 形管真空计是在气象学中人类最早对大气压力进行测量时所采用的一种结构最简单的真空计。它通常是用玻璃吹制而成。所采用的工作液，种类较多，但在真空测量技术中主要是以水银为主。有时也采用油为工作液。使用时将管的一端与待测的真空系统相连接，另一端开口与大气相通或者封死。开口的称为开式 U 形管真空计，封死的称为闭式 U 形管真空计。其读数由 U 形管内两端的液面差来决定。U 形管真空计的测量范围在 $10^5\sim10$Pa 之间。它是一种在低真空范围内测量全压力的绝对真空计。

### 10.2.1　开式 U 形管真空计的测量原理

开式 U 形管真空计结构如图 10-1 所示。将 U 形管内注入适当量的工作液（如水银），一端与待测压力的真空系统相连接，另一端开口与大气（环境大气压力）相通。在真空系统开始抽气前，U 形管两端均处于大气压力状态下，因此液面处于同一高度。当真空系统抽气后，随着系统内压力的降低，两端液面的高度差随之逐渐增加，当在某一时刻管两端处于液体静压力平衡状态时，则：

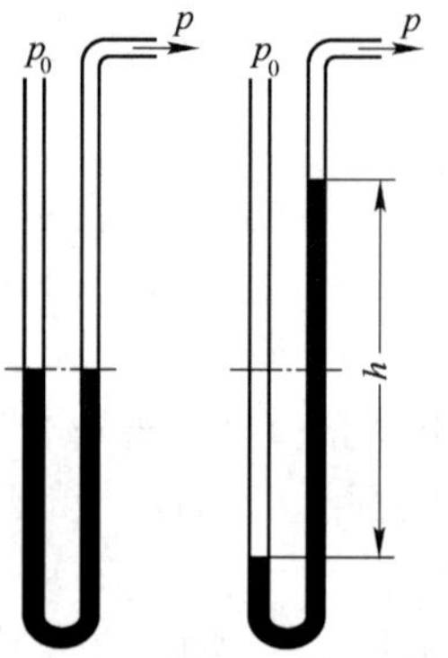

图 10-1　开式 U 形管真空计

$$p = p_0 - \rho g h \tag{10-2}$$

式中　$p$——待测压力，Pa；

$p_0$——环境大气压力，Pa；

$h$——两液面高度差，m；

$\rho$——工作液密度，$kg/m^3$；

$g$——重力加速度，$g=9.80665m/s^2$。

式（10-2）表明，这种真空计的压力指示值与环境大气压力 $p_0$ 有关。若测量时 $p_0$ 通过测压计测定，再读出液面差 $h$ 后，即可用上式算出待测的真空系统的压力值 $p$。

当采用水银为工作液时，则 $\rho=13.595\times10^3kg/m^3$，这时：

$$p = p_0 - 1.333\times10^5 h \tag{10-3}$$

式中 $p$、$p_0$ 单位为 Pa；$h$ 单位为 m。

### 10.2.2 闭式 U 形管真空计的测量原理

闭式 U 形管结构如图 10-2 所示，把管内预先抽至压力为$10^{-1}$Pa 以下，然后将工作液（如水银）注入管内，其开口端与待测真空系统相连接。当真空系统抽气前，真空系统内的压力等于环境大气压力，则工作液充满封闭端形成最大液面差 $h_0$；当系统抽气到某一瞬间时，两端液面处于液面静压力平衡时，若忽略封闭端内压力对液面的影响，则：

$$p = \rho g h \tag{10-4}$$

若工作液为水银，则：

$$p = 1.333 \times 10^5 h \tag{10-5}$$

式中 $h$——液面高度差，m。

闭式 U 形管真空计与开式 U 形管真空计相比较，读数不受环境大气压变化的影响，使用比较方便；而且在测量压力时无需从大数值开始，U 形管可做得短些，由于其长度缩短而使测量范围相应也缩小。为了防止待测系统内突然进入大气，封闭端被工作液冲破，在 U 形管转弯处的某一小段做成狭细的毛细管，用来缓和工作液的移动速度。

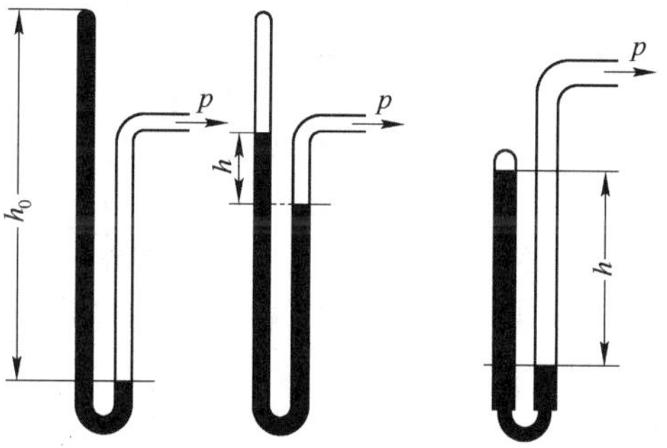

图 10-2 闭式 U 形管真空计

U 形管真空计的测量范围，受玻璃管的高度和肉眼所能观测的最小液面差高度的限制。以水银为工作液时的测量下限约为 66.5～133Pa（对应液面差高度 0.5～1mm）。用密度较小的液体（如 274 硅油）替换水银和采用测高仪等其他精确测量方法，能够进一步延伸其测量下限。

## 10.3 压缩式真空计

压缩式真空计也应属于液位式真空计，由麦克劳（Mcleod）最先提出，故习惯称为麦克劳真空计，简称麦氏计。

### 10.3.1 压缩式真空计的结构与原理

压缩式真空计是用硬质玻璃吹制而成。如图 10-3 所示，其结构是由顶端封闭的测量毛细管 3、比较毛细管 4、玻璃泡 2、水银贮存器 1、三通阀 7、连接被测真空系统的导管 6 和刻度尺 5 所组成。

压缩式真空计是依据理想气体的波义耳定律制成的，所以其测量条件除了要求被测真空系统内的压力要稳定外，还要求被测气体必须服从波义耳定律，否则将产生测量误差。测量前将压缩式真空计的导管与被测系统相连接，由于系统内压力各处相等，所以玻璃泡和测量毛细管内的压力与待测系统内的压力 $p$ 相等。测量时用任一种方法将水银面提升到图 10-4 所示的 $M$—$M$ 位置时，这一瞬间将被测系统与玻璃泡分开，玻璃泡以上内部压力与被测系统内压力 $p$ 相等。设 $M$—$M$ 以上包括测量毛细管和玻璃泡的总体积之和为 $V$。当继续提升水银时，玻璃泡内的气体被压缩，体积开始减小，压力增高。

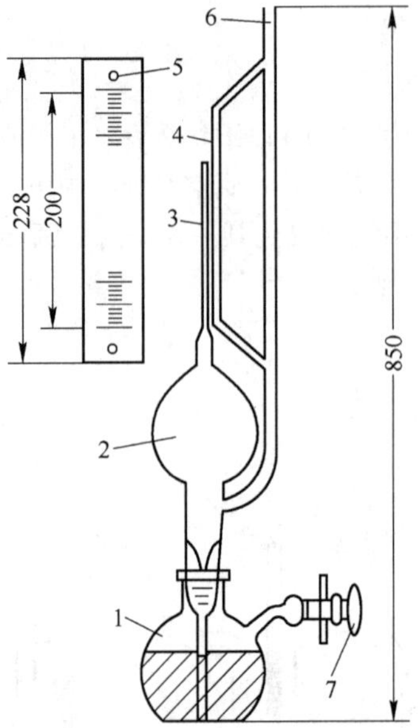


图 10-3 压缩式真空计的结构

1—水银贮存器；2—玻璃泡；3—测量毛细管；
4—比较毛细管；5—刻度尺；
6—导管；7—三通阀

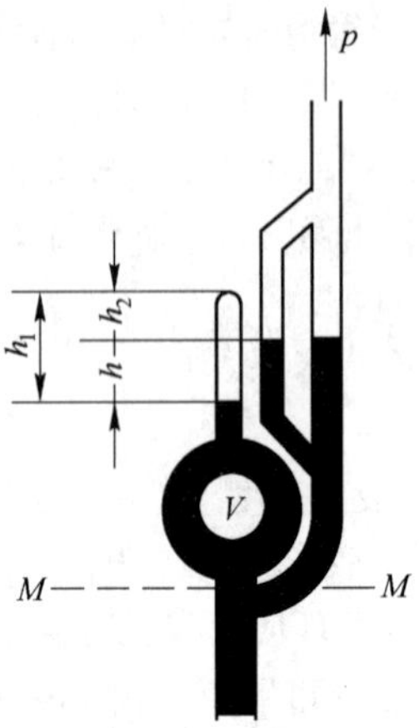


图 10-4 压缩式真空计测量图

当水银面停在如图 10-4 所示的位置时，测量毛细管内气体体积为 $V_1$，压力为 $p_2$，而比较毛细管内气体压力仍为 $p$。测量毛细管和比较毛细管液面高度差 $h=h_1-h_2$，则测量毛细管内的压力 $p_2=\rho gh+p$。$\rho$ 为水银密度，$g$ 是重力加速度。根据波义耳定律可写出：$pV=p_2V_1=(\rho gh+p)\cdot V_1$，即 $p=\frac{V_1}{V}(\rho gh+p)$。因为一般用压缩式真空计测量低压，即 $p\ll\rho gh$，故等式右边项中的 $p$ 可以忽略，则可以写成 $p=\frac{V_1}{V}\cdot\rho gh$，又因为测量毛细管压缩后的气体容积 $V_1=\frac{\pi d^2}{4}\cdot h_1$，代入上式，整理后可得：

$$p=\frac{\pi d^2}{4V}\rho gh_1(h_1-h_2) \tag{10-6}$$

此式即为压缩式真空计的基本方程式。式中 $V$ 和 $d$ 在吹制压缩式真空计时可测得，为已知数据，则：

$$\left.\begin{aligned}p&=Kh_1(h_1-h_2)\\K&=\frac{\pi d^2}{4V}\rho g=1.05\times10^5d^2/V\end{aligned}\right\} \tag{10-7}$$

式中 $p$——待测压力，Pa；

$h_1$，$h_2$——液面差，m；

$K$——称为真空计常数，$Pa/m^2$。

## 10.3.2 压缩式真空计的测量刻度方法及灵敏度

压缩式真空计的刻度按测量时所选定的水银面基准位置的不同，可分为三种方法。

10.3.2.1 平方刻度法

在测量时将比较毛细管内的水银面提升到测量毛细管内顶点高度处进行读数的一种方法。即令 $h_2=0$，则 $h_1=h$。于是得到平方法定标公式：

$$p = Kh^2 \tag{10-8}$$

由于 $p$ 与 $h^2$ 成正比关系，故称为平方刻度法。

10.3.2.2 直线刻度法

将水银面提升到测量毛细管的某一参考点（规定为基准线）处时进行读数，即令 $h_1$ 为常数，$h_1-h_2=h$，这时可得到的直线刻度法定标公式为：

$$p=Kh_1h=K_Lh \tag{10-9}$$

式中 $K_L$——直线刻度法的真空计常数。

此时，因 $p$ 与 $h$ 成直线关系，故称直线刻度法。直线刻度的基准线位置是可以任意选定的。出于扩展量程和提高灵敏度的需要，同一台压缩真空计可以同时选定多个 $h_1$ 作为基准，因此也就对应有多个刻度尺。基准线位置越低，即 $h_1$ 越大，真空计常数 $K_L$ 也就越大。

10.3.2.3 无标定刻度法

测量时没有基准线，将水银面提升到如图 10-4 的任意位置固定下来，利用测高仪分别测出 $h_1$ 和 $h_2$ 的值，直接代入基本方程式（10-6）或式（10-7）中，即可计算出被测压力值 $p$，这种测量方法就是无标定刻度法。

压缩式真空计是一种具有测量可靠性很高的绝对真空计。普遍将其定为国家级的真空测量标准。

压缩式真空计中单位压力变化所对应的水银液面高度的变化被定义为该种真空计的灵敏度，可用 $\mathrm{d}h/\mathrm{d}p$ 来表示。根据压缩式真空计的平方刻度法与直线刻度法的不同，可分别表示如下：

对于平方刻度，由式（10-8）求得灵敏度为：

$$\frac{\mathrm{d}h}{\mathrm{d}p} = \frac{1}{2Kh} \tag{10-10}$$

上式表明，平方刻度时灵敏度与水银液面高度差 $h$ 有关，即与被测压力有关。最高灵敏度出现在最小的 $h$ 值上，即出现在低压力时。而且，降低 $K$ 也可以提高灵敏度，也就是应增大玻璃泡的容积 $V$ 和减小毛细管的直径 $d$。

对于直线刻度，压力由式（10-9）表示，其灵敏度为：

$$\frac{\mathrm{d}h}{\mathrm{d}p} = \frac{1}{K_{\mathrm{line}}} \tag{10-11}$$

式（10-11）表明灵敏度与 $h$ 无关，即在全量程上各点灵敏度都恒定不变。

灵敏度主要取决于 $V$、$d$、$h$ 等值。若 $V$ 过大，充填真空计所需的水银量过多，则水银的重量就可能将玻璃泡压碎，所以一般合理的 $V$ 约为 500 $\mathrm{cm}^3$ 左右；毛细管直径 $d$ 如过小，在水银下降时由于表面张力又可能使其停留在毛细管里，给测量造成困难，所以一般毛细管内径最小 $d=0.8$mm 左右；水银面高度差 $h$ 如果小于 1mm，也会造成较大测量误差。依此计算，压缩式真空计灵敏度在 $(2\sim5)\times10^{-3}$ mm/Pa 范围内。

压缩式真空计的压力测量范围取决于 $V$、$d$、$h$ 和毛细管的总长度。如取最小可分辨高度 $h=1$mm，毛细管最长取为 100mm，则采用平方刻度测量的压力范围为四个数量级，而直线刻度的压力测量范围只有两个数量级。因此，工作用压缩式真空计的测量范围为 $10^2\sim10^{-3}$ Pa。

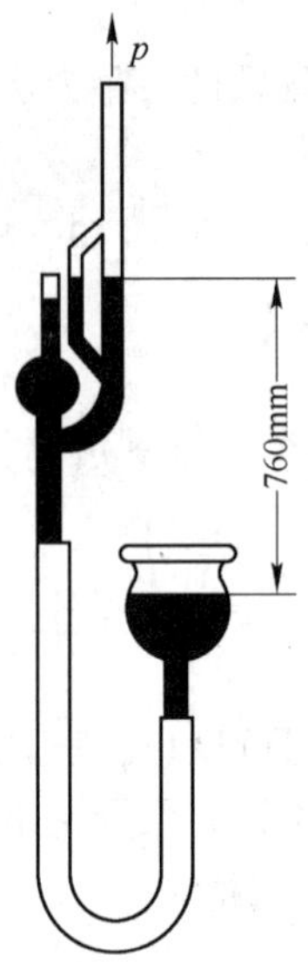

图 10-5 立式压缩式真空计

### 10.3.3 压缩式真空计的常用形式

压缩式真空计在测量时需要提升水银，使其压缩测量毛细管中的气体；一次测量结束后，又要使水银回落到贮存器中。目前升降水银的方法较多，但归纳起来主要有改变水银贮存器位置、改变水银面上方压力和改变水银贮存器的容积三种形式。

立式压缩式真空计如图 10-5 所示。它是采用改变水银贮存器的位置来使水银升降的，可通过手动或一些机械方法来实现。采用改变水银贮存器中水银面上方的压力来升降水银的结构，如图 10-3 所示。即当图中三通阀 7 接通大气时提升水银，而当三通阀接通真空时则水银液面下降，这种形式的真空计外形呈现座式，故称座式压缩式真空计。改变水银贮存器容积的方法要求贮存器容积可变，如图 10-6 所示。图中（a）和（b）是通过挤压和放松橡皮球或橡皮管来使压缩式真空计中的水银升降；而图（c）是通过旋转手轮压紧或放松波纹管来达到升降水银的目的。

图 10-7 是一种采用平方刻度法的旋转麦氏计。该真空计可绕旋转中心旋转，使测量毛细管处于水平或垂直位置，即相应改变水银面的位置来实现测量工作的。不测量时真空计可水平放置，如图 10-7（a）所示。测量开

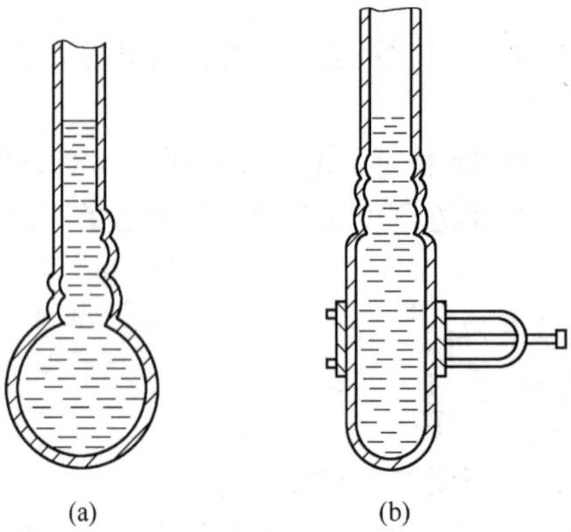

图 10-6 可改变容积的压缩式真空计水银贮存器

始时，应慢慢地将真空计沿其旋转中心 1 按逆时针方向进行旋转达到垂直位置，如图 10-7（b）所示，水银 2 升到毛细管内的顶端部位时，即可测出被测的真空系统的压力值。按其操作方式习惯称之为旋转麦氏计，特点是使用方便，但测量误差较大。其外形短小紧凑，故也称为短式压缩

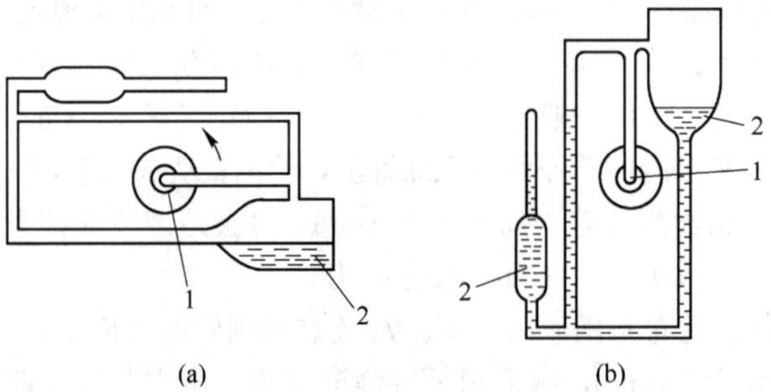

图 10-7 旋转式压缩式真空计示意图

式真空计。由于它的结构尺寸较小，毛细管内径较粗，所以其测量的工作范围通常在 $10^2 \sim 10^{-1}$Pa。

## 10.4 弹性变形真空计

弹性变形真空计是利用弹性元件在压力差作用下产生弹性变形的原理而制成的一种直接测量真空计，可以在压力为 $10^5 \sim 10$Pa 的范围内进行低真空测量。这种真空计的特点是规管灵敏度与气体种类无关。而且由于其自身的吸气与放气均较小，因此对被测系统干扰少，并且可对腐蚀性气体和可凝性蒸气进行测量。弹性变形真空计所存在的问题是金属弹性元件的蠕变和弹性系数的温度效应。

根据弹性元件结构的不同，这种真空计分为三种类型，即弹簧管式、膜盒式和膜片式。按照弹性变形量的测量方式划分，有机械传动式和电量测量式。

### 10.4.1 机械传动式弹性变形真空计

机械传动式弹性变形真空计是利用弹性元件在压力差的作用下产生的弹性变形，通过机械传动来驱动显示仪表而实现对压力测量的一种真空计。弹性元件所用材料通常为磷青铜、黄铜以及薄壁不锈钢等材料。由于这种真空计通常以指针表盘形式来显示真空度的大小，因此被称为指针式真空表。大多数指针式真空表是按热工压力仪表的习惯来标注刻度盘的，即将环境大气压力设定为 0 值，将高真空状态设定为－0.1MPa。其直接读数显示出被测压力低于环境大气压力的差值。

弹簧管式真空计又称布尔登真空计，其结构如图 10-8 所示。它是由一种富有弹性的金属材料具有椭圆形截面的空心管而制成，并将其弯成弧形，管的一端封死焊平并与指针相连接，另一端与被测系统相连接。当管内压力增高时，截面形状向圆形变化，使弯管向外扩张，从而拉动指针偏转。相反当管内压力下降时，指针向相反方向偏转，从而达到显示压力大小的目的。一部分这种真空计可以同时测量正压和负压（真空），被称为真空压力表。表盘刻度为－0.1MPa～＋0.4（或 0.6）MPa，不工作时其指针停止在表盘中部的 0 刻度位置处。

膜盒式和膜片式真空计的结构分别如图 10-9（a）和图 10-9（b）所示。膜盒外面为大气压，内部为被测压力；膜片一侧为大气压，另一侧为被测压力。在压差作用下，膜盒或膜片变形，其中心部位发生位移，借助连杆带动齿轮传动机构，使指针转动，以其在刻度盘上的位置指示被测压力。

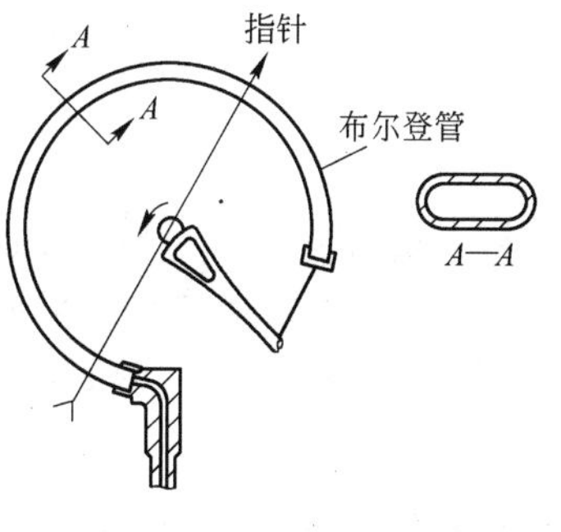


图 10-8 布尔登真空计

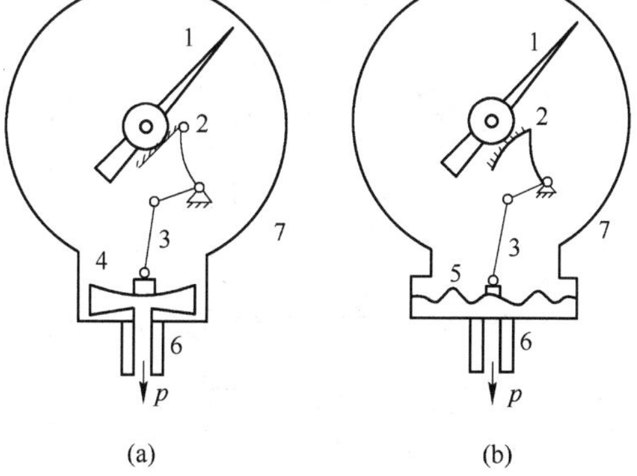


图 10-9 膜盒式与膜片式真空计的结构示意图

1—指针；2—齿轮传动机构；3—连杆；4—膜盒；5—膜片；6—螺纹接头；7—外壳

在机械传动式弹性变形真空计内部设置一个电触点，就是电接点真空表。通过调节触点位置，可以在不同的真空度下输出一个电路通断变换的开关信号，作为真空继电器使用。

### 10.4.2　电容式薄膜真空计

在弹性膜片真空计中，膜片在压力差作用下所产生的弹性变形量，可以采用机械的、光学的和电学的多种方法测量。其中电测量方式可以实现连续远距离测量，测量的灵敏度高。变形量与电信号间的变送方式有电感式、压电式、电阻应变式和电容式。尤其是利用电容法所制成的电容式薄膜真空计，已经逐渐地代替了传统的机械式薄膜真空计，获得了广泛的应用。图10-10 显示了几种电测量式膜片真空计的结构原理。

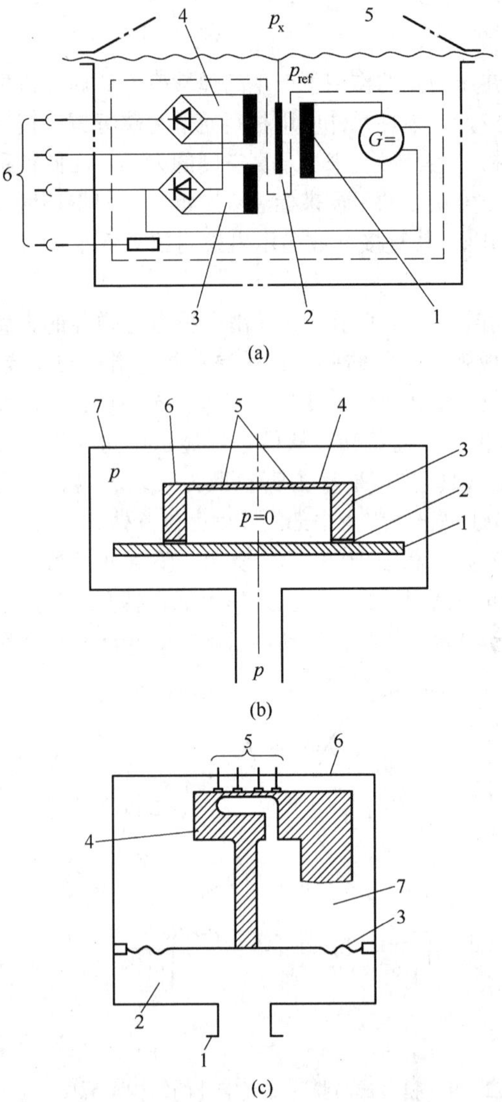


(a) 电感式
$p_{ref}$—参考压力；$p_x$—被测压力，$p_{ref} \ll p_x$；1，3，4—差分式互感器；2—铁磁测芯；5—膜片；6—电引线

(b) 压电式
1—硅基板；2—Cu-Si 真空密封；3—n 型硅；4—膜片；5—由扩散在膜片上的 p 型硅和连接导线组成的电阻桥网；6—柔性保护层；7—壳体

(c) 电阻应变式
1—连接法兰；2—测量室；3—膜片；4—挠变杆；5—电阻应变计；6—壳体；7—内部参考压力 $p \approx 0$ 的密闭腔

图 10-10　几种电测量式膜片真空计的结构原理

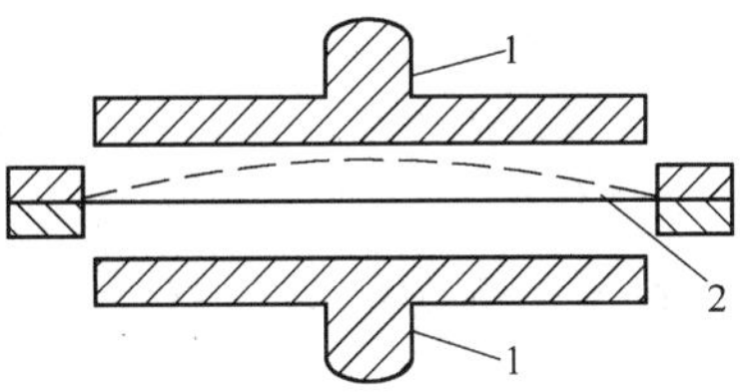


图 10-11 电容式薄膜真空计规管的结构示意图

电容式薄膜真空计是由电容式薄膜规管（或称电容式压力传感器）和测量线路两部分组成。双电容差动式薄膜规管的结构如图 10-11 所示。它包括两个结构完全相同的圆形固定电极 1 和一个公用的膜片构成的活动电极 2。活动电极薄膜将规管内部空间分成相互密封的测量室和参考室，固定电极和活动电极薄膜构成差动电容器并作为电桥的两个臂布置在线路中。当活动电极处于中间位置时，两个电容器的电容量相等；一旦活动电极由于压差作用偏离中间位置时，如图 10-11中虚线所示的位置，则会出现其中一个电容器的电容量增加，而另一个电容器的电容量减少的现象。由于电容变化使电桥产生了不平衡，因而会产生输出电压，将该输出电压经过放大器放大后，再由检波器转换成直流电压后即可进行测量。不同的输出电压对应不同的气体压力，这就是电容薄膜式真空计进行压力测量的基本原理。目前这种真空计可根据测量电容方法的不同分成两种结构，即零位法和偏位法。前者是一种补偿法，具有较高的测量精度，目前大都作为低真空测量标准真空计被计量部门所采用。

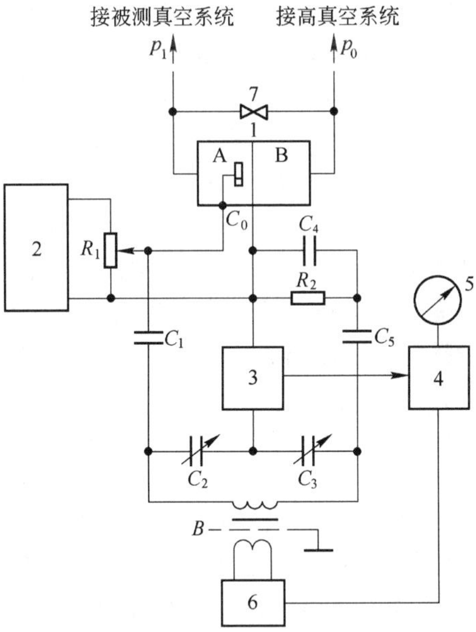


图 10-12 零位法薄膜真空计的结构原理图

只使用单侧电容的零位法电容式薄膜真空计的结构原理如图 10-12 所示。它是由电容式薄膜规管测量电桥电路，直流补偿电源，低频振荡器、低频放大器、相敏检波器和指示仪表等元件所组成。在图 10-12 中的电容式真空计规管中间放置一张金属弹性膜片，在膜片的一侧装有一个固定电极，当膜片两侧的压力差为零时，固定电极与膜片形成一个静态电容 $C_0$，并与线路中电容 $C_1$ 串联后作为测量电桥的一条桥臂后，再与电路中的电容 $C_2$、$C_3$ 和 $C_4$ 与 $C_5$ 的串联电容组成其他的三条桥臂。

由于金属膜片 1 将薄膜真空规管中分为 A、B 两室并将 A 室与被测真空系统相连接，B 室与压力为 $p_0$ 的高真空系统（$p_0 < 10^{-3}$ Pa）相连接。在两室的连通管道上设置高真空阀门 7。测量时，先将阀门 7 打开，用高真空抽气系统将规管内膜片两侧的空间抽至参考压力 $p_b$ 。同时调节测量电桥电路，使之平衡，即指示仪表指零。然后，关闭阀门 7，测量室 A 接通被测真空系统。当被测压力 $p_1 > p_b$ 时，由于规管中的压力差 $p_1 - p_b$ ，膜片发生应变引起电容 $C_0$ 改变，破坏了测量电桥电路的平衡，指示仪表上亦有相应的指示。调节直流补偿电源电压对电容 $C_0$ 充电，使其静电力与压差相等，此时，电桥电路重新达到平衡，指示仪表又重新指零。根据补偿电压的大小，就能得出被测压力 $p_1$ 。

单电容零位法电容式薄膜真空计的测量范围为 $10^{-1} \sim 10^{1}$ Pa ，其规管常数 $K$ 可通过校准得到。而差动式双电容薄膜真空计，不但提高了电容式薄膜真空计的测量精度，而且也扩宽了量程范围，其测量下限可达到 $10^{-3}$ Pa 。

电容式薄膜真空计为全压计，即所测结果是气体与蒸气的全压强。同时具有测量结果与气体成分无关、测量精度高（一般不大于 0.1%～2%）、反应速度快（小于 2～100ms）、温度影响小和测量范围宽的特点。其测量下限可达 $10^{-3} \sim 10^{-2}$Pa。由于其性能稳定，重复性好，目前已被用作标准真空计使用。其响应时间快，抗过载能力强，结构牢固，使用方便，非常适合于对有氧、水蒸气及油蒸气等气体压力的测量。因此是比较理想的一种真空计。

## 10.5　热传导真空计

### 10.5.1　热传导真空计的工作原理、测量范围及特点

热传导真空计是基于气体分子热传导能力在一定压力范围内与气体压力有关的原理而制成的。其原理结构如图 10-13 所示，在一个由玻璃或金属制成的圆形管壳内，其中心线处设置一根用两个边杆支撑的热丝；当热丝通电加热后，其温度高于周围气体和管壳的温度，于是在热丝和管壳间产生因气体分子热运动而引起的热传导。热传导速率的大小与管内气体分子密度的多少有关。当达到热平衡，热丝的温度即取决于气体的热传导，因此也就对应于气体的压力。如事先将规管进行校准，就可以通过测量热丝的温度变化来指示气体的压力了。热传导真空计实际上就是测定规管的热丝温度随管内气体压力而变化的一种真空测量仪器。

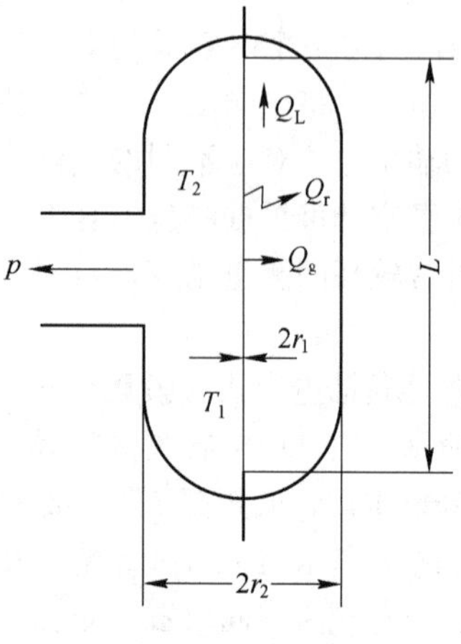


图 10-13　热传导真空计工作原理图
$Q_L$—热丝引线热传导的热量散失；$Q_r$—热丝辐射的热量散失；$Q_g$—气体分子热传导的热量散失；$r_1$—热丝半径；$r_2$—管壁半径；$L$—热丝有效长度；$T_1$—热丝中部温度；$T_2$—管壁温度

目前，常用热传导真空计根据热丝温度测量方法的不同，可分为测量热丝电阻随温度变化的电阻真空计和采用热电偶直接测量热丝温度的热电偶真空计两种类型。

根据热平衡定律，当热传导真空计规管热丝温度达到热平衡时，在不存在对流的情况下，热丝通电后单位时间产生的焦耳热总热量 $Q$ 应等于热丝引线热传导散失的热量 $Q_L$、热丝热辐射散失的热量 $Q_r$ 及气体分子热传导散失的热量 $Q_g$ 三者之总和，即热平衡方程式为：

$$Q = Q_L + Q_r + Q_g \tag{10-12}$$

式中，$Q_L$ 和 $Q_r$ 与气体压力无关，$Q_g$ 与气体压力有关。当 $Q_L + Q_r \ll Q_g$ 时，总的热量散失 $Q$ 与压力 $p$ 有关，并在一定的压力范围内与压力近似成正比。热传导量 $Q$ 与压力 $p$ 的关系如图 10-14 所示。它表明，在一定的加热条件下，可根据低压力下气体分子热传导，即分子对热丝的冷却能力作为压力的指示。这就是热传导真空计的基本工作原理。

气体分子运动研究表明，在低真空（$\lambda \ll d$）范围内，气体分子的热传导能力与气体压力无关。对应于 $\lambda \approx r_1$ 的压力，就是热传导真空计压力测量上限的理论值，大约在 $10^2$Pa。通过适当提高热丝的工作温度、采用细而短的热丝以及利用热对流现象等，可以将压力测量上限延伸至 $10^3 \sim 10^4$Pa。进入中真空（$\lambda \geqslant d$）状态后，其导热能力随压力有明确的对应变化关系，为正常工作区段。进入高真空（$\lambda \gg d$）后，虽然气体分子散热量与压力成正比，但总散热能力已极低。$Q_g$ 变得很小，所能引起的热丝温度变化也自然很小，如果这种变化已无法从噪声中检测出来时，则此压力即是压力测量的下限，一般为 $10^{-1}$

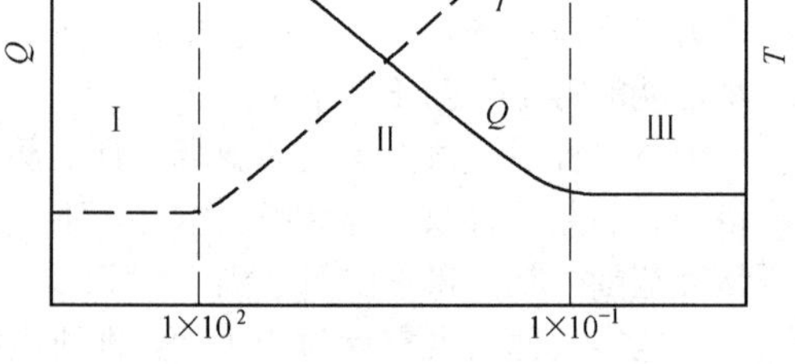


图 10-14　热传导量 $Q$ 与压力 $p$ 的关系

$\sim 10^{-2}$ Pa 。由此可以判定，热传导真空计的测量范围应属于中真空计，在 $10^2 \sim 10^{-1}$ Pa 区域内有较高的测量精度。

热传导真空计结构简单，易于制造和使用操作；规管工作温度和工作电压低，因此没有显著的热放气和电清除现象，热丝在突然暴露大气时也不易被烧毁；所测读数为全压力；并且可以实现远距离、连续测量。由于热传导真空计具有这样一系列特点，因此在真空测量技术中得到了广泛应用。它的主要缺点是测量受外界温度影响较大，故规管必须安装于不易受到辐射或对流传热的位置；热丝具有一定的热惯性，压力变化时热丝温度的改变常滞后一些时间，读数亦滞后一些时间；作为相对真空计，读数刻度需要校准，而且，校准曲线为非线性，并因气体种类而异，故对空气的校准曲线不能直接用于其他气体；其热丝易因表面被沾污而老化，应该及时校准。

### 10.5.2 电阻真空计

电阻真空计也称皮拉尼（Pirani）真空计，它是凭借热丝电阻的变化反映气体压力变化的一种热传导真空计，由规管和测量线路两部分组成。其测量范围为 $10^4 \sim 10^{-1}$ Pa 。

电阻式规管的结构如图 10-15 所示，在规管壳内封装一个用电阻温度系数高的电阻丝绕制的圆柱螺旋形热丝，热丝两端用引线引出规管，接测量线路。规管壳可用金属或玻璃制成，金属外壳具有耐用、拆卸热丝方便等优点，缺点是密封性能较差、价格高；玻璃外壳具有密封性能好、价格低等优点，缺点是易损坏。常用的热丝材料有钨、铂和镍三种。为了保证热丝的工作稳定性，除对热丝表面进行清洁处理外，有时还在热丝表面敷一层薄玻璃、石英或铷等，以避免热丝在高压力下使用时被氧化或沾污，但这会使其热惯性增大。

实用的电阻真空计测量线路采用惠氏电桥或文氏电桥。根据测量热丝电阻变化的方法不同，可分为三种模式：(1) 定电压法：保持电桥两端电压不变，观察失平衡电流与压力的关系；(2) 定电流法：保持热丝电流（或电桥电流）不变，观察失平衡电压与压力的关系；(3) 定电阻法（即定温度法）：在任何压力下都用改变电桥电压的方法，保持电桥处于平衡状态。电桥电压与压力的关系即为校准曲线。在此方法中，热丝电阻及其温度基本为定值，具有热辐射及边杆导热均为恒定的优点。在以上三种模式中，常用的是定电压法和定温度法。

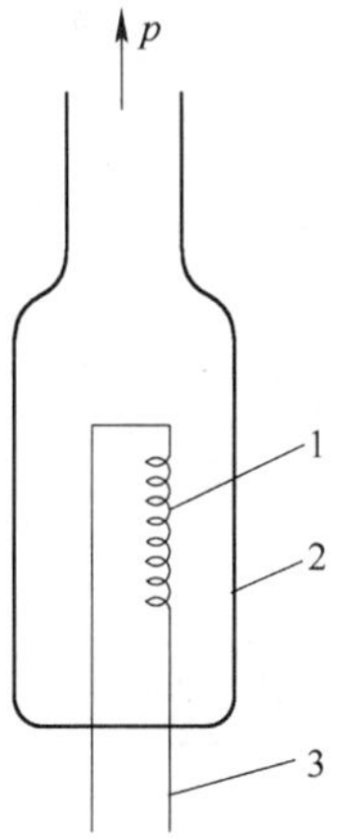


图 10-15 电阻真空计规管的结构

1—电阻丝；2—管壳；3—引线

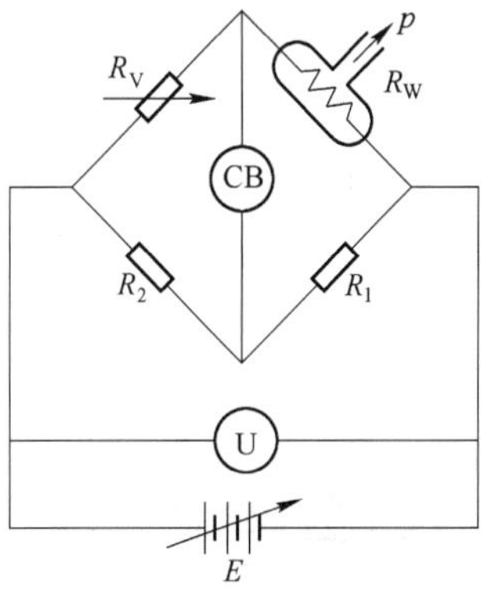


图 10-16 定温型电阻真空计测量线路原理图

$R_W$—规管；$R_V$—可变电阻；$R_1$、$R_2$—电阻；CB—指示仪表；$E$—可调稳压电源

定温型电阻真空计测量线路原理图如图 10-16 所示。其工作原理是：先在 $10^{-2} \sim 10^{-3}$ Pa 真空度时将电桥调于一定的电压 $U_0$（使热丝温度为一定值）。并改变电阻 $R_V$ 使电桥平衡，即指示仪表 CB 指零。当压力增高时，热损耗大，热丝温度降低，电阻变小，电桥失去平衡，CB 有指示。此时，增高电桥输入电压至 $U$ 使电桥再次平衡，则热丝温度及电阻恢复原值。可以推算出，气体压力 $p$ 与电桥电压的平方差（$U^2-U_0{}^2$）呈线性关系，即

$$p = C(U^2 - U_0^2) \tag{10-13}$$

### 10.5.3 热偶真空计

热偶真空计是借助于热电偶直接测量热丝温度的变化，热电偶产生的热电势就用于表征规管内的压力。国产 DL-3 型热偶规管的压力范围为 $10^2 \sim 10^{-1}$ Pa 。

#### 10.5.3.1 热偶真空计的结构原理

热偶真空计的结构原理如图 10-17 所示。它由热偶式规管和测量线路两部分组成。热偶规管主要由热丝和热电偶组成，热电偶的热端与热丝相连，另一端作为冷端经引线引出管外，接至测量热偶电势用的毫伏表。测量线路比较简单，包括热丝的供电回路和热偶电势的显示回路。

测量时，规管热丝通以一定的加热电流。在较低压力下（$\lambda \geqslant r_2$），热丝温度及热电偶电势 $E$ 决定于规管内的压力 $p$ 。当压力降低时，气体分子传导走的热量减少，热丝温度随之升高，故热电偶电势 $E$ 增大。反之，热电偶电势 $E$ 减小。

若规管加热电流发生改变，对其灵敏度和测量范围都会有影响。如果加热电流增大，则规管灵敏度提高，能测较高的压力，但测量范围变窄；反之，如果加热电流减小，则规管灵敏度降低，只能测量较低压力，但测量范围较宽。在加热电流一定的情况下，如果预先已测出热电偶电势 $E$ 与压力的关系，那就可根据毫伏表的指示直接给出被测系统的压力。

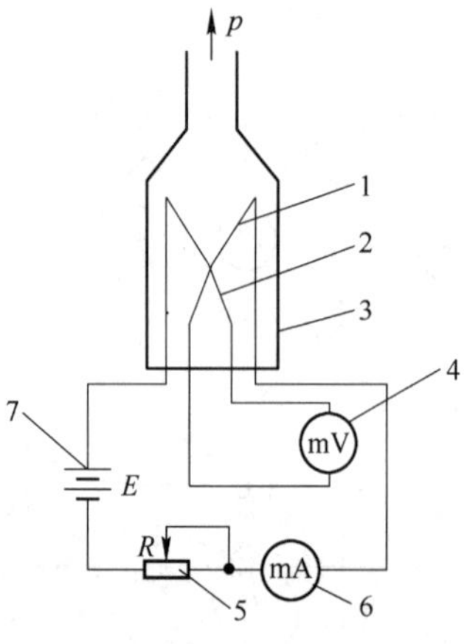


图 10-17 热偶真空计结构原理图

1—热丝；2—热电偶；3—管壳；4—毫伏表；5—限流电阻；6—毫安表；7—恒压电源

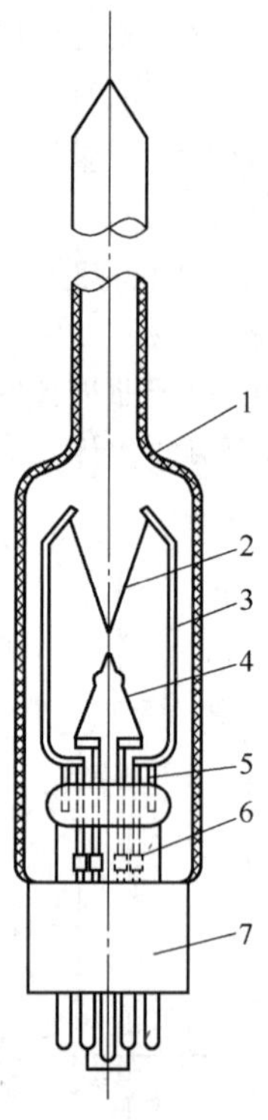


图 10-18 DL-3 型热偶计规管的结构图

1—管壳；2—热丝；3—边杆；4—热电偶；5—引线；6—芯柱；7—管基

10.5.3.2　热偶计规管

国产 DL-3 型热偶计规管的结构如图 10-18 所示。规管热丝的工作温度为 100～200℃，对热丝材料的要求是在工作温度和较高压力下具有足够的物理和化学稳定性以及较小的电阻温度系数。常用的材料有：ϕ0.05～0.1mm 的铂丝、钨丝和镍丝，其中铂丝最好。采用铂丝能保证在工作温度下，长期在低真空中应用而性能稳定不变。

对热电偶的要求是在工作温度范围内有足够的灵敏度和物理、化学稳定性，零散小并能大量生产等。常用的材料有康铜（镍 45%，铜 55%）-镍铬合金（镍 85%，铬 15%）；铂铑-铂；铜-康铜；镍铬合金-铝镍合金等。

早期热偶真空计的零散性很大，因此要求每只规管都要单独校准，并分别调节加热电流。通常在 $1\times10^{-2}$Pa 的压力以下调节到满度（约 10mV），以确定规管的加热电流，从而在全量程使用同一校准曲线。因此，在设计热偶真空计电源时，必须保证能有较大的加热电流调节范围，一般为 90～150mA。

10.5.3.3　热偶真空计工作特性

热偶真空计是相对真空计，其压力-热偶电势对应值难以用计算方法精确求得，因此需要在标准环境条件下，用绝对真空计或用校准系统经校准确定。在一定的加热电流条件下，配用 DL-3 型规管的热偶真空计对干燥空气的校准曲线，如图 10-19 和图 10-20 所示。

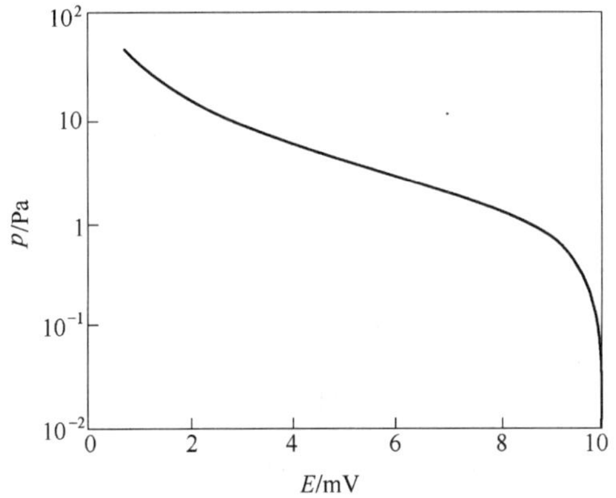


图 10-19　DL-3 型热偶真空计的校准曲线（$10\sim10^{-1}$Pa）

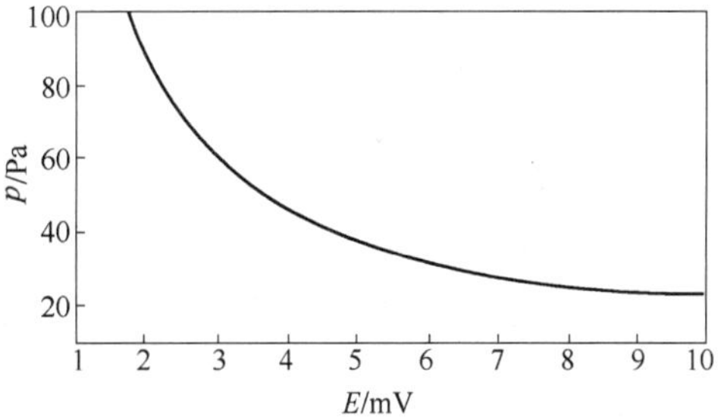


图 10-20　DL-3 型热偶真空计的校准曲线（$10^2\sim10$Pa）

由图不难看出，当压力从 0.1MPa 开始逐步降低时（图中未画出），在一段压力范围内热偶电势 $E$ 一直在零值附近，其原因是气体分子多，传导走的热量多，因而热丝温度低，热偶电势 $E$ 亦低，而且此时（$\lambda\ll r_1$）热传导与压力无关，故热偶电势 $E$ 在起始一段压力范围内不变化（少量变化是气体对流引起的）。当压力降至 $10^2$Pa 时，热偶电势 $E$ 开始增大，这是由于此时气体传导走的热量减少，热丝温度已升高。当压力 $p$ 继续降低时，热偶电势继续增大，但是越来越缓慢，最后趋于一定值。此后，$p$ 再降低，$E$ 不再变化，即热偶真空计已达到其测量极限，这个极限为其测量下限；约为 $10^{-1}$Pa。

为了使用上的方便，通常按照 $p$-$E$ 校准曲线将毫伏计的刻度改成真空度。用这样刻度的真空计测量时，可直接读出真空度，但刻度盘上的读数是不均匀分布的。数显式仪表已经将 $p$-$E$ 关系存储在内存之中，因此可以直接显示出压力读数。

热偶计规管的结构较电阻式规管复杂一些，但 $p$-$E$ 校准曲线受外界温度的影响较小。

10.5.3.4 气体种类的影响

热偶真空计对不同气体的测量结果是不同的，这是由于不同气体分子的导热系数不同引起的。但各种气体的 $p$-$E$ 校准曲线形状都类同，因此，在测量不同气体的压力时，可根据干燥空气（或氮气）刻度的压力读数，再乘以相应的被测气体相对灵敏度，就可得到该气体的实际压力，即

$$p_{\mathrm{real}} = S_{\mathrm{r}} p_{\mathrm{read}} \tag{10-14}$$

式中 $p_{\mathrm{read}}$ ——以干燥空气（或氮气）刻度的压力计读数，Pa；

$p_{\mathrm{real}}$ ——被测气体的实际压力，Pa；

$S_{\mathrm{r}}$ ——被测气体对空气的相对灵敏度。

通常以干燥空气（或氮气）的相对灵敏度为 1，其他一些常用气体和蒸气的相对灵敏度如表 10-3 所示。相对灵敏度表明了气体热传导的性质。从表可知，对于气体分子中具有相同原子数的气体或蒸气，其相对灵敏度 $S_{\mathrm{r}}$ 随分子量的增大而增大。

**表 10-3 一些气体与蒸气的相对灵敏度**

| 气体或蒸气 | $S_{\mathrm{r}}$ | 气体或蒸气 | $S_{\mathrm{r}}$ |
|---|---|---|---|
| 空 气 | 1 | 一氧化碳 | 0.97 |
| 氢 | 0.67 | 二氧化碳 | 0.94 |
| 氦 | 1.12 | 二氧化硫 | 0.77 |
| 氖 | 1.31 | 甲 烷 | 0.61 |
| 氩 | 1.56 | 乙 烯 | 0.86 |
| 氪 | 2.30 | 乙 炔 | 0.60 |

10.5.3.5 混合气体的真空度测量

用热传导真空计对混合气体的真空系统测量时，如果已知混合气体中各种气体的体积百分数 $V_i$（$i$=1，2，3，…，$n$）和相对灵敏度 $S_{\mathrm{r}i}$，就可用下式计算出混合气体对空气的相对灵敏度 $S_{\mathrm{r}}$，即

$$S_{\mathrm{r}} = \frac{1}{\sum_{i=1}^{n} \frac{V_i}{S_{\mathrm{r}i}}} \tag{10-15}$$

在计算出 $S_{\mathrm{r}}$ 之后，就可以根据直接测量得到的读数，乘以 $S_{\mathrm{r}}$ 即为混合气体的实际真空度。

## 10.6 电离真空计

普通型电离真空计用在低于 $10^{-1}$Pa 的高真空测量，在结构上包括作为传感元件的规管和由控制及指示电路所组成的测量仪表两部分。其工作原理是：利用某种手段使进入规管中的部分气体分子发生电离，收集这些离子形成离子流；由于被测气体分子所产生的离子流在一定压力范围内与气体的压力呈现出正比关系，则通过测量离子流的大小就可以反映出被测气体的压力值，电离真空计就是依此得名的。

电离真空计可按电离方式的不同分为三类，一类是应用最广、依靠高温阴极热电子发射原理工作的热阴极电离真空计；另一类是没有热阴极而靠冷发射（场致发射）原理工作的冷阴极电离真空计；三是采用放射性同位素作为电离源的放射性电离真空计。

## 10.6.1 热阴极电离真空计

### 10.6.1.1 热阴极电离真空计的工作原理、分类及测量范围

A 工作原理

在热阴极电离真空计规管中，由具有一定负电位的高温阴极灯丝发射出来的电子，经阳极加速后获得足够的能量，在气体中与分子碰撞时，可以引起分子的电离，产生正离子与电子。由于电子在一定的飞行路程中与气体分子碰撞的次数，正比于气体分子的密度（单位体积中的分子数）$n$，也就是正比于气体的压力 $p$，因此电离碰撞所产生的正离子数也与气体压力成正比。利用收集极将正离子接收起来，根据所测离子流的大小来指示气体压力的大小，这就是热阴极电离真空计的基本原理。

收集极所接收的离子流 $I_i$，在一定压力范围内与阴极发射电流 $I_e$ 和气体压力 $p$ 呈现线性关系，即

$$I_i = KI_e p \tag{10-16}$$

式中，$K$ 为电离真空计规管系数（即电离真空计灵敏度），单位为 $Pa^{-1}$。对于一定气体，当温度恒定时，$K$ 为一定值。规管系数 $K$ 是经校准得到的，所以电离真空计是相对真空计。

热阴极电离真空计的规管及测量电路如图 10-21 所示。作为把非电量的气体压力转变成电量为离子流的规管，不但应具有发射出一定数量电子流 $I_e$ 的热灯丝 F（阴极），而且还必须具有产生电子加速场并可收集电子流的阳极 A（电子加速阳极）以及相对于阳极 A 为负电位的能收集离子流 $I_i$ 的离子收集极 C。这三个电极各自配有控制和显示电路。

B 分类及测量范围

热阴极电离真空计按式（10-16）给出的线性范围的不同可将其分成三种类型。即普通型热阴极电离真空计：其压力测量范围大致在 $10^{-1} \sim 10^{-5}$ Pa；超高真空热阴极电离真空计：压力测量范围大致在 $10^{-1} \sim 10^{-8}$ Pa，有的下限可到 $10^{-10}$ Pa；高压力热阴极电离真空计：其压力测量范围在 $100 \sim 10^{-3}$ Pa。

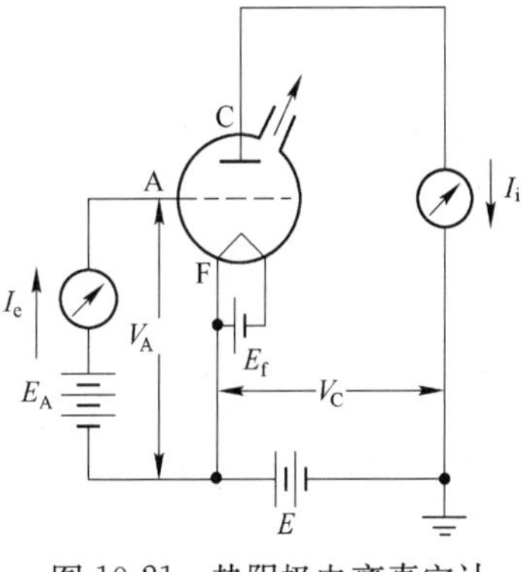


图 10-21 热阴极电离真空计规管及其线路示意图

F—热丝阴极；A—电子加速阳极；C—离子收集极

限制热阴极电离真空计测量上限的主要因素是离子流与压力的关系在高压力下偏离线性而趋于饱和，其上限值由电极结构、电极间电位分布以及发射电流的大小所决定。

规管系数 $K$ 在气体压力 $p$ 很低时仍可保持为常数，但离子流 $I_i$ 随压力 $p$ 降低而减小到一定程度后，将会埋没在电离计工作中不可避免地存在着的其他与压力 $p$ 无关的本底电流之中，因而达到其压力测量下限 $p_{min}$。这种本底电流包括软 X 射线光电流、电子诱导脱附离子流和阴极材料蒸气的离子流等，这在后面还要讨论。

10.6.1.2 普通型热阴极电离真空计

普通型电离真空计亦称为传统型电离规。它是由巴克利（Buckley）首先用三极电子管改制而成的，将其中栅极接负电位，既用于控制阴极发射电流，又作为离子收集极（即负栅工作状态），得到规管系数 $K=8.3\times10^{-2}Pa^{-1}$。后来改为栅极接正电位作为电子收集极（亦称阳极）A，原有的板极接负电位作为离子收集极 C（即正栅工作状态）。此种结构规管系数 $K$ 可达 $0.15Pa^{-1}$ 左右。其线性压力测量范围为 $1\times10^{-1}\sim1\times10^{-5}Pa$。

A 规管及其电参数

国产普通型电离真空计规管，典型型号为 DL-2，其结构如图 10-22 所示。灯丝及栅极引线均从管底芯柱引出。收集极则从管顶部单独引出。栅极用钼丝或钨丝制成双螺旋状，有两根引出线，需要除气时直接通电加热除气。收集极用薄镍皮制成，为增加刚度还在其上压有凹槽。收集极从顶部引出的目的是加长玻璃漏电的距离。在高真空时，离子电流很小，任何漏电都会给离子流的测量带来误差。其各电极所施电位及电路可参见图10-21所示。

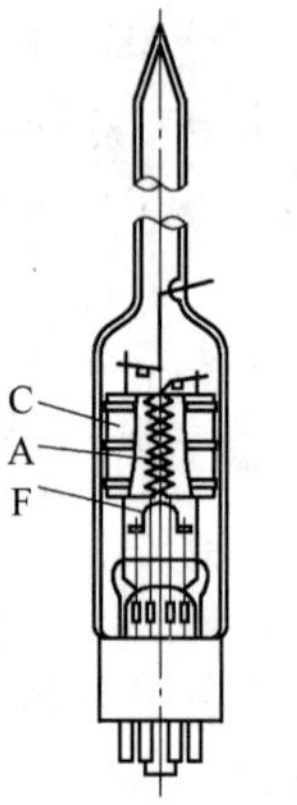


图 10-22 DL-2 型电离计规管的结构

F—热丝阴极；A—阳极；C—离子收集极

DL-2 型规管对一般高真空测量（$10^{-1}\sim10^{-5}Pa$）都能胜任，但有时因特殊需要，亦可采用特殊构造的规管。例如为了易于除气，有的在玻璃壁上涂上一层导电层（铝、二氧化锡等）以充当收集极，这种规管收集极除气可用火焰或在烘箱中烘烤。而由镍皮制成的筒状收集极需要高频加热法除气。

DL-2 型电离规管的几何参量及工作电参数如下：灯丝 F：W，$\phi0.14mm$；阳极 A：W，双螺旋状，$\phi0.2mm$，$d=8mm$，$l=28.2mm$；收集极 C：Ni，$\phi21mm$，$\delta=0.1mm$，$l=28mm$；加速极电压 $V_A=200V$，收集极电压 $V_C=-25V$，灯丝电压 $V_F=0V$；发射电子电流 $I_e=5mA$。在上述参数下，其规管系数 $K=0.15Pa^{-1}$（$N_2$ 或干燥空气）。

B 气体成分对测量的影响

由于不同气体有不同的电离截面或电离效率曲线，所以电离真空计规管系数 $K$ 与气体种类有关。电离真空计的校准曲线也随气体种类不同而异。为测量与压力计算方便，引入相对灵敏度 $S_r$ 概念，即以氮气为基准，取各种气体的规管系数与氮气的之比，即

$$S_r=\frac{K}{K_{N_2}} \tag{10-17}$$

传统型电离真空计的不同种类气体的相对灵敏度 $S_r$ 如表 10-4 所示（此值仅供参考）。

**表 10-4 传统型电离真空计的相对灵敏度**

| 气体 | 对 $N_2$ 相对灵敏度 $S_r$ | 气体 | 对 $N_2$ 相对灵敏度 $S_r$ |
|---|---|---|---|
| $H_2$ | 0.46 | $CO_2$ | 1.53 |
| He | 0.17 | 干燥空气 | 1.0 |
| Ne | 0.25 | $H_2O$ | 0.9 |
| Ar | 1.31 | Hg | 3.4 |
| Kr | 1.98 | 扩散泵油气 | 9～13 |
| Xe | 2.71 | HCl | 0.38 |
| $N_2$ | 1.0 | $CH_4$ | 1.26 |
| $O_2$ | 0.95 | $CCl_4$ | 0.70 |
| CO | 1.11 | | |

由于电离真空计是以 $N_2$ 校准的，若被测气体不是 $N_2$，电离真空计的读数 $p_{read}$ 只是被测气体离子流所对应的等效氮压力，而不是其真实压力 $p_{real}$。若知道被测气体相对灵敏度 $S_r$ 时，其真实压力为

$$p_{real} = p_{read}/S_r \tag{10-18}$$

用电离真空计进行压力测量时，一定要注意被测气体种类，否则将产生较大误差。

C 测量电路

普通型电离真空计的测量电路方框图如图 10-23 所示。其电路是由以下五部分组成：(1) 加速极电源，包括加速极的稳压电源和供加速极通电加热除气电源；(2) 发射电流稳定装置，以保证阴极发射电流 $I_e$ 为一既定的常数值；(3) 离子流测量放大器，由于离子流 $I_i$ 较小，必须采用微电流放大器对离子流进行稳定和准确测量；(4) 规管自动保护装置，在规管突然暴露大气时及时切断灯丝电源，保护规管灯丝免于氧化烧毁；(5) 仪器工作电源，对真空计的以上各部分供电。

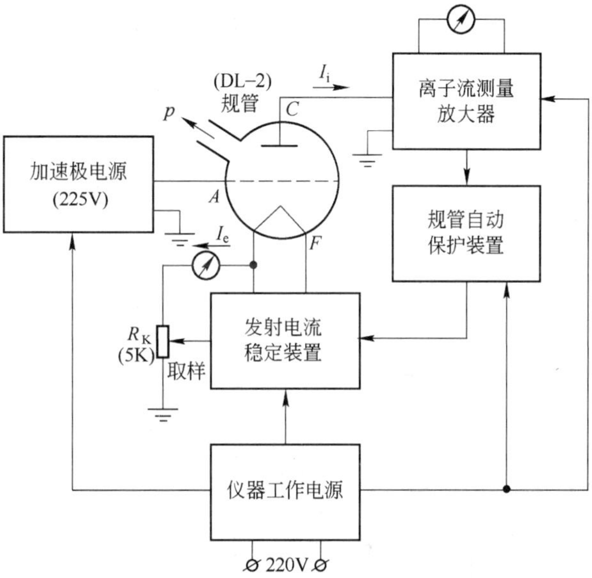


图 10-23 普通型电离真空计测量电路方框图

D 特点

普通型热阴极电离真空计是目前高真空测量中应用最广泛的真空计，其特点是可测量气体及蒸汽的全压力；能够实现连续、远距离测量；校准曲线为线性；响应迅速。其不足之处有读数与气体种类有关；高温灯丝的电清除作用、化学清除作用以及规管的放气作用会影响低压力下测量的准确度，并可能改变被测系统内的气体成分；高压力下尤其是意外漏气或大量放气时灯丝易烧毁，在使用中受到限制和带来不便。

10.6.1.3 高压力热阴极电离真空计

A 扩展压力测量上限的意义

采用 DL-2 型规管的普通型热阴极电离真空计的压力测量上限为 $10^{-1}$ Pa。但在实际应用中，常常要求能测量高于 $10^{-1}$ Pa 的压力，因此将普通型电离真空计与热偶真空计组合在一起的复合式真空计得到了广泛的应用，其压力范围宽达 $10^{-5} \sim 10^4$ Pa。但是复合计测量时需要两种规管，给使用带来许多不便。此外，热偶式真空计压力测量下限与电离真空计的测量上限都是 $10^{-1}$ Pa，由于其测量原理的不同，常出现在 $10^{-1}$ Pa 处两种真空计不衔接的问题。而 $10^{-1}$ Pa 正好是真空冶金、真空热处理、半导体单晶制备等应用技术的工作压力，需要准确地进行测量。因此，扩展电离真空计的测量上限以实现较高压力的测量，是电离真空计的一个重要发展方向。习惯上称为高压力电离真空计或中真空电离真空计。

B 影响压力测量上限的因素

限制热阴极电离真空计测量上限的主要原因，一是由于在高于 $10^{-1}$ Pa 压力下，热规的钨

丝阴极将氧化，寿命大为缩短，甚至烧毁。二是高于 $10^{-1}$Pa 压力时，离子流与压力的关系曲线开始偏离线性。

前者是比较容易解决的，可以采用抗氧化的阴极。比如选纯铱丝（纯度 99.9%以上）为基材在表面上涂上氧化钇（$Y_2O_3$）以提高电子发射性能，能在较高压力下工作，故使用寿命较长。但应当指出的是氧化钇阴极不宜在有大量油蒸气的环境下工作，因为阴极被油蒸气沾污后，其表面分解，碳分子就停留在发射体表面，使发射性能下降。涂氧化钇阴极发射电流为 1mA 时，其工作温度为 1000℃，但铱加工比较困难。

后者关于离子流随压力的线性偏离问题，实际上是如何保持规管系数（或灵敏度）$K$ 不随压力 $p$ 变化的问题，也就是要保证规管中电子运动轨迹、能量以及与气体分子的碰撞机制不随压力变化。对传统型电离规测量上限的早期研究工作指出：当压力上升到 $10^{-1}$Pa 时，离子流 $I_i$ 趋于“饱和”的主要原因是由于电离过程中出现的二次电子不断增多，电极间的离子增多，形成空间电荷场，使电子的运动轨迹发生变化所致。舒茨（Schulz）提出保持 $I_i/I_e$ 正比于压力 $p$ 关系的条件为 $Kp \ll 1$，由此得出，规管系数越低测量上限就越高，这为扩展热阴极电离真空计的测量上限提供了设计依据。国产 DL-5 型和 DL-8 型中真空电离规就是这类真空计的代表。

C　DL-5 型电离真空计

图 10-24 为 DL-5 型中真空电离计的电极截面示意图（垂直于灯丝 F 横截面），这种结构的抗氧化阴极 F 装置在规管的中心轴上，收集极 C 与加速极 A 分别为大和小的两块长方形板状电极，它们对称地装置在阴极的周围，规管外壳一般用 DM-305 钼组玻璃制成，但也有金属裸式结构。各电极的工作电参数和灵敏度如下：加速极电位 $V_A=+165$V（对地）；收集极电位 $U_C=0$V；阴极电位 $U_F=+50$V；发射电流 $I_e=50\mu$A；规管系数 $K=1.5\times10^{-2}\,\text{Pa}^{-1}$。有时为了降低对离子流测量放大器的要求，在测量 $10^{-3}\sim10^{-4}$Pa 时，将发射电流增大至 500$\mu$A。

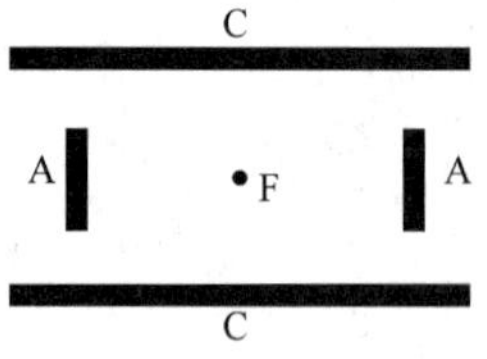


图 10-24　DL-5 型规管电极结构图

A—加速极；C—收集极；F—阴极

这种结构的特点是：加速极与阴极间距离很近，电子飞行路径短，减少了电离几率，因而降低了规管系数；增大了收集极的面积，提高了离子收集效率，减少了离子复合的机会；采用低发射电流，减少了高压力时的空间电荷效应。这样，使得它的压力测量范围达到 $10^{-4}\sim70$Pa。此外，还具有电极结构尺寸较大，公差要求较低，制造简单，除气容易等特点。

D　DL-8 型电离真空计

单纯降低规管系数虽然可以有效地扩展热阴极电离真空计的测量上限，但当气体压力接近其测量下限时，会因离子流过小而给测量带来很大困难。如果能够分级改变电离计的规管系数，在高压力时使规管系数取较小的值，而在低压力时取较大的值，则能够同时兼顾上下限的测量。

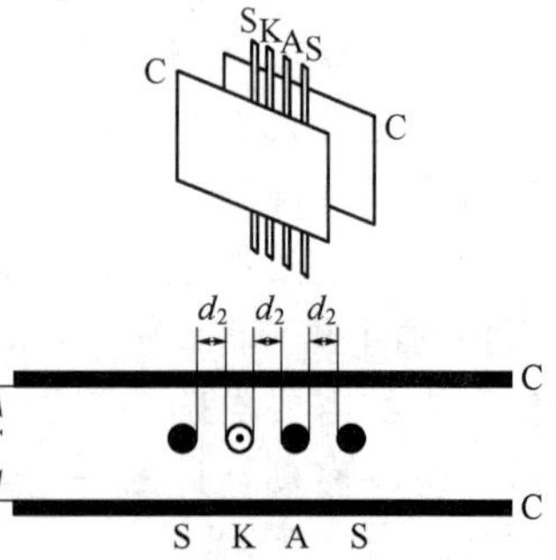


图 10-25　DL-8 型规管结构示意图

DL-8 型电离真空计就是基于上述思想进行设计的。图 10-25 为其电极结构图。这种规管采用两块不锈钢平行电极 C 作为离子收集极，两块板距离 $d_1=5$mm，在中心平面处安置有四根互相间隔 $d_2=1.32$mm 的丝状电极，K 为外涂氧化钇的铱阴极，A 为加速阳极，两侧为辅助电极 S，A 和 S 极均为 $\phi$0.5mm 的钼杆。收集极电位 $U_C=0$V，阳极电位

$U_A=162V$。利用辅助电极 S 和阴极 K 上的电位变化，可以改变电极 K-A 间的电位分布，从而调节规管系数。

在气体压力高于 0.13Pa 的高压力区间，使辅助电极 S 与阴极 K 同电位，$U_S=U_K=60V$，电极 K-A 间分布的电位将受四周负电位作用而普遍降低，这意味着电子由 K 到 A 的大部分路程中只有很低的能量，故电离几率很低；电子只有在靠近阳极的极小部分由强电场迅速获得较大的能量，即使在压力较高，电子自由程很短的情况下也能有足够的电离几率。同时，这种电位分布对电子有聚焦作用，迫使电子沿轴线作最短的直线运动，也促使规管系数降低。这时取发射电流 $I_e=4\mu A$，则规管系数 $K=3.76\times10^{-3}Pa^{-1}$。

在气体压力低于 0.13Pa 的低压力区间，使辅助电极 S 与加速阳极 A 同电位，$U_S=U_A=162V$，而阴极电位降为 $U_K=10V$。电极 K-A 间分布的电位将普遍升高，电子由 K 到 A 的大部分路程中都具有较高的能量，故电离几率提高，使规管系数增大。在 $0.13\sim1.3\times10^{-3}Pa$ 的压力范围内，取发射电流 $I_e=50\mu A$，则规管系数 $K=0.376\ Pa^{-1}$。在 $1.3\times10^{-3}\sim1.3\times10^{-4}Pa$ 的压力范围内，取发射电流 $I_e=500\mu A$，则规管系数 $K=4.14\ Pa^{-1}$。

DL-8 型中真空电离规管是我国自行研制开发的产品。由于它的压力测量范围达到 $130\sim1\times10^{-4}Pa$，只用一支规管就基本覆盖了复合真空计的测量范围，给使用者带来了很大方便，因此得到广泛的应用。但它也时常存在有换挡时压力读数不衔接的问题。

#### 10.6.1.4 超高真空热阴极电离真空计

##### A 影响测量下限的原因及扩展测量下限的措施

普通热阴极电离真空计的测量下限约在 $10^{-6}Pa$ 数量级。早在 20 世纪 30 年代就曾发现：即使由表面效应估计压力已低于 $10^{-8}Pa$ 时，传统电离真空计指示值也不低于 $10^{-6}Pa$。直至 20 世纪 50 年代初期，诺丁汉（Nottingham）提出软 X 射线光电流假说：栅状阳极受电子轰击会产生一种较 X 射线波长稍长、穿透能力较弱、被称为软 X 射线的一种射线，离子收集极接收此射线会发生光电子发射。由于这时收集极发射光电子与它收集到的离子是等效的，这样在离子收集极电路中就形成了一个与压力无关的本底光电流，测量时则表现为约 $10^{-6}Pa$ 的压力读数。

为消除本底光电流的影响，从而扩展热阴极电离真空计测量下限，应采取如下措施：

(1) 从电极的几何结构上减少离子收集极被软 X 射线照射的面积，这就是 B-A 型电离计的设计依据；

(2) 在离子收集极附近，安置一相对于离子收集极为负电位的电极，(抑制极)，可以使离子收集极表面发射的光电子被电场折回，以消除本底光电流，这种方法称为光电子抑制法，也就是抑制电离规的设计依据；

(3) 采用在离子收集极电流中扣除本底光电流的方法，此法被称为离子流调制法，如调制 B-A 电离规；

(4) 鉴于本底光电流所对应的本底压力指示值与规管系数 $K$ 成反比，所以提高规管系数 $K$ 能够降低测量下限，如弹道规和热阴极磁控管电离规。

##### B B-A 型电离真空计

贝阿德（Bayard）和阿尔珀特（Alpert）提出从电极结构上减少离子收集极被软 X 射线辐照的面积的一种真空计，被人们称为 B-A 型电离真空计（简称 B-A 规）。这种真空计的结构改进之处实际上就是用一根细金属丝充当收集极。为了保证有足够的离子收集效率，将收集极置于栅状电子加速极内，这样栅内的所有离子都将被它所收集。灯丝则移至栅外，对称安装两根，一根工作，一根备用。B-A 规有两种形式，一为管式规，一为裸规，分别如图 10-26 中 (a)、(b) 所示。

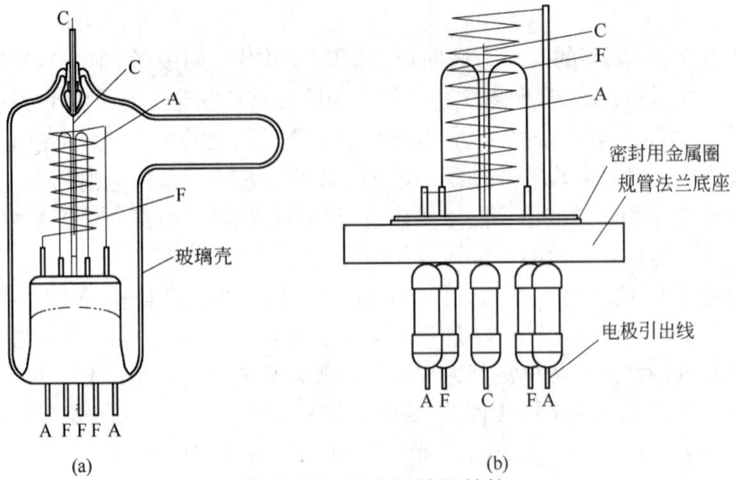


图 10-26 B-A 规管的结构

A—阳极；C—离子收集极；F—热阴极

与普通热阴极电离规相比，B-A 规收集极改为细丝后，其接受软 X 射线的面积大约减少了 100 倍，故测量下限可延伸两个数量级，可达 $10^{-8}$Pa。B-A 规的结构还加大了加速极栅径以扩大电离空间，增大了电子在空间的飞行路径，故规系数可达 $7.5\times10^{-2}\sim1.9\times10^{-1}$Pa$^{-1}$，高者可达 $3.8\times10^{-1}$ Pa$^{-1}$。在收集极引线杆外面套上一小段玻璃管，以屏蔽加速极产生的软 X 射线照射到这个较粗的引线上，降低了光电流本底，同时又延长了其他电极至收集极的表面漏电路径，包括金属电极蒸发附着在收集极周围引起的漏电。由于金属电极面积的减小，降低了除气功率，如用电子轰击除气，只需要较低的功率和较短的除气时间，就可使各电极加热至 1200℃左右，进行除气。

常用的 ZJ-6 型 B-A 规管的主要结构参数为：阴极——W，$\phi$0.2mm，长 80mm，V 形，2 根；加速极——W 或 Mo，$\phi$0.2，带边杆栅结构，螺旋直径 $\phi$20mm，螺距 1.8mm，螺旋长 40mm；收集极——W，$\phi$0.1mm，长 40mm；管壳——钼组玻璃，厚 1.5mm，$\phi$50mm 圆筒，排气管为 $\phi$25mm。电参数为 $U_{AK}=150$V；$U_{CK}=-100$V；$I_e=0.1\sim10$mA（通常为 1mA）；$K=0.105$Pa$^{-1}$；光电流本底压力 $p_x=4\times10^{-9}$Pa。

基于电清除和化学清除机理，B-A 规管在工作中表现出较强的抽气作用，一般认为抽速为 0.2L/s 左右。考虑到规管连接管的阻力会使规管中的压力较被测压力为低，因此，B-A 规管采用粗于普通电离规管的排气管，一般选为 $\phi$（20～25）mm。

B-A 规管与普通热阴极电离规一样，其规管系数 $K$ 与气体种类有关，这也是由于不同气体具有不同的电离电位所致。不同气体或蒸气对 $N_2$ 或干燥空气的相对灵敏度如表 10-5 所示。

**表 10-5　B-A 规管的相对灵敏度 $S_r$**

| 气　体 | 对 $N_2$ 相对灵敏度 | 气　体 | 对 $N_2$ 相对灵敏度 |
|---|---|---|---|
| He | 0.18 | CO | 1.05 |
| Ne | 0.30 | $CO_2$ | 1.42 |
| Ar | 1.29 | 干燥空气 | 0.98～1.0 |
| Kr | 1.94 | $H_2O$ | 0.85～1.16 |
| Xe | 2.87 | Hg | 3.64 |
| $H_2$ | 0.46 | $CH_4$ | 1.48 |
| $N_2$ | 1.0 | $CH_3COCH_3$（丙酮） | 3.6 |
| $O_2$ | 1.01 | $C_6H_6$（苯） | 5.86 |

B-A 式真空计也是相对真空计，不同结构尺寸的规管，灵敏度也不同。即使同一只规管内的两组阴极的灵敏度也有误差。故准确测量前必须进行校准。B-A 规管是典型的超高真空规，得到了广泛应用。

C 抑制式真空计

抑制规是用较强的负电场作用于离子收集极表面，让光电发射的电子重新返回收集极，起着抑制光电发射的作用，进而延伸了压力测量下限。规管结构如图 10-27 所示。它由阴极、加速器、离子收集极和带屏蔽罩的抑制极组成。这种结构的电离机构同B-A规所不同的是将离子收集极移出加速极内的电离区，将它扩大成圆盘形以增加收集离子的面积，进而提高了离子收集效率。

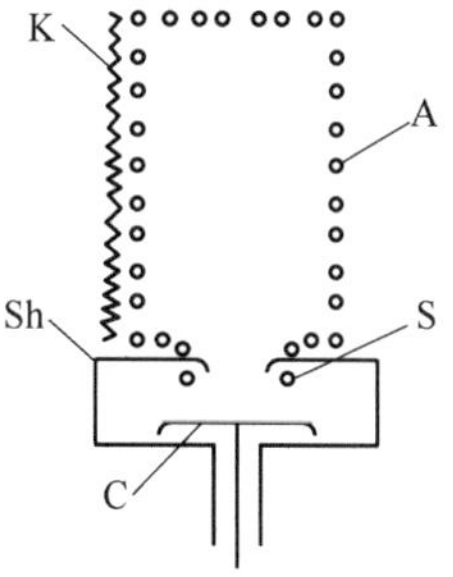

图 10-27 抑制规的结构示意图

K—阴极；A—加速极；S—抑制极；C—收集极；Sh—屏蔽极

屏蔽罩可阻挡大部分软 X 射线，进而大大减少了其对收集极的辐照。屏蔽罩与栅状加速极组成静电透镜，对正离子起加速和聚焦作用。屏蔽罩还对抑制极进行屏蔽，使之不受软 X 射线的直接照射。由于收集极有了屏蔽罩的静电屏蔽，减小了外界对微小离子流的干扰。抑制极接负电位，建立起对电子的拒斥场，迫使收集极发射的光电子重新返回，减小了光电流本底，当然也能抑制屏蔽罩的光电发射。

此种结构的抑制规测量下限可比 B-A 规扩展两个数量级，达到 $10^{-10}$Pa 左右。但是，由于采用了表面积较大的屏蔽罩和收集极等金属件，在做极高真空测量时，规管除气将是一项麻烦的工作。

D 弯注抑制式真空计

弯注抑制规是抑制规的发展，即在抑制规管的电离机构与离子收集系统之间设置一个 90°的静电偏转系统。它的电离系统由阴极和加速极组成，离子收集系统由收集极、抑制极和屏蔽罩组成，均与抑制规相同。但规管还有一静电偏转系统，由聚焦极、内偏转极和外偏转极组成，如图 10-28 所示。

这种规的工作原理为：规管内被测气体分子经电离系统电离产生正离子，在静电偏转系统作用下，经 90°的偏转后到达离子收集极，形成离子流作为被测压力的指示。由于这种聚焦和偏转系统的存在，使软 X 射线经过多次反射后只有很少一部分能照射到收集极上。另外由于有屏蔽罩和抑制极的存在，还可对因这一小部分的软 X 射线引起的光电流进行抑制，使光电流影响进一步减小。在理论上，它的测量下限可比抑制规低两个数量级，达到 $10^{-12}$Pa 左右。但由于弯注抑制规有高温钨丝存在，电极间的漏电，微弱离子流（小于 $10^{-16}$A）测量上的困难以及大体积金属电极系统除气上的困难，致使其实际测量下限约为 $10^{-11}$Pa。

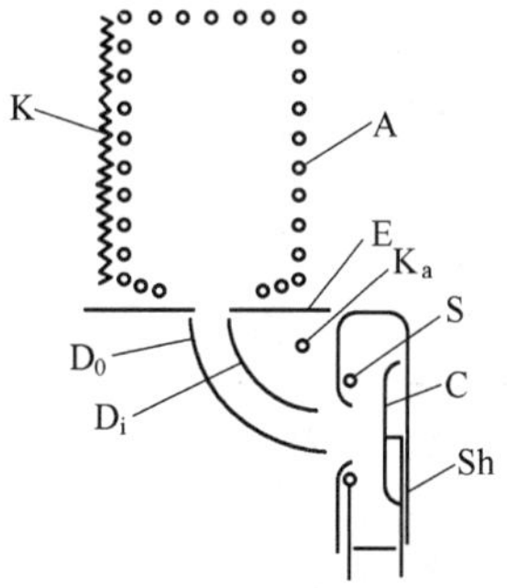

图 10-28 弯注抑制规的结构示意图

K—阴极；A—加速极；E—聚焦极；$K_a$—辅助阳极；S—抑制极；C—收集极；Sh—屏蔽极；$D_i$，$D_0$—内、外偏转极

E 调制式真空计

调制式规管是在 B-A 规管的加速栅极中，设置一根和离子收集极相平行的金属杆作为调制极，如图 10-29 所示。调制极的作用是从测量方法上消除光电流对压力测量下限的影响。

测量时，先使调制极与收集极处于相同电位（$V_C = V_M$），调制极得到一部分离子流 $\beta I_i$，$\beta$ 为调制系数。若收集极上的本底电流 $I_x$ 不变，此时收集极的电流为

$$I_{C1} = (1-\beta)I_i + I_x \tag{10-19}$$

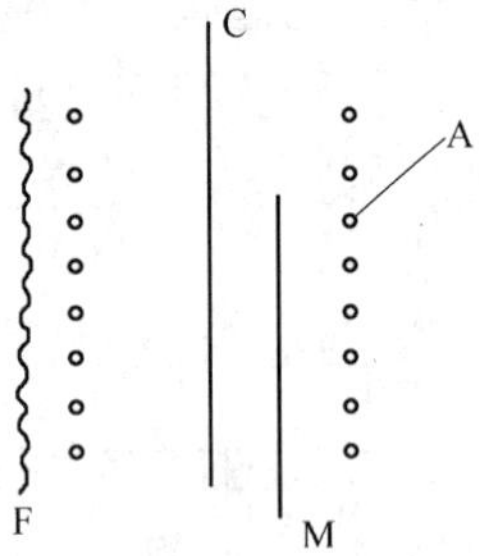


图 10-29　调制规管结构示意图

F—灯丝；C—收集极；A—加速极；M—调制极

然后再使调制极的电位与加速极的电位相等（$V_M = V_A$）。这时，调制极不收集离子，收集极的电流与 B-A 规管中情况一样，有

$$I_C = I_i + I_x \tag{10-20}$$

将这两种接法所测得的收集极电流相减，可得：

$$I_C - I_{C1} = \beta I_i \tag{10-21}$$

将式（10-21）代入前面式（10-16）之后，得

$$p = \frac{I_i}{KI_e} = \frac{I_C - I_{C1}}{\beta KI_e} \tag{10-22}$$

式中，$p$ 即为被测量的真实压力；调制系数 $\beta$ 可在较高压力时用上述测量方法从实验中测出。因为压力较高时，$I_i \gg I_x$，因此 $I_i \approx I_C$，从式（10-21）可得

$$\beta = 1 - \frac{I_{C1}}{I_C} \tag{10-23}$$

式中，$\beta$ 一般约为 0.3～0.4。粗看起来，这种方法似乎可以完全消除光电流 $I_x$ 的影响，但当 $V_M = V_A$ 时，调制极也要产生软 X 射线，它同样会使收集极产生光电流发射，造成额外的光电流。由于收集极对调制极也有一相应的立体角。因此，这种额外的光电流引起的误差可达 15%。同时，测量下限还受到 $I_x$ 绝对值的限制，当 $I_x \gg I_i$ 时，式（10-19）与式（10-20）相减不仅十分困难，而且误差很大。

为了减少这种立体角的影响，将 M、C 极制成对称结构，如图 10-30 所示。由于 M 和 C 电极尖端相对，收集极对应于调制极的立体角很小。另外，由于对称，可认为 $\beta = 0.5$，其不一定预先测定。但由于这种规管结构中光电流也将被调制，因此仍不能完全减去。

调制规管的结构除多一调制级外，其余均与 B-A 规管相同，它的电参数也与 B-A 规相同。采用调制式规管的压力测量下限比 B-A 规低 1～2 个数量级，即最低可测 $10^{-10}$ Pa。

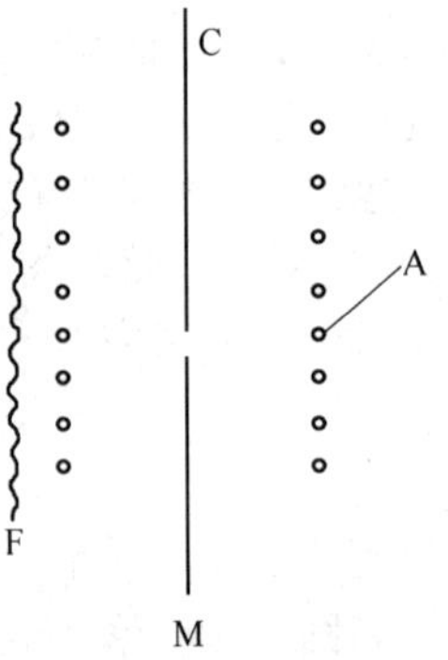


图 10-30　对称调制规管结构示意图

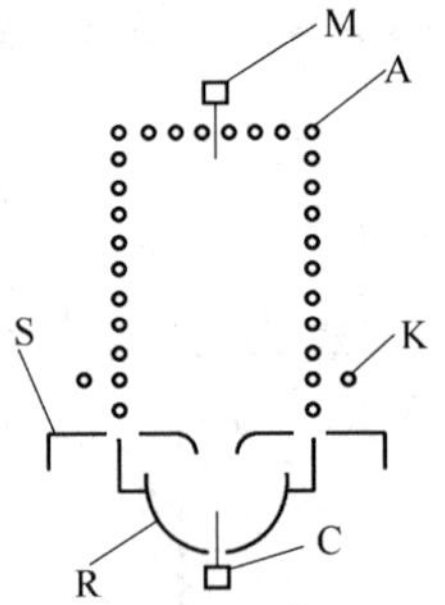


图 10-31　分离规

K—环状阴极；A—加速极；C—收集极；R—离子反射极；S—屏蔽极；M—调制极

F　分离式真空计

分离规属于外收集极式规管的一种，图 10-31 所示的分离规（带调制极），其电离系统是

由环状阴极和加速极组成；离子收集系统由离子收集极、离子反射极和屏蔽罩组成。它的工作原理是：利用离子收集系统把电离区产生的正离子流由屏蔽罩小孔中提取出来，经带正电位的离子反射极的反射，聚焦到丝状的短收集极上，从而使规管灵敏度得到提高。由于屏蔽罩阻挡了绝大部分软X射线对离子收集极的照射，同时环状阴极发射电子轰击加速极时，由端栅产生的软X射线对离子收集极照射的立体角很小，因此也相应地降低了光电流本底。上述带调制极的分离规可以测量压力至 $10^{-11}$Pa。

### 10.6.2 冷阴极电离真空计

10.6.2.1 冷阴极电离真空计的分类与特点

冷阴极电离真空计是以冷阴极取代热阴极作为电离真空计的离子源，俗称冷规。它与热阴极电离真空计相同，也是由规管与测量线路两部分所组成。这种真空计规管中的电子是在平行电磁场或正交电磁场作用下维持放电而进行工作的，因此被称为磁放电真空计。冷规主要有两大类型，即电场与磁场方向相互平行的普通型冷阴极电离真空计和电场与磁场方向相互垂直的磁控管式冷阴极电离真空计，而后者又分为倒置磁控管式和正置磁控管式两种类型。

与热阴极电离真空计相比，冷阴极电离真空计的优点主要有：

(1) 冷阴极消除了因为高温灯丝而产生的化学清除作用，使真空计的读数不受影响；

(2) 不需要对热丝电子发射和控制，简化了仪器的结构；

(3) 被测容器发生意外漏气时冷规管不存在被烧毁的危险；

(4) 冷规管可避免被真空系统内部的化学活性气体（如氧及碳水化合物蒸气）所毒化或破坏，因此使用寿命长；

(5) 冷规管灵敏度比普通型电离规管灵敏度高1个数量级；

(6) 冷规管结构与控制线路均较简单，易于制作。

冷阴极电离真空计的主要缺点是冷规管必须具备磁铁，因此使规管占用的体积大，而且因磁场不能承受高温烘烤去气，必须取下磁铁，从而给操作带来了不便，而且由于磁铁的存在，无法将其放入大容器内部代替裸规快速测定各部分的压力，以求得空间的压力分布。

此外，冷规继承了电离计的一般特性：能够连续、远距离测量全压力，响应速度快，但读数与气体种类有关，属于相对真空计。

10.6.2.2 普通型冷阴极电离真空计

A 结构及工作原理

由潘宁（Penning）于1937年提出来的平行场冷阴极电离真空计（简称潘宁规）利用了冷阴极放电原理，如图10-32所示。图10-32（a）是具有环状阳极A的冷阴极电离真空计的整体结构示意图。其电离规管通常为一个二极管，它的早期结构是在一个玻璃管内封装两冷阴极金属板（10mm×12mm）作为阴极，在两块平行板之间装一个20mm×35mm的钼制方形环作为阳极，两阴极板相距13mm。玻璃管壳外加一永久磁铁，其磁场方向垂直于阴极表面，磁场B一般为0.03～0.1T。通过限流电阻 $R$（1MΩ左右）在阴极与阳极间加上1000～2000V直流电压。图10-32（b）是一种圆筒形作为阳极的冷规管的结构示意图。

冷阴极电离真空计的工作原理也是利用低压下气体分子的电离电流与压力有关的特性，用放电电流作为真空度的测量指示，由电流表CB作为真空度指示仪表（一般量程为0～100μA）给出读数。所不同的在于电离源，冷阴极电离真空计是靠冷发射（场致发射、光电发射、气体被宇宙线电离等）所产生的少量初始自由电子，在正交电磁场作用下，能够

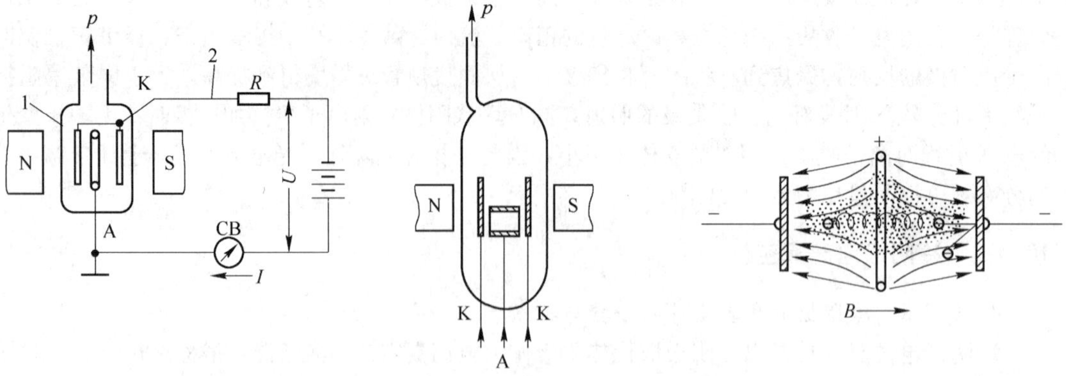


(a)　(b)　(c)

图 10-32　潘宁规的结构及工作原理示意图

(a) 具有环状阳极的冷阴极电离计结构原理图；(b) 圆筒式阳极的冷阴极电离规管结构示意图
(c) 冷阴极电离规管工作原理图
1—冷规管壳；2—测量电路；A—阳极；$B$—磁场；K—阴极；$R$—限流电阻

长时间在两块阴极极板之间往返作螺旋线形运动，直至与被测气体分子发生碰撞，使其电离。最后电子被阳极所吸收，而电离产生的正离子则高速地打到阴极上，并且产生二次电子发射。气体分子电离产生的电子和阴极发射的二次电子也在阴极极板间长期运动，从而使电离过程连锁地进行，就可以使气体分子在极间产生复杂的繁流放电（称为潘宁放电），所产生的电流和空间的气体分子密度有关，因此可以用来指示相应的气压。

由于正常放电时在冷规规管内部空间的电荷密度很大，因此它的工作特性与热规相比较有所不同。实验表明，潘宁放电的放电电流 $I$ 与气体压力 $p$ 的关系可用下式表示：

$$I = Kp^n \tag{10-24}$$

式中，$n$ 为取决于阴极材料、电场强度、磁场强度及气体种类有关的常数，通常在1～2之间取值；$K$ 为规管常数，可通过实验方法用标准真空计或校准系统进行校准。绘出如图 10-33 所示的冷阴极电离真空计的刻度曲线（即 $I$-$p$ 关系曲线）。根据测量时由指示仪表读出的放电电流 $I$，就可以在校准曲线上查出相对应的压力 $p$。更为常见的做法是将$I$—$p$对应关系存入测量电路，直接显示为压力值。因此，冷阴极电离真空计也是一种相对测量的真空计。

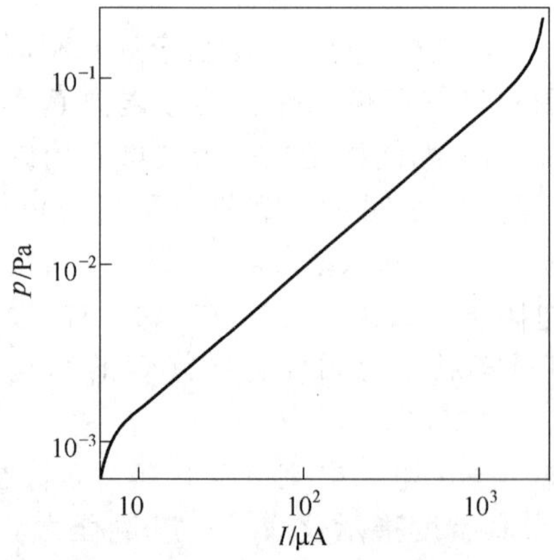


图 10-33　冷阴极电离真空计的刻度曲线

B　测量范围

普通型冷阴极电离真空计的测量范围较窄，一般在 $10^{-1}$～$7\times10^{-4}$ Pa 之间。因为压力过低时，真空规管内开始工作时的原始电子很少，因此不易激发。另外，工作不稳定以及规管放气、吸气等许多因素，特别是作为离子收集极的阴极在强工作电场作用下所产生的场致发射，都限制了测量下限的进一步延伸，所以它的测量下限一般在 $10^{-4}$ Pa 数量级左右。普通型冷阴极电离真空计的测量上限主要受限流电阻及在高压力时电子与离子的复合几率增加等原因的限制。因此只能达到 $10^{-1}$ Pa 数量级。

为了扩展其测量范围，有时可采用两个不同电极尺寸相结合的组合式规管。这种规管有两个电离室。在测量低压力时采用高电压、大尺寸的电离室，反之测量高压力时采用低电压、小尺寸的电离室，这时其测量范围可以达到 $1 \sim 10^{-5}$ Pa。

C 使用中应注意的问题

(1) 潘宁规与热阴极电离计一样，在测量不同的气体时因各种气体的电离电位不同其测量结果也不同，所以在测量其他气体（非干燥空气或氮气）或特殊混合气体时，必须对真空计进行相应气体的校准或进行换算。

(2) 冷阴极电离计比热阴极电离计有更大的电清除作用，即在测量过程中它伴随着较大的抽气作用，使被测系统的局部压力发生变化，造成较大的测量误差，一般测量误差可达到 ±50%。尤其当连接管路的流导很小时，冷阴极电离计规管内的真空度与被测系统中的真空度可差一个数量级。

(3) 规管长期工作后需要进行清洗以去除可能导致漏电的规管内壁粘附物。可用酒精、苯、丙酮、四氯化碳、乙醚等溶剂清洗油污；对电极部分污染可选用 10%稀盐酸擦洗，直至露出金属光泽为止。然后对规管进行老化，即在 $10^{-1} \sim 10^{-2}$ Pa 真空度下通电老化 3h 以上，再在真空校准系统上重新校准，绘制出新的校准曲线。

(4) 因真空计工作电压较高，其外壳必须接地良好，以防高压漏电造成事故。

10.6.2.3 *磁控管式冷阴极电离真空计*

磁控管式冷阴极电离真空计，采用了电场与磁场相互垂直的正交电磁场，致使电子在电场中的运动与微波磁控管相似，故而得名。

A 倒置磁控管式真空计

倒置磁控管式真空计，就是将磁控管的阴极当阳极，阳极当阴极来使用，其结构如图 10-34所示。阳极为中间的金属杆；阴极，即离子收集极，是两端盖住、中间留有小孔的短圆筒。另外采用一个辅助阴极，从外面将整个离子收集极完全包围屏蔽住，并伸入两个喇叭状（上下各一个）边缘于阴极与阳极之间，以屏蔽该处强电场。其屏蔽作用通过两点来实现：一点是喇叭状边缘将电场均匀过渡，避免了尖端的出现；另一点是在电路连接中，辅助电极的电流回路，不经过测量放大器，故它即使出现场致发射，亦不妨碍离子电流的测量。电路连接在图 10-34 中亦已表明，辅助阴极直接接地，阴极则通过测量放大器接地；阳极接 5～10kV 直流高压，整个电极系统安置在 $B$=0.2T 的轴向磁场中。

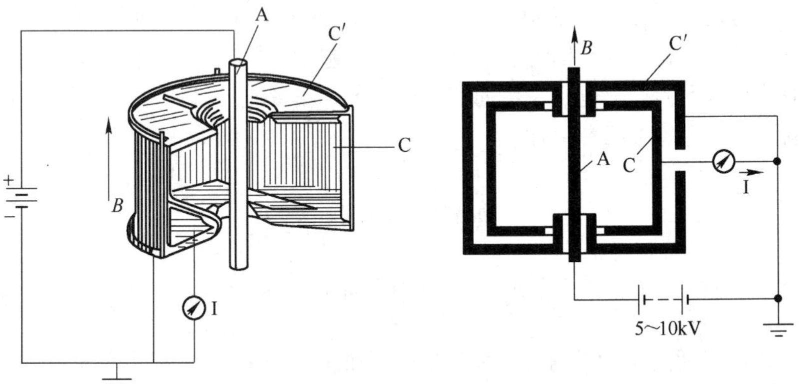


图 10-34 倒置磁控管式真空计的结构简图

A—阳极；C—离子收集极；C′—辅助阴极；I—离子电流放大器；$B$—磁场

在进行测量时，规管中的电子在奔向阳极时受到强磁场的作用而被偏转，其轨迹在垂直于阳极轴的平面上的投影是一系列滚轮线的弧，运动路程大大增长。只有经多次电离碰撞后才能到达阳极。而离子受磁场作用小，很快被阴极吸收。因此规管空间电子密度极大，在很低气体压力下仍能维持放电。测量下限达 $10^{-11}$ Pa。但当压力较高时，离子在路途中因遭受大量分子碰撞，滞留时间较长，从而导致放电模式的改变，不利于压力的测量。因此一般测量上限只限于 $10^{-2}$ Pa。

在很宽的压力范围内，倒置磁控管式真空计的离子流与压力的关系符合公式(10-24)所给出的关系式。

B 正置磁控管式真空计

正置磁控管式真空计的结构如图 10-35 所示。阴极 K 即离子收集极，中间设置为一小圆筒状结构，上下两端焊有两个圆盘。阳极 A 是一个短圆筒，其壁上开有许多小孔，以利于气体的流动。在圆筒与圆盘之间加设一个圆环形辅助阴极 K′。规管内的静电屏蔽作用是利用弹簧为触点，将辅助阴极与其内壁上涂有一层导电薄膜的玻璃泡相连接。从图 10-35 中可以看出，其电路接法与倒置磁控管式真空计基本相同。阳极 A 接 6kV 直流电压，并且让阴极电流经过放大器，辅助阴极直接接地，使其电流不被测出。

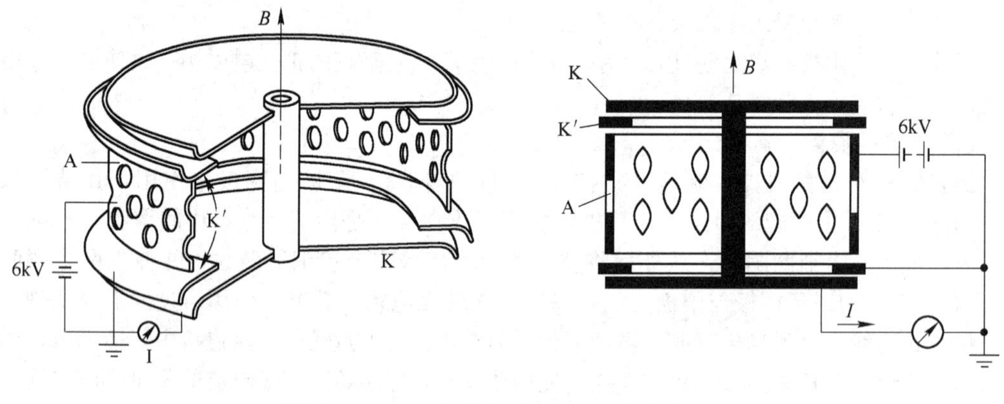


图 10-35 正置磁控管式真空计的结构简图

A—阳极；K—阴极；K′—屏蔽极

在测量时，初始电子在强大的电场（6kV）与磁场（0.1T）的共同作用下，向阴极 A 运动，其电子与离子的运动轨迹与倒置磁控管式真空计基本相同。不再重述。其电子的运动轨迹在垂直阳极轴的平面上的投影也是一系列滚轮线的弧。正置磁控管式真空计在正常的工作条件下，其放电电流与压力的关系有两种：

$$\text{当 } p>10^{-8}\,\text{Pa 时，} I=Kp \tag{10-25}$$

$$\text{当 } p<10^{-8}\,\text{Pa 时，} I=Kp^{n} \tag{10-26}$$

式中，规管常数 $K$ 可通过实验求得；$n$ 为常数，可在 1.43～1.70 之间取值。式(10-25)表明当压力高于 $10^{-8}$ Pa 时，直至其测量上限 $10^{-2}$ Pa，放电电流与压力保持良好线性关系。这种真空计的测量下限可达到 $10^{-11}$～$10^{-12}$ Pa。与倒置磁控管式真空计相比，正置磁控管式真空计的灵敏度要高 5 倍以上，要求工作磁场却低一半。

### 10.6.3　放射性电离真空计

放射性电离真空计是以放射性物质发出的$\alpha$粒子或$\beta$粒子对气体的电离作用而制作的一种真空计，故称放射性电离真空计。

放射性电离真空计的结构如图 10-36 所示，由规管和测量线路两部分所组成。图中 a 是放射性同位素源，b 是由四根弯杆组成的离子收集极，c 是电离室，d 是密封外壳。因离子电流很小，为避免漏电，可采用瓷绝缘子作为离子收集引出线的绝缘，电离室罩则用玻璃绝缘子绝缘。α 规多用镭 $Ra^{226}$ 作为放射性源，β 规用氚 $H^3$ 作为放射性源。

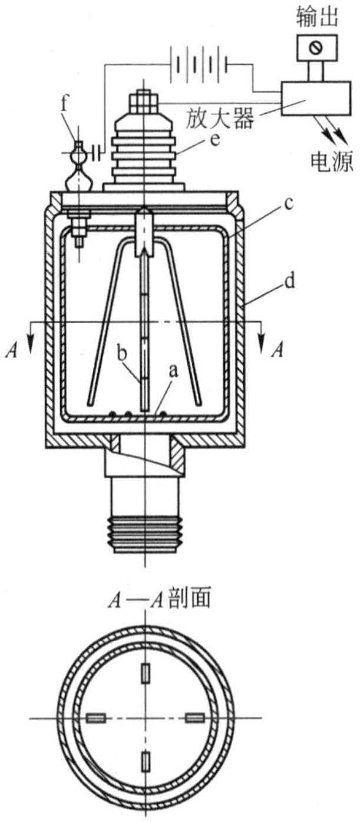


图 10-36　放射性电离真空计规管的剖面图

a—镭源或其他放射源；b—离子收集极；c—电离室罩；d—外壳；e—瓷绝缘子；f—玻璃绝缘子

放射性电离真空计具有结构简单、使用方便、压力测量上限较高、特性稳定、不怕蒸汽影响等一系列的优点，其不足之处是同位素价格昂贵，并且对人体健康有一定的危害，在食品、医药等工业部门不易选用。

放射性电离真空计是基于放射性同位素辐射出来的高能粒子，在规管中与气体分子碰撞并使其电离时，在一定的压力范围内，电离所产生的离子流与气体压力呈线性关系来实现对压力的测量，即：

$$I = K \cdot p \tag{10-27}$$

式中　$I$——离子流，A；

$p$——被测的气体压力，Pa；

$K$——与气体种类和规管结构有关的常数，需通过校准系统标定。

放射性电离真空计也是一种相对真空计。放射性电离真空计的测量范围通常为 $10^4 \sim 10^{-1}$ Pa，经扩展其测量下限可达 $10^{-2}$ Pa 左右。

## 10.7　分压力真空计

随着真空技术的不断发展，不但要求准确测量气体的全压力，而且还希望对真空容器内残余气体的成分进行分析，了解气体的纯度，掌握气体中各种组分气体所占份额；或者直接测量真空中混合气体组分和相应的分压力值。这就是残余气体分析或分压力测量技术。所用的仪器称为残余气体分析仪或分压力真空计。由分压力真空计测得的混合气体各组分分压力之和就是其全压力，这就能同时给出了真空的量与质两个方面的指标。

### 10.7.1　分压力测量或残余气体分析的过程及主要性能

分压力测量所使用的仪器大都是专用的小型质谱类仪器——真空质谱计。由于目前的分压力真空计大多数精度不高，只能用于分析气体各种成分的存在并估计其大小，尚未能进行准确定量测量，这时称为残余气体分析器。

作为分压力真空计或残余气体分析器的真空质谱计都属于电离类型的，按原子离子或分子离子的荷质比进行分析，其分析过程可分为三个阶段：

（1）在离子源中用电子碰撞的方法将气体电离。

（2）在质量分析器中利用磁偏转、共振、飞行时间不同等质量分析技术，将离子按荷质比不同进行分离。

（3）检测器（或离子收集极）接收分离的离子，将离子流放大，在显示装置上依次显示出每一质荷比的离子流强度。

真空质谱计一般能扫描 1～50u（u 为 1 个原子质量单位）以至 1～300u 的质量范围，并能分辨相隔 1u 的相邻离子。图 10-37 给出了仪器的理想输出情况，即各种离子的电流按其质量大小排列的质谱图，称之为“质谱棒图”。实际测得结果往往是如图 10-38 所示的质谱图，可见，线条已被一些峰所取代。

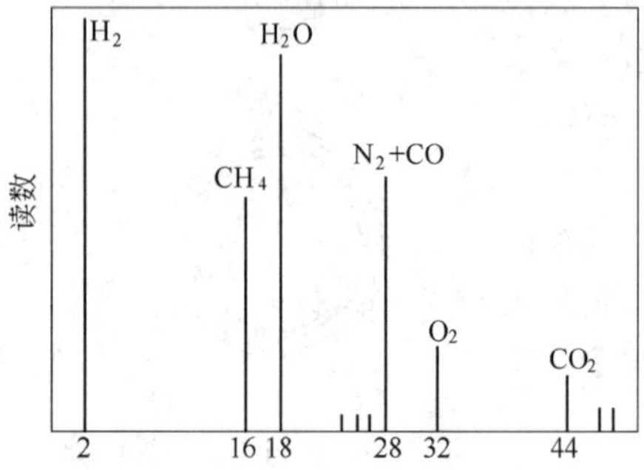


图 10-37　用离子的质量数来表示的质谱图

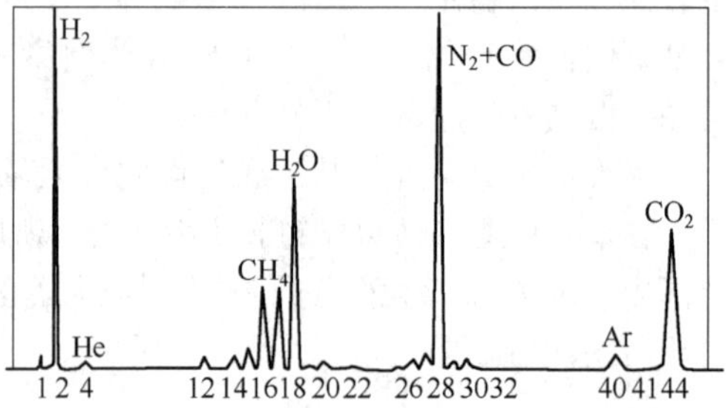


图 10-38　典型残余气体质谱图

质谱计的种类很多，可根据质量分析系统的工作原理来表征和命名。如：磁偏转质谱计、回旋质谱计、飞行时间质谱计、射频质谱计、谐振感应质谱计和四极质谱计等。

质谱计的主要性能参数包括：

（1）质量范围：在满足一定分辨能力的前提下，质谱计所能分析的质量数范围叫做该质谱计的质量范围。

（2）分辨能力和分辨本领：仪器的绝对分辨能力是仪器对给定质量 $M$ 的离子的分离能力的一种量度，由峰宽 $\Delta M$ 表示。峰宽是在一定峰高处测量。

仪器的分辨本领是质量与绝对分辨能力之比，即 $M/\Delta M$。图 10-39 示出了分辨本领的两种定义（$\Delta M|_{0.1h}$ 和 $\Delta M|_{0.5h}$）。

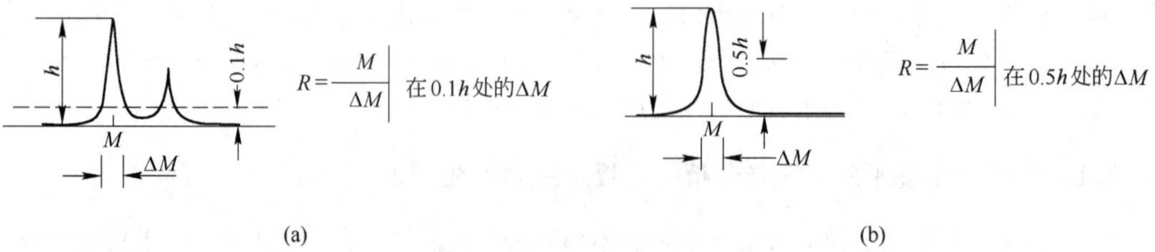


图 10-39　分辨本领的两种定义

（3）灵敏度：质谱计输出离子流 $I_i$ 与该气体在离子源中的分压力 $p_{pi}$ 之比称为灵敏度 $S_i$，即：

$$S_i = I_i / p_{pi} \tag{10-28}$$

（4）最小可检压力 $p_{pmin}$：在所分析的气体样品中，质谱计可以检测出的气体 $i$ 的最小分压力称为最小可检压力 $p_{pmin}$。

（5）分压比灵敏度 $\gamma_{min}$：在一定背景的总压力 $p_{tot}$ 中，质谱计能检测出某种气体的最低分压力 $p_{pmin}$ 的能力，称为分压比灵敏度 $\gamma$，即：

$$\gamma_{min} = p_{pmin} / p_{tot} \tag{10-29}$$

（6）最高线性工作压力：质谱计的工作压力通常指总压力。

### 10.7.2 四极滤质器

四极滤质器又称四极质谱计。其探测器的结构如图 10-40 所示。它由三部分组成：离子源、分析器和收集器。离子源由灯丝、反射极和阳极组成。电子由加热的灯丝发出，被阳极加速，有一部分穿过阳极孔而进入离化室；电子在离化室内与气体分子碰撞电离，产生正离子。离化室内的离子被离子入口膜片加速并吸出，进入分析器。分析器由四根对称排列的双曲面四极杆组成，两个相对的极杆彼此连接起来，两对极杆之间对称施加直流电压和高频电压，直流电压和高频电压幅值保持一定比值（一般约为 1/6）。当直流电压和高频电压低时，低质量的离子在四极场中运动轨迹稳定（有界），且运动轨迹幅度小于四极场半径，故低质量的离子可以通过四极杆空间，经过离子出口打到离子收集极上。当直流电压和高频电压高时，高质量的离子可通过四极场空间。在某一特定的电压和频率下，只有一种质量的离子可以通过，其余的离子都通不过，所以称为质量过滤器或简称滤质器。依据滤质器的特点，在每一个测量周期中，当直流电压和高频电压由小逐渐变大时，质量不同的离子，从质量小到质量大，依次地通过分析器达到收集极，这一过程称为质量扫描。根据收集极离子流的变化，可以判断各种气体的成分和相对比例。

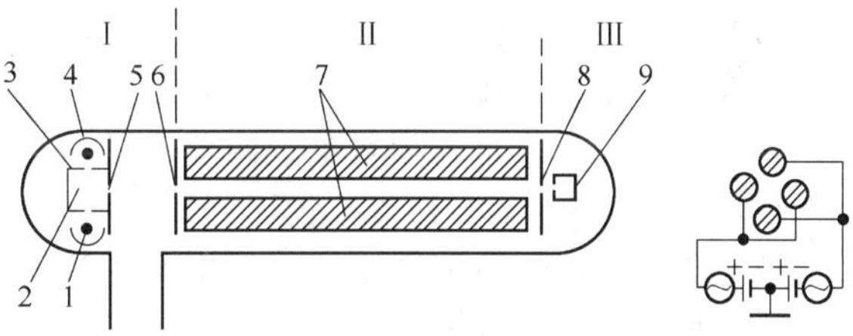

图 10-40 四极滤质器的探测器结构示意图

1—灯丝；2—离化室；3—阳极；4—反射极；5—离子膜片；6—离子入口；7—四极杆；8—离子出口；9—离子收集极

Ⅰ—离子源；Ⅱ—分析器；Ⅲ—收集器

通过分析气体离子在四极场中的运动可以得出，某种离子能够穿越分析器的稳定条件由下面两个系数决定：

$$a = \frac{8eU}{m\omega^2 r_0^2}, q = \frac{4eV}{m\omega^2 r_0^2} \tag{10-30}$$

式中，$e$ 为单电荷电量，C；$m$ 为离子质量，kg；$U$ 为直流电压，V；$V$ 为高频电压峰值，V；$\omega$ 为高频电压角频率，rad/s；$r_0$ 为四极场半径，m，即极杆表面和轴线之间的距离。四极滤质器的稳定区域图形如图 10-41 中所示的稳定三角形，其上顶点为 $a=0.23699$，$q=0.706$。由式(10-30) 可知，如果保持直流与交流峰值电压比值 $U/V$ 不变，则 $a/q$ 值亦不变。此时，在给定场参数（$U$，$V$，$\omega$，$r_0$）下，不同荷质比的离子所对应的（$a$，$q$）值皆落在通过原点、斜率为 $a/q=2U/V$ 的质量扫描线上。质量大的离子，$a$ 和 $q$ 值小，靠近原点；质量轻的离子则离原点

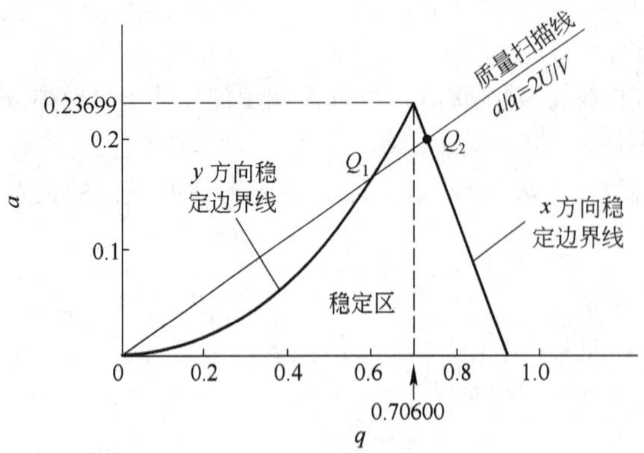


图 10-41　四极滤质器稳定图

远。其中（$a$，$q$）值介于 $Q_1$、$Q_2$ 之间的离子，能够稳定地通过四极杆分析器。保持 $U/V$ 比不变而改变 $U$、$V$ 电压值（电压扫描工作方式），或者只改变高频电压的角频率 $\omega$（频率扫描工作方式），都可以实现质量扫描。

四极质谱仪还可以采用另一种测量方式。开始时使所有质荷比的离子全部通过分析器，故理论上可做全压力测量。然后依次令 $M=1$，2，…的离子相继被剔除。此时离子流按质量展开的关系呈阶梯式谱峰图，如图 10-42 所示，称为积分谱。

四极质谱仪对不同气体的灵敏度，虽然经过电离几率的修正，仍不相同。测量中表现为相同峰高的两种气体，即使电离几率相同，也并不对应压力相同；或者说相同分压力的两种气体，谱图上峰高并不相同。这种现象叫质量歧视现象。四极质谱计的质量歧视严重，因此不易进行分压力定量标定。

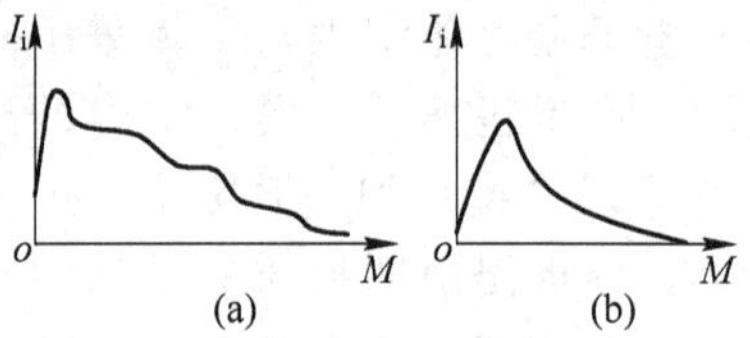


图 10-42　四极质谱仪的积分谱

四极滤质器是近代残余气体分析器中最为流行的无磁滤质器，其性能指标较高。一般商品的质量范围为 1～500u，分辨本领 100～500，法拉第筒灵敏度为 $10^{-5}$～$10^{-6}$ A·Pa$^{-1}$，带倍增器的灵敏度达每帕几安，最小可检分压力为 $10^{-9}$～$10^{-11}$ Pa，分压比灵敏度为 $20\times10^{-6}$，最高工作压力为 $10^{-1}$～$10^{-2}$ Pa。

### 10.7.3　射频质谱计

射频质谱计属于能量平衡型质谱计，没有笨重的磁铁，只靠电场来达到质量分析的目的。其工作原理见图 10-43。K 为阴极，$G_1$～$G_5$ 为等距的栅极，C 为离子收集器。以阴极电位为参照，$G_1$ 加正电位，做电子收集极。$G_5$ 加正电位，以对向收集极运动的离子形成一适当的拒斥场；在 $G_3$ 与 $G_2$、$G_4$ 间加一角频率为 $\omega$ 的高频电压。于是，$G_2$、$G_3$ 间的电位差为：

$$V_{23}=V_0\sin(\omega t+\theta) \tag{10-31}$$

$G_3$、$G_4$ 间的电压为：

$$V_{34}=-V_0\sin(\omega t+\theta) \tag{10-32}$$

因为 $G_1$ 正而 $G_2$ 负，故阴极发射的电子在 $G_1$ 前后来回振荡。它在 $G_1$、$G_2$ 间产生的离子群受 $G_2$ 加速后，除 $G_2$ 截获一部分外，其余进入高频电场，在 $G_2$、$G_3$ 和 $G_4$ 间进行分析。原来，离子经 $G_2$ 加速后不同质量的离子已具有不同的速度，在合适相位时进入高频电场的离子，就会受到电场的加速。如果有一种离子，它们的速度使得当其飞抵 $G_3$，开始进入 $G_3$～$G_4$ 时，电场相位正好改变，那么它们就能从电场获得最大能量；其余离子因速度不合适，能量有大有小，但都未能达到此最大值。

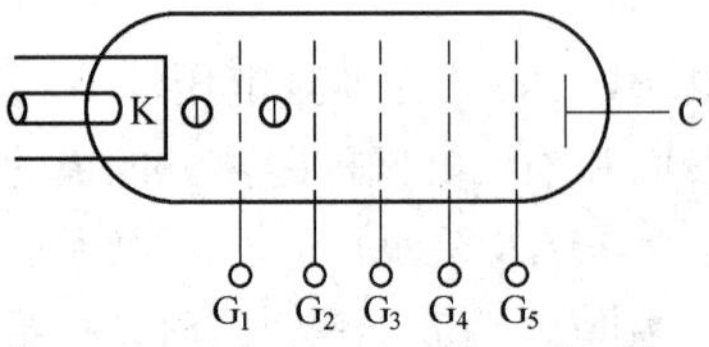


图 10-43　射频质谱计结构原理图

K—阴极；$G_1$～$G_5$—栅极；C—收集极

这样，便可以调节 $G_5$ 的拒斥场，使只有动能最大的离子才能穿过 $G_5$，飞抵离子收集极。质量扫描由改变高频电场的频率来实现。

### 10.7.4 飞行时间质谱仪

飞行时间质谱仪也称渡越时间质谱仪，其原理是根据能量相同的离子，因质量不同而具有不同速率，因此飞越相同距离所需时间不同。图 10-44 示出飞行时间质谱仪的原理。灯丝发射出的电子，由一脉冲电压加速进入电离室，在其中电离气体分子后被电子阱收集。电离室中产生的各种离子，受到背板上一正脉冲的作用而逸出电离室，被直流栅电位加速后进入无电场的漂移空间。各种离子开始进入漂移管时能量是相同的，但它们的速度却取决于质量，轻者快，重者慢。最后，按轻重顺序分批抵达收集极，在收集回路形成一个个大小不等的电脉冲。经放大后显示为对应于各种离子的谱峰，峰的高低标志其分压力的大小。这样只用一个脉冲便可得到整个质谱。图中用电子倍增器在管内将讯号放大。

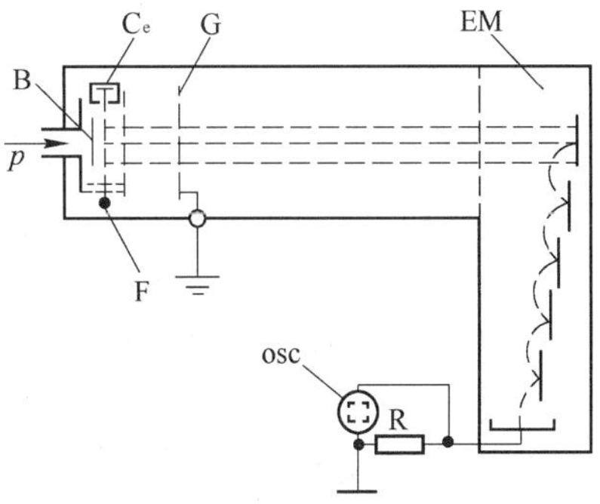


图 10-44 飞行时间质谱仪原理图
F—灯丝；$C_e$—电子收集极；B—背板；
G—加速极；EM—电子倍增器

### 10.7.5 识谱技术

质谱计对残余气体或气体样品分析的结果，实际上是离子流与分析器扫描参数的关系图，即质谱图。如何由该图正确判断样品的化学成分及其含量是一个比较复杂的问题，它是建立在详细了解系统中所找到的气体和蒸汽碎片图形的基础上的。在熟悉了残余气体分析之后，残余气体的许多主要成分的定量分析就相当简单易懂了。然而，精确的定量分析需要细致的校准和许多复杂的分析技术。质谱分析的精确性除了与质谱计本身性能有关外，还与使用方法、分析技术等有关。

（1）质量数的标定。对质谱图进行分析，首先应准确地判断出各个谱峰对应的质量数。真空系统中常见的气体质量数 $M<50$，这些气体谱峰的位置和高度有一定的规律和特征。如图 10-38 所示，主要成分是 $^{2}H_2^+$，$^{16}CH_4^+$，$^{18}H_2O^+$，$^{28}CO^+$，$^{28}N_2^+$，$^{32}O_2^+$，$^{44}Ar^+$ 和 $^{44}CO_2^+$。这些谱峰的质量数容易确定，据此可推测出其他位置谱峰的质量数。如果质谱图无特征峰可据，则质谱峰质量数的标定，尤其是在高质量数端，可以通过预先校核确定。

（2）碎片图形。真空质谱计采用电子碰撞电离型离子源。当一种被分析的气体受到其能量会引起电离的电子碰撞时，会产生数种荷质比的碎片，即产生单荷离子、多荷离子、分子离子、碎片离子以及其同位素离子。每种气体有其特有的碎片的质荷比数值，而峰的幅值则和气体及仪器的工作条件有关。这种分裂物图形为气体碎片图形。可根据每种气体的独有的碎片图形来鉴别该种气体的存在，所以有人称碎片图形是鉴定气体存在的“指纹”。

（3）分压力计算。分辨本领为 50～150 的残余气体分析器不能作为定量分析的仪器。因为它既不能消除重叠峰，碎片图形也不如定量分析器的那么稳定。具有独特碎片图形的单一成分气体或具有分离谱的几种成分气体的混合物的定量分析，要比含有重叠峰的混合物的定量分析来得简单。下面介绍具有分离碎片图形和重叠碎片图形气体的近似分析技术与精确分析技术。

1）分离谱：对于具有分离谱的气体，例如 Ar、$O_2$、$N_2$ 和 $H_2O$ 的混合物，可以采用如下分压力近似估算法。

由一种气体产生的主峰离子流 $I_i$ 与质谱计对 $N_2$ 的灵敏度 $S_{N_2}$（$N_2$ 的主峰离子流与 $N_2$ 的分压力之比）计算等效分压力 $p_{pe}$，即

$$p_{pe} = I_i / S_{N_2} \tag{10-33}$$

或者，由离子流相对比例和全压力 $p$ 计算等效氮气分压力 $p_{pe}$，即

$$p_{pe} = pI_i / \Sigma I_i \tag{10-34}$$

2）重叠谱：前已述及，混合气体在离子源中形成分子离子、碎片离子、同位素离子，除单荷离子外，还可能形成多荷离子。质谱计将 $M/Z$ 相同的谱峰叠加在一起形成重叠峰，质谱图就显得更加复杂。

碎片峰离子流与其主峰离子流的相对比值称碎片峰的图像系数。某种质谱计在恒定工作条件下，碎片峰的种类及其图像系数是一定的。

由质谱图的图像系数可以计算出待测气体成分的分压力值。若质谱计对分压力为 $p_{p_i}$ 的气体 $i$ 的灵敏度为 $S_i$（气体 $i$ 的主峰离子流 $I_i$ 与分压力 $p_{p_i}$ 的比值），则气体 $i$ 的主峰离子流为

$$I_i = S_i p_{p_i} \tag{10-35}$$

若气体 $i$ 在质量数 $j$ 处的图像系数为 $\beta_{ji}$，则它在 $j$ 处出现的碎片峰离子流为

$$I_{ji} = \beta_{ji} I_i = \beta_{ji} S_i p_{p_i} \tag{10-36}$$

$n$ 种气体在 $M/Z=j$ 处的离子流之和为

$$J_j = \sum_{i=1}^{n} I_{ji} = \sum_{i=1}^{n} \beta_{ji} I_i \tag{10-37}$$

式（10-37）还可以写成

$$J_j = \sum_{i=1}^{n} \beta_{ji} S_i p_{p_i} = \sum_{i=1}^{n} \beta_{ji} S_{ri} S_{N_2} p_{p_i} \tag{10-38}$$

式中　$S_{ri}$——气体 $i$ 对 $N_2$ 的相对灵敏度；

$S_{N_2}$——对 $N_2$ 的灵敏度。

式（10-38）可写成如下矩阵形式

$$\{J\} = [B]\{P\} \tag{10-39}$$

矩阵［$B$］的元素为

$$b_{ji} = \beta_{ji} S_{ri} S_{N_2} \tag{10-40}$$

式（10-39）可展开写成

$$\begin{bmatrix} J_1 \\ J_2 \\ \vdots \\ J_m \end{bmatrix} = \begin{bmatrix} b_{11}, b_{12}, \cdots, b_{1n} \\ b_{21}, b_{22}, \cdots, b_{2n} \\ \vdots \qquad\qquad \vdots \\ b_{m1}, b_{m2}, \cdots, b_{mn} \end{bmatrix} \begin{bmatrix} p_{p1} \\ p_{p2} \\ \vdots \\ p_{pn} \end{bmatrix} \tag{10-41}$$

式中，$J_i$ 是质量 $j$ 处的离子流；$b_{ji}$ 为碎片图形矩阵元素；$p_{p_i}$ 为第 $i$ 种气体的分压力。

大多数气体的峰多于一个，所以 $m>n$，系统是超定义的。然后将最小均方准则或其他平滑准则用于数据，以得到最佳吻合。先进的质谱仪已经由计算机来自动获得数据、控制仪器和

完成上述分析。

## 10.8 真空计校准

由于相对真空计不能直接从它测得的物理量中计算出相应的压力值，因此采用绝对真空计、副标准真空计或绝对校准系统进行对比校准是必要的。真空计校准的实质，就是在一定条件下对一定种类的气体进行相对真空计的刻度，从而得到校准系数或刻度曲线，借以确定相对真空计的读数及其大致的测量量程及精度。因此，真空计校准的前提是必须具有标准真空计及其校准系统，并通过一定的方法才可以达到上述所提出的校准目的。

真空计的校准通常包括两个方面的内容，即对相对真空计规管的校准和对其测量电路的校准，校准时即可二者合一地进行，也可分别进行，而后者较为理想。

在真空计校准中，所确定的真空标准有绝对真空计、标准相对真空计（或副标准真空计）和绝对校准系统。所有绝对真空计均可作为真空标准。而以绝对真空计为基础，将经过压力衰减后精确计算出的再生低压力作为标准的真空计校准系统称为绝对校准系统。如膨胀法校准系统应用静力热平衡，其理论基础为理想气体波义耳定律，把 U 形管压力计校准下限延伸至高真空（$10^{-4}$Pa）。稳定性和精度高的真空计，经过校准之后，可作为次级标准，对工作真空计进行校准，称这种真空计为副标准真空计。

### 10.8.1 绝对真空计校准法

绝对真空计校准法是以绝对真空计为标准，将被校准的真空计与绝对真空计进行直接比较的方法。图 10-45 所示的就是采用标准压缩式真空计的比对法动态校准系统。

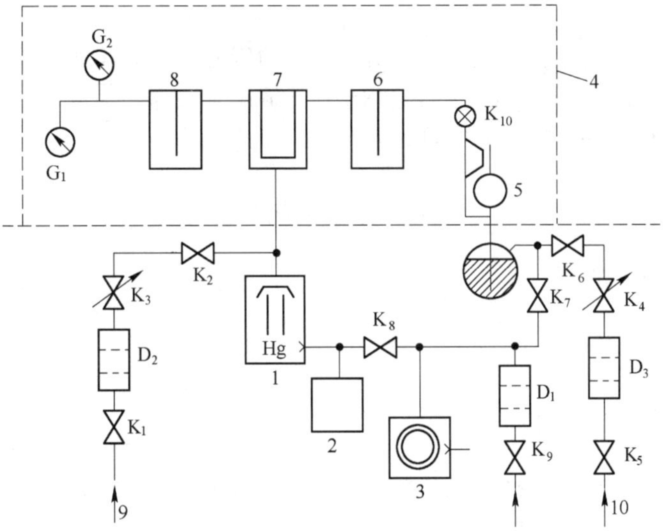


图 10-45 标准压缩式真空计比对法动态校准系统图

$G_1$，$G_2$—被检规；$K_3$，$K_4$—微调阀；$K_1$，$K_2$，$K_5$～$K_9$—二通阀；$K_{10}$—无脂阀；$D_1$，$D_2$，$D_3$—干燥器；1—水银扩散泵；2—贮气罐；3—机械真空泵；4—烘箱；5—标准压缩式真空计；6，8—冷阱；7—主冷阱；9—接校准气体；10—水银提升

在图 10-45 所示的系统中，标准规与被校规对称布置，可同时校准几台电离真空计。在规

管之间加屏蔽网，以防止各规管之间的相互干扰，引起校准误差。校准系统的三个冷阱、被校准的规管以及标准压缩式真空计的球泡和毛细管部分，均应在校准前加温烘烤除气。

动态校准时，被校准真空计的吸、放气量与通入校准气体量相比较小可以忽略不计。只要通入恒定的校准气体量，尽管有被校准真空计的吸、放气作用，整个校准过程中校准压力总能保持稳定，即达到动态平衡，这样就克服了被校真空计（规管）及容器本身所引起的压力变化，这就是动态校准的优点。

### 10.8.2 静态膨胀法

静态膨胀法压力校准系统是克努曾于1910年提出的。这种校准系统适合于中、低真空计的校准，其校准精度较高，应用广泛。但进入高真空（$p<10^{-2}$ Pa）后，由于器壁的吸气与放气十分显著，需要设法减小其影响。这种校准系统的特点是制作简单，操作方便，运算迅速简单，检定效率高，并且可以排除水银蒸气对人的危害。

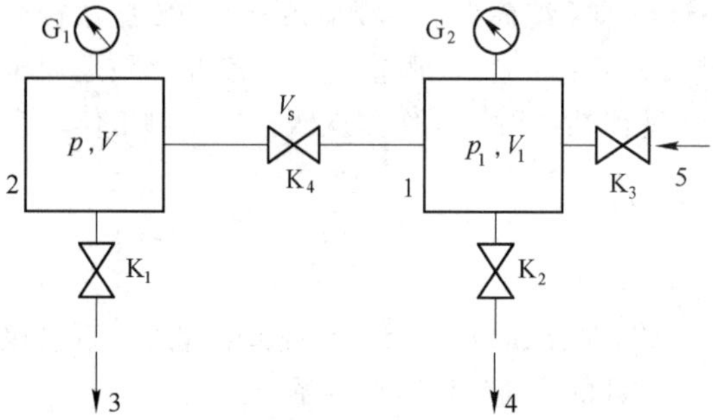


图 10-46　单级膨胀法校准系统原理图

1—气源室；2—校准室；3，4—接泵；5—接校准气体；$G_1$—待校计；$G_2$—标准计；$K_1$，$K_2$，$K_3$—真空阀；$K_4$—传递阀（传递容积为 $V_s$）；$V$，$V_1$—分别为校准室和气源室容积；$p$，$p_1$—分别为校准室和气源室压力

膨胀法校准的工作原理是基于波义耳定律，即在恒定的温度下一定质量的气体压力与其体积的乘积为一常数。

图10-46所示是单级膨胀系统的原理图。其校准过程是首先将气源室1中充有需要压力为 $p_1$ 的校准气体，由标准真空计 $G_2$ 量出，然后再将校准室2抽气至低于校准压力下限2～3个数量级，这样既可略去校准室的本底压力对校准的影响。

每操作一次传递阀 $K_4$，就将气源室中的压力为 $p_1$、容积为传递容积 $V_s$ 的气体输送到校准室。第一次膨胀后，校准室压力

$$p^{(1)}=\frac{V_s}{V+V_s}p_1 \tag{10-42}$$

第 $n$ 次膨胀之后,校准室的压力 $p^{(n)}$ 为

$$p^{(n)}=n\frac{V_s}{V+V_s}p_1=np^{(1)} \tag{10-43}$$

### 10.8.3 动态流导法

动态流导法有时也称为动态流量法或小孔法校准，它是建立在气流连续性原理、分子流状态和等温条件基础上的。由于是动态校准，吸气和放气的影响很小。在分子流状态下，流导是结构几何尺寸的函数，与压力无关。其校准下限随真空获得和小流量测量水平而延伸。是目前超高真空和极高真空的切实可行的校准方法。

动态流导法校准原理是根据气体分子运动论理论，利用薄壁小孔作标准流导产生已知低压力的。图10-47就是这种校准方法原理示意图。首先将校准室压力抽至校准压力下限以下2～3个数量级，这样计算校准压力时可忽略本底的影响。校准气体以稳定流量 $q_G$ 通过微调阀K，由进气管注入校准室。气体以分子流状态流经一薄壁小孔并被真空系统抽除。在达到平衡状态

时，在小孔上方的校准室建立起已知的低压力 $p$，用来校准真空计 G。校准室的压力可由下式计算

$$p=\frac{q_G}{C}+p_b \tag{10-44}$$

由于系统的有效抽速比小孔流导大得多，故使得小孔下游的压力 $p_b$ 远小于校准室压力 $p$。这样小孔下游压力测量值误差对校准压力的影响很小。因此，只要根据校准气体流量 $q_G$、小孔流导 $C$ 和小孔下游压力 $p_b$，就可以计算出校准室压力来。校准气体的流量 $q_G$ 由流量计测量。流量范围为 $10^{-7}\sim10^{-3}\,\mathrm{Pa\cdot m^3/s}$，其测量精度可达±0.5%，压力校准范围是 $10^{-5}\sim10^{-1}\,\mathrm{Pa}$。

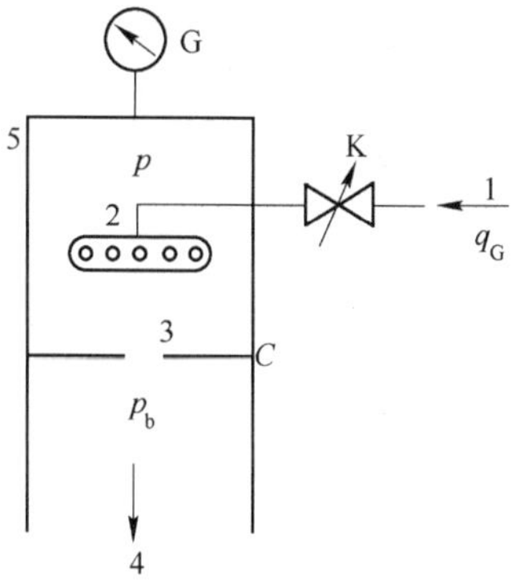


图 10-47　动态流导法校准原理图

1—校准气体；2—散流器；3—薄壁小孔；4—抽气系统；5—校准室；K—微调阀；G—被校真空计；$C$—薄壁小孔流导；$p$—校准室压力；$p_b$—小孔下游压力

由于很难测定微小的流量，也就直接限制了校准压力下限。如果采用分流的办法，能扩展压力校准下限，那就是二级动态流导校准法。

### 10.8.4　副标准真空计校准

所谓的副标准真空计校准法，实际上就是利用一种具有高稳定性和高精度性的相对真空计，使其通过一等真空标准器具的校准后，用它作为二等真空标准器具，来对一般工作真空计进行校准。这种校准方法具有校准迅速和校准压力范围宽等优点。国际上采用的副标准真空计有热阴极电离真空计和薄膜真空计。

副标准真空计的校准方法采用动态校准系统，以比对法校准工作计量器具。

## 10.9　真空测量技术

### 10.9.1　气体种类对真空测量的影响

（1）气体种类对测量读数的影响。

对于弹性元件真空计和电容薄膜真空计等直接测量真空计，其测量结果为气体和蒸汽的全压力，且与气体种类无关。而对于热传导真空计和电离真空计等间接测量真空计，其测量结果与气体种类及组分有关，因此对其读数需要考虑加以修正。

如果被测气体是氮气、惰性气体或较为纯净的空气，那还比较简单，因为普通真空计出厂前都是以此为基准标定的，实际测量的读数值就是其真实压力值。但在许多情况下，被测气体往往是空气、特殊的工艺放气、水蒸气、油蒸气等多种气体和蒸汽的不同组合，从而会影响相对真空计的测量结果。因此，通常引入相对灵敏度 $S_r$ 的概念，针对不同气体加以修正。

对于热传导真空计，某种被测气体的真实压力与真空计读数压力间的关系按式（10-14）计算，其中热传导真空计的相对灵敏度 $S_r$ 对于各种气体的取值见表 10-3。对于电离真空计，则应按式（10-18）计算，其中电离真空计的相对灵敏度 $S_r$ 对于各种气体的取值见表 10-4。

（2）气体种类对真空规的影响。

被测气体中的各种蒸气，还会对真空规造成影响，其中尤以氧气、水蒸气、油蒸气等组分对真空计的影响严重。采用电阻真空计测量时，氧气和水蒸气会氧化规管热丝，改变热丝的表面状态；油蒸气附在规管的热丝和管壁上，会改变表面性能，因此都将引起规管零点漂移和灵

敏度的改变，导致读数不准。采用高压力热阴极电离真空计测量时，氧气和水蒸气会明显损耗规管的热阴极；油蒸气在高温阴极表面或电子轰击下分解生成的碳氢化合物，会污染电极和规管壁，使规管灵敏度和特性发生明显的变化。因此在粗低真空区，测量氧气、水蒸气或油蒸气的压力，通常采用电容式薄膜真空计。

### 10.9.2 温度对真空测量的影响

真空规管实际使用温度与出厂校准温度不相同，规管温度与被测系统温度不同，被测系统温度不均匀或变化，均会引起被测系统中气体温度变化，影响真空测量结果，引进测量误差，甚至发生明显错误。设规管出厂校准时的温度为 $T_0$（一般为 293K），规管现场使用温度为 $T_1$（单位为 K），规管的读数压力值为 $p_{1m}$（单位为 Pa），对应气体的真实压力和气体分子数密度分别为 $p_1$ 和 $n_1$（单位为 $m^{-3}$），此时被测真空系统中的温度为 $T_2$，气体压力和分子密度为 $p_2$ 和 $n_2$。在不同的压力范围内，可以按以下公式进行修正。

（1）高压力（$\bar{\lambda} \ll d$）时，系统平衡条件是各处压力相等，即

$$p_1 = p_2, \frac{n_1}{n_2} = \frac{T_2}{T_1} \tag{10-45}$$

采用直接测压力的直接测量真空计时，规管温度、被测系统温度及规管校准温度各不相同不引起误差，$p_1 = p_{1m}$，不需要修正。而采用测密度的间接测量真空计（热传导真空计和电离真空计）测量时，必须修正到校准温度。

$$p_2 = p_1 = \frac{T_1}{T_0} p_{1m} \tag{10-46}$$

（2）低压力（$\bar{\lambda} \gg d$）时，系统平衡时两处的压力和密度都不相等，而是

$$\frac{p_1}{p_2} = \sqrt{\frac{T_1}{T_2}} \text{ 和 } \frac{n_1}{n_2} = \sqrt{\frac{T_2}{T_1}} \tag{10-47}$$

用测压力的直接测量真空计测量时，$p_1 = p_{1m}$，并按上式进行修正。用测密度的间接测量真空计测量时，则要修正到标准温度，此时有

$$p_1 = \frac{T_1}{T_0} p_{1m} \text{ 和 } p_2 = \sqrt{\frac{T_2}{T_1}} p_1 = \frac{\sqrt{T_2 T_1}}{T_0} p_{1m} \tag{10-48}$$

（3）中等压力 $\bar{\lambda} \sim d$ 时，$p_1/p_2$ 的值处于 1 和 $\sqrt{T_1/T_2}$ 值之间。压力愈低，愈接近 $\sqrt{T_1/T_2}$。

### 10.9.3 规管安装位置和方法对真空测量的影响

原则上应尽可能地把真空计规管安装在接近被测量的部位，连接管道应尽量短而粗。这样才能正确地测量出被测部位的实际压力。如果由于某种原因必须在其间安置导管，冷阱、挡板、过滤器等部件时，要进行相应的修正。此外，必须注意不应在真空系统中存在气源的地方安装规管。

对于没有定向气流的静态平衡真空系统，其各处压力相同，所以对规管安装无特殊要求。但是对于存在定向气流的非静态平衡系统，各处压力不相等，所以在安装规管时必须注意“方向效应”。还需注意在存在温差的系统中，温差也可能引发气体的定向流动。规管安装方法如图 10-48 所示，如果要测静压，规管开口应如图中 1、4 所示。如果导管开口如图中 2、3、5 的

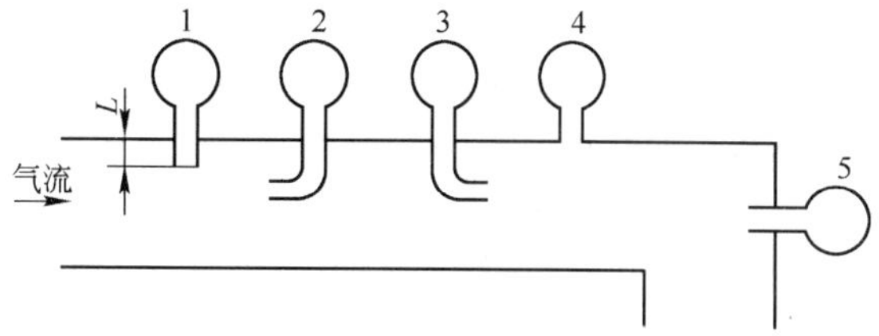


图 10-48 规管安装方法

形式，则测出的是方向性压力。由于气流流速造成的动压力，规管 2、5 测得的压力高于规管 1、4，而规管 3 测得的压力低于规管 1、4，规管 2 和规管 3 的测量结果可相差两倍。

在 $p<10^{-1}$ Pa 时，由于器壁放气影响，靠近器壁处的压力会高于中心位置的压力，应按照图中 1 那样将导管伸入系统内部（一般深入长度 $L=10$mm）；在 $p>10^{-1}$ Pa 时，由于气流速度较大，对规管有抽气现象，因此一般采用图中 4 的安装方法。

综上所述，要根据不同被测系统的具体运行工艺条件，选择合适的真空规管安装位置及方法。

### 10.9.4 规管吸放气作用对真空测量的影响

#### 10.9.4.1 规管中气体再释放对真空测量的影响

规管中气体再释放对真空测量的影响主要有以下两种形式：

(1) 气体的热解吸对真空测量的影响。在热阴极电离真空计规管中，高温热阴极本身就是一种气源。它的高温热量辐射到其他电极和规管壁上时，将引起气体的热解吸。此外，栅极接收电子收集极收集离子，也会因发热使气体解吸。

为了消除热解吸对真空测量的影响，必须对规管各电极和管壁进行充分的加热去气（可采用烘烤、电子轰击、高频加热或欧姆加热等），尤其是在超高真空测量时必须严格去气，否则将产生很大的测量误差。

(2) 气体电解吸及光解吸对真空测量的影响。由于在电离计规管加速极上存在着气体吸附层，当电子打在其表面时会使吸附层的气体解吸或先在其表面将气体电离后再以离子形式解吸出来。这就是所谓的电子碰撞解吸效应，它是影响电离规测量下限的重要因素。

光解吸是指金属表面受光辐射时，其表面上的分子解吸和分解的现象。在超高真空测量时需要注意光解吸问题。

#### 10.9.4.2 电离计规管抽气作用对真空测量的影响

A 电清除抽气

电子碰撞气体分子使其电离并产生离子，具有一定能量（约 100eV）的离子打到规管壁上或被收集极接收。这些离子或被束缚在其表面上，或被埋入表层内而被清除掉，这称为“电清除”。束缚得最牢的离子，只有在 300℃ 下烘烤才有可能再释放。如果规管内壁存在溅射的金属薄膜，则对氦气（He）有强烈的抽气作用。

电清除抽气的抽速（$S_E$）与电子流、各电极电位、规管壁温度以及有无磁场等因素有关。若电子流增大，离子流随之呈线性增大，所以电清除的抽速与电子流亦近似的呈线性关系；若栅极（加速极）电位改变，将引起电离几率和电子能量改变，故电清除抽速也随之改变；若有磁场存在（如冷磁控规），因其电离效率高，所以电清除的抽速更大；规管壁温度及其电位对电清除抽气的抽速也有很大的影响。规管壁温度降低，会使电清除抽气的抽速增大和被束缚的分子再释放速率下降。若管壁电位改变时，也会使电清除抽气的抽速变化，例如当规管壁电位与栅极等电位时，其电清除抽气的抽速是管壁与阴极等电位的五分之一。降低电子流和栅极电位是减小电清除抽气的重要方法。

B 化学清除抽气

电离计规管对氮气的抽气作用较大，其原因是除了有电清除抽气外，还有化学清除抽气作用。化学清除抽气有以下几种：

(1) 化学活性气体（如：$H_2$、$N_2$、$CO_2$、CO 等）在固体表面上的化学吸附效应：当表面形成吸附层时，化学吸附效应趋于饱和；

(2) 高温钨丝的氧化作用：氧与钨作用生成三氧化钨（$WO_3$），三氧化钨蒸发沉积在规管壁上形成黑色膜，随着热阴极温度的升高，此效应增大；

(3) 气体在高温钨丝表面上的热分解：氢分子（$H_2$）在高温钨丝表面上可分解为原子氢（H），原子氢易被吸附在管壁上，在 $T_W$=1475K 时，对氢的抽速 $S_c$=0.1L/s；氧分子（$O_2$）也能在钨丝表面上分解为氧原子（O），并吸附在规管壁上，在 $T_W$=1700K 时。对氧的抽速 $S_c$=$4\times10^{-2}$L/s。此效应亦存在饱和现象。

### 10.9.5 热表面与气体相互作用对真空测量的影响

规管中热丝与气体的作用有氧化、分解和生成新的气体。前两种作用造成化学清除，后一种作用将引起被测系统的气体成分发生变化。例如，炽热的钨丝与气体（$H_2$）作用可分解成原子（H），它很容易被吸附在不同的表面上，并且在表面与其他气体或物质合成碳氢化合物，从而大大改变了被测系统中的气体组成。另外，二氧化碳与热丝作用可生成氧和一氧化碳；甲烷与热丝作用也会被分解。

如果采用低逸出功的低温阴极，如敷氧化钍的钨丝，可以减少上述效应。

### 10.9.6 管规和裸规的差异

如果用管规和裸规同时测油扩散泵系统的极限压力时，则可发现裸规读数比管规高 10 倍，这个现象称为布利斯（Blears）效应。其原因是管规的连接导管对油蒸气有吸附作用，它相当于一个挡油阱，使管规只测出永久气体的分压；而裸规测出的是永久气体分压和油蒸气分压之和。

实验表明：管规的连接导管对油蒸气的流导很小，仅为对空气的 $1/10^4$。只有在管规连接导管内表面吸附油蒸气达到饱和时，管规和裸规的读数才趋于一致。但是达到饱和所需要的时间相当长（大约 3～4 个星期）。

在没有油蒸气或可凝性气体的系统中，由于连接导管和规管壁放气以及电极放气，管规的压力读数将高于裸规。

此外，造成管规和裸规压力读数不同的原因还有：

(1) 电离规对油蒸气的灵敏度比对氮气的灵敏度高 10 倍；

(2) 油分子进入管规后，一方面被管规壁吸附，另一方面被热阴极分解后而被清除。当管壁上因电极材料蒸发形成吸气膜时，对油蒸气及其分解物的抽速更大；

(3) 管规玻璃外壳的电位对管规灵敏度影响较大；

(4) 管规与被测容器的连接导管的流导 C 的影响也较大。若管规（特别是电离规）存在抽气或放气时（经严格去气的管规抽气作用大，而未经严格去气的管规放气作用大），由于连接导管流导 C 的影响会使管规压力 $p_1$ 与被测容器压力 $p_2$ 不相同。如管规抽气或放气量为 $q_G$（放气时，$q_G$ 为正，抽气时 $q_G$ 为负），则：

$$p_1 = p_2 - \frac{q_G}{C} \tag{10-49}$$

以上分析表明：在测量静态平衡系统的气体压力时，裸规的读数比管规更能真实地反映出被测系统的压力；但是在测量非静态平衡系统的气体压力时，即测量有定向气流、不等温等非均匀状态系统的气体压力，用管规可测出反应方向性的“有效压力”，用裸规则不能，而且裸规读数没有明确含义。

# 11 真空检漏

## 11.1 概述

### 11.1.1 真空检漏的目的及一些基本概念

一个理想的真空系统或真空容器，应当是不存在任何漏孔，不产生任何漏气现象。但是，就任何真空系统或真空容器来说，绝对不漏的现象是不可能的。特别是在压力极低的情况下，随着漏气现象的影响不断加剧，真空度达不到预定的工艺要求，是一个相当普遍的问题。为此，检测真空系统或真空容器存在的漏气部位、确定漏孔的大小、堵塞漏孔从而消除漏气现象，就成为真空技术工作者的一项重要工作。

所谓漏气或称实漏，它是指气体通过真空系统上的漏孔或间隙，从高压侧流向低压侧的一种现象。真空检漏技术中的一些常用基本概念主要有如下各点：

(1) 虚漏：虚漏是相对于实漏而言的一种物理现象。这种现象大都是由于材料的放气、解吸、凝解气体的再蒸发或系统内存在的死空间中气体的流出等原因而引起真空系统或容器中压力升高的一种现象。真空检漏作业时需要排除虚漏的影响。

(2) 气密性：它是表征真空系统或容器的壁，对空气不可渗透程度的一种性能。

(3) 漏孔：漏孔是指真空器壁上存在的形状不定、极其微小的孔洞或间隙。大气通过这种小孔或间隙进入真空系统或容器中。

(4) 漏率：漏率即漏气速率。它是指单位时间内通过漏孔或间隙流入到真空系统或容器内的气体量。

(5) 最小可检漏率：它是指采用某种检漏方法或仪器可能检测出来的最小漏率。

(6) 检漏灵敏度：或称有效灵敏度，即检漏仪器在最佳工作状态下能检测出的最小漏率。

(7) 反应时间：又称响应时间，它是指从检漏方法开始实施（如开始喷射示漏气体）到指示方法或仪器指示值上升到其最大值的63%时所需要的时间。

(8) 消除时间：它是指从检漏方法停止（如停止喷吹试漏气体）到指示方法或仪器指示值下降到停止值的37%时所需要的时间。

(9) 漏孔堵塞现象：它是指由尘埃或液体所造成的漏孔堵塞，这些堵塞常常是指由于检漏作业操作不当而导致发生的一种暂时现象，检漏时似乎不漏气，但一经排气又会出现漏气的一种现象。

### 11.1.2 漏孔的判断方法

在对某一实际的真空设备，经过一段长时间的抽气过程之后，如果达不到预定的极限真空，其原因可从如下几个方面进行分析和判断，找出其原因：

(1) 真空泵工作是否良好；

(2) 真空系统内是否存在严重放气；

(3) 真空系统容器壁或间隙处是否漏气；

(4) 是否漏气与放气现象共存。

查找上述几项原因的最普通方法是静态升压法。这种方法通常是把被检测的容器抽到一定的低压后，将阀门关闭，使容器与泵隔离，然后测量容器内的压力变化，作出压力随时间的变化曲线，就可以得出如图 11-1 所示的图形。若图像呈现出图 11-1 中直线 a 的情况，即压力保持不变，但其压力的恒定值 $p_b$ 高于所要求的极限压力值，那么真空容器中真空度抽不上去的原因就是由于真空泵工作性能不良所造成的。若图形出现图 11-1 中曲线 b 的情况，即压力开始时上升较快，然后上升速度渐缓并逐渐趋于水平恒定状态，这说明主要是由于开始抽气后产生的放气而造成的，因为不论是蒸气源的放气或材料的放气，在达到一定的压力后都会呈现出饱和状态的趋势。若图像显现出斜线 c 情况，即压力是直线上升状态，这就是漏气；其漏气率正比于内外的压力差。若图形是呈现出曲线 d 的情况，即压力开始上升很快，但逐渐变得缓慢，但并不出现饱和状态，其实质就是曲线 b 与斜线 c 的叠加，即设备同时存在着漏气与放气两种现象。

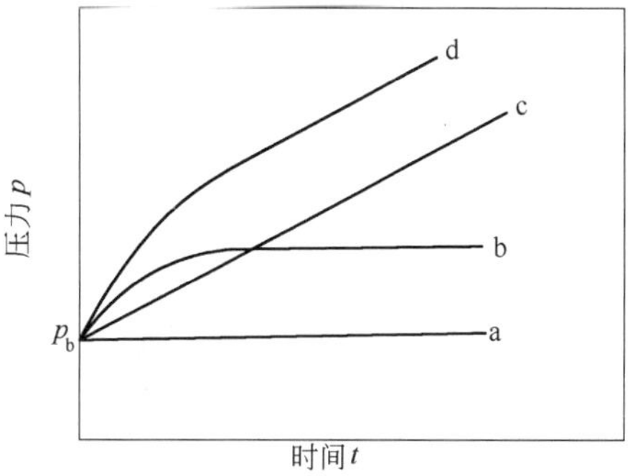


图 11-1　静态真空容器中的压力-时间曲线

a—泵工作不良；b—放气；c—漏气；d—即放气又漏气

只要判断出上述四种情况后，就可以采取相应的措施加以解决。对直线 a 与曲线 b 均可以从选泵、设计时选用合适的材料及结构，并注意从真空卫生等有关方面加以解决即可，并不属于真空检漏的技术工作范围，因此在真空检漏技术中主要是解决斜线 c 与曲线 d 的问题，即判断真空系统确实存在漏气现象之后，就可以开展具体的检漏工作了。

### 11.1.3　漏孔、漏率、最大允许漏率

如图 11-2 所示，由于漏孔形状复杂，存在的形式各不相同，若想通过其几何尺寸来确定漏孔的大小是不可能的。因此，在真空检漏技术中，通常用漏气速率（简称漏率）来表征漏孔的大小。

用漏率表示漏孔大小时，如果不加特殊说明，则是指在漏孔入口压力为 $1.01\times10^5$ Pa，温度为 (296±3) K 的标准条件下，单位时间内流过漏孔的露点温度低于 248K 的空气的气体量。

漏率的单位是 $Pa\cdot m^3/s$，有时用 $Pa\cdot L/s$。

实际真空系统存在漏气是绝对的，不漏气是相对的。如果漏孔漏率足够小，漏入的气体量不影响真空装置或系统的正常工作，那么这种漏孔的存在是允许的。真空装置或系统在正常工作情况下所允许存在的最大漏气率称为最大允许漏率，它是真空装置设计时必须提出的一个重要指标。

对于动态真空系统，即工作时依靠泵的持续抽气来维持系统压力的系统，只要其平衡压力能够达到所要求的真空度，这时即使存在着漏孔，也可以认为该系统的漏率是允许的。一般认为，动态系统的最大容许漏率 $q_{L,max}$ 应该低于系统抽气能力一个数量级，即满足条件

$$q_{L,max}\leqslant\frac{1}{10}p_w S \tag{11-1}$$

式中　$p_w$——系统工作压力；

$S$——系统的有效抽速。

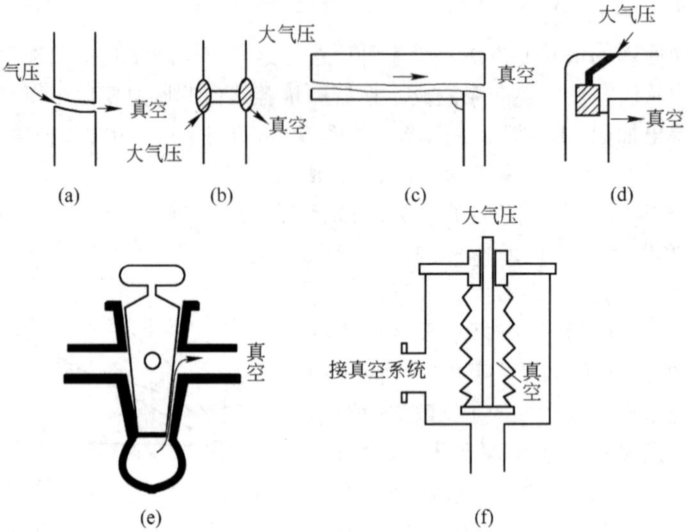


图 11-2　各种漏孔形式

对于静态真空系统，即工作时与泵隔离开的密闭容器或封离容器，要求在一定时间内，其压力应维持在容许的压力以下，这时即使存在着漏孔，同样可以认为该系统的漏率是容许的。如果要求在时间 $t$ 内，容积为 $V$ 的系统压力由 $p$ 升至 $p_t$，则其最大容许漏率 $q_{L,max}$ 应满足的条件是：

$$q_{L,max} \leqslant (p_t - p)\frac{V}{t} \tag{11-2}$$

各种真空设备的最大容许总漏率如表 11-1 所示。

**表 11-1　各种真空设备的最大容许总漏率**

| 设备名称 | 最大容许总漏率 /Pa · m³ · s⁻¹ |
| --- | --- |
| 减压蒸馏、真空脱气、真空浓缩 | $10^{0}$ |
| 减压干燥、真空浸渍、真空输送 | $10^{-2}$ |
| 真空蒸馏 | $10^{-2}$ |
| 简单的真空过滤和真空成形 | $10^{-3}$ |
| 高真空蒸馏 | $10^{-3}$ |
| 冷冻干燥 | $10^{-3}$ |
| 分子蒸馏 | $10^{-4}$ |
| 带真空泵的水银整流器 | $10^{-5}$ |
| 真空镀膜和与原子能有关的设备 | $10^{-6}$ |
| 真空冶炼、电子冷藏车、真空电器 | $10^{-7}$ |
| 回旋加速器 | $10^{-8}$ |
| 高真空排气装置 | $10^{-9}$ |
| 真空绝热与宇宙模拟 | $10^{-10}$ |
| 小型超高真空设备 | $10^{-11}$～$10^{-12}$ |
| 封离的真空设备 | $10^{-11}$ |
| 电子管 | $10^{-12}$～$10^{-13}$ |

### 11.1.4 漏孔的气流特性

定性分析气体流过漏孔时的气流特性，有助于做好真空检漏工作。当气体流经很微小的漏孔时，由于漏孔的两侧压差很大，因此可能同时存在黏滞流、过渡流以及分子流三种状态。为了使问题简化，假定漏孔是一个圆形截面的毛细管，其流导可借用克努曾的半经验公式进行计算。虽然克努曾的半经验公式不适用于湍流，但对黏滞流、过渡流和分子流是适用的。但其适用条件是压差不应过大，而实际上漏孔两侧的压差是很大的，因此不能直接引用克努曾公式，而是先将其用于表述在圆形截面漏孔中取一微长度元 $\Delta L$ 段的流导，再对整个漏孔毛细管的全长作积分，即可得圆形截面毛细管漏孔的漏率公式：

$$q_L = \frac{1}{L}\left[\frac{\pi d^4}{256\eta}(p_2^2 - p_1^2) + \frac{1}{7.44}\sqrt{\frac{2\pi RT}{M}}d^3(p_2 - p_1) + 2.6\times10^{-2}\sqrt{2\pi}\frac{RT\eta d^2}{M}\times\ln\frac{1+1.24\sqrt{M/RT}\frac{d}{\eta}p_2}{1+1.24\sqrt{M/RT}\frac{d}{\eta}p_1}\right] \tag{11-3}$$

式中 $q_L$——毛细管漏孔的漏率，$Pa\cdot m^3/s$；

$d$——毛细管内径，m；

$L$——毛细管管道的长度，m；

$\eta$——气体黏性系数，$Pa\cdot s$；

$R$——摩尔气体常数，8.31J/（mol·K）；

$M$——气体摩尔质量，kg/mol；

$T$——气体热力学温度，K；

$p_1$，$p_2$——毛细管漏孔内外两侧的气体压力，Pa 。

当 $T=296K$，$p_2=1.01\times10^5Pa$，且 $p_2\gg p_1$ 时，将某种示漏气体的 $\eta$、$M$ 值和空气的 $\eta_{air}=1.83\times10^{-5}Pa\cdot s$，$M_{air}=29\times10^{-3}kg\cdot mol^{-1}$ 等值以其比值的形式代入式（11-3）后，即有

$$q_L = \frac{1}{L}\left[6.84\times10^{12}d^4\frac{\eta_{air}}{\eta} + 9.91\times10^6 d^3\sqrt{\frac{M_{air}}{M}} + 1.01\times10^{-1}d^2\frac{\eta M_{air}}{\eta_{air}M}\times\ln\left(1+2.35\times10^7 d\frac{\eta_{air}}{\eta}\sqrt{\frac{M}{M_{air}}}\right)\right] \tag{11-4}$$

若毛细管长度 $L=10^{-2}m$，相对于空气的漏率可按式（11-4）计算，变换后为

$$q_L = \left\{6.84\times(10^6\times d)^4 + 9.90\times(10^6\times d)^3 + 0.101\times(10^6\times d)\times\ln[1+2.35\times(10^6\times d)]\right\}\times10^{-10} \tag{11-5}$$

式中 $q_L$——对空气的漏率，$Pa\cdot m^3/s$；

$d$——圆形截面毛细管直径，m

分析上式，对于长度 $L=10^{-2}m$ 的圆形截面毛细管，可以得出气体的流动状态具有如下几点特性：

（1）当 $d>10\mu m$，$p_2\gg p_1$，即 $q_L>10^{-6}Pa\cdot m^3/s$ 时，则式（11-5）中的 $d^4$ 项是漏率的主要因素，所以此时主要是黏滞流，$q_L$ 与 $p_2^2$ 成正比。

(2) 当 $d<1\mu m$，即 $q_L<10^{-9}Pa\cdot m^3/s$ 时，此时 $d^4$ 项小于 $d^3$ 项，但第三项也较小。由于是 $d^3$ 项起主要作用，所以其流动主要是分子流，$q_L$ 与 $p_2$ 成正比。

(3) 不同种类气体通过漏孔的漏率也是不相同的，例如同一漏孔的氦气漏率与空气的漏率的比值在黏滞流状态下为：

$$\frac{q_{LHe}}{q_{Lair}}=\frac{\eta_{air}}{\eta_{He}}=0.93 \tag{11-6}$$

在分子流状态下为：

$$\frac{q_{LHe}}{q_{Lair}}=\sqrt{\frac{M_{air}}{M_{He}}}=2.7 \tag{11-7}$$

显然，如果示漏气体采用氦气时，只是对处于分子流漏孔条件下进行检漏时才会显得更为明显。

## 11.2 检漏方法分类及对检漏方法的要求与选择

### 11.2.1 压力检漏法

压力检漏法是将被检漏的真空容器充入具有一定压力的示漏物质（如水，空气等），一旦被检漏容器上有漏洞存在，示漏物质就会从漏孔中漏出。这样就可以通过一定的方法或仪器在被检容器外检测出从漏孔中漏出的示漏物质，从而判断出漏孔位置，并估计漏孔漏率的大小。表 11-2 给出了压力检漏法中各种检漏方法及其特点和它所能达到的最小可检漏率。

**表 11-2　压力检漏法类型及其最小可检漏率**

| 检漏方法 | 工作条件 | 现象 | 设备 | 最小可检漏率 /Pa·L·s$^{-1}$ | 备注 |
|---|---|---|---|---|---|
| 水压法 | | 漏水 | 人眼 | $1.3\sim5.3\times10^{-4}$ | |
| 压降法 | 充 0.3MPa 的空气 | 压力下降 | 压力计 | 1.3 | |
| 听音法 | 充 0.3MPa 的空气 | 嗞嗞声 | 人耳 | 5.3 | 也可用听诊器 |
| 超声法 | 充 0.3MPa 的空气 | 超声波 | 超声波检测器 | 1.3 | |
| 气泡法 | 充 0.3MPa 的空气 | 水中气泡 | 人眼 | $10^{-2}\sim10^{-3}$ | |
| | 充 0.3MPa 的空气 | 水中气泡 | 人眼 | $10^{-6}$ | 24h 积累 |
| | 充 0.3MPa 的空气 | 涂抹肥皂液发生皂泡 | 人眼 | $6.7\times10^{-3}$ | |
| 氨检漏法 | 充 0.3MPa 的氨气 | 溴代麝香草酚蓝试带变色 | 人眼 | $8\times10^{-5}$ | 观察时间 20s |
| | 充 0.3MPa 的氨气 | 溴酚蓝试纸变色 | 人眼 | $10^{-8}$ | 24h 积累 |
| 卤素检漏仪吸嘴法 | | 卤素检漏仪读数变化 | 卤素检漏仪 | $10^{-3}\sim10^{-7}$ | 可与空气混合充入 |
| 放射性同位素气体法 | | | 闪烁计数器 | $1.3\times10^{-4}$ | |
| 氦质谱检漏仪吸嘴法 | | | 氦质谱检漏仪 | $10^{-5}\sim10^{-7}$ | 可与空气混合充入 |

### 11.2.2 真空检漏法

真空检漏法是将被检的真空容器或真空系统与检漏仪器的敏感元件抽成真空状态，然后将示漏物质依次施加在被检容器或系统外面的可疑部位。如果被检的容器或系统存在漏孔，示漏物质（如氦气）不但会通过漏孔进入到容器或系统中去，同时也会进入到检漏仪器的敏感元件所在的空间中去，从而通过敏感元件检测出示漏物质，借以判断出漏孔存在的位置和大小。表11-3给出了真空检漏法中所采用的各种检漏方法及其特点和它所能达到的最小可检漏率。

**表 11-3 真空检漏法类型及其最小可检漏率**

| 检漏方法 | | 工作压力/Pa | 现象 | 设备 | 最小可检漏率 /$Pa\cdot L\cdot s^{-1}$ |
|---|---|---|---|---|---|
| 静态升压法 | | | 抽真空后与真空泵隔离，压力上升 | 真空规 | $10^{-2}\sim10^{-3}$ |
| 放电管法 | | | 放电颜色改变 | 放电管 | $1\sim10^{-1}$ |
| 高频火花检漏法 | | $10^{3}\sim(6.7\times10^{-1})$ | 亮点、放电颜色改变 | 高频火花检漏器 | $1\sim10^{-1}$ |
| 真空规检漏法 | 热传导真空规法 | $10^{3}\sim10^{-1}$ | 真空规读数变化 | 热偶或电阻真空规 | $10^{-3}$ |
| | 电离真空规法 | $10^{-2}\sim10^{-6}$ | | 电离真空规 | $10^{-6}$ |
| | 差动热传导真空规法 | $10^{3}\sim10^{-1}$ | | 热传导真空规差动组合 | $10^{-4}$ |
| | 差动电离真空规法 | $10^{-2}\sim10^{-6}$ | | 电离真空规差动组合 | $10^{-7}$ |
| | 具有吸附阱的热传导真空规法 | $10^{3}\sim(6.7\times10^{-3})$ | | 热传导规、液氮冷却活性炭阱 | $10^{-4}$ |
| | 具有吸附阱的电离真空规法 | | | 冷阴极电离规、液氮冷硅胶阱 | $10^{-8}\sim10^{-10}$ |
| 氢-钯法 | | $6.7\sim10^{-5}$ | 氢气通过钯管进入真空规，引起读数变化 | 钯管、电离规 | $10^{-4}\sim10^{-8}$ |
| 卤素检漏仪内探头法 | | $10\sim10^{-1}$ | 输出仪表读数变化 | 卤素检漏仪 | $10^{-4}\sim(4\times10^{-6})$ |
| 离子泵检漏法 | | $10^{-4}\sim10^{-7}$ | 离子流变化 | 离子泵 | $10^{-6}\sim10^{-9}$ |
| 氦质谱检漏法 | | $10^{-2}$ | 输出仪表读数及声响频率变化 | 氦质谱检漏仪 | $10^{-9}\sim10^{-11}$ |

### 11.2.3 背压检漏法

背压检漏法是一种充压检漏与真空检漏相结合的方法，多用于封离后的电子器件、半导体器件等密封件的无损检漏技术中。其检漏过程基本上可分为充压、净化和检漏三个步骤。

(1) 充压过程是将被检件在充有高压示漏气体的容器内存放（或称浸泡）一定时间，如被检件有漏孔，示漏气体就可以通过漏孔进入被检件的内部，并且将随浸泡时间的增加和充气压力的增高，被检件内部示漏气体的分压力也必然会逐渐升高。

（2）净化过程是采用干燥氮气流或干燥空气流在充压容器外部或在其内部喷吹被检件。如不具备气源时也可使被检件静置，以便去除吸附在被检件外表面上的示漏气体。在净化过程中，因为有一部分气体必然会从被检件内部经漏孔流失，从而导致被检件内部示漏气体的分压力逐渐下降，而且净化时间越长则示漏气体的分压降就越大。

（3）检漏过程则是将净化后的被检件放入真空室内，将检漏仪与真空室相连接后进行检漏。抽真空后由于压差作用，示漏气体即可通过漏孔从被检件内部流出，然后再经过真空室进入检漏仪，按检漏仪的输出指示判定漏孔的存在及其漏率的大小。

### 11.2.4　对检漏方法的要求与选择

理想的检漏方法应满足以下几点要求：

（1）检漏灵敏度高，反应时间短，稳定性好；

（2）易于判定漏孔的位置及大小；

（3）示漏物质在空气中的含量低，并易于得到，不腐蚀零件，不堵塞漏孔，不污染环境，不影响人身安全；

（4）检漏范围宽，从大漏到小漏均易于找到漏孔；

（5）应达到无损检漏，无油检漏以免油污染被检件；

（6）结构简单，使用方便，对被检件不应有苛刻要求。

要满足上述所有条件的要求往往是相互矛盾的，因此要求只选用一种检漏方法就能同时满足所有要求是不大可能的。往往在实际的检漏工作中只能针对不同的检漏对象，选择较为合适的方法，达到能解决主要矛盾的目的即可。因此，检漏方法的选择主要应根据真空系统（或容器）的容许漏率 $q_L$，再结合被检件的具体情况来选择相应的方法，但是应当注意的问题是，总的容许漏气量应是几个或多个单独漏隙的漏量之总和。要想找到每个单独漏隙，则必须选用灵敏度 $q_{Ldmin}$ 比允许漏率 $q_{Lp}$ 值低 1～2 个数量级（即相当于 10～100 个缝隙）即：

$$q_{Ldmin} \leqslant (10^{-2} \sim 10^{-1})\ q_{Lp} \tag{11-8}$$

此外，满足被检件的要求，简便易行，并根据现有条件考虑设备和工作特点的情况，也是在选择检漏方法中应当注意的问题。

## 11.3　各种检漏方法

### 11.3.1　静态升压法

静态升压法是最为简单易行的检漏方法，无须使用额外的仪器或物质，就可方便地测定出被检容器或系统的总漏率，从而确定能否满足其工作要求。但是这种方法不能确定漏孔所在的具体位置，所以不能独立完成检漏任务。

静态升压法的检漏过程是首先将被检容器抽空至必要的真空度，再关闭阀门使容器与真空泵隔离；然后用真空计测量容器中压力随时间的变化，从而算出总漏率。如果被测容器的容积为 $V$，在时间间隔 $\Delta t$ 内测到的压力上升为 $\Delta p$，在忽略容器中存在放气的情况下，则容器的总漏率为：

$$q_{Lt} = V \cdot \Delta p / \Delta t \tag{11-9}$$

若容器内有放气，有可能淹没漏气。为了减少放气的影响，在开始试验之前应对容器进行清洗和干燥处理，即可在真空下加温烘烤，也可用干燥氮气“冲洗”。在计算漏率时，一般应在压力随时间呈线性上升段读取数据，因为此段放气已很缓慢，可以忽略。

此外还可以在规管和容器之间安装一只冷阱，因为放出的气体绝大部分是可以冷凝的，而漏入的空气却不会被冷凝，所以可以认为在这种条件下所测到的压力上升仅仅是由于漏气的结果。

静态升压法还可以用于一些特殊情况下的总漏率的测定。

11.3.1.1 *辅助真空罩法*

辅助真空罩法是一种能够很好地区别被检件中漏气和放气的静态升压法。该法借助一个辅助真空罩，组成如图 11-3 所示的测试系统。检测时分两步进行，首先使被检件外部暴露大气，内部抽真空后再关闭阀门，在时间间隔 $\Delta t_1$ 内测得一个压力增长值 $\Delta p_1$，那是由被检件内部放气和漏气所共同引起的压力增长值；其次将辅助真空罩罩在被检件外面并密封好，然后将辅助真空罩内抽真空到与被检件内部大致相同的压力，再次对被检件内部抽真空后封闭，在时间间隔 $\Delta t_2$ 内测得另一个压力增长值 $\Delta p_2$，这是单纯由被检件内部放气所引起的压力增长值。分别计算出这两次测量相对应的总气载 $q_{tot}$ 和放气率 $q_d$ 来，它们之差即为被检件的总漏率 $q_{Lt}$。如果取 $\Delta t_1 = \Delta t_2 = \Delta t$，那么

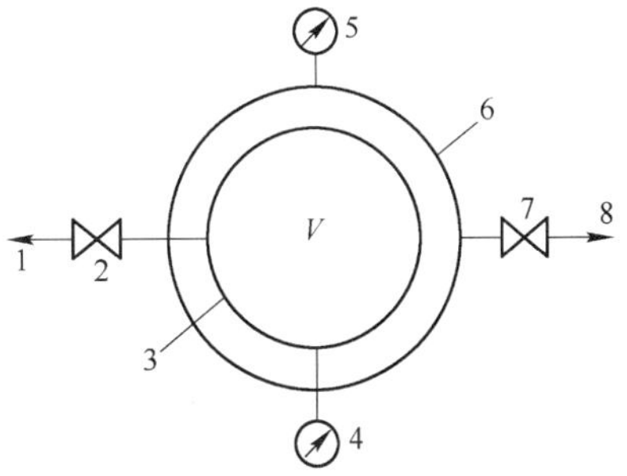


图 11-3 辅助真空罩法示意图

1，8—接至真空泵；2，7—阀门；3—被检件；4，5—真空计；6—真空罩

$$q_{Lt} = q_{tot} - q_d = V \cdot (\Delta p_1/\Delta t_1 - \Delta p_2/\Delta t_2) = (\Delta p_1 - \Delta p_2)/\Delta t \tag{11-10}$$

11.3.1.2 *压力平衡法*

这种方法的检测系统如图 11-4 所示。它是根据压力平衡的原理，借助于一个已知容积的辅助容器上的真空规管测得不能安装真空规管的被检件总漏率的静态升压法。其检漏过程是先将容积 $V_1$ 的被检件和包含规管在内的总容积 $V_2$ 的辅助容器同时抽到平衡压力 $p_1$；然后关闭阀门 2，被检件 1 如有漏孔则空气漏入，辅助容器 3 继续抽空并保持 $p_1$ 的压力；保持一段时间 $t$ 后，关闭阀门 5，并打开阀门 2；当 $V_1$、$V_2$ 中的压力达到平衡后，记下其平衡压力 $p_2$（如果存在漏气，则 $p_2 > p_1$）。计算被检件的漏率 $q_{Lt}$ 为

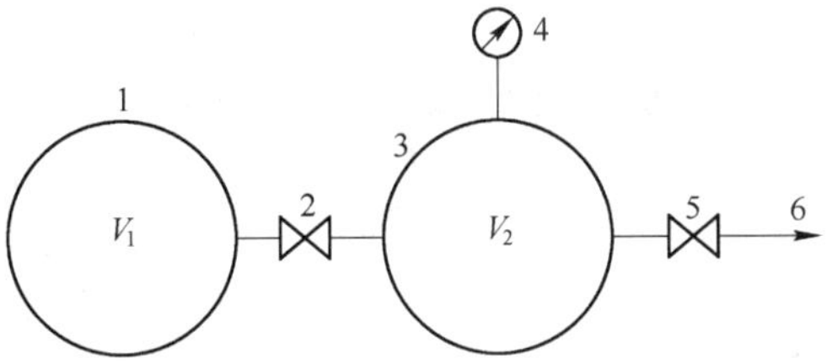


图 11-4 压力平衡法示意图

1—被检件；2，5—阀门；3—辅助容器；4—真空计；6—接至真空泵

$$q_{Lt} = (V_1 + V_2) \cdot (p_2 - p_1)/t \tag{11-11}$$

因为保持时间 $t$ 可以选的很长，所以这种方法可做得较为灵敏。为了检查小的漏孔，有时可将被检件隔离几十个小时甚至几天。但是应该注意的是，在检查之前要对被检件进行很好的清洁和干燥处理，使其放气降到可以忽略的程度。对于辅助容器 $V_2$ 来说，要求密封性能很好，即漏气和放气都要很小；两个阀门的密封性能也要很好。

## 11.3.2 气泡检漏法

气泡检漏法是在被检件内充入一定压力的示漏气体后放到液体中，气体通过漏孔进入周围

的液体形成气泡，气泡形成的地方就是漏孔所在的位置，根据气泡形成的速率、气泡大小以及所用的气体和液体的物理性质，可以大致估算出漏孔的漏率。这种方法属于压力检漏法。它适用于允许承受正压的容器、管道等零部件的气密性检验。此种方法简单、方便、直观、经济。气泡检漏法在具体实用中也可分为两种。

11.3.2.1　水槽检漏法

这种方法是将被检件中充入干燥空气（一般不宜采用管道压缩空气，因为其中含有的灰尘、油蒸气等污染物太多），然后将其放入清洁的水槽中，当有漏孔存在时，气体就会通过漏孔逸出形成气泡，直接指示漏孔所在位置。根据形成气泡的大小（直径 $d$）、速率（每秒钟形成气泡的个数 $n$）和充入气体的压力（$p_{air}$），就可粗略估算出漏率的大小。

用肉眼观察时，一般会出现三种情况：第一种是出现的气泡小，形成速率均匀，气泡持续时间长，其漏率范围大约为$10^{-5}$～$10^{-2}$ Pa·m³/s；第二种是出现随机的大小气泡混合现象，其漏率范围约为$10^{-2}$～$10^{-1}$Pa·m³/s；第三种是出现的气泡大，形成速率快，持续时间短的现象，其漏率范围大约为$10^{-1}$～1Pa·m³/s。

假设漏孔是一个直径很小的圆柱形毛细管，当漏率较大、气体流为黏滞流时，漏孔对空气的漏率 $q_L$ 可用下式近似估算：

$$q_L = \frac{1}{6}\pi d^3 n p_0 \left(\frac{p_0^2}{p_{air}^2 - p_0^2}\right) \tag{11-12}$$

式中　$q_L$——漏率，Pa·m³/s；

$p_0$——大气压力，Pa；

$p_{air}$——充入空气的压力（绝对压力），Pa；

$d$——气泡直径，m；

$n$——气泡个数形成速率，$s^{-1}$。

考虑到人眼能看到的气泡直径 $d$=0.5mm，一般取两个气泡形成的时间间隔不大于 20s，即 $n$=0.05$s^{-1}$。在此条件下，不同充入气体的压力 $p_{air}$所对应的漏率大小列于表 11-4。从中可以看出：被检件内充入空气的绝对压力由 1.02×10⁵ Pa 提高到 2×10⁵ Pa 时，检漏灵敏度提高了两个数量级；而从 2×10⁵ Pa 提高到 5×10⁵ Pa，灵敏度只提高一个数量级；由 5×10⁵ Pa 提高到 1×10⁶ Pa，灵敏度只提高半个数量级。因此，充气压力一般选在 5×10⁵ Pa 以内为宜。

以上讨论的是以干燥空气为示漏气体，如选用其他种类气体作为示漏气体时，其检出的漏率是不同的，即检漏灵敏度与所选用的示漏气体有关。如在充入的气体压力 $p$、气泡直径 $d$、气泡形成速率 $n$ 都相同的条件下，用氢气作为示漏气体，就比用空气做示漏气体的检漏灵敏度提高一倍。

**表 11-4　不同 $p_{air}$ 的漏孔漏率**

| $p_{air}$/Pa | $1.02\times10^5$ | $1.1\times10^5$ | $2\times10^5$ | $3\times10^5$ | $5\times10^5$ | $1\times10^6$ | $2\times10^6$ |
|---|---|---|---|---|---|---|---|
| $q_L$/Pa·m³·s⁻¹ | $1.7\times10^{-5}$ | $1.8\times10^{-5}$ | $1.1\times10^{-7}$ | $4.1\times10^{-8}$ | $1.5\times10^{-8}$ | $3.3\times10^{-9}$ | $8.2\times10^{-10}$ |

利用水槽法检漏时应注意的事项如下：

（1）要根据被检件的机械强度选定充入气体的压力，一定要注意安全，并随时注意观察。

（2）检漏前要对被检件进行认真的清洗处理，去掉焊渣、油污、灰尘等，以便疏通漏孔。

（3）工作场地要光线充足，水要清洁透明，槽内背景要暗，以免影响观察。

（4）被检件一定要先充好气后再放入水槽中，否则小孔可能会被水堵塞。

（5）要认真区分真漏和虚漏，由于零件刚被放进水槽中时，可能在被检件表面形成一些由于表面吸附气体形成的气泡而造成假象，必须先将这些气泡抹掉后再仔细观察。

（6）被检件在水槽中要放稳，并尽量接近水面，待水面平静下来后再进行观察。

（7）如发现漏孔（即有气泡出现处），要及时做好标记，经复查确认是漏孔后进行焊补。

（8）如使用氢气时，要特别注意安全。

11.3.2.2 皂膜法

该法适用于检查零部件尺寸较大，不能用水槽法检漏的大型部件、壳体等。可在被检件外表面可疑处涂抹肥皂液，当有漏孔时，就会在漏孔处出现肥皂泡。当漏孔很小时，形成的气泡很小，就组成一堆白色的泡沫状。观察时一定要细心，并要多观察一段时间。

应用皂膜法检漏的注意事项，基本上与水槽法相同。需要指出的是肥皂液要稀稠适当，过稀时易流动和滴落而造成漏检；太稠了透明度差，且容易堵塞小的漏孔，或者混入肥皂液内的气体也可形成气泡而造成误检。

此法检漏灵敏度大约为$10^{-6}$ Pa · m$^3$/s 数量级。

### 11.3.3 氨气检漏法

氨气检漏法是把允许充压的被检容器抽真空（不抽真空效果差）后，在其容器外侧疑有漏孔部位贴上具有对氨气敏感的 pH 指示剂的显影带（如晒图纸，石蕊试剂等），然后在容器内部充入高于一个大气压力的氨气。当有漏孔时，氨气可通过漏孔逸出，使显影带改变颜色，据此可找出漏孔的位置。再根据显影的时间、变色区域大小等可以大致估计出漏率的大小。图 11-5 是这种检漏设备的示意图。

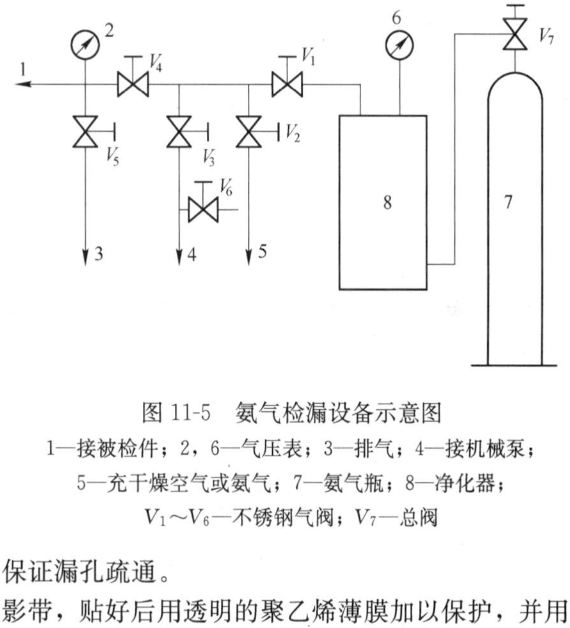


图 11-5 氨气检漏设备示意图

1—接被检件；2，6—气压表；3—排气；4—接机械泵；5—充干燥空气或氨气；7—氨气瓶；8—净化器；$V_1$～$V_6$—不锈钢气阀；$V_7$—总阀

氨气检漏法的操作步骤如下：

（1）清洁处理。检漏开始前，应先对被检件进行去渣、去锈、去油等处理，保证漏孔疏通。

（2）贴显影带。在漏孔可疑处贴上显影带，贴好后用透明的聚乙烯薄膜加以保护，并用胶布将薄膜边缘同金属部分密闭起来，使显影带与大气隔离，以防止被大气中的氨气所干扰。同时也可以避免通过漏孔进入显影带上的氨气迅速消失，以提高检测灵敏度。显影带贴好后，先观察一下是否有因存在碱性物质而使得显影带变色，如有应记录下来变色的位置，以区别于漏气造成的显影。

（3）充氨：将被检件用耐压胶管与检漏设备接好，关好阀门 $V_2$、$V_5$ 及氨瓶总阀门。然后打开阀门 $V_1$、$V_3$、$V_4$ 后用机械泵抽真空。当被检件内真空度达到数百帕后，关闭阀门 $V_3$ 并停止机械泵抽气，然后关闭阀门 $V_1$，打开阀门 $V_7$，将氨气慢慢地充入到净化器中。当氨气达到 $2\sim3\times10^5$ Pa 时；关闭 $V_7$ 并打开 $V_1$，使被检件得到所要求的氨压。在充气过程中要慢慢升压，并随时观察有无大的漏孔存在，一旦发现大的漏孔应立即停止升压，待及时排除大漏孔后再升压。当氨压升到所需数值时，定时观察显影带的变色情况，如发现变色斑点，可更换显影带复查。

(4) 排氨：检查完毕后，关闭阀门 $V_1$，打开 $V_5$，用橡胶管将氨气排入水槽中。由于氨气极易溶于水，这个过程可能进行得很快。然后关闭阀门 $V_5$，打开 $V_3$，用机械泵抽气，同时通过阀门 $V_2$ 放入干燥空气或氮气，对被检件和管道进行 2～3 次“清洗”，使其中的氨气尽量排除。

氨检漏法的关键在于制作一种使用方便、灵敏度高的显影带，最好显影带对氨气具有较好的重复性。溴酚蓝显影带是把 1～1.5cm 宽的色层滤纸浸入溴酚蓝的无水酒精饱和溶液中，把浸透的滤纸放在凸纹纸板上，用红外灯烘干，再放入磨口瓶内保存，以备使用。溶液的 pH 值应稍小于 2.8，当 pH 值由 2.8 变到 4.7 时，颜色由黄变深蓝，有一定的积累作用。至于溴代麝香草酚蓝、氯化钙-甲基红和甲酚红的配制与显影带的制作这里不再介绍。

氨检漏法的灵敏度与充氨的压力、指示剂的灵敏度、曝光时间等有关。充氨的压力一般为 $1.5\times10^5$ Pa 为宜。当充入 $1.5\times10^5$ Pa 的氨气时，用溴酚蓝作显影剂，形成 1mm 直径的斑点所需的时间与漏率的关系如表 11-5 所示。从中可以看出，随着积累时间的增长，可检出较小的漏率。一般认为氨检漏法的灵敏度为 $10^{-9}$ Pa · m³/s 左右。

**表 11-5　形成直径为 1mm 斑点所需时间与漏率的关系**

| 氨压/Pa | $1.5\times10^5$ | | | | | | |
|---|---|---|---|---|---|---|---|
| 所需时间 | 1s | 10s | 1min | 10min | 1h | 10h | 24h |
| 漏率/Pa · m³ · s⁻¹ | $6.6\times10^{-6}$ | $6.6\times10^{-7}$ | $1.1\times10^{-7}$ | $1.1\times10^{-8}$ | $1.9\times10^{-9}$ | $1.9\times10^{-10}$ | $7.7\times10^{-11}$ |

氨检漏法的特点主要是：

(1) 装置简单，操作方便，氨气来源充足；

(2) 灵敏度高，检漏范围较宽；

(3) 检漏灵敏度与被检容积大小无关，因此适用于大型容器及结构复杂的管道等检漏；

(4) 可准确的确定漏孔位置，并可一次对整个容器检漏，不存在大漏孔掩盖小漏孔的现象。

其缺点有：

(1) 氨气对操作人员有害，特别是对呼吸道和眼睛有强烈刺激，严重时会引起中毒，视力损伤等；

(2) 氨气对铜、银等有腐蚀作用，故不能对含有这些金属的设备进行检漏；

(3) 氨气易燃、易爆。

使用氨检漏法应该注意的事项如下：

(1) 检漏现场应有良好的通风设备，废氨气应妥善处理，防止污染环境；

(2) 操作人员要采取适当的防护措施，防止中毒等；

(3) 对用该法检漏过的设备，如需补焊时，必须保证其中氨气浓度低于 $0.2\times10^{-2}$，以防止在补焊时引起燃烧甚至爆炸。

### 11.3.4　真空计检漏法

利用相对真空计的读数与被测气体的种类有关的这一特性，对真空系统进行检漏的方法称为真空计检漏法。由于这种方法可直接利用安装在真空系统上的真空计，即不需要增加任何检漏装置，也完全适用于检漏所要求的压力范围，因此目前真空计检漏法在真空检漏技术中得到了广泛的应用。

目前最常用的相对真空计检漏法主要是热传导真空计法和电离真空计法。

11.3.4.1 热传导真空计法

热传导真空计法是利用低压下气体热传导与压力有关的性质来测量真空度的。但是由于其读数不仅与压力有关，而且还与气体的种类有关，而热传导真空计法正是利用后者的这一特性来达到检漏目的的。因此在检漏时应选择的试验气体的热传导能力要比空气大得多或小得多，即热传导能力要尽量与空气差得多些；另外所用试验气体应易于通过漏孔；动态系统检漏时还应是真空系统对其抽速低的物质。

检漏时，要在被检系统或容器内的压力处在平衡时（即压力不变）才能进行。用试验气体喷吹（或用某些有机溶剂涂抹）可疑处，当有漏孔时，试验气体就通过漏孔进入被检系统，于是输出仪表就在原指示（真空系统的真空度）的基础上发生变化。真空度的提高或下降，是由于试验气体进入引起热传导性质变化造成的。这样就可以确定漏孔的位置，并从仪表读数的变化估算出漏率的大小。

常用的示漏气体或有机溶剂有氢、二氧化碳、丁烷、丙酮、乙醚、乙醇等。一般说来，气体比有机溶剂好，喷吹法比涂抹法好，因为液体不仅易被吸附在漏孔内，阻塞或阻碍流动，而且还会在内部造成污染。

热传导真空计检漏适用的真空度范围为 $10 \sim 10^{-1}$Pa，检漏灵敏度一般为 $1 \times 10^{-6}$Pa·m$^3$/s。

利用热传导真空计检漏时的注意事项有：

(1) 因仪表的读数不仅与气体种类有关，而且还与系统内的压力变化有关，所以一定要当被检系统处于动态平衡后才能进行检漏，而且要反复验证。

(2) 仪器本身电子线路要稳定，规管温度也要稳定，以免出现虚假漏气信号。

(3) 因规管惰性较大，要观察足够长的时间。

11.3.4.2 电离真空计法

电离真空计法是利用气体电离后产生的离子流大小来反映压力变化的，但是由于不同的气体电离电位不同，所以电离计的读数与气体的种类有关。因此，当将示漏物质施于可疑处时，如有漏孔，示漏物质将通过漏孔进入被检件中，引起气体成分改变，离子流就相应的发生变化，电离计的读数也将发生相应变化，从而指示出漏孔的位置，并可根据变化量的大小来估算出漏率的大小。其检漏的范围与电离真空计的工作压力范围是相同的。所选用的示漏物质及其检漏时应注意的问题与热传导真空计法相同。

### 11.3.5 离子泵检漏法

离子泵检漏法的基本原理与电离真空计检漏法类似，是利用示漏气体进入离子泵时，泵电流将发生变化的特性进行工作的，根据这种变化，可检测出真空系统的漏孔并可估算漏孔的大小。

在使用带有离子泵的抽气系统，或把被检件接到离子泵抽气系统上去时，人们可以在任何时间、在压力低于 $10^{-2}$Pa 的条件下，对系统或被检件进行检漏。这种检漏方法无须额外仪器，即灵敏又简便。其示漏气体可选用氧、氩、氢等。

检漏装置如图 11-6 所示。首先将离子泵抽空，抽到较低压力后关闭阀门 2，使离子泵保持在较低压力下工作。接入被检件，用前置泵排气，当真空度达到 $1 \sim 10^{-1}$Pa 时，关闭阀门 4 并打开阀门 2，用离子泵抽气。当达到平衡压力后，用示漏气体（如 Ar）喷吹可疑漏孔处，如喷吹到漏孔处时，示漏气体就会进入系统，使离子泵的放电电流指示迅速上升，这是因为泵对氩气抽速较低的缘故。当用氢或氧来检漏时，将会引起泵电流的下降，因为离子泵对这些气体的抽速比对空气的抽速大。

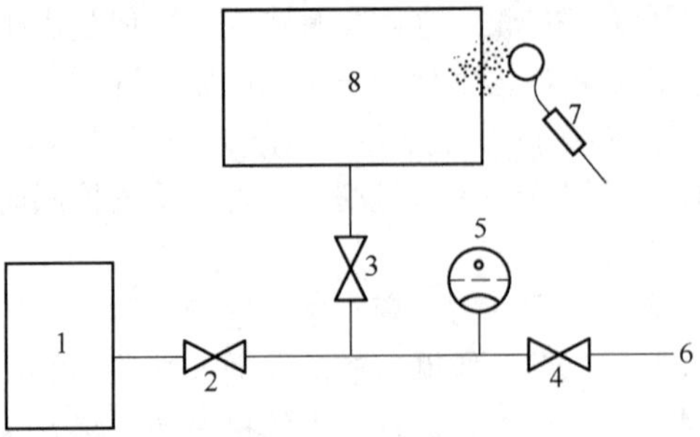


图 11-6　离子泵检漏装置示意图

1—溅射离子泵；2，3，4—阀门；5—真空计；6—接前置泵；7—喷枪；8—被检件

这种方法的灵敏度为$10^{-4}\sim10^{-9}$ Pa·m$^3$/s。根据漏孔的大小，可以调节阀门 2 和 4 的开启程度实现其检漏效能。检漏时须注意其灵敏度与压力成反比，因此应尽量在较低的平衡压力下进行检漏；示漏气体最好经过净化处理。

该方法与氦质谱检漏仪相比较具有以下特点：

（1）造价低，结构简单，用一般无油系统即可；

（2）不存在烧断灯丝的问题；

（3）可用多种示漏气体，如氩、氢、氧、二氧化碳等；

（4）一般不存在橡胶圈储存氦的现象。

### 11.3.6　氢-钯检漏法

氢-钯法也称为钯栏法，它是根据金属钯在高温时的对氢的渗透率特别大，而对其他气体则很小的选择性渗透原理工作的。

将钯制成薄壁管型的钯栏，当钯栏加热到 700～800℃时，氢气可以很容易的通过钯栏，但其他气体则不能通过。故选用氢气作为示漏气体，利用钯栏的这种选择性渗透性就可以检漏。

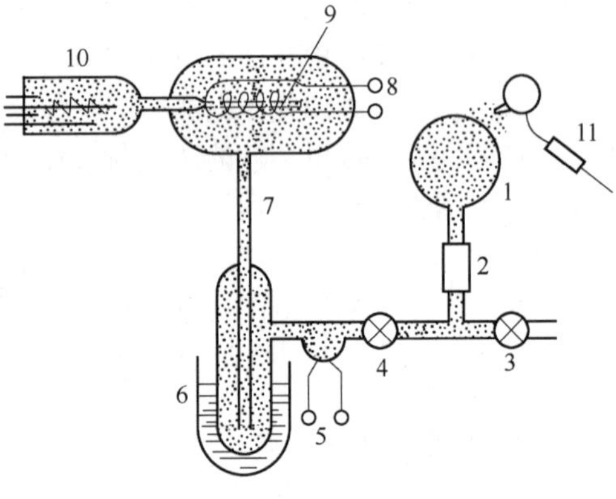


图 11-7　氢-钯法检漏装置示意图

1—被检件；2—连接管；3，4—阀门；5—氢气源；6—液氮冷阱；7—管路；8—加热器；9—钯管；10—电离规管；11—喷枪

氢-钯法检漏装置如图 11-7 所示。其关键部件氢-钯管是一个带有钯管的已抽成高真空（$10^{-5}$ Pa 以下）的密封电离规管，钯管外面有一个加热器，可将钯管加热。在示漏气体（$H_2$）从漏孔进入氢-钯管的途中安装一个冷阱，其作用是将来自泵及被检件的碳氢化合物及水蒸气等捕集掉，使其不致遇到高温钯管而分解放出氢气，造成虚假信号。另外，裂化的碳氢化合物还会在钯管上沉积一层碳化层，这将降低钯栏对氢气的渗透能力，所以冷阱是必不可少的。装置中还设置一个钨丝氢气源 5，它是供调节钯管温度时监视是否有氢气通过钯管之用。钨丝平时吸收的气体多是氢气，加热时便放出氢气。

检漏时，先将被检件与真空系统抽空至$10^{-1}\sim10^{-3}$ Pa，往冷阱中加入液氮后接通加热器，将钯栏加热到 700～800℃，关闭阀门 3，用氢气喷吹被检件可疑处，当氢气喷吹到漏孔上时，氢气便通过漏孔进入系统，并通过钯栏进入电离规管，此时电离计指示升高。为防止因气体流动出现虚假信号，在喷吹氢气时应自上而下按次序进行，以保证准确指示漏孔位置。一次检漏完毕，打开阀门抽气，在加热条件下进入规管中的氢气又通过钯栏被抽出，直到将氢排完电离计指示恢复正常为止。

氢-钯法通常能检到 $10^{-9}$ Pa·m³/s 的漏率。如用磁放电计规管则可检到 $10^{-11}$ Pa·m³/s 的漏率。它的主要缺点是反应时间长和钯管“中毒”后失效的问题。

### 11.3.7　荧光检漏法

荧光检漏法是一种利用荧光材料的发光作为漏孔指示的无损检漏法，多用于小型真空器件的检漏。可以解决密封器件一旦从排气台上封离下来，就无法再用任何高灵敏度的仪器进行检漏的问题。其检漏过程是先将荧光材料（如蒽）溶于浸润性能好，易挥发的有机溶剂（如丙酮、三氯乙烯、四氯化碳等）中，使之成为饱和溶液；然后将被检件的外表面浸泡到该溶液中，或用该溶液涂抹被检件外表面。如有漏孔存在，溶液就会因毛细作用渗透入漏孔中并将荧光材料携带进去；清除表面多余的液体，待有机溶剂挥发后，荧光材料便在漏孔中残留下来；用紫外线灯光照射，当有漏孔时，便可观察到明显的荧光点，从而可判定漏孔的存在。由于盲孔及其他不漏气的表面缺陷也会残留荧光材料，因此对玻璃壳的电真空器件，最好在背面进行观察，用紫外线灯在另一面照射。三种方法的荧光检漏法示意图如图 11-8 所示。

紫外光源可用石英汞灯。为提高对比度，可采用滤光放大镜，将光源的其他光线滤掉，而只允许紫外线通过，并起到聚光和放大作用，以便观察。选用荧光材料时，应尽量使荧光粉发光颜色与被检件的本底颜色有较高的反差，以免出现错误信号。

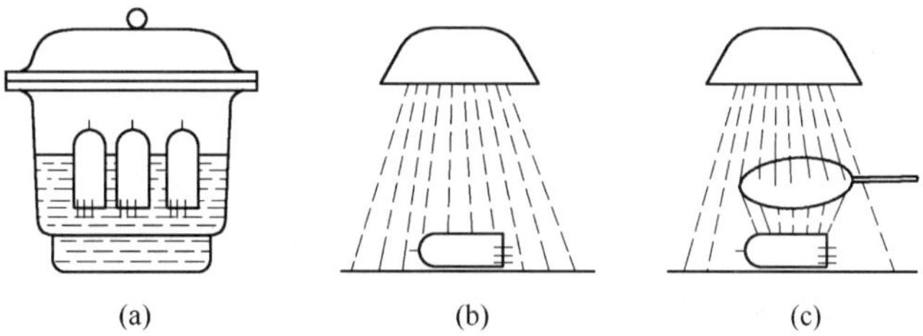

图 11-8　荧光检漏法示意图

（a）浸泡方法；（b）紫外灯照射；（c）滤光放大镜照射

这种检漏方法灵敏度可达 $10^{-9}\sim10^{-11}$ Pa·m³/s，其主要缺点是等待时间较长。如果在抽空或加压条件下浸泡，不仅可大大缩短浸泡时间，而且还能得到更好的效果。该法已被推广用来检查铸件、模压金属件、焊接件等裂纹。

### 11.3.8　放射性同位素检漏法

以放射性同位素为示漏物质进行检漏的方法称为放射性同位素检漏法。只要将少量的放射性材料放入被检件中并密封好，如有漏孔射线便泄漏出来，可在外面用特殊的射线探测仪指示出来。这种方法用途较广，从小的密封器件到大型容器及管道都可以应用。一般检漏灵敏度可达 $10^{-12}$ Pa·m³/s。

在实际工作中，通常采用闪烁计数器或盖革管作为指示仪器，它对大量生产用的生产自动线上的检漏来说操作是简单的。放射性材料通常采用放出 β 和 γ 射线的氪-85（$Kr^{85}$），它能够放射出易于检测且有足够强度的 β 和 γ 射线，并允许采用廉价的指示器，成本较低。

由于使用放射性同位素，就存在一定危险，所以操作人员一定要操作熟练，并具有防护和保健知识。

该法虽然成本高些，但由于放射性材料几乎可以全部收回，维修和运输的代价较低，因而对大量检漏工作来说采用此法还是比较经济的。

放射性同位素法在背压法检漏技术中的应用是很成功的，其检漏程序是：

首先，将被检件（如密封的电真空器件）放到一个容器中，将该容器密封并抽空到200Pa，接着将稀释了的氪-85压入容器中，放射性气体便扩散到容器内各处。当被检件存在漏孔时，放射性气体便通过漏孔进入器件内部，在“浸泡”相当长时间（几分钟到数百小时）之后，再将氪-85抽回到储存容器中以备再用。只要合理的选择“浸泡”时间和氪-85的压力，就可得到所要求的灵敏度。

为了去除被检件外表面残留的放射性物质，采用干燥而清洁的空气对其外表面进行“冲洗”，最后将被检件从密封容器中取出，有漏孔的被检件内的放射性原子将通过漏孔放出$\gamma$射线，用适当的射线计数器就可以检测出来。所测得的射线强度是漏孔漏率的函数，所以可估算出漏率的大小。

氪-85是$\beta$和$\gamma$射线的放射体，半衰期为10年，其中$\beta$射线所占比例99.6%，$\gamma$射线占0.4%，这种气体对人体危害性较小，又因为是一种惰性气体，故不污染不腐蚀设备和被检件。但在检漏时必须注意保持器件表面清洁，不应有油漆或有机材料，因为这些材料表面吸附的放射性气体不可能“冲洗”干净，检测时会造成虚假信号。

### 11.3.9　慢性漏气的加速检测法

对电视显像管、示波器管以及可连接成三极管的电真空器件，均可以连接成热阴极电离计规管的形式，用管本身作为规管测量出管子内的真空度。从理论上讲，只要把管子存放一段时间，测出管内压力增长率，便可确定出管子是否漏气及其漏率的大小。

一般管子为了维持工作真空度，管内都加有消气剂，在其有效工作期内对活性气体几乎全部吸收，而对惰性气体几乎不吸收。管内的压力增长率取决于惰性气体，其中主要是氩气，因为氩气在空气中的含量比其他惰性气体多，所以，在管子中慢性漏气的加速检测中最合适的试验气体是氩气，而且氩气来源广、成本低。

如果将管子置于高压的氩气中，那么管内压力上升率会比在空气中快得多，这就是慢性漏气加速检测的理论依据。

管内真空度的测量，以电视显像管为例，将电极连接成热阴极电离计规管测量线路形式，即将调制极接负电位作为控制发射电子流$I_e$用；将第一、第二阳极并联起来作为加速极；将聚焦极作为离子收集极。加速极电位$U_A=+250V$，离子收集极电位$U_C=-25V$，发射电子流$I_e=100\mu A$。这样就可用来测出管子放置在试验气体氩气中前后的离子流变化，即压力增长率，就可计算出漏率的大小。

除上述介绍的几种检漏方法外，还有吸气剂（如硅胶、活性炭等）检漏法、吸嘴抽空法、夹层抽空法、堵塞法、听音法和超声波检漏法等等。

## 11.4　真空检漏仪器

### 11.4.1　高频火花检漏仪

高频火花检漏仪本身结构实际上就是一个小功率、高频、高压的塔式线圈，在其次级线圈的尖端形成高频高压电脉冲，在大气中会不断引发随机、短促的脉冲放电，有尖细、曲折的电火花从尖端发出。检漏时就是利用其尖端上产生的高频放电火花来搜寻漏孔。主要用于玻璃真空系统或器件的检漏，如需检漏金属真空系统或容器时，可利用安置在金属系统上的玻璃规管或盲管来检漏。其主要优点是结构简单、使用方便。

11.4.1.1 高频火花检漏仪的结构原理

高频火花检漏仪按其产生高频、高压电脉冲的方式，结构上可以分为两种类型，即带有恒流变压器的电容电感串联谐振式和振动子式。

电容电感串联谐振式高频火花检漏仪的结构原理如图 11-9 所示，由恒流变压器 $T_1$、火花隙 G、电容器 $C_1$、$C_2$及塔式线圈 $T_2$组成。工作时，负值电阻（火花隙 G）、$C_1$、$T_2$的初级和$C_2$组成一串联谐振回路，发生持续的高频阻尼振荡电流和很宽范围的高频谐波，从而在塔式线圈的次级感应出更高的谐振电压。这种结构形式的高频火花检漏仪的优点是火花束强，振荡较稳定。缺点是需要一个恒流变压器，故体积较大、笨重，使用不够方便。

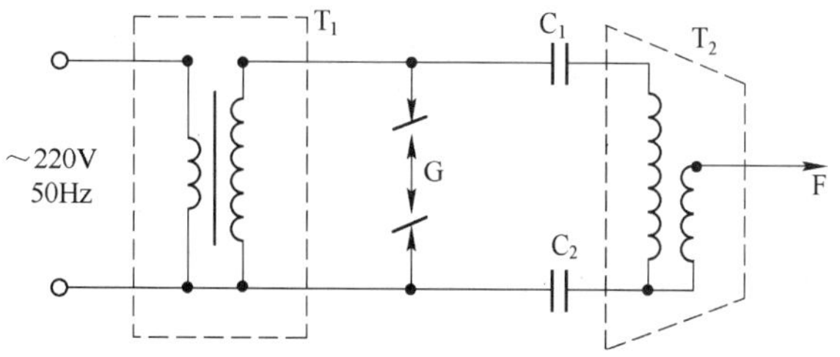


图 11-9 电容电感串联谐振式高频火花检漏仪结构原理图

$T_1$—恒流变压器；G—火花隙；$C_1$、$C_2$—电容器；$T_2$—塔式线圈；F—放电尖端

振动子式高频火花检漏仪的结构原理如图 11-10 所示，它包括蜂鸣器线圈 L、振动子（火花隙）G、塔式线圈 T 以及电容器 C 等。振动子频繁通断形成的火花隙 G、电容器 C 及塔式谐振线圈 T 的初级组成一高频谐振回路，产生高频电压，故在塔式线圈次级上感应出高频高压脉冲，经放电尖端 F 放出高频火花。振动子式高频火花检漏仪的优点是不需要用恒流变压器，故体积小，方便，但振荡不够稳定。

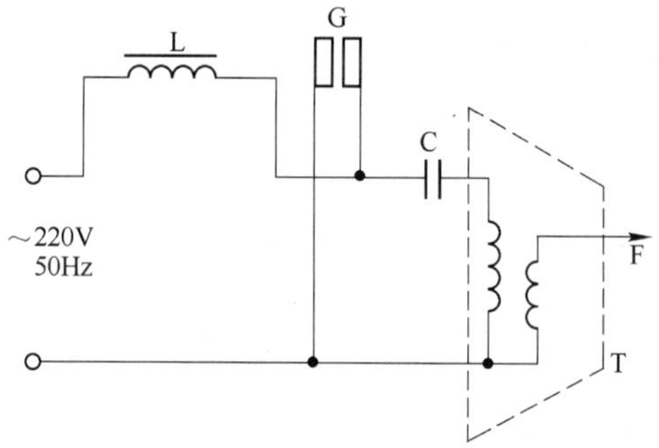


图 11-10 振动子式高频火花检漏仪结构原理图

L—蜂鸣器线圈；G—振动子；T—塔式线圈；C—电容器；F—放电尖端

11.4.1.2 高频火花检漏仪的检漏方法

（1）火花法。火花法只适用于玻璃系统或器件的检漏。检漏时，用放电尖端搜寻漏孔。若没有漏孔，放电尖端产生的火花束在玻璃表面不规则的跳跃，并向四周发散；遇有漏孔时，因大气经过漏孔进入真空系统，当放电尖端移到漏孔时，就将该气流电离，被电离的气体的导电率远大于玻璃的导电率，所以分散的火花束就集中起来形成一个细长明亮的火花束，其尾端正好指向漏孔。这样便可判断被检系统或器件是否有漏孔及漏孔所在位置。

（2）放电法。放电法既适用于检漏玻璃系统，也可用于检漏金属系统。但检漏金属系统时需借助于玻璃规管或盲管。放电法是利用低真空中气体放电的颜色进行检漏的。当检漏仪放电尖端的火花打在真空度为几千～1Pa 真空系统的玻璃壁上时，因感应会使系统内气体产生辉光放电。放电颜色与气体种类有关，各种气体或蒸气在真空中放电的颜色如表 11-6 所示。检漏开始时，系统内是空气，其辉光呈紫红色。此时，若用蘸有乙醚、酒精、丙酮、汽油或其他一些易挥发的碳氢化合物的棉花在系统外表涂擦或喷射时，如有漏孔，则乙醚等蒸气会通过漏孔进入系统，立刻使辉光颜色变成蓝色，据此可以判定是否有漏孔及漏孔所在位置。

**表 11-6　各种气体或蒸气的辉光颜色**

| 气　体 | 辉光颜色 | 蒸　气 | 辉光颜色 | 气　体 | 辉光颜色 | 蒸　气 | 辉光颜色 |
|---|---|---|---|---|---|---|---|
| 空气 | 玫瑰红 | 水银 | 绿～蓝 | 氦 | 紫罗兰～红 | 丙酮 | 蓝 |
| 氮 | 金　红 | 水 | 天　蓝 | 氩 | 深　红 | 苯 | 蓝 |
| 氧 | 淡　黄 | 酒精 | 淡　蓝 | 氖 | 血　红 | 甲醇 | 蓝 |
| 氢 | 特有的红色 | 乙醚 | 浅蓝绿 | 二氧化碳 | 白～蓝绿 | 泵油 | 淡蓝（有荧光） |

高频火花检漏仪适用于压力范围 $10^3$～$10^{-1}$Pa,其最小可检漏率 $q_{Ldmin}$为 $10^{-3}$～$10^{-4}$Pa·m³/s。由于气体辉光放电的颜色随压力的变化而不同，因而还可用高频火花检漏仪粗略估计真空系统或器件的真空度。以空气为例，其辉光放电的颜色和压力的关系如表 11-7 所示。

表 11-7 标明，系统在大气或 $10^{-2}$Pa 以下高真空时，均无色。那么如何判别一个密闭器件（如电子管）是大气还是 $10^{-2}$Pa 以下高真空呢？这只需将其一个电极接地，用高频火花检漏仪放电尖端碰上另一个电极。在大气时，两个电极间将产生强烈的脉络跳火；在 $10^{-2}$Pa 以下高真空时，则无跳火。

**表 11-7　空气辉光放电颜色和压力的关系**

| 压力 $p$/Pa | 大气 | 13 | 1 | $10^{-1}$ | $10^{-2}$ | $<10^{-2}$ |
|---|---|---|---|---|---|---|
| 颜　色 | 无色 | 红紫 | 淡红 | 灰白 | 玻璃荧光 | 无色 |

11.4.1.3　高频火花检漏仪的使用注意事项

（1）在检漏时，应将玻璃表面或内壁粘附（或夹杂）的金属粉屑等清除干净。否则，由于金属粉屑的存在会造成错误的信号，或在金属粉屑处将系统烧穿。

（2）在检漏过程中，要适当调节火花束，不要过强；在搜寻漏孔时，不可在一处停留时间过长。否则，系统会因为局部受火花灼热而被打穿。

（3）不可将放电尖端移到易燃物质附近，以免引起火灾。

（4）避免人体触及放电尖端，以免触电。

（5）在用高频火花检漏仪检漏时，要考虑放电火花对真空测量的影响。放电火花能使去气不良的系统器壁放气，因而真空系统的真空度降低；反之，如果真空系统去气良好，则放电火花会激起真空系统内气体放电，因而真空系统的真空度提高。

### 11.4.2　卤素检漏仪

11.4.2.1　卤素检漏仪的工作原理与组成

当金属铂被加热至 800℃以上时，在其表面上吸附或入射表面的气体分子会被剥夺电子，而以正离子的形态飞离表面，于是铂表面就有正离子发射。正离子流 $I_i$的大小除了决定于加热温度外，还与气体种类有很大关系，特别是遇到含有卤族元素的气体后，正离子流 $I_i$急剧增大，这就是所谓的“卤素效应”。卤素检漏仪就是基于卤素效应制成的，其工作原理如图 11-11 所示。它由检漏管 1 和测量线路 2 两部分组成。检漏管的发射极 F-F 与收集极 C 之间加以 50～500V 直流电压，这时发射体被加热至高温，因此就有正离子发射，发射本底值由指示仪器 μA 指示出来。若有漏孔时，示漏气体将经过漏孔进入检漏管，产生卤素效应，使正离子流 $I_i$剧增，从而由指示仪表反映出来并使扬声器发出尖叫声。据此便可确定漏孔位置，并可粗略的估计漏率大小。

卤素检漏仪的组成可分为固定式和移动式两类。

固定式卤素检漏仪由检漏管、喷枪和测量线路三部分组成，检漏管是卤素检漏仪的敏感元件，根据实际工作的需要，有玻璃壳、金属壳和插入式三种。喷枪是喷吹试验气体用的喷嘴，制成手枪式，用改变喷嘴和控制流量阀来调节试验气体的流量；测量线路是卤素检漏仪的重要组成部分。它包括直流稳压电源、离子流放大器和指示仪表、音频振荡器和音响指示等三部分。为操作方便，多在仪器内装有音频振荡器，该音频讯号经放大后由喇叭或耳机输出。

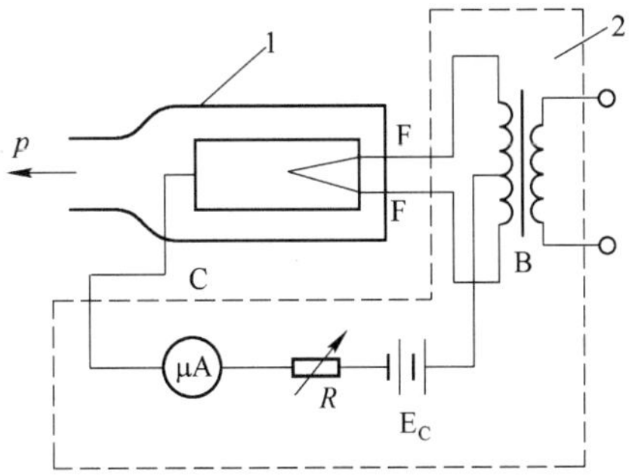


图 11-11 卤素检漏仪工作原理图

1—检漏管（C—收集极；F-F—发射极）；
2—测量线路（B—变压器；$E_c$—直流电源；
$R$—可变电阻；μA—指示仪表）

移动式（或称携带式）卤素检漏仪由探枪和测量线路两部分组成。探枪是检漏管和风扇的组合件，制成手枪式，用以吸入并感受试验气体；测量线路与固定式卤素检漏仪测量线路基本相同。

11.4.2.2 检漏管的结构及其特性

卤素检漏仪检漏管的结构原理如图 11-12 所示。实际上他是一个铂二极管，其发射极 F－F 用铂丝绕在瓷管上，呈螺旋线形状。也有的采用间热式结构，即铂螺旋丝只起加热器的作用，而在它的外面安放一个铂筒作发射极。间热式结构的惰性大，但其正离子发射较直热式结构稳定。收集极为铂筒，也可以用不锈钢代替铂。发射极、收集极均装在玻璃芯柱上，然后封装在玻璃（或金属）壳体内。

卤素检漏仪检漏管所产生的离子流与很多因素有关，只有合理地选择工作参数，才有可能获得最佳的检漏效果。(1) 在收集极电压（$-U_C$）恒定的条件下，离子流 $I_i$随铂丝加热温度 $t$ 的升高而增大。在 800℃ 以下时离子流 $I_i$较小，而在 900℃以上继续升高加热温度，则离子流 $I_i$增大很快，会产生“过敏”现象。因此，有理由认为卤素检漏管的最佳工作温度范围为 800～900℃。(2) 在发射极加热温度一定的条件下，离子流 $I_i$与收集极电压（$-U_C$）的关系呈线性变化。所以，为了保持离子流 $I_i$（本底值）稳定，收集极电压必须稳定，一般为 250V。(3) 离子流 $I_i$随系统气体压力的变化而变化。但在压力为 9～30Pa 范围内，对于不同的加热温度，离子发射较稳定。故把 9～30Pa 的压力范围作为卤素检漏管的最佳工作压力区域。(4) 离子流 $I_i$与喷吹卤素气体时间 $t$ 的关系如图 11-13 所示。在检漏过程中，每当用卤素气体喷吹一次时，一开始离子流 $I_i$增加很快并达到最大值。再继续喷吹时，离子流 $I_i$下降并最后趋于开始喷吹前的“本底值”。这种现象称“正常卤素效应”。因此，在用卤素检漏仪检漏时，当喷吹时间达到某一最佳值时，应停止喷吹。否则，既浪费试验气体，又不能提高检漏灵敏度，甚至有可能使检漏仪“中毒”，同时也加重了环境污染。

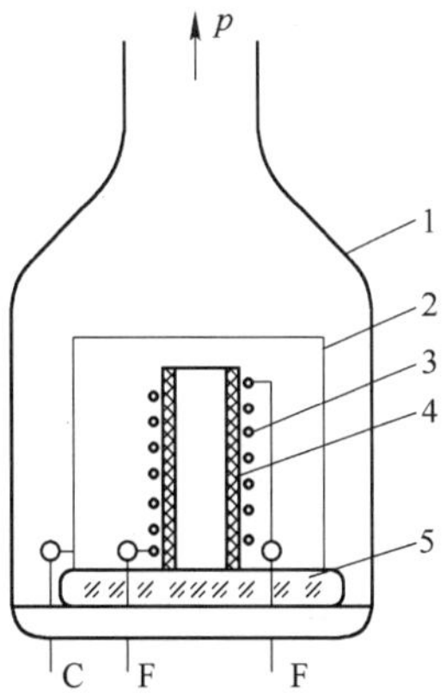


图 11-12 卤素检漏仪检漏管结构原理图

1—管壳；2—收集极（铂筒）；
3—发射极；4—瓷管；
5—玻璃芯柱

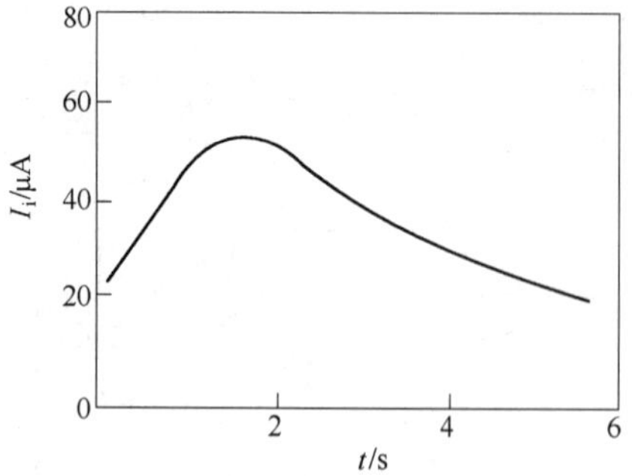


图 11-13　离子流 $I_i$ 与喷吹卤素气体时间 $t$ 的关系曲线

11.4.2.3　卤素检漏仪的检漏方法

按卤素检漏仪的工作条件，检漏方法有真空法和加压法两种：

(1) 真空法。将检漏管装在被检系统上并共同抽真空。检漏时，用喷枪在被检系统可疑处喷吹。若有漏孔时，示漏气体经漏孔进入被检系统和检漏管，产生卤素效应，离子流 $I_i$ 剧增，在指示仪表和蜂鸣器同时反映出来。据此可判定漏孔位置并粗略地估计漏孔漏率。此法使用固定式卤素检漏仪。

(2) 加压式。将示漏气体压入被检系统中，使其压力高于大气压。检漏时，用探枪在被检系统外表面可疑处移动，若有漏孔时，从漏孔逸出的示漏气体就被探枪吸入并进入检漏管内，产生卤素效应，离子流 $I_i$ 剧增，在指示仪表和蜂鸣器同时反映出来，即表示有漏孔存在，并可粗略地估计漏率。此法适用于移动式卤素检漏仪。

原则上讲，凡含有卤族元素的气体物质或其混合物均可用作示漏气体。但在选用示漏气体时，要考虑取得难易程度、使用效果、价格以及对设备、人员的危害程度。常用的示漏气体有氟利昂、氯仿等。氟利昂（$CF_2Cl_2$）无毒无味，多贮存在高压钢瓶内，检漏效果最好，因此过去采用氟利昂作示漏气体的最多。但出于保护臭氧层的目的，目前已被限制使用。氯仿即三氯甲烷 $CHCl_3$，无色，是透明易挥发的液体，臭味特殊、味微甜、遇光易变质，使用效果也较好。另外，还有四氯化碳、三氯乙烯、氟氯烷等也可作示漏气体。在制冷行业中，许多制冷剂都是含有卤族元素的物质，因此广泛采用卤素检漏仪进行系统检漏。

卤素检漏仪适用的压力范围为：$10 \sim 10^{-1}$ Pa，最小可检漏率 $q_{Ldmin}$ 为 $10^{-7} \sim 10^{-9}$ Pa·m³/s。

11.4.2.4　使用卤素检漏仪的注意事项

(1) 对被检件需要进行清洁、干燥处理，疏通漏孔。

(2) 用氟利昂做示漏气体，因其比空气重，所以要先检下部后检上部；先从检漏管附近检，逐渐由近至远。

(3) 喷吹示漏气体的时间不要太长，严禁蒸气进入检漏管，以防检漏管“中毒”。

(4) 喷枪的移动速度要适当，一般应小于 3cm/s。

(5) 检漏现场通风要良好，以防止卤素污染环境。

(6) 检漏现场严禁吸烟，以防香烟中含有的卤素气体影响检漏的可靠性。

### 11.4.3　气敏半导体检漏仪

在半导体材料中，某些“非化学配比”的金属氧化物半导体，如二氧化锡（$SnO_2$），在一定工作温度下电阻随环境气氛的不同（气体成分、浓度等）而变化，尤其是对某些可燃性气体特别敏感。这类半导体材料称气敏半导体或气敏电阻。由于气敏半导体可能把可燃性气体的浓度转换为电信号，所以可以用它作为检漏仪的气敏件。而制成的仪器称为气敏半导体检漏仪，由检漏管和测量线路两部分组成。

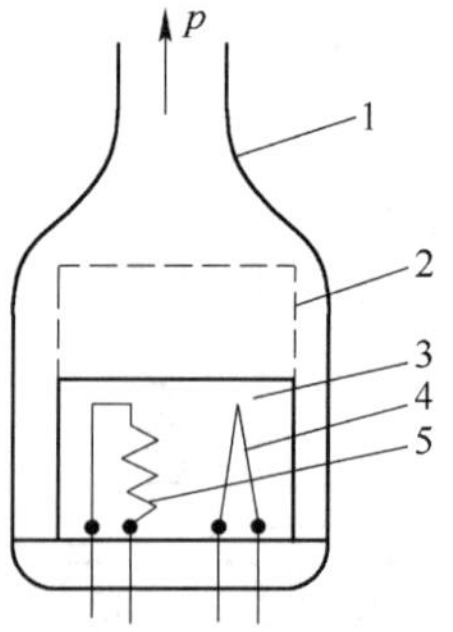


图 11-14　气敏半导体检漏管的结构原理图

1—管壳；2—罩；3—$SnO_2$ 烧结体；4—测量丝；5—加热丝

气敏半导体检漏管的结构如图11-14所示。其主要部分为 $SnO_2$ 烧结体，测量丝和加热丝均直接埋于烧结体内，加热丝用以通电加热烧结体，使其处于最佳检漏灵敏度温度（$SnO_2$烧结体一般为300℃左右）。测量丝用以测量其电阻值的变化。

气敏半导体检漏仪的测量线路如图11-15所示。它由桥式测量电路、张弛振荡器、功率放大器及电源等部分组成。检漏管 $G_L$ 为电桥一臂，其余各臂由电阻 $R_1$、$R_2$，可调电阻 $W$ 构成。

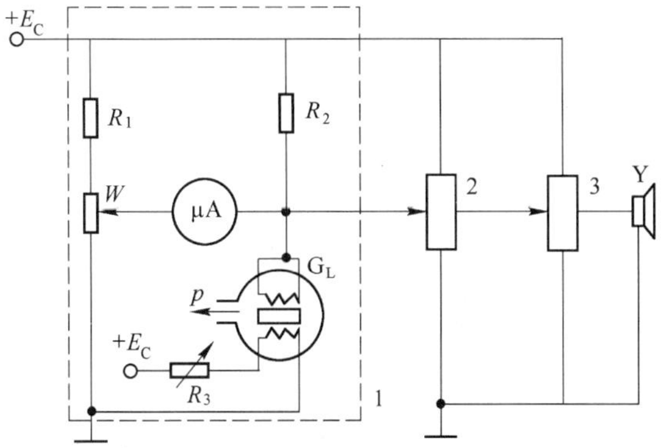


图 11-15 气敏半导体检漏仪测量线路原理图
Y—蜂鸣器；$G_L$—检漏管
1—桥式电路；2—振荡器；3—功率放大器

气敏半导体检漏仪的工作过程原理是：开机后待气敏半导体元件达到平衡温度时，调节W使电桥平衡，即调零。检漏时，利用气敏半导体元件的“气敏特性”，将可燃性气体的浓度转换为电信号，即测量丝电阻值发生变化。电桥失去平衡，由指示仪表 $\mu$A 反映出来，并推动振荡器使蜂鸣器发出音响信号。

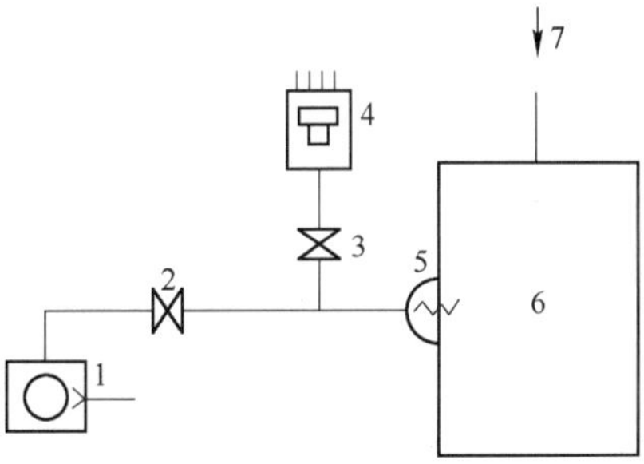


图 11-16 气敏半导体检漏仪检漏装置
1—真空泵；2，3—管路阀门；
4—气敏半导体检漏管；
5—检漏盒；6—被检件；
7—示漏气体

气敏半导体检漏仪采用压力法检漏，检漏装置如图11-16所示。检漏时，将被检件内部充以一定压力的可燃性气体，用检漏盒罩住被检件外部的可疑部位。如果被检件被罩住部位有漏孔，则示漏气体便进入检漏盒中。此时打开阀门3，关闭阀门2，那么示漏气体就会在检漏盒中积累起来。达到可检浓度后，检漏仪发出指示信号和音响，从而能指出是否有漏孔及漏孔所在。

气敏半导体检漏仪可以直接在大气压下工作，其浓度灵敏度为1%；也可以抽空到几千帕，但抽真空后仪器灵敏度反而下降。作为示漏气体的可燃性气体普遍存在爆炸极限，使用时一定注意安全，严防明火。

## 11.5 氦质谱检漏仪

氦质谱检漏仪是一种以氦气作为示漏气体专门用于真空检漏的质谱分析仪器。这种仪器在真空以及其他相关行业的检漏技术中使用范围最广、性能最好、灵敏度最高。

### 11.5.1 氦质谱检漏仪的工作原理

氦质谱检漏仪的基本工作原理是采集被检件中的气体样品并将其电离，根据不同种类气体离子质荷比不同的特点，利用磁偏转分离原理将其区分开来。仪器只对示漏气体氦气有响应信号，而对其他气体没有响应，属于唯一性检漏仪器。一旦出现信号响应，说明有氦气通过漏孔进入被检件中，从而指示漏孔的位置与大小。氦质谱检漏仪是一种磁偏转型质谱分析仪器，目前主要有单级磁偏转型和双级串联磁偏转型两种结构形式。

11.5.1.1 单级磁偏转型氦质谱检漏仪的工作原理

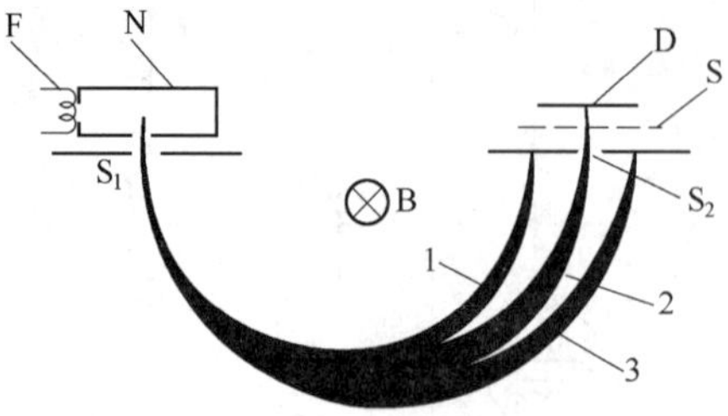


图 11-17 180°单级磁偏转型质谱室结构原理图
N—离化室；F—灯丝；$S_1$—离子加速极；B—均匀磁场；$S_2$—出口缝隙；S—抑制栅；D—收集极
1，3—其他离子束；2—氦离子束

180°单级磁偏转型氦质谱检漏仪的质谱室结构工作原理如图 11-17 所示。在质谱室内，由灯丝、离化室和加速极组成离子源；由外加均匀磁场构成分析器；由出口缝隙、抑制栅和收集极构成收集器。

在离子源内，气体分子被由灯丝发射的并具有一定能量的电子电离成离子，在电场作用下离子聚焦成束，并在加速电压作用下，以特定的速度经过离子加速极的缝隙进入分析器。在分析器中，在与离子运动方向相垂直的均匀磁场作用下，具有一定速度的离子将按圆形轨道运动，其离子束偏转半径可由下式计算：

$$R=\frac{1}{B}\sqrt{\frac{2mU}{Ze}} \tag{11-13}$$

式中 $e$——基本电荷量（$1.6\times10^{-19}$C）；

$m$——离子质量（$1.66\times10^{-27}\cdot M$ kg，$M$ 为离子的质量数）；

$U$——离子加速电压，V；

$B$——磁感应强度，T；

$R$——离子轨道半径，m；

$Z$——离子所带基本电荷数。

式（11-13）也可写成如下便于计算的公式：

$$R=\frac{1.44\times10^{-4}}{B}\sqrt{\frac{MU}{Z}} \tag{11-14}$$

式中 $M/Z$——离子的质荷比，即离子的质量数与电荷数之比。

由式（11-14）可见，当 $B$ 和 $U$ 为定值时，不同的质荷比的离子有不同的偏转半径。只有离子的偏转半径与分析器的几何半径（图 11-17 中，离子入口缝 $S_1$ 和出口缝 $S_2$ 所在圆的半径）相等的离子束（图 11-17 中的 2）才能通过出口缝隙 $S_2$，到达收集极 D 形成离子流。而其他质荷比的离子束（如图 11-17 中的 1 和 3）则以不同于分析器几何半径的偏转半径而被分离掉。

例如，某台检漏仪，$R=4$cm，$B=0.14$T，示漏气体为 He（其一价氦离子的质荷比 $M/Z=4$），问其加速电压应调到多大才可进行检漏？

则由式（11-14）可得：

$$U=\frac{1}{M/Z}\left(\frac{RB}{1.44\times10^{-4}}\right)^2=\frac{1}{4}\left(\frac{0.04\times0.14}{1.44\times10^{-4}}\right)^2=378\text{V}$$

即加速电压调至 378V 就可以进行检漏。

为了使离子流信号有一定的量值，质谱室中的离子出口缝隙 $S_2$ 有一定宽度。加速电压 $U$ 有一个调节范围，调加速电压使检漏仪输出信号最大，此时的加速电压称为“氦峰”。

11.5.1.2 双级串联磁偏转型检漏仪工作原理

对于单级磁偏转型的质谱室，无论何种气体离子，只要从入口缝隙进入分析室的动量与氦离子的动量相同，就会最终进入出口缝隙成为响应信号，从而造成较高的本底噪声。为克服这种现象，出现了双级串联磁偏转型检漏仪。其工作原理如图 11-18 所示。在两个分析器中间，即在中间缝隙 $S_2$ 与邻近的挡板间设置加速电场，使离子在进入第二级分析器之前再次加速。因此，那些具有氦离子动量相同的其他气体离子，虽然可以通过第一级分析器，但经过第二次加速进入第二级分析器时，由于其动量与氦离子动量不同而被分离。这样一来，使得仪器本底信号及噪声显著减小，从而提高了仪器灵敏度。

通常，单级磁偏转型氦质谱检漏仪的灵敏度为 $10^{-9}\sim10^{-12}Pa\cdot m^3/s$，而双级串联磁偏转型氦质谱检漏仪的灵敏度可达 $10^{-14}\sim10^{-15}Pa\cdot m^3/s$。

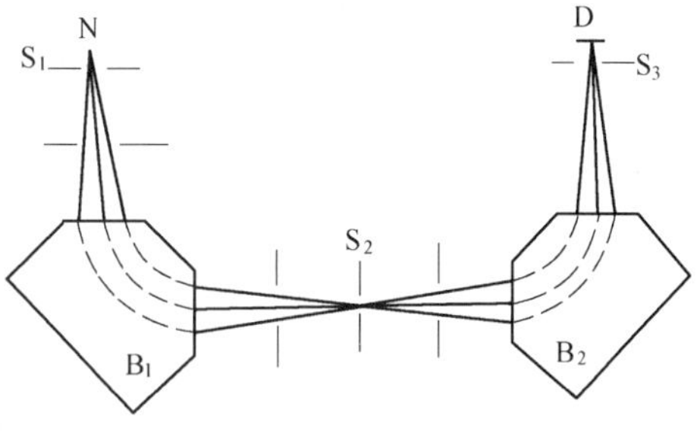


图 11-18 双级串联磁偏转型质谱室结构原理图

N—离化室；$S_1$—离子加速极；$B_1$—第一级分析器；$B_2$—第二级分析器；$S_2$—中间缝隙；$S_3$—出口缝隙；D—收集极

11.5.1.3 示漏气体的选择

氦质谱检漏仪是由于选用氦气作为它的示漏气体而得名的。这是因为：氦气质量轻，易于穿过漏孔，进入系统时流动和扩散快，因而响应快，检漏灵敏度高；氦离子质荷比小，因此可减小磁分析器偏转半径的尺寸和选用较弱一点的磁场；一价氦离子的质荷比（$M/Z=4$）与相邻的一价氢离子（$M/Z=2$）和二价碳离子（$M/Z=6$）相差较大，利于离子的分离，因此可适当降低对分析器制造精度的要求，使质谱室中氦离子通过的各个缝隙加宽，从而提高氦离子的传输率；此外，氦在空气中及残余气体中含量最少，空气中氦气约只占二十万分之一；在材料出气中氦气也很少，因此本底压力小，检漏时本底信号小。所有这些因素，均为提高仪器的灵敏度创造了条件。而且，氦又是惰性气体，性质不活泼，不与真空器件起化学反应。无毒，不会污染环境，使用也十分安全。

但是，以氦作为示漏气体，也有一些不足之处，例如：橡胶、塑料等有机材料常常会吸收氦，然后还会在吸收后慢慢地释放出来；所有的离子收集极，对氦都会产生记忆效应，即氦离子打到离子收集极上，并贮存一定时间，然后再慢慢释放出来，从而造成本底和噪声。

在氦质谱检漏仪上除了氦以外，还可以用氢等做示漏气体，这须调整加速电压或磁感应强度，其灵敏度远比以氦作为示漏气体低。

## 11.5.2 氦质谱检漏仪的整体结构

氦质谱检漏仪的整体结构是由质谱室、真空系统和电气系统等三大部分组成，在必要时还需配置辅助真空系统。现以 180°磁偏转型分析器检漏仪为例，分别介绍如下。

11.5.2.1 质谱室

质谱室是这种检漏仪的心脏，由离子源、分析器和收集器三部分组成。并将冷阴极磁控规也放在其内，共用其磁场。为了有利于微小的离子流放大，将第一级放大用高阻及静电计管也放在质谱室之内。质谱室壳由非磁性材料制成，内部抽空，而外部设置永久磁铁形成磁分析器的磁场。

(1) 离子源。离子源由灯丝（阴极）、灯丝架、离化室及离子加速极组成。其离子源示意简图如图 11-19 所示。它的作用是使气体电离，形成一束具有特定能量的离子。尽管结构多种多样，但最主要还是尼尔型离子源。灯丝为直径 0.18～0.20mm 的钨丝，通过灯丝架被准确安

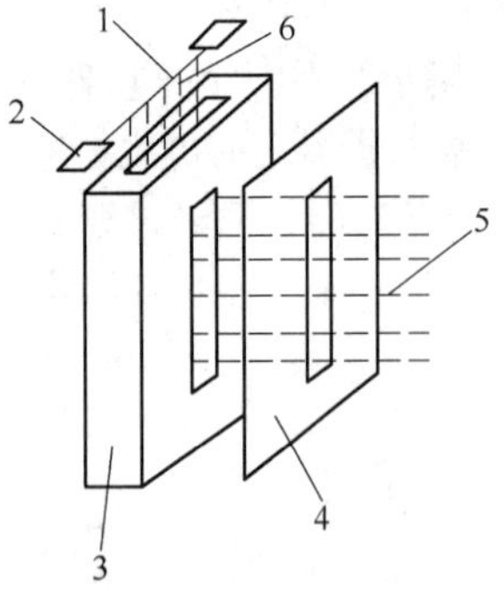


图 11-19　离子源示意图

1—灯丝；2—灯丝架；3—离化室；4—离子加速极；5—离子束；6—电子束

放在离化室电子入口上方约 0.5mm 处，它通过直接加热而发射电子。离化室是一扁平的矩形盒子，其顶部和侧面各开一个狭缝，分别供热电子射入和离子引出之用。离化室与灯丝之间加 200V 的电离电压，在该电压下，热阴极发射的电子能将离化室中的气体电离。离化室与离子加速极间加 300～400V 可调电压，即为加速电压，加速离子使之穿过离子加速极正面的矩形缝隙进入磁分析器。若用交流放大器放大离子流时，离化室与加速极之间还叠有 5～7Hz、15V 的交流调制电压。离子加速极位于离化室正面约 5mm 处与外壳相连接地。

(2) 分析器。分析器是一均匀磁场空间，一般多用永久磁铁产生，磁感应强度 $B=0.14\sim0.25$T。不同质荷比的离子在磁场作用下，按照不同轨道半径运动而进行气体分离。在设计的参数下，只让 $M/Z=4$ 的 $He^{+}$ 飞出磁分析器的出口缝隙，打到收集器上。

(3) 收集器及前级放大器。收集器的作用是收集氦离子流并输入到小电流放大器。收集器由出口缝隙（地电位）、抑制栅（接离化室正电位）和收集极组成。抑制栅对正离子是一个拒斥场，可抑制离子束在偏转过程中与气体分子碰撞所产生的杂散离子。这些离子能量比氦离子能量低很多，它们在磁场中可能以接近氦离子的半径偏转进入出口缝隙。若不加抑制极，则可能直接到达收集极而造成噪声电流。由于离子流非常小（$10^{-12}\sim10^{-13}$ A），前级放大器必须屏蔽，所以静电计管及高阻放在质谱室内。

(4) 冷阴极电离真空计。质谱室压力的测量通常采用冷阴极电离真空计。为了借用分析器中的磁场，将冷阴极电离真空计置于质谱室内的中央部位。该真空计除了指示质谱室压力外，还用其放电电流控制阴极保护继电器，当质谱室真空度恶化时，自动切断阴极供电线路，防止阴极烧毁。

11.5.2.2　真空系统

真空系统是提供质谱室正常工作的条件。由于钨阴极正常工作时需要具备 $10^{-2}\sim10^{-3}$ Pa 的真空度，同时保证氦离子在分析器中的运动有较高的传输率，因此建立一个高真空系统是必要的。

图 11-20 为氦质谱检漏仪真空系统的一个实例。该真空系统由油扩散泵、机械真空泵、挡油障板、冷阱、储气管、真空计、阀门以及标准漏孔等组成。主泵扩散泵多选用风冷式小型泵，以便于现场使用。机械泵既可作为油扩散泵的前级泵，又可对质谱室进行预抽空。当被检件比较小时，机械泵也可充当预抽空泵使用。图中的抽速阀实际是一个高真空阀，调节该阀的开放程度，既可调节扩散泵的有效抽

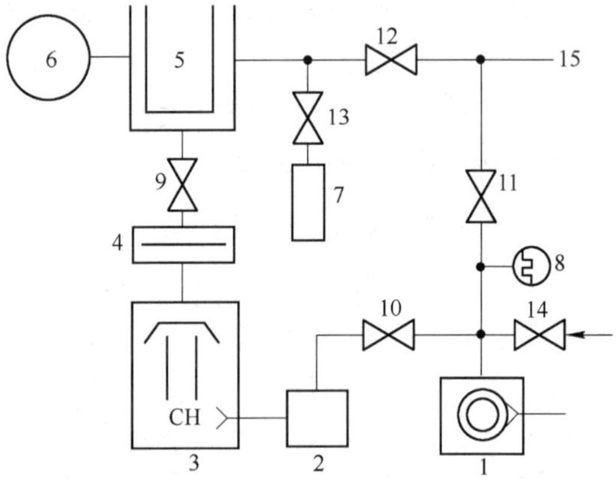


图 11-20　氦质谱检漏仪真空系统示意图

1—机械泵；2—储气罐；3—扩散泵；4—挡油障板；5—冷阱；6—质谱室；7—标准漏孔；8—电阻真空计；9—抽速阀；10，11，13—真空阀门；12—节流阀；14—放气阀；15—接被检件

速，进而可提高检漏的灵敏度，在扩散泵启动和停止阶段，由于热惯性尚需一段时间，为避免返油，此阀门应当关闭。系统中的节流阀则是为了满足质谱室工作压力的调节，该阀全开时检漏灵敏度最高，因此在条件允许情况下开启大些为宜。检漏时为了校准检漏灵敏度，系统中设置了标准漏孔。

近年来出现的无油型氦质谱检漏仪，以小型涡轮分子泵为主泵，以干式泵（如膜片泵）为前级预抽泵，实现了无油系统作业。既有利于提高检漏灵敏度，又防止了对被检件可能造成的油蒸气污染。

逆流氦质谱检漏仪的真空系统结构示意图如图 11-21 所示。与上述普通形式的真空系统不同的是，逆流式质谱仪的质谱室位于主泵的入口一侧，而被检件却位于主泵的前级真空一侧，即主泵的排气口侧。由于漏入被检件的示漏气体在主泵中是逆流扩散进入质谱室，所以称这种检漏仪为逆流检漏仪。逆流氦质谱检漏仪的质谱室所接受的示漏气体信号不如普通型的直接迅速，信号也会减弱，因此影响其反应时间和仪器灵敏度。但它的最大优点是可以在被检件内气体压力很高、环境真空卫生条件很差的情况下正常工作。

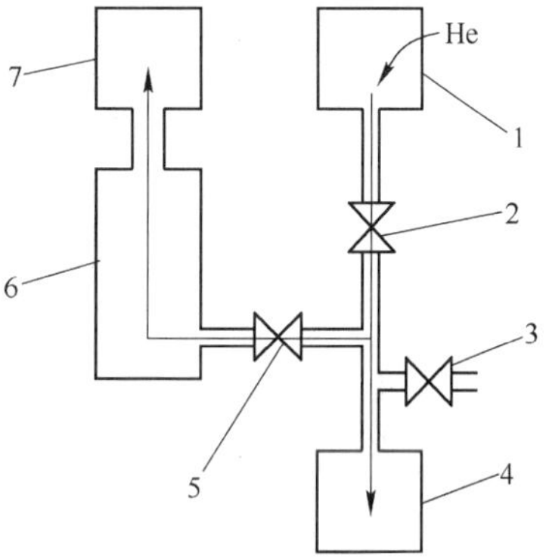


图 11-21 逆流氦质谱检漏仪真空系统示意图

1—被检件；2—隔离阀；3—放气阀；4—机械泵；5—前级阀；6—主泵；7—质谱室

逆流氦质谱检漏仪是根据油扩散泵或涡轮分子泵的压缩比与气体种类有关的原理制成的。多级扩散泵的压缩比对于氦气仅为 $10^2$；而对于空气中其他成分则可达到 $10^4$～$10^6$；涡轮分子泵对轻质量气体的压缩比也小，因此它们都可用作逆流检漏仪的主泵。在逆流氦质谱检漏仪中，氦气通过漏孔和被检件进入主泵前级管道后，仍有部分氦气穿过主泵返流到质谱室中去，并输出漏气信号。此种检漏仪的灵敏度可达 $10^{-8}$～$10^{-12}$ Pa·m³/s。

11.5.2.3 电气系统

氦质谱仪电气部分的核心是质谱室的供电与测量，其他部分包括真空系统的电源与控制部分，操纵面板及输出仪表等。图 11-22 是 180°磁偏转型的质谱室及其电气方框图，它主要包括如下几个部分：

（1）小电流放大器及输出装置。由于离子流收集极接收到的离子流非常小，必须经放大才能输出显示。经交流放大器放大调制后的离子流，输出信号分别由显示仪表和声响装置（扬声器）指示。

（2）低频发生器。低频发生器产生频率为 5～7Hz，振幅为 14～16V 的调制电压，该电压叠放在加速电压上，实现对离子流调制。

（3）高压整流器及发射电流稳定装置。发射电流稳定装置是调节灯丝加热电流，从而保持灯丝发射电流稳定，以提高灵敏度。发射电流可分几档进行有级调节，以改变仪器灵敏度。

（4）高压整流器供给冷阴极磁控规电源。真空规放电电流指示气体压力值并由仪表显示，其放电电流还作为继电保护的输入信号。当质谱室真空度恶化时，放电电流增大，使继电器动作，随之切断灯丝加热电流，保护灯丝不被烧毁。

11.5.2.4 辅助真空系统的配置

在氦质谱仪检漏技术中，根据被检件的结构，尺寸要求和具体的检漏条件，设置具有预抽

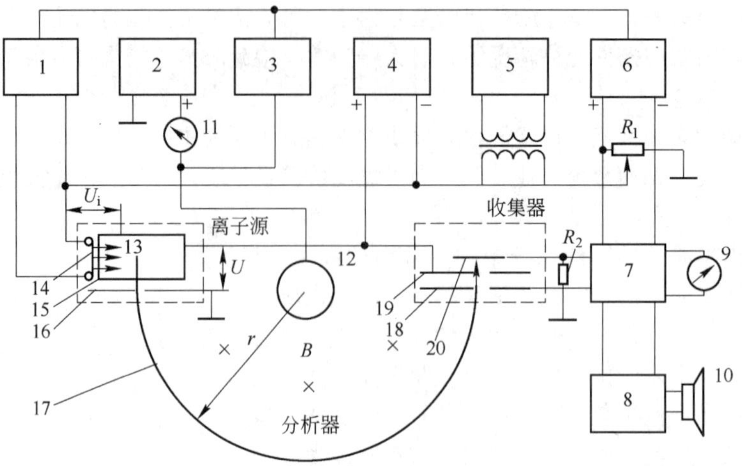


图 11-22　质谱室及其电气方框图

1—发射电流稳定器；2—高压整流器；3—真空自动保护装置；4—稳压电源；5—低频发生器；6—稳压电源；7—交流放大器；8—音响指示；9—输出表；10—扬声器；11—真空表；12—磁放电真空计（阳极）；13—电子束；14—灯丝（阴极）；15—离化室；16—离子加速器；17—离子束；18—出口缝隙；19—抑制极；20—收集极；$U_i$—电离电压（200V）；$U$—加速电压（300～400V）；$R_1$—加速电压调节；$R_2$—高阻；$B$—永久磁场

被检件、保证检漏仪工作真空度、进行气体分流、缩短反应时间和清除时间、降低对灵敏度的不良影响等功能的辅助真空系统，在某些条件下是非常必要的。

这种辅助真空系统如图 11-23 所示，大多由前级泵、次级泵、阀门、真空规及标准漏孔等元件组成，前级泵最好采用气镇式机械泵，是否要求次级泵依具体要求而定，次级泵可采用扩散泵。

就某一具体的被检件而言，是否应选用辅助真空系统，可从下述两个方面考虑：

对于体积小、出气和漏气都小的被检件，可直接与检漏仪连接进行检漏，利用检漏仪自身的真空系统即可达到检漏真空度，无需设置辅助真空系统。但是，如果被检件批量大，为了节省检漏操作时间，提高检漏效率，或者为了保持检漏器灵敏度的稳定性，设置辅助真空系统还是有益的。

对于容积较大、出气或漏气较大的被检件，必须设置辅助真空系统。该系统具有上述各项功能外，对较脏的被检件的预抽可以防止检漏仪受到污染，这种保护检漏仪的功能也是十分必要的。

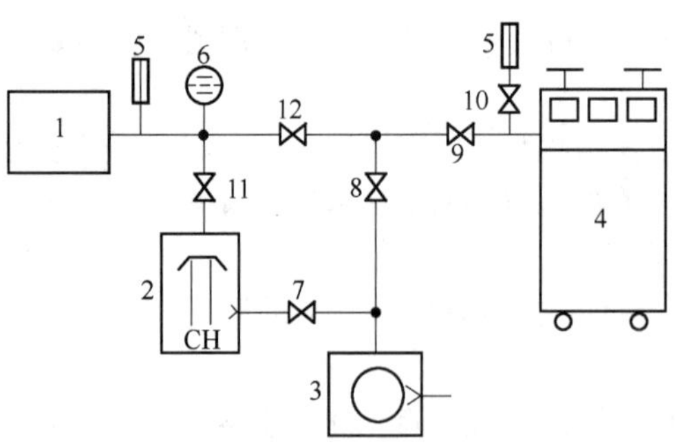


图 11-23　辅助真空系统

1—被检件；2—次级泵；3—前级泵；4—检漏仪；5—标准漏孔；6—真空规；7～12—阀门

氦质谱检漏仪在辅助真空系统中的位置如图 11-24 所示。检漏仪可接在辅助真空系统高真空一侧，也可接在前级真空侧。确定其连接位置应该遵守的原则是：进入检漏仪的氦分压高、反应时间和清除时间短、被检件对检漏仪污染小及检漏灵敏度高。例如，对清洁且无大漏孔的较大被检件检漏时，检漏仪应接在前级真空侧，具有检漏灵敏度高和检漏时间短等特点；反之，对有污染和大漏孔的被检件进行检漏时，检漏仪应接在高真空一侧。但是无论哪种连接方式，在连接检漏仪的部位，都存在着氦在辅助真空系统中的分流问题。因此，在分流支路上设置阀门，使其流导可调，以便增强检漏器支路的气流，提高检漏灵敏度，并且使检漏工作灵活方便都是必要的。

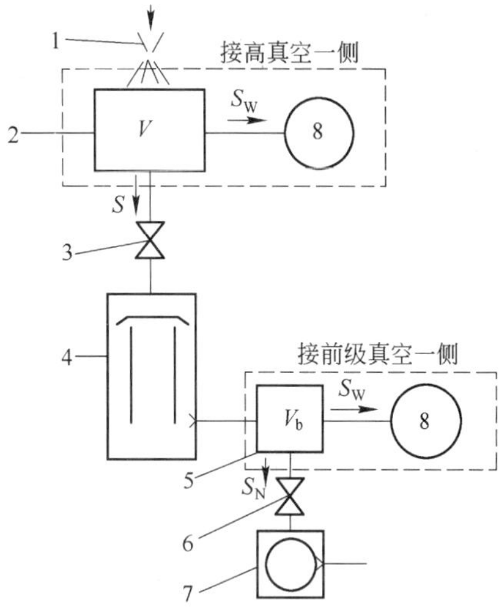


图 11-24 氦质谱检漏仪在辅助真空系统中的位置

1—喷嘴；2—被检件；3—高真空阀；4—扩散泵；5—前级真空容器；6—低真空阀；7—前级泵；8—检漏仪

### 11.5.3 氦质谱检漏仪的灵敏度

表征氦质谱检漏仪性能的主要指标是它的漏率灵敏度 $q_{Lemin}$（即最小可检漏率）和分压比灵敏度 $r_{min}$（亦即最小可检分压比），这是两个在氦质谱检漏仪出厂校准时所规定的最佳条件下所能实现的仪器灵敏度。但是在利用氦质谱检漏仪进行具体的检漏时，由于诸多具体条件的不同，因此仪器所能达到的灵敏度与其在最佳条件下所测得的灵敏度是不会相同的。通常把仪器在使用时所能达到灵敏度称为仪器的检漏灵敏度，该灵敏度是低于仪器校准时所给出的灵敏度的。

氦质谱检漏仪的漏率灵敏度，或称最小可检漏率，记作 $q_{Lemin}$。它是指检漏仪处于最佳工作条件下，以一个标准大气压的纯氦气为示漏气体，进行动态检漏时，所能检出的最小漏孔的漏率。这里所说的最佳条件，就是被检件出气很少且没有大漏孔，仪器本身的工作参数调整到最佳工作状态的条件。即仪器节流阀完全开启，质谱室内为最佳工作压力，没有辅助真空系统分流，仪器本底和噪声最小，放大器放大倍数最大，发射电流和加速电压稳定，工作压力稳定以及氦峰准确等。而动态检漏则是指检漏时仪器内部真空系统仍然在正常抽气（不是累计法检漏），而且当真空系统在时间常数不大于 1s 的条件下，仪器的反应时间不大于 3s 时所进行的检漏。最小可检漏率，则是指仪器输出表上可以观察出来的最小的指示变化，该变化主要受无规律起伏变化的噪声所限制。仪器的噪声是由于各种参数不稳定而引起的，外电源电压波动、真空度变化、发射电流变化、加速电压变化、放大器性能变化及外界电磁场干扰等都会引起输出仪表的不稳定摆动。如果漏入的氦气使输出仪表的变化值小于噪声，那么我们就很难判断究竟是漏气信号还是噪声，因此，噪声的大小也就成为能否判断漏气信号的标准。所以，这里所指的“最小可检漏率”是指引起输出指示的变化量等于二倍（也有规定为一倍）噪声所对应的漏率值。因此，检漏时应尽量采取措施降低仪器噪声，以利最小可检漏率。

在检漏仪质谱室处于工作压力下，仪器可检出的氦分压比的最小变化量称为分压比灵敏度，亦称为最小可检分压比，记作 $\gamma_{min}$。

氦质谱检漏仪在实际检漏条件下所能达到的灵敏度称作检漏灵敏度。由于检漏时保证不了校准仪器时所规定的最佳工作条件，所以检漏灵敏度低于仪器灵敏度。影响检漏灵敏度的因素包括：检漏的环境条件，检漏仪配置在辅助真空系统的位置，示漏气体的纯度，检漏时间的控制和操作人员的技术水平。因此在氦质谱检漏仪进行实际的检漏时，应当根据被检件的特点和现存条件选择合适的检漏方法，配置适当的辅助真空系统，正确的使用和发挥仪器的检漏能力，以求达到检漏灵敏度高，时间短，结果可靠，运转费用低等检漏工作的目的。

11.5.3.1 检漏仪在高真空侧时的检漏灵敏度

检漏仪接在辅助真空系统高真空侧，若忽略氦通过漏孔的时间和忽略检漏仪反应时间，其检漏灵敏度可用下式表示：

$$q_{\mathrm{Ldmin}} = q_{\mathrm{Lemin}} \frac{nS}{S_{\mathrm{iHe}}} [1 - \exp(-n t_{\mathrm{s}}/\tau)]^{-1} \tag{11-15}$$

式中 $q_{\mathrm{Ldmin}}$——检漏灵敏度，Pa·m³/s；

$q_{\mathrm{Lemin}}$——仪器灵敏度，Pa·m³/s；

$n$——高真空处对氦和对空气的抽速比（用扩散泵作次级泵时，$n=1.6$）；

$S$——高真空处对空气的有效抽速，m³/s；

$S_{\mathrm{iHe}}$——检漏仪支路对氦的抽速，m³/s；

$t_{\mathrm{s}}$——检漏时间，s；

$\tau$——检漏系统高真空部分的时间常数（$\tau = V/S$，$V$ 为高真空部分体积，m³），s。

当 $t_{\mathrm{s}}\to\infty$时，即稳定状态，由式（11-15）得

$$q_{\mathrm{Ldmin}} = q_{\mathrm{Lemin}} \frac{nS}{S_{\mathrm{iHe}}} \tag{11-16}$$

即在施氦足够长时间的条件下，检漏仪与仪器灵敏度和仪器进气口处的分流比 $nS/S_{\mathrm{iHe}}$ 有关。如果能关闭辅助真空系统，只用检漏仪自身的真空系统抽气，（$S=S_{\mathrm{iHe}}$），此时检漏灵敏度等于仪器灵敏度。这是最充分发挥氦质谱检漏仪灵敏度的最佳检漏工况。在实际检漏中，小型且小漏的清洁被检件，是较容易实现最佳检漏工况的，如在其他情况下，也可用调节分流比 $nS/S_{\mathrm{iHe}}$ 的办法来提高检漏的灵敏度。

11.5.3.2 检漏仪在前级真空侧的检漏灵敏度

在忽略氦通过漏孔所需时间和忽略检漏仪的反应时间的条件下，检漏仪接在前级真空侧的检漏灵敏度，可用下式表示：

$$q_{\mathrm{Ldmin}} = q_{\mathrm{Lemin}} \frac{n_{\mathrm{b}} S_{\mathrm{b}}}{S_{\mathrm{iHe}}} \left(\frac{n}{\tau} - \frac{n_{\mathrm{b}}}{\tau_{\mathrm{b}}}\right) \left\{ \frac{n}{\tau} [1 - \exp(-n_{\mathrm{b}} t_{\mathrm{s}}/\tau_{\mathrm{b}})] - \frac{n_{\mathrm{b}}}{\tau_{\mathrm{b}}} [1 - \exp(-n t_{\mathrm{s}}/\tau)] \right\}^{-1} \tag{11-17}$$

式中 $S_{\mathrm{b}}$——前级真空对空气的有效抽速，m³/s；

$n_{\mathrm{b}}$——前级真空对氦和对空气的抽速比；

$\tau_{\mathrm{b}}$——检漏系统前级真空部分的时间常数（$\tau_{\mathrm{b}}=V_{\mathrm{b}}/S_{\mathrm{b}}$，$V_{\mathrm{b}}$ 为前级真空处容积，m³），s；

其余符号同式（11-15）。

当 $t_{\mathrm{s}}\to\infty$时，即稳定状态，由式（11-17）可得：

$$q_{\mathrm{Ldmin}} = q_{\mathrm{Lemin}} \frac{n_{\mathrm{b}} S_{\mathrm{b}}}{S_{\mathrm{iHe}}} \tag{11-18}$$

即在施氦足够长时间的条件下，检漏灵敏度只与仪器灵敏度和仪器进气口处的分流比有关。

11.5.3.3 检测时间及其测定

反应时间 $\tau_{\mathrm{r}}$ 和清除时间 $\tau_{\mathrm{c}}$ 是氦质谱检漏仪在检漏中的两个重要参数，其值主要由检漏仪

的反应时间、清除时间及辅助真空系统参数决定。

氦质谱检漏仪本身的反应时间和清除时间可以采用如图 11-25 所示的装置。对其进行测量。其测定过程，首先将仪器调整到工作状态，由仪器 1 和机械泵对标准漏孔 2 两端抽气。关阀 5 开阀 4，使来自配气系统的氦气经标准漏孔进入检漏仪，记录最大输出指示值。关阀 4 开阀 5 抽标准漏孔进气端，待仪器指示下降到初始本底值后，重复上面步骤，测出输出指示上升到最大值的 0.63 倍所用的时间，该时间就为检漏仪的反应时间。当仪器输出指示为某一数值时，停止施加氦气并同时记录，测出输出指示下降到该数值的 0.37 倍所用的时间，即为检漏仪的清除时间。

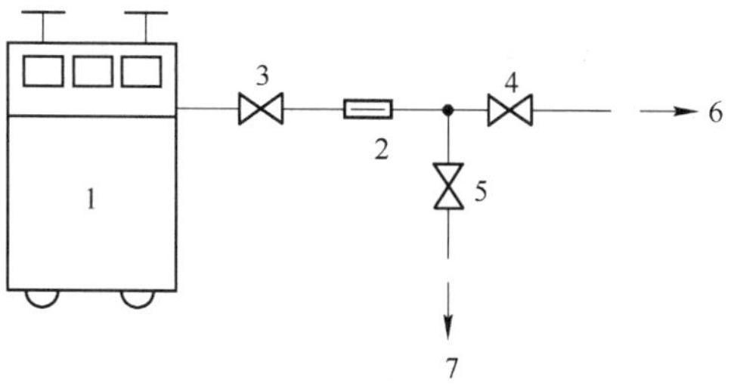


图 11-25 反应时间和清除时间测定装置

1—检漏仪；2—标准漏孔；3～5—阀门；6—接配气系统；7—接机械泵

若将检漏仪接在辅助真空系统高真空侧，在实际检漏中，可以利用被检漏上的漏孔，采用与上述的相同方法，测定其反应时间和清除时间，分别记为 $\tau_r$ 和 $\tau_c$。在具体检漏中，以 $3\tau_r$ 作为施加氦的时间（即探索时间）就足以判定是否有漏孔及其漏率；以 $3\tau_c$ 作为清除检漏系统中氦气的时间，完全可以认为氦气已清除干净。其反应时间 $\tau_r$ 与清除时间 $\tau_c$ 也可通过下式估算：

$$\tau_r=\tau_c=\frac{\tau}{n}=\frac{V}{nS} \tag{11-19}$$

式中 $V$——检漏系统高真空部分的容积，$m^3$；

$S$——高真空处对于空气的抽速，$m^3/s$；

$n$——高真空处对氦与对空气的抽速之比；

$\tau$——高真空部分的真空系统时间常数，s。

若将检漏仪接在辅助真空系统前级侧，在实际检漏中，也可以利用被检件上的漏孔，采用与上述介绍的相同方法，测定反应时间和清除时间。并以 $3\tau_r$ 和 $3\tau_c$ 作为具体检漏时的探索和清除的判定时间。

综上所述，当检漏仪接在高真空侧时，前级泵参数对检漏灵敏度、反应时间和清除时间均无影响，次级泵参数却是主要影响参数。当检漏仪接在前级真空侧时，在 $V/S \gg V_b S_b$ 的条件下，前级泵参数对反应时间和清除时间基本上无影响，但却是影响检漏灵敏度的主要参数；$\tau_r$ 和 $\tau_c$ 只取决于 $V$ 和 $S$；由于 $S$ 一般较大，所以说次级泵缩短了检漏时间。在稳定状态下，次级泵不影响前级真空侧的检漏灵敏度，但在过渡过程中却有影响。

应该指出，上述结论是在假设任何时候被检件内的氦的分压总是均布的条件下得出的。该假设对于较低压力的小容积被检件是符合的，但对中等压力的大容积被检件，由于氦分子平均自由程小于容器尺寸，过渡过程的有关公式并不能准确描述检漏过程，实际的反应时间和清除时间要比按式（11-19）计算值大，应当考虑氦气在被检件内的扩散时间。

#### 11.5.3.4 示漏气体纯度的影响

若某一辅助真空系统中的检漏灵敏度为 $q_{Ldmin}$，但使用的示漏气体并非纯氦，而是用分压比为 $\gamma$ 的氦作为示漏气体进行喷吹检漏，此时检漏灵敏度则为：

$$q_{Ldi}=q_{Ldmin}/\gamma \tag{11-20}$$

式中 $q_{Ldi}$——检漏灵敏度，$Pa \cdot m^3/s$；

$\gamma$——喷吹氦气的分压比；

$q_{\mathrm{Ldmin}}$——检漏仪的检漏灵敏度，Pa·m³/s。其值由式（11-15）和式（11-17）计算。

### 11.5.4 氦质谱检漏仪的检漏方法

11.5.4.1 喷吹法

喷吹法是氦质谱检漏仪最常用，最方便的一种检漏方法。其检漏装置如图11-26所示。检漏时首先预抽被检件4，并调整检漏仪，使其处于正常的工作状态；然后开启检漏仪节流阀2，使被检件与检漏仪连通，调整好检漏仪使其处于待检漏状态；用喷枪6（或喷嘴）在被检件可能存在漏孔的部位喷吹氦气。喷吹一定时间后，检漏仪即可指示出被检件是否存在漏孔及漏孔的漏率。

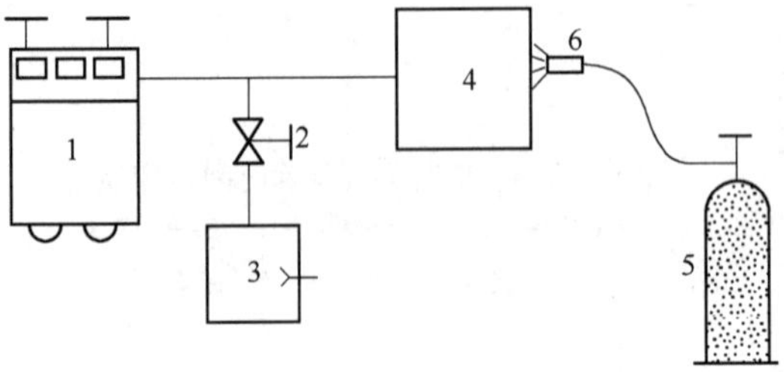

图11-26　喷吹检漏法装置

1—检漏仪；2—节流阀；3—辅助泵；4—被检件；5—氦气瓶；6—喷枪

检漏时，喷吹示漏气体时间要适当，太短时检漏灵敏度低，太长时检漏效率低。如果要求检验灵敏度为 $q_{\mathrm{Ldmin}}$，当检漏仪接在高真空侧时，其喷吹时间 $t_s$ 可由式(11-15)求得为

$$t_s = -\frac{\tau}{n}\ln\left[1-\frac{q_{\mathrm{Lemin}}nS}{q_{\mathrm{Ldmin}}S_{\mathrm{iHe}}\gamma}\right] \tag{11-21}$$

当检漏仪接在前级真空侧时，可由式（11-20）求得

$$t_s = -\frac{\tau}{n}\ln\left[1-\frac{q_{\mathrm{Lemin}}n_b S_b}{q_{\mathrm{Ldmin}}S_{\mathrm{iHe}}\gamma}\right] \tag{11-22}$$

喷枪移动速度 $v$ 与喷嘴直径 $d$ 及喷吹时间 $t_s$ 有如下关系

$$v = \frac{10d}{t_s} \tag{11-23}$$

检漏时，以式（11-23）计算的移动喷枪速度进行喷吹时，较为合适。

喷吹法检漏可采用标准漏孔比对法确定漏孔漏率。若已知一标准漏孔的标称漏率为 $q_{\mathrm{L0}}$，将其设置在与被检漏孔基本相当的位置，用氦喷吹时的输出信号为 $I_s$，而用相同示漏气体在同样条件下喷吹被检漏孔时，其输出信号为 $I$，则被检漏孔的漏率为

$$q_{\mathrm{L}} = \frac{I}{I_s}q_{\mathrm{L0}} \tag{11-24}$$

喷吹法检漏时应注意的问题是：

（1）由于氦气轻，喷吹检漏时，应从被检件上方开始检漏，逐渐向被检件下方移动喷枪；由靠近检漏仪处检漏逐渐移至远处；先用大气流粗检找出漏孔所在区域后，再用小气流精检以找出漏孔的确切的位置。

（2）当存在两个相距很近的可疑漏孔时，应注意喷枪喷出氦气流方向（或盖住一个漏孔点）进行检漏。

（3）检出的漏孔应复查。

（4）检漏场地要有良好的通风条件，但不得影响喷枪喷出的氦气的流动的方向。

11.5.4.2 氦罩法

利用检漏罩将被检件的整体或局部罩起来，检漏时先将罩内空气抽除，然后充入示漏气体，以检漏仪输出信号表征漏孔的存在和被罩部位的总漏率，其检漏装置如图 11-27 所示。

检漏罩可用塑料薄膜制成。对于大批量小型被检件，也可制成专用的刚性较好的检漏罩，使充入氦气压力高于大气压力，以便提高检漏灵敏度。

氦罩法的检漏结果是被罩部位的总漏率。若确定漏孔的准确位置，可再用喷吹法进行进一步检漏。

如果检漏罩容积较大，应当回收罩内氦气，否则必须解决好检漏场地的通风问题，以便降低空气中的氦的分压。

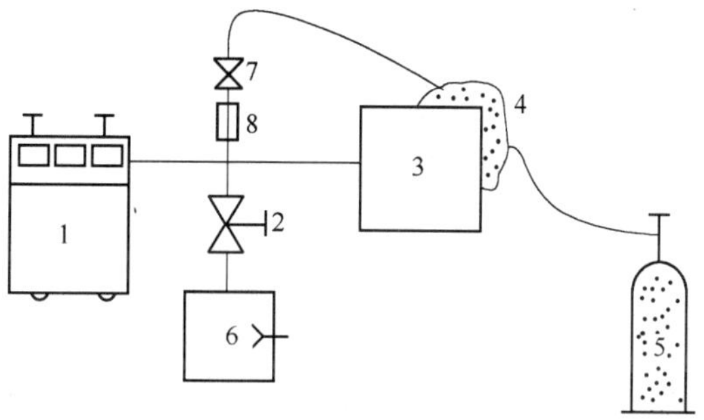

图 11-27 氦罩法检漏装置

1—检漏仪；2—辅助阀；3—被检件；4—氦罩；5—氦气源；6—辅助泵；7—阀门；8—标准漏孔

11.5.4.3 检漏盒法

检漏盒法大多用于焊接件的焊缝检漏，特别是焊接件还没构成一个整体容器时更为方便。其检漏装置如图 11-28 所示。图中检漏盒往往是特制的能与被检件表面很好吻合的刚性盒体。

检漏时，将检漏盒罩在可疑部位上，用辅助泵抽气并使该盒与被检件表面密合。调整检漏仪，使其处于工作状态。在检漏盒所罩部位背面施加氦气，这样就可以根据检漏仪输出信号判定漏孔位置及漏率，其检漏灵敏度可用标准漏孔比较法求之。

设计检漏盒时应满足的要求是：盒内至少能抽空至几十帕；盒与被检件密封可靠、扣罩方便；盒的形状与尺寸要尽可能适应于多种形式的焊缝。检漏盒的材料可以选用金属、硬塑料或硬橡胶。

11.5.4.4 充压法

充压法检漏装置如图 11-29 所示。将被检件放入容器内对该容器抽至低真空，调节辅助阀和检漏仪，使检漏仪处于正常工作状态。将被检件内充入氦气，如果有漏孔，氦经过漏孔逸出进入容器，并随之进入检漏仪。根据检漏仪指示可判定漏气及总漏率。为了提高被检件的检漏灵敏度，可适当提高被检件内的充氦压力或先将被检件抽真空后再充入氦气，但充入的压力不应高于被检件的强度或刚度的容许值，并且应注意对氦气的回收及场地的通风。

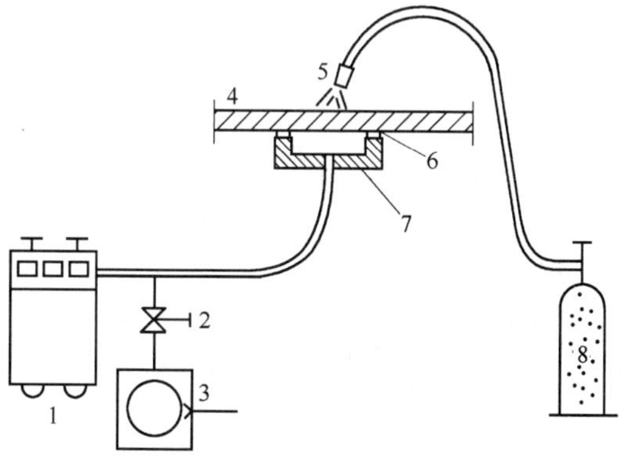

图 11-28 检漏盒法检漏装置

1—检漏仪；2—辅助阀；3—辅助泵；4—被检件；5—喷枪；6—密封圈；7—检漏盒；8—氦气瓶

11.5.4.5 吸嘴法

吸嘴法亦称充氦吸嘴法，是将被检件预先抽成真空再对其内部充入氦气，然后用以软管与检漏仪相连的吸嘴（或称吸枪）在被检件外表面可疑处逐点吻吸。若有漏孔，由被检件内流出的氦随周围空气一起被抽入检漏仪。从而产生漏气的输出指示。

其检漏装置如图11-30所示。

吸嘴法的检漏灵敏度与检漏仪性能、充气压力、氦分压、吸嘴与被检件的距离及移动速度、连接管的通导以及辅助泵抽速等因素有关。因此该法多用于定性检漏。

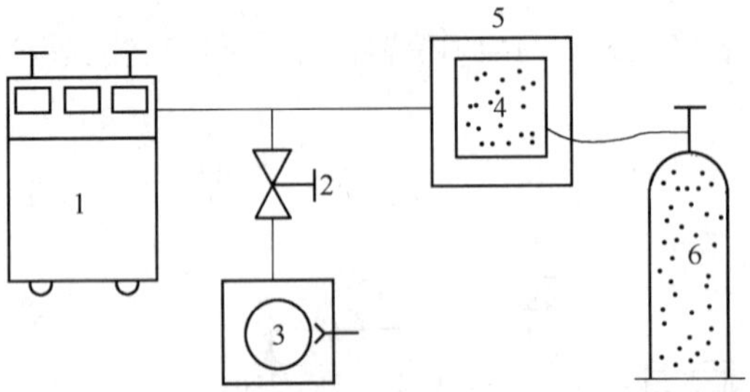


图 11-29 充压法检漏装置

1—检漏仪；2—辅助阀；3—辅助泵；4—被检件；5—容器；6—氦气瓶

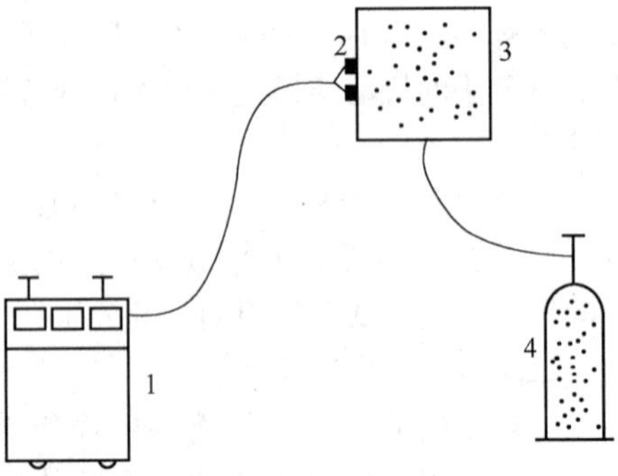


图 11-30 吸嘴法检漏装置

1—检漏仪；2—吸嘴；3—被检件；4—氦气瓶

吸嘴法检漏应当注意的问题是：

(1) 检漏灵敏度与充气的氦分压比成线性关系。在氦分压比不变的条件下，充气压力越高，最小可检漏率越低。但是，初检时被检件内切勿充入过高压力的氦气，应注意防止有大漏孔时浪费氦气及对检漏仪本底的严重干扰。因此，先以低充气压和低氦分压粗检，如有大漏孔时，应立即封闭（修补或临时补漏），然后再以高压、高氦分压比精检，并且注意复检。

(2) 在校准检漏灵敏度时，如果大气中氦的检漏仪指示大于氦气通过标准漏孔时检漏仪指示的 30%，应该采取措施减少大气中氦的分压，否则，该灵敏度检测是没有实用价值的。

(3) 吸嘴与被检件表面距离不大于 1mm，吸嘴移动速度不大于 2cm/s。

(4) 充气压力必在安全范围，防止被检件损坏和保护工作人员安全。

(5) 检漏完毕，要回收氦，并注意检漏场地通风良好。

11.5.4.6 背压法

背压法检漏系统如图 11-31 所示，其检漏原理及步骤已在本章 2.3 节中详细论述过。这里只介绍背压检漏法的注意事项。

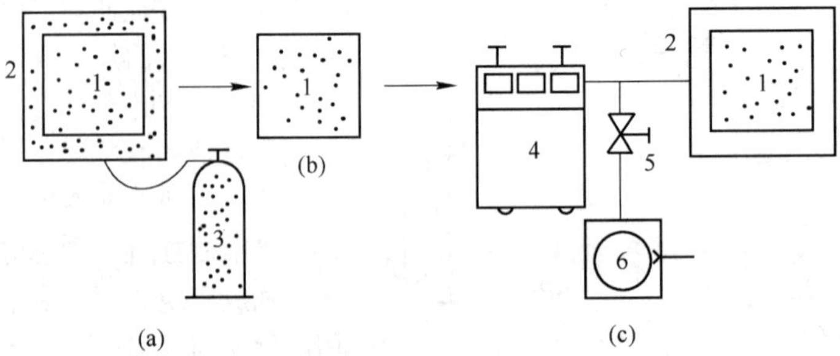


图 11-31 背压法检漏系统

(a) 充压；(b) 净化；(c) 检漏

1—被检件；2—容器；3—氦气瓶；4—检漏仪；5—辅助阀；6—辅助泵

（1）为提高检漏灵敏度，应适当提高充气压力、加长浸泡时间、缩短净化时间。

（2）背压法适用于容积较小的被检件的检漏。

（3）背压法不适用于有大漏孔被检件的检漏。如果被检件上有较大漏孔，在净化时会使充入被检件内部的氦流失严重，降低检漏仪输出指示，甚至检不出漏孔。

11.5.4.7 累积检漏法

对漏气和出气都不大的被检件，采用累积法检漏可以大大提高检漏灵敏度。特别是当仪器灵敏度不能满足充压法、氦罩法或吸嘴法检漏方法的要求时，可以采用如下作业方法：

A 氦升压累积法

氦升压累积法原理如图 11-32（a）所示。将检漏仪的抽速阀关闭，由漏孔漏入的氦不断累积，检漏仪质谱室中的氦分压不断增高，从而提高了检漏灵敏度。被检件漏孔漏率 $q_L$ 为

$$q_L = VS\Delta I/\Delta t \tag{11-25}$$

式中 $V$——抽速阀至被检件的系统容积，$m^3$；

$S$——检漏仪的分压灵敏度，Pa/格（其值可以用标准漏孔校准得到）；

$\Delta I$——检漏仪输出在 $\Delta t$ 时间的变化量，格；

$\Delta t$——累积时间，s。

B 峰值（氦罩）累积法

采用氦罩的峰值累积法原理如图 11-32（b）所示。将快速阀关闭，由氦罩漏入的氦气不断累积，经过 $\Delta t$ 时间后，打开快速阀使流入检漏仪质谱室中的氦显著增多，从而提高了检漏灵敏度。被检件中的漏孔漏率 $q_L$ 为

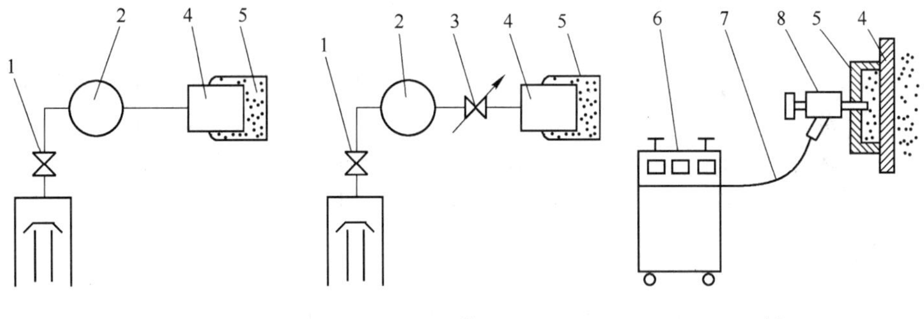


图 11-32 累积检漏法原理

（a）氦升压累积法；（b）峰值（氦罩）累积法；（c）峰值（吸嘴）累积法

1—抽速阀；2—质谱室；3—快速阀；4—被检件；5—氦罩；6—检漏仪；7—导管；8—吸嘴

$$q_L = q_{Ldp}\Delta I_{max}/\Delta t \tag{11-26}$$

式中 $q_{Ldp}$——峰值累积法检漏仪的刻度，$Pa \cdot m^3$/格（其值可以用标准漏孔校准得到）；

$\Delta I_{max}$——检漏仪输出最大变化量，格；

$\Delta t$——累积时间，s。

C 峰值（吸嘴）累积法

采用吸嘴的峰值累积法原理如图 11-32（c）所示。在累积时间内，流入氦罩（或检漏盒）中的氦不断累积，其分压不断增高。当打开吸嘴阀时，将有较高分压的氦流入检漏仪，提高了检漏灵敏度。如果使用标准漏孔比较法测定漏孔漏率，可由下式计算：

$$q_L = q_{L0}\Delta I_{max}/\Delta I_{0ma} \quad (11\text{-}27)$$

式中　　$q_L$——被检测孔漏率，Pa·m³/s；

$q_{L0}$——标准漏孔的标准漏率，Pa·m³/s；

$\Delta I_{max}$，$\Delta I_{0ma}$——在相同检测条件下，对应于被检件和标准漏孔的检漏仪输出的峰值变化量，格。

在累积法检测过程中，应注意检漏仪工作状态要保持稳定，尽量防止仪器噪声和工作压力的变化，尽可能少用或不用吸氦的橡胶、油质及塑料等材料。

11.5.4.8　选择性抽气法

采用对氮、氧、二氧化碳等抽气能力强但对氦抽气能力弱的选择性抽气方法，可以显著提高检漏灵敏度。常用的选择性抽气泵是分子筛吸附泵及钛升华泵。其检漏装置如图 11-33 所示。它的检漏原理基本与累积法相同。这种方法由于采用了选择性抽气泵，即可使累积时间明显增长又使检漏稳定，因此可进一步提高检漏灵敏度。其最小可检漏率可达 $3\times10^{-14}$ Pa·m³/s。

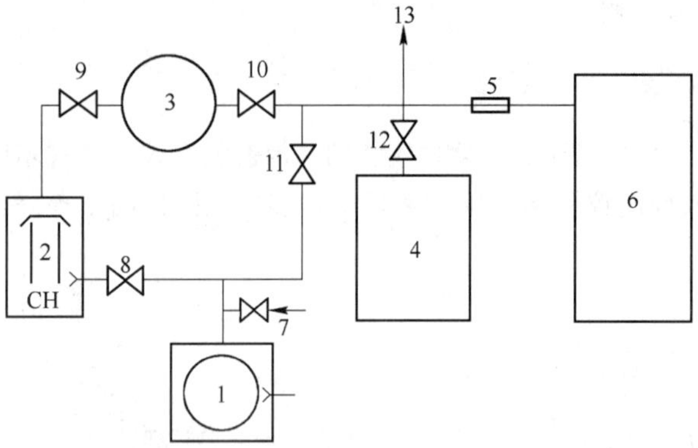


图 11-33　选择性抽气检漏法原理

1—机械泵；2—扩散泵；3—质谱室；4—分子筛吸附泵；5—标准漏孔；6—配气系统；7～12—阀门；13—接被检件

11.5.4.9　逆流氦检漏法

来自被检件的氦气由前级真空侧通入真空系统，然后逆其主泵气流方向到达高真空侧的质谱室，以这种方式进行检漏的方法称作逆流氦质谱检漏法，简称逆流检漏法。

这种方法通常使用专门的逆流氦质谱检漏仪，其结构示意图参见本章 11.5.2.2 节的图 11-21。逆流检漏法的检漏灵敏度，主要取决于主泵对氦的压缩比，该压缩比越小，而对其他气体压缩比越大，检漏灵敏度越高。实践证明，逆流氦质谱检漏仪的主泵抽速可以小一些，可以不设置冷阱，质谱室不易污染，灯丝寿命长以及结构简单；被检件压力可高些，(可达几十帕，而顺流检漏仪要求低于 $10^{-2}$ Pa)。因此，扩展了质谱检漏仪的使用范围，尤其在工业检漏中得到了广泛应用。

除了采用逆流氦质谱检漏仪之外，真空系统较为完善的常规（即顺流）型检漏仪，经过必要的调试，也可以采用逆流法检漏。如图 11-20 所示真空系统的检漏仪（逆流检漏时关闭节流阀 12)，使用时适当降低扩散泵加热功率。逆流法检漏仪器灵敏度比相同功率下顺流法检漏的仪器灵敏度高几倍至几十倍。另外，以涡轮分子泵为主泵的逆流氦质谱检漏技术研究表明，其检漏灵敏度可达 $1\times10^{-10}$ Pa·m³/s，已接近顺流检漏灵敏度。

## 11.6　标准漏孔

所谓标准漏孔，即是专门为真空检漏及校准工作而制造、能够在一定条件下向真空系统内部提供已知气体流量的元件。标准漏孔的规格就是所提供的气体流量（即漏率），一般要指明所对应的气体种类、温度、压力等条件。如果不特别指明，则指温度为(296±3)K，入口压力为 $1.01\times10^5$ Pa，出口压力低于 $1.33\times10^3$ Pa 的干燥空气（其露点温度低于 248K）的漏率。

为了校准各种检漏仪器的灵敏度和标定检出漏孔的大小，在真空检漏技术中，是通过采用标准漏孔的办法来实现的。此外，还可以采用精密的标准漏孔来完成对真空泵抽速的测量及真空计的校准等方面工作。目前所采用的标准漏孔主要有两种类型，一种是实漏型，另一种是虚漏型。前者有金属压扁型、玻璃毛细管型、玻璃-铂丝型等，后者则有薄膜渗氦型，放射性型等。几种常用的标准漏孔如图 11-34 所示。

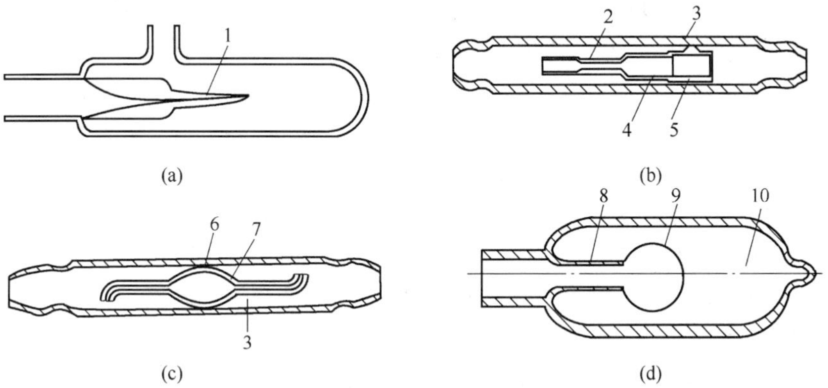


图 11-34 几种常用标准漏孔的结构

(a) 玻璃毛细管型；(b) 金属压扁型；(c) 玻璃—铂丝型；(d) 薄膜渗氦型

1—玻璃毛细管；2—漏孔（无氧铜）；3—11 号玻壳；4—可伐管；5—8 号玻璃；6—玻璃接头；7—铂丝；8—过渡接头；9—石英薄膜；10—氦室（11 号玻璃）

图 11-34（a）所示的玻璃毛细管型标准漏孔是用局部拉细的玻璃毛细管制成的，其漏率为 $10^{-4}$ Pa • L/s。

图 11-34（b）所示的是金属压扁型标准漏孔，这种漏孔通常用无氧铜管或可伐管通过模具压制而成，具有制作简单，性能稳定，不易堵塞等特点。其漏率为 $10^{-3}$ Pa • L/s。

图 11-34（c）所示的是玻璃-铂丝标准漏孔，它是利用玻璃与铂丝的不匹配封接制成的。当铂丝直径为 0.1～1.5mm；封接长度为 5～10mm 时，漏率约为 $10^{-7}$ Pa • L/s。当温度改变时，其漏率会变化。若 296K 的漏率为 $q_{L,296}$，则温度 $T$ 时的漏率为：

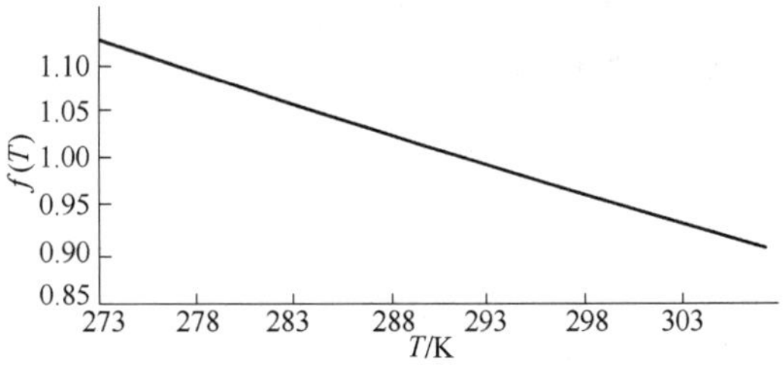


图 11-35 $f$（$T$）曲线

$$q_{L,T} = f(T) q_{L,296} \tag{11-28}$$

式中，$f$（$T$）的曲线如图 11-35 所示。

图 11-34（d）所示的是带氦室的薄膜渗氦型标准漏孔，是将石英玻璃吹制成一定直径和厚度的薄膜球泡，利用石英玻璃具有较强的渗氦能力而制成的。氦室内的氦气压力通常为 $10^5$ Pa 左右，它的漏率一般为 $10^{-2}$～$10^{-6}$ Pa • L/s。当氦在石英玻璃中的扩散达到稳定状态时，沿垂直器壁方向的渗氦量可用下式描述：

$$q_{LHe} = KA \frac{\Delta p_{He}}{b} \exp\left(-\frac{E}{RT}\right) \tag{11-29}$$

式中 $K$——常数；

$A$——石英薄膜的表面积；

$b$——石英薄膜厚度；

$\Delta p_{He}$——石英玻璃两侧氦气压力差；

$R$——摩尔气体常数；

$T$——环境热力温度；

$E$——氦在石英中的扩散激活能。

从式（11-29）中可以看出，选择不同的薄膜厚度，面积和充入氦气压力就可以制成具有不同漏率的标准漏孔。而且漏率与温度成指数关系。由于温度对漏率影响很大，因此在使用时应注意修正由于温度变化所带来的影响。并且可以利用漏率与温度有关的这一性质把石英薄膜渗氦型漏孔做成漏率可调的漏孔。例如，一支在0℃时，漏率为$1.14\times10^{-3}$Pa·L/s的石英薄膜渗氦漏孔，当温度升高到200℃时，则漏率可变成$6.8\times10^{-4}$Pa·L/s，其变化值可达两个数量级。但是这个变化过程较慢。由于这种漏孔在进气端的压力改变时，要重新建立稳定的氦流量，需要较长的时间，因此这种漏孔制成带氦容器结构形式是必要的。

薄膜渗氦型标准漏孔所具有的特点是性能稳定，抗污能力强，完全没有被堵塞漏孔的现象。但随着使用时间的增长，氦室内氦压力逐渐下降，漏率将逐年递减。

在使用标准漏孔时应注意如下几个问题：

（1）必须强调，标准漏孔的标称漏率是指在特定条件下的漏率值，而这些条件如不加说明的话，则是指温度为（23±3）℃，漏孔进气端压力为标准大气压力（$1.01\times10^5$Pa），出气端压力应低于$10^3$Pa，通过干燥空气（露点低于−25℃）时的漏率。若标准漏孔的使用条件与上述规定不符时，其漏率值就不是标称漏率，应通过换算后求得。

当漏孔中的气流为黏滞流时，其漏率应为：

$$q_L = q_{L0}\ \frac{p^2\,\eta_{air}}{p_0^2\,\eta} \tag{11-30}$$

当漏孔中的气流为分子流时，其漏率应为：

$$q_L = q_{L0}\ \frac{p}{p_0}\left(\frac{M_{air}}{M}\right)^{\frac{1}{2}}\left(\frac{T}{T_0}\right)^{\frac{1}{2}} \tag{11-31}$$

式中　$q$——标准漏孔的漏率；

$T_0$——296K；

$p_0$——$1.01\times10^5$Pa；

$M_{air}$——空气的摩尔质量（$29\times10^{-3}$kg/mol）；

$T$——标准漏孔使用温度，K；

$p$——标准漏孔进气端压力，Pa；

$M$——标准漏孔流过气体的摩尔质量，kg/mol；

$\eta_{air}$——空气的黏滞系数（$1.83\times10^{-5}$Pa·s）；

$\eta$——流经标准漏孔气体的黏滞系数，Pa·s。

（2）应防止水蒸气、油蒸气及其他微粒进入标准漏孔中，以免造成漏孔的堵塞；

（3）标准漏孔在不使用时最好放在空气干燥箱中妥善保存；

（4）标准漏孔使用时间过长时，其漏率值可能改变，应重新校准；

（5）标准漏孔应尽量避免在振动较大，温度易于升高的条件下使用，以免发生振裂、炸裂或发生原件几何尺寸变化引起漏率的改变；

（6）标准漏孔安装时应小心，安装要牢靠，其位置应选择合理使用方便，又要尽量避免易于被人、工具和落下物碰撞和击坏；

（7）标准漏孔堵塞后，可在抽空条件下采用缓慢烘烤的办法使其疏通，但不可使用火花检漏仪加热标准漏孔。疏通后的标准漏孔应重新进行校准，方可使用。

## 11.7 真空检漏工作的注意事项

为了保证真空设备或系统具有良好的密封性能，仅仅在设备安装完毕后去寻求漏孔的位置，堵塞漏孔的通道是远远不够的。作为一名优秀的真空技术人员，有必要在真空设备或系统的设计、制造、调试、使用各个有关环节中随时进行真空检漏工作。现仅就这些环节所应从事的真空检漏工作内容及其应考虑的问题介绍如下。

A 真空设备设计中的注意事项

(1) 根据设备的工艺要求，确定真空设备的总的最大允许漏率。并依据这一总漏率确定各组成部件的最大允许漏率。

(2) 根据设备的最大允许漏率等指标，在设计阶段就初步确定将要采用的检漏方法。并作为指导设备设计、加工、调试、验收的基本原则之一。

(3) 根据设备或部件的最大允许漏率指标，决定设备的密封、连接方式和总体加工精度。如法兰采用金属密封或橡胶密封，以及何种动密封形式能够满足要求。

(4) 容器结构强度设计时，考虑如果采用加压法检漏时要求被检件所应具有的耐压能力和结构强度。

(5) 选择零部件结构材料时，考虑是否使用了可能被工作介质和示漏气体腐蚀而导致损坏的材料。

(6) 结构设计时，在容器或系统上要留有必要的检漏仪器备用接口，以便在设备组装、调试过程中检漏使用。尤其是大型、复杂的管路系统，通常需要采用分段检漏方法，因此在管路上要设置分段隔离的阀门，并在每一隔离段上预留检漏仪器接口。

(7) 零件结构设计时，尽量避免采用可能干扰检漏工作的设计方案。例如在真空室内螺钉孔不能采用盲孔形式，因为安装螺钉后螺孔内部剩余空间的气体只能通过螺纹间隙逸出，形成虚漏，从而延长系统抽气时间，干扰检漏正常进行。如图 11-36 (a) 所示。

(8) 与此类似，结构设计中不允许存在连续双面焊缝和多层密封圈结构，因为这会在中间形成“寄生容积”。当只有内侧焊缝或密封圈有漏孔时，“寄生容积”内的气体会形成虚漏；而当内、外双侧焊缝或密封圈同时泄漏时，“寄生容积”使示漏气体穿越双层焊缝的响应时间过长，无法正常检漏。如图 11-36 (b) ～ (d) 所示。

(9) 焊接结构设计时，尽量减少总装后无法检漏的焊缝。

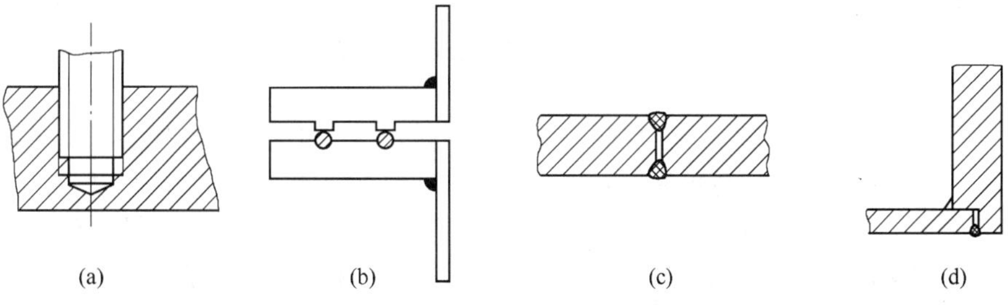

(a) (b) (c) (d)

图 11-36 不应出现的结构

B 真空设备制造过程中的检漏工作

在设备的加工阶段，有必要跟随加工工艺（尤其是焊接工艺）及时地对半成品零部件进行检漏。对于制造完毕后无法接触、检漏或修补的部件，焊缝质量要严格检漏，不合格的及时重焊、补焊并重新检漏，符合要求后才可以进行下一道工序。特别是对于大容器的组焊、加工，中间过程的检漏十分关键，必要时应该设计、制造专门的检漏工具（如探漏盒、盲板等）。对于采用双层室壁水冷夹套的真空室体，最好首先组焊完内层室壁并检漏，确认没有漏孔后再组焊外层室壁。同样道理，对于室壁外侧有保温层等不易拆卸结构的情况，必须首先对室壁做严格检漏，然后才能包覆外层结构。

在条件允许情况下，所有真空法兰与其接管（包括真空室体法兰与室体壁）均应采用焊后加工法兰表面的工艺。不经焊后加工的法兰，即便在安装调试阶段可能满足了密封要求，但在设备使用过程中，受热、振动等因素也可能诱发焊接应力的释放，从而导致法兰变形和密封性能下降。

加工制造过程中，严格执行真空作业卫生和作业规范，对于提高真空设备和系统的气密性也是很有帮助的。焊接坡口打磨成型后，需经去油清洗并及时保护防止再次受到污染，将有利于提高焊缝的气密性。已经加工完成的零部件动、静密封面，应该具有保护措施，严防在存放、搬运、装配过程中发生磕碰、划伤。使用焊接波纹管、金属与陶瓷或玻璃封接件、玻璃器件等易损件时，更应精心作业，尤其避免已经通过预检漏后被损坏而产生漏孔。

C 真空设备安装调试过程中的检漏步骤

安装调试阶段是真空设备或系统检漏工作的主体。若设备焊缝的气密性已经通过加工阶段的检漏得以保证，那么在设备安装、调试过程中，检查、保证连接部位的密封性，是检漏工作的重点。包括各个管道、部件间的法兰连接和动密封件等重点可疑部位。若同时对焊缝和连接部位检漏，则检漏的工作量和难度都加大。大型、复杂真空设备最好是采用分段检漏，每装上一个部件，便对其连接部位和焊缝进行一次检漏，达到要求后再装下一个部件。因为将所有部件全装配完后再检漏，不仅怀疑部位太多，还可能多个漏孔同时漏气，给总体检漏带来极大困难。真空设备安装调试过程中的检漏步骤如下：

(1) 了解待检设备的结构组成和装配过程。掌握设备的要求，查明需要进行检漏的重点可疑部位。

(2) 根据所规定的最大允许漏率以及是否需要找出漏孔的具体位置等要求，并从经济、快速、可靠等原则出发。正确选择好检漏方法或仪器，准备好检漏时所需的辅助设备后。拟定切实可行的检漏程序。

(3) 应对被检件进行好清洁工作，取出焊渣、油垢后再按真空卫生条件进行清洁处理，并予以烘干。对要求高的小型器件。清洁处理后可通过真空烘干箱进行烘烤，进行清洁处理后不但可以避免漏孔不被污物、油、有机溶液等堵塞，而且也保护了检漏仪器。

(4) 对所选用的检漏方法和检漏设备进行检漏灵敏度的校准，并确定检漏系统的检漏时间。

(5) 若采用真空检漏法时，为了提高仪器的灵敏度，应尽可能将被检件抽到较高真空。

(6) 在允许的前提下，应尽可能优先应用较为经济和现场具备条件的检漏方法。

(7) 采用氦质谱检漏设备检漏时，对于要求检漏不高的或有大漏产生的被检件时，在检漏初期应尽量用浓度较低的氦气进行检漏，然后再进行小漏孔的检漏，以节约氦气。

(8) 对已检出的大漏孔及时进行修补堵塞后再进行小漏孔的检漏。

(9) 对检出并修补的漏孔进行一次复查以确保检漏结果达到要求。

D 真空设备使用过程中的注意事项

在真空设备使用运行阶段，时常出现设备气密性下降，总体漏率上升的情况，并且是影响真空设备正常工作的主要原因。造成这种现象的原因包括：机械振动造成连接部位松动；经常拆卸部位的密封圈可能损坏或安装不正确；由于冷、热冲击而发生变形和疲劳破坏；某些部件或材料因受工作介质的腐蚀而破坏；某些原本被水、油或其他脏物堵塞的漏孔重新疏通；以及应力集中而造成裂纹等。

正确使用真空设备，应该将检漏工作纳入真空设备日常维护、管理规范之中，例如定期做静态升压检测实验。操作人员发现设备气密性下降应及时解决，根据其设备使用情况和故障现象来分析泄漏原因，并采取适当的检漏手段，检出漏孔位置，及时修补。不要等到设备出现多种、多处泄漏，已经无法正常工作时再去检漏维修。另外，平时准备充足的密封备件，定期（而不是出现问题后）更换易损件，也是做好真空检漏工作、保证设备正常运行的主要措施。

# 12 真空系统的组成

## 12.1 真空系统的形式

真空系统是由真空容器和获得真空、测量真空、控制真空等组件组成。

一个较完善的真空系统由真空室、所需的真空泵或真空机组、真空测量装置、连接导管、真空阀门、捕集器、其他真空元件及电气控制系统构成。典型的真空系统如图 12-1 及 12-2 所示。

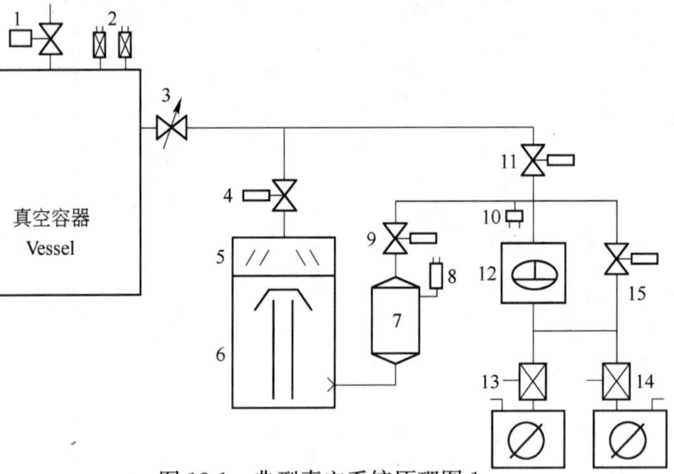


图 12-1 典型真空系统原理图 1

1—真空室充气阀；2—真空测量规管；3—流量调节阀；4—高真空阀；5—冷阱；6—油扩散泵；7—储气罐；8—热偶计规管（测扩散泵前级压力）；9—前级阀；10—真空膜盒继电器；11—预抽阀；12—罗茨泵；13，14—机械泵（其中一台可兼维持泵）；15—旁通阀

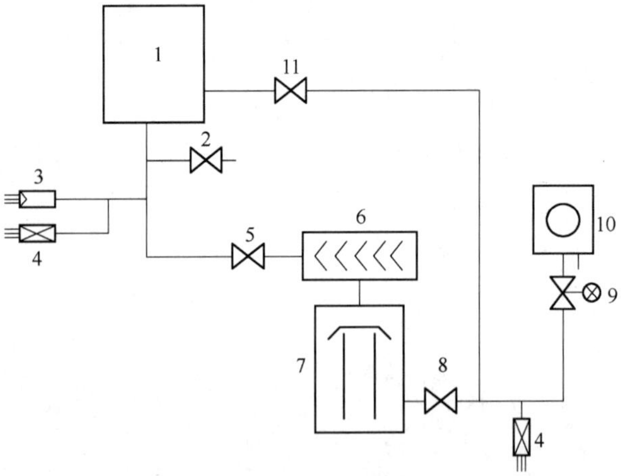


图 12-2 典型真空系统原理图 2

1—真空室；2—放气阀；3—电离真空计；4—热偶真空计；5—高真空阀；6—冷阱；7—扩散泵；8—前级真空阀；9—电磁真空阀；10—机械泵；11—管道阀

真空系统按其工作压力进行分类，可分为：（1）粗真空系统（工作压力大于 1330Pa）；（2）低真空系统（工作压力在 1330～0.13Pa）；（3）高真空系统（工作压力在 0.13～$1.3\times10^{-6}$Pa）；（4）超高真空系统（工作压力在 $1.3\times10^{-6}$～$1.3\times10^{-10}$Pa）；（5）极高真空系统（工作压力低于 $1.3\times10^{-10}$Pa）。

按真空系统所要求的清洁程度分，有（1）有油真空系统（真空室有油蒸气污染）；（2）无油真空系统（真空室无油蒸气污染）。

## 12.2 真空机组

真空机组是将真空泵与相应的真空元件按其性能要求组合起来构成的抽气装置。其特点是结构紧凑，安装使用方便。

真空抽气机组可以分为低真空抽气机组、中真空机组、高真空机组、超高真空机组、无油真空机组等。真空机组的名称以主泵命名。

### 12.2.1 低真空抽气机组

低真空抽气机组的主要特点是工作压力高、排气量大，但抽速比高真空机组低。多用于真空室的粗抽以及放气量很大、工作压力又高的真空输送、真空浸渍、真空过滤、真空干燥、真空脱气（钢水处理）等装置中。

低真空抽气机组的主泵常用往复式真空泵、油封式机械泵、干式机械泵、水喷射泵、水蒸气喷射泵、水环泵，分子筛吸附泵、湿式罗茨泵等直排大气真空泵，使用低真空抽气机组，还需要根据被抽气体清洁程度、湿度或其他特殊要求，配置必要的除尘器、水气分离器、油水分离器、干燥阱等部件。

（1）油封机械泵机组抽除可凝性气体的措施。

油封机械泵不适于抽除含有大量水蒸气的气体。水蒸气在压缩过程中会凝结成水滴，并与泵油混合形成悬浮液，破坏泵的抽气性能，使泵的真空度下降。一般采取的措施有：使用带有气镇装置的油封机械泵，并使泵的工作温度控制在 75～90℃之间，以减少气镇阀负担；在机组中安装水汽分离器或油水分离装置，将混有水的机械泵油进行处理，处理过的油再进入泵中使用；使用各种干燥吸附剂做成捕集阱吸收水蒸气；使用各种冷凝器或冷阱，不仅能有效地吸附水蒸气，同时还可阻挡机械泵向真空室的返流。

（2）常用机组形式。

图 12-3 为油封机械泵低真空机组，图 12-4 为油封机械泵加上挡油阱的低真空机组，适用

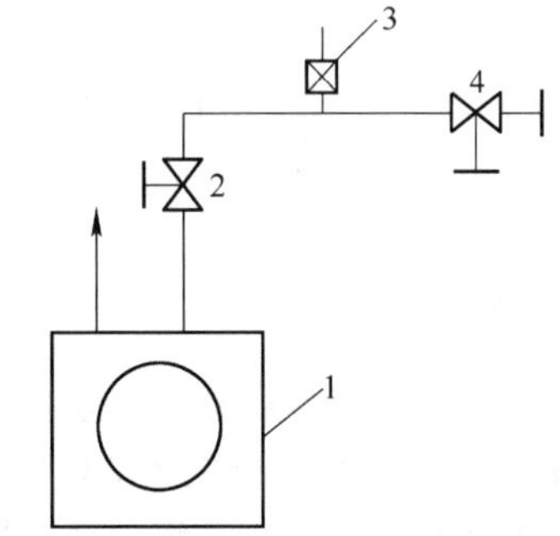


图 12-3 油封机械泵低真空机组
1—机械泵；2—放气阀；3—热电偶；4—管道阀

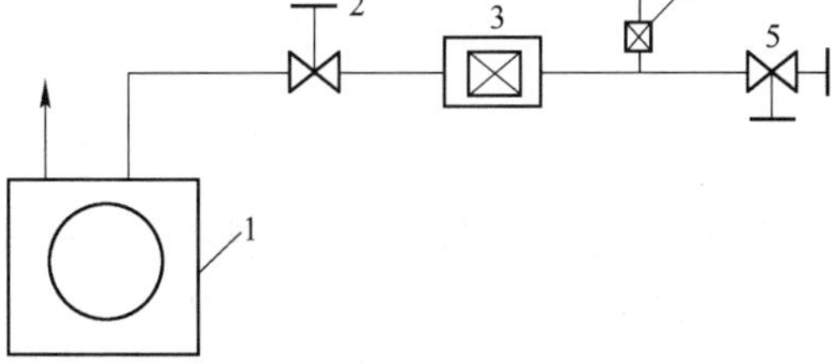


图 12-4 有挡油阱的低真空机组
1—机械泵；2—放气阀；3—挡油阱；4—热电偶；5—管道阀

于化学气相沉积装置、真空包装、医药工业等领域。

图 12-5 为有挡油阱的低真空机组。双级水环泵和大气喷射泵串联组成的机组极限压力 1300Pa。工作时，先开动水环泵，以获得大气喷射泵所需的预压力，使大气喷射泵的进气口与出气口之间有压力差，大气便通过喷射进入泵内形成高速运动气流，将被抽气体吸入，经扩压器被水环泵排走。

该机组适用于真空蒸发、真空浓缩、真空浸渍、真空干燥、真空冷冻等工艺过程。

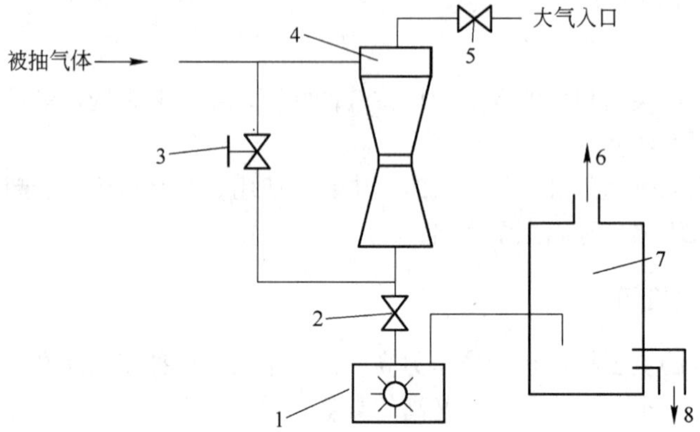


图 12-5　双级水环泵-大气喷射泵机组

1—水环泵；2—止回阀；3—管道阀；4—大气喷射泵；5—空气进入阀；6—排气阀；7—气水分离器；8—排水口

### 12.2.2　中真空抽气机组

中真空机组常用的主泵有油增压泵、罗茨泵（机械增压泵）等，机组适用于需要大抽速和获得中真空的各种真空系统中。可广泛用于镀膜机、真空冶炼、真空热处理、化工、医药、电工、焊接等行业。

（1）罗茨泵（机械增压泵）＋油封机械泵机组。

图 12-6 是以罗茨泵为主泵，油封机械泵为前级泵的中真空获得设备，整套机组可安置在一个机架上，结构紧凑，使用方便。

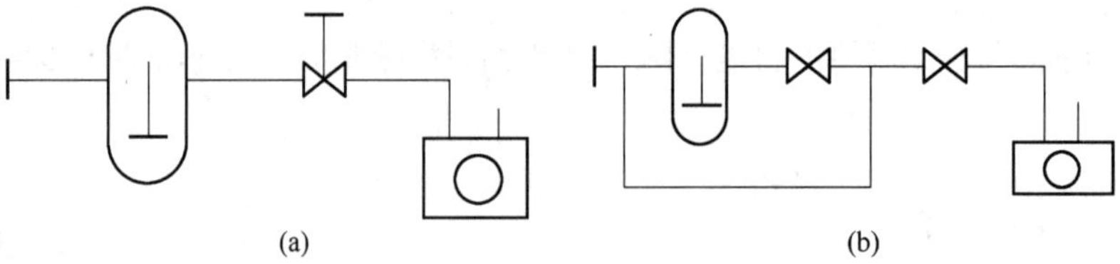


图 12-6　罗茨泵＋油封机械泵机组

作为主泵的罗茨真空泵，有选择 ZJ 型普通罗茨泵，也有选用带旁通阀罗茨泵，前者须在系统被前级泵抽到罗茨泵允许启动压力时才能启动主泵工作。后者由于带旁通阀罗茨泵在较高入口压力时运转不发生过载和过热，因此主泵可以在前级泵工作后，根据系统的实际情况来决定它的启动压力。对于小型机组，还可以两泵同时启动，以加大抽速和缩短抽气时间。

（2）罗茨泵＋水环泵机组。

图 12-7 为罗茨泵＋水环泵机组，它适合抽除含有大量水蒸气的气体，如真空浓缩、真空干燥，特别适宜于弱酸气体及含有少量细微粉尘气体的抽除。

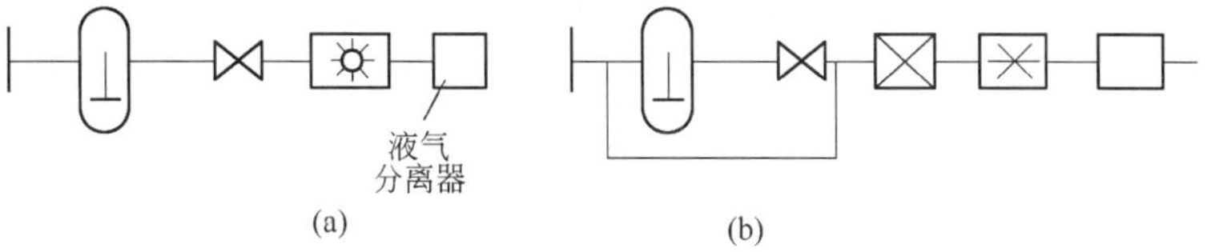


图 12-7 罗茨泵＋水环泵机组

(3) 双罗茨泵为主泵的中真空机组。

为了提高真空机组的抽气性能，达到较低的极限压力和改善在低入口压力时的抽速特性及对大型真空机组配用较小规格的前级泵，可以组成由两个罗茨泵串联作为主泵的三级抽气机组，如图 12-8、图 12-9 所示。

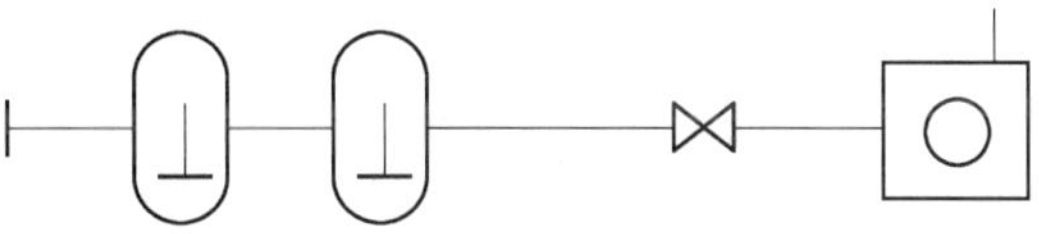

图 12-8 双级罗茨泵加油封机械泵机组

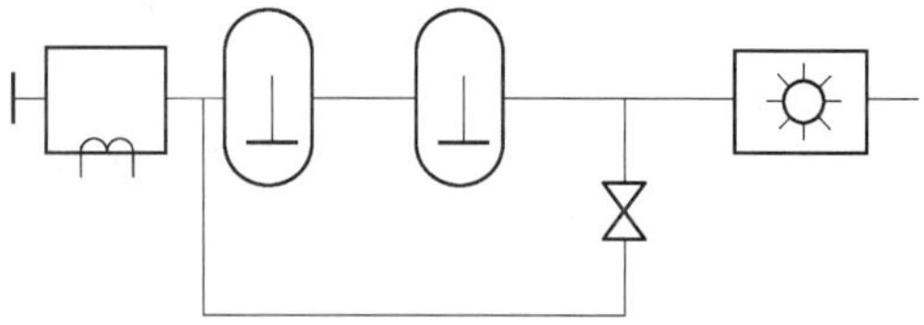

图 12-9 双级罗茨泵加水环泵机组

图 12-10 为双级罗茨泵和一级水环泵（水环泵的极限压力 $p_0=6700$Pa）及气镇式油封机械泵联合机组，极限压力可达 $10^{-2}$Pa。当需要大量抽除水蒸气时，关闭阀门 7，用水环泵做粗抽泵和前级泵，当水蒸汽分压到 300～1300Pa 后，关闭阀 5，打开阀 7，用气镇式油封机械泵做前级泵。

### 12.2.3 高真空抽气机组

高真空抽气机组工作于分子流状态下，与低真空机组相比，其特点是工作压力较低（$10^{-2}$～$10^{-6}$Pa）、排气量小、抽速大。机组的主泵通常为扩散泵、扩散增压泵、分子泵、钛升华泵、低温冷凝泵等。这些泵不能直接对大气工作，因此需要配置预抽泵和前级泵、有些扩散泵高真空抽气机组还配有前级维持泵或贮气罐，以防止气压波动，改善机组性能。

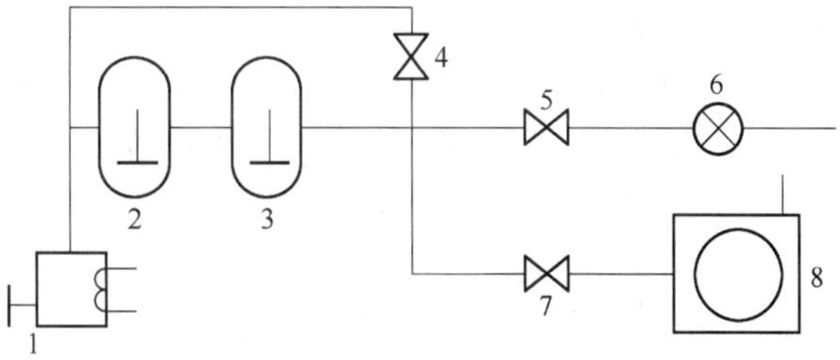


图 12-10 双级罗茨泵和一级水环泵、气镇式油封机械泵联合机组

1—冷凝器；2—ZJ600 罗茨泵；3—ZJ150 罗茨泵；4—粗抽阀；5，7—前级阀；6—ZSK3 水环泵；8—2H70 滑阀泵

(1) 预抽泵。预抽泵（粗抽泵）主要用来抽除真空室中的大量气体，使真空室内的气体压力由大气压力降到主泵能够启动工作时的真空度，因此，要求预抽泵所达到的压力小于主泵的启动工作压力，机组所选用预抽泵的抽速大小由粗抽时间决定。为了提高真空机组的利用率，预抽泵可以兼做前级泵用，两种不同抽气功能之间靠真空阀门来分隔和切换。

(2) 维持泵。由于扩散泵和油增压泵启动时间长，在周期性操作的真空设备中，当真空室装料和卸料的时候，往往为了缩短工作周期而不停止主泵，将高真空阀门和前级管道阀门关闭，使主泵仍处于工作状态。由于阀门等总是有极少量的漏气和表面放气，经过一定时间主泵泵腔内的压强增加，超过泵工作液的最大允许压强而使泵油蒸气氧化。为了解决这个问题,一个办法是用前级泵继续抽出主泵中的气体,但此时主泵内排出的气体量很小,出现前级泵大马拉小车,浪费能源。为此可采用另一个办法,停止前级泵工作,关闭前级管道阀门,在主泵出口处设置维持泵或储气罐,这样就可以保证既能排出主泵内的气体,又可以节省能源消耗。储气罐不能做得很大,它只能用在以扩散泵为主泵的小型真空机组上。而维持泵可用在配置大型主泵的真空机组中。

(3) 贮气罐。小型扩散泵高真空抽气机组通常配置有贮气罐，设置在扩散泵和前级泵之间，贮存扩散泵排出的气体，设置贮气罐的原因有：

1) 系统防振的需要。真空系统工作时，某些工艺过程要求严格防振，因此需要在真空室处在工作状态时，要使前级机械泵在一段时间内停止工作。在这段时间内，扩散泵排出的气体全都贮存在贮气罐中，用贮气罐代替机械泵维持扩散泵正常工作。

2) 为了缩短工作周期。有些生产工艺要求在不关闭扩散泵加热器的情况下，真空室放进大气换取工件、装料。而真空机组的前级泵兼做预抽泵用。装料后，用机械泵预抽真空室，在这段时间内利用贮气罐来维持扩散泵工作（作为前级泵用）。

3) 为防止真空室内瞬时大量放气影响扩散泵正常工作。真空工艺生产中的某段时间内放气量特别大，但时间短。若按此时的最大排气量配前级机械泵很不经济，此时可在系统中配置前级贮气罐，在最大放气量时贮存一部分气体，以避免扩散泵的前级压力超过最大反压力。

4) 用于稳定扩散泵出口压力。由于机械泵排气是脉动的，虽然频率不高，但是也会引起扩散泵出口压力的波动，设置贮气罐可减少这种波动。

### 12.2.4　超高真空抽气机组

超高真空机组工作在 $10^{-6}$～$10^{-10}$ Pa 超高真空压力范围，除了要求真空室的材料出气率很低、漏气率很小、能经受 200～450℃高温烘烤外，对机组的要求还有：

(1) 主泵的极限真空要高，至少在 $10^{-7}$～$10^{-8}$ Pa 以上；

(2) 在超高真空的工作压力范围内主泵具有一定的抽速；

(3) 机组的主泵或主泵进气口以上部分能承受 200～450℃的高温烘烤；

(4) 来自主泵的返流气体（包括工作液蒸气及解析的气体）的分压力要足够低；

(5) 对被抽气体选择性强的主泵，要配备足够大的辅助泵；

(6) 机组主泵进气口以上的管道、阀门等部件,材料的选择和密封要特别慎重。一般采用出气率较低的不锈钢和采用金属密封材料,以耐高温烘烤。

## 12.3　典型真空系统

### 12.3.1　粗真空系统

用粗真空泵（如水蒸气喷射泵或水环泵）直接从大气压下为真空室排气，组成的真空系统即为粗真空系统（如图 12-11 所示）。该系统是最简单的真空系统。

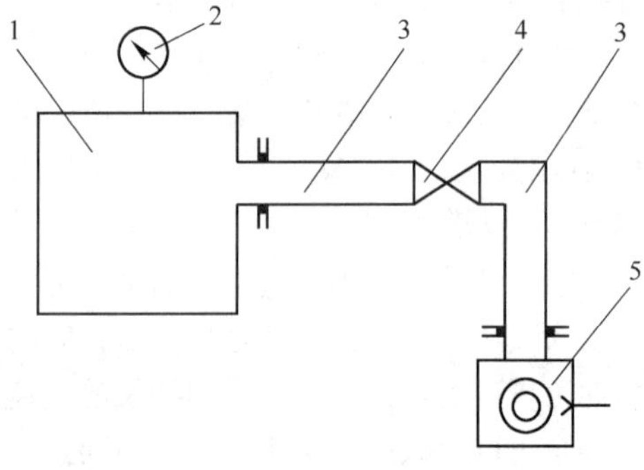

图 12-11　粗真空系统

1—被抽容器；2—真空表；3—连接管路；4—真空阀门；5—粗真空泵

### 12.3.2　低真空系统

用低真空泵（如油封式机械泵）给真空室排气，即可组成低真空系统。

### 12.3.3 中真空系统

中真空系统一般是由两个以上的真空泵串联组成的。

(1) 油增压泵串联油封机械泵组成的真空系统。该系统的工作压力范围为1.33～1.33×$10^{-1}$Pa。其优点是系统简单，抽气能力大，振动小，工作稳定可靠，维修方便。缺点是预抽时间比罗茨泵系统长。

(2) 罗茨泵串联油封机械泵的真空系统。该系统的工作压力范围为1.33～1333Pa。优点是抽气能力大，启动快，预抽时间短。缺点是工作时噪声较大。图12-12为这种系统的典型示意图。

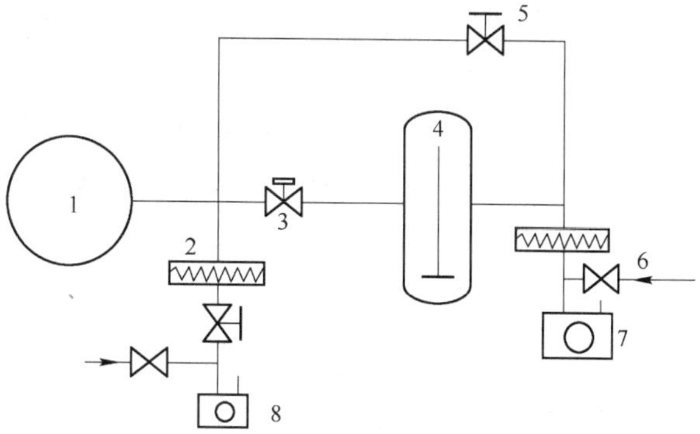


图12-12 离子渗碳及淬火炉的真空系统

1—渗碳室；2—除尘器；3—气动阀；4—罗茨泵；5—粗抽阀；6—压差放气阀；7—前级机械泵；8—维持机械泵

(3) 罗茨泵串联小型罗茨泵（中间泵），再串联机械泵的真空系统。系统的工作压力范围为0.133～1333Pa。该系统不但具备了罗茨泵系统的特点，而且加宽了工作压力范围和最佳压缩比。

(4) 罗茨泵串联水环泵的真空系统。该系统适合于排出灰尘较多的应用设备上。

### 12.3.4 高真空系统

这种系统应用较广泛，它的工作压力范围一般在1.33×$10^{-2}$～1.33×$10^{-3}$Pa。

(1) 扩散泵串联机械泵的真空系统。如图12-1所示，此系统可以获得$10^{-2}$～$10^{-5}$Pa的真空度，一般用在工作时放气量比较小的应用设备上。该系统的结构简单，工作可靠，成本低。缺点是系统启动慢，预抽时间长。扩散泵的油蒸气容易返流到真空室中去。

(2) 扩散泵串联油增压泵，再串联油封机械泵的真空系统。该系统的预抽时间短，但启动较慢。

(3) 扩散泵串联罗茨泵（机械增压泵），再串联机械泵的真空系统。它的启动慢，但预抽气时间短。

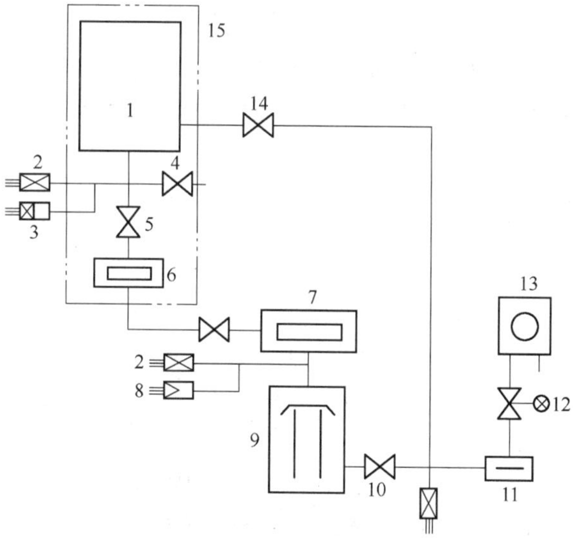


图12-13 油扩散泵超高真空系统

1—真空室；2—热偶真空计；3—B-A真空计；4—放气阀；5—超高真空阀；6，7—冷阱；8—电离真空计；9—扩散泵；10—前级管道阀；11—前级阱；12—电磁阀；13—机械泵；14—超高真空管道阀；15—烘烤装置

### 12.3.5 超高真空系统

(1) 扩散泵串联机械泵串联冷阱系统。图12-13即是该真空系统。与图

12-1不同的是扩散泵串联两个液氮冷阱，而且真空室和冷阱能耐400～450℃的烘烤。在此温度下，可以清除真空室壁及阱壁上吸附的气体及凝结的泵油。该系统一般可以得到 $1.33\times10^{-7}$ Pa的极限真空度。

（2）涡轮分子泵串联机械泵的真空系统。图12-14为该系统。此系统不烘烤可以获得$10^{-6}$ Pa的真空度，烘烤后可以达到$10^{-8}$ Pa。该系统的特点是比较清洁，可构成无油超高真空系统。

（3）溅射离子泵无油超高真空系统。图12-15为该系统原理图。以溅射离子泵为主泵，使用两个分子筛泵做预抽泵，其中一个分子筛泵用来抽走真空室和溅射离子泵中的大气压下的气体，另一个用来抽走烘烤及离子泵启动时放出来的气体。

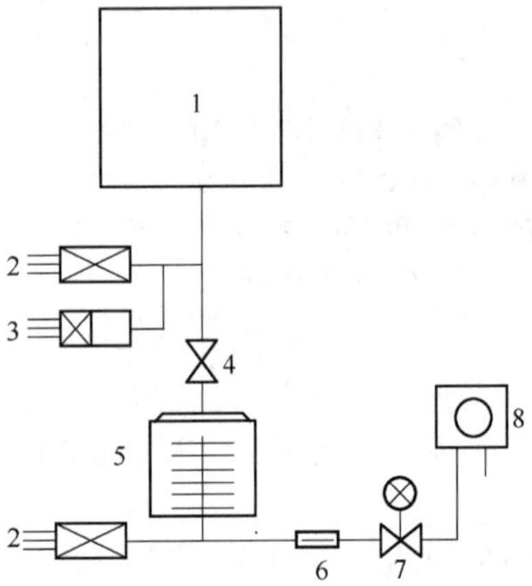


图12-14　涡轮分子泵超高真空系统

1—真空室；2—热偶真空计；3—B-A真空计；4—超高真空阀；5—涡轮分子泵；6—冷阱；7—电磁阀；8—前级机械泵

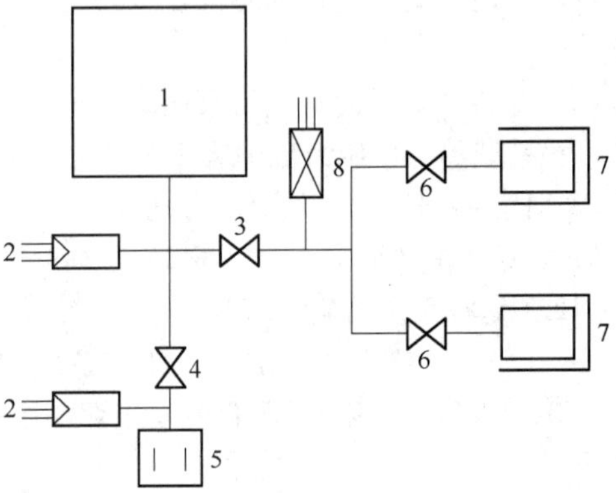


图12-15　溅射离子泵无油超高真空系统

1—真空室；2—B-A真空计；3—超高真空阀；4—超高真空闸阀；5—溅射离子泵；6—高真空阀；7—分子筛泵；8—热偶真空计

（4）低温泵超高真空系统。用低温泵作为主泵，并联或串联分子筛吸附泵（做预抽真空泵）。该系统也可以用机械泵作为预抽真空泵，但必须在油封机械泵的入口管路上设置油蒸气捕集器。

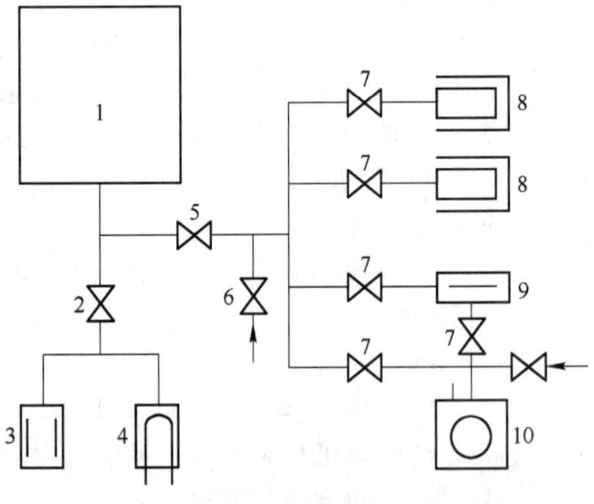


图12-16　无油超高真空镀膜机真空系统原理图

1—真空室；2—超高真空闸阀；3—溅射离子泵；4—钛升华泵；5—超高真空阀；6—放气阀；7—高真空阀；8—分子筛泵；9—吸附阱；10—机械泵

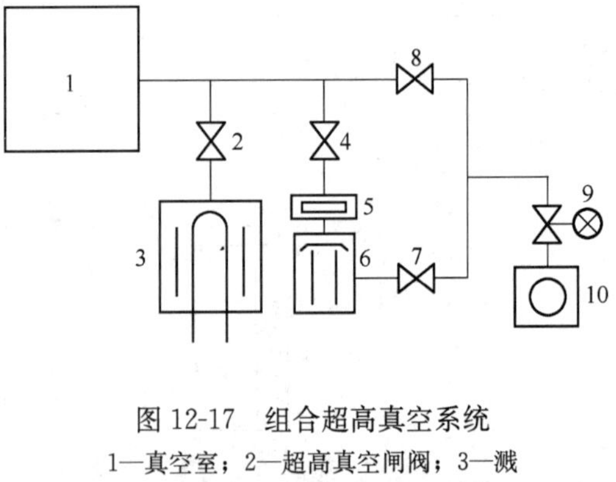


图12-17　组合超高真空系统

1—真空室；2—超高真空闸阀；3—溅射离子泵-钛升华泵组；4—超高真空闸阀；5—冷阱；6—扩散泵；7—前级管道阀；8—超高真空管道阀；9—放气阀；10—机械真空泵

(5) 组合超高真空系统。对于某些有特殊要求的真空系统，如对于既要求得到超高真空或无油超高真空，又同时满足粗抽需要及能应付工艺过程中放出来的大量气体这样的系统，可采用组合式系统来满足要求。图 12-16 给出超高真空镀膜机真空系统原理图。主泵为溅射离子泵，为了提高真空度及排走蒸发材料时产生的大量气体，配有钛升华泵。极限真空度可达 $6.67\times10^{-7}$Pa。用分子筛泵做主泵的预抽泵。此外，系统还配有吸附阱-机械泵粗抽系统，在压力大于 1333Pa 时，机械泵不易返油，用机械泵直接抽真空室，压力低于 1333Pa 以后，机械泵经吸附阱从旁路抽真空室。

图 12-17 给出了又一种形式组合的超高真空系统。该系统适合于钠灯封接炉、钽片炉等设备。系统的主泵为溅射离子泵-钛升华泵组。真空室极限真空可达到 $5\times10^{-7}$Pa。系统配有油扩散泵-机械泵组成的机组，用来粗抽和作为主泵的预抽泵，同时能抽走工艺过程中放出来的大量气体。

## 12.4　真空系统的基本操作规则

(1) 启动油封机械泵时，首先要保证转子运动方向正确，而且油位合乎要求。

(2) 油封机械泵停止后，应立即将机械泵入口通大气，防止因压差使泵腔内的泵油进入到系统中。

(3) 不要用机械泵把高真空室直接抽至低于 13Pa 的压强，否则机械泵的油蒸气会进入到高真空室内。因为在压强低于 13Pa 时，会出现分子流流态，油蒸气分子将返流到真空室内而造成污染。如果在机械泵与真空室之间设有冷凝捕集阱，则允许机械泵抽到 13Pa 以下的压强，此时捕集阱可以防止油蒸气返流进入到真空室内。

(4) 不要使油封机械泵在大气压强下或较高压强下连续长时间工作，否则电机会过热，而且泵会出现喷出油雾现象。

(5) 在扩散泵（或油增压泵）通大气之前，应将泵油冷却到油的安全温度，防止高温下泵油出现氧化现象。

(6) 蒸气流泵在加热之前，应先供给冷却水。该泵应该配备热保护继电器，当发生停水事故时，能立即使加热器断电，并关闭泵入口阀门防止泵液因温度过高而恶化和返流污染真空室。

(7) 由于在泵开始工作和泵停止加热阶段，扩散泵油返流特别厉害，因此在开泵前和停泵前应将扩散泵入口阀门关闭，可以防止扩散泵油返流到真空室去。

(8) 不要在压强高于 $10^{-2}$Pa 时给阱加入液氮，这样导致凝结很多水汽。在使用前要把液氮阱的贮液罐中的所有水凝液都清除掉，以避免水冻结在阱内。开始抽气时，最好分步地加注液氮，这样可使真空系统冷凝物主要捕集在阱的下部。当达到高真空后，应给阱加注液氮达到较高液面，大量捕集气体。

(9) 为了缩短抽空时间，将真空室对大气压作短时间通气时，使用干燥氮气为好。把真空系统内表面的湿气减到最小限度。通气时应在真空室一侧用放气阀门进行放气。不可以从扩散泵出口的前级管道上通气。

(10) 使用电离计时，应在真空室内压强达到 $1.33\times10^{-1}$Pa 时，再接通电离真空计（热阴极电离真空计）。防止因真空室内压强高而烧坏电离规管。

(11) 在真空系统停止工作时，应将系统内的各元件（包括真空室）都保持在真空状态下封存，但机械泵要通大气。

# 13 真空系统元件及连接

真空系统是由真空室、真空泵、真空测量装置、真空阀门、连接导管以及捕集器、除尘器、真空继电器等元件，按设计要求精心组装而成的。

## 13.1 真空阀门

真空阀门在真空系统中的作用是：

(1) 开关气路。如图 13-1 所示，当高真空阀 2 和前级阀 4 关闭，预抽阀 7 打开时，机械真空泵对容器抽真空，气流流经预真空抽气管路。当阀 7 关闭，阀 4 打开时，机械泵可单独对扩散泵抽真空。当阀 2 和阀 4 同时打开时，扩散泵和机械泵可同时工作，对容器进行抽真空，此时气流流经扩散泵。阀门在这种工艺操作中的作用是开关气路，改变气流的流经路线。

(2) 控制气流大小，调节真空度。在图 13-1 中，调节阀门 2 的阀盖的开启角度，即可调节流经管路的气流量大小；关闭阀 2 和阀 4，通过放气阀 6 可以给机械泵的入口放气；通过放气阀 6 可以调节容器内的真空度。

(3) 定量充气。如图 13-2 所示，在玻璃阀的柱塞上有个一定体积的小洞，当小洞转向右边和高压气瓶连通时，小洞中就可充满高压气体；当它转向左边和真空容器连通时，就把该体积的高压气体放进容器中去，这样就起到了定量充气的作用。

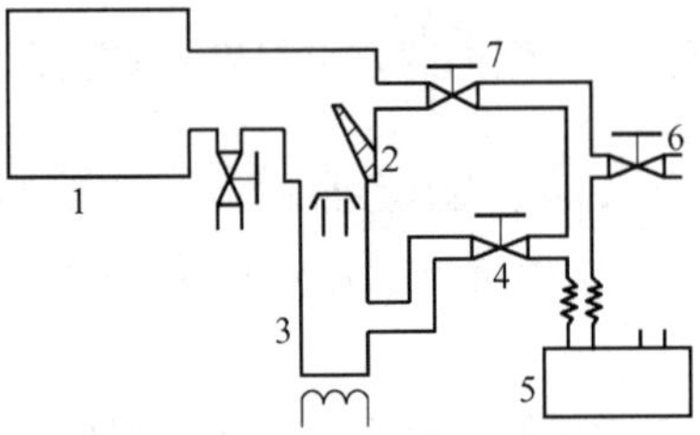

图 13-1 真空系统示意图

1—真空室；2—高真空阀；3—扩散泵；4—前级真空阀；5—前级泵；6—放气阀；7—预抽阀

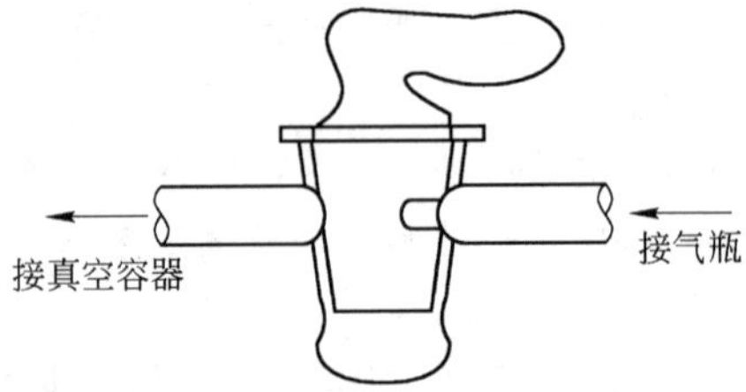

图 13-2 分量玻璃阀

### 13.1.1 真空阀的分类与型号

在真空系统中，用来切断或接通管路气流，改变气流方向及调节气流量大小的真空系统元件称为真空阀门。

真空阀门的主要性能是它的流导、漏气率、开闭动作的准确性和可靠程度，以及阀门的开闭时间。阀门的流导和漏气率的测试方法参见相关专业标准。阀门的准确性、可靠程度和它的开闭时间，则应根据具体的使用情况提出具体的要求。

真空阀门种类繁多，在设计真空系统时，根据用途、尺寸、性能、结构等进行选择。国产真空阀门的型号是按其性能、结构形式、驱动方式、通道方式及通道直径大小、材料和用途等进行分类的，见表 13-1。

**表 13-1 真空阀门的分类**

| 分类方法 | 阀门名称 |
| --- | --- |
| 工作压力 | 低真空阀门、高真空阀门、超高真空阀门 |
| 用　　途 | 截止阀、隔断阀、放气阀、节流阀、换向阀 |
| 结构形式 | 挡板阀、翻板阀、碟阀、隔板阀、插板阀、闸阀、针阀 |
| 驱动方式 | 手动阀、电动阀、电磁阀、气动阀、液压驱动阀、手电两用阀 |
| 通道方式 | 角阀、直通阀、双通阀、三通阀、四通阀 |

真空阀门的型号是按如下顺序和内容确定的

基本型号　辅助型号

①②③ - ④⑤⑥

各符号所采用的字母及代表意义见表 13-2。

**表 13-2 真空阀门各符号所采用的字母及代表意义**

| 位置编号 | | 标识内容 | 字母及代表意义 |
| --- | --- | --- | --- |
| 基本型号 | ① | 使用范围 | D—低真空；G—高真空；C—超高真空 |
| | ② | 结构型式或职能类别 | C—插板；D—挡板；F—翻板；M—隔膜；I—蝶阀；W—微调；Q—充气；Z—锥形 |
| | ③ | 驱动方式 | D—电动式；Q—气动式；C—磁动式；手动省略 |
| 辅助型号 | ④ | 阀门通道形式 | S—三通；J—直角 |
| | ⑤ | 阀门规格 | 公称直径（mm），带充气的阀后面加大写字母 Q |
| | ⑥ | 特性代号及设计序号 | 以罗马数字Ⅰ、Ⅱ、Ⅲ表示，一般阀可省略 |

例如型号为 DDC-J50Q，所表示的是低真空挡板式电磁阀，直角式，公称直径 50mm，带充气功能阀门。这种阀多用于机械泵的进气口上，停泵时阀门关闭，切断系统的通道保持系统内的真空，同时给机械泵泵腔内放入大气，以防止机械泵返油。

### 13.1.2 真空阀门的工作形式

13.1.2.1 隔膜阀

图 13-3 所示为隔膜式真空阀，隔膜阀适用于真空系统的接通或截止，它是利用阀杆将弹性体薄膜紧压在阀座上来隔断气路。橡皮弹性薄膜上有一提钮，提起提钮，通道接通，反之压紧就截止。如转动手轮可带动阀杆上、下移动，使隔膜离开阀座打开阀门或使隔膜紧压在阀座上关闭阀门。此种阀门如采用丁腈橡胶隔膜，适用于前级和预抽管道上及温度为－25～80℃的非腐蚀性气体。如采用氟橡胶隔膜，可用于高真空系统，使用温度范围为－30～150℃。

13.1.2.2 真空球阀

图 13-4 所示是真空球阀的结构，该阀中的密封机构是由两个环状弹性体紧压于一个金属球表面构成。金属球上有一个大穿孔，借助于手柄转动金属球使穿孔改变方向，即可接通或切断气路。金属球轴杆与阀体间的密封采用 O 形密封圈密封。

13.1.2.3 真空蝶阀

蝶阀的结构比较简单，如图 13-5 所示。阀板的边缘上嵌有 O 形密封圈，阀板靠螺栓固定在传动轴阀杆上，使阀杆带动阀板转动，当阀板上的密封圈与阀体紧密接触时即实现了阀门的关闭。从关闭位置始，阀板再转动 90°时，阀门即完全打开，该种阀门的主要优点是体积小，结构简单。

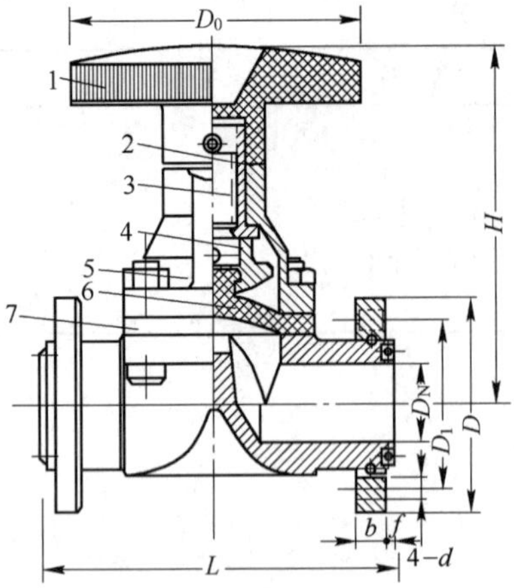


图 13-3　隔膜式真空阀

1—手轮；2—阀杆螺母；3—阀杆；4—阀芯；5—阀盖；6—隔膜；7—阀体

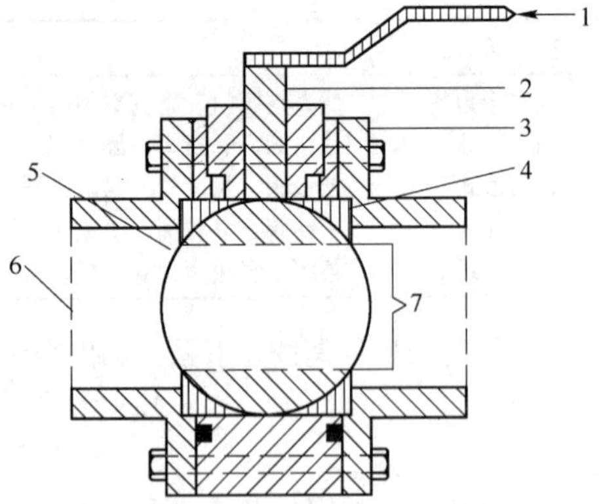


图 13-4　球阀

1—手柄；2—阀杆；3—阀体；4—弹性体环；5—金属球；6—接口；7—孔口

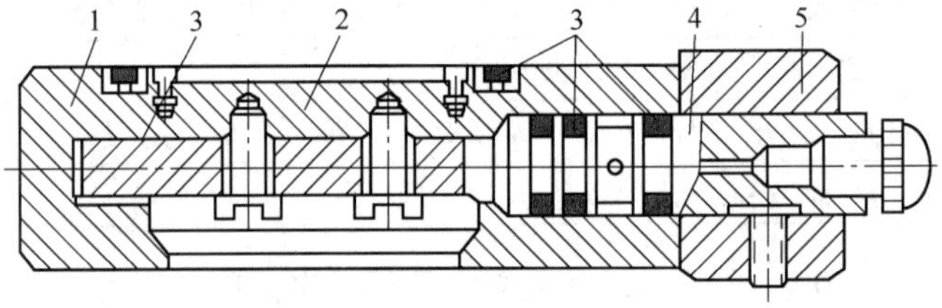


图 13-5　手动蝶阀

1—阀座；2—阀板；3—密封圈；4—转动轴；5—手柄座

气动碟阀主要由阀体、阀板、阀杆、O 形密封圈和汽缸驱动机构（或手柄）构成，如图 13-6所示。阀体的上下两个端面由 O 形密封圈分别与容器和泵口连接，阀板的周边嵌有 O 形密封圈，当阀板与阀体平行时，密封圈与阀体密接，通道截止；当阀板与阀体垂直或成某一角度时，通道打开。

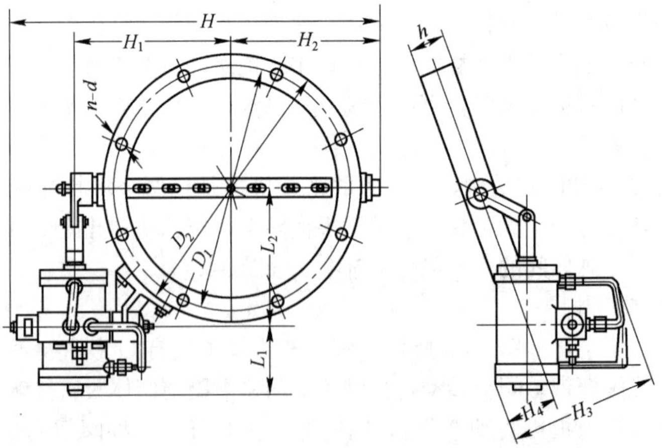


图 13-6　气动碟阀

13.1.2.4　插板阀

图 13-7 和图 13-8 是插板阀的两种结构形式。弹性体密封圈是嵌在阀体上。转动手柄即可打开或关闭阀门。插板阀关闭时是靠限位块的斜面压紧阀盖，进而压紧密封圈。

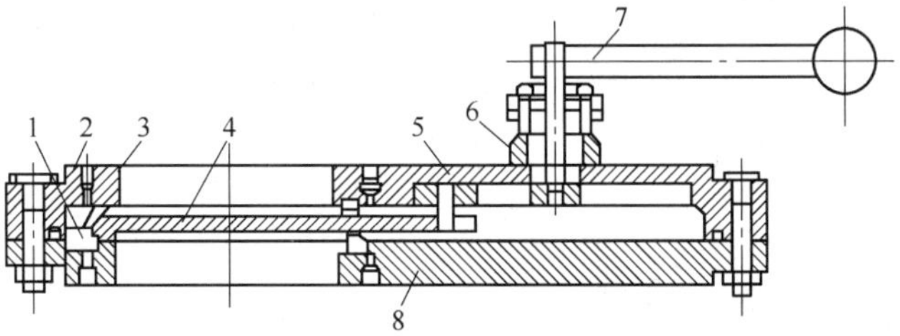


图 13-7　GC 系列高真空手动插板阀结构

1—限位块；2—上阀体；3—阀板密封圈；4—阀板；
5—连板；6—胶圈；7—手把；8—下阀体

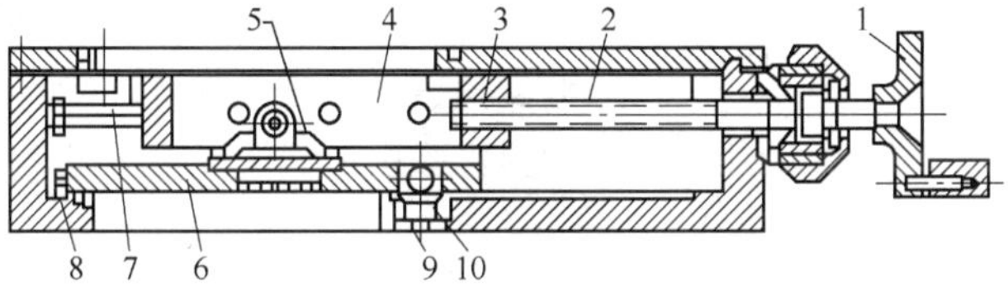


图 13-8　手动高真空插板阀

1—手轮；2—丝杠；3—螺母；4—托板；5—连板；6—阀板；
7—定位销；8—调节螺钉；9—弹簧；10—小轮

13.1.2.5　挡板阀

图 13-9 是一种挡板阀的结构。该阀通过阀盖的开启和压下来实现管路的接通和截止。图中，压板 23 使阀板密封圈 24 固定于阀盖上。压板 2 将阀杆 3 与阀盖连为一体。上盖 20 与阀体 22 由密封圈 21 密封。压帽 5 和 7 分别压紧密封圈 4 和 8，实现动密封。汽缸盖 11 压紧密封圈 10 使汽缸 16 上部密封。汽缸与汽缸座 17 通过密封圈 9 密封。注油管 18 注入扩散泵油，以减小摩擦并帮助密封。进气管接头 12 从空气压缩机来压缩空气首先通过加油器 19，从加油器中出来的气体含有一定的油，再进入换向阀 6，最后进入汽缸，一方面润滑换向阀中的活塞，另一方面，防止汽缸内表面生锈。换向阀控制气源进入汽缸上下部。密封垫片 13、活塞胶圈 14、活塞 15，将汽缸分为两部分，并移动于汽缸之中，从而控制阀门的开闭。

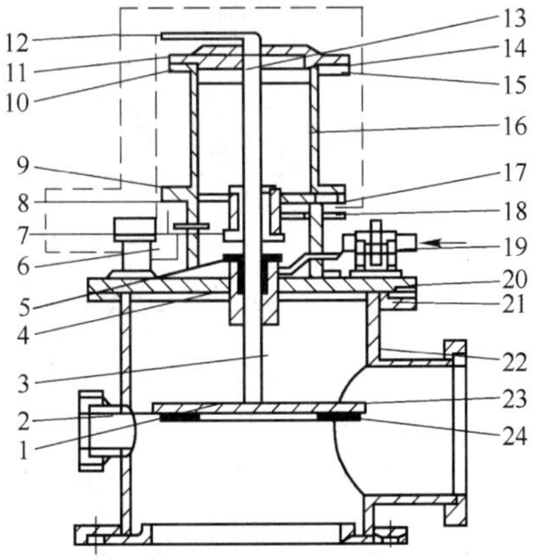


图 13-9　高真空气动挡板阀

1—阀盖；2，23—压板；3—阀杆；4，8，9，，10，21—密封圈；5，7—压帽；6—换向阀；11—汽缸盖；12—进气管接头；13—密封垫片；14—活塞胶圈；15—活塞；16—汽缸；17—汽缸座；18—注油管；19—加油器；20—上盖；22—阀体；24—阀板密封胶圈

13.1.2.6　翻板阀

图 13-10、图 13-11、图 13-12 是三种不同结构的真空翻板阀。它们都是利用压缩空气作为阀板翻转的动力源。在阀门打开或关闭的过程中，阀板的运动有一个翻转过程，能翻转一个角度。在图 13-10 所示的阀门结构中，阀盖的翻转靠四连杆机构实现，阀盖能实现 90°翻

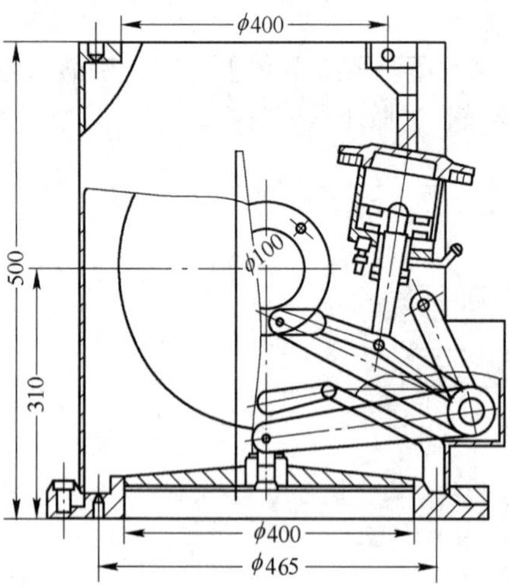


图 13-10　气动高真空翻板阀

转。在图 13-11 的结构中，靠滚轮将阀盖挡翻，在这种结构的阀门中，阀盖不能翻转 90°。图 13-12 所示阀门的结构简单，总高度低，阀板能翻转 90°。在翻板阀中，当阀板翻转 90°时，流导较大。

真空挡板阀和翻板阀在操作使用时应注意如下事项：(1) 启动时阀盖上方必须是真空状态；(2) 阀盖关闭时，阀盖下面不允许承受大气压；(3) 本系列各阀门均应垂直使用；(4) 使用的压缩空气应过滤；(5) 为保证汽缸活塞和汽缸壁充分润滑，加油器中应有足够的油。

13.1.2.7　电磁阀

采用磁力驱动方式的真空阀门称为真空电磁阀。电磁真空阀的密封机构与挡板阀相同，如图 13-13 所示。平时，电磁阀的阀盖靠弹簧压紧封住管路通道，需要开启时，将电磁线圈接通电流，产生磁力吸引衔铁，带动阀盖，将阀门打开。

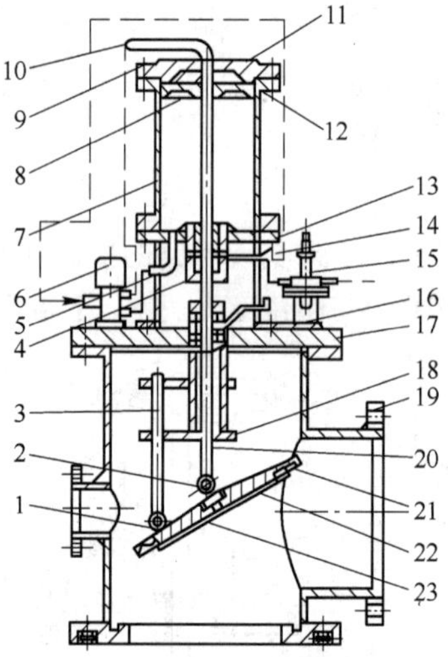


图 13-11　GDQ-J 型高真空气动翻板阀

1—滚轮；2—托架；3—支持杆；4—压帽；5，10—气管；6—换向阀；7—汽缸；8—活塞；9—汽缸盖；11—密封圈；12—胶圈；13—汽缸座；14—注油管；15—加油器；16—密封圈；17—上盖；18—导套；19—阀体；20—阀杆；21—阀口密封圈；22—压板；23—阀盖

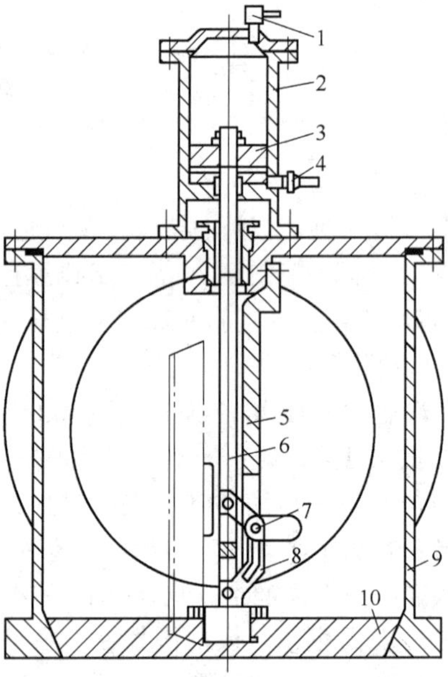


图 13-12　真空气动翻板阀

1，4—气嘴；2—汽缸；3—活塞；5—支杆；6—阀板拉杆；7—销轴；8—导向杆；9—阀体；10—阀盖

电磁阀也可以设计成带有充气作用的压差式结构形式，如图 13-14 所示，称为真空压差充气阀或电磁压差阀。它安装在油封式机械泵的进气口处。阀门与泵接在同一电源上，泵的启动与停止直接控制了阀的开启与关闭。当泵因工作需要或突然停电而停止运转时，该阀利用大气

压力使阀芯自动落下，截止和真空系统相连的通道，同时向泵内放大气，防止机械泵油返流并污染真空系统，起到了保护真空系统的作用，有利于机械泵再次启动。

13.1.2.8 针阀

超高真空针阀结构见图 13-15。针阀是一种微调阀，其阀塞为针形，主要用作调节气流量。微调阀要求阀口开启逐渐变大，从关闭到开启最大能连续细微地调节。针形阀塞即能实现这种功能。针形阀塞一般用经过淬火的钢制长针，而阀座是用锡、铜等软质材料制成。阀针与阀座间的密封是依靠其锥面紧密配合达到的。阀针的锥度有 1∶50和 6°锥角两种，阀锥体表面要经过精细研磨。图中的阀杆与阀座间的密封是靠波纹管实现的。

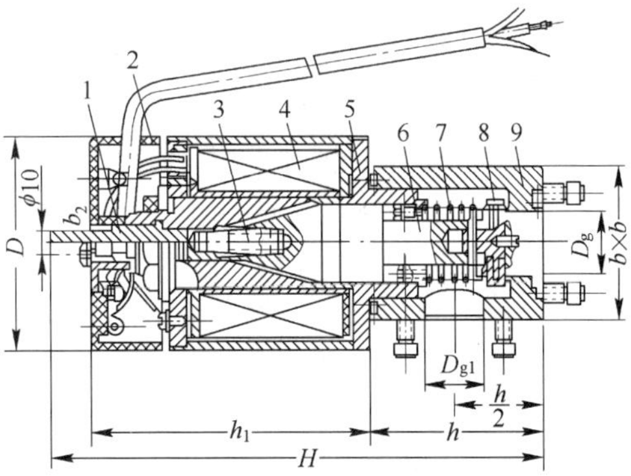


图 13-13 DDC-JQ 型电磁阀

1—放气孔嘴；2—盖；3—放气孔阀头；4—线圈；5—阀头部件；6—衔铁；7—压缩弹簧；8—阀板；9—阀体

13.1.2.9 超高真空阀

通常的高、低真空阀门，密封垫圈的材料为橡胶，不能承受高温烘烤。因而不能使用在超高真空设备上。能使用在超高真空设备上的超高真空阀门必须满足：(1) 能承受高温 (400～450℃) 多次烘烤；(2) 放气量小，气密性好；(3) 重复性好；(4) 流导大。

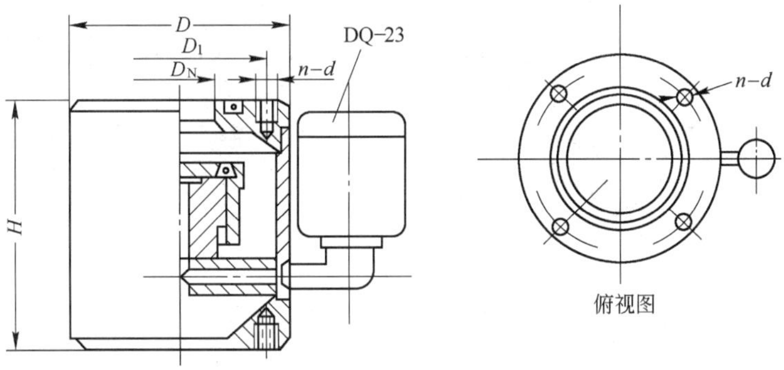


图 13-14 DDCY 系列电磁压差阀的结构

图 13-16 是超高真空阀门的一种。其主要部件是无氧铜阀盖，不锈钢阀体和传动导向机构。阀座刀口形式为直角，挡板起保证阀门重复性的作用，即刀口在阀盖上压出的刀痕每次都能重合。

玻璃真空活塞由开有孔的锥形芯子及带有连接管的外套组成，芯子与外套之间的接触面是磨光面，其间涂以真空封脂以取得密封。气体的通路由芯子上的孔和所对准的连接管决定，转动芯子便可控制气体通路。因用真空封脂密封，芯子与外套之间就不会漏气。

图 13-17 是典型的玻璃真空活塞。活塞按其连接管道的数目分为二通、三通或多通活塞。二通又分为对通和直角通。在图 13-17 (b) 中，(2)、(3) 两种较 (1) 的形式密封更好，因在使用中有大气压力将锥芯往内压。

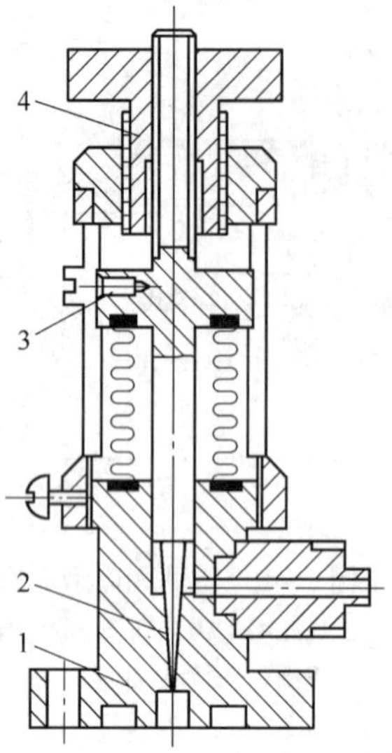


图 13-15　超高真空针阀

1—阀座；2—针；3—限位螺钉；4—螺母

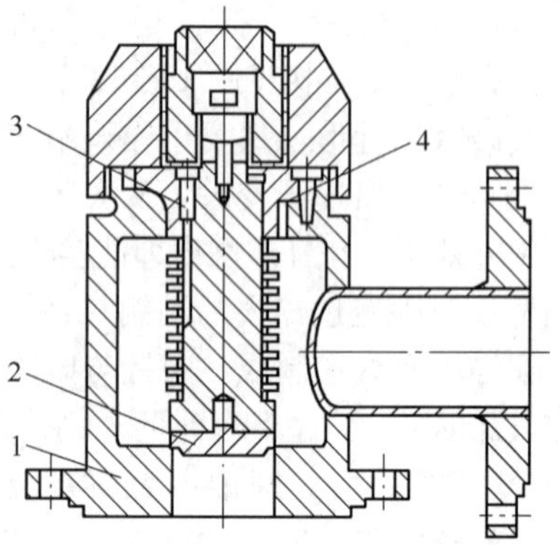


图 13-16　超高真空角阀

1—阀体；2—阀盖；3—挡板；4—密封垫

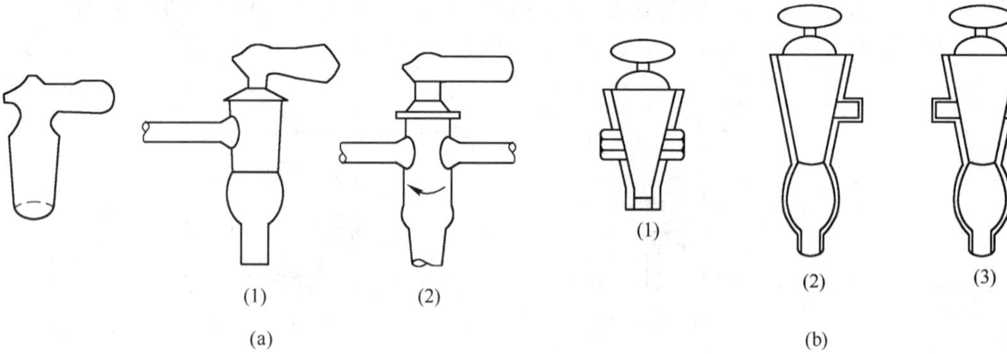


图 13-17　玻璃真空活塞

13.1.2.10　*无油玻璃真空阀*

为避免真空油脂对真空环境的影响，可以采用液态金属密封和磨砂口密封。

图 13-18 所示是液态金属密封的玻璃真空阀之一。当要关闭阀门时，用磁铁将装有液态金属的玻璃杯提起，使上部玻璃管插入液态金属内便可阻断气路；打开时，用磁铁将玻璃杯放下。液态金属一般使用镓铟锡合金，当镓铟锡比例为 62.5%、21.5%、16%时，其熔点只有 10.7℃，在室温下为液态，它的饱和蒸气压很低，甚至在 500℃时仍低于 $10^{-6}$Pa。

图 13-19 所示是玻璃磨口密封的无油真空阀，其密封是由一半球状玻璃阀体与一半球状阀座之间的精密磨光面接触来实现的。阀门的开启和关闭仍由磁铁从外部操纵。因是半球状接触，接触面积足够大，所以能保证良好密封。

以上两种玻璃真空阀均可应用于超高真空系统中，但两侧不能承受大的压强差，只能应用在两侧压强相近（相差 200～400Pa 以内）的场合。

玻璃真空阀只能做成小型的，大口径的阀门必须用金属制造。

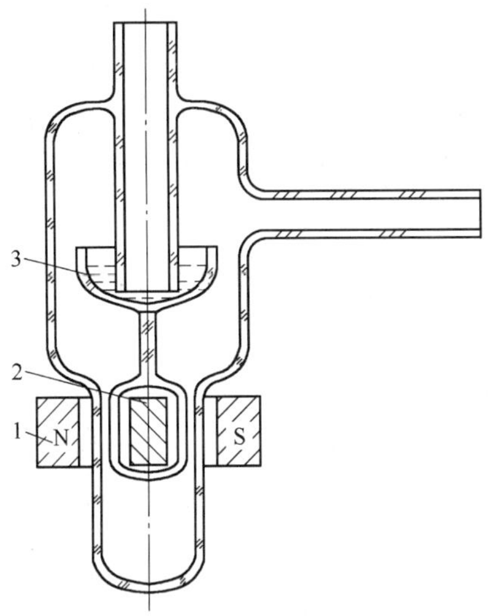


图 13-18 液态金属密封玻璃阀

1—磁铁；2—软铁；3—铟镓锡合金

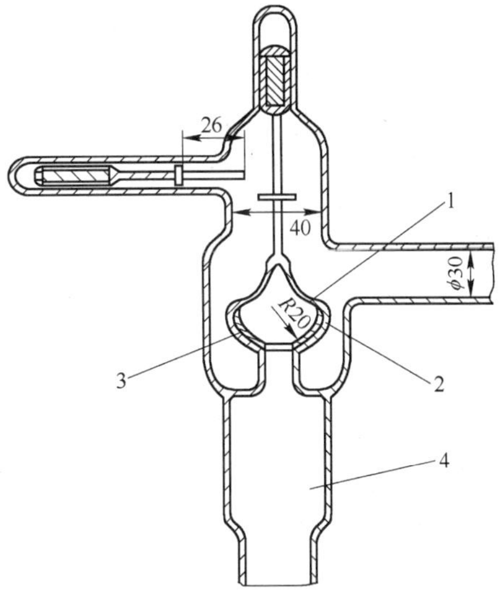


图 13-19 玻璃磨口无油真空阀

1—球形阀体；2—阀座；3—球形磨口；4—高真空管路

## 13.1.3 阀门密封结构

### 13.1.3.1 胶垫密封结构

橡胶垫圈密封是利用阀板与阀座间压紧橡胶垫圈，依靠橡胶弹性变形填塞表面不平来实现的密封。目前真空阀门的胶垫密封归纳起来有 6 种，如图 13-20 所示。图（a）～（d）所示结构用于较大口径的阀门，图（e）、(f) 所示结构用于较小口径的阀门。图（a）是早期采用的结构，为了便于加工阀座上的密封槽，必须把阀座与阀壳设计成可拆卸的，这就在结构上增加了一道真空密封。现在绝大多数阀门都采用阀板上带密封圈的结构，如图中（b)、(c)、(d) 所示。

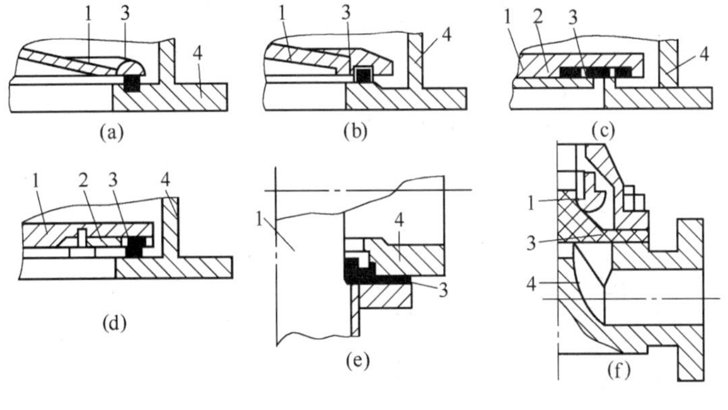


图 13-20 真空阀门中橡胶圈密封的几种结构形式

1—阀板（或阀塞）；2—压板；3—橡胶圈（或膜）；4—阀座

选择真空阀门的密封结构时应注意以下几点：(1) 尽可能减少阀板下高真空侧的放气因素，例如选用放气率小的密封垫材料等；(2) 关阀后密封圈截面上有最大的压缩变形；(3) 结构力求简单；(4) 制造方便；(5) 密封元件便于拆卸和修理。

阀门关闭的密封性能好坏决定于密封垫填塞阀座表面不平的程度。影响这种填塞程度的因素有两方面：(1) 密封垫材料的硬度和压紧程度；(2) 阀座表面的粗糙度。通常阀座表面的粗

糙度都高于 $R_a3.2$，密封垫的硬度都在邵氏硬度 55～75 之间。密封垫的压紧程度，根据试验结果，当橡胶的硬度在邵氏硬度 50 以上，而表面没有任何擦伤时，橡胶垫的高度压缩比在 15％以上就能达到漏气率小于 $1.33\times10^{-8}$Pa·L/（s·$m^2$）的密封性能。如果考虑到制造精度上允许的偏差，把压缩比适当提高一些是必要的。因此建议真空阀门密封垫的相对压缩比通常取为 15％～25％。

13.1.3.2　金属垫密封结构

图 13-21 给出金属垫密封的几种结构。其中（a）为针阀的结构，（b）、（c）、（d）和（e）都是用于超高真空系统中的金属垫密封阀门。一般来说，阀板用软金属紫铜、无氧铜、铝、镍和铅等制成，铜、铝、镍要预先经过退火处理。阀座用硬金属不锈钢等制成刀口形。图 13-21 中，（f）、（g）和（h）是用低熔点的软金属及其合金作为密封材料，而阀座也是用硬金属不锈钢等制成。它们都是依靠软金属受压产生塑性变形与阀座密合达到密封的。为保证密封，每次阀板关闭时刀口的压痕必须重合。为此除了阀板的传动上应有精确的导向机构外，刀口尖还应倒圆。如图 13-22 所示，倒圆半径一般有两种：$R=0.1$mm 和 $R=0.2$mm，多数取 $R=0.1$。图 13-21（g）所示结构没有刀口压痕问题，所以密封垫的寿命较长。

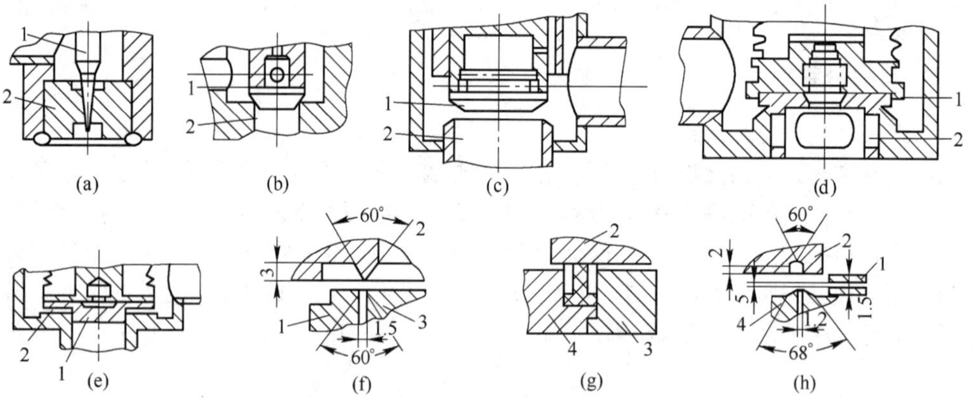

图 13-21　金属垫密封的几种结构形式

1—阀板；2—阀座；3—铟银或铟铅合金；4—铟

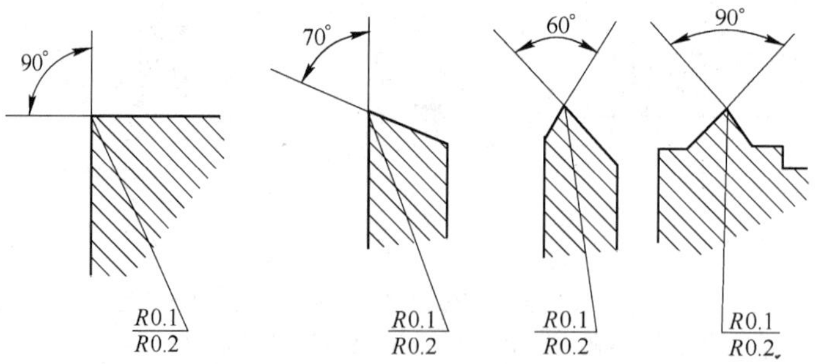


图 13-22　金属垫密封的几种阀座形式

刀口形状对阀门性能也有一定影响。表 13-3 给出了一些实验数据，从表中实验数据可知，直角形刀口比夹角形刀口所需的螺旋压紧转矩大些。

表 13-3 直角形和夹角形密封刀口的实验数据

| 刀口形式 | 实验次数 | 所需转动力矩/N·m | 漏率/Pa·m³·s⁻¹ | 刀口形式 | 实验次数 | 所需转动力矩/N·m | 漏率/Pa·m³·s⁻¹ |
|---|---|---|---|---|---|---|---|
| 夹角形 | 1 | 49 | $<6.7\times10^{-9}$ | 直角形 | 1 | 54 | $<8\times10^{-9}$ |
| | 2 | 49 | $<6.7\times10^{-9}$ | | 2 | 54 | $<8\times10^{-9}$ |
| | 3 | 49 | $<6.7\times10^{-9}$ | | 3 | 54 | $<8\times10^{-9}$ |
| | 4 | 49 | $<6.7\times10^{-9}$ | | 4 | 54 | $<8\times10^{-9}$ |

注：直角形如图 13-21（b）所示，夹角形如图 13-21（c）所示，漏率测量，因受仪器灵敏度的限制，测得数值是上限，而不是实际的具体数值。

为了提高阀板（或金属垫）的寿命，阀板的压下量还可以设计成可微调的。一旦原有压痕失去了应有的密封性能时，可通过微调，使压痕再稍深一些。这样能保证密封性能，也延长了阀板的使用寿命。

13.1.3.3 阀板密封压紧装置

精确地计算阀板的密封力是真空阀门设计的首要问题，而正确地设计阀板压紧装置则是达到密封力的基本保证。

A 阀板压紧装置应达到的要求

(1) 在压紧密封垫时，阀板不产生横向运动。因为横向运动会搓伤密封垫；

(2) 压紧位置要有重合性，即每次关闭都压在同一位置上。只有这样才能保证阀门关闭性能稳定。金属垫阀门对此要求严格，胶垫要求差些；

(3) 要均衡压紧密封垫。因为不均衡压紧密封垫就可能造成封闭不严密；

(4) 压紧后必须能自锁,否则要有动力来维持压紧状态；

(5) 压紧程度必须能可调，因为密封垫都有一定制造公差，必须通过调整才能压紧。

B 常用的几种压紧方式

(1) 螺旋压紧。螺旋压紧方式在真空阀门中应用最广，它的结构简单，制造容易，压紧时增力倍数较大，适于手动、电动两种阀门。其缺点是开关阀门时间较长，传动效率较低。

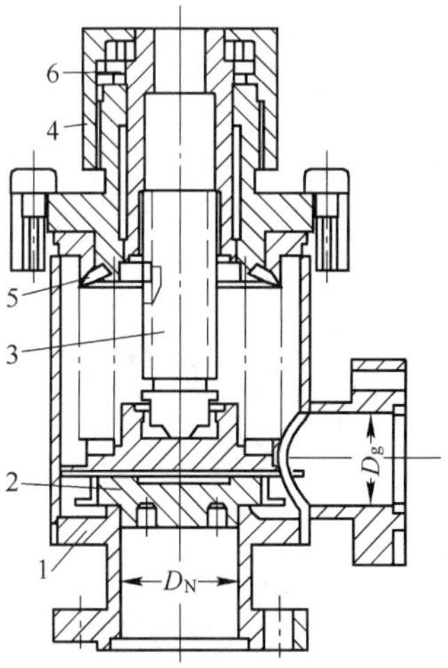


图 13-23 螺旋压紧方式的阀门结构
1—阀座；2—阀板；3—螺杆；4—螺母；5—导向键；6—制动圈

图 13-23 为螺旋压紧结构的超高真空阀门。图中 1 是带刀口的阀座，2 是可更换的阀板，它由带导向槽的螺杆 3 带动。螺母 4 拧在螺杆 3 上，其轴向由止推轴承限定，只能转动。当螺母转动时，螺杆 3 因导向键 5 的限制，只能作上下移动，或打开阀门或关闭阀门。这种阀门的关键是阀板的关闭要有重合性。经验证明，利用阀板凸出的圆周面和阀腔的内圆柱面精加工配合，可以达到阀板粗定位。该种结构还利用制动圈 6 来解决螺母的退扣问题，效果很好。

螺旋压紧的螺母阻力矩的计算可参照机械设计中有关的计算，压紧后的自锁条件是

$$\lambda < \arctan f \qquad (13\text{-}1)$$

式中 $\lambda$——螺旋升角；

$f$——螺杆与螺母材料的摩擦系数。

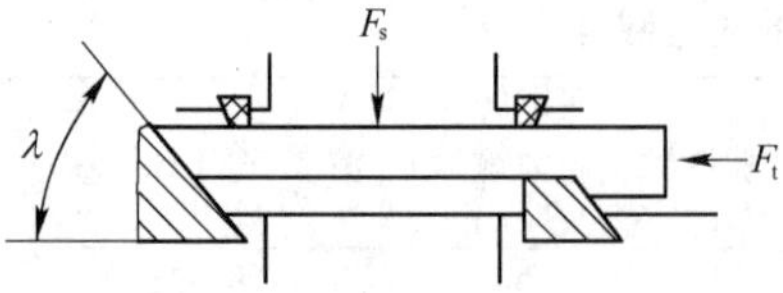

图 13-24　斜面压紧结构受力图一

(2) 斜面压紧。如图 13-24 所示，阀板上的斜面沿着垫块上的斜面向左滑动，阀板与垫块被撑开而将胶圈压紧密封。和螺旋压紧机构类似，若斜面升角小于两者材料的摩擦角，压紧后就能实现自锁。然而对于普通钢材，摩擦角为 5°43′，若要保证自锁，需斜面升角 $\lambda<5°43'$。假设胶圈压下量为 1.5mm，则在极限情况下，上述阀板需相对于斜块向左移动 15mm 才行。即阀板接触到胶圈后，还要相对于胶圈横向移动 15mm，显然，这是不能允许的。所以这种结构要利用传动连板转至死点来保证自锁。

为产生所需要的密封力 $F_s$，传动连板给阀板的推力 $F_t$（见图 13-25）应为

$$F_t = F_s\tan(\lambda+\rho)+fF_s \tag{13-2}$$

式中　$\rho$——斜面间材料的摩擦角；

$f$——胶圈与阀板的摩擦系数。

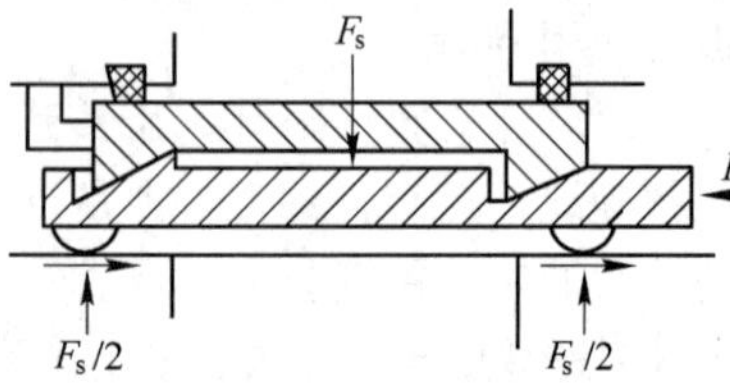

图 13-25　斜面压紧结构受力图二

为了消除图 13-24 所示的在压紧密封圈时，阀板与密封圈之间的摩擦力，目前国内外都采用图 13-25 所示的压紧密封原理，此时

$$\frac{F_s}{F_t}=\frac{1}{\tan(\lambda+\rho)+f'} \tag{13-3}$$

式中，$f'$为滚轮与导轨之间的摩擦系数，其余符号的意义同前。

(3) 链板压紧。链板压紧机构如图 13-26 所示。图 13-26 所示为典型的链板压紧结构受力图。如果不考虑铰链的摩擦力，作用在链板上有 4 个力：密封力 $F_s$、阀板受到的止推力 $F_z$、导轨槽通过滚轮（或滑块）给出的反力 $F_f$（$F_f=F_s$）和推杆传来的推力 $F'_t$。因为链板是压力杆，所以合力在其中心线上。推力 $F_t$ 还需克服滚轮与导轨槽的摩擦力 $f\cdot F_f=f\cdot F_s$，根据力的平衡条件可得

$$F_t = F_s\cdot(\tan\alpha+f) \tag{13-4}$$

式中　$\alpha$——链板中心线与阀板密封面法线的夹角；

$f$——滚轮与导轨槽的摩擦系数。

链板压紧结构的自锁条件同式 (13-1)，为

$$\lambda<\arctan f$$

对于真空中的干摩擦，钢与钢之间的滑动摩擦系数为 0.15，滚动摩擦系数为 0.05，代入式 (13-1) 可得：对于滑块摩擦，$\alpha<8°30'$，链板自锁；对于滚轮摩擦，$\alpha<2°50'$，链板自锁。

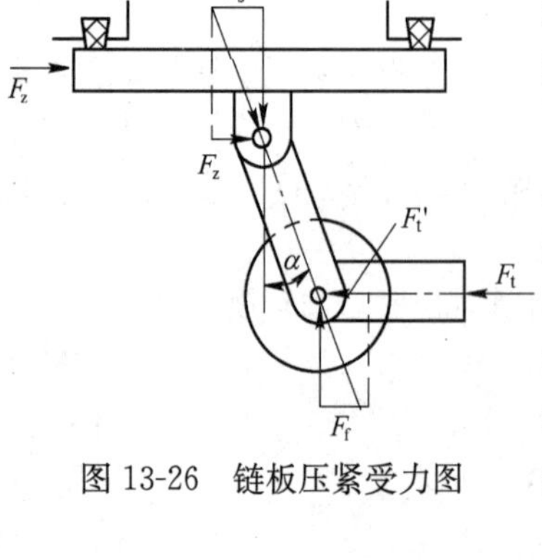

图 13-26　链板压紧受力图

(4) 弹簧压紧。如图 13-13 所示的电磁阀结构，其阀板 8 由弹簧 7 压紧密封。当电磁线圈 4 通电时，衔铁 6 被吸上，阀板被提起打开阀门。

(5) 弹性垫圈自身压紧。如图 13-27 所示，阀塞被碗形密封圈箍紧密封，就像往复运动的动密封一样，不过由于阀塞进出密封圈，需要阀塞的两头有光滑的倒角，以免擦伤密封圈。

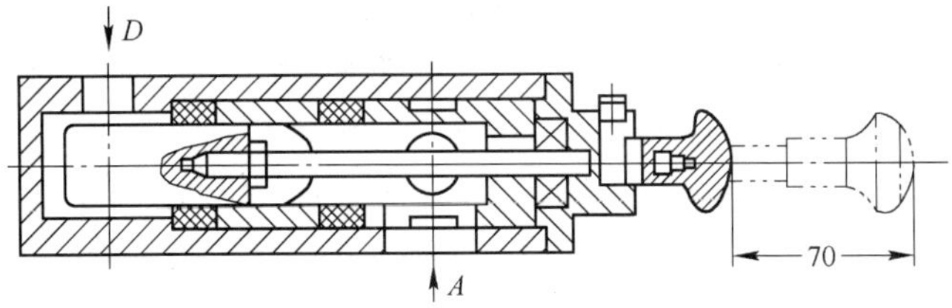


图 13-27 手动三通真空阀门

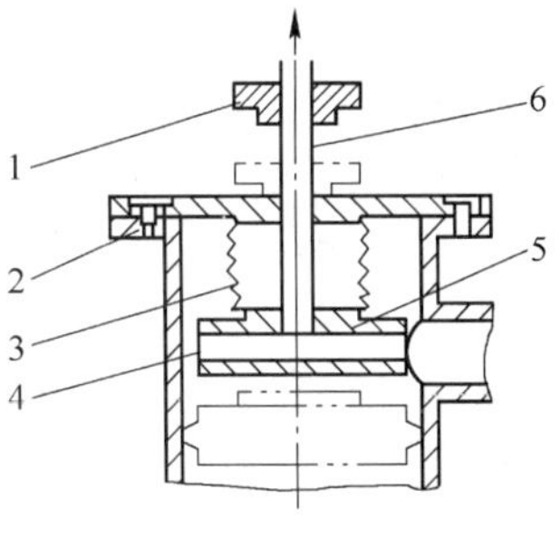


图 13-28 油压压紧的真空阀门

1—旋钮；2—密封；3—软管；4—薄壁钢筒；5—阀塞；6—空心拉杆

(6) 动力压紧。动力压紧方式有气压、液压和电磁力驱动压紧。凡是密封力大的阀门都用液压压紧。如图 13-28 所示的阀门是靠薄壁钢筒在油压作用下产生弹性变形，与阀体内筒的光滑表面紧密贴合来密封的。当撤去油压时，薄壁钢筒恢复原形，阀塞就可以拉上去打开阀门。

为了解决金属垫密封阀门所需的大压紧力，国外采用了高压气动压紧。如图 13-29 所示当阀板推至阀口后，往波纹管中通以高压空气（2.0～3.5MPa）对阀板进行压紧密封。

由于电磁力较小（大磁力线包可能很大），衔铁行程有限，因此电磁力压紧多用于小口径阀门。

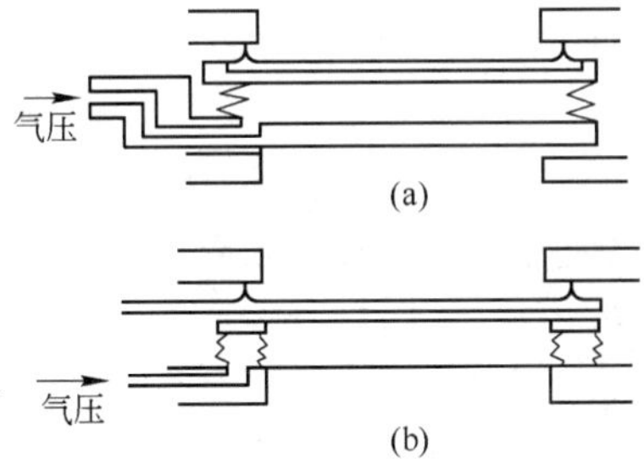


图 13-29 高压气动压紧的真空阀门

(a) 单层波纹管结构；(b) 双层波纹管结构

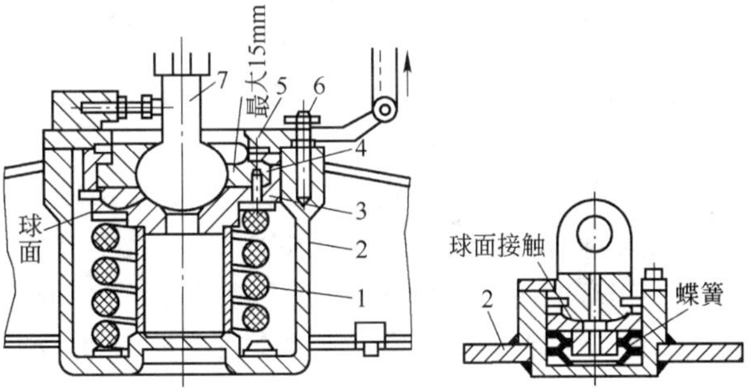


图 13-30 阀板的自动均压压头

1—弹簧；2—阀板；3—垫块；4—垫块盖；5—压头箱盖板；6—螺钉；7—压杆头

C 压紧装置中的均压、续压和调压措施

为了保证阀门的密封性能，要求阀板压紧密封圈时能自动均压；当大气压压到阀板上时能允许进一步压紧；又因为密封圈和其他传动件的加工制造误差不可避免，所以阀板压紧程度必须可调。这就是压紧装置的均压、续压和调压问题。在图 13-12 所示的真空阀门中，通过锥面阀座和与之配合的锥面阀板及铰销压紧来自动调匀对胶垫的压力；利用压杆头（兼作导向杆 8）与阀板螺纹连接来达到压紧程度可调；利用初压后活塞达不到汽缸底来实现当大气压压到阀板时，阀板继续压紧密封圈。

上述的均压措施在铰销轴方向不能自动均压，需要在装配中人工调好。对于口径较小的阀门，由于绝对误差量较小，在装配中容易调好，但对于口径较大的阀门，就困难得多。因此对于大口径阀门应采用完全自动均压的措施。例如图 13-30 所示的结构，采用球面压头就能完全自动均压。

13.1.3.4　真空阀门的密封动力

真空阀门的传动动力主要有手动、磁动、气动、电动和液动。选择阀门动力主要考虑操作方便和工作可靠两个方面。例如手动适合于小型的，自动化程度要求不高的和试验用的设备上所用的阀门；而大型工业生产用的自动化程度高的设备上的阀门，则必须用磁动、气动、电动或液压驱动的阀门。一般情况下，磁动阀门的口径都较小，动作较快，电磁电源也较方便；而气动阀门突出的特点是动作快；两者都适合于用作保护性的阀门。电动（即电动机传动的）和液压的阀门，都是需要大动力的阀门，尤其是液压传动的阀门。实际上，不管采用哪种动力，都必须保证阀门工作的可靠。

(1) 电磁动力。磁动是以电磁线圈通电，使其铁芯磁化，来吸引附近的铁磁物质——衔铁动作而带动阀板运动。

由于电磁线圈不宜做得过大，衔铁行程有限，所以采用电磁动力阀门的口径都不大。电磁动力阀门多用来作低真空管道截止阀、压差截止放气阀和放气阀。由于电磁力是单方向的吸引力，因此需要用弹簧来复位。绝大多数电磁动力阀门是通过弹簧压紧阀板密封垫而靠磁力开阀的，这种设计是出于真空系统的安全考虑的。当遇到突然停电时，阀门会处于关闭状态。

电磁铁按激磁线圈供电种类分，有直流和交流两种。直流电磁铁通电时磁通稳定，铁芯中没有涡流和磁滞损耗。铁芯材料可用整块的钢或工业纯铁制造。通常制成圆桶形，外面绕以螺管线圈，圆柱形衔铁可在圆桶中被吸动。直流电磁铁产生的吸力大，且吸力平稳无噪声，超载也不会烧毁线圈；但衔铁行程小。交流电磁铁通电时磁通随时间交替变动，磁损耗较大，吸力不平稳，产生噪声，过载时还可能烧毁线圈。但衔铁行程较大，无需整流装置。

(2) 气动。气动真空阀门的一般特点是：结构简单，开关迅速，不需要特殊材料制造，气路系统比较简单，废气可以在空气中放掉，尤其在大型真空设备需要远距离控制或真空系统较复杂、使用真空阀门多的情况下，更适宜采用气动阀门。

采用气动阀门的缺点是：需要有压缩空气的气源，小型真空设备和简单的真空系统不便于使用气动阀门。一般情况下，气动压力不超过 0.7MPa，因此需要大压力的阀门一般不用气动驱动的。气动阀门的另一缺点是当阀门过载时会产生蠕动现象，使阀门的传动不平稳。

## 13.2　捕集器（阱）与除尘器

### 13.2.1　捕集器（阱）

捕集器（或称阱），在真空系统的运行中用来捕集系统中的可凝性蒸气。在有油封机械泵和蒸气流泵组成的真空系统中，存在着工作液的蒸气，如油蒸气、汞蒸气、水蒸气等。这些蒸气进入被抽容器之后，使真空度降低，污染真空环境。为了减少乃至消除这些有害蒸气，在有油蒸气污染可能的真空系统中广泛使用捕集器。捕集器的种类很多，根据捕集器捕集蒸气的原理和方法不同，捕集器可分为挡油帽，机械捕集器（又称挡板、障板、机械阱），冷凝捕集器（又称冷阱），吸附捕集器（又称吸附阱）和其他类型的捕集器（如电捕集器，热捕集器，离子捕集器等）。

捕集器的种类很多，根据捕集器捕集蒸气的原理和方法不同，捕集器可分为挡油帽，机械捕集器（又称挡板、障板、机械阱），冷凝捕集器（又称冷阱），吸附捕集器（又称吸附阱）和其他类型的捕集器（如电阱、热阱、离子阱和化学阱等）。

13.2.1.1 机械捕集器（阱）

A 概述

机械捕集器又称挡板、障板、机械阱，主要用来防止蒸气流泵工作液的蒸气分子返流进入被抽容器。在高真空条件下，分子自由程大于管路的线性尺寸，蒸气分子在真空空间作直线运动。返流的蒸气分子可以通过管道进入真空室：蒸气分子先碰撞管壁被吸留；由于热运动，管壁吸留的分子又蒸发，再在更靠近真空室的管壁上被吸留，然后再蒸发，这样逐步进入真空室中。因此在蒸气进入被抽容器的通路上安装不同结构的具有光学密闭性的板状组件，阻挡住直线运动的蒸气分子穿越，使其在壁板上凝结或反射回去，用这种机械阻挡的方法消除或减少蒸气分子进入被抽容器。

机械捕集器的结构形式如表 13-4。对于某些结构形式，表中还给出了其传输几率和比流导值。

**表 13-4 常见的机械捕集器形式**

| 序号 | 机械捕集器名称 | 结构示意图 | 最佳尺寸比 | 传输几率 | 比流导 $C$ /$m^3 \cdot s^{-1} \cdot m^{-2}$ | 备注 |
|---|---|---|---|---|---|---|
| 1 | 单百叶窗式 | 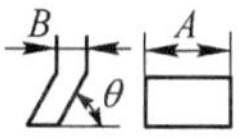 | $A/B>5$ $\theta=60°$ | 0.41 | 48.0 | 应用较广，高度小，拆洗方便，流导较大 |
| 2 | 双百叶窗式 | 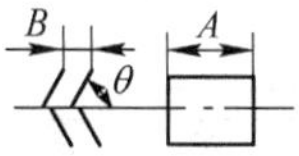 | $A/B>5$ $\theta=60°$ | 0.25 | 30.0 | 常采用，流导比单叶小，捕集蒸气分子比单叶好 |
| 3 | 人字形 | 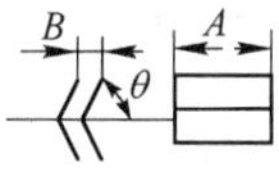 | $A/B>5$ $\theta=60°$ | 0.27 | 31.6 | 应用较广，高度小，拆洗方便，捕集蒸气分子效果较好 |
| 4 | 塔 形 | 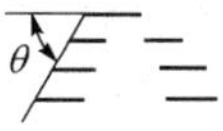 | $\theta=60°$ | | | 流导较倒塔形大，捕集蒸气分子不如倒塔形，高度最大，清洗拆卸不方便 |
| 5 | 倒塔形 | 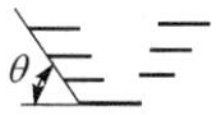 | $\theta=60°$ | 0.39 | 45 | 具有较大的流导；捕集效果较好，高度最大，清洗拆卸不方便 |
| 6 | 锥形人字形 | 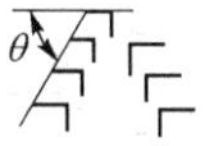 | $\theta=50°$ | 0.33 | 38 | 高度较大，结构复杂，清洗拆卸不方便，很少采用 |
| 7 | 环状人字形 | 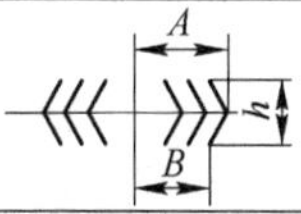 | $A/B>1.29$ $h/B=0.75$ | 0.22 | 25.7 | 流导不太大，结构较人字形复杂，很少采用 |
| 8 | 折流式 |  | | | 14 | 流导小，捕集效果不佳，很少采用 |
| 9 | 涡旋式 | 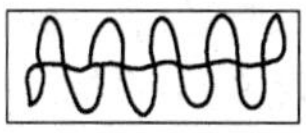 | | | | 具有一定捕集效果，结构复杂，不好焊接，现采用不多 |

B 设计原则及其典型结构

机械阱主要靠机械阻挡的方法来降低油蒸气的返油率，而高速热运动的蒸气分子经三次碰壁后，其能量大大损耗。因此，在设计光密性障板的时候，要求蒸气分子在通过它的过程中，至少应有一次以上使蒸气分子与板壁碰撞。此外，要求板壁材料有较好的导热性，尽可能保持较低的温度。通常通冷却水，以减少蒸气凝结后的再蒸发，常用的材料有铜、铝、不锈钢等导热系数较大的金属板。

在设计障板时应注意以下原则：(1) 光学密闭性，至少要挡住一次束流；(2) 有尽可能大的流导；(3) 障板材料应放气率低，饱和蒸气压低，热传导性能好，易于加工；(4) 超高真空系统使用的障板应能承受高温烘烤。

典型的几种机械阱的结构如图 13-31～图 13-34 所示。图 13-31 是具有冷却水管的机械阱，采用单百叶窗式捕集片，它能捕集大量的油蒸气分子，由于结构简单而得到广泛应用。这类结构的捕集器片也可以用其他类型，如人字形捕集片等。图 13-32 是双百叶窗式水冷障板其特点是采用双百叶窗式捕集片和冷却水套形式，捕集效果更好。图 13-33 是锥状环形水冷障板，其中心锥状环形挡片没封顶，适用于扩散泵带有挡油帽的情况。图 13-34 是倒塔式水冷障板，效果较好，使用也较广泛。

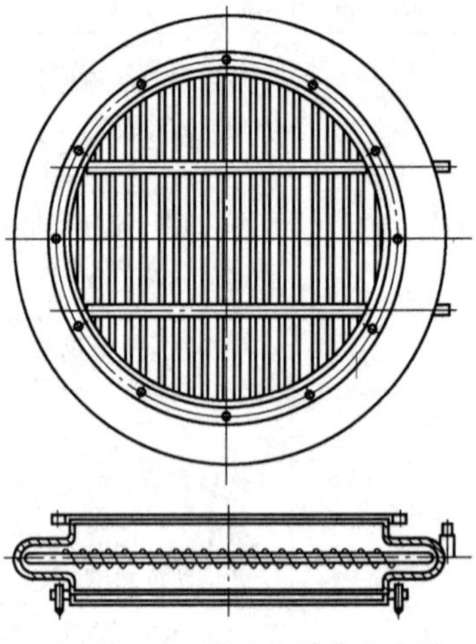

图 13-31　单百叶窗式水冷阱

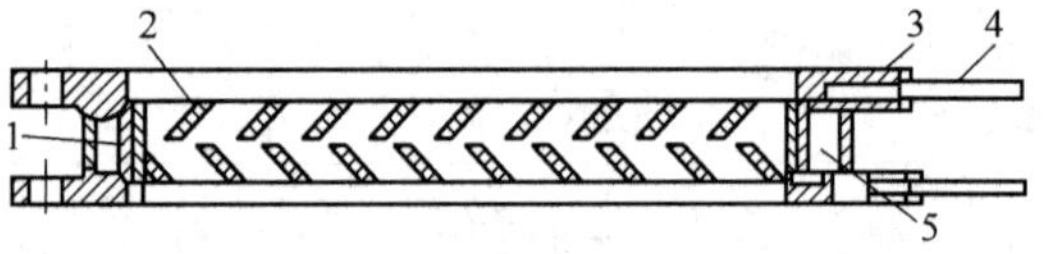


图 13-32　双百叶窗式水冷捕集阱

1—外壳；2—捕集片；3—法兰；
4—水管接头；5—水套

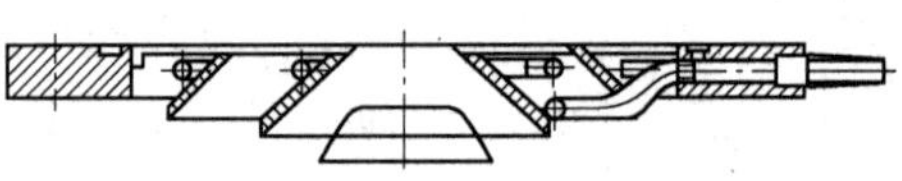

图 13-33　锥状环形机械捕集阱

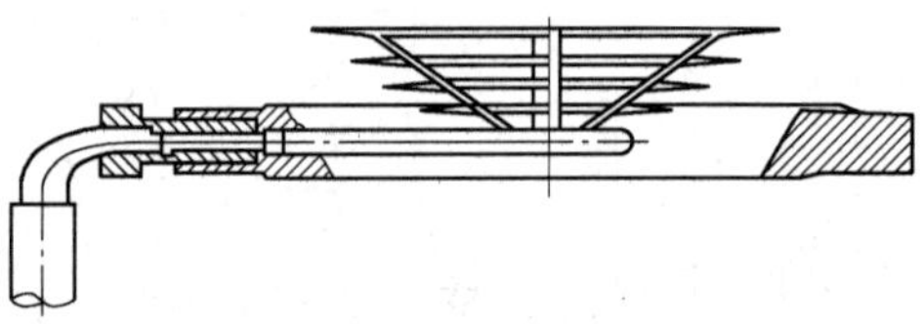

图 13-34　倒塔形机械捕集阱

13.2.1.2　冷凝捕集器

冷凝捕集器又称冷阱，是利用低温冷壁来捕集可凝性蒸气的一种低温冷凝捕集器。冷阱被广泛应用于高真空和超高真空系统中，安装在主泵入口和真空室之间的管路上。冷阱不仅能有效地捕集来自蒸气流泵的返流蒸气和部分裂解物，而且还可抽除来自真空室内的可凝性蒸气。冷阱的效果除了取决于其结构之处，还取决于所使用的冷壁温度，低温冷壁的温度愈低效果愈好。

冷阱的设计原则为：(1) 冷凝部位应具有较大的冷凝面积；(2) 结构为光学密闭的，防止

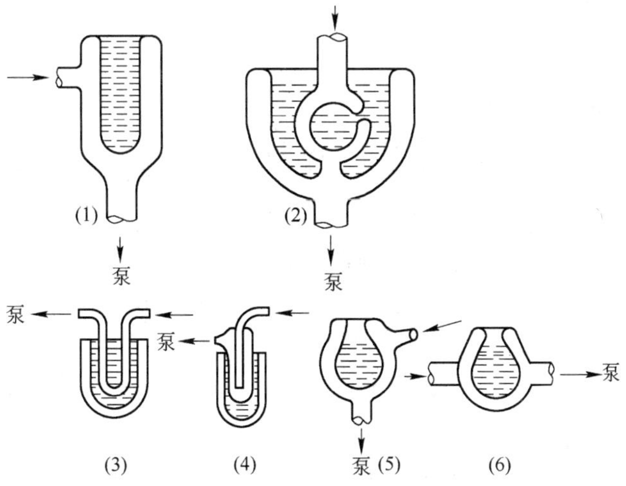


图 13-35 常见的玻璃冷阱结构

蒸气分子直线通过；(3) 有尽可能大的流导；(4) 冷剂消耗尽量少；(5) 清洗拆装方便。

A 冷阱的结构形式

冷阱的结构形式很多，就材质而言，有金属冷阱和玻璃冷阱两类。前者用于玻璃真空系统；后者用于金属真空系统。前者多是小型的；后者多是大型的。

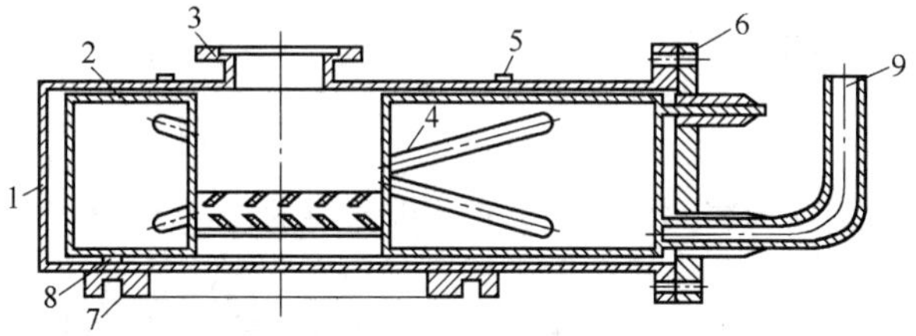


图 13-36 长效冷凝捕集器一

1—冷阱外壳；2—冷凝器；3，6，7—法兰；4—捕集片；5—加强筋；8—支承；9—冷剂入口

(1) 玻璃冷阱。玻璃冷阱多采用杜瓦瓶的形式，分为两层或多层，两层之间抽成高真空，以降低热传导损失。瓶内壁靠近真空的一面，若有条件时还可镀一层银，以加强热反射。图 13-35 中 (1) ～ (6) 是常见的几种玻璃冷阱的结构。

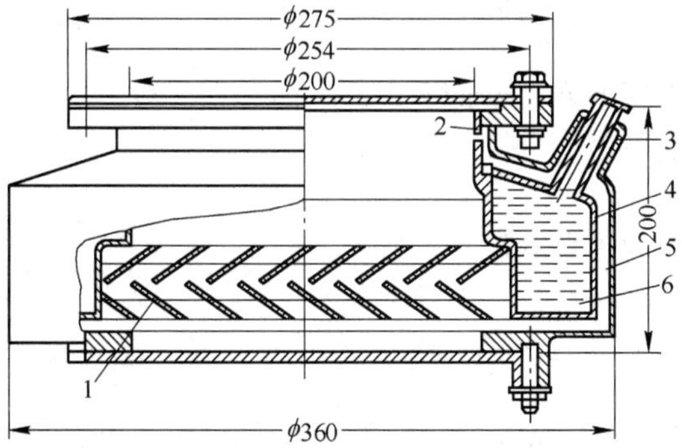


图 13-37 长效冷凝捕集器二

1—冷捕集片；2—绝热屏；3—冷剂注管 4—冷剂储罐；5—冷阱外壳；6—液氮

(2) 金属冷阱。金属冷阱比玻璃冷阱坚固，金属冷阱盛装冷剂的容器一般用不锈钢制成，在其壁上焊上若干捕集片，以增大低温壁板的表面积和阻挡蒸气分子进入真空室的作用，金属冷阱的结构形式有多种，图 13-36 是一种长效冷凝捕集器，它采用双层结构，在中间装有冷凝捕集片，其特点是捕集效果好，不需要经常加液氮。图 13-37 所示为另一种长效的冷凝捕集器，其结构具有较大流导，可防止蒸气分子向上蠕动。它有两层结构，内装一盛冷剂的冷剂筒，其间具有双百叶窗式捕集片组，具有较好的阻挡蒸气分子的作用。图 13-38 是一种高效冷凝捕集器，这种结构的特点是在其法兰口处，有一个防止油分

子爬移的障筒，它可使返油率大为降低，其结构紧凑，捕集效率高。图 13-39 是中心带有液氮罐的冷阱。

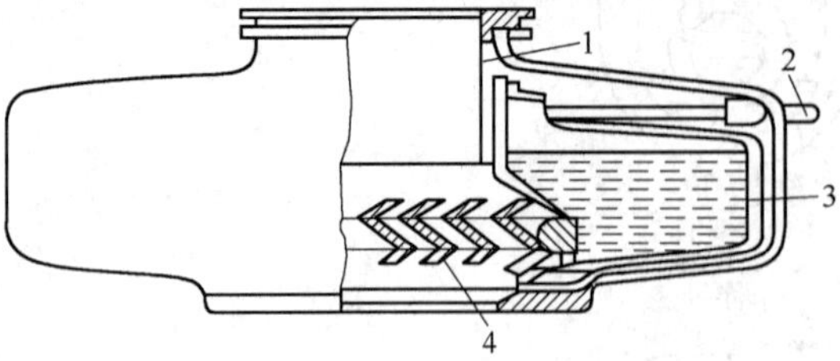


图 13-38　高效冷凝捕集器

1—防爬障筒；2—液氮注口；3—液氮；4—捕集挡板

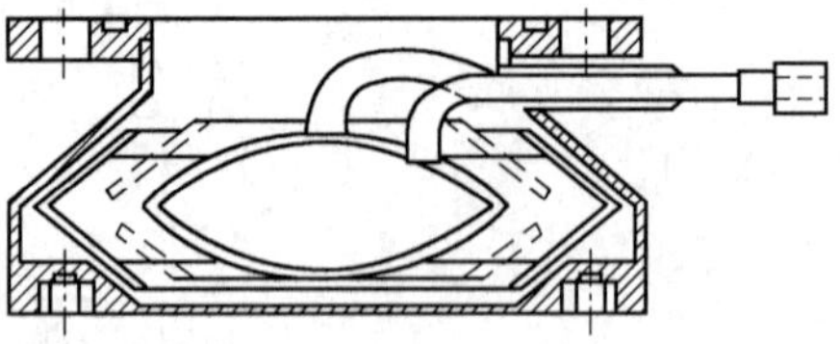

图 13-39　中心带有液氮罐的冷阱

B　冷阱的抽速计算

冷凝捕集器对蒸气分子的抽速类似于低温泵的抽速，是指在捕集器中的蒸气压力下，单位时间内凝结在冷却壁上的蒸气体积。在高真空中，若暴露在蒸气中的冷壁面积（有效冷凝表面积）为 $A$。则每秒碰到 $A$ 面上的蒸气分子数为 $N_1=\frac{A}{4}n_1\bar{c}_1$；而每秒由 A 面积上蒸发的蒸气分子数 $N_2$ 应等于蒸气在冷壁温度处于饱和时每秒碰到 $A$ 面上的分子数（即动态平衡）。显然，每秒净凝结在 $A$ 面上的分子数为：

$$N=N_1-N_2=\frac{n_1\bar{c}_1}{4}A-\frac{n_2\bar{c}_2}{4}A$$

单位时间内凝结的蒸气体积，即冷阱的抽速 $S_1$ 为

$$S_1=\frac{N}{n_1}=\frac{c_1A}{4}\left(1-\frac{n_2}{n_1}\cdot\frac{\bar{c}_2}{\bar{c}_1}\right)\tag{13-5}$$

因为 $\frac{n_2}{n_1}=\frac{p_2}{p_1}$；　$\frac{\bar{c}_2}{\bar{c}_1}=\sqrt{\frac{T_2}{T_1}}$；　$\bar{c}_1=\sqrt{\frac{\pi}{8}\frac{RT_1}{M}}=14550\sqrt{\frac{T_1}{M}}$。将它们代入式（13-5）并整理，得

$$S_1=11.7\sqrt{\frac{29}{M}}\left(1-\frac{p_2}{p_1}\sqrt{\frac{T_2}{T_1}}\right)\tag{13-6}$$

式中　$n_1$，$n_2$——被抽蒸气分子密度和在冷壁温度下蒸气分子密度，个/cm³；

$p_1$，$p_2$——被抽蒸气分压力和在冷壁温度下蒸气的压力，Pa；

$M$——被抽蒸气分子量；

$T_1$，$T_2$——被抽蒸气的热力学温度和冷壁的热力学温度，K；

$A$——在被抽蒸气中暴露的冷壁面积，cm²。

由式（13-6）可见，抽速 $S_1$ 随 $p_1$ 减少而减弱，当蒸气温度和压力与冷壁温度及其饱和蒸气压达到平衡时，$S_1$ 等于零。

水和汞在液氮温度（−196℃）下，其饱和蒸气压分别为 $p_{H_2O}=1.3\times10^{-19}$ Pa 和 $p_{Hg}=1.3\times10^{-30}$ Pa。而比值 $\frac{p_2}{p_1}\sqrt{\frac{T_1}{T_2}}\ll1$。当真空系统处于室温时，则有

$$S_{H_2O}=14.7A$$

$$S_{Hg}=4.4A\tag{13-7}$$

式中 $S_{H_2O}$，$S_{Hg}$——分别为冷阱对水和对汞的蒸气的抽速，L/s；

$A$——冷壁暴露在水蒸气或汞蒸气中的面积，$cm^2$。

13.2.1.3 吸附阱

吸附阱是利用吸附剂进行物理吸附或化学剂附油蒸气、水蒸气和气体的装置。

根据吸附剂不同，可分为多种吸附阱。例如，有铜箔阱、活性氧化铝吸附阱、活性炭吸附阱、五氧化二磷吸附阱等等。大多数吸附阱使用来捕集油蒸气的，其中有的主要用来挡住油封真空泵的反迁移油蒸气；有的主要用来吸附扩散泵的返流蒸气。有些吸附阱主要用来吸附水蒸气，这种吸附阱也称为干燥器。常用的吸附剂有：分子筛（沸石）、活性炭、硅胶、$Al_2O_3$、$P_2O_5$等。表 13-5 给出了某些固体吸附剂的特性数据。

**表 13-5 固体吸附剂的特性**

| 吸附剂 | 形状 | 激活 | | 比表面 $A_0$ /$m^2 \cdot g^{-1}$ | 致密密度/$kg \cdot m^{-3}$ |
|---|---|---|---|---|---|
| | | h | ℃ | | |
| R 型硅胶 | 粒状 | 17 | 175 | 784 | 720 |
| ID 型硅胶 | 粒状 | 19 | 175 | 311 | 500 |
| 氧化铝 | 球状 3mm | 21 | 350 | 287 | 860 |
| 水化物，三氧化二铁 | 粒状 | 24 | 110 | 194 | 1200 |
| 活性炭，椰子壳 | 粒状 | 41 | 200 | 889 | 490 |
| 林德分子筛 13X | 粉剂 1～5μm | 23 | 380 | 514 | 530 |
| 林德分子筛 5A | 小柱形 1.5mm | 67 | 420 | 600 | 690 |

图 13-40 是一种活性氧化铝吸附阱，其中放置 3～10mm 的球状吸附剂，挡油效率可达 99%，主要用于前级真空管路的返流油蒸气的吸附捕集。

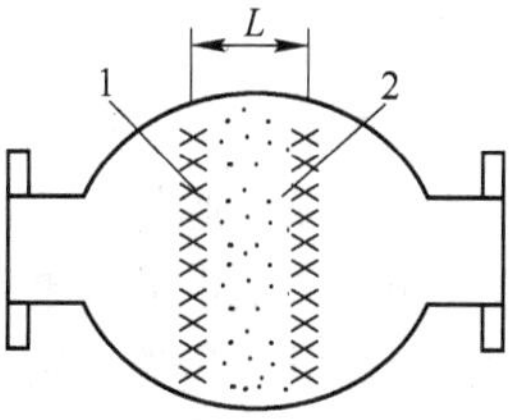


图 13-40 活性氧化铝吸附阱

1—不锈钢网；2—吸附剂（通常，层厚 $L$=80mm）

图 13-41 是一种金属结构的分子筛吸附阱。其特点是分子筛的烘烤激活是使用管状加热器在阱中心加热，油蒸气从接管中排除，分子筛不用拿出来，结构简单操作方便。阱的最好效果可捕集 99.7% 的返流油蒸气。

分子筛吸附阱的主要优点是结构简单，价格便宜和不需要运转维护费用。但使用时要注意下面两点：(1) 分子筛在大气中能强烈吸附水分，所以使用前对分子筛进行烘烤除去水分很重要。暴露过大气的分子筛要在真空中进行高温除气，必要时还要用干燥氮气冲洗。处理不好，会影响极限真空，且拖长抽气时间。要求在短时间达到超高真空的系统，必须装置超高真空阀门，以免分子筛经常暴露于大气中。(2) 分子筛反复经受烘烤去气，会逐渐变成粉末。当放入大气或抽出大气时，会使粉末飞扬而污染系统，为此可旁路安装。

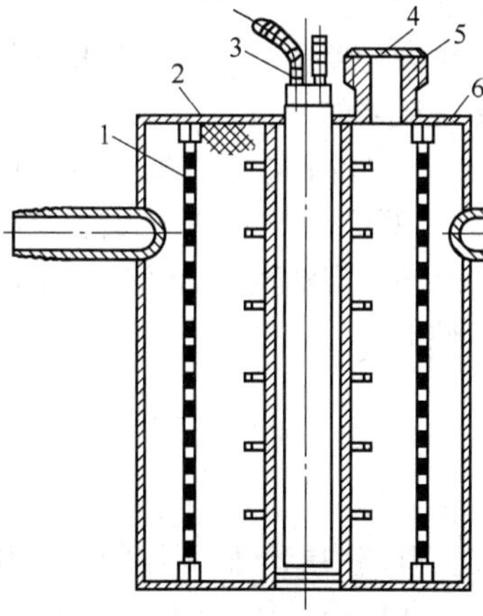


图 13-41 分子筛吸附阱

1—金属网；2—分子筛；3—管式加热器；4—螺母；5—密封圈；6—外壳

13.2.1.4 其他吸附阱

(1) 钛升华阱。钛升华阱的工作原理是：利用钛被加热升华，并沉积在低温金属表面上，形成钛膜能有效地捕集 $H_2$、$O_2$、CO、$CO_2$、$CH_4$、$C_2H_6$ 等气体和蒸气。由于钛升华阱对这些活性气体和蒸气有很大的抽速，尤其是对扩散泵油的裂解物有巨大的抽气能力。因此它常是扩散泵抽气系统获得清洁真空的重要装置。装有液氮低温冷板钛升华阱的超高真空系统，能获得 $10^{-11}$～$10^{-12}$Pa 的极限真空。

典型的金属钛升华阱的结构形式如图 13-42 所示，其捕集气体的原理是利用低温壁面冷凝性能和从钛钼热丝中蒸发出来的新鲜钛钼膜的吸附性能捕集气体。由于升华蒸发出来并沉积在液氮冷却的壁板表面上的钛钼膜能使气体分子的二次反弹最小，所以钛升华阱具有特别有效的捕集效果。

(2) 离子阱。离子阱的原理见图 13-43。阱由阳极杆、磁钢、水冷挡板和阴极壳体组成。阳极接 3kV 正高压，阴极壳体接地，磁钢对应阳极杆装在壳体外面，体内对着机械泵的抽气口装个水冷挡板。

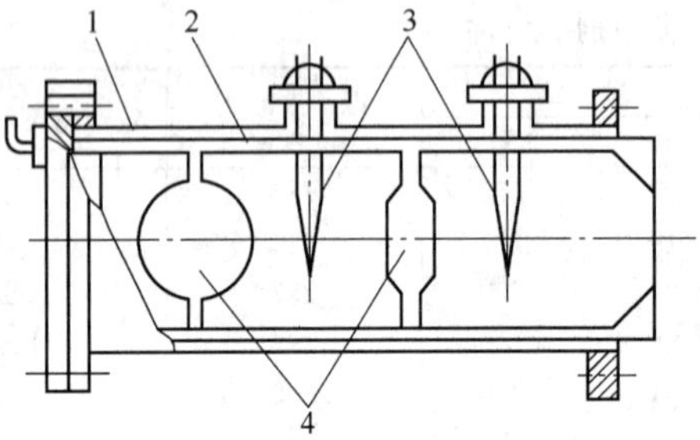


图 13-42　钛升华阱

1—阱壳；2—阱芯；3—钛钼丝；4—液氮

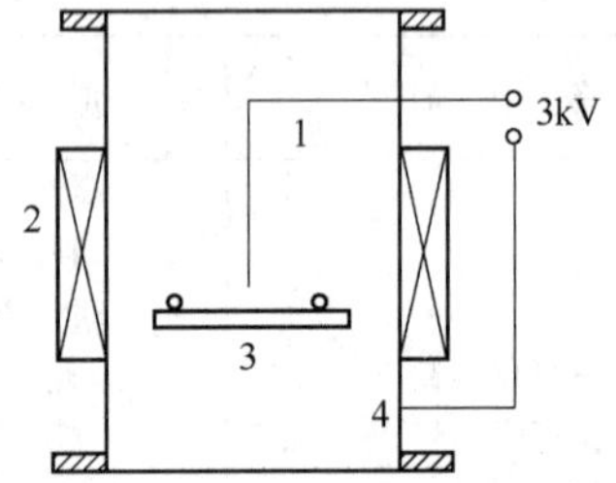


图 13-43　离子阱

1—阳极杆；2—磁钢；3—水冷挡板；4—阴极壳体

油封真空泵工作时，其返流油蒸气碰到水冷挡板上，被反射到壳体壁上。由于阴极与阳极间的高电压引起气体放电，产生电子在外加磁场和电场的作用下，电子向阳极做螺旋运动，使气体更有效地电离。电离产生的离子在电场的作用下，打到阴极壳体上，把沉积的油分子轰击成碎花，并产生聚合物附在阱的内壁上。

离子阱的挡油效率可达 99%，能使油封真空泵真空度提高到 $1\times10^{-2}$Pa。这种阱维护简单，但结构较复杂。

(3) 热吸附阱。热吸附阱的工作原理是使碳氢化合物在被加热的表面上分解成易于被抽除的气体，如氢、氧、一氧化碳、碳酸气和固体炭等。炭沉积在捕集器的器壁上，并作为吸附气体的吸附剂，而气体则被蒸气流泵排出，这种捕集器可用在油蒸气流泵的入口。

(4) 电离吸附阱。电离吸附阱的工作原理为：利用冷阴极或热阴极放电，将蒸气分子电离，在电场的作用下形成离子流。电场的方向与真空系统的气流方向相反，这些离子大多都移向机械泵，而蒸气分子在放电中被激发时，则有被吸附而凝结的趋向。当油蒸气分子在电子的碰撞下分解时，则和热分解一样变成了可被排出的气体和非挥发性的炭。

## 13.2.2　除尘器

### 13.2.2.1　除尘器的作用和分类

在真空系统中，除尘器指在真空管路中配置的过滤器及在真空管路中能够使固体颗粒物及粉尘沉降下来的装置。除尘器的作用是清除真空系统中气流内的固体颗粒，如粉尘，用来保护机械真空泵不被粉尘研磨和损坏，保护真空阀门不被粉尘阻塞，避免阀板关闭不严，保护真空测量规管不被粉尘堵塞和污染，保证真空系统不因粉尘而工作失常。

除尘器的分类：根据粉尘从气体中分离的方法，除尘器可归纳为四类，即机械力分离的除尘器；过滤分离的除尘器；粘吸分离的除尘器和静电分离的除尘器。

13.2.2.2 除尘器的类型

A 惯性除尘器

惯性除尘器用于除掉 20μm 以上的粗粒粉尘，属于初级净化设备。它的工作原理利用粉尘与气体在运动中的惯性力不同，在含尘气流及转向时将粉尘分离出来。惯性越大，转向越急，除尘效果越好。因此在这类除尘器中含尘气流速度要大，要设挡板或其他障碍，使含尘气体方向急转，粉尘碰壁沉下。

惯性除尘器的结构，现用于真空系统的主要有三种：

(1) 在真空室出口处装一直径大于真空管道内径的钢板，且与出口形成环形间隙，其间隙总面积大于管道截面积。

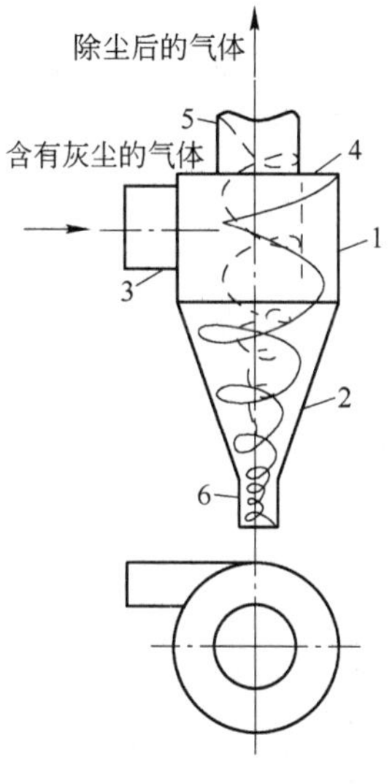


图 13-44 旋风除尘器
1—壳体；2—锥形沉降筒；3—进气管；4—顶盖；5—排气管；6—集尘室

(2) 在真空室出口管道中安装一个直径大于管道的粗管，轴线相互垂直，粗管中间设障板，使含尘气流急转而向下绕行，粉尘碰壁沉下，粗管下端流出积尘空间，形状呈倒锥或圆柱形，最好有卸灰法兰。

(3) 在真空室出口管道中央安装百叶式或其他挡板，使含尘气流不能直接通过。为了保证管道流导足够大，在挡板处截面积要大于管道的截面积，挡板下端留有积尘的空间，其形状最好是呈漏斗状，且下端有卸尘法兰。

如果含尘气体温度较高，上述除尘器中的挡板都可以在挡板背面焊上水冷管进行冷却。

B 旋风除尘器

如图 13-44 所示，含尘气体从旋风除尘器的入口沿切向以高速(一般 10～25m/s) 流入除尘器外壳与排气管之间，形成旋转向下的外旋流。悬浮与外旋流的粉尘在离心力的作用下移向壳壁，并随外旋流转到除尘器下部，沉积于集尘器内。而净化后的气体形成内旋流向上，经排气管流出。

普通型旋风除尘器有筒体、锥体、进气管、顶盖、排气管和集尘器组成。最简单的结构是平顶和矩形截面直切式入口的旋风除尘器。为了提高效率，一般用较长的锥体或较大的长径比。

(1) 旋风除尘器内速度与压力分布。

在旋风除尘器内，切向速度占主导地位，由它带动粉尘做高速旋转运动，在离心力作用下粉尘被抛向外壁除掉。所以切向速度越大，除尘效率越高。除尘器内的气流有内、外两层旋流，外旋流是准自由涡，内旋流是准强制涡，它们的分布特点如图 13-45 所示。图上虚线表示自由涡和强制涡，实线表示因为有摩擦等影响而成为准自由涡和准强制涡。后者一般用经验式表示：

外旋流——准自由涡： $$v_t = K_1/r^n \tag{13-8}$$

内旋流——准强制涡： $$v_t = K_2/r^m \tag{13-9}$$

式中 $n$——外旋流速度指数，$n=0.5\sim0.8$，$n$ 与旋风器形式、尺寸、气体密度、压力和温度有关，有实验测定；

$m$——内旋流速度指数，$m<1$，也是由实验测定；

$K_1$，$K_2$——常数，有边界条件确定；

$r$——任意处半径，m；

$v_t$——切向速度，m/s。

内、外旋流分界点处有最大的切向速度，分界点半径为：

$$r_c = K_3 r_i \tag{13-10}$$

式中　$r_i$——排气管的下口半径；

$K_3$——系数，$K_3=0.5 \sim 0.75$。

径向速度 $v_r < v_t$，绝大部分是向心的。其分布十分复杂；沿轴向上，其径向速度也不是均匀分布的，尤其在排气管下口附近，径向向心气流速度较大，有时达到 5～10m/s。它会把颗粒曳带到排气管中，对除尘不利。

轴向速度的分布比较复杂。外侧下行流的流量沿轴向逐渐变小，约有 15%～40%进入灰斗，视排尘口大小而定。其余流量通过向心气流转变成向上的内旋流。进入灰斗的气体除掉粉尘后，从排气口中心上返，其轴向速度较大，总要夹带些粉尘上去，对除尘不利。外侧下行流的流速一般都远大于颗粒的终端沉降速度。因此不垂直放置的除尘器也能排尘。

旋风器内沿轴几乎没有压力差，切向压力变化很小，如图 13-45 所示，径向压力变化显著。中心涡核处静压力甚至低于排气管内的平均压力，可能出现滞流或倒流。

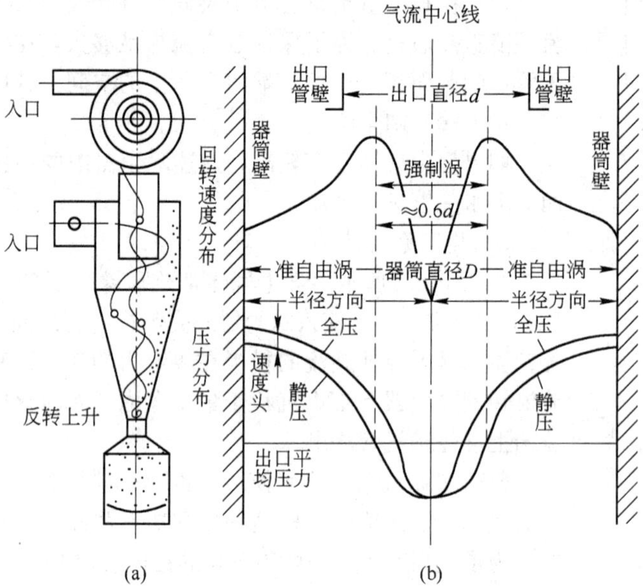


图 13-45　旋风除尘器内气流流型示意图

(2) 旋风器除尘粒径分析。

直径为 $\delta$ 的颗粒向下作螺旋运动，在离心力作用下向外浮游；当到达器壁时就被除掉，其效率为 100%。颗粒越靠外，浮游到达器壁的时间越短，越易除掉。

在圆周运动中，颗粒受离心力与气流曳力的作用而浮游，由力的平衡条件可得

$$\frac{dr}{dt} = \frac{\rho \delta^2 v_t^2}{18 \mu f r}$$

积分可得颗粒从芯管半径 $r_e$ 浮游到器壁半径 $r_0$ 的时间 $t$：

$$t = \frac{18 f \mu}{\rho \delta^2} \int_{r_e}^{r_0} \frac{r}{v_t} dr \tag{13-11}$$

设颗粒在除尘器内共转 $N$ 圈，需时间 $t_N$。若定义：凡位于排气管外壁（$r=r_e$）处的颗粒

经时间 $t_N$ 时恰好浮游到除尘器（$r=r_0$）处，都称此颗粒直径为临界粒径 $d_c$。所以，凡粒径 $d\geqslant d_c$ 的颗粒，均能被除掉。则临界粒径 $d_c$ 为：

$$d_c=\left[\frac{18\mu f}{\rho t_N}\int_{r_e}^{r_0}\frac{r\mathrm{d}r}{v_t^2}\right]^{1/2} \tag{13-12}$$

对于式中 $t_N$ 和 $v_t$，不同学者有不同的假设，从而得出不同的计算公式。

1）假设气流切向速度 $v_t$ 等于入口气速 $v_i$，且不变；除尘器是个半径为 $r_0$ 的直圆筒。则 $t_N=\frac{2\pi r_0 N}{v_i}$。对于服从 Stokes 定律的颗粒（$f=1$），式（13-12）变为

$$d_c=3\left[\frac{\mu(r_0^2-r_e^2)}{2\pi r_0\rho N v_i}\right]^{1/2} \tag{13-13}$$

式中　$N=4$。

2）假设气流为自由涡流动，$v_t=v_i\left(\frac{r_0}{r}\right)$，$t_N=\frac{2\pi r_0 N}{v_i}$，$f=1$，则代入式（13-13）得

$$d_c=\frac{3}{2}\left\{\frac{\mu r_0}{\pi\rho N v_i}\left[1-\left(\frac{r_e}{r_0}\right)^4\right]\right\}^{1/2} \tag{13-14}$$

式中　$N\approx\frac{2H}{\pi r_0}$；

$H$——除尘器的总高度，m；

$r_0$——除尘器筒体内半径，m；

$\mu$——气体的黏度，Pa·s；

$\rho$——颗粒的密度，kg/m$^3$；

$v_i$——入口气流速度，m/s；

$r_e$——芯管外半径，m；

$d_c$——临界粒径，m。

以上分析称为转圈理论，此外还有平衡轨道理论、边界层分离理论等。

C　过滤除尘器

(1) 过滤除尘器的工作原理。

过滤除尘器的工作原理是利用多孔的过滤物体使含尘气流在惯性碰撞、拦截、扩散、静电力和重力等作用下，其中粉尘沉积在多孔表面或容纳于其中。

在过滤除尘器内，过滤材料是捕集粉尘的捕集物，它由许多单个的捕集体（圆柱形纤维或球形颗粒）排列组合而成。在单个捕集体之间存在着间隙，而且间隙的尺寸往往大大于捕集体的尺寸。因此，在过滤中筛滤作用不大。粉尘能从气流中沉积下来的主要作用如图 13-46 所示：图中表示含尘气流流过单个捕集体（圆柱或圆球）时，可能发生的捕集机理。当气流流线绕过捕集体时，其中较大的颗粒由于惯性作用仍然向前作直线运动，而碰撞到捕集体上，称为“惯性碰撞”效应；同时，有些很小的颗粒仍然跟随流线运动，若此时颗粒半径小于流线到捕集体表面的距离，此种颗

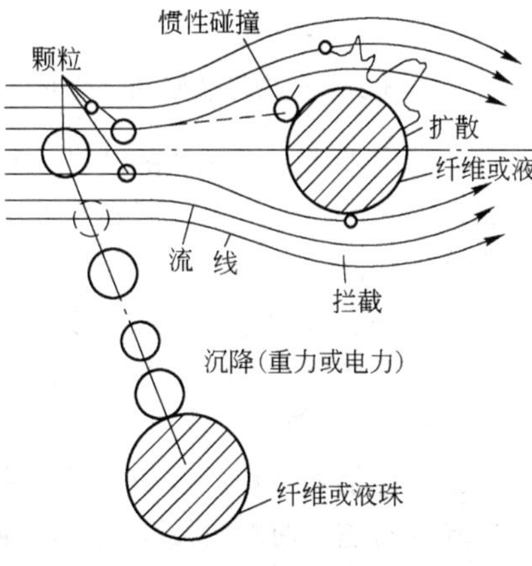


图 13-46　过滤除尘器捕集机理

粒也会被捕集下来，称为“拦截”效应；更细微的颗粒虽然远离捕集体，但在布朗扩散作用下也可能碰到捕集体上，称为“扩散”效应；此外，因静电力使颗粒被吸到捕集体上，称为“静电吸引”效应；因重力使颗粒沉降到捕集体上，称为“重力沉降”效应。可见，过滤除尘的捕集机理是多种效应的综合。影响捕集的因素有流速、粒径、温度、外立场等等，是十分复杂的。

(2) 过滤除尘器的结构。

过滤除尘器的结构形式有金属网过滤器、金属环过滤器、滤布过滤器及袋式过滤器等。

金属网过滤器用一层或多层金属网构成过滤层，其层数和网目依粉尘粒径而定；图 13-47 所示为一种改进型的金属网过滤器，在金属网过滤层的底部装入真空油，使含尘气流先与油层碰撞，部分粉尘被油粘附，再经过滤网滤净。

金属环（或陶瓷环）过滤器是由几层金属网上放置许多金属环（或陶瓷环）构成的过滤器，如图 13-48 所示。图中有三层金属网，每层金属网上随机地堆放着许多金属环，堆高为 60mm；每个环直径为 15mm，高为 15mm，环上涂上蓖麻子油或真空泵油。在压力差为 50～150Pa 时，其流导为 35L/s。这种过滤器的缺点是消耗金属量大，装金属网和填充金属环不方便。

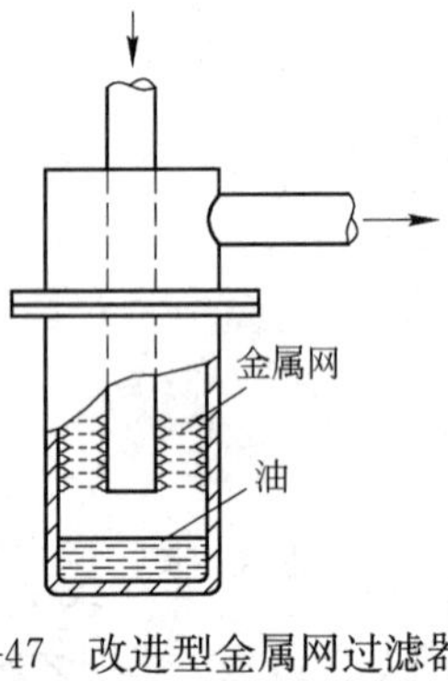

图 13-47　改进型金属网过滤器

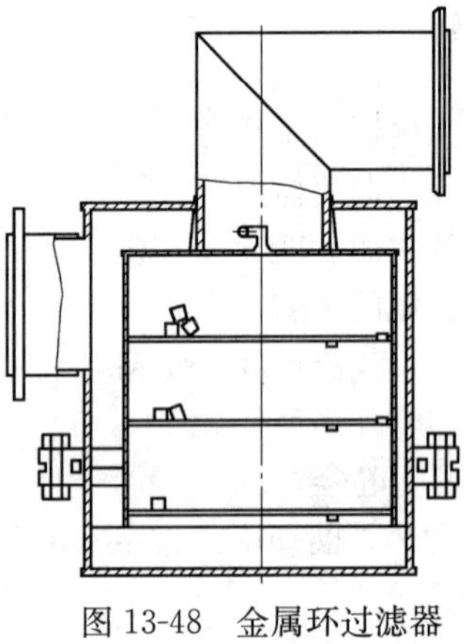
图 13-48　金属环过滤器

滤布过滤器由带纵向孔的圆柱体和其上紧包裹着的过滤布所组成。含尘气流在通过纵向孔时，被滤布过滤净化。单层绒布层的滤布过滤器，其流导为 40L/s，两层绒布层的过滤器，其流导为 37L/s。

袋式过滤器是利用有机纤维或无机纤维织物作为过滤布袋，将含尘气流中的粉尘过滤出来的高效干式除尘器。袋式过滤器的结构如图 13-49 所示。

D　湿式除尘器

湿式除尘器的工作原理是以真空泵油（或其他低蒸气压油）为工质，造成油滴或油膜，使含尘气流通过它们时粉尘发生惯性碰撞，拦截、扩散、重力、静电吸引等效应而被捕集下来。这些与过滤粉尘器的工作原理十分相似。

油雾除尘器为常见多用的湿式除尘器，其结构如图 13-50 所示，它的结构是在柱形筒体中设置多层带孔金属板，板上堆放陶瓷管（或金属短管），筒体上部有一环形喷头，由外部油泵供给压力油，油雾喷洒后从下部经油过滤器后可循环使用。含尘气体从筒体下部流入与油雾对流通过，这时与油滴和陶瓷环上的油膜、金属板上的油膜发生惯性碰撞、拦截、扩散、重力等效应，粉尘被沉积到油中。

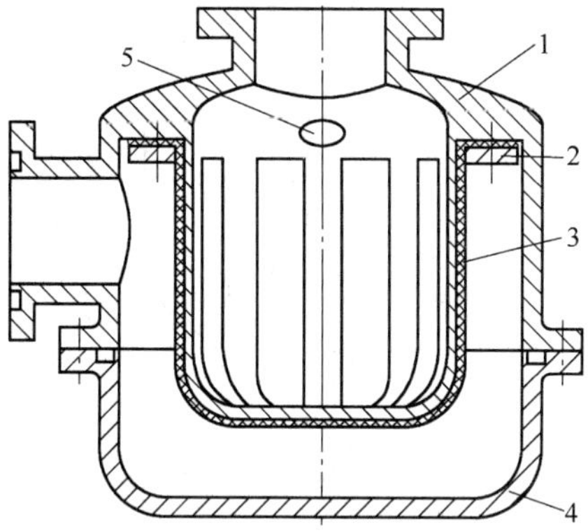


图 13-49 袋式过滤除尘器

1—壳体；2—压圈；3—滤袋；4—底盖；5—反吹清灰孔

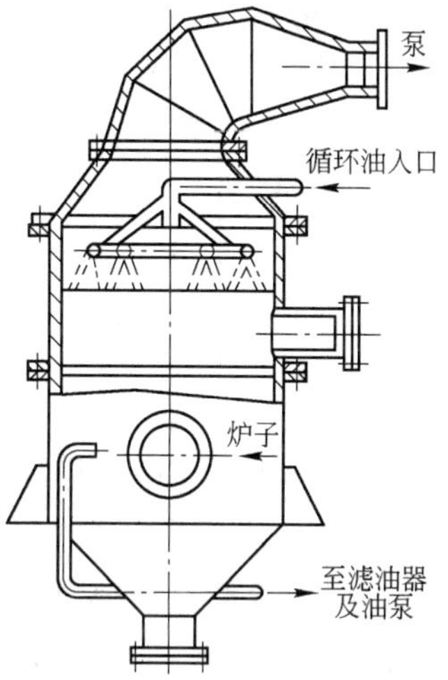


图 13-50 油雾除尘器

E 电除尘器

电除尘器的优点是：除尘效率高。电除尘器的效率普遍达到 99%以上，对微小粉尘（0.1μm 以上）除尘效率也很高；压降低，电除尘器的压降一般不大于 200Pa；能耗低，比耗电量约为（1～8）$\times 10^{-2}$kW · h/m$^3$；处理气量大；可处理高温含尘气体。一般处理的气体温度为 350℃以上，最高可达 500℃。

电除尘器的缺点是：应用范围受到粉尘的比电阻限制，比电阻太小不适用；钢材耗量较大；制造、安装和操作要求较高。

(1) 电除尘器的工作原理。

在直流电压为 25～120kV 时，极间气体发生电晕放电而产生阴离子和阳离子。在电场作用下，阴离子向阳极（即除尘电极）运动，阳离子向阴极（即放电电极）运动。由于电压高，不仅迁移率较大的阴离子能与中性分子发生碰撞电离，而且迁移率较小的阳离子也能与中性分子发生碰撞电离。因此在电场中连续不断地生成大量新离子。当含尘气流进入电场后，粉尘与离子碰撞而粘附带电，成为荷电尘粒。在电场作用下，荷正电尘粒向阴极运动并沉积其上；荷负电尘粒向阳极运动并沉积其上。在通常负电晕（即电晕放电为电源的阴极）的情况下，有少量带正电尘粒沉积在阴极上，而大量带负电的尘粒沉积在阳极上，于是气体得以净化。

(2) 电除尘器的结构。

电除尘器主要有两种结构：管式电除尘器，其结构如图 13-51 所示；板式电除尘器，其结构如图 13-52 所示。它们由外壳、气流分布装置、阳极板、阴极和清灰装置等组成。一般来说，外壳为钢结构，要求密封严实和适当保温。气流分布装置设在入口处，使气流以均匀的速度通过整个电场，保证除尘效率。阴极线又称为电晕电极或称放电电极，用来电晕放电，应具有良好的放电性能，且容易清灰，在振动下不变形、不断线、不产生过大的热应力等。

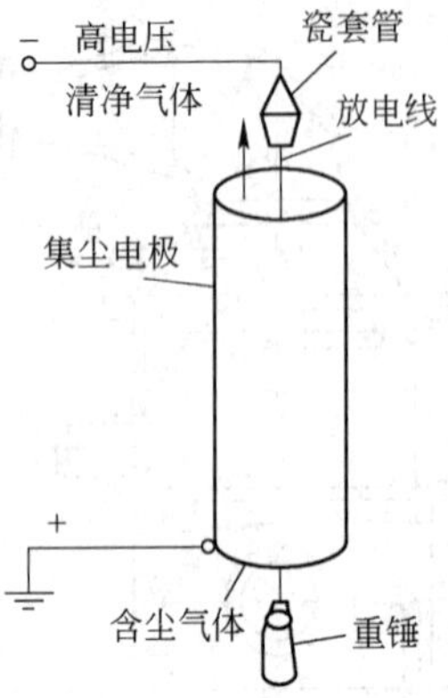


图 13-51　管式电除尘器原理图

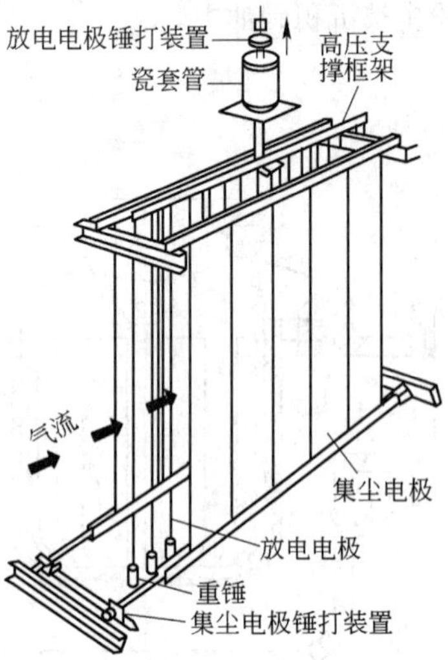


图 13-52　板式电除尘器结构原理

## 13.3　真空继电器

真空继电器就是实现真空系统自动化控制的关键元件之一。真空继电器的种类很多，分类方法也各异，归纳起来有以下几种。

按机理分，继电器可分为力学型、热导型和电离型。它们分别用在低真空、中真空、高真空和超高真空的不同范围内。其中常见的有热电阻（含热敏电阻）真空继电器、薄膜真空继电器、弦丝式真空继电器、冷规式真空继电器、毫伏计式电子真空继电器和光敏电阻真空继电器等。它们各有所长，但大部分是机械的，电子管式继电器具有触点结构，线路的通用范围很窄。

按一次传感元件的不同，继电器又分为无触点和有触点两大类。凡是以电参数表征真空度的真空测量仪器均可配备继电器线路，组成无触点式真空继电器，而 U 形管真空计，弹簧管真空计，膜盒真空表等以机械位移表征真空度的真空计，配备继电器的线路均可组成有触点式真空继电器。综上所述可知，除压缩式真空计（麦克劳真空计）外，任何一种真空测量仪器均可作为真空继电器的一次传感元件（信号）。

按真空度自动控制范围，继电器可分为定点式和具有上下限控制区间的两大类。

### 13.3.1　无触点式真空继电器

无触点真空继电器是由规管和测量控制线路组合而成的。规管是将真空系统中的残余气体压力转换为电参量的一次元件，线路部分是接收并放大这种信号，进而实现输出信号的自动控制。真空规管具有不同的结构形式将物理量转换成电参量，依规管的结构不同，可配备相应的线路，将气体密度的变化转换成相应的电参量：电压、电流和电感。尽管表征的参量不同，线路也不同，但各种规管不用直接接触就可以完成物理量转换电参量的过程，这就是区别于触点式真空继电器的特征。图 13-53 为常用真空规管，图中（a）、（b）、（c）分别是电阻计，热偶计，热阴极电离计所用的规管结构。图中（d）为转换后的电参量为电容量的一次元件，图中（e）为转换后的参量为电感量的一次元件。图 13-53（d）中所示的元件是振膜式真空计规管，它通过振动膜片 9 与加压极 7 采用静电感应力，在系统的共振频率下驱动振膜 9 进行振荡，而

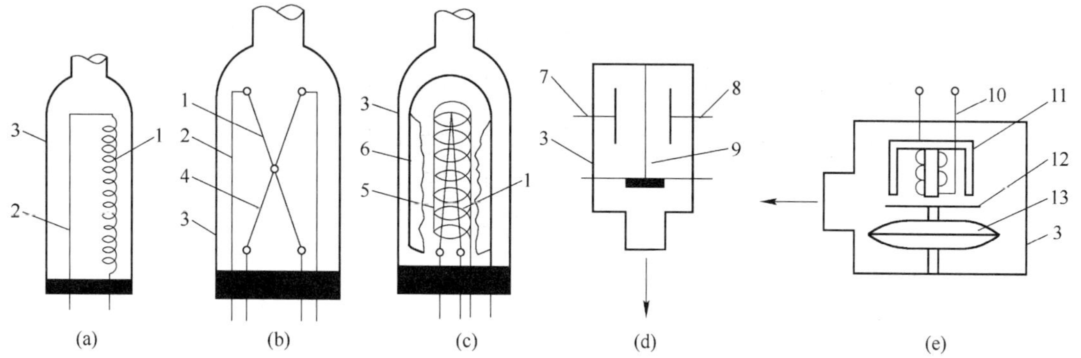


图 13-53 无触点真空继电器规管原理图

(a) 电阻规；(b) 电偶规；(c) 电离规；(d) 电容规；(e) 电感规

1—灯丝；2—支架；3—壳体；4—热偶丝；5—栅极；6—离子收集极；7—加压极；8—感应极；9—振动膜片；10—感应线圈；11—电感器；12—电感器动片；13—真空膜盒

用感应极 8 的电容值测量振动膜片 9 的位移。随着真空系统中的压力变化，振动膜片 9 的振荡情况亦随着变化，感应极 8 的电容值也同时跟随着变化。所以，图 13-53 (d) 中所示的规管是以电容值表征真空系统压力变化的信号发生器（或转换器）。图 (e) 是膜盒式真空计规管。真空膜盒 13 是由两片弹性良好的金属薄片在真空下封接而成的密闭盒体。当真空系统中压力变化时，由于膜盒 13 的位置发生变化，带动电感器动片 12 的位置改变，导致电感量发生变化。所以图 (e) 所示的规管是以电感值表征真空系统中压力变化的信号发生器。

综上所述，各种真空规管配备相应的电气线路后，都可以实现参数的转换过程，即由物理量转换成电参量的过程。各电参量即可表征真空系统中真空度的变化程度。所以，在电气线路中配备合适的放大器，触发器和 PLC 可编程控制器或单片机等，就能以规管电参量为输入信号，实现对输出信号的自动控制。若接入负载电路，就可以实现对负载电路的真空自动控制。无触点真空继电器的电路，是依所采用真空规管的结构原理不同而异的，它除具有真空测量仪器的电路外，还有电源稳压装置，直流放大器，定值调节器，触发器，交流可控硅开关，输出装置及其他附属装置等。如上所述，真空继电器实际是“真空控制器”。

### 13.3.2 触点式真空继电器

目前，触点式真空继电器多适用于低真空。

触点式真空继电器和无触点真空继电器相似，也是由一次信号的规头和二次信号装置的电气系统两部分组成。规头的作用是将非电参量转换成电信号，该信号通过电控箱放大，控制并输出给被控对象，以达到对负载的自动控制或保护的目的。就规头而言，常用的如图 13-54 所示。日本产的触点式真空继电器多用“波纹管”为弹性元件，而德国和英国在大型金属真空系统中常用“膜盒”作为弹性元件。国产的 ZKJ 型触点式真空继电器是以“膜盒”为弹性元件的。尽管规头的结构有所不同，但都是依靠弹性元件在不同真空度下发生弹性变形或导电液柱的位移，在触点位置一定时，使电路导通而使中间继电器的线圈通电或断电。由于中间继电器的触点相应的“开”或“闭”的动作，实现了对输出的自动控制。如图 13-54 中 (a)、(b)、(c) 是由壳体，静触点，弹性元件和动触点等组成。当系统中真空度发生变化时，因膜盒内预抽空为 $p_H$，规头真空室中压力为 $p_G$，则膜盒承受的压力为 $p=p_G-p_H$，故弹性元件变形，其

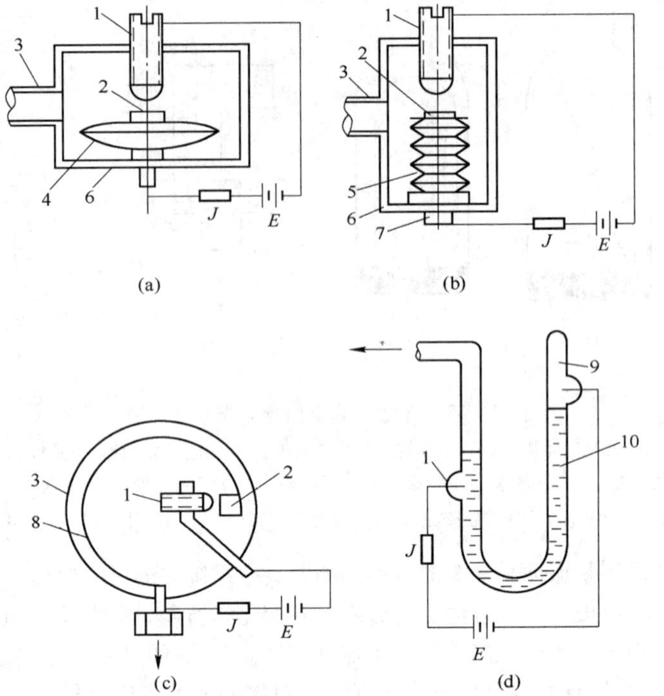


图 13-54　各种触点式规头的结构示意图

1—静触点；2—动触点；3—壳体；4—真空膜盒；5—真空波纹管；6—环氧树脂；7—引电接线柱；8—弹簧管；9—U 形管；10—汞柱

中心位移为 $2W_0$，位移量与压力成函数关系：$2W_0=f(p)$，即位移量 $W_0$ 可代表 $p_G$ 的变化。把系统的真空度调到某一工作点 $p_1$，使膜盒中心发生位移，通过动、静触点的接触来改变电路的工作状态，即可推动中间继电器的动作。当真空度高于工作点 $p_1$ 时，指示灯亮；反之指示灯灭。静触点根据需要可调到不同位置。在压力范围为 101325～133.3Pa 之间定点可调，其规头如图 13-55 所示。

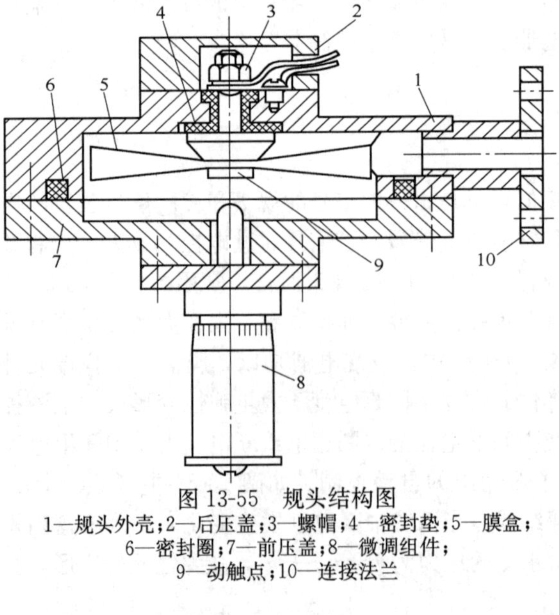


图 13-55　规头结构图

1—规头外壳；2—后压盖；3—螺帽；4—密封垫；5—膜盒；6—密封圈；7—前压盖；8—微调组件；9—动触点；10—连接法兰

## 13.4　可拆卸密封连接

可拆卸密封是指连接处由于安装结构要求或工艺要求的需要经常拆装的密封。其特点为：经过多次拆装仍能保持密封性能，可以更换已经老化或损坏的密封件(或材料)。

在真空系统需要经常拆卸的地方，应采用可拆卸密封连接，这种连接在真空系统中应用较多。

### 13.4.1　密封材料与密封结构

13.4.1.1　密封材料的工作温度

真空密封连接处正常工作所允许的最

低和最高温度称为工作温度。如果超出这个温度范围，连接处的密封性能明显下降，甚至完全失去密封作用。因此连接处的工作温度范围是选取密封材料和设计密封结构的重要参数。常用几种密封材料的工作温度范围见表13-6。

**表 13-6 常用密封材料的工作温度范围**

| 密封材料 | 工作温度范围/℃ | 适用真空区域 | 密封材料 | 工作温度范围/℃ | 适用真空区域 |
|---|---|---|---|---|---|
| 天然橡胶 | −30～90 | 低、中真空 | 铅 | −200～170 | 高真空 |
| 丁基橡胶 | −30～130 | 低、中、高真空 | 铝 | −200～350 | 超高真空 |
| 丁腈橡胶 | −30～130 | 低、中、高真空 | 银 | −200～450 | 超高真空 |
| 氟橡胶 | −30～240 | 高、超高真空（少用） | 铜 | −200～500 | 超高真空 |
| 硅橡胶 | −100～260 | 低、中真空 | 金 | −200～500 | 超高真空 |
| 聚四氟乙烯 | −150～250 | 高、超高真空（少用） | | | |

13.4.1.2 橡胶密封材料

在真空系统中，橡胶作为密封材料应用最为普遍，主要是因为它具有高弹性，较高的耐磨性和适宜的机械强度，并且具有在常温下密封可靠，可反复拆卸安装，易于加工，价格低廉等优点。缺点是不能承受高温和低温的环境，与金属密封材料相比有较大的出气率和净透率，通常只能用于低真空和高真空系统中。

用于真空密封的橡胶材料，要求具有光华表面，无划伤、无裂纹、具有低的出气率、挥发率和透气率，良好的耐热性、耐油性、抗老化能力，耐压缩变形（其值小于35%），和适宜的压力松弛系数（不小于0.65）。常用于真空密封的橡胶材料有下列几种：

（1）天然橡胶。天然橡胶透气率很大，耐油性、抗老化性较差，使用温度在100℃以下，只用于粗真空和低真空密封。

（2）丁基橡胶。丁基橡胶的透气率很小，可用于 $10^{-5}$ Pa 的真空密封。在超高真空环境下材料出现升华现象，其质量损失可达300%，因此不适于 $10^{-6}$ Pa 以上的超高真空。

（3）丁腈橡胶。丁腈橡胶是耐油性和其他各种性能都较好的一种橡胶，在高真空范围内广泛用于烘烤温度150℃以下的各类真空密封。

丁腈橡胶是耐油合成橡胶，有100多个牌号，品种主要是低温聚合丁腈橡胶、易加工的软橡胶及改性丁腈胶。丁腈18-26-40是按丙烯腈含量多少而分，丙烯腈含量越高，耐油性、耐水性越好；含量越低，耐寒性越好，弹性也随之增加。

丁腈橡胶可以加入其他材料改进其性能，常见的混用材料有：尼龙、聚乙烯、ABS树脂、DAP树脂、氯化聚醚、聚四氟乙烯等。和尼龙并用以三元尼龙效果最好，尼龙用量控制在10%～25%，温度控制在150～160℃。与尼龙并用的丁腈橡胶具有耐磨、耐寒、耐热、耐臭氧等特点，适宜制作各类密封件。丁腈橡胶混入30%聚氯乙烯，不仅保持了丁腈橡胶的耐热性、耐透气性，而且提高了耐臭氧性、耐磨性、耐油性和抗撕裂性能，改善了加工性能，使用温度提高到150～160℃。丁腈橡胶与氯化聚醚并用，压缩永久变形最小，在橡胶O形圈中应用最为合适。

丁腈橡胶具有优异的耐油性、耐水性、耐热性和较低的透气性，压缩永久变形小，使用寿命长、价格便宜，在高真空范围内广泛用于烘烤温度在150℃以下的各类真空密封中。

（4）聚氨酯橡胶。聚氨酯橡胶能达到20～74MPa机械强度，是丁腈橡胶的1～4倍，耐磨性能优异，是天然橡胶的5～10倍；具有较强的抗撕裂强度，较高的耐油、耐磨、耐臭氧、耐辐射、耐冲击性等优点。聚氨酯橡胶在真空设备、各类真空阀门、真空低速传动部件上，可获得良好的密封效果。

聚氨酯橡胶的主要缺点是不耐高温，不耐水，特别不宜在高温、湿度大的环境中使用，易水解乳化，使用范围为－30～100℃，最好在70～80℃使用。不宜长期在高速转动或摩擦力大的动态下使用。只能在低速和良好的散热条件下使用。此外，聚氨酯橡胶不耐酸碱，不能用于带有酸碱的介质中。

(5) 氟橡胶。氟橡胶是一种耐高温、耐各种介质的密封材料。各种气体在维通（Viton）型氟橡胶中有较小的扩散速度和较大的溶解度，透气性很小，与丁基橡胶相当，在高温、真空中出气率很低（在$2.6\times10^{-7}$Pa的失重为2.3%），可用于$10^{-5}$～$10^{-7}$Pa的真空密封；采用双O形圈密封结构，烘烤到200℃，并加上冷却措施，可达到$10^{-8}$Pa的超高真空。缺点是价格昂贵，通常只限于需要烘烤的高真空及超高真空系统中。氟橡胶的力学物理性能见表13-7。

**表13-7　氟橡胶的力学物理性能**

| 氟橡胶品种 | 抗张强度/MPa | 伸长率/% | 硬度HS | 撕裂强度/MPa |
|---|---|---|---|---|
| 26型氟橡胶 | 10.0～16.0 | 150～300 | 70～85 | 2.5～4.0 |
| 23型氟橡胶 | 13.0～25.0 | 200～600 | | 2.0～7.0 |

氟橡胶的耐高温性能特别优异，F26氟橡胶可在250℃温度下长期工作，在300℃温度下短期工作。

氟橡胶的耐热老化性及在各温度下的使用寿命见表13-8、表13-9。

**表13-8　各种橡胶的耐老化性**

| 橡胶名称 | 具有工作能力①的极限温度/℃ | 橡胶名称 | 具有工作能力①的极限温度/℃ |
|---|---|---|---|
| 26型氟橡胶 | 320 | 丁腈橡胶 | 180 |
| 硅橡胶 | 320 | 天然橡胶 | 130 |
| 23型氟橡胶 | 250 | | |

①橡胶在该温度下经24～36h老化后，抗张强度≥7.0MPa，伸长率≥100%，就称为具有工作能力。

**表13-9　氟橡胶（VitonA-HV）在各温度下的使用寿命**

| 温度/℃ | 200 | 230 | 260 | 290 | 320 |
|---|---|---|---|---|---|
| 使用寿命/h | 很长 | >2500 | 500 | 140 | 36 |

氟橡胶的透气性较低，气体在氟橡胶中的溶解度较大，但扩散速度较慢。另外，氟橡胶对日光、臭氧和环境大气的作用十分稳定。

硅橡胶是一种耐热橡胶。在各种橡胶中，它的工作温度范围最宽（－100～350℃），即使在200℃高温下也可长期使用。缺点是气体渗透率较普通橡胶大数十至数百倍，线膨胀系数也比其他橡胶大（$250\times10^{-6}$/℃）。因此，设计密封槽要留有足够的余地。图13-27为三种硅橡胶密封槽尺寸。

真空橡胶密封槽有各种形式，如图13-57所示，其中图（a）、（b）、（f）、（i）、（j）为最常用的形式。设计密封槽的截面面积要求稍大于橡胶密封圈的截面面积，橡胶压缩后的充填因数$\phi>1$，橡胶的压缩量通常为15%～30%。

1）密封槽深度。设计橡胶密封槽，要充分考虑橡胶密封圈（截面为圆形或矩形）的特点，橡胶圈受力后形状改变而保持体积不变，即不可压缩的弹性压缩能力，超过这种能力就会产生

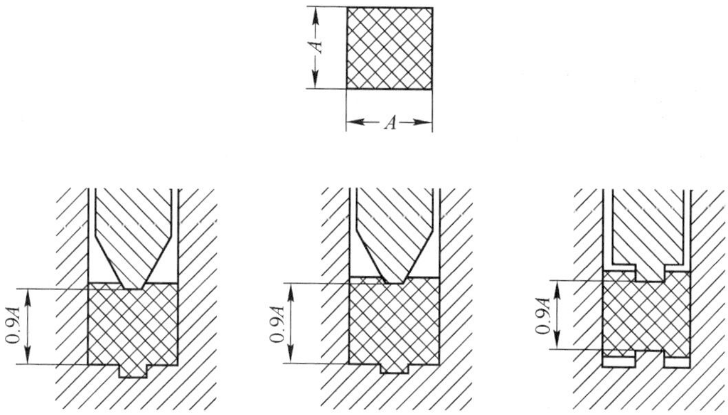


图 13-56 耐 150℃加热烘烤温度的硅橡胶电圈及槽沟

（橡胶：Silastic 160；截面 $A\times A$=6mm×6mm）

塑性变形，严重时造成表皮破损，因此，确保橡胶密封圈最适宜的压缩量是密封槽设计中重要的参数之一。过小不能形成长期稳定的可靠密封，过大会影响橡胶圈的使用寿命。静密封法兰连接矩形密封槽深度和O形密封圈压缩率参数见表 13-10。

**表 13-10 矩形密封槽深度和O形密封圈压缩率** （mm）

| 密封圈截面直径 $d$ | 1.9 | 2.4 | 3.1 | 4 | 5.7 | 6 | 8 | 8.6 | 10 | 14 | 18 | 20 |
|---|---|---|---|---|---|---|---|---|---|---|---|---|
| 密封槽深 $h$ | 1.4 | 1.8 | 2.4 | 2.6 | 4.5 | 3.6 | 4.8 | 6.9 | 6.0 | 9.0 | 12.0 | 13.0 |
| 压缩量 $Q$ | 0.5 | 0.6 | 0.7 | 1.4 | 1.2 | 2.4 | 3.2 | 1.7 | 4.0 | 5.0 | 6.0 | 7.0 |
| 压缩率/% | 26.3 | 25 | 22.5 | 35 | 21 | 40 | 40 | 19.8 | 40 | 35.7 | 33.3 | 35 |

注：1. 截面直径 4、6、8、10、14、18、20 几种规格为中国法兰标准；

2. 密封槽深数据是按O形圈压缩量给出的，如果法兰紧固后留有间隙，则需相应减少密封槽的深度值。

2）密封槽宽度。密封槽宽度是密封设计中另一重要参数。由于安装在密封槽里的橡胶圈受压前后，形状发生变化而体积不变（橡胶本身不可压缩），因此，密封槽要有容纳密封圈变形的空间。在受压密封状态下，密封圈不可能将密封槽完全充满，在不同的介质和温度下，要求O形密封圈产生轻微的滚动，因此，通常要求矩形密封槽的容积比密封圈的体积大15%左右。

13.4.1.3 氟塑料密封材料与结构

氟塑料是四氟乙烯的聚合物，为白色或灰白色的半透明物质；化学稳定性好，不被酸碱腐蚀，不燃烧，不溶于任何一种溶液，不吸水也不被浸润；有优良的电绝缘性能，可以高速切削加工；能耐 200℃工作温度，在 100～120℃温度范围内可长时间工作，室温下出气率较普通橡胶小，25℃时的蒸气压力 $10^{-4}$Pa，350℃时为 $4\times10^{-3}$Pa；对钢的摩擦系数为 0.02～0.1，可用于真空动密封；氟塑料做轴密封填料必须加润滑剂，以降低氟塑料对金属的摩擦系数，不加润滑剂时必须保证有良好的导热性，以避免因摩擦过热而损坏。

氟塑料的塑性随温度升高而增加，而力学性能则急剧变坏。当加载高于 3MPa 时，产生残余变形；加载在 20MPa 左右时，氟塑料会被压碎。工作温度超过 400℃时，氟塑料开始分解，并放出化学性质活泼的剧毒气态氟。氟塑料的低温性能良好，温度低于－80℃时仍能保持其柔性。氟塑料有较大的残余变形，通常使用时要注意定期拧紧螺母，同时要考虑它的相对柔性（温度高柔软性增加）和冷流动等特性。

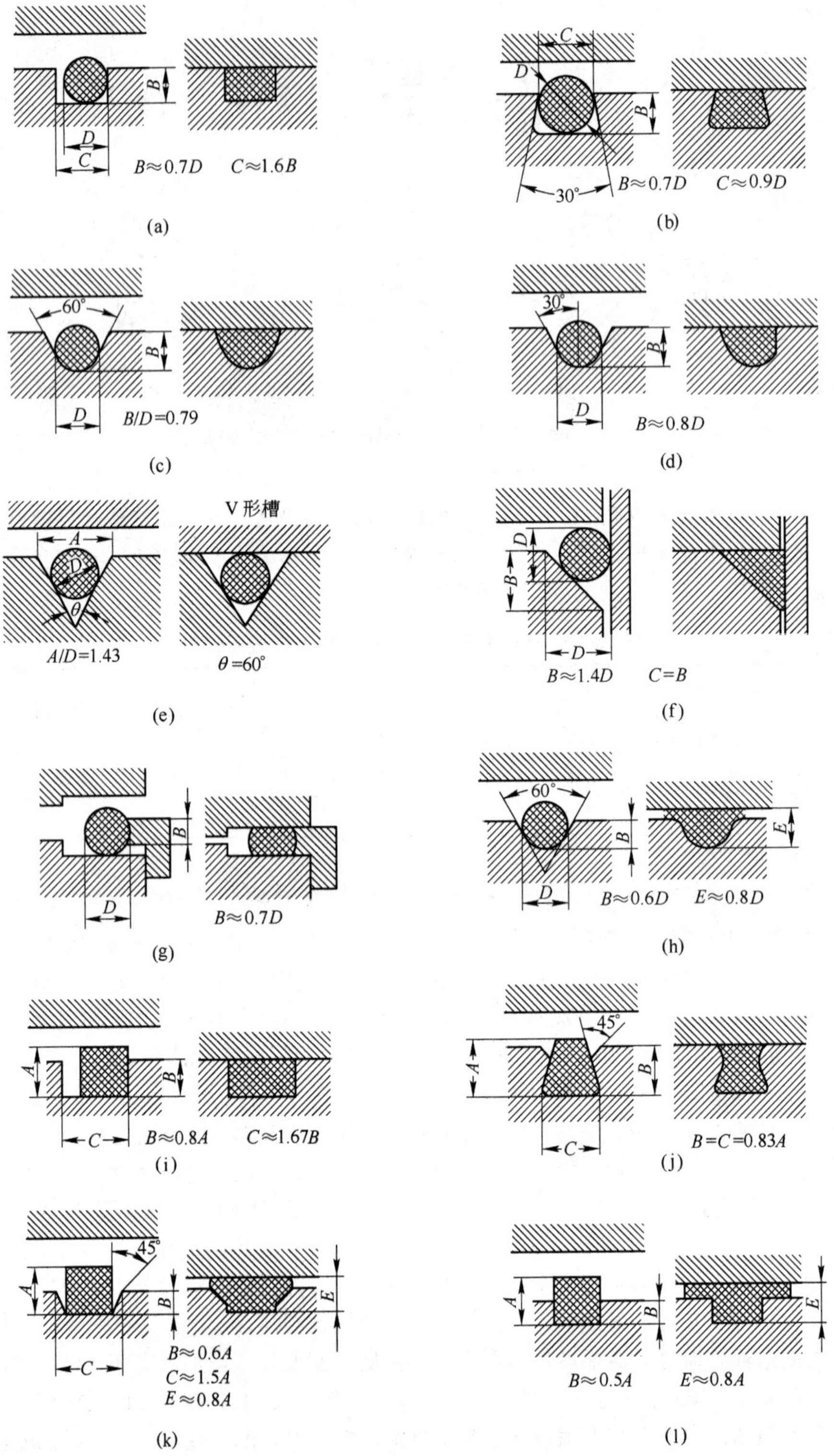


图 13-57　橡胶密封槽的形式

氟塑料的弹性较差，但可以用橡胶或弹簧补偿器加以弥补。用氟塑料作胀圈的结构材料时，不仅要靠被密封的介质压力，而且还要靠密封衬套的外部压紧力方能形成可靠的密封。氟塑料用于静密封的结构形式如图 13-58、图 13-59 所示。图 13-59（b）中氟塑料厚度为 0.3mm；图（c）为图（b）的放大图。

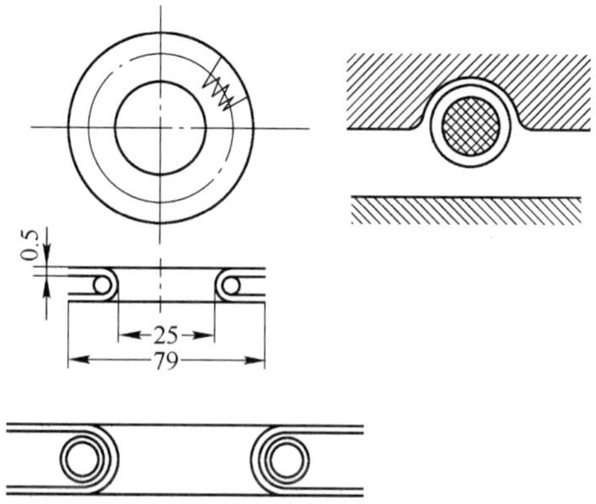


图 13-58 带有弹簧补偿器和橡胶内芯的氟塑料垫圈

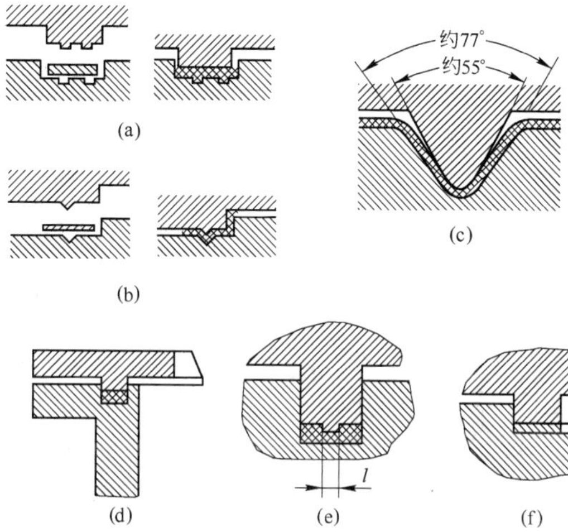


图 13-59 氟塑料的各种密封形式

13.4.1.4 金属密封材料与结构

A 金属密封的一般特性

橡胶密封圈的主要缺点是不耐烘烤且在室温下放气量大，所以许多要求高温烘烤（大于200℃）和只准使用低蒸气压（室温时蒸气压小于 $10^{-10}$ Pa）材料的超高真空系统装置，不能使用橡胶密封，而需用金属密封圈密封。

金属密封圈有两个突出的优点：(1) 放气远比橡胶少；(2) 用它密封的系统和装置可以在高温下烘烤去气，因此能满足超高真空的要求。

任何事物都是一分为二的。金属密封也有很多缺点：

(1) 金属密封圈弹性差，需要很大的密封力才能保障可靠的真空密封；

(2) 重复使用性很差，有些金属密封圈只能使用一次；

(3) 法兰密封面和刀口的粗糙度和配合精度要求高，很小的伤痕都能破坏密封，特别是大尺寸法兰加工很困难；

(4) 密封圈和法兰材料的线膨胀系数相差较大，加热不均匀或密封结构设计得不正确，会引起局部变形而造成漏气。

B 常用金属法兰密封形式

(1) 平面法兰密封。平面法兰是金属密封法兰形式中最简单的一种，如图 13-60 所示，其密封没有配合问题，表面粗糙度（$R_a$1.6～0.25）容易达到。主要缺点是密封圈的定位问题不易解决，另外由于接触面较大需要很大的密封力。一般只适用于小直径的法兰连接密封。

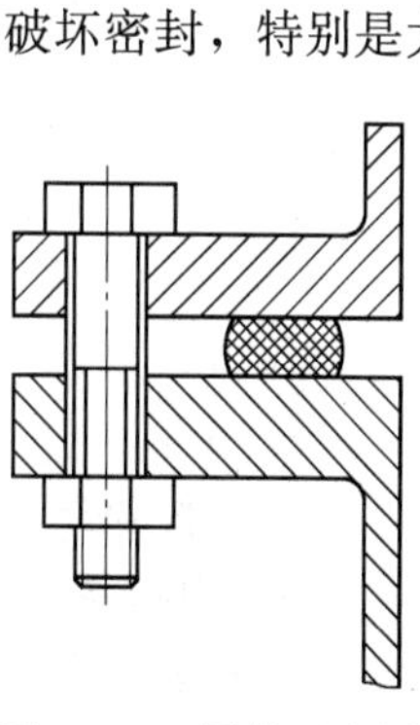

图 13-60 圆截面金属密封圈密封结构

平面法兰常用的密封材料有铝、铜和金。

在制作纯度为 99.99%、直径小于 1mm 的铝丝 O 形圈时，350℃退火 1h，使用前要用氢氧化钠或稀硝酸清洗。$\phi$0.92mm 的铝丝压缩到 0.28mm 时须施加 1600MPa 的压力，在这种情况下可以和不锈钢形成冷焊，并能耐 250～370℃的高温烘烤。铝丝 O 形圈的价格虽然便宜，但只能使用一次。另外铝丝表面有一层氧化膜，因而焊接困难，为了避免铝的氧化，可在铝表面镀铟或改用 Al-Si 合金（Si3%～5%）。Al-Si 合金垫圈不仅能耐 400～500℃高温，而且不怕水银，可用于水银扩散泵系统。

铜丝 O 形圈常使用直径为 1.5mm 的无氧高导铜（OFHC），它在氢气中熔焊后，放入温度为 950℃烧氢炉中烧氢处理。铜丝 O 形圈能耐 450℃高温烘烤，但铜在高温烘烤中容易产生硬的氧化层。铜圈表面镀银（银层厚度不小于 5μm）就可以避免氧化。铜比铝和金的硬度大，需要的密封力更大，为了克服这一缺点可以做成特殊形状的垫圈。

金丝 O 形圈材料为 99.7%纯金。黄金的突出优点是化学稳定性好，耐腐蚀，长期暴露在空气中不氧化，质软容易加工，延展性特别好。用过的金丝可回收重新拉丝使用、损耗很少。缺点是价格昂贵。常用的金丝直径为 0.5～2mm，压缩量取 50%左右，按 20MPa 的压紧力来确定螺栓数目。

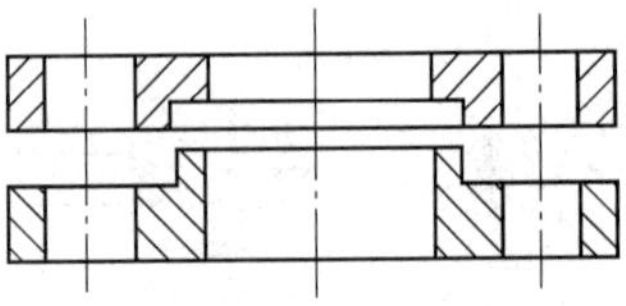

图 13-61　L 形密封

（2）直角形密封。图 13-61 为 L 形密封。密封台阶间隙 0.025mm，以保证密封圈受压后呈 L 形。下法兰台阶利于 O 形圈定位，表面粗糙度优于 $R_a$1.6，O 形圈压缩量为 50%，常用 O 形圈金属丝直径为 0.5mm、0.6mm、0.8mm、1mm、1.5mm5 种。

（3）刀口密封。密封圈为 0.5mm 的环形铜皮或铝片，密封力为 280MPa，能耐 450℃烘烤，可承受多次加热—冷却循环而不漏气。但配合精度要求高，只用于小尺寸法兰密封。

（4）斜楔密封（如图 13-62 所示）。

斜楔密封（conflat）的刀口角度为 70°高度为 1～1.5mm，深度公差为±0.075～0.1mm 刀尖圆角半径为 0.1mm，刀口直径误差为 0.05mm，垫圈材料为宽 6mm、厚 2～3mm 的无氧高导铜。采用这种密封结构的真空系统，经 250℃，5h 高温烘烤后，能使真空系统获得 $2.6\times10^{-9}$ Pa 的真空度。

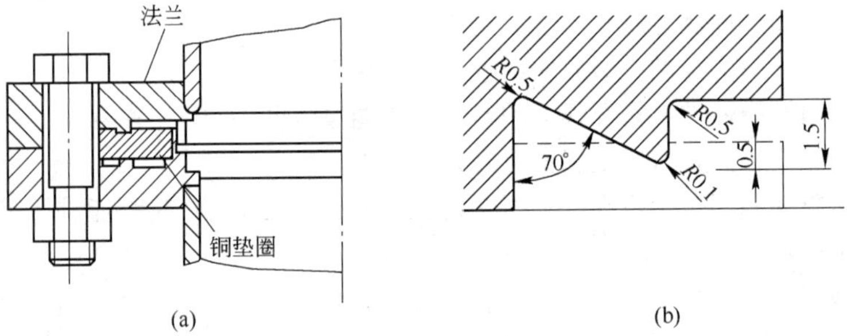


图 13-62　斜楔密封

（a）结构示意；（b）刀口尺寸

（5）台阶密封（如图 13-63 所示）。

台阶密封是利用两直角的剪切力剪切出新鲜金属面形成密封的。两直角的剪切有两种基本形式，即相叠结构（图 a）和相隔结构（图 b）。垫圈材料是无氧高导铜，厚度 1～3mm。制作时在 950℃的烧氢炉中退火处理，可在 450℃温度下反复烘烤使用。上下两直角的公差较大，没有配合问题，因此加工比较容易。

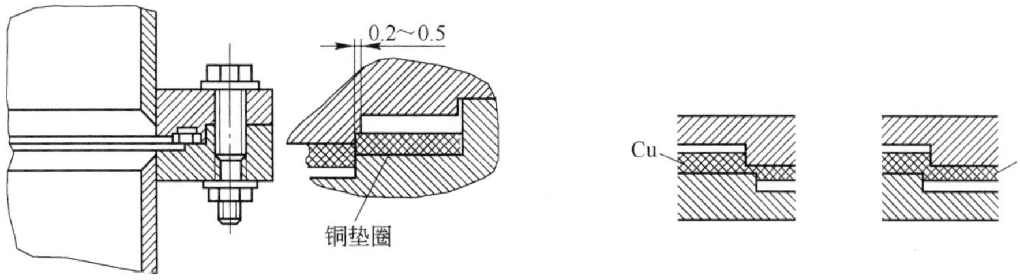


(a) (b)

图 13-63 台阶密封结构

### 13.4.2 密封圈密封力的计算

在真空可拆卸密封连接中所使用的橡胶密封圈主要有两种断面形状：圆形和矩形（其他还有锥形、碗形等)，其中圆形截面的橡胶密封圈应用得最为广泛。圆形截面橡胶密封圈又称“O”形圈，是最常用的一种密封圈。其密封特点是在相同压缩比时，与矩形截面垫圈相比较密封宽度小，若密封宽度相同时压缩比大、且可实现锥形密封；不足之处是O形圈制造较困难，而且密封时易产生气穴。

应用密封圈进行真空密封，主要是靠连接件压缩密封圈，使其产生弹性变形以堵塞或减小泄漏缝隙，达到真空密封的目的。设计真空密封时，必须正确的选择施加到橡胶圈上的压力(称为密封力)。该压力不但与密封表面状况、密封材料的成分、硬度及压缩比有关，而且也和橡胶圈受压时侧面是否受到约束有关。如果想从理论上找出这些关系是十分困难的。根据实验。把各种不同线径（橡胶圈圆形断面直径)，不同圈径（橡胶圈中径）和不同硬度的橡胶圈，放在平法兰和带密封槽法兰的矩形槽之间进行压缩，测得实验数据，然后根据这些实验数据进行密封力的计算。

为了保证高真空的密封性能，设计真空密封时，必须正确地选择施加到橡胶圈单位面积上的压力（称比压力)。该压力不但与密封表面状况、密封材料的成分、硬度及压缩比有关、而且也和橡胶受压时侧面是否受到限制有关。如果想从理论上找出这些关系是比较困难的。但是根据实验，把各种不同线径（橡胶圈圆形断面直径)，不同圈径（橡胶圈中径）和不同硬度O形圈，放在平法兰和法兰的矩形槽之间压缩到需要的压缩比，这时，在最坏情况下，其比压力约为 13kg/cm$^2$ 左右。

13.4.2.1 压缩比的选择

采用橡胶做密封材料时，总是希望橡胶材料的表面在真空中暴露的越少越好。因此除了使其圈径在满足结构要求的条件下应尽量小以外，对橡胶选择适当的压缩比也是很重要的。橡胶密封圈的压缩比是指橡胶圈压缩前后的高度差和压缩前的高度之比，如以 $K_j$ 和 $K_y$ 分别表示矩形和圆形断面橡胶密封圈的压缩比，则有

$$\left.\begin{aligned} K_j &= \frac{h_0 - h}{h_0} \times 100\% \\ K_y &= \frac{d_0 - d}{d_0} \times 100\% \end{aligned}\right\} \tag{13-15}$$

式中，$h_0$、$h$、$d_0$、$d$ 分别为矩形和圆形橡胶圈压缩前与压缩后的高度。

橡胶圈压缩比的大小，直接影响着密封性能。根据 S. 考贝亚胥和 H. 亚达的对通径 72mm，截面直径（或高度）为 4mm 的各种橡胶密封圈所作的渗漏实验所得的实验结果表明，

当橡胶密封圈的硬度在邵氏硬度50以上，而且表面没有任何径向擦伤时，橡胶密封圈的高度压缩比为15%以上就可以达到漏气率小于$1.3\times10^{-10}$ Pa·$m^3/s$的密封性能。这个漏气率，对于一个容积为4L的容器，如果允许压强从$1.3\times10^{-2}$Pa升高到$1.3\times10^{-1}$Pa，则可以保持1000h，即40多天，这对普通真空系统的使用是足够的。因此把压缩比15%定为真空橡胶密封的最小压缩比，是较适宜的。

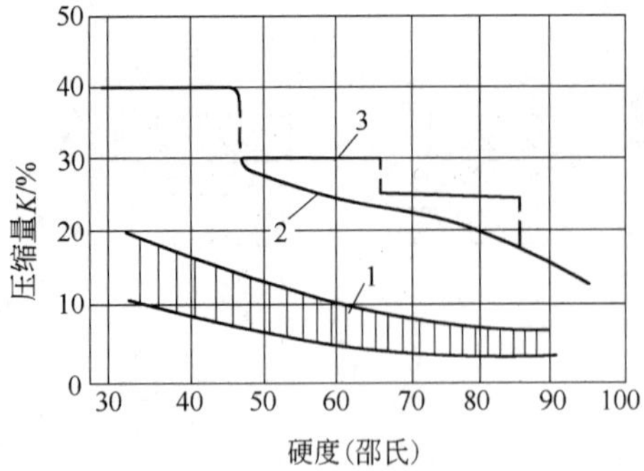


图13-64　橡胶圈压缩与硬度的关系
1—真空密封必须的压缩量；2—压缩量的许用值；3—根据美国ASTM395—49T标准试验的收缩比的最大压缩量

压缩比与橡胶硬度的关系如图13-64所示。

一般情况下，可用图中曲线2为标准来确定橡胶圈的压缩量。

目前在国外，日本对橡胶圈公称直径在12～400mm时，采用的压缩比是25%，通径450～1000mm时则采用30%。前苏联的压缩比选用在20%～25%之间。25%用于矩形，20%用于圆形和较大尺寸的矩形。英国的压缩比选在12.5%～42%之间，而以25%为最多，用于矩形时尺寸小的选用42%，大尺寸用到12.5%。瑞士和德国均采用40%。

我国有关单位所选用的压缩比多为25%，有的单位在矩形断面上采用25%，而在圆形断面上则采用20%。从公称直径大小不同的角度上看，国内有人推荐公称直径在10～300mm时压缩比可选用25%；在350～1000mm时，可采用30%。

图13-65是对国产真空耐油橡胶所做的比压力与相对压缩比的关系曲线。图中数据是橡胶圈在两个平面间被压缩时测得的。目前国内外有关的实验都表明，保证橡胶密封良好的比压力，一般均选在5～15kg/cm²的范围内。

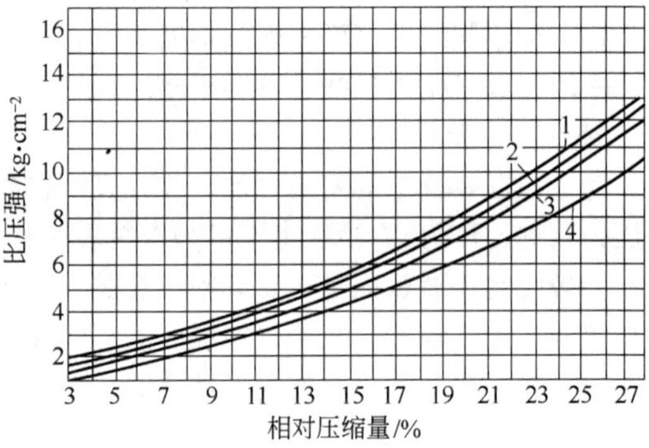


图13-65　橡胶垫圈的实验曲线
1—5.5×5.5mm²的方形断面；
2，4—7.5×10mm²的矩形断面；
3—ϕ10mm的圆形断面；

13.4.2.2　自由O形圈的密封宽度、密封力和比压力计算

自由O形圈是指O形圈在两个平面法兰之间压缩不受其他条件限制，O形圈可以自由地向两侧伸展，由于O形圈设计中要涉及到不同的线径和不同的硬度，如采用绝对尺寸和绝对压力的概念就会使问题复杂化，因此计算时可采用相对尺寸和相对压力的概念。如图13-66所示。

令$B_x$，$X_x$分别为O形圈相对宽度与相对高度，即：$B_x=B/d$；$X_x=X/d$。图中所给出的是$B_x$与$X_x$之间的关系曲线。图中表明：当$0.7<X_x<0.95$时，$B_x$与$X_x$近似直线关系，因此用最小二乘法可得：

$$B_x = 2.2(1.02 - X_x) \tag{13-16}$$

为了找出O形圈的压缩密封力$F$与压缩时的残余高度$X_x$之间的关系，可用拉力机和位移测量器对各种不同线径，不同圈径和不同杨氏模量的O形圈进行测量，并把第二次测量的结

果用相对密封力 $F_x=F/dEL$ ($L=\pi D$) 和相对残余高度 $X_x=X/d$ 表示，这时可得到如图 13-67 所示的曲线。

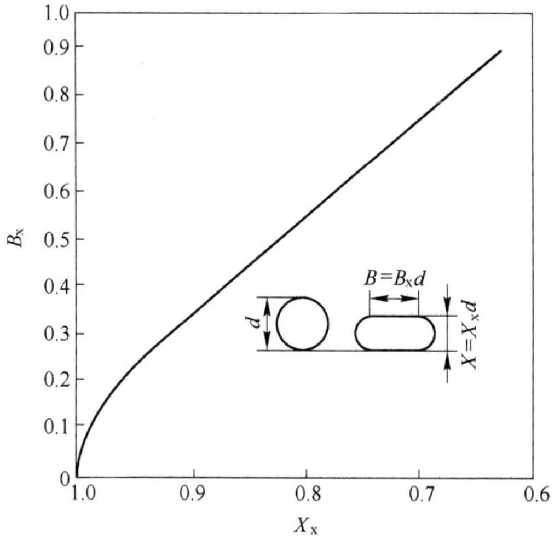


图 13-66 接触面压缩后密封的相对宽度 $B_x$ 与相对高度 $X_x$ 的函数

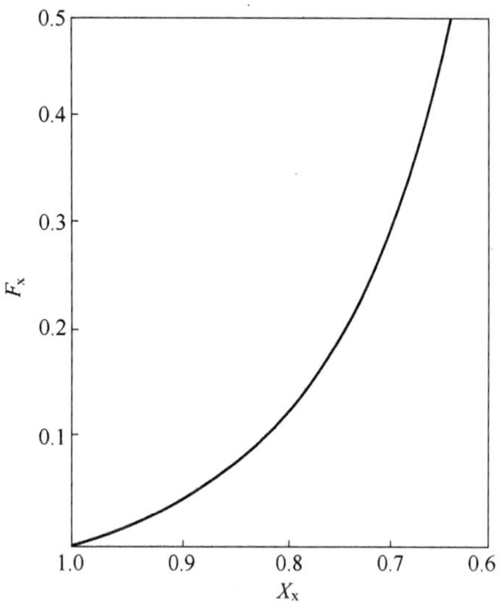


图 13-67 相对密封力 $F_x$ 与 $X_x$ 的关系

图中，对应于 $X_x$ 值的 $F_x$ 为已知量，因此，密封力 $F$ 为：

$$F = F_x dLE \quad (\text{kg}) \tag{13-17}$$

式中 $d$——O 形圈线径，cm；

$L$——O 形圈平均周长，cm，$L=\pi D$；

$D$——O 形圈平均直径，cm；

$E$——与橡胶硬度有关的杨氏模量，杨氏模量与橡胶邵氏硬度的关系见图 13-68。

如上所述，O 形圈在密封力 $F$ 作用下，与法兰相接触的单位面积上所受的平均压力（即比压力），可用下式确定

$$\sigma_s = \frac{F}{BL} \tag{13-18}$$

式中 $B$——橡胶与法兰的接触宽度，cm；

$L$——O 形圈平均周长，cm。

如果以相对比压力 $\sigma_x=\frac{\sigma_s}{E}$ 表示，则

$$\sigma_x = \frac{F}{BLE} = \frac{F}{dEL} \cdot \frac{d}{B} = \frac{F_x}{B_x}$$

因为 $F_x$ 与 $B_x$ 都是 $X_x$ 的函数，因此 $\sigma_x$ 也是 $X_x$ 的函数。依图 13-66 和图 13-67 上的曲线就可以求出 $\sigma_x$ 和 $X_x$ 的曲线，如图 13-69 所示。对自由 O 形圈，可以发现 $\sigma_x$ 近似于 $0.5B_x$。故当 $0.7<X_x<0.95$ 时可近似用下式计算。

$$\sigma_x = 1.1(1.02 - X_x) \tag{13-19}$$

$$\sigma = 1.1(1.02 - X_x)E \tag{13-20}$$

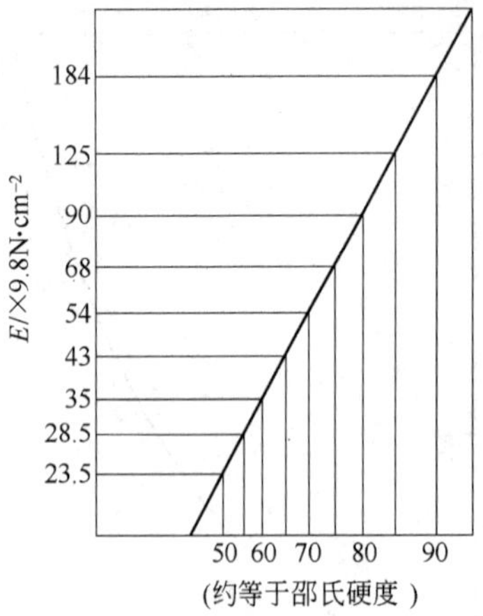


图 13-68　杨氏模量 $E$ 与橡胶邵氏硬度的关系

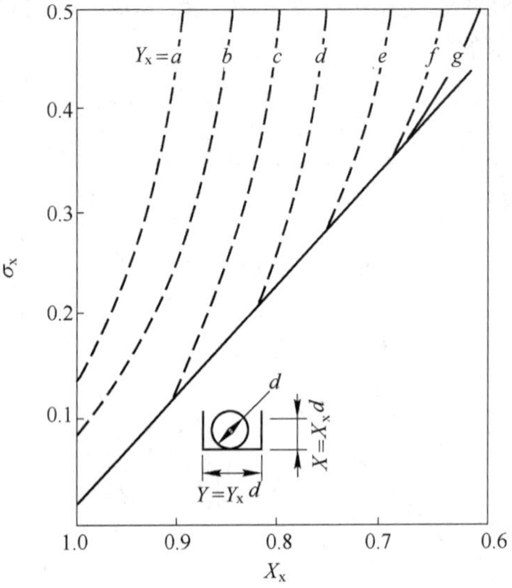


图 13-69　相对压力与相对高度的关系

$a$=0.91；$b$=0.95；$c$=1.00；$d$=1.05；$e$=1.15；$f$=1.25；$g$—自由环

### 13.4.3　真空法兰连接

真空法兰连接属于可拆密封连接类，可拆密封是指连接处由于安装结构要求或工艺要求的需要经常拆装的密封。其特点为：经过多次拆装仍能保持密封性能，可以更换已经老化或损坏的密封件（或材料）。

真空法兰连接属于可拆密封连接类，真空工程中常用的法兰有：橡胶密封法兰、氟塑料密封法兰、金属密封法兰、快卸法兰。

#### 13.4.3.1　橡胶密封真空法兰

橡胶密封法兰用于低、中及高真空金属系统中。也可以用于超高真空装置的真空室门密封，用于超高真空系统密封时，为了减少密封圈出气量，常采用氟橡胶密封圈，或用低温冷却结构冷冻密封圈。

法兰连接的所有结构尺寸及密封圈的尺寸均根据连接导管的内径，即公称通径来决定。

(1) 法兰公称通径。真空法兰公称通径执行 GB/T 6070—1995 标准。本标准适用于低、中、高真空设备所用的连接法兰。真空法兰（包括导管）的公称通径即公称内径，一般它应等于或稍小于实际内径。

法兰公称通径尺寸的规定见表 13-11。

**表 13-11　真空法兰公称通径**　　(mm)

| 公称通径 $D_N$ | 公称通径 $D_N$ | 公称通径 $D_N$ | 公称通径 $D_N$ |
|---|---|---|---|
| 10 | 50 | 200 | 800 |
| 16 | 63 | 250 | 1000 |
| 20 | 80 | 320 | 1250 |
| 25 | 100 | 400 | 1600 |
| 32 | 125 | 500 | 1800 |
| 40 | 160 | 630 | 2000 |

(2) 法兰连接形式。本标准的真空法兰连接形式适用于低、中、高真空设备和管路的法兰连接。

法兰的连接形式如图 13-70～图 13-73 所示。

(3) 法兰结构形式及要求。真空固定法兰和真空活套法兰的结构形式如图 13-74 和图 13-75 所示。

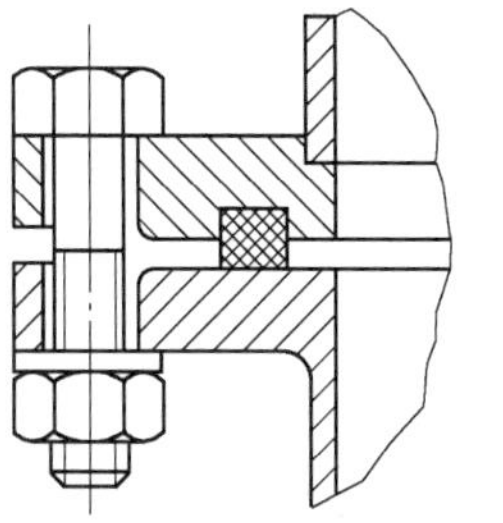

图 13-70 固定法兰与固定法兰连接

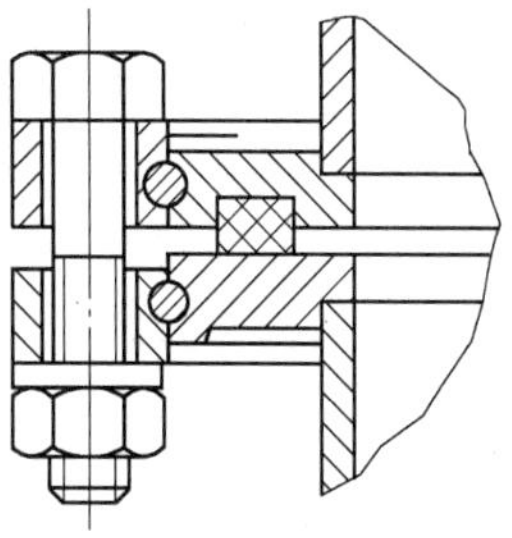

图 13-71 活套法兰和活套法兰连接

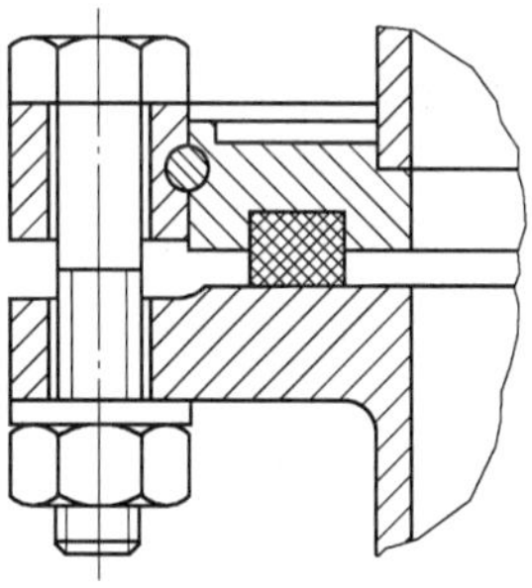

图 13-72 固定法兰与活套法兰连接

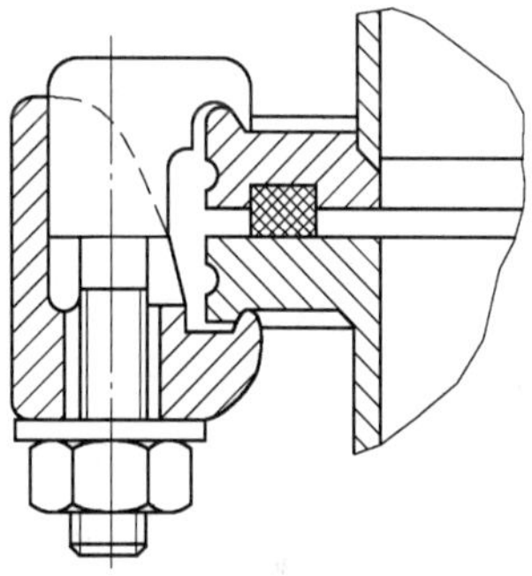

图 13-73 两活套法兰用钩形螺栓连接

真空固定法兰所用材料一般为 Q235-A，要求防磁或用于腐蚀介质的法兰材料可采用 1Cr18Ni9Ti，选用其他材料时应满足国家标准规定的真空法兰线密封载荷和焊接性能的要求。

法兰的密封槽应开在迎着气流方向的法兰平面上。

真空活套法兰及法兰套环所用材料与真空固定法兰所用材料相同。

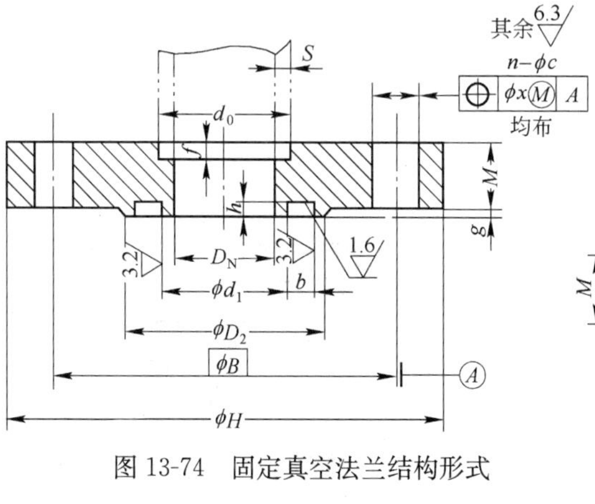


图 13-74 固定真空法兰结构形式

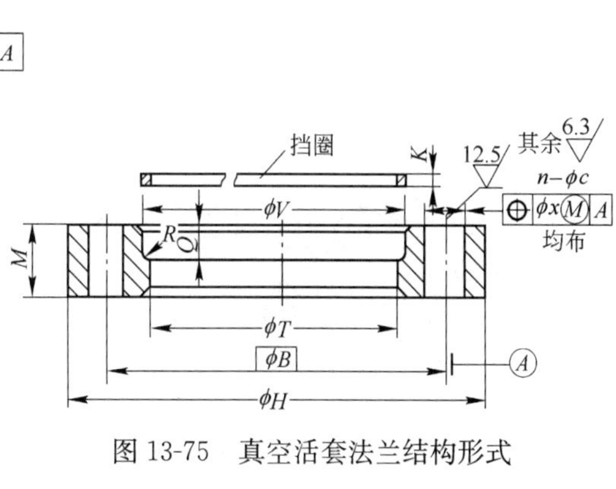


图 13-75 真空活套法兰结构形式

#### 13.4.3.2　超高真空氟橡胶密封法兰

氟橡胶超高真空法兰的结构形式如图 13-76 所示。

法兰的密封材料采用氟橡胶密封圈，法兰和导管一般应采用双面焊接，其中位于法兰顶端的内焊缝采用连续氩弧焊，以保证密封性能。外焊缝采用连续电弧焊，以增加强度。当 $D_N <$ 400mm 时，其断续外焊缝可以不焊。

法兰与连接导管一般在焊接后进行精加工。法兰密封槽的密封表面应光滑，不得有气孔、裂纹、斑点、毛刺、锈斑以及其他降低强度和密封要求的缺陷。

法兰焊接前，焊接部位应进行除油清洗，并吹干。法兰焊接后应对其气密封性采用氦质谱检漏仪进行检测。一般情况下焊接后的焊缝不允许再进行加工，加工焊缝要求平整、光滑美观、不得有气孔、裂纹和毛刺。

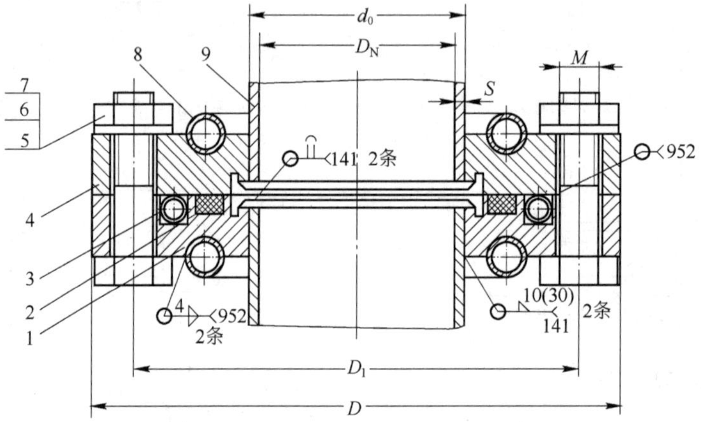


图 13-76　氟橡胶密封的超高真空法兰连接

1—下法兰；2—氟橡胶密封圈；3—冷冻管；4—上法兰；5—六角螺母；6—螺栓；7—垫圈；8—冷水管；9—导管

#### 13.4.3.3　双重橡胶密封法兰

橡胶的出气和渗漏会影响超高真空的获得，为减小橡胶密封圈的出气或漏气量，通常采用双重橡胶密封法兰来消除这些影响。

双重橡胶密封圈的密封结构如图 13-77 和图 13-78 所示，在图 13-77 所示的双重橡胶密封法兰的冷却管中通冷冻剂来冷冻橡胶，以降低橡胶材料的出气率。也可以如图 13-78 所示在双重橡胶圈中间抽真空，以减少渗漏的影响。

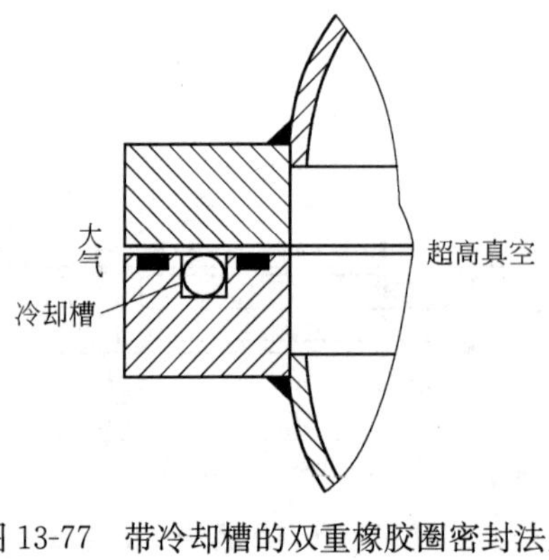


图 13-77　带冷却槽的双重橡胶圈密封法兰

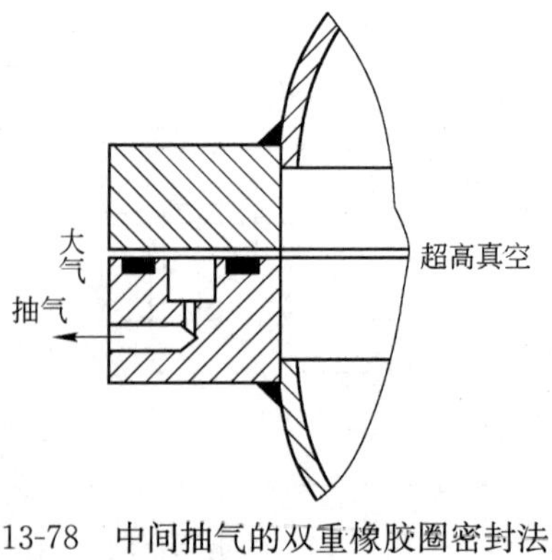


图 13-78　中间抽气的双重橡胶圈密封法兰

13.4.3.4 真空快卸法兰

(1) 夹紧型真空快卸法兰。夹紧型真空快卸法兰适用于低、中、高真空管路，法兰用O形橡胶密封圈密封，其结构形式见图13-79，卡箍材料推荐采用铸铝ZL7。

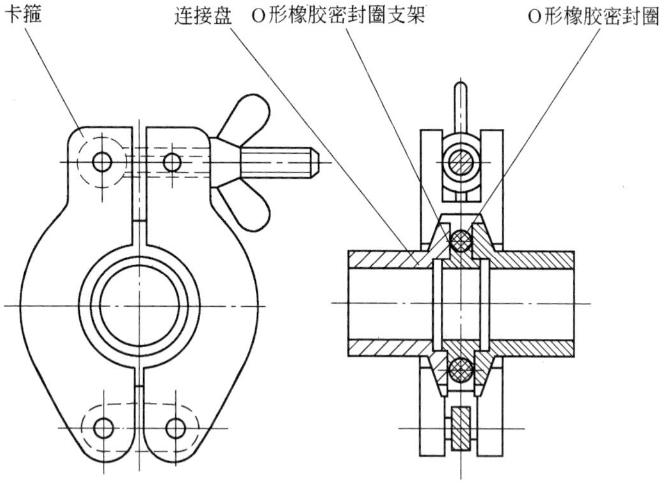


图13-79 夹紧型真空快卸法兰结构形式

(2) 拧紧型真空快卸法兰。

拧紧型真空快卸法兰适用于低、中、高真空管路，其公称通径为10～40mm，用O形橡胶密封圈密封。拧紧型真空快卸法兰的结构形式如图13-80所示。

13.4.3.5 卡钳真空法兰

卡钳真空法兰连接采用橡胶密封圈密封，密封可靠，使用方便，适用于低、中、高真空管路连接用。

卡钳真空法兰连接有三种形式：图13-81所示为卡钳螺钉连接；图13-82为卡钳垫块连接；图13-83为卡钳螺栓连接。

13.4.3.6 金属密封法兰

金属密封法兰适用于超高真空系统中不锈钢法兰连接，金属密封法兰的连接形式如图13-84所示。

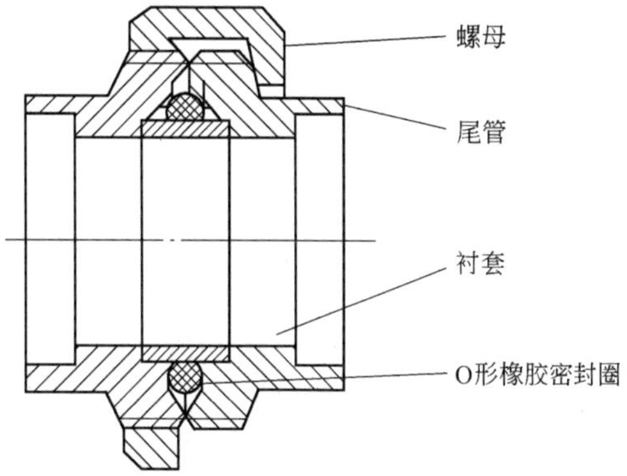


图13-80 拧紧型真空快卸法兰结构形式

金属密封法兰常用的密封材料有铝、铜和金等。金属密封法兰的最高允许烘烤温度为450℃。要求法兰在450℃下反复烘烤后，法兰密封处的漏气率不大于$10^{-8}$Pa·L/s。在金属密封法兰的连接中，其螺栓、螺母及垫圈与法兰装配时，一般应在螺栓和螺母之间加二硫化钼润滑剂。

金属密封法兰连接结构适用于要求密封材料耐200℃以上高温烘烤及压力低于$10^{-7}$Pa的超高真空系统装置。

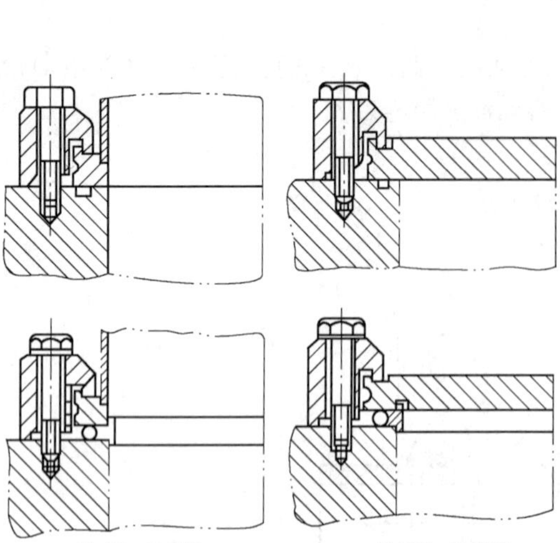

$D_N63\sim D_N250$　　$D_N320\sim D_N500$

图 13-81　卡钳螺钉法兰连接

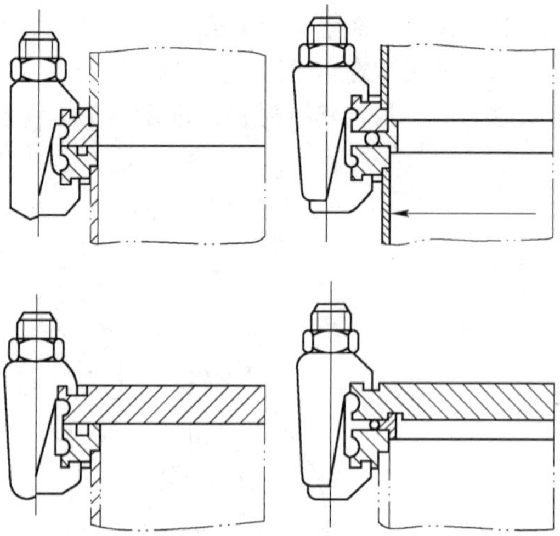

$D_N320\sim D_N500$　　$D_N63\sim D_N250$

图 13-82　卡钳垫块法兰连接

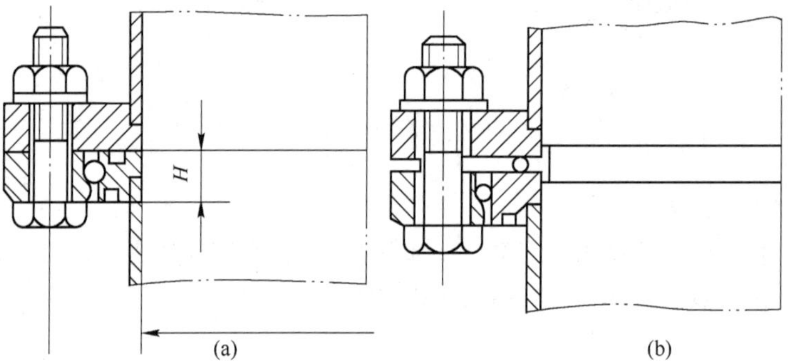


(a)　(b)

图 13-83　卡钳螺栓法兰连接

(a) $D_N63\sim D_N250$；(b) $D_N320\sim D_N500$

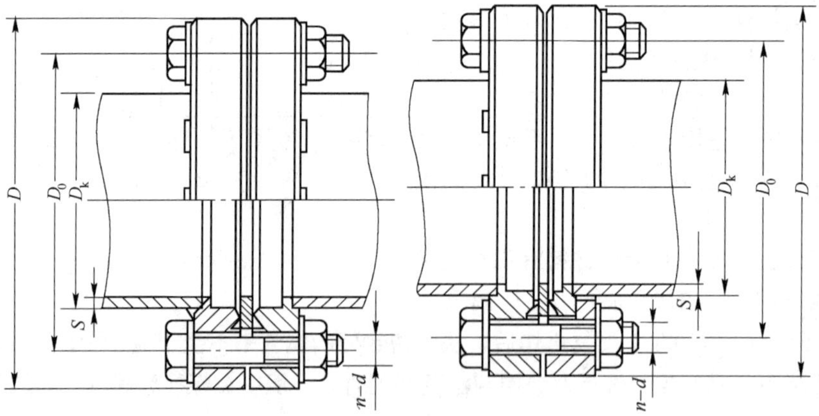


(a)　(b)

图 13-84　金属密封法兰结构形式

(a) 固定式；(b) 活套式

# 13.5 运动导入与动密封连接

## 13.5.1 运动导入概述

运动传导结构是用来向真空室中传递各种运动，以实现真空室中机构的运动，满足所进行的工艺过程的需要。要求这种运动传导结构既能向真空室中传递运动，又要保证真空密封。

运动传导结构传递的运动形式一般有以下几种：(1) 传动轴的转动；(2) 传动轴的往复直线运动；(3) 传动轴的摆动。

运动传导结构按照动密封方式分类有：(1) 真空橡胶密封可动传导；(2) 金属波纹管密封可动传导；(3) 液态金属密封可动传导；(4) 间隙密封传导；(5) 磁力传动传导；(6) 磁流体密封可动传导；(7) 橡胶隔膜密封可动传导。

在选择运动传导密封形式时，应注意下列事项：

(1) 从传动密封处漏入真空室中的气体量对工作压力的影响。此气体量值包括密封处漏气量、元件表面放气、高温下薄壁零件（波纹管）的渗漏；

(2) 在真空室工作温度范围内，传动轴即密封元件能否正常工作；

(3) 传递运动形式（直线、旋转、摆动）及传动精度；

(4) 真空中从动部件的最大速度、位移以及密封轴的转速；

(5) 使用方便、易更换易损零件，工艺性好，成本低。

## 13.5.2 接触式动密封连接

在接触式动密封中，根据采用的密封物质可分为固体密封和液体密封两种形式。

13.5.2.1 真空橡胶动密封连接

常见的橡胶密封结构形式为J形、JO形和O形真空用橡胶密封圈形式，其原理是把孔径小于轴颈的密封圈紧套在轴上，并依靠过盈和抽气时产生的压差而紧贴于轴上，达到可靠的密封。

该密封形式适用于外部为大气压力、真空室内压力高于 $10^{-4}$Pa 的旋转真空机械设备的密封，在规定的温度下且旋转线速度低于 2m/s、转速低于 2000r/min。

(1) J形橡胶圈的密封结构。

J形橡胶圈的密封结构又称威尔逊密封装置，其结构如图13-85所示。它的工作原理是利用安装后中央凸起，并紧箍在旋转轴上呈现锥形的橡胶垫圈，当内部达到真空时，外部大气压力即可把橡胶圈紧紧的压在转轴上而达到真空密封的目的。多用在旋转轴线速度小于 2m/s、转速小于 2000r/min 的真空转轴密封中。

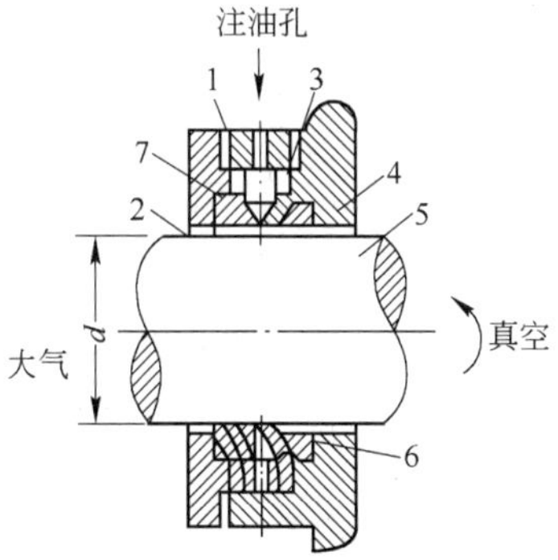


图 13-85 J形橡胶圈可动连接的标准结构

1—垫圈；2—抛光面；3—J形橡胶圈；4—轴承座；5—转动轴；6—垫圈；7—轴承盖

(2) O形橡胶圈的密封结构。

O形橡胶圈的密封结构又称橡胶填料盒式密封装置，如图13-86所示。这种密封不但能传递圆周速度不大于 2m/s 的旋转运动，而且还能传递压力值不低于 $1.3\times10^{-4}$Pa、速度小于 0.2m/s 的直线运动，其转轴直径的范围应在 3～200mm 之间。

(3) JO形橡胶圈的密封结构。

JO形橡胶圈密封结构如图13-87所示。这种带锁紧弹簧的结构是在J形橡胶圈结构的基础上经过改进而制成的，它的密封效果更好，使用的转数应小于2000r/min。是油封式机械真空轴的主轴最常采用的一种动密封装置，密封轴径的范围通常在6～200mm之间。

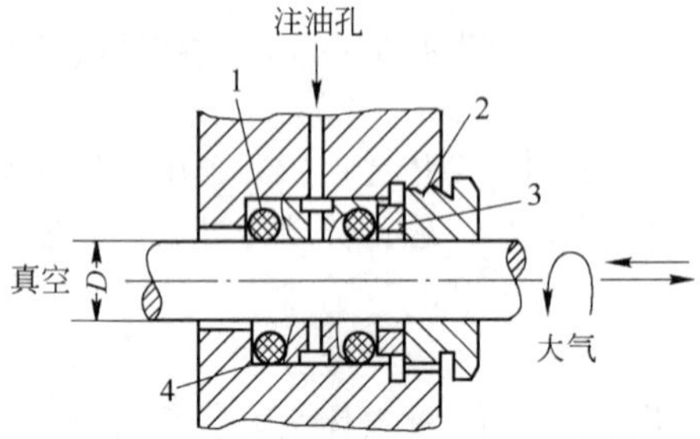


图13-86　O形密封圈可动连接的标准结构

1—O形密封圈；2—螺母；3—垫圈2；4—垫圈1

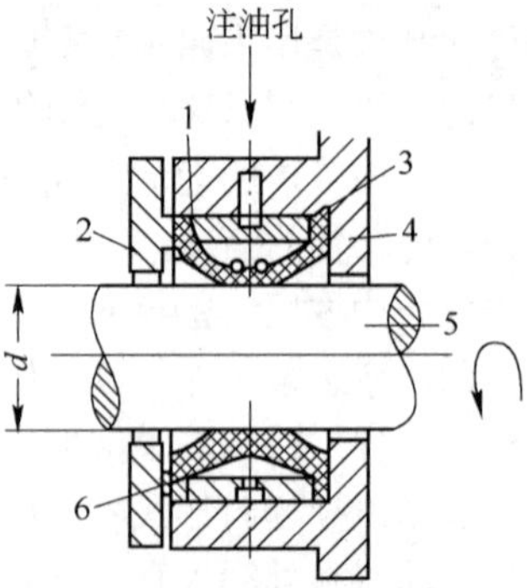


图13-87　JO形带锁紧弹簧的密封圈可动连接的标准结构

1—JO形密封圈；2—螺母；3—密封压套；4—轴承座；5—转动轴；6—锁紧弹簧

在上述几种动密封装置中都需要采用真空润滑油润滑，为了实现密封装置本身能自给润滑、可借助于氟塑料进行真空动密封。图13-88是这种密封的一例。图中密封件2是利用能自给润滑的氟塑料材料制成的。由于塑料本身弹性较差，易产生较大的残余变形，因此在结构上采用了附加橡胶垫圈3，把3装在密封件2的外面，再用螺母5压紧，就可以保证氟塑料密封圈能与轴均匀而密实的压紧。这种结构的缺点是要求轴的表面粗糙度要小，一般不应低于$R_a0.4$。

图13-89是旋转运动自润滑动密封装置的又一种结构。图中法兰3内装一个聚四氟乙烯轴套2，它即是轴的轴承，又是辅助的密封件。动密封结构的基体5内装有支承环6，中间环9，聚四氟乙烯垫圈8，衬套10和压紧螺母11。动密封结构的基体5通过橡胶环4进行密封，三个外橡胶垫圈的作用在于补足氟塑料垫圈8的弹性，保证它对轴表面的弹性压缩并对基体5的内表面和中间环9的接合处保持气密性。

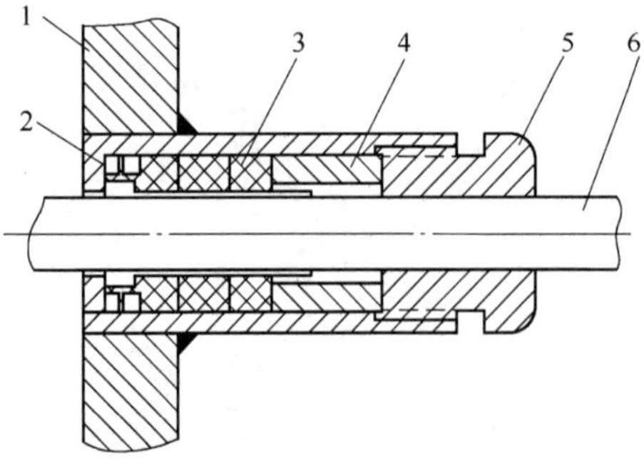


图13-88　利用氟塑料衬套的动密封装置

1—密封座；2—氟塑料；3—橡胶垫圈；4—压垫；5—压紧螺母；6—转动轴

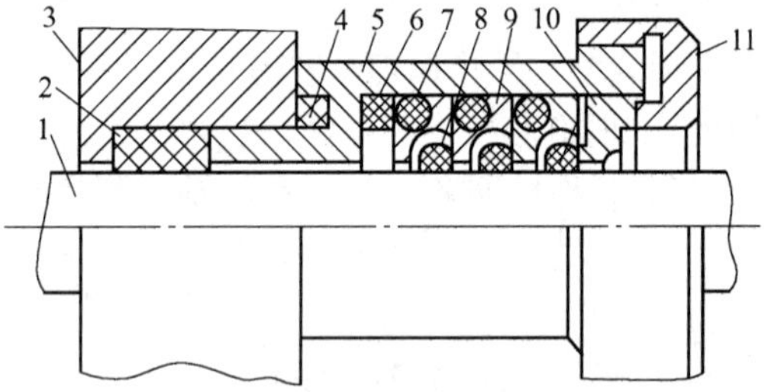


图13-89　用圆形聚四氟乙烯密封圈和圆橡皮圈调节压紧的动密封结构

1—转轴；2—轴套；3—法兰；4—橡胶环；5—密封基体；6—支承环；7—O形密封圈；8—圆形取四氟乙烯密封圈；9—中间支承环；10—衬套；11—压紧螺母

13.5.2.2 液态金属动密封连接

液体用于真空动密封的结构原理如图 13-90 所示。图中（a）是采用液体薄膜密封。它是利用小间隙中液体薄膜的表面张力和压差的平衡状态来实现的。在轴 1 处于静止状态时其可靠的密封条件是

$$\delta < \frac{2\gamma}{p_1}$$

式中 $\gamma$——液体的表面张力，其值示于表 13-12 中；

$p_1$——密封的高压侧压力。

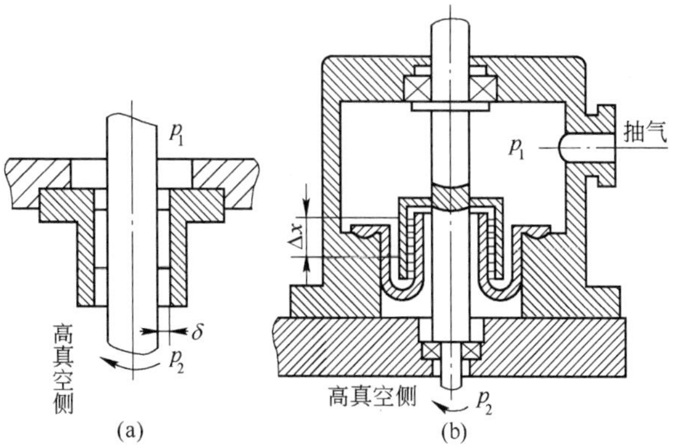


图 13-90 采用液体密封物质的真空动密封
（a）液体薄膜密封；（b）液体压差密封

图中（b）是具有液体静密封的装置，其中 $p_1-p_2$ 应等于液柱高 $\Delta x$ 的压力，为了减少所需的液柱高度，一般把密封容器 2 设置在真空室与单独抽真空的中间室中间。这种装置的缺点是它只能用于轴处于垂直的位置，而且需要设置中间抽气室。一旦中间室的压力增大，则会产生向真空室喷出密封液体的危险。

液体密封在高温下工作时，液体的蒸气有污染真空室的可能性。表 13-13 给出了几种易熔金属的蒸气压力值。可见这些金属作为液态密封物质是可以的。

**表 13-12 几种液体的表面张力**

| 液体密封物质 | 温度/℃ | 表面张力/$N \cdot m^{-1} \times 10^3$ | 对于不同压差的最大间隙 $\delta/\mu m$ | |
|---|---|---|---|---|
| | | | $1.0\times10^5$Pa | $1.3\times10^4$Pa |
| 镓 | 40 | 735 | 14.7 | 112 |
| 锡 | 300 | 520 | 10.4 | 78 |
| 汞 | 15 | 487 | 9.5 | 72 |
| 铅 | 350 | 420 | 8.4 | 64 |
| 铋 | 300 | 370 | 7.4 | 56 |
| 有机液体 | 20 | 25～30 | 0.5～0.6 | 3.8～4.5 |

**表 13-13 易熔金属的蒸气压力**

| 金 属 | 熔化温度/℃ | 温度/℃，蒸气压力/Pa | | | | | | | |
|---|---|---|---|---|---|---|---|---|---|
| | | $t$ | $p$ | $t$ | $p$ | $t$ | $p$ | $t$ | $p$ |
| 汞 | −38.9 | −5 | $1.3\times10^{-6}$ | 40 | $1.3\times10^{-4}$ | 126 | 133 | 300 | $3.27\times10^{4}$ |
| | | 20 | $1.73\times10^{-1}$ | 100 | 40 | 200 | $2.26\times10^{3}$ | 360 | $1.07\times10^{5}$ |
| 镓 | 29.8 | 500 | $<10^{-10}$ | 711 | $1.3\times10^{-7}$ | 859 | $1.3\times10^{-6}$ | 965 | $1.3\times10^{-5}$ |
| 铟 | 156 | 500 | $<10^{-10}$ | 600 | $1.3\times10^{-8}$ | 667 | $1.3\times10^{-7}$ | 746 | $1.3\times10^{-6}$ |
| 锡 | 232 | 500 | $<10^{-10}$ | 823 | $1.3\times10^{-7}$ | | | | |
| 铋 | 271 | 300 | $<10^{-10}$ | 474 | $1.3\times10^{-7}$ | 536 | $1.3\times10^{-6}$ | 609 | $1.3\times10^{-5}$ |

13.5.2.3 磁流体动密封连接

A 磁流体动密封的原理与特点

磁流体是直径小于 10nm 的铁磁材料微粒通过分散剂的作用，使其均匀地分布在既显示磁

性又呈现流动状态的一种胶状态液体。由于这种液体在外场作用下呈现磁性，具有一定的耐压能力。因此在真空设备中作为一种液态密封物质，应用在真空动密封上，是近来真空动密封技术一种成功的尝试。磁流体的组分材料概况如表 13-14 所示。

**表 13-14　磁流体的结构模型及组分材料概况**

| 磁流体结构模型 | 磁流体组分 | 组分材料 | 组分材料的作用 | 组分材料的选取原则 |
|---|---|---|---|---|
| 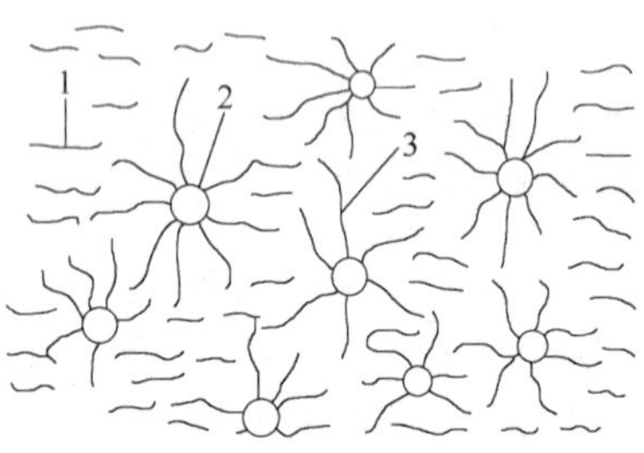<br>1—载液；2—磁性微粒；3—分散剂 | 载　液 | 水、煤油、烃氧化物、双酯聚苯醚、镓、汞、钒、铟锡合金、金属有机化合物 | 保持磁流体的液体性质 | 依磁流体的用途及价格选取 |
| | 磁性微粒（小于 10nm） | $Fe_3O_4$<br>铁<br>钴<br>镍 | 显示磁性材料性能使载液呈现磁性 | 磁性好、易于制取超细（小于 10nm）微粒 |
| | 分散剂（活性剂） | 油　酸<br>丁二酸<br>氟醚酸 | 防止磁性微粒相互间的聚集或沉淀 | 依载液性能选取 |

磁流体具有在通常离心力和磁场作用下即不沉降和凝集又能使其本身承受磁性可以被磁铁所吸引的特性。磁性流体密封就是利用磁流体在外加磁场作用下具有承受压力差的能力而实现的。其原理如图 13-91（a）所示。圆环形永久磁铁 1、极靴 2、旋转轴 3 构成磁性回路，在磁铁产生的磁场作用下，把放置在轴与极靴顶端缝隙间的磁流体 4 加以集中，使其形成一个 O 形环，将缝隙通道堵死而达到密封的目的。这种密封方式可用于转轴是磁性体如图 13-91（b）所示和非磁性体如图 13-91（c）所示的两种场合，前者磁束集中于间隙处并通过转轴而构成磁路，而后者磁束并不通过转轴，只是通过密封间隙中的磁流体，或通过套在轴上的导磁套而构成磁路。如果按极齿齿型的位置又分为图 13-92 所示的两种情况，图 13-92（a）的齿型加工在孔形极靴的内孔上，而图 13-92（b）的极齿齿型是加工在轴或轴的导磁套上。

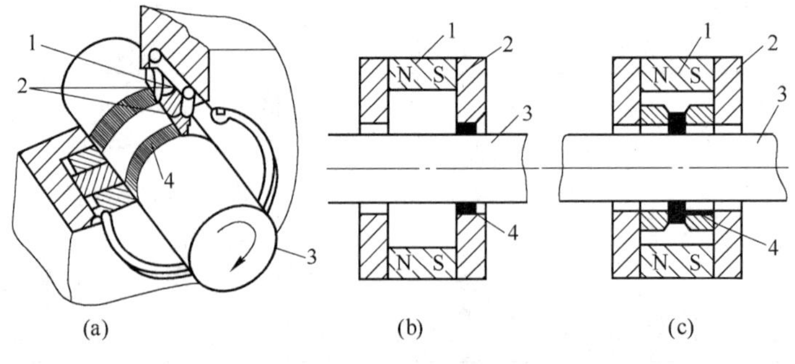


图 13-91　磁性流体的密封原理及其密封方式

1—永久磁铁；2—极靴；3—旋转轴；4—磁流体

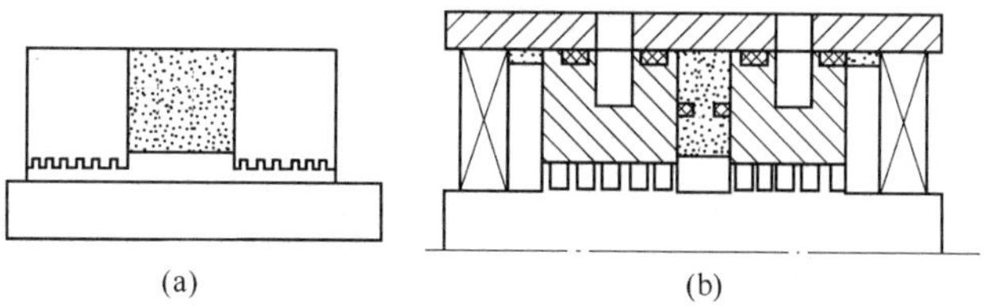


图 13-92 极齿齿型在密封组件中的位置

磁流体动密封技术的特点是：

（1）磁流体密封真空转轴可消除密封件间接触所产生的摩擦损失，提高轴的转数（可达120000r/min），极大地减少泄漏。如果采用低蒸气压的磁流体，可将真空室内的真空度维持在 $1.3\times10^{-7}$Pa 以上。而且与固体密封相比较可极大地减少功耗。

（2）磁流体的密封结构简单，维护方便、轴与极靴间的间隙较大，因此可不必要求过高的制造精度。

（3）磁流体在密封空隙中是由磁铁所产生的磁场所固定，因此轴的启动和停止较方便。

这种密封技术的缺点是磁流体在高温下难以稳定，工作温度一般在－30～120℃之间，轴在过高或过低温度下工作时须采用冷却或升温措施，从而使密封结构复杂化。适用介质的种类也比较窄。

B 磁流体动密封组件的结构形式

磁流体真空动密封的总体结构形式较多，例如不同的转轴及密封组件的支撑方式；密封组件与真空容器之间的密封方式；密封组件是否要求水冷结构；是否采用磁流体补充装置等。

（1）磁流体真空动密封组件的基本结构形式。

图 13-93 是两种常用磁流体密封组件的结构简图，图中（a）是磁流体位于两个支撑轴承一侧且具有轴承润滑的结构。这种结构因转轴径向跳动较大，故密封间隙不能做得太小。

组件见图（b）振动较小，而且轴向尺寸短，易于保证同心。但存在真空侧轴承污染真空室的问题，多用于转速不高，真空度要求较低的场合。

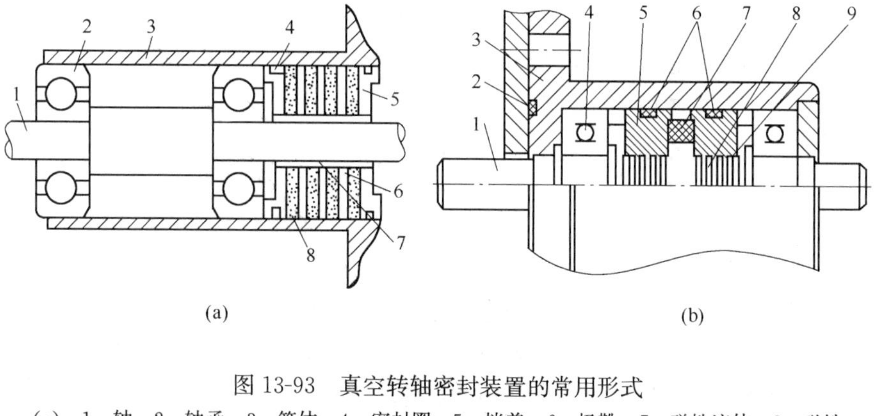


图 13-93 真空转轴密封装置的常用形式

（a）：1—轴；2—轴承；3—箱体；4—密封圈；5—挡盖；6—极靴；7—磁性流体；8—磁铁

（b）：1—轴；2，6—密封圈；3—箱体；4—轴承；5—极靴；7—永久磁铁；8—环形空隙；9—磁流体

（2）带有冷却系统的密封组件的结构形式。

当轴的转速较高轴承发热量大时，或工作环境温度高于 80℃时，需对磁流体及永久磁铁加设强迫冷却系统。一般地讲，单纯在密封组件外壳外面加水冷却套效果并不理想。为此，常用结构是在导磁极靴上部开设水冷槽直接冷却，这时应注意水冷槽不能太深，否则会影响导磁效果；二是将极齿开设在转轴上，而极靴加工成平端，这样磁流体距极靴内的水冷槽更近，冷却效果更好；三是将两片只设有两个极齿的薄片极靴与一个薄片永久磁铁用树脂粘合成一个整体单元，再将多个单元串联起来，并在单元之间隔以导热性好但不导磁的铜垫片如图 13-94 所示，这样既可靠垫片使磁流体的热量及时传给外壳中的水冷套将热量带走，又可彻底避免冷却水向真空侧微漏。

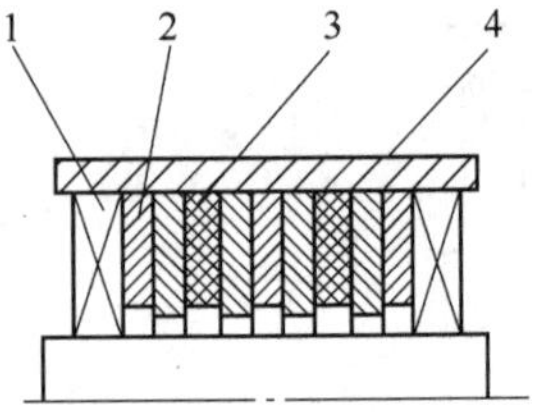

图 13-94　带有不导磁铜片的密封组件结构示意图
1—轴承；2—冷却金铜片；3—薄片极靴；4—永久磁铁

（3）带有磁流体补充装置的密封组件结构形式。

对于工作环境恶劣，磁流体易于损失或设备要求连续运行，密封组件寿命必须很长的场合，则应加设磁流体补充装置以确保其密封安全可靠，最简单的方法是将单磁密封结构两套串联，在中间开设磁流体补充孔如图 13-95 所示。这会使总耐压能力增大一倍，而且磁流体存储量较多，其缺点是密封结构的轴向尺寸也加大一倍；简单的方法可在靠外侧的导磁极靴上开设磁流体注入孔，及时地向内补充磁流体并同时将注入孔封住。

C　磁流体密封耐压能力的计算与讨论

磁流体密封结构设计的关键问题是保证密封组件具有足够的耐压能力。磁流体密封破坏机理的研究表明，因磁流体材料蒸发、沉淀而造成密封失效的情况较少，最主要的破坏机理是由于被密封物质的内外压差过高，密封件本身不能提供足够的总耐压能力，从而使被密封物质冲破各流体密封环，形成磁流体的喷射状泄漏，同时携带走大量磁流体，使之无法自动恢复耐压能力，造成磁流体密封的彻底失效。因此，精确计算磁流体密封结构的实际耐压能力，是保证密封件可靠工作的最基本条件。

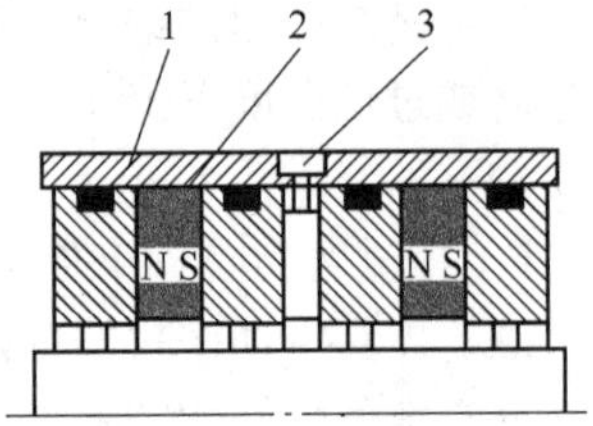

图 13-95　带有磁流体补充装置的密封
1—极靴；2—永久磁铁；3—磁流体补充孔

磁流体密封结构的实际许用耐压能力 $\Delta p$ 可由下式给出

$$\Delta p = \overline{M}B_0\Delta\lambda\beta Nn \quad (\mathrm{Pa}) \tag{13-21}$$

式中　$\overline{M}$——磁流体平均磁化强度，A/m；

$B_0$——最大工作磁感应强度，T；

$\Delta\lambda$——最大相对导磁率差；

$\beta$——偏心影响系数；

$N$——密封级数；

$n$——安全系数。

该式的特点在于：不仅从量值上正确全面地计算了耐压值，可以作为密封结构设计的最基本公式；而且公式右侧的六个因子，都分别地反映了影响实际许用耐压能力的一项因素，可以各自独立地进行研究，从而将耐压计算与结构设计直接联系起来。影响磁流体耐压能力的有关因素讨论如下。

（1）耐压能力与磁流体饱和磁化强度的关系。

如图 13-96 所示。磁流体的饱和磁化强度越高的耐压能力越大。但是由于磁流体饱和磁化强度与微粒的浓度有关，磁化强度愈高也就是体积中磁性微粒越多，即微粒浓度越高，而粒子又与黏度有关，浓度越高黏度越大，过大的黏度会增加磁流体的内摩擦，使轴转动时扭矩增加。所以从减小转动扭矩，即减少功耗角度来看，磁化强度的取值则越大越好。其浓度取值在0.3～0.35g/mL为宜，这时所对应的磁化强度约为350～400Gs。

(2) 耐压能力与密封间隙的关系。

如图13-97所示，当密封间隙增大时其耐压能力显著降低。因为间隙越大间隙中的漏磁越多，从而使间隙中的有效磁场减小，导致密封耐压能力降低，实验表明，密封间隙的取值范围在0.05～0.30mm之间较好。在轴径较小时取值为0.1mm时密封效果最佳。

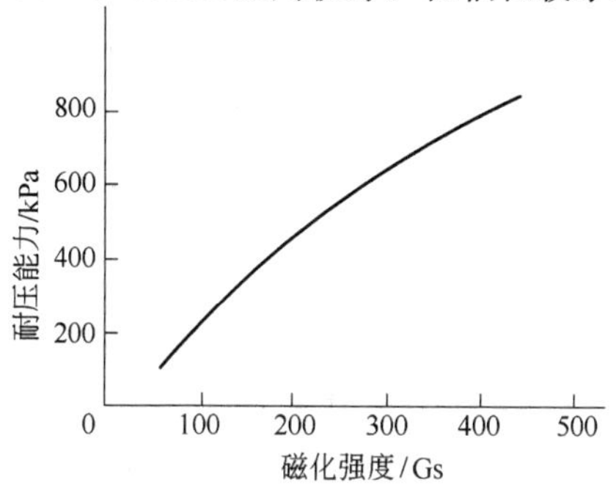


图13-96 耐压能力与磁化强度的关系

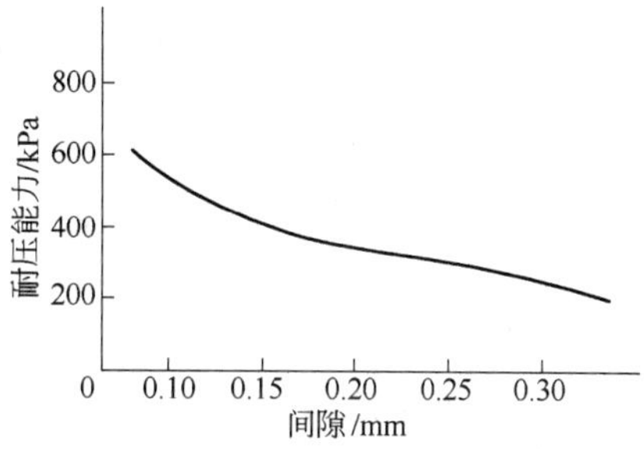


图13-97 耐压能力与间隙的关系

(3) 耐压能力与转速的关系。

如图13-98所示，当密封轴转速增高时（此时磁流体与转轴接触表面间的相对速度增大）会导致摩擦功耗增加，内摩擦增大，从而使磁性流体的温度升高，磁性流体液温的升高会引起磁性流体载液的蒸发和表面活化剂的脱离，致使磁流体耐压能力下降而造成密封失效，低转速时由于粘性摩擦力产生的热量可通过磁极和轴带走，因此耐压力的降低并不明显。为了减少转速对密封能力的影响，在设计高速旋转密封件时可增设冷却装置或把轴表面的线速度控制在20m/s以下是必要的。

(4) 耐压能力与温度的关系。

图13-99给出了磁流体密封耐压与温度的关系曲线，图中曲线表明：当温度升高时，磁性流体的耐压能力降低。这是因为随着温度的升高，分子热运动加剧，使永久磁铁和磁流体中的磁畴的有序排列被局部破坏而引起，磁铁矫顽力下降和磁流体饱和磁化强度降低，从而导致了耐压能力的下降。因此当组件处于温度较高的工况时，可采用水冷装置把温度限制在80℃以下即可。考虑温度的影响，设计时应将转轴表面的线速度控制在20m/s以下，或者对磁性流体采取冷却措施，把温度控制在一定的范围之内。

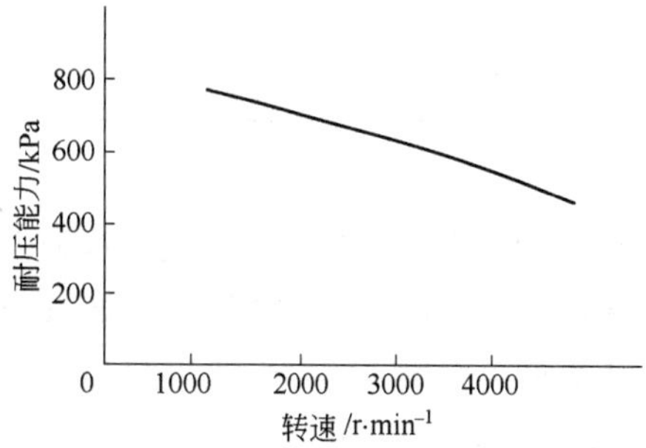


图13-98 耐压能力与转速的关系

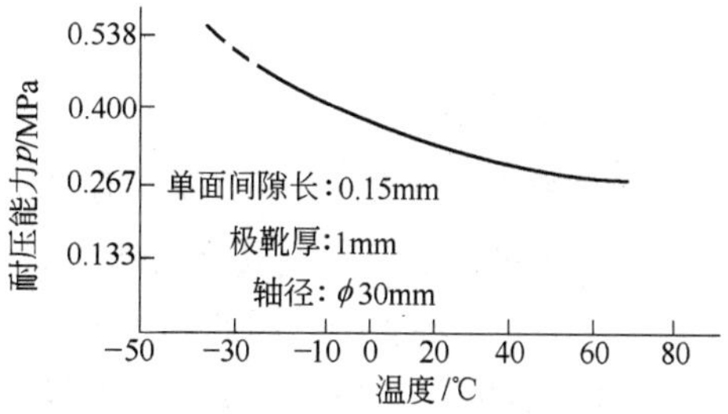


图13-99 耐压能力与温度的关系

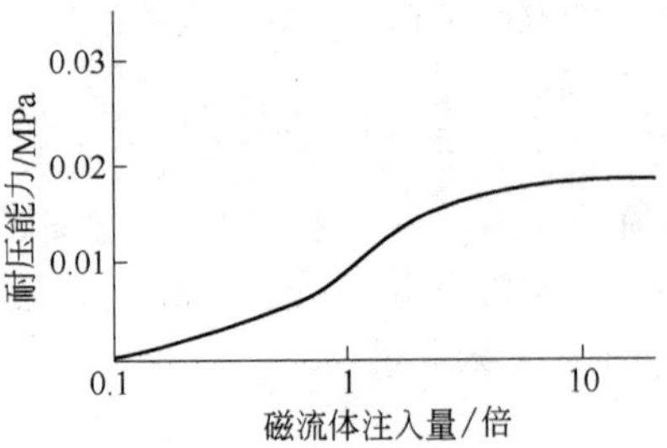


图 13-100 耐压能力与磁流体注入量的关系

(5) 耐压能力与磁流体注入量的关系。

由于磁流体两侧所承受的压力差与磁流体两侧面的磁场强度有关，从而与磁性流体在轴向的厚度有关，而轴向厚度取决于磁流体注入量。磁流体注入量与耐压之间的实验曲线如图 13-100 所示。图中注入量是把极靴与转轴之间的空隙体积作为单位注入量。可以看出，开始时增大磁流体的注入量，耐压总体上呈线性增大，但注入量达到一定值后，耐压不再增大，而是稳定在一个恒定状态。

D 极齿齿型的形状、尺寸及级数的确定

(1) 极齿齿型几何形状的选择及齿形尺寸的确定。

极齿齿型常用的几何形状如图 13-101 所示。试验表明：齿型结构参数是 $B/L_g$，$B/L_t$，$L_t/L_g$ 及 $\alpha$。图中（a）、（b）所示的单级形式的齿型经多次试验与计算表明，在 $\alpha=45°$、$B/L_g=30$ 的条件下，两种结构的导磁率是不同的。其值如表 13-15 所示。由于导磁率大会增加耐压，所以选择和设计导磁率大的齿型结构时，找出齿型的最佳参数是必要的。试验指出，图 13-55（a）型的最佳参数是 $\alpha=45°\sim60°$；$B/L_g=30\sim40$；$B/L_t=20\sim10$；$L_t/L_g=1.5\sim4.0$。日本的金子对 $\alpha=45°$，$L_g=0.5$mm 的 a 型结构进行了试验，当 $L_t$ 在 1～6mm 内变化、$L_t/L_g=2$ 时具有较高的耐压能力。图中（c）为多级结构形式的齿型。这种齿型各齿之间不能过分接近，否则磁场会产生相互干涉而减少单级耐压能力。

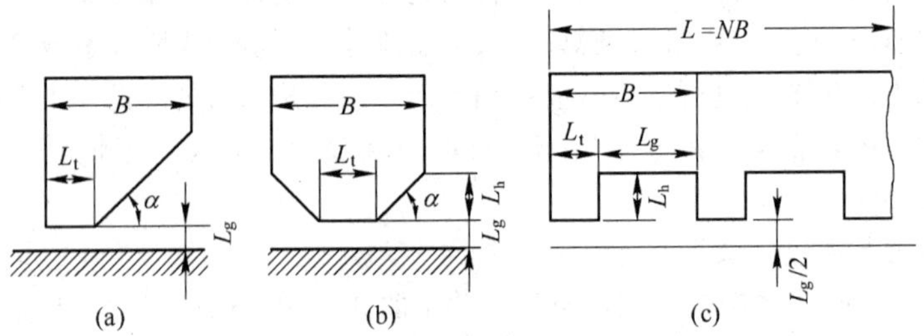


图 13-101 极靴顶端齿型常用的几种结构

**表 13-15 图 13-101 中 a 与 b 型结构的磁导率**

| 型式 \ 磁导率 λ \ $B/L_1$ | 10 | 20 | 10 | 20 | 10 | 20 |
|---|---|---|---|---|---|---|
| | $\lambda_{max}$（最大磁导率） | | $\Delta\lambda$（相对磁导率） | | $\lambda_{cp}$（平均磁导率） | |
| a | 1 | 0.975 | 0.90 | 0.87 | 0.295 | 0.248 |
| b | 1 | 0.973 | 0.88 | 0.87 | 0.395 | 0.276 |

(2) 密封级数的确定。

如果把单级磁流体密封耐压的最大值 $\Delta p_{max}$的磁场强度 $H_1$ 与 $H_2$ 分别定为 700Oe 和 0Oe 时计算表明，单级密封充其量只能达到 0.2kg/cm² 的压力值，所以对真空装置所要求的能够 1kg/cm² 的压力是达不到的。因此真空密封的耐压必须采用多级。对矩形齿型组成的多级密封，当密封组件旋转磁场强度一定时，如果级数较小则耐压能力将随级数增加而增加。在 7～14 级之间耐压能力最佳。

E　密封组件用磁流体及磁体的选择

真空设备中，通常要求的真空度范围较宽。因此，选用稳定性能好，即不易沉淀也不易产生磁性微粒间相互聚集，具有较低饱和蒸气压力的脂基磁流体是必要的。为了减小液环在转轴转动时的摩擦功耗，磁流体的黏度在满足密封要求的饱和磁化强度后不应过高。

密封组件中磁源的选择有两种，一是永久磁铁，二是电磁铁。前者由于使用方便，结构单一，实际应用中多选用此种。后者多用于磁流体及其应用的实验中。选用的永久磁铁主要有钕铁硼、锶铁氧体、钐钴、铝镍钴等多种。由于钕铁硼磁铁磁能积大，成本低，易于制作，多选用此种。应当注意的是此种磁铁的使用温度不应超过 80℃，否则易于退磁，使密封组件耐压能力降低。

F　磁流体密封组件的安装与使用

密封组件安装与使用时应注意如下问题：

（1）注意被装的密封组件与轴的同轴度要求，借以保证密封间隙具有较小的偏心量。

（2）磁流体的注入量应适当，在保证各级密封间隙中具有足够量的前提下，不可过多的注入磁流体，以防抽空时多余的磁流体进入真空室内污染真空室。

（3）安装前既应对组件进行必要的真空清洗处理，又应注意防止丙酮、乙醇等清洗剂滴入磁流体密封组件内，以免引起密封组件的失效。

（4）如发现密封组件泄漏时应从如下几点进行查找：1）磁流体是否失效；2）连接法兰与组件内静密封圈是否受到损坏；3）极齿齿型是否与转轴接触产生干摩擦；4）转轴与密封组件是否连接不当产生同轴度移位；5）永久磁铁是否退磁等。

## 13.5.3　非接触式动密封连接

### 13.5.3.1　减压动密封连接

减压式密封也称通道式真空动密封，其结构简图如图 13-102 所示。这种动密封是借助于动态真空系统的特征，即允许系统中存在微小的漏隙，从而提供了向真空系统传递运动的又一种较为简单的方法。

图中转轴 1 通过附加容器Ⅱ伸到高真空容器Ⅰ中。在附加容器的开口处 3 接入预抽真空泵对Ⅱ容器进行抽真空，轴在附加容器入口处的密封要求不严，通常可采用标准式的密封结构。轴在通过附加容器和高真空容器之间不采用接触密封，而是在轴表面与高真空容器壁之间建立缝隙通道，使附加容器与高真空容器间具有非常小的流导。如设该通道的流导为 $C$，从附加容器漏入到高真空容器中的气流量为 $Q$，则在平衡状态下，从高真空容器端抽走该漏气量所需的抽气速率 $S$（简称密封抽速）为

$$S=\frac{Q}{p_2}=\frac{C(p_1-p_2)}{p_2}=C\left(\frac{p_1}{p_2}-1\right) \qquad (13\text{-}22)$$

式中　$p_1$——附加容器内的压强；

$p_2$——高真空容器内的压强。

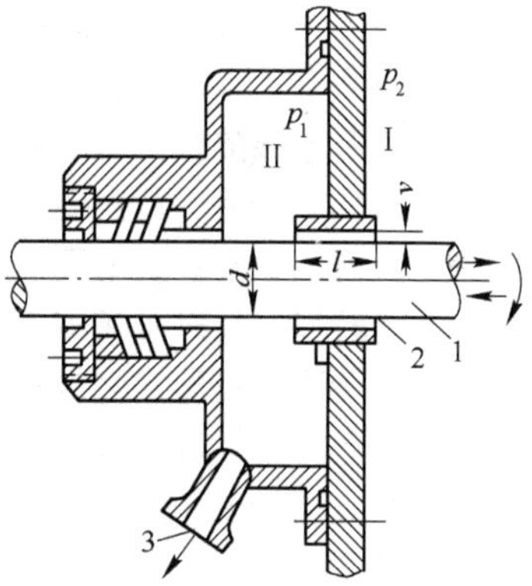


图 13-102　减压真空动密封

1—转轴；2—间隙密封；3—过渡真空抽气口

从式中可以看出，若高真空容器处于大气压包围之下，即 $p_1=1\times10^5$ Pa，而且假设容器中需要抽到 $1.3\times10^{-3}$ Pa 的真空度时，则 $\frac{p_1}{p_2}-1\approx1\times10^5$ Pa，

显然这时若想减小 $S$ 则必须减小 $C$，当然这就要增加轴密封处对漏气的阻力，这样只有采用接触密封而使通道达到几乎没有缝隙的地步。但是如果在通道外设有减压室，用低真空代替大气压力，那么，$S$ 的减小也就非常明显，这对动态真空系统来说是很方便的。

在一般情况下，要求密封抽速 $S$ 与高真空容器所具有的出口抽气速率 $S_e$ 之比应不大于 0.1。即：

$$S \leqslant 0.1S_e \tag{13-23}$$

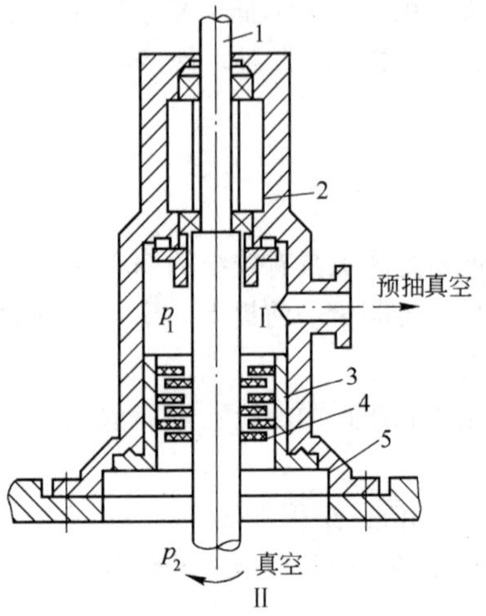


图 13-103　分子运动密封结构原理图
1—轴；2—密封室；3—静叶片；4—动叶片；5—套管；Ⅰ—附加真空室；Ⅱ—高真空室

13.5.3.2　*分子运动密封连接*

向高真空传递高速旋转运动时也可以利用分子泵的工作原理来实现真空动密封。如图 13-103 所示，这种密封装置与减压密封相同，也需要有一个预抽真空的附加真空容器，而且被密封的轴应具有较高的转速。密封的基本工作过程是高速旋转的动叶片 4 和静止的定叶片 3 进行相互间的配合布置后，在分子流范围内气体分子可在窄缝中间同高速旋转的圆盘转子表面相互碰撞，并依靠刚体的表面来携带气体分子，建立向高压区的定向气体分子流，从而达到动密封连接的目的。在使用这种密封的结构中，动叶片的速度应相当高，通常应达到 400m/s 的数量级。使这种分子运动的动密封可以保证工作室Ⅱ与附加的真空容器Ⅰ间的压差达到 3～4 个数量级。但这种密封结构较复杂使实际的使用效果差、不理想，应用较少。

13.5.3.3　*磁力驱动动密封连接*

A　*磁力驱动用于真空动密封连接的原理及特点*

利用磁力把运动和动力传递到真空容器中去的动密封连接装置，通常称为磁力驱动真空动密封装置或磁连接隔板密封装置，也称磁力驱动器。

在磁力驱动真空动密封结构中，运动元件和真空室壁相互不接触，用隔板把主动和从动部件密封隔离开。工作过程中，隔板除受大气和真空的压差作用外，不再承受其他任何载荷，从而保证了磁连接隔板密封有较好的密封可靠性。密封隔板一般是平板形或套筒形，用非磁性材料制作（如不锈钢、黄铜或铜、玻璃、聚四氟乙烯塑料等）。

这种磁力驱动装置的真空动密封原理如图 13-104 所示。图 13-104（a）是依靠电机带动外磁转子旋转后，通过永磁体产生的磁力作用将运动传递到与工作轴相连接的内磁转子上，从而实现动力传递的目的。密封是通过设置在内、外磁转子中间气隙的隔离密封套，将内磁转子与工作轴一起封闭在真空容器内而实现的。图 13-104（b）磁力来源于旋转电磁线圈。该线圈通电后，产生旋转磁场用以带动被隔离密封套封闭在真空容器内的内磁转子旋转从而达到动力输送的目的。

磁力驱动用于真空动密封的特点如下：

（1）磁力驱动真空动密封对真空容器内的真空几乎没有影响，可达到零泄漏；

（2）动力传送轴与真空容器壁不相接触，变转矩传递的动密封为静密封、密封性能可靠，在传送运动过程中除密封隔离套受压差的影响外，不承受其他载荷；

（3）密封件之间无运动摩擦，不但消除了对真空容器内的污染，而且也消除了摩擦功耗。对于这种密封装置，除了应注意磁场的存在对周围环境的干扰外，应注意的主要问题是隔离密

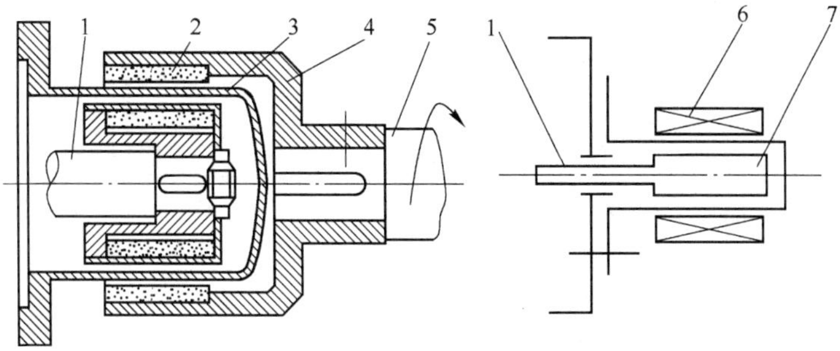


(a)　　　　(b)

图 13-104　磁力驱动装置真空密封原理

(a) 永磁体驱动的密封结构；(b) 旋转电磁场驱动的密封结构

1—被驱动轴；2—内磁转子；3—隔离密封套；4—外磁转子；

5—驱动轴；6—旋转电磁线圈；7—转子

封套材料的选择。若采用金属材料，由于隔离套处于正弦交变磁场中产生涡流电流，由此而引起的涡流效应所产生隔离套温度的升高，不但会影响永磁体的退磁而且也易于引起真空泵中油的温升，因此在使用中应注意选择导磁性小的高性能金属材料，或选用非金属材料并配合适当水冷或风冷等冷却方法来解决这一问题。

B　磁力驱动真空动密封装置的分类及选择

磁力驱动真空动密封连接装置可按其真空动密封的形式分类，如表 13-16 所示。

**表 13-16　磁力驱动真空动密封连接的分类**

| | | |
|---|---|---|
| 磁力驱动真空动密封形式 | 按磁力耦合原理分 | 同步式耦合连接 |
| | | 涡流式耦合连接 |
| | | 磁滞式耦合连接 |
| | 按永磁体性质分 | 永磁体驱动连接 |
| | | 旋转电磁场线圈连接 |
| | 按装置的结构形式分 | 平盘式连接 |
| | | 同轴圆筒式连接 |
| | 按密封驱动方式分 | 同轴旋转式连接 |
| | | 复合运动式连接 |
| | | 直线式连接 |
| | 按永磁体布局分 | 间隙组合式连接 |
| | | 推拉组合式连接 |

选择磁力驱动真空动密封装置时，主要应从真空设备要求传递运动的方式，真空容器内压强的高低，以及容器内从事真空工艺的具体要求等方面加以考虑。如传递旋转运动，压强高于 $10^{-5}$ Pa，磁力驱动介质为气体时可选用图 13-105 所示的同轴式圆筒型拉推组合形式的磁力驱动装置，其内外磁转子均可采用永磁体为磁力驱动源进行工作。若其他条件不变，被抽容器内压强低于 $10^{-5}$ Pa 处于超高真空状态时，则应将图 13-105 中的内转子上的永磁体用软铁材料来取代，以避免超高真空下烘烤去气时温度过高引起内磁转子的永磁体退磁而影响磁力驱动密封装置的性能。若采用同轴圆筒型密封隔离套在结构上有困难时也可采用如图 13-106 所示的平盘式磁力驱动密封装置。如果需要选用直线式或复合运动式的密封结构时，可以结合上述各种类型的特点和实际应用的需求选用如图 13-107 所示的具有复合运动的磁力驱动装置。这种结构既能分别传递直线运动和转动，又能传递两种运动组合的运动，如螺旋运动等。其结构及磁极的排列要比单一运动磁力驱动装置复杂些，外形与直线传动机构相近。因为外磁极既要推动内磁极做直线运动又要做旋转运动，而且传动杆仍然要在滚动轴承导轨上作直线运动，所以应在传动杆中心装一转轴来完成传动动作。样品托可固定在转轴的一端，在转动时则随转

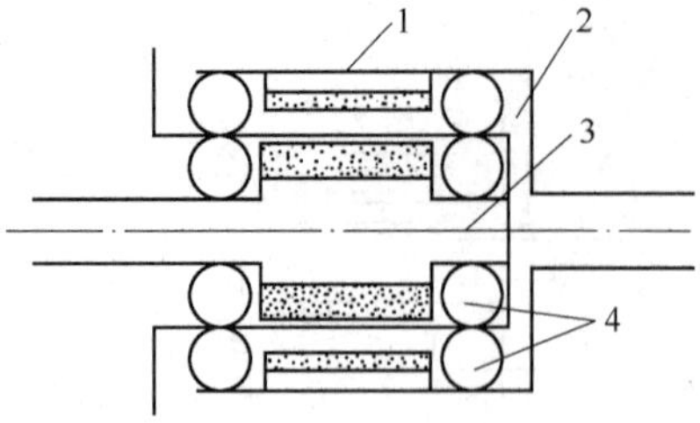


图 13-105　同轴式圆筒形磁力驱动密封装置示意图

1—外磁转子；2—隔离密封套；3—内磁转子；4—滚动轴承

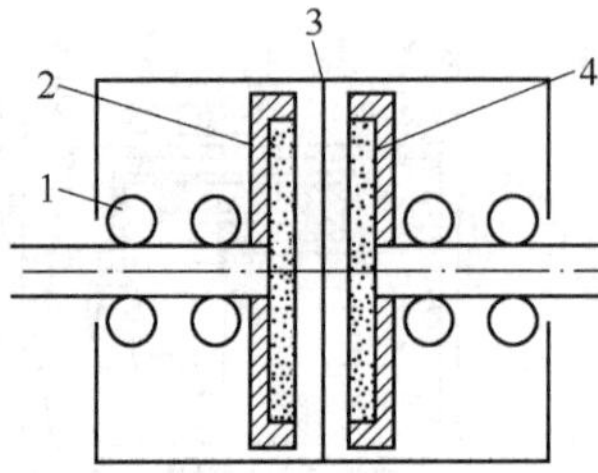


图 13-106　平盘式磁力驱动密封装置示意图

1—滚动轴承；2—内磁转子；3—隔离密封板；4—外磁转子

轴一起旋转，传动杆不动，而直线运动时，则同转轴一同随传动杆移动。传动杆可用滚轮调节其运动中心线和管道中心线的同轴度和平行度，导轨架同法兰做成一体，便于整体拆装。密封管焊在法兰上，密封管外装有一根标尺，可以显示移动距离，外磁极上装有防尘垫和转角限位器，不需要转动时，限位器夹住标尺，外磁极就不会转动。

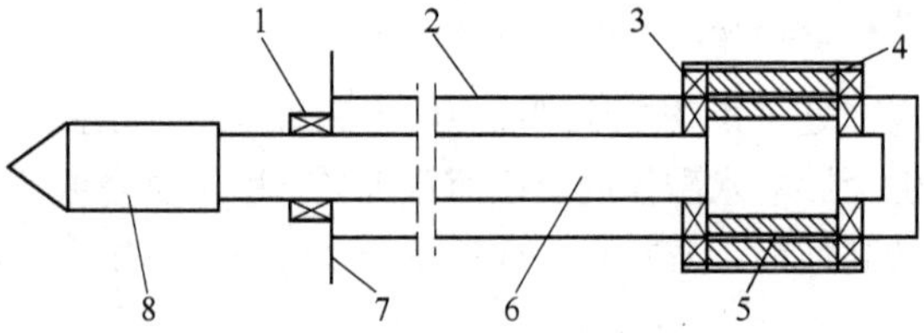


图 13-107　组合式磁力驱动动密封装置结构示意图

1—轴承导轨架；2—筒状隔离密封套；3—外滚动轴承；4—外磁转子；5—内磁转子；6—转轴；7—法兰；8—样品托

如果限位器上有角度刻度，就可以测量转角的大小，将限位器松开，磁极可以旋转任意角度。如果标尺上装有定位夹，也可以固定传动杆往复运动的行程。密封杆的另一端焊有堵头，堵头上可装支架，托住密封管，避免密封管成为悬臂梁。

C　传递旋转运动的电机（或电磁联轴节）式屏蔽筒密封装置

图 13-108 所示的是利用定子在大气中，转子在真空中的异步电动机把旋转运动引入到真空容器内的结构实例。图中被动轴 1 上的转子是利用普通异步电动机的全金属短路的转子。在转子和定子 3 之间有屏蔽筒密封套 2，它是用非磁性材料不锈钢制成的。定子 3 由焊在机壳上的冷却钢管 4 冷却。因为转子发热也会伸长，因此在后盖装配时应留出一定的间隙。在电动机的端部装有观察窗，用以观察转子的转动情况。

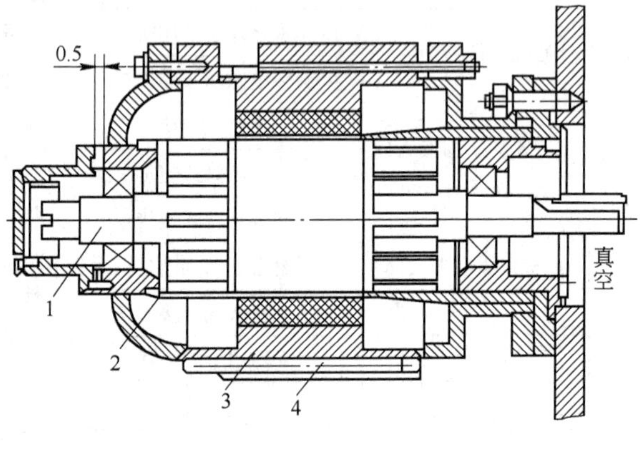


图 13-108　异步电动机式的动密封装置

1—转子；2—密封套；3—定子；4—冷却水管

D　磁连接结构

为了传递高转速也可以采用图 13-109 所示的磁连接结构。通过内磁铁 2，把类似结构的外磁铁 1 的旋转运动传递给被动轴 3。这种结构可用圆芯式六极磁铁 2 与磁铁 1 相距 5mm，中间通过厚度为 2 mm 左右的石英隔板 4 隔开，能传递 10000 r/min 的旋转运动，该连接密封结构可达到的真空度为 $10^{-9}$ Pa。应当指出的是，磁力驱动真空动密封结构在使用上受到以下因素的限制。

（1）由于主动和从动环节之间是非刚性联接，如果负荷过大，可能产生“丢转”现象；

（2）因为有磁场存在，所以在有些情况下，特别是在带有电子束与离子束的真空装置中，采用磁连接隔板密封结构是不适宜的；

（3）在传递重负荷时，磁铁系统笨重，外形尺寸大；

（4）由于磁性材料热学特性的限制，使密封装置的加热温度受限；

（5）在结构上难以确定真空中从动部件的位置；

E 传递直线运动的磁连接隔壁密封结构

图13-110是利用电磁力传递直线运动的密封装置。装在真空容器外的电磁线圈6通电后产生磁力把铁芯拉向上方，工作杆 11 在导向板 2 和 3 的中心孔中做往复运动。4 是薄壁铜质圆筒，2 与 3 固定在 4 上，4 焊在法兰 5 上。电磁线圈 6 是通过垫板 7 和螺杆 8 固定在法兰 5 上的。为了抽出圆筒 4 内的气体，在铁芯 1 上做了 6 个纵向沟槽，而在导向板 2、3 上也钻有通孔。这种结构用于真空容器内的固定的往复直线运动是比较合适的。它的缺点是不能调节移动量，此外装置中发生移动的那部分零件必须用非磁性材料制造，这就使密封装置的设计复杂一些。

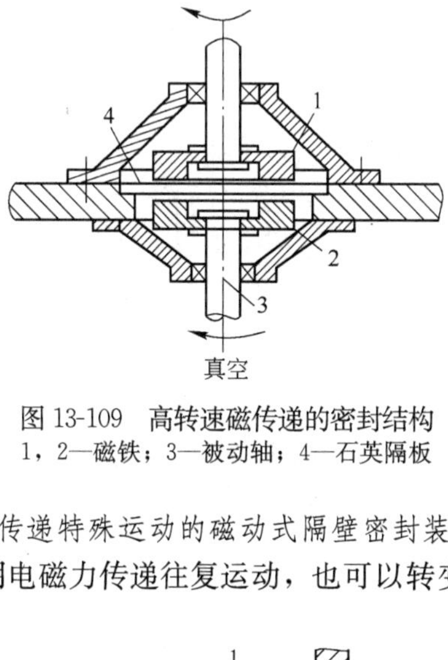


图 13-109 高转速磁传递的密封结构
1，2—磁铁；3—被动轴；4—石英隔板

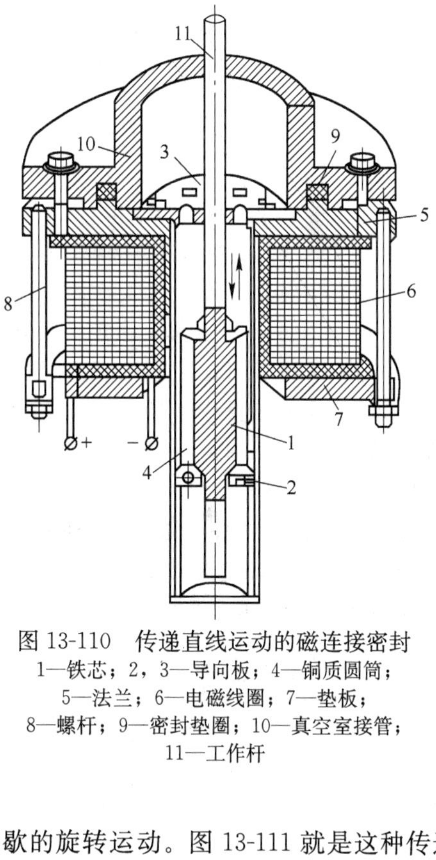


图 13-110 传递直线运动的磁连接密封
1—铁芯；2，3—导向板；4—铜质圆筒；
5—法兰；6—电磁线圈；7—垫板；
8—螺杆；9—密封垫圈；10—真空室接管；
11—工作杆

F 传递特殊运动的磁动式隔壁密封装置

采用电磁力传递往复运动，也可以转变为传递间歇的旋转运动。图 13-111 就是这种传递

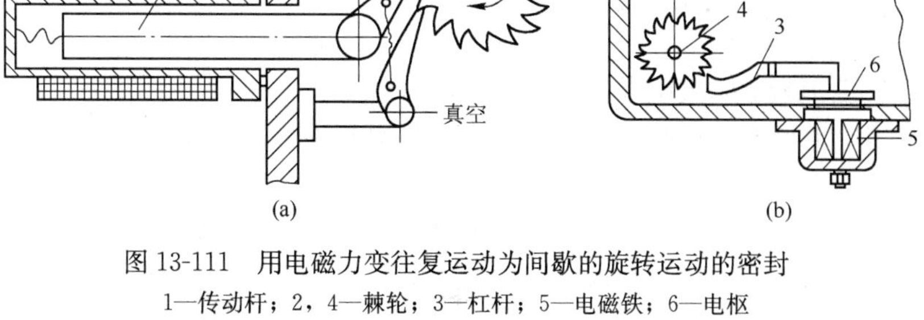


图 13-111 用电磁力变往复运动为间歇的旋转运动的密封
1—传动杆；2，4—棘轮；3—杠杆；5—电磁铁；6—电枢

结构的两种实例。图中（a）是采用螺管线圈驱动置于真空容器内的传动杆1，并且通过棘轮机构用以保证棘轮2做间歇式的旋转运动。图中（b）是当电磁铁5吸引电枢6时，通过杠杆3和棘爪，使棘轮4转动一个角度，这样就把电枢6的往复运动转变为旋转运动了。

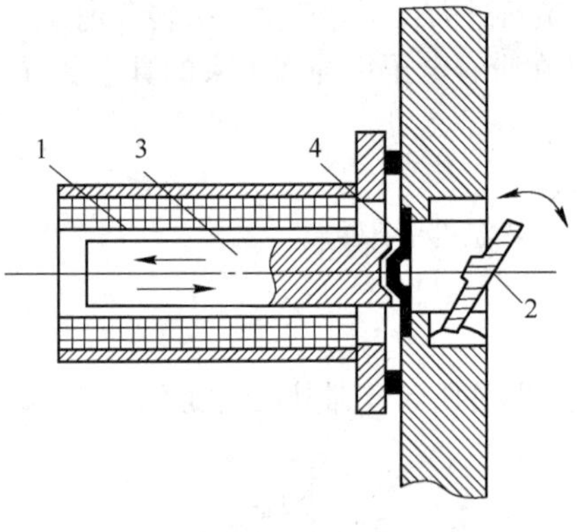


图 13-112　磁联摆动密封

1—电磁线圈；2—摆动杆；3—铁芯；4—密封板

当需要向真空容器内传递周期性摆动时，可采用图13-112所示的磁联摆动式密封结构。这种装置也是把螺管线圈置于大气中，与摆动杆2的隔离是通过密封板4实现的。

### 13.5.4　柔性连接密封

#### 13.5.4.1　非金属柔性动连接密封

用于非金属柔性动连接密封的主要变形密封材料是真空橡胶。由于橡胶的放气率高和不能承受高温，因此对要求达到$1.3\times10^{-4}$Pa以下的压力或者需要进行高温烘烤的真空设备来说，不宜采用这种密封连接形式。当然如果采用耐热硅胶密封材料，其最高使用温度范围可以达到150℃。靠橡胶变形的密封元件可以向真空中传递直线往复运动、摆动和旋转运动。

图13-113是一种往真空室内传递转数达每分钟几百转的装置，它利用真空橡胶管实现密封。在这种装置中，具有球面支撑的轴1装在盖2的球面轴承座中用压盖3盖住，并套上皮带轮5。轮5上带有支臂6，其上有轴承7，并把它装在轴1的上端。轴1的下端装上轴承8，轴承8装在支臂9上。支臂9可以带动心轴10在套12内装的轴承11中转动。当皮带轮5由皮带13带动旋转时，轴1则围绕球面支承作圆锥形运动。此时橡胶管4相应于轴1作摇动。可见它并不受扭矩作用，因此真空橡胶管4可以长时间工作。当轴1作圆锥形运动时，真空室内的心轴10即被带动旋转，其转数和皮带轮5的转数同步。

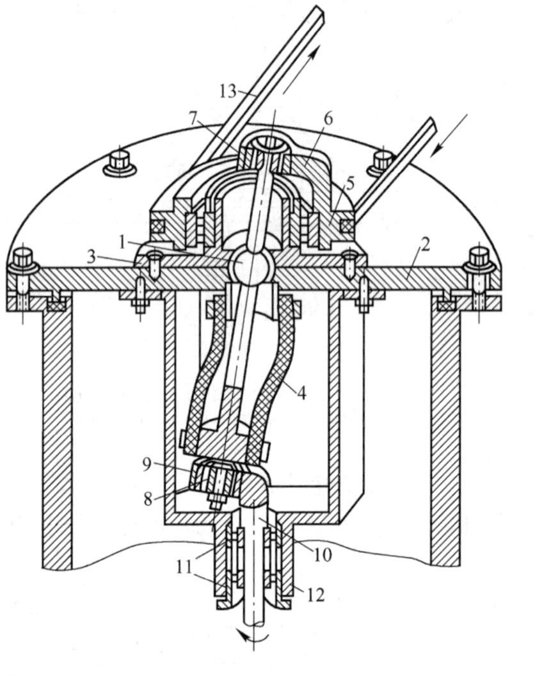


图 13-113　采用橡胶管传递旋转运动的密封结构

图13-114是利用圆筒形橡胶隔套作为密封元件传递往复直线运动的例子。在这种结构中，连杆1用圆筒形橡胶隔套2密封，隔套2的外缘固定在真空室的壳体上，内缘固定在连杆上。圆筒形橡胶隔套可以弯曲折叠180°，因此用它可以得到很大的位移量。这种结构常常用在气动真空阀门、低真空阀门的结构中。

在真空中摆角$\alpha=10°\sim20°$的摆动运动可以用图13-115所示的密封结构来实现。在这种结构中，铰链杠杆1可相对于轴A作摆动运动，而轴A固定在真空室壳体上，并用平橡胶隔板2

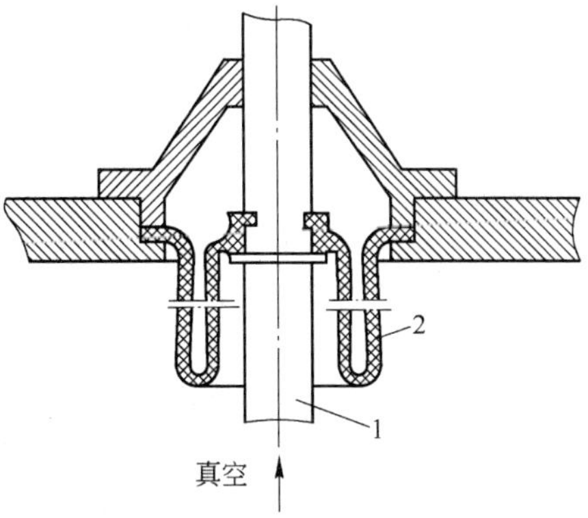


图 13-114　采用橡胶板密封传递往复运动

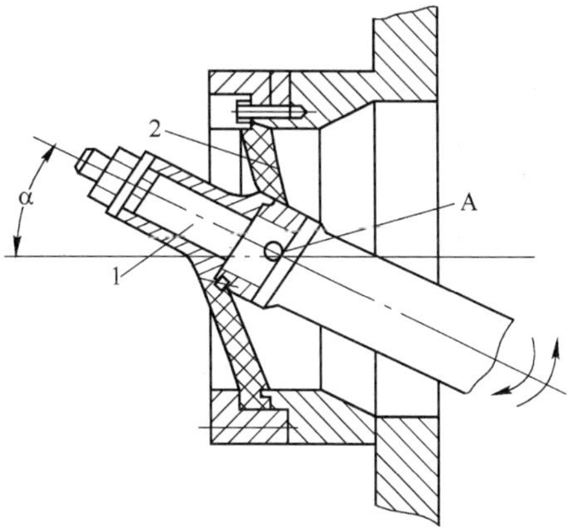


图 13-115　采用橡胶隔板密封传递摆动

密封。在工作过程中，橡胶隔板承受复杂的弯曲变形。

图 13-116 所示的动密封装置是把大气压力下的主动轴 1 的旋转运动传递给真空中的从动轴 5。在这种装置中，传递运动是靠两个斜接圆盘 2 通过小球 3 的相互作用来实现的。小球 3 安装在支持架 4 内，当主动轴旋转时，垫圈 6 相对于轴摆动，通过小球使从动轴转动起来。柔性隔板 7 起密封作用。柔性隔板可以作成环状，其外缘固定在真空容器的壳体上，其内缘则固定在摆动的垫圈上。

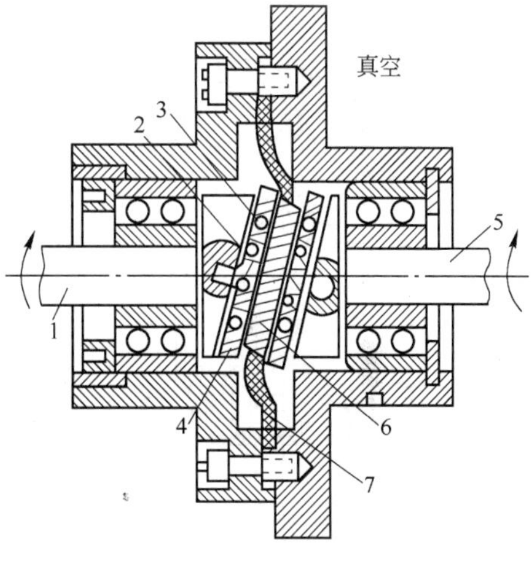


图 13-116　采用橡胶薄膜密封的结构

13.5.4.2　金属柔性动连接密封

在金属柔性动连接密封中，采用金属波纹管密封实现向真空中传递直线运动、摆动和旋转运动。金属波纹管是用金属制成的薄壁褶皱软管，富有弹性、易于弯曲与伸缩。波纹管由薄壁管用模具液压加工制成，其结构形式见图 13-117；亦可用环状薄片逐片焊接而成，其结构形式见图 13-118。对于前者，原材料可采用延展性好的金属材料，如黄铜、锡磷青铜或铍青铜等；对于后者，可采用易于焊接的金属材料，如不锈钢、镍合金等。焊接波纹管与压制波纹管相比，在轴向力、横向力和弯矩作用下能产生较大的位移。应当注意的是波

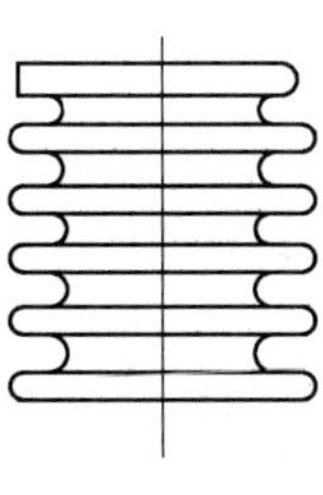

图 13-117　金属波纹管

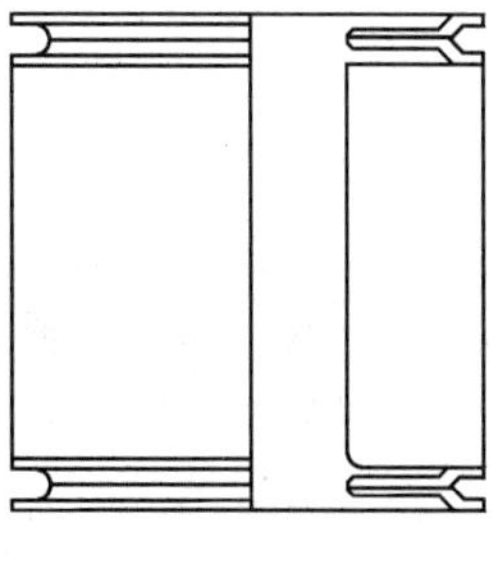

图 13-118　焊接波纹管

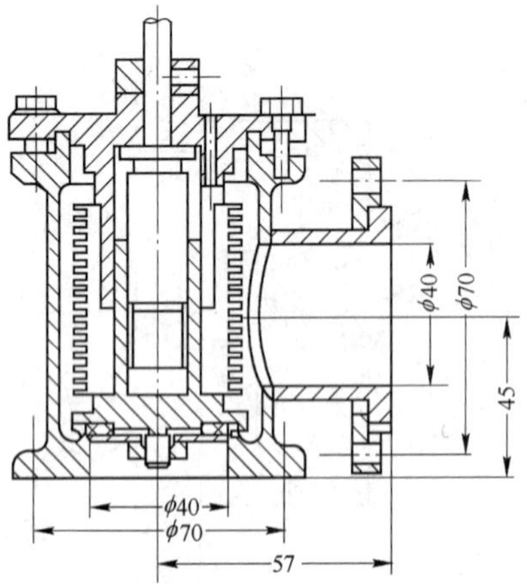


图 13-119　低真空管道阀图

纹管只能作伸缩和弯曲变形，不能承受扭转变形。由于金属波纹管能够同高真空装置的其他元件一起进行高温去气，所以可以用于向真空度为 $10^{-8}$Pa 的真空容器中传递运动。

图 13-119 是金属波纹管用在低真空阀门中传递直线运动实现密封的例子。图中波纹管的一端焊在阀板上，另一端焊在法兰上，通过轴杆与阀板的螺纹连接将轴杆的旋转运动变为阀板的直线运动。

图 13-120 和图 13-121 是金属波纹管传递转动的密封形式。这两种密封形式与图 13-113 所示的采用橡胶管传递旋转运动的密封结构原理类似，在工作当中，金属波纹管随杆件的运动作摇动，其上并不承受扭矩的作用。

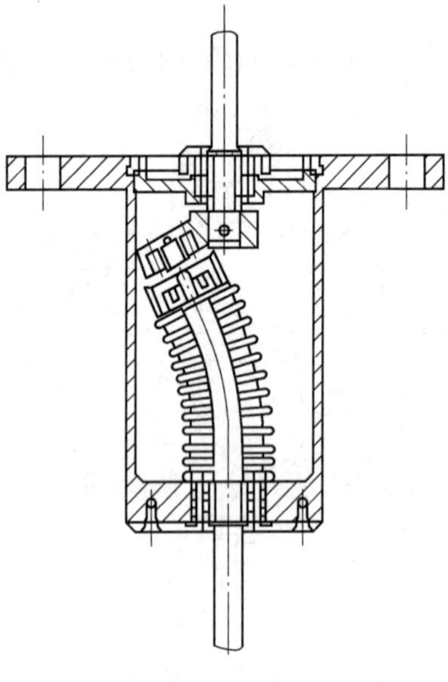

图 13-120　金属波纹管传递转动密封形式（1）

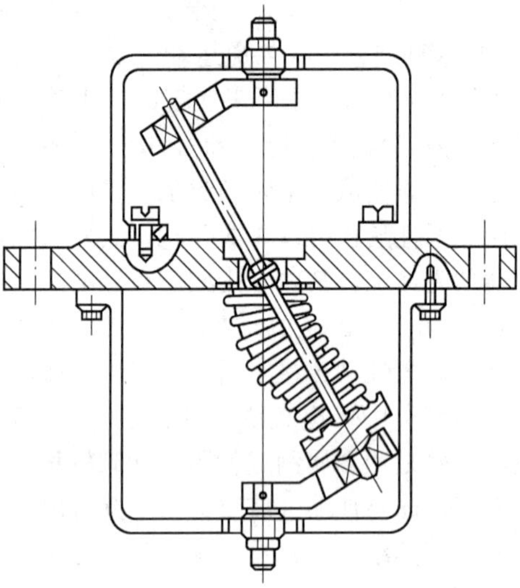

图 13-121　金属波纹管传递转动密封形式（2）

## 13.6　引入接口

### 13.6.1　电的引入

13.6.1.1　概述

为了给真空室中工作的机构供电，需采用真空电传导结构，电传导电极引入导线与导线之间、导线与真空室壁之间应该满足的电绝缘、真空密封和承受一定的电流负荷要求。

电极及电极密封材料的选取取决于工作电压、电流、频率温度等；电传导结构形式的选择取决于设备的工作压力范围。根据电传导结构的用途不同可分为：低压小电流引入结构、低压大电流引入结构和高压引入结构等。

在设计和确定电传导结构时应该注意以下问题：

(1) 引入线截面积应根据通过电流及所选材料来确定。不同材料允许通过的最大电流不同。所选择的引入线截面积应大于理论计算值。

(2) 根据引入线的工作电压不同，选择不同的绝缘材料，并计算出绝缘厚度。表13-17给出某些绝缘材料的击穿电压阈值。

**表 13-17 某些绝缘材料的击穿电压阈值**

| 击穿电压 50Hz | 石英玻璃 | 铝玻璃 | 硼硅玻璃 | 钠钙玻璃 | 陶瓷 | 有机玻璃 | 硅橡胶 | 氟橡胶 | 聚四氟乙烯 | 聚氯乙烯 |
|---|---|---|---|---|---|---|---|---|---|---|
| kV/mm | 25～40 | 5～20 | 20～35 | 5～20 | 13.5 | 20 | 12～20 | 15 | 40 | 25～50 |

(3) 橡胶密封的大电流电极引入线如果通过的电流很大，则产生的焦耳热会使密封材料失效。此时，引入线应该采用水冷结构；

(4) 高真空系统的引入线应能承受 450℃的烘烤；

(5) 应该避免各种金属蒸镀或溅射到引入线的绝缘材料上，以避免造成漏电短路、放电等问题。

将电流输入到真空容器中去进行供电，在各种真空设备上是经常遇到的，对于金属真空设备来说，这种引线装置最好采用可拆卸的连接密封，这样便于维修。

13.6.1.2 电极引入密封结构

A 常用的电输入密封结构

常用的电输入密封结构有如下几种：

(1) 接线柱式密封。如图 13-122 和图 13-123 所示。这种结构是一般真空设备上最常采用的把电引入到真空室中去的一种结构。例如在真空镀膜设备上即常常用这种结构对镀膜室内的照明装置供电。图 13-124 是一种外套水冷式电极密封结构。

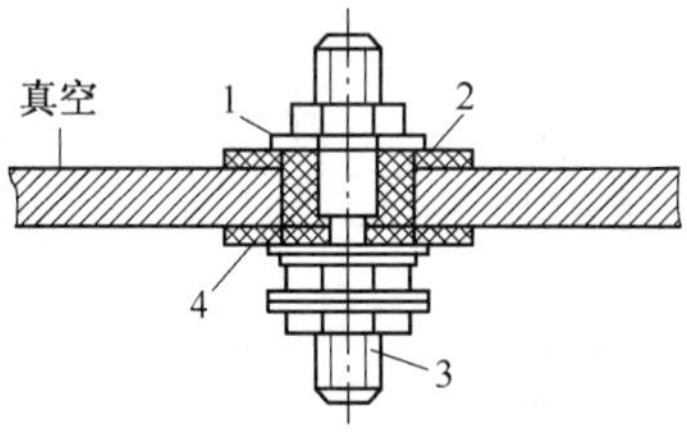


图 13-122 接线柱式电极

1，4—绝缘垫；2—密封圈；3—导电柱

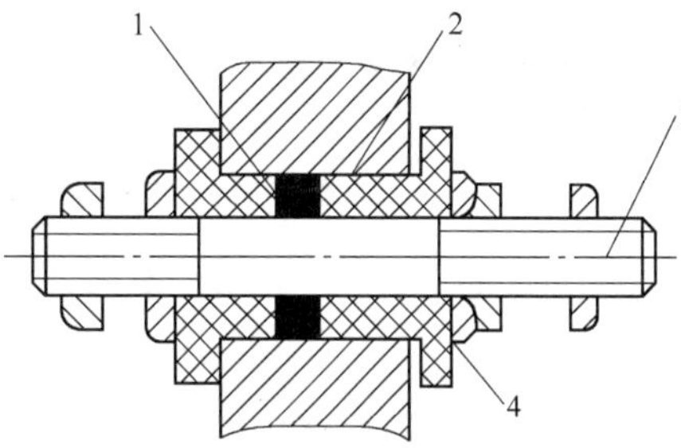


图 13-123 接线柱式电极引线

1—密封圈；2—绝缘环；3—接线柱；4—绝缘套管

(2) 固定式导电杆密封。固定式导电杆密封的结构如图 13-125 所示，当导电杆直径 $d \leqslant$ 20mm 时采用 a 型结构，$d>$20mm 时用 b 型结构。

(3) 导线的真空密封。将导线引入到真空系统或真空管壳中去常采用永久密封引线的方法。这种永久引线基于玻璃与金属封接或陶瓷与金属的封接。图 13-126 所示为棒形密封。图中 (a) 为单引线式，(b)、(c)、(d) 为双引线式。这种密封的特点是将金属棒（钨、钼、铁、镍、钴等）封在具有特殊设计形状的玻璃中以避免玻璃中产生应力。图 13-127 中给出了这种棒形密封导线中所通过的允许电流。在实际使用中，导线中所载的电流应该小于图中曲线所标的数值。

导线密封常用的另外两种形式是芯柱密封和销钉密封，如图13-128及图13-129所示。其

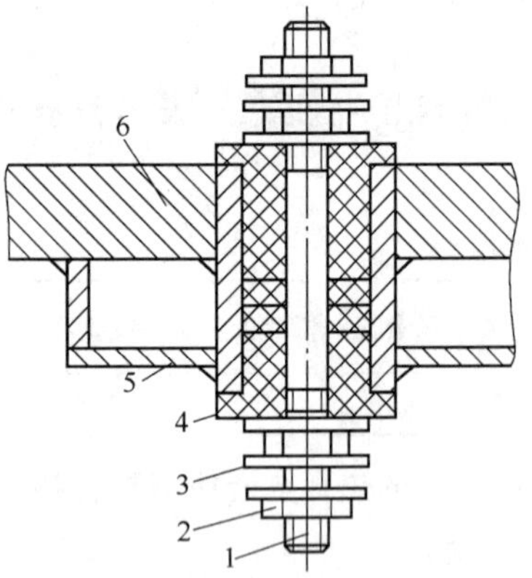


图 13-124　外套水冷式电极
1—电极；2—螺母；3—垫片；4—绝缘胶木；5—密封圈；6—真空室壁

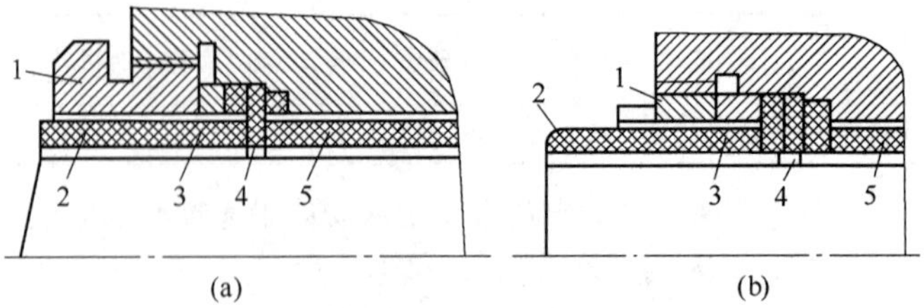


图 13-125　固定式导电杆的密封结构
1—压紧螺母；2—绝缘套管；3—垫圈；4—真空密封圈；5—绝缘套管

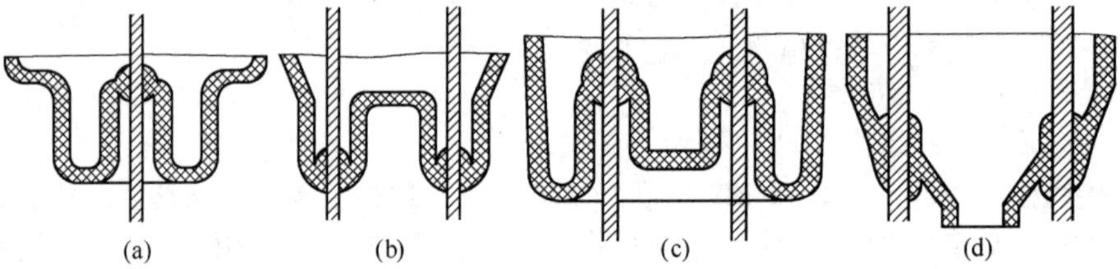


图 13-126　棒形电极引入密封结构

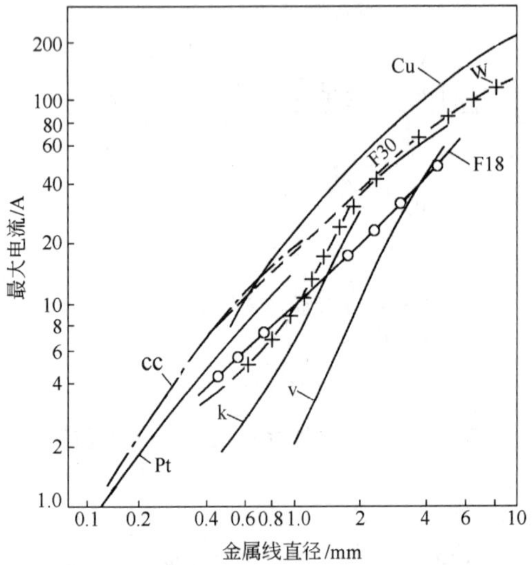


图 13-127　金属线/棒电极密封结构的容许电流
cc—铜包线；k—可伐；v—瓦康；F18—铬铁（18%的铬）

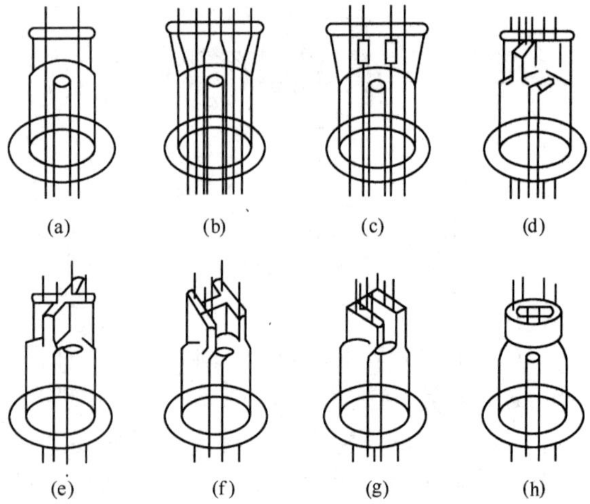


图 13-128　各种结构形状的芯柱密封
（a）双导线平芯柱；（b）六导线平芯柱；（c）双单线和双多线的平芯柱；（d）T形芯柱；（e）X形芯柱；（f）H形芯柱；（g）U形芯柱；（h）O形芯柱

中芯柱是通过将包有引线的玻璃管压扁而制成的。销钉密封则是采用一个玻璃圆盘，盘中的金属销钉封接成与圆盘相垂直。这些密封根据它们在电子管中所放置的位置，构成其底，并且可以按它们在封入真空器件中的要求而分别制成图 13-129 中（a）和（b）两种形状。

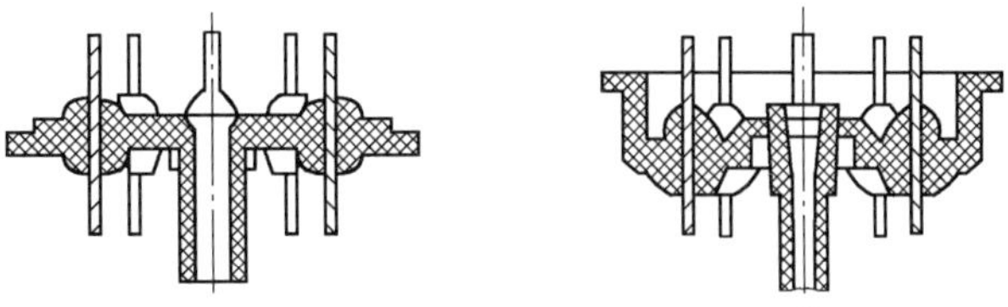
(a) (b)

图 13-129 销钉密封
（a）盘形；（b）杯形

B 低电压电极引入结构

低电压电极引入线常用于真空镀膜设备、真空冶炼炉、真空焊接炉及其他真空炉和各种真空蒸发（升华）装置上。其密封方式有两种：一种为金属-陶瓷封接结构，用于超高真空系统中；另一种是橡胶密封结构用于高真空系统。

（1）低电压小电流电极（见图 13-130、图 13-131）。

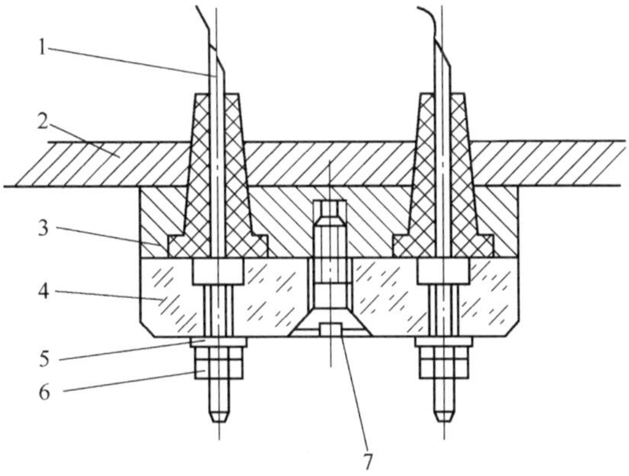


图 13-130 固定型低压小电流电极
1—电极；2—真空室体；3—锥形密封绝缘体；4—有机玻璃；5—垫圈；6—螺母；7—螺钉

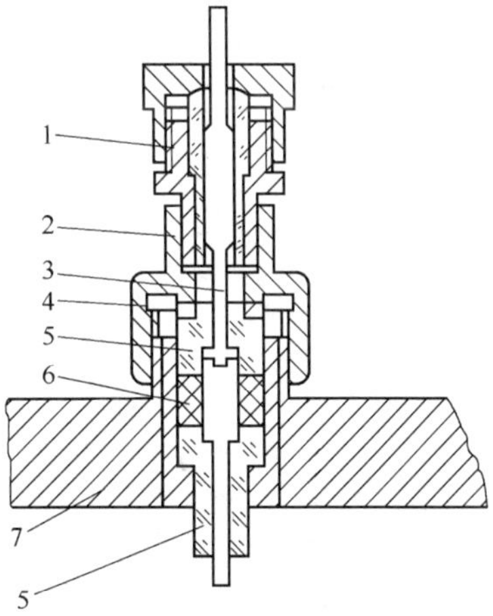


图 13-131 插入型低压小电流电极
1—螺母；2—固定螺母；3—引入电极；4—垫圈；5—绝缘套；6—密封圈；7—真空室体

（2）低电压大电流电极密封。

图 13-132～图 13-134 所示为低电压大电流电极密封结构。图 13-132 是固定结构式电极，

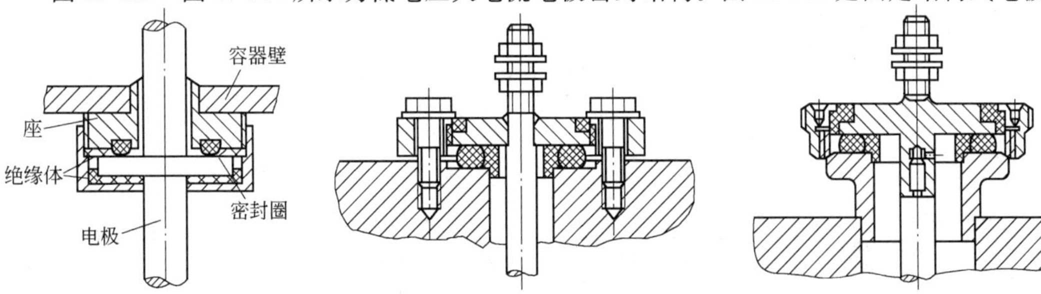

(a) (b) (c)

图 13-132 低压大电流电极结构

(c) 是可移动式电极，为了对电极进行冷却，在 (b)、(c) 两种结构中均设有水冷结构。供水和回水均在真空室外进行。

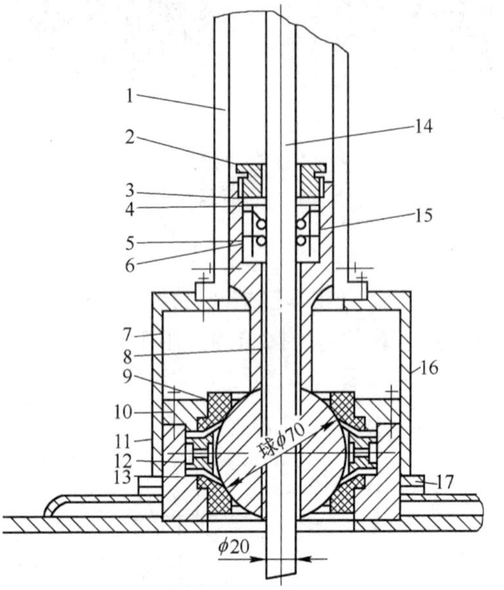


图 13-133　低电压大电流可升降可倾斜电极

1—上传动支架；2—螺母；3—垫圈；4—密封圈；5—压环；6—弹簧；7—托架（两半）；8—倾斜球体；9—胶木垫；10—压盖；11—密封圈；12—压环；13—密封圈；14—电极；15—毡垫；16—螺钉；17—炉盖

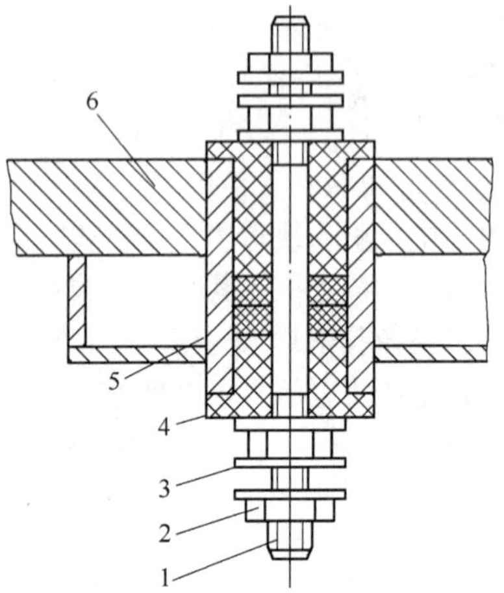


图 13-134　外套水冷式镍铬加热电极

1—电极；2—螺母；3—垫圈；4—绝缘胶木；5—橡胶圈；6—炉盖

C　高压电极引入结构

真空中常用的高压电极引入线结构有：玻璃-金属封接结构、陶瓷-金属封接结构和可拆卸高压引入结构。

设计高压电极引入结构时，除了考虑绝缘子的耐压以外，还要考虑接线柱与壳体之间气体间隙绝缘强度。为了防止击穿，气体间隙要足够大，并且要清除零件的尖角，表面要光滑。应用在真空镀膜及气相沉积设备中的高压电极结构，在设计中还要考虑电极的屏蔽结构，以防镀膜材料或沉积物污染电极，降低电极的绝缘性能。

(1) 玻璃-金属封接电极。

玻璃-金属封接电极形式见表 13-17。

**表 13-17　玻璃-金属封接真空电极形式**

| 杜美丝过渡附件双芯电极 | 钨、钼阴极用匹配封接双芯电极 | 无氧高导铜不匹配封接单芯电极 | 可伐管匹配封接单芯电极 |
| --- | --- | --- | --- |
| 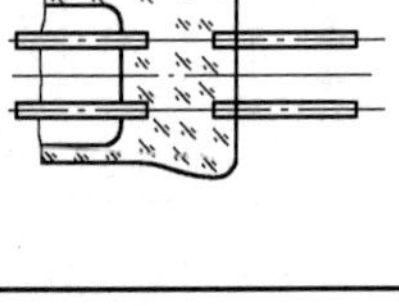 | 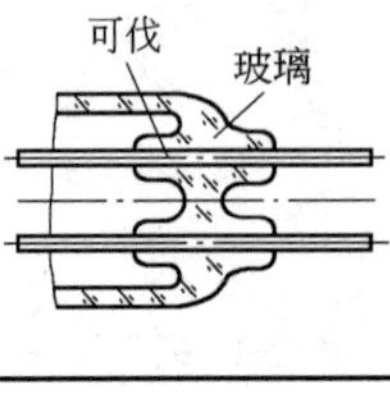 | 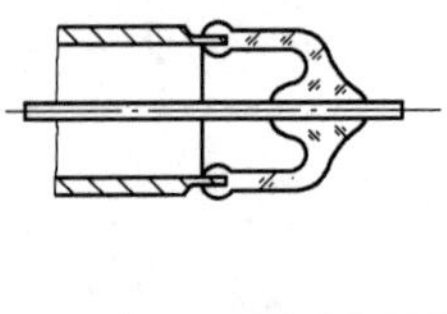 | 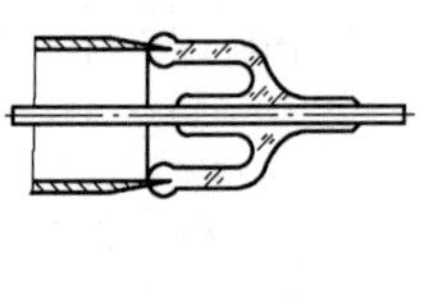 |

续表 13-17

| 带轴套的钨、钼玻璃封接双芯电极 | 钨杆、玻璃珠、可伐片封接单芯电极 | 单芯大电流电极（1） | 单芯大电流电极（2） |
| --- | --- | --- | --- |
| 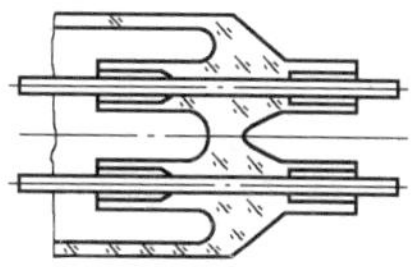 | 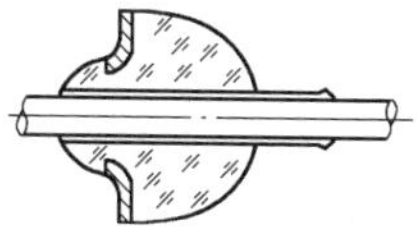 | 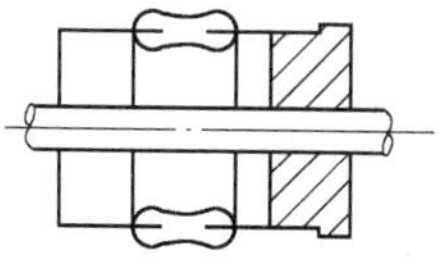 | 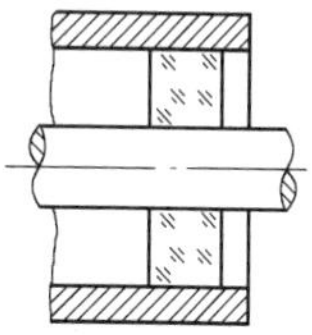 |

（2）陶瓷-金属封接电极。

陶瓷-金属封接电极形式见图 13-135。

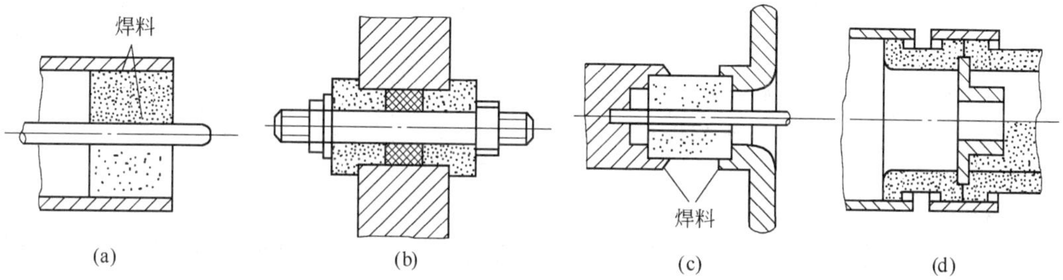


图 13-135 陶瓷-金属封接电极形式

（3）可拆卸高压电极引入结构。

图 13-136～图 13-139 所示是可拆卸高压电极引入结构形式，该结构采用陶瓷作为绝缘体，可耐电压达数千伏，其中图 13-136～图 13-138 所示的电极结构可向真空中进行大电流的传导；图 13-142 为高电压小电流传导电极结构。

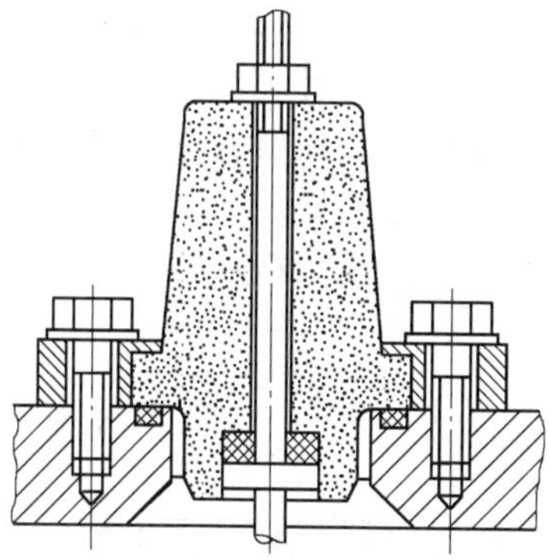

图 13-136 高压大电流可拆卸电极

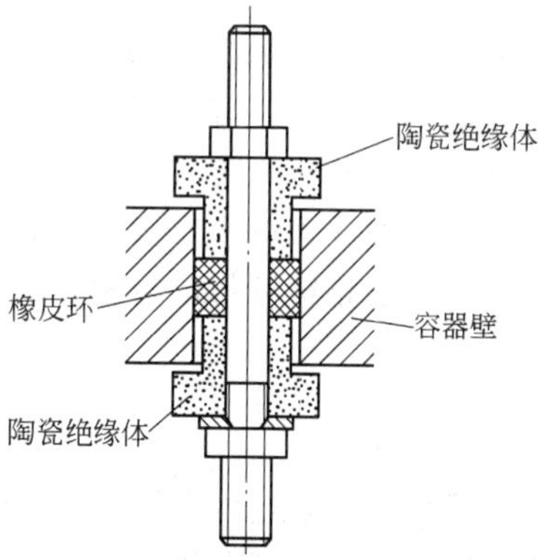


图 13-137 耐压数千伏大电流陶瓷密封电极结构

高频率大功率电极接头属于金属陶瓷密封结构，全部由无磁材料构成，如无氧铜、不锈钢。在 RF 感应领域中具有优良特性，因此可广泛应用在大频率高频感应的输入输出领域。特别是应用在真空感应加热线圈上。接头成对使用，一个用于引入电源和冷媒到系统，另外一个

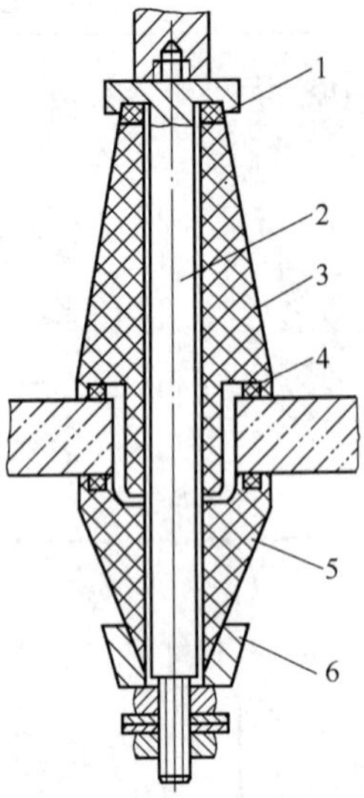


图 13-138　耐高压大电流陶瓷密封电极结构

1，4—密封圈；2—电极；3，5—绝缘陶瓷；6—稳固圈

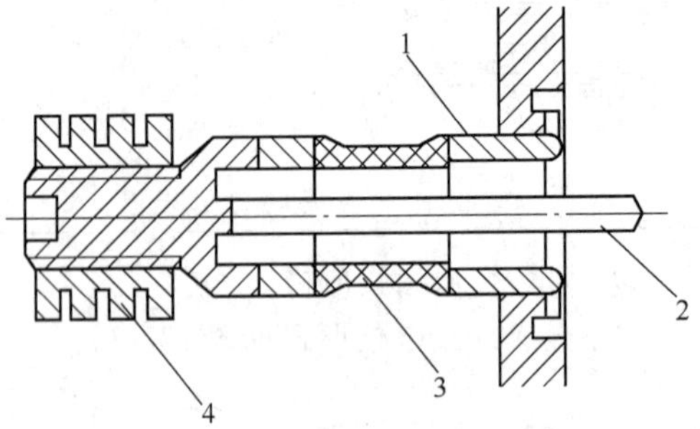


图 13-139　可伐管-陶瓷封接电极

1—可伐管；2—接线柱；3—陶瓷；4—散热片

引出系统。

由于 RF 电源的集肤效应，必须对陶瓷和金属的密封面进行强制性冷却，以防止密封面过热。因此使用接头时，必须采用开式或闭式冷却系统。

### 13.6.2　观察窗

在真空应用设备中，一般通过观察窗来监视真空容器内部的生产状态（如观测温度、试料状态等）或传输光源。根据密封形式的不同，真空设备的观察窗可分为可拆连接和不可拆连接。前者用于高真空和低真空系统，后者用于超高真空系统。图 13-140、图 13-141 给出观察窗的两种基本密封结构形式。在不可拆连接中，采用无氧高导铜和玻璃的不匹配封接或者使用可伐与玻璃的匹配封接结构，两者都能承受 300～450℃的高温烘烤。在真空度要求不太高的系统中，可用透明的有机玻璃板来代替玻璃板。传播光线的观察窗材料可采用光学玻璃或石英玻璃等。石英玻璃一般用在高温真空炉上，通常为了预防橡胶密封圈产生过热，连接法兰采取水冷却措施，带水冷却结构的观察窗如图 13-142 所示。在真空镀膜设备中，为了防止被镀材料沉积到观察窗的玻璃片上，可装设挡板或擦拭片，其结构形式如图 13-143 所示。

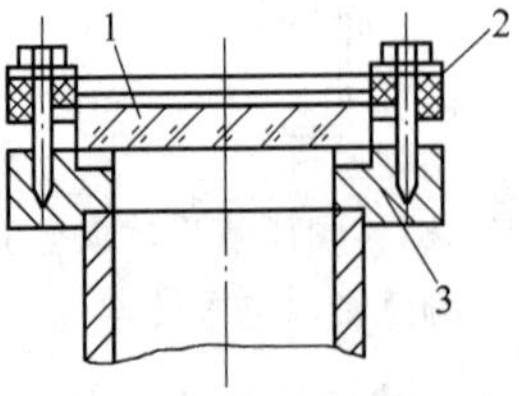


图 13-140　可拆卸高真空观察窗

1—玻璃；2—压板；3—密封圈

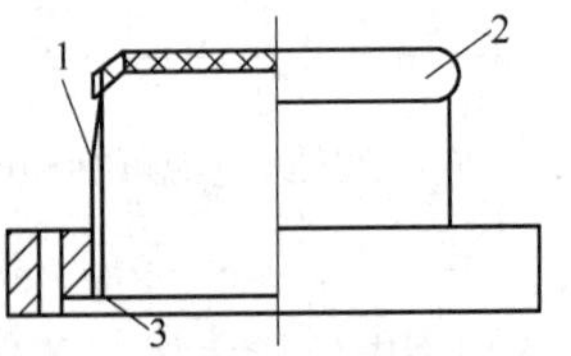


图 13-141　不匹配封接高真空观察窗

1—无氧高导铜；2—玻璃；3—焊缝

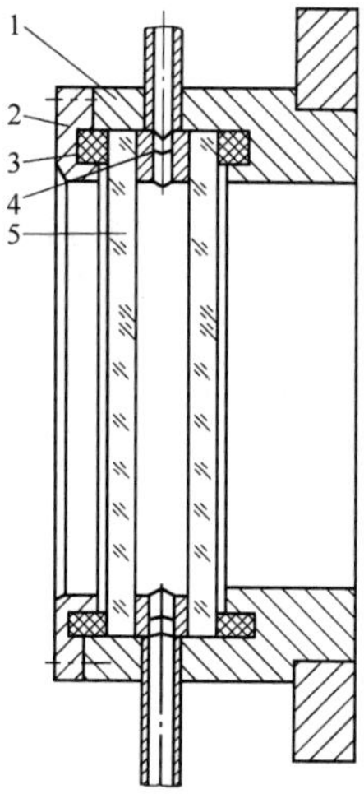


图 13-142 带有冷却水的观察窗

1—法兰；2—压盖；3—密封圈；
4—夹垫；5—玻璃

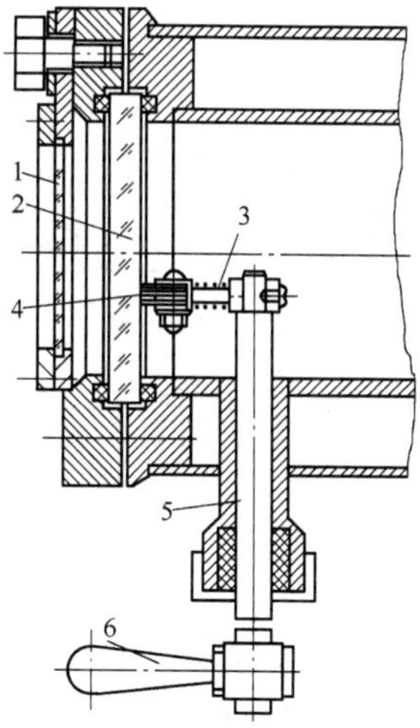


图 13-143 带有擦拭片的观察窗

1—防护玻璃；2—承压玻璃；3—弹簧；
4—擦拭片；5—转轴；6—手柄

# 14 真空系统中常用材料和真空卫生

## 14.1 真空材料的要求与分类

### 14.1.1 材料的真空性能要求

在真空工程领域中，不仅要对材料的物理、化学和力学性能有所要求，而且对这些材料的真空性能还有特殊要求。

14.1.1.1 气体渗透率

由于在真空容器器壁两侧的气体总是存在压力差，所以任何种类的器壁材料总要或多或少地渗透一些气体。气体从密度大的一侧向密度小的一侧渗入、扩散、通过和逸出固体阻挡层的过程称为渗透。该情况下的稳态流率称为渗透率。

渗透率与气体和材料的种类有关，在真空工程领域中所用的金属、玻璃、橡胶及塑料等，对气体来说或多或少都可以渗透。其渗透量随不同的气体和材料而异，而且差异较大。

对金属来说，有些金属（如不锈钢、铜、铝、钼等）的气体渗透系数就很小，在大多数实际应用中可以忽略不计。但对某些金属（如铁、镍等），氢气对它们就具有较高的渗透率。氢气对钢的渗透率随含碳量的增加而增加，所以选择低碳钢做真空室材料为好；另外有些金属对气体的渗透具有选择性，如氢气就极容易渗透过钯，氧气易透过银等。可以利用这个性质对气体进行提纯和真空检漏。

气体对玻璃、陶瓷等的渗透，一般是以分子态的形式进行的。渗透过程和气体分子的直径及材料内部微孔大小有关。含纯二氧化硅的石英玻璃的微孔孔径约为0.4nm，其他玻璃因碱金属离子（钾、钠、钡等）填充于微孔之中，使其有效孔径变小，所以各种气体对石英玻璃的渗透性大，而对其他玻璃的渗透性就小。由于氦分子的直径在各种气体分子中最小，所以氦对石英玻璃的渗透在气体-固体配偶中是最大的。

气体对有机材料（如橡胶、塑料）的渗透过程一般是以分子态进行的。由于有机材料的微孔比较大，因此气体对有机材料的渗透能力比玻璃、金属要大得多。

（1）当分子态渗透达到稳态时

$$q = Kp_1/\delta \tag{14-1}$$

式中 $q$——单位时间通过单位面积的气体渗透速率，$m^3$（STP）/（$m^2$·s）；

$K$——气体渗透系数，$K$ 值与气体-固体配偶的性质有关，$m^3$（STP）/（$m^2$·s·Pa·$mm^{-1}$）；

$p_1$——大气压，Pa；

$\delta$——材料的壁厚，cm或mm。

（2）当原子态渗透达到稳态时

$$q = K\sqrt{p_1}/\delta \tag{14-2}$$

只要知道渗透系数 $K$，就可以根据该材料的壁厚 $\delta$、壁的面积 $A$，求得气体渗透量（单位

时间，通过 $A$ 面积的气体渗透量）为

$$Q = FA \tag{14-3}$$

14.1.1.2 材料的放气性能

任何固体材料在制造过程中，及在大气环境下存放都能溶解、吸附一些气体。当材料置于真空中时，原有的动态平衡被破坏，材料就会因解溶、解吸而放气。常用的放气速率单位为 Pa · L/（s · cm$^2$）。

放气速率通常与材料中的气体含量和温度成正比。所以有时（如电真空器件）也用高温下材料的放气总量作为选材依据。出气总量的单位：考虑体积含量为主时可用 Pa · L/g；考虑表面含量为主时则用 Pa · L/cm$^2$。

（1）常温放气。大多数有机材料放气的主要成分是水汽，其特点是放气速率较高，随时间的衰减较慢。因此这类材料一般不宜用作真空容器的内部零件。金属、玻璃、陶瓷的放气速率较低，随时间的衰减也较快。玻璃和陶瓷的常温放气主要来自表层，主要放气成分为水汽，其次为 CO 和 $CO_2$。玻璃经烘烤加热后，表层的水分可以完全去除。金属的常温放气源主要来自表面氧化膜所吸收的水汽，经烘烤加热后，其表面氧化膜中的水汽可以基本除净，使其常温放气率显著降低。表面吸附的气体除掉后的放气过程由体内扩散决定。一般，体内放气的成分有 $H_2$、$N_2$、$C_nH_m$、CO、$CO_2$、$O_2$，以 $H_2$ 居多。

（2）高温放气。某些结构材料如电极、靶材、蒸发源、加热装置等器件，在真空系统的工艺过程中常处于高温状态。一般认为，材料的高温放气主要由体内的扩散过程所决定，表面脱附的气体量仅占放气总量的一小部分。玻璃、陶瓷、云母的高温放气，除了扩散过程加快外，与常温放气没有本质差别。而金属的高温体扩散出气则不同，由于在金属内部溶解的气体呈原子态，所以，在真空中放出的分子态气体往往是经过表面反应才形成的。一般，金属放气的种类是 CO、$H_2$，$CO_2$、$H_2O$ 和 $N_2$、$O_2$，以前四种居多。其中 $H_2$、$N_2$ 先以原子态扩散逸出，再在表面上结合成分子态。CO、$CO_2$ 是由扩散到表面的 C 与表面上的金属氧化物或气相中的 $O_2$、$H_2O$ 反应生成的。也有一些金属（如 Ni、Fe）主要受氧在体内扩散的控制，因此，对金属进行脱碳处理可降低 CO、$CO_2$ 的出气。$H_2O$ 有的直接来自表面氧化层，有的则由体内扩散的氢与表面氧化物反应合成。

玻璃、金属的表面层也是高温放气的重要来源。为此采用各种表面处理工艺，如化学清洗、有机蒸气去脂、抛光、腐蚀、大气烘烤氧化等，都能大大降低材料的放气。

另外，材料的放气速率不仅和所经历的放气时间有关，而且和材料的表面预处理方法、表面状况有很大关系。例如：对于清洁的表面来说，表面的光洁度越高，吸附的水汽就越少；例如，当用有机溶剂对表面清洗去脂时，表面的单分子层污染是无法除掉的，只能靠在真空下烘烤来除掉。例如，温度在 200℃以上的真空环境下的烘烤可有效地除掉水汽，但要有效地除掉氢，则必须在 400℃以上的温度下进行真空烘烤。

对真空系统设计来说，仅有材料的放气速率的数据是不够的，因为有许多真空泵的抽气能力是有选择性的，所以如果能进一步知道材料放气中的各种气体成分的比例，就能有针对性地选配合适的真空泵，得到更合理的设计。

14.1.1.3 材料的蒸气压与蒸发（升华）速率

在一定的温度下，在封闭的真空空间中，由于液体（或固体）汽化的结果，使空间的蒸气密度逐渐增加，当达到一定的蒸气压力之后，单位时间内脱离液体（或固体）表面的分子数与从空间返回液体（或固体）表面的再凝结分子数相等，即蒸发（或升华）速率与凝结速率达到动态平衡，这时可认为汽化停止，此时的蒸气压力称为该温度下，该液体（或固体）的饱和蒸

气压。

蒸气压 $p_V$ 和蒸发（升华）速率 $W$ 之间有以下关系：

$$W = 0.058 p_V \sqrt{M/T} \tag{14-4}$$

式中 $W$——蒸发（升华）速率，g/（$cm^2$ · s）；

$p_V$——温度 $T$ 时的饱和蒸气压，Pa；

$M$——分子量，g/mol。

在真空技术中，材料的蒸气压力和蒸发（升华）速率都是需要重视的参数。如：真空油脂、真空规管的热灯丝的饱和蒸气压均能成为影响极限真空度的气源；真空镀膜用材和吸气剂的升华速率是设计真空镀膜设备及吸气剂泵时需要考虑的参量；低温液化气体的饱和蒸气压力则是与低温冷凝泵极限压力有关的参量。

显然，不能采用在真空系统的工作温度范围内蒸气压力很高的材料。在工作温度的范围内，所有面对真空的材料的饱和蒸气压力应该足够低，不应因为其本身的蒸气压或放气特性而使真空系统达不到所要求的工作真空度（或使真空度过度降低）。尽管室温下某些材料的蒸气压很低，甚至有时觉察不出来，但随着温度的升高，蒸气压力最终可以上升到测得出来的值。例如，某些难熔金属需要升高到1500℃以上才能测出其蒸气压力值。但是某些金属（如锌、镉、铅等）在300～500℃时的蒸气压力值就很高，超过了高真空系统所要求的压力。例如镉在300℃时的蒸气压力值为10Pa，所以这些金属（或其合金）不能在带烘烤的高真空系统或超高真空系统中使用。其他一些材料，如某些塑料或橡胶，由于其不能加温烘烤及蒸气压过高，则根本不能在超高真空环境下使用。

### 14.1.2　真空材料的其他性能要求

（1）机械强度。真空系统的器壁必须承受得住大气的压力。因此它必须满足最低机械强度和刚度的要求，应考虑相应尺寸的结构所能承受的总压力。

（2）热学性能。许多真空系统要承受温度的变化，如加热和冷却或二者兼备。因而必须对所用材料的热学性能十分熟悉。不仅要考虑到熔点，还要考虑到强度随温度的变化。例如，铜的力学性能远在低于熔点温度之前就开始下降，因而不宜用铜制作真空容器的承压器壁。另外，真空系统的材料除了受到温度缓慢变化的影响外，还会受到温度突变的影响。因此，还要考虑材料的抗热冲击的特性。

（3）电磁性能。许多真空系统中的部件必须具备能完成某项功能或工序所要求的电性能，同时这些性能又不能与真空系统的要求相矛盾。例如，元件在真空室中工作，是靠辐射放热冷却的，因此元件的工作温度将会很高，使得元件的电性能可能受到影响，因此在选材及结构设计上要考虑工作部件的耐高温及冷却问题。

在许多真空系统中，往往要应用带电粒子束。但这些带电粒子束往往容易受到某些不必要磁场的干扰。因此在有电子束或离子束的系统中，必须认真考虑系统材料的磁性能，在某些情况下，即使很小的磁场也可能造成很严重的问题。因此必须考虑用非磁性材料。

（4）其他性能。光学性能（如观察窗）、硬度、抗腐蚀性、热导率和热膨胀等性能在真空系统中也常常起着十分重要的作用。

### 14.1.3　真空材料的分类

真空工程的用材范围包括：真空设备的壳体，真空规管，放置于真空容器内的各种固定、活动、可拆卸机构及部件，各类密封材料，各类真空获得手段的工作物质等等。真空系统中所用的材料大致可分为两类：

（1）结构材料。是构成真空系统主体的材料，它将真空系统与大气隔开，承受着大气压力。这类材料主要是各种金属和非金属材料，包括可拆卸连接处的密封垫圈材料。

（2）辅助材料。系统中某些零件连接处或系统漏气处的辅助密封用的真空封脂、真空封蜡、装配时用的粘接剂、焊剂、真空泵及系统中用的真空油、吸气剂、工作气体及系统中所用的加热元件材料等。

随着真空科学技术的进展，新工艺、新材料肯定将不断出现。真空系统中常用的材料见表14-1。

**表 14-1 真空系统中的常用材料**

| 零部件名称 | 低真空及高真空 | 超 高 真 空 |
|---|---|---|
| 壳体、管路、阀、内部零件 | 普通碳素钢、不锈钢 | 不锈钢、钛、高纯铝 |
| 密封垫圈 | 丁基橡胶、氟塑料 | 氟橡胶、氟塑料、铜、金、银、铟 |
| 导电体 | 铜、不锈钢、铝 | 铜、不锈钢 |
| 绝缘体 | 酚醛、氟塑料、玻璃、陶瓷 | 玻璃、致密高铝瓷等 |
| 视窗 | 玻璃 | 硼硅玻璃、透明石英玻璃 |
| 润滑剂 | 低蒸气压的油及脂 | 二硫化钼、镀银或金 |
| 加热元件 | 镍铬铁合金、钨、钼、钽、碳布 | 钨、钼、钽、钨-铼合金、石墨炭纤维 |

### 14.1.4 真空材料的选材原则

14.1.4.1 对真空容器及内部零件材料的要求

（1）有足够的机械强度和刚度来保证壳体能承受住室温和烘烤温度下的大气压力，并且在加热烘烤（特别是对超高真空系统）时不发生变形。

（2）气密性好。要保持一个完好的真空环境，器壁材料不应存在多孔结构、裂纹或形成渗漏的其他缺陷。有较低的渗透速率和出气速率。

（3）在工作温度和烘烤温度下的饱和蒸气压要足够低（对超高真空系统来说尤其重要）。

（4）化学稳定性好。不易氧化和腐蚀，不与真空系统中的工作介质及工艺过程中的放气发生化学反应。

（5）热稳定性好。在系统的工作温度（高温与低温）范围内，保持良好的真空性能和力学性能。

（6）在工作真空度及工作温度下，真空容器内部器件应保持良好的工作性能，满足作业工艺的要求。

（7）有较好的延展性、机械加工性能和焊接性能，容易加工成复杂形状的壳体。

14.1.4.2 对密封材料的要求

（1）有足够低的饱和蒸气压。一般低真空时，其室温下的饱和蒸气压力应小于 $1.3\times10^{-1}\sim1.3\times10^{-2}$ Pa；高真空时，应小于 $1.3\times10^{-3}\sim1.3\times10^{-5}$ Pa。

（2）化学及热稳定性好。在密封部位，不因合理的温升而发生软化，发生化学反应或挥发，甚至被大气冲破。

（3）有一定的力学及物理性能。冷却后硬化的固态密封材料、可塑密封材料或干燥后硬化的封蜡等，要能够平滑地紧贴密封表面，无气泡、无皱纹。当温度变化时，不应变脆或裂开。液态或胶态密封材料应保持原有粘性。

(4) 某些密封材料应能溶于某些溶剂中，以便更换时易于清洗掉。

对真空中应用的材料除上述要求外，在某些情况下还必须考虑其电学性能、绝缘性能、光学性能、磁性能和导热性能等等。

当然，除了材料的以上性能外，还要考虑材料的成本、利用率及选购的可能性等。

## 14.2 金属及其合金材料

在真空系统设计与制造中常用的金属及其合金材料主要有：低碳钢、不锈钢、铜、铝、镍、金、银、钨、钼、钽、铌、钛、铟、镓、可伐合金、镍铬（铁）合金、磁性合金、铜合金、铸铁、铸铜、铸铝等。

### 14.2.1 铸件

金属铸件由于表面粗糙，微孔较多，很少用于制造高真空系统零件。高级铸铁及有色金属铸件大多用于制造各种机械真空泵。要求铸件具有较高的致密性，通常采用的铸铁牌号有 HT200、HT250、HT300 等。铸造铝合金牌号有 ZL109（Al，Si，Cu，Mg，Ni）、ZL203（Al，Cu）、ZL301（Al，Mg）等。

当工作温度较高时，不应选用含有磷、锌、镉等元素的铜合金铸件。

### 14.2.2 碳钢及不锈钢

14.2.2.1 碳钢

碳钢一般应用在低真空工作范围内。通常根据工艺要求，碳钢制造的真空室内表面需要镀层涂覆或裸露抛光。除了镀层表面以外，碳钢表面放气速率比不锈钢大得多，尤其是锈蚀表面的放气量更大，表面状态的好坏，是影响碳钢真空性能的主要因素。所以，应尽量使其内表面光滑、无锈。一般情况下工作真空度越高，则对内表面的要求也越严格。实践表明：室温时由大气渗透到真空中去的气体是很少的。然而，随着温度的升高，这种渗透量将急剧增加。在室温常压下氢气渗透过低碳钢钢板的速率要比低碳钢的表面放气率小几个数量级。在室温下氮渗透过低碳钢的速率远低于氢，但是在高温下则相反，故在设计热态工作真空系统时必须注意。

在真空系统设计中，从材质的综合性能（真空、物理力学性能）考虑，大多采用低碳钢（软钢）为宜。特别是真空容器的壳体、阀、管道及蒸气流泵的泵体或导流管等往往采用 10 号、15 号、20 号钢及普通炭素结构钢（例 Q235A）。其特点是韧性良好，机械强度适中，具有极好的机械加工性能和焊接性能。Q235A 属于低碳钢（含碳量低于 0.22%），价格便宜，品种规格齐全，容易选购。其主要缺点是：不能用普通热处理的方法提高硬度及改善力学性能；抗腐蚀性较差。45 号钢则主要用于制造轴类、杆件、螺纹类零件以及重负荷的传动机件等。另外，低碳钢（特别是 Q235A）具有良好的导磁性，在避免磁效应干扰的场合，如在离子泵、磁质谱计或含有磁分析器的任何系统结构中都不适用。但特别适用于需要良好导磁性的结构中，例如磁控溅射靶的磁极靴等。

14.2.2.2 不锈钢

不锈钢是含 Cr10%～25%的低碳钢，在真空工程中常用的不锈钢主要有奥氏体型不锈钢和铁素体型不锈钢两种类型。奥氏体型不锈钢以 Cr 和 Ni 作为主要合金成分，铁素体型不锈钢以 Cr 为主要合金成分。奥氏体型不锈钢中应用最多的牌号主要有 0Cr18Ni9（304）、

1Cr18Ni9、1Cr18Ni9Ti 等，它们属于耐热、耐蚀、无磁不锈钢，大量应用于真空室壳体、管路、阀体等。常用的铁素体型不锈钢主要有 0Cr13、1Cr13、2Cr13、3Cr13 等，主要用于具有较高韧性及受冲击负荷的零件，如耐蚀真空泵叶片、轴类、喷嘴、阀座、阀片等需要一定硬度及耐腐蚀的场合。

真空度在 $1.3\times10^{-4}$Pa 以上的高真空和超高真空系统中，应该选用奥氏体无磁不锈钢［例如 1Cr18Ni9Ti，0Cr18Ni9（304）等］制造真空容器的壳体、管道或其他零部件。这种不锈钢具有优良的抗腐蚀性、放气率低、无磁性、焊接性好，其导电率及导热率较低，能够在－270～900℃范围内工作，并具有较高的强度、塑性及韧性。这些性质使得奥氏体不锈钢成为目前金属超高真空系统中应用的主要结构材料，例如，超高真空室、工件架、支架、法兰、螺栓螺母及超高真空泵（离子泵、低温泵、吸附泵等）等。

不锈钢就其磁性而言，分为有磁性的和无磁性的。应注意的是，不锈钢并非绝对非磁性的，而是导磁率很小。而且，冷加工能够增加不锈钢的导磁性。

常用的无磁性不锈钢的主要缺点是抗晶界间腐蚀不稳定，尤其是在焊接时，受热在 450～750℃的地方，易在晶界上形成铬的碳化物而降低材料应有的气密性。试验证明：含铬 18%～20%，含镍 10%以下，含碳低于 0.2%的不锈钢，经过 1050～1150℃的高温处理，可消除上述晶界间不稳定的缺点。

当需要耐高温、抗腐蚀或需要热处理（淬火或调质等）时，如轴、阀盖、封口等，则采用 2Cr13、3Cr13、4Cr13 等马氏体不锈钢为宜。但此类不锈钢的防锈性能不如奥氏体不锈钢好。

### 14.2.3 有色金属

14.2.3.1 镍（Ni）

镍是真空技术中广泛应用的一种金属。在许多真空应用中常可以见到镍作为电真空器件中的阴极、栅极、阳极、吸气剂和热屏蔽罩以及许多其他机械构件中的基体材料。镍本身可用作基体材料；或其他材料的镀层；或许多镍合金中的一种组分。镍比其他普通有色金属的熔点高，蒸气压低，抗拉强度很高，机械加工性很好，容易成形、除气和点焊，而且价格相对便宜。

镍常与铬合金化形成镍铬合金，其熔点比较低，在真空中容易蒸发，沉积薄膜的附着力好，附着力较差的金属材料可用镍铬合金做衬底膜层来增强与基片的附着力。镍铬合金也可用作薄膜电阻材料。

镍的真空蒸发建议采用较粗的钨螺旋丝电阻加热源。在 1500℃以上，镍会与处在任何浓度下的钨形成部分液相，对钨丝迅速产生腐蚀。因此，为了限制蒸镀时镍对钨丝的腐蚀，镍的重量不应超过钨丝的 30%。蒸镀镍时，可以采用氧化铍和氧化铝坩埚作蒸发源，也可以采用电子束轰击加热方法进行蒸发。

14.2.3.2 铜（Cu）

铜具有很高的塑性，良好的导电和导热性能，常用于导电材料。常用的铜类材料有紫铜（纯铜）及铜合金。

紫铜是真空技术中应用较多的材料，由于普通的紫铜放气困难，普通铜中溶解的氧气在低于铜的软化点温度下不能释放出来，所以在高真空及超高真空中最常用的是无氧铜，如用作蒸气流泵的喷嘴、障板、冷阱、密封、电极等。

由于无氧铜具有良好的真空气密性，对气体的溶解度低，在室温下不渗透氢和氦，而且对氧气和水蒸气的敏感性差、塑性又好，因此被广泛地用作金属超高真空系统中的可拆卸密封的密封垫片。通常，Cu 的使用温度不应过高，在 200℃以上时 Cu 的抗拉强度陡降，从而限制了铜在高温结构中的应用。当温度超过 500℃时，Cu 的蒸气压比 Ni 的蒸气压大约高一个数量级。无氧铜会被氧腐蚀，并在 200℃以上时产生锈斑。它也会被含氧的酸腐蚀。另外，汞和汞蒸气对 Cu 也有很强的作用，因此铜一般不应用在用水银作为工作介质的场合。

对铜进行蒸镀时，建议采用螺旋状钨丝或钨、钼、钽蒸发舟作为电阻加热蒸发源。电子束加热虽能使用，但是由于铜的导热性很好，因此很难维持蒸发温度的恒定。铜对陶瓷和玻璃的附着力较差，因此需要在陶瓷和玻璃基片上镀制铜膜时，最好先在基片上沉积一薄层铬或钛膜作为底膜。

14.2.3.3　铝（Al）

铝是一种重量轻、延展性相当好的金属。由于铝易于压制成形，且其导电导热性能好（稍次于铜），又是非磁性材料，故常用作真空室内的轻型支架、放电电极、扩散泵的喷嘴、导流管、挡油障板、分子泵中的叶片及耐腐蚀镀层等。

由于纯铝本身很软，抗拉强度低，易于被压轧和弯曲，因而可用作密封垫片材料。铝是一种低熔点金属，它的机械强度在 200℃左右时迅速下降，而且铝的蒸气压相对较高，因此只能用在 300℃以下的烘烤真空系统中。但是铝在该温度范围内，对 $H_2$ 的溶解度很低。铝难以进行普通熔焊和钎焊，一般焊接铝要求特殊的条件（如真空钎焊）。

在蒸发温度时，铝为一种高度流动的液体。它对于难熔材料极易相润湿，同时可扩散渗入到难熔材料的微孔中，并能与难熔金属形成低熔点合金。熔化的铝在真空中的化学活泼性仍然很强，在高温时与陶瓷材料也能产生化学反应。目前蒸镀铝时多采用钨丝或钼丝电阻加热式蒸发源，蒸发大量的铝时可采用连续式送丝机构或感应加热式蒸发源。

14.2.3.4　钛（Ti）

钛的强度高、重量轻，耐腐蚀，是真空工程中特别有用的金属。钛可以加工成形，而且没有磁性，因而是真空应用中理想的结构材料，适合用做镀膜设备中的磁控溅射靶材、溅射离子泵的阴极等。

钛对活性气体（如 $O_2$、$N_2$、CO、$CO_2$ 以及 650℃以上的水蒸气）的吸附性很强，蒸发在泵壁上的新鲜 Ti 膜形成一个高吸附能力的表面，有着优异的吸气性能，几乎能和除惰性气体以外的所有气体发生化学反应。这一性质使得 Ti 在超高真空抽气系统中作为吸气剂而得到广泛的应用，如用在钛升华泵、溅射离子泵中等。

同铬一样，钛膜的附着力很好，对于陶瓷和玻璃基片也具有非常好的附着力，所以钛可用于附着力较差膜材的底膜材料。钛也可用作薄膜电阻或薄膜电容器的制作材料。蒸发钛可以采用钨螺旋丝篮式电阻加热源。此外也可以用石墨蒸发舟或电子束轰击加热对钛进行蒸镀。

14.2.3.5　锆（Zr）

纯锆是一种特别活泼的金属，可以用来作吸气剂（如锆铝吸气泵），吸收氢气、氮气和氧气的能力较强，它特别对氢气及氢的同位素氘、氚等有较强的吸附能力。

Zr 的中子截面很小，因而可用作中子窗。Zr 的二次电子发射产额低，可以将它镀在其他的基体材料上来利用 Zr 的这一特性。因为 Zr 的表面上有一层氧化膜，故有良好的抗腐蚀性。Zr 对 HCl、$HNO_3$、稀 $H_2SO_4$、$H_3PO_4$ 以及碱都具有稳定性，但能被热的浓 $H_2SO_4$ 和王水腐蚀。

Zr 的氧化物 $ZrH_2$ 也可用作吸气剂。它具有不易被氧化的优点，并且在真空中加热会分解，留下清洁的活性 Zr 表面。$ZrH_2$ 还可以用在陶瓷-金属封接中。

14.2.3.6　铬（Cr）

铬在 1900℃时熔化，但在 1397℃下其蒸气压即可达到 1Pa，因此铬不用溶解即可蒸发。由于铬对于各种材料的附着力都很好，特别是铬对于玻璃或陶瓷等基片的附着力比其他金属镀膜材料都好（与钛相似），所以铬可以作为附着力较差的其他镀膜材料的附着剂。

镀制铬膜可采用真空蒸发和真空溅射方法。溅射所用的铬钯材料多采用粉末冶金方法制成，一般面积较小。如需要大面积的溅射靶材（如大型矩形平面磁控溅射靶），则需用多块较小面积的铬靶镶拼而成。蒸镀所用的铬材形状多为片状或颗粒状，故可采用加热舟或篮式加热丝进行蒸发。由于铬的蒸发温度较高，所用蒸发加热源材料多选用钨。也可将铬事先电镀在钨螺旋加热丝上，这一方法可提高加热接触面积，扩大蒸发面积，但应注意，钨丝在电镀之前应先彻底地去气。

### 14.2.4　贵重金属

14.2.4.1　铂（Pt）

铂在高温时不与氧反应，当 $T>500$℃时，铂表面上所有的氧化物均会分解。在 700℃以上时，氢能渗入铂中，但其他常见气体则不能。铂不受汞的腐蚀，但在高温下能与碱、卤素、硫、磷反应。除热王水之外，铂可耐一般的酸腐蚀。

铂的化合物可用在一些高温钎焊合金、高温热电偶、坩埚和灯丝中，尤其可用在有腐蚀性气体的地方。镀 Pt 的 Mo 栅极具有寿命长、二次电子发射率低的特性。铂的膨胀性能使之很适合用作玻璃-金属密封或陶瓷-金属密封中的封接材料。铂细丝还可以封接在玻璃中用作高电导率的电极引线。在铂中加入 Ir 或 Ni 可以提高铂的硬度。由于铂的价格昂贵，所以一般只用于特殊场合。

14.2.4.2　钯（Pd）

钯是一种价格相对便宜的贵重金属，其硬度和强度类似于铂，但加工比铂稍难一点。

钯与铂之间可以实现电阻焊或钎焊。与铂不同的是，钯在空气中加热会被氧化，但在 870℃时钯的氧化物便分解了。钯对 $H_2$ 表现出很高的溶解度（约体积的 1000 倍）。钯对 $H_2$ 的渗透率特别高（尤其是在 400℃左右时），因此可在 $H_2$ 过滤器和检漏仪中应用钯（H-Pd法检漏）。

钯对于玻璃和陶瓷基片的附着力很差，在这两种材料的基片上镀制钯膜时，应用铬或钛镀底膜以提高其附着力。蒸镀钯可采用钨螺旋丝电阻加热源，钨能与钨合金化，使钨丝腐蚀。也可使用氧化铍和氧化铝坩埚，用电子束轰击法蒸镀钯。

14.2.4.3　金（Au）

金是一种延展性和可锻性都特别好的金属，而且还是极好的导电体。它对气体（尤其是氧气）的化学吸附性或溶解度很弱。但金能与汞生成汞齐并溶解于汞。

金很容易焊接，并且很容易用银进行自身焊接。金可用作玻璃-金属封接的镀层和玻璃表面用于电接触的镀层，也可用作某些钎焊合金的成分。可以很容易地通过蒸发金的方法给玻璃镀膜或获得金薄膜。金有时也用作超高真空烘烤系统的密封垫片材料。

与钯类似，金对于玻璃和陶瓷基片的附着力很差，在这两种材料上镀制金膜时，常采用铬或钛做底膜。蒸镀金可采用钨或钼的螺旋丝或篮式电阻加热器，金能润湿钨、钼和钽，但是它对钽的腐蚀比前两者为强。与铜一样，用电子束轰击法蒸镀时，其蒸发温度难以保持。可采用溅射方法镀制金膜。

14.2.4.4　银（Ag）

银与金一样，常用作可烘烤超高真空系统的阀座或阀口上的密封垫片或镀层。

与金不同的是，银对 $O_2$ 的溶解度很高，因此应避免在含氧的气氛中对银加热或退火。另外，氧在加热的银中扩散得快，因此如同纯净的氢气通过钯的方式一样，利用这一性质可以用银作为氧的选择过滤器。银还可用作钎焊料和硬焊料以及铜电极、金属化玻璃和电触点的镀层。有时为了增加强度，也采用银合金，如触点银（Ag/Cu，91/9）或货币银（Ag/Cu，95/5）。

### 14.2.5　软金属

14.2.5.1　铟（In）

铟是一种特别软、低熔点的金属，它的蒸气压很低。铟不能进行硬加工，只能在低于其熔点（156℃）下使用（如用作密封垫片）。铟在熔点温度以上时，虽不氧化，但会受到大多数酸的腐蚀。

铟可与汞很快形成汞齐，还能与很多金属形成合金。这些合金广泛用于低电阻率接触点、导电薄膜（如用 In-Sn 合金制作 ITO 薄膜）、焊料、传感器触点、玻璃-金属封接(1∶1的 In-Sn 能够与玻璃和云母形成很好的浸润性）以及密封垫片材料。

14.2.5.2　镓（Ga）

镓的熔点很低，在 30℃时熔化，但是镓的蒸气压相当低，因此可用作液体密封材料。而且由于镓在 2400℃时仍为液体，所以可在高温温度计中应用。表 13-13 给出了镓的性质。

镓可用作大多数金属之间的密封，而且稍一加热此密封便很容易拆掉。因为镓可与很多金属形成合金，所以常用来与其他低蒸气压金属形成合金。如 In-Ga 和 In-Ga-Sn 低共熔合金在室温下就能熔化，它们是很多金属和玻璃的优良润湿剂，而且不会造成腐蚀，因此可用在阀门、动密封、液体密封（应加防尘罩）和热偶计的连接（低接触电阻、良导热触点）上。在使用中应注意的是，镓的传热和导电的各向异性相当突出。

### 14.2.6　难熔金属

14.2.6.1　钨（W）

钨在常用的难熔材料中熔点最高，而相应的蒸气压最低。同所有难熔金属一样，钨是由粉末压实烧结、成形和退火制成的。钨是一种很硬、很稳定的元素，但比较脆。钨没有磁性，化学性质很稳定。大多数的酸和碱对钨只有轻微的作用，而氢气、水或稀酸对钨根本没有作用。钨只能被热的王水和 1∶1 的 HF 与 $HNO_3$ 的混合液所腐蚀。

钨在 900℃以下的空气中氧化甚微，但是在高温下，在含有氧气或其他氧化气体的大气中，钨会迅速氧化并形成 $WO_3$，因此钨在真空中的应用温度不大于 2300℃为宜。钨在氢气中的使用温度可达 2500℃，而在惰性气体中的应用温度为不大于 2600℃。当应用温度过高时，将使钨产生再结晶现象，从而形成大晶粒而产生脆化，使钨的机械强度减弱。

由于钨的硬度和熔点高，因而加工与成形较困难，但片状或丝状钨的焊接很容易。钨可用做 X 射线管的阴极、弹簧元件、高温热电偶、炉子的蒸发皿以及焊接电极。这些都利用了钨的稳定性和高熔点。钨在真空中还被大量用做蒸发加热器、灯照加热器和电子发射灯丝的材料。钨的电子发射率虽然相对较低（逸出功相对较高），但是其具有的使用简便（只需去气）、抗热冲击及离子轰击能力强、熔点高及蒸气压低等特点弥补了电子发射率低的缺点。

当钨用作热阴极灯丝时，可在钨中加入低蒸气压的氧化物（如 0.7%～15%$ThO_2$）来延缓再结晶现象发生。实验结果表明，敷钍钨丝的电子发射能力比钨高得多，尤其是在较低温度下的电子发射率较高，但是敷钍钨丝的加热温度不能过高，当温度高于 2500℃时，敷钍钨丝即开始变软变形。

14.2.6.2 钼（Mo）

钼是一种硬度高、无磁性、化学性质稳定的难熔金属。它只在高温时表现出氧化性。钼在真空中的使用温度应不大于1600℃，在氢气中可达2000℃，但是在空气中，当 $T>600$℃时将很快形成 $Mo_2O_3$ 而升华。钼只受热的稀 HCl 溶液和 1∶1 的 HF 与 $HNO_3$ 混合液的腐蚀。在室温下，$H_2$ 或干燥的 $O_2$ 对钼没有影响。

钼尽管有一点脆性，但比钨易于加工。可用热处理的方法或加入 Nb（3%）形成合金的方法来提高钼的抗拉强度。选用适当的焊料可以实现 Mo 与 Mo 或 Mo 与 W 之间的钎焊，在很清洁的条件下甚至可以实现点焊。钼没有磁性，在1670℃下才能彻底去气。它可以做成杆、圆筒、螺栓、螺母及加热线圈，还可以用于硬玻璃与金属的封接、真空电炉中的蒸发皿以及各种真空器件的电极。

14.2.6.3 钽（Ta）

钽是一种重量轻、强度高的难熔金属。它的熔点很高（2900℃）、蒸气压很低、对所有的活泼气体（包括氢在内）都具有较明显的吸气性能，特别是能够从残余气体中吸收氧。

钽对王水（甚至是沸腾的王水）、铬酸、硝酸、硫酸和盐酸都具有非常好的抗腐蚀性，但是钽溶于 HF、氟化物溶液和草酸中。Ta 与 Nb、Ti、Zr 一样，和氢结合能生成氢化物，这种氢化物破坏了它的金属性质。甚至在低温（100℃）下所形成的氢化物也会使钽产生严重的脆性。将钽在真空中加热到760℃以上时，钽中的氢气则可以放出。钽能够吸收真空系统中除惰性气体以外的大多数残余气体，特别是在高温（700～1200℃）下更是如此。因此，在工作之前，对吸气表面在高真空下进行去气处理是很重要的。

钽是一种好的电子发射体（居于 Mo 与 W 之间），在 HCD 离子镀膜设备中常用钽制作空心热阴极枪来产生电子束。用机械方法或电方法增加表面粗糙度可大幅度地提高钽的电子发射率。钽还可用作吸气剂、坩埚和高真空、高温条件下的蒸发器。与铬相仿，钽对陶瓷或玻璃基片的附着强度良好。

14.2.6.4 铌（Nb）

铌是一种强度相当大而比重小的难熔金属，可用作真空结构方面的材料。目前，Nb 主要用作其他难熔金属的钎焊材料或用作吸气剂。

铌无磁性，在1070℃下真空退火后比 Ta 更容易加工。Nb 的熔点低于 Ta，蒸气压却高于 Ta。因此，尽管它的逸出功在所有难熔金属中最小，却很少用作热电子发射体。铌常被做成片状，以便于点焊或电子束焊接。铌也可以少量地添加到某些不锈钢中，以阻止不锈钢中的碳造成晶粒间的腐蚀。

铌对氧的亲和力很强。在较高温度下，除惰性气体以外，铌几乎对所有气体的亲和力都很强，因此它可以被用作吸气剂，尤其是作为高温吸气剂应用。铌等难熔金属也可用作真空设备中加热装置的电热体和隔热屏。

### 14.2.7 汞（Hg）

汞是一种重金属，在室温下呈液态。汞的导电性能很好，膨胀系数变化很小，表面张力大，但蒸气压比较高，可用作多种开关、温度计、压力计（如麦氏计）和液态密封材料。

汞在空气中的蒸发速率很高（室温下为 $10^{-4}g \cdot cm^{-2} \cdot s^{-1}$），能轻微地氧化，而且汞蒸气又有毒，因此汞应在密闭的环境中使用。汞不受干燥无硫空气的影响，化学性质十分类似于贵重金属。汞能与多数金属形成汞齐，因此除不锈钢和其他钢之外的金属都不能作盛汞的容器。

### 14.2.8　合金材料

14.2.8.1　可伐合金

可伐（Kovar）是一种铁镍钴合金，它是在玻璃-金属密封封接中最常用的合金。它的膨胀系数与几种硬质玻璃、陶瓷相匹配。可伐-玻璃密封可以烘烤到460℃。典型可伐合金含有53%Fe、29%Ni、17%Co、小于0.5%Mn、0.2%Si和总量小于0.25%Al、Mg、Zr和Ti。

可伐中的钴在合金加热时能形成易熔化的氧化物，有利于在金属上涂覆玻璃或陶瓷。可伐可以用软焊料或硬焊料进行钎焊和熔焊，经过退火后亦可进行模压成形或切削加工。在真空技术中常用的焊接方法是在$H_2$炉中用铜钎焊。

可伐虽然有很好的抗腐蚀性，但仍不如不锈钢，因此应放在干燥的地方储存。可伐与汞及汞蒸气都不发生反应。可伐合金在453℃（其居里点）以下具有铁磁性，其磁化率是磁场的函数，当磁场增至7000G时，磁化率达到最大值3700$G^{-1}$，然后又降下来。

14.2.8.2　青铜

青铜（92%～93.5%Cu，其余为Sn）和磷青铜（含有微量的P）中的Cu和Sn蒸气压低、真空气密性好，某些情况下可以用于真空设备的铸造结构中。由于青铜的机械强度较大，因此多用不含有锡和锌的铝青铜或铍青铜制造真空设备中所用的弹性元件、波纹管、电触点和涡轮等。然而，对于含Zn的青铜，不能用于需要加热的真空设备和系统中。

14.2.8.3　黄铜

黄铜含66%～95%Cu，其余为Zn。黄铜具有较高的塑性，在机械加工和压力加工下可制成形状复杂的零件。但由于其含锌量高，而Zn的蒸气压高，在加热时会放气影响真空、污染真空设备，因此其使用温度一般不超过150℃，所以黄铜不能用于烘烤的真空系统和超高真空系统中。一般，黄铜仅用在不需要去气的可拆卸的低真空系统中作结构件。

## 14.3　非金属材料

真空系统中常用的非金属材料主要有密封材料和绝缘材料两类。

### 14.3.1　玻璃

玻璃主要用于制造玻璃真空系统（玻璃扩散泵、阀、管道等）、金属系统的观察窗，容器及规管外壳、高压电极绝缘体等。

14.3.1.1　真空技术中用玻璃的特点

用玻璃制作真空容器的优点很多，如成本低、便于制作、透明、化学稳定性和绝缘性都好，以及透气率低等。

普通玻璃不仅比可用于高真空的多数其他材料便宜，而且制造容易，还省去了金属系统所必需的焊接、机械加工或卷曲等加工工序。对多数小型玻璃真空系统，都可容易地通过简单的吹玻璃工艺制成。

玻璃因其具有良好的电绝缘性，因而可用于高电压的电引线。玻璃对多数辐照的透明性，使人们可以方便地观察真空系统中的实验。由于玻璃的透明性及绝缘性而得到的另一个优点是，很容易用高频火花检漏仪对玻璃系统检漏。

玻璃用作真空系统的主要缺点是：其抗冲击强度低，抗拉强度低。因此，玻璃真空系统的体积一般都较小。

14.3.1.2 玻璃的分类

大体上可把玻璃分为两大类：一类是软玻璃，其线（膨）胀系数在 $70\times10^{-7}$ mm/(mm·℃)；一类是硬玻璃，其线（膨）胀系数在（5～65）$\times10^{-7}$ mm/（mm·℃）之间。一般可根据软玻璃的工作温度比硬玻璃的低，来区分它们。

另外，不同氧化物与二氧化硅的熔合，可以制成不同特性的玻璃，它们分类如下：

（1）铅玻璃 其中含有 35%～65%的 $SiO_2$ 和 $Al_2O_3$、氧化铅（约 15%）和碱性氧化物。铅玻璃极易加工、电阻率很高。照明灯具（如灯泡和灯管）等所用的就是这种玻璃。重铅玻璃通常较软，一般用来屏蔽辐射。

（2）钠钙玻璃 其中含有 65%～75%$SiO_2$ 和 $Al_2O_3$、约 15%$Na_2O$、约 10%CaO（石灰）以及其他氧化物。钠钙玻璃极易加工，最常用作真空管外壳，但不能用于需要热阻抗高、化学性质稳定的场合。大多数的钠钙玻璃和铅玻璃同属于软玻璃。

（3）硼硅玻璃 含有 75%～95%的 $SiO_2$ 和矾土，其余成分主要是氧化硼。硼硅玻璃的线（膨）胀系数低而电阻高，抗热冲击性好并且化学性质稳定，在真空中和实验室中经常使用。

（4）石英玻璃 其中所含的 $SiO_2\geqslant96\%$。石英玻璃的线（膨）胀系数非常低，因此它能承受很大的热冲击。石英玻璃能在 900℃高温下持续使用，它只有在 1200～1500℃时才变软。石英玻璃的硬度比硼硅玻璃高，加工更困难，因此石英玻璃一般用在高温或有热冲击的地方。

14.3.1.3 真空系统对玻璃物理性能的要求

在制造和使用玻璃真空系统及部件时，应注意以下物理性能。

（1）黏度。由于玻璃没有固定的熔点，其黏度 $\eta$（或刚性）随其温度的升高而逐渐下降。在使用和加工玻璃时应了解与几种温度范围相应的黏度值。通常用四种黏度来定义应变点、退火点、软化点和工作点。在应变点（$\eta\approx10^{13.5}$ Pa·s）温度之前，玻璃均有脆性。该温度是玻璃能安全使用的极限温度。在此温度下，消除玻璃中的内应力需几个小时。在退火点（$\eta\approx10^{13}$P）温度下，内应力可在十几分钟内消除。

（2）线（膨）胀系数与抗热冲击性能。线（膨）胀系数通常是用于将玻璃分成“软”、“硬”两大类的一个特征参数。不论是对玻璃与玻璃或是玻璃与金属封接，线（膨）胀系数都是重要参数。

若将线（膨）胀系数 $\alpha$ 值不同的玻璃结合在一起，那么当温度低于 $Tg$ 时，封接点在应力作用下便会裂开。如果软玻璃的 $\alpha$ 值相差不大于 10%，并且它们的过渡温度也接近，它们就能结合起来。但如果上述条件不满足，则应采用分级封接，使中间玻璃的封接点应力不超过最高允许值。在玻璃与金属的封接中，还必须多考虑几种因素，如密封的形式、所封接金属的塑性和退火工艺等。

在真空技术中玻璃的线（膨）胀系数 $\alpha$ 还决定着玻璃的抗热冲击性能。在真空工程中，有时热冲击是很频繁的。因为玻璃的抗拉强度低，所以局部快速冷却造成的热冲击比局部快速加热造成的热冲击更严重。局部快速冷却造成的热冲击容量越大，温度梯度越高，越容易造成玻璃的断裂。抗热冲击性与线（膨）胀系数、热导率和几何形状等因素有关，所以较厚的玻璃或结构较复杂的玻璃受热冲击容易破碎。

（3）热导率。玻璃的热导率比金属的要小得多，大约比铁和镍的热导率低两个数量级。不同种类的玻璃的热导率值相差不大，其值在（6.7～12.6）$\times10^{-3}$ J/（cm·s·℃）范围内变化，铅玻璃（软玻璃）为小值，硼硅玻璃（硬玻璃）为大值。纯 $SiO_2$ 的热导率为 $13.8\times10^{-3}$ J/（cm·s·℃）。如果玻璃与金属之间的密封热分布不均匀，那么热导率值小的玻璃便会破裂。

(4) 电阻率。玻璃自身的体电阻率值很高（可达 $10^{19}\Omega\cdot cm$），而其表面电阻率由于通常受表面上吸附的水或其他杂质的影响，其值要低几个数量级。

一般完全退火后的玻璃的电阻率要高于有应变的玻璃的电阻率。当玻璃在真空中加温后，水分子从玻璃深层逸出，得到彻底的去气，因此玻璃表面的绝缘性能大大提高。另外，用硅树脂或其他防水物质对玻璃表面进行处理后，可以大大减少湿度对玻璃表面电阻率的影响。

(5) 电击穿强度。电击穿强度是用产生电击穿所需的电场强度来度量的。在室温下玻璃的电击穿强度值一般都比空气的高得多。由于玻璃的导热性差，而其电阻率又取决于温度，所以真空中用厚壁玻璃往往会在温度的促进下导致电击穿。在镀膜设备中，可以用屏蔽罩来避免引起玻璃器壁荷电的电子轰击。

14.3.1.4　*玻璃的渗透率与放气*

(1) 玻璃的渗透率。在室温下，基本上可以忽略气体对玻璃的渗透，除了 $H_2$ 和 He 之外，实际上玻璃对其余所有的气体都不渗透。这也是考虑选用玻璃作真空系统，尤其是形状复杂的系统的器壁材料的因素之一。

气体分子的直径对渗透量的影响很大，He 分子直径最小，因而渗透量最大，而 Ar、$N_2$ 和 $O_2$ 的分子直径较大，对玻璃基本上不能渗透。

实验证明：由于 He 分子极小，故在室温下 He 能渗入玻璃，其渗透率的值随着温度升高按指数规律增大。

氢对玻璃的渗透率远小于氦，因而氦气是超高真空系统内主要的残留气体。玻璃的成分组成对氦的渗透影响非常大，不同种类的玻璃，其氦的渗透系数会有很大差别。氦对石英玻璃的渗透率最大，对硼硅硬玻璃的渗透较少，而对钠钙软玻璃的渗透最少，因而铝硅软玻璃最适于用来制作超高玻璃真空系统。只有用某些特殊玻璃（如铝硅酸盐玻璃），才能获得高于 $10^{-10}$ Pa 的真空度。

(2) 玻璃的放气与除气。虽然玻璃本身固有的蒸气压极低（$10^{-13}\sim10^{-23}$ Pa），但在制备玻璃过程中，气体被捕获于玻璃内部成为合成产物。这些气体大都由 $H_2O$、$CO_2$、CO、$O_2$ 组成。玻璃的放气气源除了溶解于玻璃内的气体外，还被吸附在玻璃的表面上，吸附的主要成分也是水汽。玻璃有一特殊的表面层，水汽的扩散系数在表层比内部大得多。玻璃的常温放气主要来自表层，如用 HF 酸腐蚀掉该表层，放气量可大大减少。当玻璃表面生成水化物时，会破坏玻璃边界的密封性能。尤其是玻璃处于蒸气中时，其硅胶表面呈海绵状，大量的水蒸气吸附在其中。

溶解和吸附的气体是高真空玻璃系统的放气来源，未经烘烤的硼硅玻璃系统的放气流量可达 $10^{-5}Pa\cdot m^3/(s\cdot m^2)$。经真空烘烤除气后可以大大减少常温放气量。因而在高真空中使用的玻璃至少应在其最高工作温度下彻底地去气。

### 14.3.2　陶瓷

陶瓷广泛地用在真空技术领域中，如用作电气绝缘体、小型支撑结构等，尤其是用在很高的工作温度下。多数陶瓷硬而脆、强度高、抗热震性好，能承受高温（软化温度约为 1900℃）和高场强。陶瓷的组织结构稳定，不易氧化，对酸、碱、盐的腐蚀也有很好的抗力。另外，陶瓷晶体中没有自由电子，一般具有很好的绝缘性。某些陶瓷具有特殊的光学性能，如用作固体激光材料、光导纤维、光贮存材料等。

在真空工程中，陶瓷能与可伐合金封接成强度高，达到超高真空密封的真空零件。由于大多数的陶瓷都是在粉末烧结状态模制成形，然后再焙烧除去结晶水。普通陶瓷在烧好以后，硬度极高，除了采用昂贵的研磨方法（或金刚石和超声波的加工方法）以外，几乎不能进行机械加工。但新近出现了一种可进行机械加工的新型玻璃-陶瓷，在真空领域中得到广泛的应用。

#### 14.3.2.1 真空中常用的陶瓷

真空工程中所用的陶瓷基本上有三类：硅酸盐陶瓷、氧化物陶瓷及特殊品种的氮化物、硼化物、可加工陶瓷等。

真空技术中最常用的几种硅酸盐陶瓷是：硬瓷、镁-铝硅酸盐、无碱铝陶瓷和锆石陶瓷。

硬瓷是一种高密度陶瓷，具有良好的真空性能，而且具有很高的抗热冲击能力。硬瓷的熔体比较容易加工，因此能制成较大的结构件。

镁-铝硅酸盐陶瓷很适用于真空技术，可用作真空系统内部的绝缘零件。该类陶瓷的气密性好，能与金属 Ti 和 Ni 合金匹配封接，其允许的工作温度可达 900℃。

硅酸盐陶瓷由于体内存在玻璃相，会像玻璃一样解吸气体。解吸的气体成分主要是水汽、二氧化碳和一氧化碳。陶瓷零件在装配前可预先在真空中烘烤除气，烘烤温度一般为 800～1000℃（必须低于其软化温度）。装入真空系统内的陶瓷零件的烘烤出气温度一般为 500℃。

纯氧化物陶瓷一般用在需要耐高温的场合。与硅酸盐陶瓷相反，纯氧化物陶瓷是结晶体，是由化学方法生产的高纯度材料合成制取的，因此性质上也与硅酸盐不同。氧化物陶瓷中最常用的是氧化铝陶瓷。其他氧化物陶瓷，虽然在某些性能上优于氧化铝陶瓷，但由于它们的价格很昂贵，因此只能用在特殊的场合中。

氧化铝也叫铝氧粉或蓝宝石，主要由 $Al_2O_3$ 组成。它具有很高的电阻率、良好的热导率、甚至在高温下化学性质也很稳定。氧化铝很硬（莫氏硬度为 9.0）。在室温下，氧化铝的强度不如一般金属，但在高温时其强度仍保持不变。氧化铝的蒸气压很低，在 1950℃时仍具有真空气密性。除了氟之外，氧化铝不被所有的气体还原和腐蚀。

氧化铝在真空技术中用途很广，它主要用在绝缘、支撑、隔离以及陶瓷-金属密封中。它能用在高温和腐蚀性很高的环境中（甚至 HF 中）。其主要缺点是太硬，只能用研磨方法或用金刚石刀具进行加工。

#### 14.3.2.2 可机械加工的陶瓷

(1) 麦考（Macor）。麦考是一种新型的可机械加工的玻璃-陶瓷的名称。这种材料是陶瓷技术的一大突破。麦考可用一般的金属刀具加工出严密的公差。麦考在机械加工后不需烘烤，仍具有普通陶瓷所具有的硬度和强度。由于麦考易于加工达到严密的公差，因此常用麦考制作形状复杂的、精确的固定机件。

除了可以机械加工外，麦考还表现出致密性、不吸水、很高的电阻率（$10^{14}\Omega\cdot cm$）和电介质强度（在 25℃时 1.4MV/cm），并且损耗角小，对于直流和交流均有良好的绝缘性。麦考对 He 的渗透率低，不放气。麦考具有良好的抗热冲击能力，它的最高工作温度是 1000℃。它的线（膨）胀系数同软玻璃相近，用焊料玻璃、金属化或粘接的方法，可以很容易地将它与金属或玻璃封接在一起。

(2) 拉瓦（Lavas）。拉瓦是一种可进行机械加工的陶瓷，该种陶瓷在未经焙烧的软状态下可像黄铜那样用普通方法进行加工。拉瓦经高温焙烧，除去了吸附的水分，变成了硬度极高的材料，焙烧过程伴随结晶体的变化，使拉瓦体积缩小或增大 2%，其变化的程度与拉瓦的类型有关。为获得严密的公差，焙烧后的拉瓦零件必须精磨。

(3) 氮化硼（BN）。氮化硼具有典型的晶体结构，但具有类似陶瓷的性能。氮化硼也是可切削加工的陶瓷，其介电常数小，导热系数大，具有极高的电阻率和极高的电介质强度，其电介质强度在高频时高于 500kV/cm，而且在高温时其值不变。它的热导性和抗热冲击性也极好。

这些性质使之很适于用作各种能导热的电绝缘元件。对它进行精加工能获得准确的公差和高的表面光洁度。

氮化硼具有极高的抗腐蚀能力，不被熔融的金属和盐、酸和碱所腐蚀，当温度达到700℃时，仍不被氧化。在真空中高达1650℃时，它的力学性能和化学性质仍很稳定。氮化硼易受水（水解）的影响，吸收了水分后，使其电阻率降低。因此氮化硼在清洗或真空焙烧后，应放在干燥的地方保存。

### 14.3.3　塑料

#### 14.3.3.1　聚四氟乙烯

聚四氟乙烯是四氟乙烯的聚合物，为白色或灰白色的物质。它是在高压下由三氯甲烷与氢氟酸聚合制成四氟乙烯（粉末），在370℃时，将得到的四氟乙烯粉末装模、烧结，产生一种坚韧的、非热塑性和非多孔性的树脂。聚四氟乙烯虽然大多是结晶体，但却没有熔点。它的塑性随温度升高而增加，而力学性能则急剧变坏。在温度高于327℃时，转变为非流动无定形的胶状物，在高于400℃时，聚四氟乙烯分解，放出有毒的挥发性氟化物气体。它的低温性能也很好，温度低于−80℃时仍能保持其韧性。

聚四氟乙烯具有优良的真空性能。它的渗透率很低，它在室温下的蒸气压和放气率都很低，比橡胶和其他塑料都要好。其25℃时的蒸气压为$10^{-4}$Pa，350℃时为$4\times10^{-3}$Pa。

聚四氟乙烯与其本身或与钢之间的摩擦系数很低，对钢的摩擦系数为0.02～0.1，可用作无油轴承材料，也可用于真空动密封。聚四氟乙烯的弹性和压缩性不如橡胶，而且在高负荷时趋于流动，甚至破裂。当加载高于3 MPa时，产生残余变形，加载到20 MPa左右时，会被压碎。因此聚四氟乙烯一般只用作带槽法兰的垫片材料，而且负荷不超过3.5MPa。

聚四氟乙烯具有良好的电绝缘性能。它的电阻率极高，电介质损耗很低。由于聚四氟乙烯不吸附和不吸收水蒸气（不吸水也不被水浸润），因此即使在100%的相对湿度下，表面电阻率仍很高。这一特性及其抗飞弧性，使得聚四氟乙烯特别适用于各种需要绝缘的场合。

聚四氟乙烯的化学性质十分稳定，这一点优于任何其他的弹性塑料材料。它与所有已知的酸和碱（包括三大强酸和氢氟酸）都不发生反应。聚四氟乙烯不会受潮，也不溶解于任何已知的溶剂（但能溶解于熔融的碱金属）。聚四氟乙烯不可燃、无毒，只有当加热温度高于400℃时，能放出有毒气体。由于聚四氟乙烯的性质不活泼，因此只能采用特殊的方法对它粘接。在粘接时应注意粘接剂的最高工作温度。

聚四氟乙烯能用普通的刀具进行高速切削加工。在聚四氟乙烯烧结成形时加入不同的添料（如石墨、玻璃纤维、铜粉等），可得到改性聚四氟乙烯，主要是改善其力学性能和热学性能。

在真空技术中，聚四氟乙烯可用作密封垫片、永久或移动的引入装置的密封、绝缘元件和低摩擦的运动元件等。聚四氟乙烯的应用温度范围为−80～200℃，其最高工作温度可达到250℃。

#### 14.3.3.2　聚乙烯和聚丙烯

聚乙烯和聚丙烯分别是乙烯和丙烯的热塑高分子聚合物。它们的特点是：性能稳定，在室温下几乎不受化学腐蚀。只是在温度较高时，才会受到气体或酸的氧化。但是在紫外线的照射下会增加这种氧化效应。卤素或有机酸能够扩散透过这些热塑材料或者被它们吸收，而且一些碳氢化合物（如四氯化碳和三氯乙烯）能够引起它们鼓胀。所以，尽管聚乙烯和聚丙烯的蒸气压在$10^{-7}$Pa范围内，但是由于它们的强度和工作温度的限制，使得这些材料在真空技术中的应用受到很大的限制。

### 14.3.4 炭（石墨）及炭纤维制品

14.3.4.1 炭（石墨）

真空技术中常用的炭是人工石墨。石墨的熔点高、蒸气压低、热导率高、导电性好、电子发射的逸出功高、热发射率高、化学性质稳定、刚度大、吸气性好和价格便宜。因而石墨可用作真空炉的加热器、镀膜及熔炼用的坩埚（缺点是熔融物会产生炭污染）、金属镀膜中的热屏蔽罩，以及电弧焊（炉）中的电极。炭还可以用于提高热发射率，同时抑制了二次电子的发射，如镍涂覆炭。炭的主要缺点是强度低、含气量大、去气困难、机械加工性差、焊接困难。

14.3.4.2 炭（石墨）纤维

炭纤维是1960年以来迅速发展的一种新材料。在真空技术中，它主要用于加热装置的电热体，绝热层和防腐耐热的环境中。它有着优异的电学、热学和力学性质。其纤维是一种比蜘蛛丝还细，比铝还轻，比不锈钢还耐腐蚀（耐大多数化学试剂腐蚀，仅对强氧化剂，例如铬酸盐等在高温下能起反应），比耐热钢还耐高温，又能像铜那样导电的新材料。

炭纤维的工作温度可达－180～3300℃。即使从3000℃冷却到室温也不炸裂。其织品是真空电炉中颇具优势的好材料。若将炭纤维加热到2000～3000℃，并让其受张力作用，即可成为含碳量大于99%的石墨纤维。其性能比炭纤维更佳。根据需要可织成布、带、管、绳等，与钨、钼、炭棒相比，辐射率高，发射率为钨的2倍。辐射面积大，热惯性小，导电率高，密度小（重量轻），在高温下不变形、熔点极高，易成形。其另一特点是受热时，在轴向是热胀冷缩，而且其线（膨）胀系数很低，比普通钢小几十倍，实际上近乎为零。

14.3.4.3 炭纤维-树脂复合材料（炭纤维增强塑料）

炭纤维-树脂基复合材料（炭纤维增强塑料），是以树脂为基体，用炭纤维增强的一种新型复合材料。作为基体材料的树脂，目前以环氧树脂、酚醛树脂和聚四氟乙烯树脂应用最广。作为增强材料，与玻璃纤维等增强材料相比，炭纤维具有高强度、高模量、断裂伸长小等特点，高强度炭纤维拉伸强度可达3500 MPa，而断裂伸长率为1%，并在2000℃以上高温，其强度和弹性模量保持不变。

炭纤维增强塑料还具有很高的比强度和比模量、耐疲劳、吸振、抗蠕变、线胀系数小、热导率大和耐水性好等特点。炭纤维增强塑料在真空工程中可用于制作轴承、密封圈、垫、齿轮等零件，具有耐磨、耐腐蚀、耐热、无需润滑等特点。

### 14.3.5 橡胶材料

橡胶大体上可分为以下两类：由天然乳胶制成的硫化橡胶、合成橡胶（包括丁基、氯丁、丁腈橡胶）以及硅酮橡胶、氟橡胶等。

14.3.5.1 天然橡胶

软橡胶是由天然橡胶制成的。通常是在橡胶中加入填料和添加剂并使之硬化和硫化而成。这种橡胶表面呈多孔状，放气量大（通常是$H_2$、碳氢化合物以及易挥发的气体）。它在室温下的蒸气压很高（$\approx 10^{-2}$Pa），它对大多数的气体（特别是$H_2$和$CO_2$）的渗透率也很高。天然橡胶（软橡胶）的力学性能和电性能在很大程度上取决于制备过程。

在真空技术中，软橡胶只限用于工作在室温或接近室温的连续抽空的粗、低真空系统。常用作垫片和胶管。

14.3.5.2 合成橡胶

真空合成橡胶按其性能分为普通、耐油、耐热等几种。其放气率和透气率显著低于普通软橡胶。

(1) 在低、高真空中广泛采用丁基、氯丁、丁腈等橡胶。丁腈、氯丁橡胶呈黑色，它的许多性质与天然橡胶相似，但其他性质比天然橡胶好，而且对油、油脂、阳光、臭氧以及温度变化等都有很好的耐性。它的工作温度范围在−20～80℃，在90～100℃时出现永久变形，在低于−20℃时弹性减弱。

氯丁橡胶在真空中易挥发，适用于低真空。丁基橡胶可用于$1.3\times10^{-5}$Pa的真空中，当真空度高于$1.3\times10^{-6}$Pa时，出现升华，其重量损失可达30%。丁腈橡胶的耐油性及其他各项性能均较完善，但在真空中的放气量和透气性比丁基橡胶大，适用于$1.3\times10^{-4}$Pa以下的真空密封。

(2) 氟橡胶（Viton-A）是一种耐热耐油性好、放气量小、透气性低的真空材料。适用于高真空和超高真空中。其工作温度为−10～200℃，甚至可以短时间在270℃的温度下工作。氟橡胶在高温、高真空下具有较小的出气率和极小的升华失重值，因而它的真空性能极好。氟橡胶与丁基橡胶相比，在保持相同弹性条件下，氟橡胶中放出的碳氢化合物气体（主要是丁烷）少得多，而且工作温度更高。在$1.3\times10^{-7}$Pa压力下氟橡胶因升华只减少重量的2%左右，并不影响密封。所以氟橡胶可用于$1.3\times10^{-7}\sim1.3\times10^{-8}$Pa的超高真空密封。由于氟橡胶是长链聚合物（分子量达60000），所以它对过氧化氢、氧、臭氧、许多溶剂油及润滑剂都不起反应。

(3) 硅酮橡胶是由纯二甲基二氯硅烷热解反应制成的合成高聚合物。它的蒸气压在室温时约为$1\times10^{-4}$Pa。与其他橡胶相比，硅橡胶具有以下优点：它的耐热耐低温性均好，它的工作温度范围从−80℃到320℃（很短时间的）以上，而且它能持续地承受180℃的高温。硅橡胶在电绝缘性、抗氧化性、抗臭氧性、抗紫外线辐射性等方面都优于其他橡胶。特别是有些类型的硅橡胶在整个工作温度范围内不产生永久变形，这种性质使得由硅橡胶制成的垫片和O形圈具有极好的重复使用性。

硅橡胶也有许多不及其他橡胶之处。尤其是在室温下，硅橡胶的抗撕裂和耐磨损能力相当差。另外，它的多孔性高于氯丁橡胶。所以虽然硅橡胶的蒸气压较低，但它的透气率却很高并能形成毛细泄漏，因而在使用硅橡胶密封的真空系统中，其极限真空度不能高于$10^{-3}$Pa。尽管硅橡胶有良好的耐油（尤其对矿物油）性，但是它不能耐酸碱，也不能用任何溶剂来清洗。清洗时，只能用中性洗涤剂清洗并需要彻底的冲洗。

#### 14.3.5.3　真空密封橡胶的选择

解决真空橡胶密封，除了要有正确的密封结构设计之外，合理选择密封材料是关键。橡胶的耐热性、压缩变形性、漏气率、气透性、出气率及升华失重等方面是影响真空密封的几个主要因素。

(1) 耐热性。在真空系统中，常常要对系统或元件进行去气，这往往要通过烘烤来完成。这样对橡胶密封件要求有一定的耐热性，以保证烘烤去气的顺利进行。一般烘烤温度在120℃以下和$10^{-5}$Pa的真空度下，可以采用丁基或丁腈橡胶；如果要求更高的烘烤温度，并且要求在超高真空环境中工作的，则需采用氟橡胶。

(2) 耐压缩变形性。在真空系统中，大量的真空密封件，都处于压缩状态下工作。为了使密封件具备密封的可靠性和保证有一定的密封寿命，真空密封橡胶应具有较小的压缩变形值(最后小于35%)，同时要求具有比较缓慢的压缩应力松弛速度（即压缩应力松弛系数较大），这样才能保证真空密封件具有较高的工作寿命。

(3) 漏气率。根据计算和经验，在真空系统中，当真空泵的抽气速率为8000 L/s时，要

维持 $5\times10^{-7}$Pa 的真空度，橡胶的漏气率不得大于 $5.25\times10^{-3}$Pa · $cm^3/s$ 。

(4) 气透性。不同橡胶在不同温度下对空气的气透性不同，这是由于它们的内部结构所决定的。丁基橡胶由于有甲基基团，因而气透性低。丁腈橡胶对于非极性气体渗透性低，也是由于它有腈基的极性基团的影响所致。因此，丁腈橡胶的丙烯腈含量越高，则其气透性越低。温度对橡胶的气透性影响很大，温度越高，气透性越大。另外，不同的气体在不同橡胶中的气透性也不一样。在同一气体中，气透性大小的顺序为：天然橡胶＞丁苯橡胶＞丁腈橡胶＞氯丁橡胶＞丁基橡胶。

(5) 出气率。橡胶出气率的定义为：在一定温度下，单位时间内橡胶单位面积上的出气量。真空密封中一般要求在 $10^{-4}\sim10^{-5}$ Pa · L/s。

根据实验数据，按照出气率的大小，可对各种橡胶作如下排列：氯醇橡胶＞乙烯基硅橡胶＞天然橡胶＞丁腈橡胶＞氯丁橡胶＞氟橡胶 。

(6) 橡胶的升华（失重）。橡胶在一定的真空度和温度下的失重叫升华。在真空密封中，要求密封材料的升华值要小。一般要求升华值小于 10%。使橡胶密封件在相应的真空系统中，能有一个相对稳定的关系，以保证维持既定的真空度。按真空升华值的大小，可对各种橡胶作如下排列：天然橡胶＞丁腈橡胶＞氯丁橡胶＞氯醇橡胶＞乙烯基硅橡胶＞氟橡胶。

在高真空系统中，橡胶密封元件对真空系统极限压力的主要影响因素是材料的漏气率和出气率。

### 14.3.6 辅助密封材料

真空辅助密封材料主要依据真空密封的部位和真空度不同分为封蜡、封脂、封泥和封漆等。

#### 14.3.6.1 真空封蜡

真空封蜡是由沥青、虫胶、蜂胶等有机物制成的，用于可拆卸但不可动处的接头处密封或填封小漏孔等。真空封蜡的软化温度为 50～100℃，使用时加热软化涂于漏处，其饱和蒸气压在 $1.3\times10^{-4}$Pa 以下。商品封蜡有 20 号、50 号、80 号几种，标号越大其黏度越大。

#### 14.3.6.2 真空封脂

真空封脂主要用于真空系统的磨口、活栓及活动连接处的密封和润滑，是一种脂膏状物质。一般真空脂的工作温度较低，真空脂的使用温度范围是由其黏度来决定的。黏度也是真空脂的一个很重要的参数。油脂的黏度一般不应太大，以保证密封件能自由运动。但如果黏度过低，又会造成油脂在外界大气压力的作用下而漏进真空系统中。所以真空脂的选用应依照使用场合、工作温度等情况综合考虑，如冬季室温可选用软而黏度小的油脂；夏季室温可选用硬而黏度大的油脂；工作温度较高时应选用 4 号脂为宜。在使用时油脂应涂得少而匀，以免污染系统。

#### 14.3.6.3 真空封泥

真空封泥是由高黏度低蒸气压的石蜡与高岭土为主要原料混合而成的一种油泥。其可塑性好，易成形。它的饱和蒸气压不大于 $6.6\times10^{-2}$Pa，使用温度在 35℃以下。适于低真空系统略有振动且经常拆卸的部位，或临时密封用。真空封泥对金属和非金属均有很好的附着力。

#### 14.3.6.4 真空漆

真空漆的饱和蒸气压较低（约 $1\times10^{-4}$Pa），在干燥和硬化后能承受 200℃以下的温度，同时还具有良好的抗腐蚀能力。真空漆（如紫漆和甘酞树脂漆）可刷涂或喷涂于零件表面及焊缝的微小漏隙处，用来堵漏或防止 $H_2$ 渗入金属器壁中。使用中应注意的是，不能在系统处于真空状态时进行漆的涂刷，以免被大气压入系统中。

### 14.3.7　吸气剂与吸附剂

#### 14.3.7.1　吸气剂

吸气剂大量应用于真空电子器件中，它对器件的性能及使用寿命有重要的影响：(1) 在器件的排气封离后和老炼过程中消除残余的和重新释放的气体；(2) 在器件的储存和工作期间维持一定的真空度；(3) 吸收器件在工作中所激发释放的气体。由于吸气剂在电真空器件放气、漏气时吸收气体，为器件创造了良好的工作环境，因而大大延长了器件的寿命，稳定了器件的特性参量。另外，吸气剂的用途在不断扩大，如用于太阳能集热管等真空器件和制成各类吸气剂泵，应用到科研及工业中去。

在真空中所用的吸气剂一般分蒸散型和非蒸散型两类，后者又发展制成吸气剂泵（如锆铝吸气泵等）。

A　蒸散型吸气剂

蒸散型吸气剂也称为扩散型或闪烧型，主要用于电真空器件和微小真空容器的真空保持。蒸散型吸气剂主要由钙、镁、锶、钡等ⅡA族元素及其合金组成，其中以钡类吸气剂用得最多。目前常用的主要有钡铝合金（$BaAl_4$）吸气剂，用于显像管等器件中的吸气剂。

蒸散型吸气剂又可分为两类：吸热型吸气剂和放热型吸气剂。

吸热型吸气剂对温度的依存性强，蒸散温度较高（一般需加热到1040℃以上），需要吸收大量热才能蒸散，蒸散重复性差，因而现在已不大使用了。

放热型吸气剂克服了吸热型吸气剂的缺点，在钡铝合金或钡化合物中加入各种添加剂，如镍、铁、钛、钍等粉末。这样，在吸气剂激活蒸散时放出大量的热，降低了蒸散吸气剂的温度，蒸散重复性好。目前常用的放热型吸气剂包括以下几种：

(1) 钡钍吸气剂。当吸气剂加热至800℃时，钍还原 $Fe_2O_3$ 并放出大量热，从而迅速升温使 Ba 蒸发。此外，钍又与铝形成合金，可防止铝蒸发引起遮蔽作用。这类吸气剂吸气性能较好，但缺点是，机械强度差，蒸散后易掉粉，因含有氧化铁，放气量较大，而且钍有放射性，目前多用钛来取代。

(2) 钡钛吸气剂。钛与铝形成稳定的合金，提高了吸气剂的机械强度。钛与钍一样，高温下都有良好的吸气特性。现国内各类功率发射管、振荡管、摄像管中多用钡钛吸气剂。

(3) 钡铝镍吸气剂。为了克服氧化铁放气量大的缺点，改用 Ni 粉作添加剂制成钡铝镍吸气剂。Ni 与 Al 形成稳定合金，阻止了 Al 的蒸发。目前，它已经作为钡钍、钡钛的替代产品用于中小型、超小型真空容器及电子器件中。

蒸散型吸气剂存在如下缺点，使得它的应用具有局限性：(1) 高电压器件不适用；(2) 因为 Ba 膜会与汞及卤素反应形成汞齐等化合物，使 Ba 膜活性破坏，因此，充有汞、氮或卤素的器件，如钠灯、金属卤化物管、汞灯等器件不宜采用蒸散型吸气剂；(3) 怕漏电和怕引入寄生电容的器件以及工作温度高的器件等均不能用蒸散型吸气剂；(4) 器件体积很小，无合适的蒸散沉膜表面或缺少沉积 Ba 膜的足够空间的器件；(5) 禁忌 Ba 膜引起遮光效应的器件，如照明灯泡等。

B　非蒸散型吸气剂

非蒸散型吸气剂是体积型的吸气剂（涂层型），主要由ⅣB族过渡元素锆、钛、钍、钽等及合金组成。它们又分为单质体积型、合金体积型、大比表面积型3种，适于应用在不能使用蒸散型钡膜吸气剂的场合。

单质型包括锆、钛、钍、钽等物质，把它们做成线、条粉状放于器件的栅、阳极等处高温吸气（一般工作温度为600℃），但是在低温下它们不吸气。

合金型包括锆铝、锆硅、锆镍、锆石墨、锆钛等吸气剂，它们具有体效应吸气特性。

（1）锆铝合金吸气剂。Zr-Al吸气剂具有多孔隙的结晶结构，对氢有较好的抽气能力。其中常用的有Zr-Al16，它在大气中很稳定，且具有低温吸气性能，弥补了单质型的不足。一般把它制成环状、片状、带状等用于功率管、磁控管、真空继电器、气体激光器等器件。Zr-Al吸气剂在使用前需要在高真空条件下进行激活，其目的在于：第一，使晶格结构产生有利于吸气的改变，因为不同的金相结构呈现出不同的表面活性及扩散特性；第二，恢复吸气剂表面的活性。高真空条件下加热可使吸气剂表面吸附的气体脱附，同时使表面、表层内的气体及气体与金属的反应生成物迅速地向体内扩散。另外，一旦吸气剂暴露大气或吸气量达到饱和时（吸气速率下降到初始值的80%时的吸气量），也必须重新激活。Zr-Al16吸气剂的最佳激活参数为在1000℃温度下，加热30s。但是在使用Ni舟或Ni压结带时，激活温度不宜大于900℃。实际应用表明，Zr-Al16如长时间在高温下工作（例如，800℃，6h），吸气性能也会下降，这种现象称为老化效应，必须通过重新激活才能恢复。锆铝吸气剂经过激活后，吸气速率会迅速上升，但是经过反复激活和反复吸气后，吸气速率的总趋势是逐渐下降的。一般Zr-Al16允许反复激活的次数在20次左右，其吸气总量为各次饱和吸气量之和。

（2）锆石墨吸气剂。锆石墨（Zr-C）吸气剂是用细颗粒单质吸气剂物质制成的具有大活性表面的吸气剂，属于大面积体积型吸气剂。它以Zr粉为活性元素，掺以石墨高温烧结而成，具有很大的活性表面积（孔度约占体积的50%）。

Zr-C吸气剂的典型结构有两种：高频加热环状结构和通电加热筒状结构。与气体非蒸散型吸气剂一样，Zr-C吸气剂工作前必须激活以除去烧结后暴露空气时形成的吸附层，而且可以多次激活来吸气。其激活温度和时间可按器件工作条件进行选择，温度一般可选用800～900℃，时间为几分钟。Zr-C吸气剂的吸气温度对吸气速率的影响很小。Zr-C吸气剂在室温下具有吸收活性气体的良好性能，要远好于Zr，甚至比蒸散型纯钡膜吸气性能还好。但是由于在高温（不小于400℃）时，吸附气体在吸气剂中以体扩散为主，活性表面积和孔度的作用显得不很重要，因此它的高温吸气性能不如Zr-Al16，但是它在高温（500℃）时却能很好地吸附甲烷等碳氢化合物。

在真空电子器件中，对那些体积受限制的器件、不使用热丝的无源器件、生产排气周期长的器件、不希望有碳氢化合物集聚的器件以及使用钡类吸气剂使绝缘性能变差，产生打火击穿造成废品多的器件等，均应考虑使用锆石墨吸气剂。目前已在X光管、图像转换器、摄像管、磁控管、静电悬浮陀螺仪、心脏起搏器等装置中广为使用。

（3）锆镍吸气剂。锆镍（Zr-Ni）吸气剂是一种选择性吸氢吸气剂，其性能优于过氧化钡和锆铝吸气剂。Zr-Ni吸气剂的突出优点是无须激活，工作温度范围宽。

吸气剂的吸氢速率决定于$H_2$在吸气剂表面的离解度，由于Ni的吸氢能力比吸氮能力更强，Ni的催化作用使$H_2$在吸气剂表面上容易离解，随后被Zr吸收，所用Zr-Ni吸气剂可以优先吸氢，对氢的吸气性能优于纯Zr和Zr-Al16。

#### 14.3.7.2 吸附剂

吸附剂与吸气剂相反，它是在低温下具有良好的吸气性能，温度升高时要解吸放气。这类吸附剂常用于冷吸附泵、阱用物理吸附剂。常用的有：活性炭、活性氧化铝、硅胶、分子筛等。

A　分子筛

分子筛是一种人工合成的吸附剂，其原粉一般为白色晶体粉末，其粒度范围为 1～10μm。分子筛内部含有大量的水分，当加热到一定温度脱除水分后，其晶体结构保持不变，同时形成许多与外部相通的均匀的微孔。当气体分子直径比此微孔孔径小时，可以进入孔的内部，从而使某些分子大小不同的物质分开，起到筛分的作用，所以称之为分子筛。

根据化学组成和结构的不同，分子筛有许多种。分子筛的容积大约有一半是空腔（晶穴）。小于晶孔直径的气体分子即可通过晶孔而吸附于晶穴的内表面。其巨大的内表面积决定了分子筛能大量吸气的特性。5A 型分子筛的内表面积为 $585m^2/g$，13X 型分子筛内表面积为 $520m^2/g$。因此 5A 型的吸气能力要比 13X 型略强些。在液态氮温度下，分子筛吸附的气体体积为其自身体积的 50～110 倍。

分子筛对气体的吸附是物理吸附，过程是可逆的。低温下吸附的气体，在温度回升时将如数地释放出来。但这种释放是缓慢的，并不是回升到一定温度就能迅速地全部放出。

由于分子筛晶体是离子型的，它对气体的吸附能力与气体分子的极性有关。例如，对于极性强的水分子，它就有极强的吸附能力，而对惰性气体的吸附能力就很弱。因此，对于混合气体，分子筛能先吸附某些气体。分子筛吸附了某些气体以后，对其他气体的吸附能力就大为减弱了。

分子筛具有很高的热稳定性，在 700℃以下保持不破坏其晶格和性能。它有 2000 次以上的重复再生性能。再生方法有两种：一种是在常压下，加热（550±10)℃，恒温 2h，自然冷却到室温；另一种是在真空度为 $1\sim10^{-1}$Pa，加热（350±10)℃，恒温 3～4h，自然冷却到室温。

B　硅胶（$SiO_2$）

硅胶是一种无毒、无臭、无腐蚀性的多孔结晶体物质，不溶于水，可溶于苛性钠溶液。硅胶的孔隙率可达到 70%，平均孔径为 $4\times10^{-7}$cm，平均密度约 $650kg/m^3$，吸湿能力可达其质量的 30%。硅胶又有原色硅胶和变色硅胶之分。变色硅胶吸湿后其颜色将变成红色，由于价格比原色硅胶高，因此用它作原色硅胶吸湿指示剂，当其颜色变红以后，说明吸湿已饱和。即可拿去再生。可以通过再生处理后再重复使用，它们的吸气过程是物理作用。再生是用 150～180℃的热空气加热。再生后的硅胶仍能继续使用，但其吸气能力有所下降，所以，使用时间长了，应更换新硅胶。

## 14.4　真空卫生

### 14.4.1　材料表面常见的污染形式

在工业生产和社会生活过程中，将会产生大量的热、湿、尘埃、有害气体和蒸汽等。这些有害物质都会对由于处理和存放不当的真空材料表面造成污染。清洁材料表面最常见的有害污染物是尘埃、碳氢化物、氯化物、硫化物和氟化物。表面污染就其物理状态来看可以是气体，也可以是液体或固体，它们以膜或散粒形式存在。吸附现象、化学反应、浸析和干燥过程、机械处理以及扩散和离析过程都使各种成分的表面污染物增加。

比较常见的真空材料表面上的污染物具体有以下几种类型：

（1）环境空气中的尘埃和抛光残渣及其他有机物等；

（2）水基类：操作时的手汗、吹气时的水汽、唾液等；

（3）表面氧化物：材料长期放置在空气中或放置在潮湿空气中所形成的表面氧化物；

（4）酸、碱、盐类物质：清洗时的残余物质、手汗、水中的矿物质等；

(5) 油脂：加工、装配、操作时沾染上的润滑剂、切削液、真空油脂等。

碳氢化物也是重要的污染源，碳氢化物和氯化物的重要来源是操作人员手上的汗液。汗液的主要成分是水（98%～99%），其中主要溶解物是氯化钠、氯化钙、硫酸盐、碳酸盐、尿素、氨基酸和其他有机物。碳氢化物在热表面（如电极）上分解后，碳残留物将使材料表面发灰。当电子轰击碳氢化物污染层时，复杂的碳氢化物分子被裂解成若干种小的气体分子，于是气相中的离子猛增，造成过量的离子轰击阴极和其他低电位电极，加速了物质迁移过程。碳氢化物在表面上的吸附强度，一般取决于它的化学成分和吸附剂的表面状态。如果碳氢化物与金属反应生成对表面有弱吸附键的化合物，则迁移速率将显著增加。

硫也极易与几乎所有金属结合而形成硫酸盐和硫化物。零部件表面在与清洗液、润滑油和乳胶等物质的接触中就会被这些化合物污染。工业城市的空气中含有 0.08～0.20 $mg/m^3$ 的 $SO_2$，它能被零件吸附。

各种金属的硫酸盐和硫化物的化学稳定性相差很大。不稳定的硫化物在较低温度下就能升华或分解，尤其是其中的黑色硫化物，化学稳定性较差，会使电真空器件的阴极发灰。

### 14.4.2 材料表面净化

表面净化定义为在真空工艺进行前，先从工件或系统材料表面清除所不期望的物质的过程。净化处理的目的是为了改进真空系统中所有器壁和其他组件表面在各工作条件下的工作稳定性。这些工作条件包括高温、低温以及电子、离子、光子或重粒子的发射和轰击。

净化处理后要求得到的表面，可分为原子级清洁表面和工艺技术上的清洁表面两类。

原子级清洁表面仅能在超高真空下实现。它需要在严格控制的环境条件下进行，一般通过较长的时间过程，采用如加热、粒子轰击、溅射、气体反应等技术手段在特定的表面区域获得原子级清洁表面。通常的实际应用一般并不要求获得原子级清洁表面，仅要求工艺技术上的清洁或较好的表面质量，即保证所有的表面尽可能没有微观结构物质，并且使净化处理后表面的各种分子约束得更紧密，在基体相上没有明显的化学物质。

一般情况下，在一切需要使用溶剂的清洗净化工作都不能在真空中进行。如果在真空中进行净化处理（通常采用加热、轰击等手段），那么净化处理通常是在真空工艺系统内部进行的（如镀膜室、分析室等）。

### 14.4.3 表面净化处理的基本方法

#### 14.4.3.1 溶剂清洗

用溶剂清洗是一种应用最普遍的方法。在该方法中使用的各种清洗液可分为：

(1) 软化水或含水系统：如含洗涤剂的水、稀酸或碱；

(2) 无水有机溶剂：如乙醇、乙二醇、异丙醇、甲酮、丙酮等；

(3) 石油分馏物、氯化或氟化碳氢化物；

(4) 乳状液或溶剂蒸气；

(5) 金属清洗剂（市售商品）：这种清洗剂分为酸性、碱性和中性偏碱三类。其用途分别为：1) 酸性：多用于清洗氧化物、锈和腐蚀物；2) 碱性：含有表面活性剂，用于清除轻质油污；3) 中性偏碱：可避免酸碱对表面的损伤。

所采用的溶剂类型取决于污染物的本质。例如：表面上的动植物类油可用碱溶液化学去油；矿物油类可用有机溶剂去除。但实际上两类油脂经常同时存在，所以在清洗时往往需要先后采用数种不同的溶剂。

14.4.3.2 超声波清洗

超声波清洗提供了一种清除较强粘附污染的技术方法。这种清洗工艺可产生很强的物理清洗作用，因而是振松与表面强粘合污染物的非常有效的技术。在超声清洗工艺中，可以根据污染物种类的不同，选择纯水、有机溶剂清洗液或无机酸性、碱性和中性清洗液作为清洗介质。为了强化清洗效果，有时还在清洗液中加入金刚砂研磨剂。清洗液可按以下原则选取：(1) 表面张力小；(2) 对声波的衰减小；(3) 对油脂的溶解能力大；(4) 无毒、无害物质。

超声波清洗设备由超声波发生器（换能器）和清洗槽组成。超声清洗是在盛有清洗液的不锈钢槽中进行的，清洗槽底部或侧壁装有换能器，这些换能器将输入的电振荡转换成机械振动输出。清洗用超声波的工作频率一般在 20～40kHz 之间，常用的工作频率为 4～10MHz。

超声波清洗主要是利用超声空隙作用达到清洗目的。由于弹性介质的机械振动，超声波在清洗介质中传播时使介质质点产生相互交替的疏密的分布变化，介质中的压力也交替变化。介质液体在稀疏处受到拉力而形成大量瞬时的空隙气泡，介质液体在稠密处受到压力使气泡闭合，由于振动的频率很高，压密和拉疏过程在极快地变动，使得大量空隙气泡在瞬间破碎，产生很强的爆破冲击波，波谱为连续谱加上离散谱。这种由小的内向爆裂气泡所产生的瞬时压力可大到几个大气压甚至几十个大气压。正是利用这个巨大的瞬时压力产生的强大冲击力量及气泡瞬时闭合所产生的局部高温作用，破坏工件表面的油膜等污染物，使之脱离表面被冲落到清洗溶液中，从而使工件表面达到净化。

由于声波本身具有能进入复杂构造异形孔道的特点，所以超声波清洗可以清除复杂有孔零件内部的污染物，这是一般清洗方法所无法实现的。

14.4.3.3 蒸气脱脂清洗

蒸气脱脂主要适用于清除基片表面油脂膜和类脂膜等碳氢化物，对于带有牢固附着污染物和污染得很严重的基片，当用擦洗和浸洗或超声波清洗方法清洗以后，再用蒸气清洗会得到很好的清洗效果。这种方法经常用于玻璃的清洗工序的最后一步。蒸气脱脂工艺的清洗液可以是异丙基乙醇、三氯乙烯或某种氟化的碳水化合物。溶剂被加热蒸发，形成热的高密度蒸气。

蒸气脱脂清洗操作方法简单。可大批量清洗，是得到高质量清洁表面的好方法。其清洗效率可用测定摩擦系数的方法来检验。另外还有暗场检验、接触角和薄膜附着力测量等方法，这些值越高，表面清洁得越好。

14.4.3.4 电解侵蚀清洗处理

采用电解侵蚀方法可以缩短侵蚀时间及减少溶液的消耗，并可以得到化学侵蚀所不易得到的侵蚀效果。如不锈钢采用化学侵蚀方法，需用强硝酸和盐酸侵蚀，所产生的气体对人体有害，而用电解侵蚀则用弱酸即可。

电解侵蚀分为阳极侵蚀和阴极侵蚀两种。阳极侵蚀是将被清洗的金属零件放在某种溶液中，并将零件接在电源的正极，阴极板材料可用铅、钢或铁。电解时在阳极产生氧气，由于受氧气气泡的机械冲击作用从而将氧化物剥离。侵蚀通常在室温下进行，也可加热至 50～60℃，侵蚀时间需根据工件表面状况而定。阴极侵蚀是把工件接至阴极，用铅、铅锑合金或硅铁作阳极。侵蚀时在阴极上产生氢气将氧化物还原并消除氧化层。同时也由于氢气逸出时的机械力量使氧化层脱落。

电解侵蚀常用的是阳极侵蚀法。阳极侵蚀法需注意侵蚀过度及侵蚀不均匀的问题，尤其是形状复杂的零件。阴极侵蚀不会产生过度侵蚀，但零件容易产生渗氢发脆现象。电解侵蚀的效果取决于金属表面氧化层的状态，如果氧化层厚且密集，则电解侵蚀较难去除，疏松而多孔的氧化层则容易去除。在其他条件相同的情况下，调节电解侵蚀中的电流大小，就可以调节侵蚀的强弱。得到不同光洁度的表面。

电解侵蚀所用的电源电压通常为2～12V，极间距离为50～150mm。可通过调节电压和极间距离来达到去除金属表面氧化层的目的。

如果用电解侵蚀方法去油，则效率比化学去油高好几倍。可以用碱液作为电解液，电源可用交流或直流。直流电解的去油速率比交流快。电解去油的原理是：电解时在作为零件的电极上剧烈地产生气泡（阳极产生氧气，阴极产生氢气），零件上附着的油脂薄层因受气泡机械力的冲击而破坏，同时油脂亦和碱液起皂化和乳化作用，加速了去油过程。如用直流电源进行电解去油时，常把被清洗的零件接至阴极。

14.4.3.5 加热和辐照清洗

将工件放置于常压或真空中加热，促使其表面上的挥发杂质蒸发来达到清洗的目的。这种方法的清洗效果与工件的环境压力、在真空中保留时间的长短、加热温度、污染物的类型及工件材料有关。其原理是加热工件，促使其表面吸附的水分子和各种碳氢化合物分子的解吸作用增强。解吸增强的程度与温度有关。在超高真空下，为了得到原子级清洁表面，加热温度必须高于450℃才行。

对在较高温度的衬底上淀积膜的情况（制备特殊性质的膜），加热清洗方法特别有效。

一种新的清洁表面的技术，是利用紫外辐照来分解表面上的碳氢化合物。例如，在空气中照射15h就可产生清洁的玻璃表面。如果把适当预清洗的表面放在一个产生臭氧的紫外线源中，要不了1min就可以形成清洁表面（工艺清洁）。这表明臭氧的存在增加了清洁速率。其清洗机理是：在紫外线照射下，污物分子受激并离解，而臭氧的生成和存在产生高活性的原子态氧。受激的污物分子和由污物离解产生的自由基与原子态氧作用，形成较简单易挥发分子，如$H_2O$、$CO_2$和$N_2$。其反应速率随温度的升高而增加。

### 14.4.4 放电清洗

这种清洗方法在高真空、超高真空系统的清洗除气中应用得非常广泛，尤其是在真空镀膜设备中用得最多。

利用热丝或电极作为电子源，在其上相对于待清洗的表面加负偏压可以实现电子轰击的气体解吸及某些碳氢化合物的去除。清洗效果取决于电极材料、几何形状及其与表面的关系，即取决于单位表面积上的电子数和电子能量，从而取决于有效电功率。

在真空室中充入适当分压力的惰性气体（典型的如Ar气），利用两个适当的电极间的低压下的辉光放电产生的离子轰击来达到清洗的目的。该方法中，惰性气体被离化并轰击真空室内壁、真空室内的其他结构件及被镀基片，它可以使某些真空系统免除被高温烘烤。如果在充入的气体中加入10%的氧气，对某些碳氢化合物可以获得更好的清洗效果，因为氧气可以使某些碳氢化合物氧化生成易挥发性气体而容易被真空系统排除。

不锈钢高真空和超高真空容器表面上杂质的主要成分是碳和碳氢化合物。一般情况下，其中的碳不能单独挥发，经化学清洗后，需要引入Ar或$Ar + O_2$混合气体进行辉光放电清洗，使表面上的杂质和由于化学作用被束缚在表面上的气体得到清除。

在辉光放电清洗中，最重要的参数是外加电压的类型（交流或直流）、放电电压大小、电流密度、充入气体种类和压力、轰击的持续时间、电极的形状和排列以及待清洗的部件的材料和位置等。放电电极可用纯铝（一般纯度在99.9%以上）棒，放电电压在500～5000V之间，放电时的气体压力可在1～10Pa之间。

### 14.4.5 气体（氮气）冲洗

氮气在材料表面吸附时，由于吸附热小，因而吸留表面时间极短。即便吸附在器壁上，也很容易被抽走。利用氮气的这种性质冲洗真空系统，可以大大缩短系统的抽气时间。如真空镀膜机在放入大气之前，先用干燥氮气充入真空室冲刷一下再充入大气，则下一抽气循环的抽气时间可缩短近一半。其原因为氮分子的吸附能远比水气分子小，在真空下充入氮气后，氮分子先被真空室壁吸附了。由于吸附位是一定的，先被氮分子占满了，其吸附的水分子就很少了，因而使抽气时间缩短了。

如果系统被扩散泵油喷溅污染了，还可以利用氮气冲洗法来清洗被污染的系统。一般是一边对系统进行烘烤加热，一边用氮气冲洗系统，可将油污染消除。

### 14.4.6 非金属材料的清洗

14.4.6.1 玻璃陶瓷的清洗

玻璃及陶瓷件最常用的清洗方法是溶剂清洗法。

玻璃陶瓷部件的预清洗，通常由在清洗液中浸泡清洗开始，并辅以刷洗、擦拭或超声波搅动，然后用去离子水（软化纯净水）或无水乙醇（酒精）冲洗。重要的是，当清洗后的部件干燥时，不允许溶液沉淀物留在部件表面上，因为去除沉淀物常常是困难的。对于表面清洁度要求很高的玻璃陶瓷部件，最后要在真空环境中进行烘烤加热处理、等离子辉光放电处理等方法。

14.4.6.2 塑料与橡胶的清洗

(1) 有机玻璃及塑料的清洗。

有机玻璃和塑料的清洁需要特殊的技术处理，因为它们的热稳定和机械稳定性都低。低分子量碎粒、表面油脂、手汗指纹等，都可覆盖有机玻璃表面。

大多数污染物可以用含水的洗涤剂洗掉，或者用其他的溶剂清除。应注意的是，用洗涤剂或溶剂清洗的时间不能过长，以免它们被吸附到聚合物结构中，促使其膨胀，并可能在干燥时开裂。因此，在清洗中应尽可能伴以软性液体浸泡和冲洗。

另外，恰当的辉光放电轰击及辐射处理对塑料和有机玻璃的表面有好处，这种处理除了使表面产生微观粗糙外，还可以引起表面的化学活化作用和交联。特别是交联作用对表面有利，它增加了聚合物的表面强度，减少有害的低分子量成分的量。

(2) 橡胶材料的清洗。

真空橡胶一般不受稀酸溶液、碱溶液和酒精的腐蚀，但会受到硝酸、盐酸、丙酮以及电子轰击的严重损害。所以真空橡胶件一般可用无水乙醇清洗，然后放在干净处自然干燥。如果油污较重或部件体积较大，则可在20%的氢氧化钠溶液中煮 30～60min ，取出后用自来水冲洗，然后再用去离子水（或蒸馏水）冲洗，最后用洁净的空气吹干或烘干。

### 14.4.7 清洗的基本程序

14.4.7.1 污染物的确定

清洗前了解和确定被清洗基体表面污染物的性质是清洗工艺中的第一步。根据污染物和基体的性质，确定采用哪种清洗方法，或采用多种方法进行多级清洗，以达到最佳清洗效果。

14.4.7.2 清洗方法的确定

材料表面清洗可以用各种方法完成，每一种方法都有其适用范围。其中溶剂清洗的适用范围较大，但是在许多情况下，特别是对某种真空工艺来说，当溶剂本身就是污染物时，它就不适用了。另外，多数有机溶剂都不适于用在超高真空系统中，在超高真空系统中，最后的冲洗液的合理选择以高纯水为佳。因为，水可以从系统的器壁上迅速地放气，并且很容易被泵抽走。加热清洗在待清洗材料表面所能承受的温度极限内是有效的。辉光放电清洗（等离子体）方法则在污染物的粘合强度超过系统温度极限的情况下适用。从微观上，等离子体（放电）的能量可远超过系统加热得到的能量，但因其热通量低，所以并不破坏清洗表面。

14.4.7.3 清洗溶剂的选择

在溶剂清洗方法中，可根据被清洗材料及污染物的性质来选择合适、有效的清洗剂和溶剂是溶剂清洗方法中的一个关键。

清洗溶剂常常是彼此不相容的，所以在使用另一种清洗液前，必须先从表面上完全清除这一种清洗液。在清洗过程中，清洗液的顺序必须是化学上相容的和可溶混的，而且在各阶段都没有沉淀。

### 14.4.8 清洗程序及注意事项

不管用何种清洗方法，清洗时必须按一定的顺序进行操作。但是同一种清洗方法的清洗程序也并不一定相同。要根据达到的清洁等级程度来确定具体的清洗程序。对批量处理，可建立流程图。

必须注意一些特殊步骤的处理。例如：当清洗中，由酸性溶液改为碱性溶液，其间需要用纯水冲洗，由含水溶液换成有机液时，总是需要用一种溶混的助溶剂（如无水乙醇、丙酮等脱水剂）进行中间处理。清洗程序的最后一步必须小心完成，最后所用的冲洗液必须尽可能的纯，通常它应该是易挥发的。最后需注意的是，已清洁的表面不要放置在无保护处，如果清洗后的零件再次受到污染，清洗就失去了意义。

### 14.4.9 清洁零件的存放

已净化的零部件必须妥善存放，否则有重新污染的危险。清洁的零件经过在大气中很短时间的放置，表面便会形成几纳米厚的氧化膜。例如，新清洗的 Fe 表面在室温空气中放置 10min 即覆盖一层 2nm 厚的氧化膜；在 200℃ 会形成由 $\gamma$-$Fe_2O_3$ 和 $Fe_3O_4$ 组成的数十纳米厚的氧化膜；在潮湿环境中会形成多孔性的锈层（$\gamma$-$Fe_2O_3$-$H_2O$ 或 $2FeO(OH)$）。

氧化膜增生的速度与环境条件有关。若环境温度低于 40℃ 并且不存在腐蚀性成分（如 $SO_2$、酸蒸气、氯化物等），则膜厚增长较慢，反之氧化膜的厚度随温度升高而迅速增加，当存在腐蚀性气体时，严重时甚至出现各种氧化色。肉眼可看出颜色的氧化膜厚度一般在 50nm 以上。肉眼看不出的薄氧化膜危害更大，例如，影响焊料的流散和浸润，使焊缝内出现孔隙造成慢漏等。氧化膜在电子轰击下很容易分解，而且疏松的氧化膜含有大量微孔，能使表面吸附容量增大几十到几百倍。

空气中悬浮的尘埃和微粒，无论是有机的或无机的，通常均包有一层油脂物膜，极易吸附在清洁零件上造成污染。要完全避免清洁零件形成吸附层和氧化膜是不可能的。零件存放的主要要求，就在于避免外来杂质污染和减慢氧化膜的生长速度。这要求严格工艺环境卫生，尽可能减少零件暴露大气的时间和采用合适的贮存容器。

贮存容器必须与贮存的零件一样清洁。这对要求超清洁的零件尤为重要。通常使用的依靠涂油磨砂面密封的玻璃真空干燥瓶很不可靠，易受油蒸气污染而且难清洗。聚苯乙烯、聚乙烯容器也不宜使用，因为它们在室温下就会放出许多由复杂有机物组成的气态物质，放出速率约

为 $10^{-3}\,cm^3 \cdot Pa/(cm^2 \cdot s)$。不难算出，在容积为 3L、表面积 $1200cm^2$ 的这种容器内，有机蒸气分压 1h 内便可达到 1Pa 左右。这样，零件表面将覆盖上一到几个有机物分子层。虽然膜层附着不很牢，在真空中加热 100℃即迅速挥发，但仍可能有难排除的化学物质残留下来。

抽真空的清洁玻璃管适于存放易氧化和多孔性的材料，如消气剂、瓷件等。但须注意防止玻璃熔封时放出的气体及其他杂质的污染，可以在玻管内放上一只清洁的细丝金属塞作为滤污器。

对于清洁零件来说，较好的存放容器是带有耐热密封垫、易清洗并可加热到 200～300℃的搪瓷、玻璃或铝制器皿。容器内充入干燥氮气或放置活性炭、硅胶、活性氧化铝之类的吸附剂，可减缓零件氧化速度，延长存放时间。吸附剂在使用前需高温活化，在使用过程中应定期加热再生。

用机械真空泵抽气的真空贮存柜，常受到泵油蒸气的严重污染。在泵口装置带旁通管道的吸附阱，并定期更换吸附剂，可使污染大大降低。对于器件内靠近阴极或可能受到电子轰击的零件以及焊接件，要像对待阴极一样地严格保持清洁。

已净化的零件严禁用手触摸，否则会造成严重污染使出气量大大增加。因为任何金属表面层微观上都是凹凸不平的，氧化作用使它变得疏松。烧氢或真空高温除气不但赶走了其中的气体，也改变了表面层的结构。当用手触摸时，手上的油腻汗液等便以毛细凝缩方式吸附在孔穴中，使脱附能显著增大。在高温真空中，这些污物又逸出孔穴并在表面分解，从而产生大量气体和有机杂质。

# 15 真空系统的设计计算

## 15.1 气体负荷的计算

### 15.1.1 真空室内的总气体负荷

在真空室中，总的气体负荷为

$$Q = Q_l + Q_f + Q_s + Q_g + Q_a \tag{15-1}$$

式中 $Q_l$——真空室中的漏气流量，Pa·L/s；

$Q_f$——真空室中各种材料表面解吸释放出来的气体流量，Pa·L/s；

$Q_s$——真空室外大气通过器壁材料渗透到真空室内的气体流量，Pa·L/s；

$Q_g$——工艺过程中真空室内产生的气体流量，Pa·L/s；

$Q_a$——真空室内存在的大气量。

### 15.1.2 漏气流量的计算

大气通过各种真空密封的连接处和各种漏隙通道泄漏进入真空室的漏气流量 $Q_l$，对于确定的真空装置，漏气流量 $Q_l$ 是个常数。

漏气流量 $Q_l$ 是由焊缝及各种密封结构的非气密性引起的。设计时，可以根据真空设备的极限压力，以及大气组分对设备性能的要求，对 $Q_l$ 提出适宜的要求，直接给出允许的漏气流量。表 15-1 给出了不同真空装置允许的漏气流量值，供设计参考。对于一般无特殊要求的真空系统，可选取 $Q_l = \frac{1}{10}Q_g$，但对极限压力要求较高的真空系统，$Q_l$ 不能按此值定。漏气流量 $Q_l$ 通常采用真空室内允许的压力增长率（压升率）$p_{ys}$ 来计算

$$Q_l = p_{ys} \cdot V = p_{ys} \cdot V/3600 \quad (\text{Pa} \cdot \text{L/s}) \tag{15-2}$$

式中 $p_{ys}$——压升率，$p_{ys} = \frac{\Delta p}{\Delta t}$，Pa/h；

$V$——真空室的容积，L。

表 15-1 真空装置允许漏量

| 装 置 名 称 | 允许漏量/$\text{Pa} \cdot \text{L} \cdot \text{s}^{-1}$ |
|---|---|
| 简单减压装置、真空过滤装置、真空成型装置 | $1.33 \times 10^{4}$ |
| 减压干燥装置、真空浸渍装置、真空输送装置 | $1.33 \times 10^{3}$ |
| 减压蒸馏装置、真空脱气装置、真空浓缩装置 | $1.33 \times 10^{2}$ |
| 真空蒸馏装置 | $1.33 \times 10^{1}$ |
| 高真空蒸馏装置、冷冻干燥装置 | 1.33 |
| 分子蒸馏装置 | $1.33 \times 10^{-1}$ |
| 带有真空泵的水银整流器 | $1.33 \times 10^{-2}$ |
| 真空镀膜装置 | $1.33 \times 10^{-3}$ |
| 真空冶炼装置 | $1.33 \times 10^{-4}$ |
| 回旋加速器 | $1.33 \times 10^{-5}$ |

续表 15-1

| 装　置　名　称 | 允许漏量/$Pa \cdot L \cdot s^{-1}$ |
|---|---|
| 高真空排气装置 | $1.33 \times 10^{-6}$ |
| 真空绝热装置、宇宙空间模拟装置 | $1.33 \times 10^{-7}$ |
| 封离、切断真空装置 | $1.33 \times 10^{-8}$ |
| 小型超高真空装置 | $1.33 \times (10^{-8} \sim 10^{-9})$ |
| 电子管、电子束管 | $1.33 \times 10^{-9}$ |

### 15.1.3　放气流量的计算

被抽容器内被抽空后，各种构件材料的表面放气量（包括原来在大气压下所吸收和吸附的气体），单位时间内的放气流量可以用 $Q_f$（单位为 $Pa \cdot m^3/s$）表示；

真空室中材料表面放气流量 $Q_f$ 与材料性能、处理工艺、材料表面状态有关。已知材料的出气率后（可查有关数据），用下式计算放气流量

$$Q_f = \Sigma q_i \cdot A_i \qquad (Pa \cdot L/s) \tag{15-3}$$

式中　$q_i$——真空室中第 $i$ 种材料单位表面积的放气速率，$Pa \cdot L/(s \cdot m^2)$，一般用抽气 1h 后的放气速率数据，有些材料的放气率实验数据无处可查，则可采用与其类似材料的放气率数据近似替代；

$A_i$——第 $i$ 种材料暴露在真空室中的表面积，$m^2$。

对于某些真空应用设备（如真空炉）的真空室内要求加热到很高的温度，真空室内必须使用如碳毡、碳布、硅酸铝纤维等保温材料，此时该部分材料的放气量按下式计算

$$Q_{fn} = \frac{q_n \cdot V_n \cdot p_a}{t} \times 10^3 \qquad (Pa \cdot L/s) \tag{15-4}$$

式中　$q_n$——真空室中保温材料单位体积放气在标准状态下的体积，$m^3/m^3$；

$V_n$——真空室中所用的保温材料的体积，$m^3$；

$p_a$——标准大气压力，Pa；

$t$——保温材料被加热的时间，s。

真空室中材料总的放气量为

$$Q_f = \Sigma q_i \cdot A_i + \Sigma Q_{fni} \tag{15-5}$$

式中，$Q_{fni}$ 为在真空室中第 $i$ 种保温材料的放气量。

### 15.1.4　渗透气体流量的计算

大气通过容器壁结构材料向真空室内渗透的气体流量，以 $Q_s$（$Pa \cdot m^3/s$）表示。

真空系统器壁渗透的气体流量 $Q_s$ 对于一般金属系统可以不考虑，而玻璃真空系统或薄壁金属系统需要考虑此值。气体对器壁材料的渗透率与材料种类、厚度、温度及气体种类、器壁内外气体压差有关，可用下式计算

$$q_k = \frac{K}{\delta}(p_2 - p_1) \qquad (对单原子气体) \tag{15-6}$$

$$q_k = \frac{K}{\delta}\sqrt{p_2 - p_1} \qquad (对双原子气体) \tag{15-7}$$

式中　$q_k$——材料的渗透率，$Pa \cdot m^3/(s \cdot m^2)$；

$K$——材料渗透系数，$m^2/s$（对单原子气体），$Pa^{1/2} \cdot m^2/s$（对双原子气体）；

$\delta$——材料透气厚度，m；

$p_1, p_2$——器壁材料两侧的气体压力，Pa。

当真空系统内的压力较低，而器壁外侧为大气压力 $p_2$ 时，上式可简化为

$$q_k = \frac{K}{\delta} p_2 \quad \text{(对单原子气体)} \tag{15-8}$$

$$q_k = \frac{K}{\delta} \sqrt{p_2} \quad \text{(对双原子气体)} \tag{15-9}$$

则只要知道渗透系数 $K$，就可以根据该材料的壁厚 $\delta$、壁的面积 $A$，求得气体通过真空系统器壁渗透的气体流量（单位时间，通过 $A$ 面积的气体渗透量）为

$$Q_s = q_k \cdot A \tag{15-10}$$

### 15.1.5 工艺过程中真空室内产生的气体流量的计算

气体负荷 $Q_g$（单位为 $Pa \cdot m^3/s$）包括在工艺过程中被处理的材料放出的气体流量和在工艺过程中引入真空室中的气体流量。

$Q_g$中还包含了真空室中液体或固体蒸发的气体流量 $Q_z$。空气中水分或工艺中的液体在真空状态下蒸发出来，这是在低真空范围内常常发生的现象。在高真空条件下，特别是在高温装置中，固体和液体都有一定的饱和蒸气压。当温度一定时，材料的饱和蒸气压是一定的，因而蒸发的气流量也是个常量。

对于不同的工艺过程和不同的被处理材料来说，$Q_g$的计算是不同的。$Q_g$的计算一般是建立在试验数据的基础上。

对于真空熔炼工艺来说，当给出被熔炼材料单位质量含气量在标准状态下的体积时，可采用下式近似计算 $Q_g$

$$Q_g = \frac{q_1 \cdot G \cdot p_a \cdot b}{t} \cdot n \times 10^3 \quad (Pa \cdot L/s) \tag{15-11}$$

式中 $q_1$——被熔炼材料单位质量的含气量在标准状态下的体积（见表 15-2），L/kg；

$G$——被熔炼材料的总质量，kg；

$p_a$——标准大气压力，101325Pa；

$b$——被熔炼材料的放气程度，表示经过一次熔炼材料所放出的气体占总含气量的百分比；

$n$——材料在熔炼时放气的不均匀系数，见表 15-3；

$t$——材料被熔炼处理的时间，s。

**表 15-2 几种材料单位质量含气量在标准状态下的体积**

| 材 料 | $q_1$(包括 $H_2$、$N_2$、$O_2$)/$L \cdot kg^{-1}$ |
|---|---|
| 钢 | 0.15～0.65(0.1～0.65) |
| 钛 | 0.3～1.1(0.1～1.0) |
| 钼 | 0.2～0.25 |

**表 15-3 材料熔炼时的放气不均匀系数 $n$**

| 熔炼处理方法 | $n$ 值 |
|---|---|
| 电子束熔炼或自耗电极多弧熔炼 | 1 |
| 真空电阻炉 | 1.2 |
| 感应加热和熔炼时 | 2 |
| 真空感应炉感应精炼时 | 1 |

当给出材料在熔炼处理前后化学成分的变化时(见表 15-4)，可采用下式近似计算 $Q_g$

$$Q_g = v \times 10^6 (3.15C + 1.35N + 18.91H) \quad (Pa \cdot L/s) \tag{15-12}$$

式中，$v$ 为熔炼速度，kg/min；C、N、H 分别表示碳、氮、氢元素在熔炼前后的减少量占原含量的百分比。

表 15-4　一些金属与合金材料在真空熔炼前后含气成分的变化

| 熔炼材料 | 熔炼方法 | 分析结果/$\times 10^{-6}$ | | |
|---|---|---|---|---|
| | | $H_2$ | $O_2$ | $N_2$ |
| 硅　钢 | 大气熔炼料<br>真空感应熔炼后 | | 53～62<br>12～14 | 23～24<br>7～11 |
| 耐热合金 | 真空熔炼前<br>真空熔炼后 | | 45<br>13 | 14<br>11 |
| 变压器钢 | 普通变压器钢<br>真空熔炼后 | 300<br>50 | 17000<br>2200 | |
| 钢 | 普通多弧熔炼<br>真空自耗炉一次熔炼 | 4～20<br>1～2 | 10～150<br>6～30 | 30～500<br>4～100 |
| 无氧铜 | 真空熔炼前<br>真空熔炼后 | 120<br>10 | 450<br>40 | |

### 15.1.6　大气压下的气体量

若容器的容积为 $V$(单位为 $m^3$)，抽气初始压强为 $p_a$(单位为 Pa)，则被抽容器内原有的大气负荷量为 $Vp_a$(单位为 $Pa \cdot m^3$)。在真空室内存在的大气压下的气体量 $Q_a$，是抽气初期(粗真空和低真空阶段)机组的主要气体负荷，但很快被真空机组抽走，所以不会影响真空室的极限压力。

## 15.2　抽气时间和压力的计算

### 15.2.1　真空系统的抽气方程与有效抽速

#### 15.2.1.1　真空系统的抽气方程

真空抽气系统的任务就是抽除被抽容器中的各种气体，一个真空系统的气体负荷量由式(15-1)求得。当真空系统对被抽容器抽气时，真空系统对容器的有效抽速若以 $S_e$ 表示，容器中的压力以 $p$ 表示，则单位时间内系统所排出的气体流量即是 $S_e p$。容器中的压强变化率为 $dp/dt$，容器内的气体减少量即是 $Vdp/dt$。根据动态平衡关系，可以列出如下方程：

$$V\frac{dp}{dt} = -S_e p + Q_f + Q_s + Q_g + Q_l \tag{15-13}$$

式(15-13)称为真空系统抽气方程。式中 $V$ 是被抽容器的容积，由于随着抽气时间 $t$ 的增长，容器内的压力 $p$ 降低，所以容器内的压强变化率 $dp/dt$ 是个负值。因而 $Vdp/dt$ 是个负值，它表示容器内气体的减少量。放气流量 $Q_f$、渗透气流量 $Q_s$、真空室内的气流量 $Q_g$ 和漏气流量 $Q_l$ 都是使容器内气体量增多的气流量。$S_e p$ 则是真空系统将容器内气体抽出的气流量，所以方程中记为 $-S_e p$。

对于一个设计、加工制造良好的真空系统，抽气方程(15-13)中的放气 $Q_f$、渗气 $Q_s$、蒸气 $Q_z$ 和漏气 $Q_l$ 的气流量都是微小的。因此抽气初期(粗真空和低真空阶段)真空系统的气体负荷主要是容器内原有的空间大气；随着容器中压强的降低，原有的大气迅速减少，当抽空至 $1 \sim 10^{-1}$ Pa 时，容器中残存的气体主要是漏、放气，而且主要的气体成分是水蒸气。如果用油封式机械泵抽气，则试验表明，在几十至几帕时，还将出现泵油大量返流的现象。

#### 15.2.1.2　真空室出口的有效抽速

泵或机组对容器的抽气作用受两个因素影响：(1)泵或机组本身的抽气能力，该影响可由真空泵的抽气特性曲线表现出来;(2)管道对气流的阻碍作用,可由抽气管道流导对抽速的影响体现出来。

最简单的真空系统如图 15-1。真空室内的气体负荷通过流导为 $C$ 的管道被真空机组或真空泵抽走。图中 $p_j$ 和 $S_e$ 分别是真空容器出口的压力和真空机组对该口的有效抽速。$p_l$ 和 $S_p$ 分别是真空泵或机组入口的压力和抽速。当管道中气体为稳定流动时,单位时间内流过管道任意截面的气流量都是相等的,可以写出下式

$$Q=p_j S_e=p_l S_p=p_i S_i$$

式中,$p_i$ 和 $S_i$ 为管道中任一截面处的气体压力和真空泵对该截面的有效抽速。根据流导的定义,气体流量 $Q$ 又可表示为

$$Q=C(p_j-p_l)$$

故有

$$Q=p_j S_e=p_l S_p=p_i S_i=C(p_j-p_l) \tag{15-14}$$

式(15-14)为真空系统内的气流处于稳定流动时的基本方程式,称为真空系统的气体连续性方程,由式(15-14)可得

$$p_j=\frac{Q}{S_e},\quad p_l=\frac{Q}{S_p},\quad p_j-p_l=\frac{Q}{C}$$

故有

$$\frac{1}{S_e}=\frac{1}{C}+\frac{1}{S_p}$$

或

$$S_e=\frac{S_p \cdot C}{S_p+C}=\frac{C}{1+\dfrac{C}{S_p}}=\frac{S_p}{1+\dfrac{S_p}{C}} \tag{15-15}$$

在 $S_p$ 为定值时,真空室出口的有效抽速 $S_e$ 随管道流导 $C$ 变化,三者关系如图 15-2 所示。

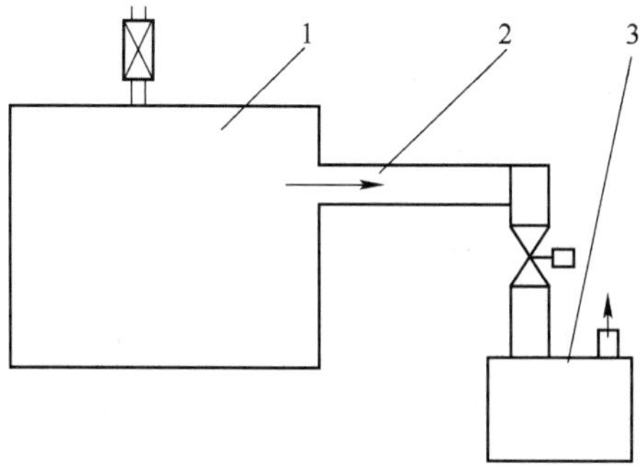


图 15-1 真空系统原理图

1—真空室;2—真空管路;3—真空泵

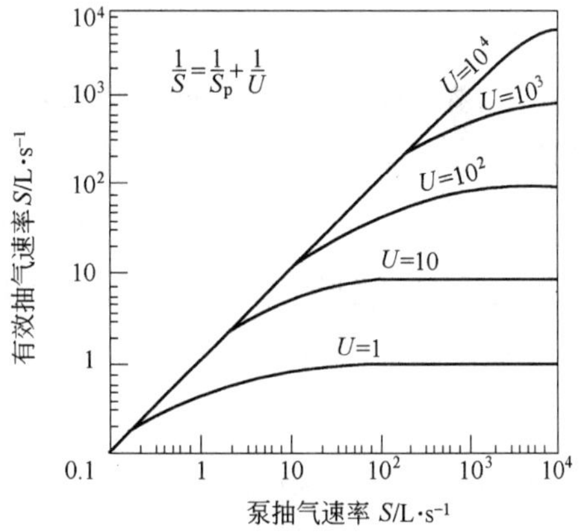


图 15-2 有效抽速、机组抽速与流导的关系

式(15-15)称为真空技术的基本方程,它表明:

(1) $S<S_p$,$S_e<C$,即真空泵或机组对真空室的有效抽速永远小于机组自身的抽速或管道的流导;

(2) 若 $C\gg S_p$ 时,则 $S\approx S_p$,即当管道的流导很大时,真空室出口处的有效抽速只受真空机组本身抽速的限制;

(3) 若 $S_p\gg C$,则 $S_e\approx C$,在此情况下,真空室的有效抽速受到抽气管道流导的限制。

由此可见,为了充分发挥真空机组对真空室的抽气作用,必须使管道的流导尽可能增大,

因此在真空系统设计时，在可能的情况下，应将真空管道设计得短而粗，使管道的流导尽可能的大。尤其是高真空系统的抽气管道更应如此。在一般情况下，对于高真空抽气管道，真空泵的抽速损失不应大于40%～60%，而对于低真空管道，其损失允许值为5%～10%。

### 15.2.2 抽气时间的计算

15.2.2.1 低真空抽气时间的计算

在低真空条件下，真空系统本身内表面的出气量与系统总的气体负荷相比，可以忽略不计。因而，在低真空条件下计算抽气时间可以不考虑表面出气的影响。

如图15-1所示的简单真空抽气系统，$S$为真空泵或机组在真空室出口处的有效抽速；$S_p$为真空泵的抽速；$p_i$为真空系统开始抽气时的压力；$p$为真空室内某一时刻的压力；$p_{ult}$为真空室的极限压力；$C$为管道流导；$V$为真空室的容积。

A 泵或机组的抽速近似不变，忽略管道流导时抽气时间的计算

(1) 忽略管道流阻及漏气、放气影响（$C \gg S_p$；$S \approx S_p$）时抽气时间的计算。

油封机械真空泵的入口压力在大气压到$10^2$ Pa范围内抽速近似不变，而且在该抽气压力范围内，系统内的压力较高，排气量较大，系统内的微小漏气和放气对系统的影响很小，可以忽略不计。

当系统内漏气、放气量很小以致极限压力可以忽略时，而且真空泵与被抽容器之间的连接管路很短，其流导影响也可以忽略时，可得真空系统的抽气方程为

$$V\frac{\mathrm{d}p}{\mathrm{d}t} = -S \cdot p = -S_p \cdot p$$

积分得

$$t = -\frac{V}{S_p}\ln p + C$$

利用边界条件：$t=0$时，$p=p_i$，解得积分常数，可得真空容器中的压力从$p_i$降到$p$所需要的抽气时间$t$为

$$t = \frac{V}{S_p}\ln\frac{p_i}{p} \tag{15-16}$$

式（15-16）为计算低真空抽气时间的基本公式。

由式（15-16）可得出真空容器内压力$p$随抽气时间$t$的变化关系

$$p = p_0 e^{-\frac{S_p}{V}\cdot t} = p_0 e^{-\frac{t}{\tau_1}} \tag{15-17}$$

式中，$\tau_1$为真空容器的抽气时间常数，$\tau_1 = \dfrac{V}{S_p}$，其意义是被抽容器内的压力从抽气初始压力$p_0$降低至其值的$1/e$所需要的抽气时间。

(2) 忽略管道流导但考虑漏、放气影响时抽气时间的计算。

当系统内的漏、放气量较大，以致极限压力不能忽略时，真空室中的压力从$p_i$降到$p$所需要的抽气时间$t$为

$$t = \frac{V}{S_p}\ln\frac{p_i - p_{ult}}{p - p_{ult}} \tag{15-18}$$

式中，$p_{ult}$为真空容器的极限压力；$p_i$为抽气时真空容器的起始压力；$p$为抽气时间为$t$时真空容器的压力；$p_p$为真空泵的压力；$V$为真空容器的容积。

公式（15-17）和式（15-18）既适用于管道中气流为分子流状态，也适用于黏滞流状态，且极限压力是由各种因素产生的恒定气体流量$Q$的贡献所引起的。

B 考虑抽气管道流导的影响而忽略系统漏气、放气时抽气时间的计算

（1）当管道中气流状态为黏滞流时，管道的流导 $C$ 与气体压力有关，可表示成如下形式

$$C = k_b \cdot \bar{p} = \frac{k_b}{2}(p + p_p) \tag{15-19}$$

式中 $\bar{p}$——管道中气体的平均压力 $\bar{p} = \frac{p + p_p}{2}$，Pa；

$k_b$——比例系数，对于 20℃空气 $k_b = 1.34\frac{D^4}{L}$，对于其他情况，$k_b = 2.45 \times 10^{-4}\frac{D^4}{\eta \cdot L}$，其中 $D$、$L$ 分别为管道的直径和长度，cm；

$\eta$——气体的黏性系数，P。

根据真空技术基本方程，真空泵对容器的有效抽速 $S$ 为

$$S = \frac{S_p \cdot C}{S_p + C} = \frac{S_p \cdot k_b \cdot \bar{p}}{S_p + k_b \cdot \bar{p}} \tag{15-20}$$

则当忽略系统的漏气、放气时，由真空系统抽气方程可得

$$V\frac{dp}{dt} = -\frac{S_p \cdot k_b \cdot \bar{p}}{S_p + k_b \cdot \bar{p}} \cdot p \tag{15-21}$$

则真空室内的压力从 $p_i$ 降到 $p$ 所需要的抽气时间 $t$ 为

$$t = \frac{V}{k_b}\left(\frac{1}{p} - \frac{1}{p_i}\right) + \frac{V}{S_p}\left[\left(\frac{N - N_0}{p - p_i}\right) + \ln\left(\frac{N_i + p_i}{N + p}\right)\right] \tag{15-22}$$

式中，$N = \left[\left(\frac{S_p}{k_b}\right)^2 + p^2\right]^{1/2}$；$N_i = \left[\left(\frac{S_p}{k_b}\right)^2 + p_i^2\right]^{1/2}$。

（2）当管道中气流状态为分子流时，管道的流导 $C$ 与气体压力无关，因而机组或泵对真空室的有效抽速 $S$ 亦与压力无关，有

$$S = \frac{S_p \cdot C}{S_p + C}$$

则据式（15-21），真空室中的压力从 $p_i$ 降到 $p$ 所需要的抽气时间 $t$ 为

$$t = \frac{V(S_p + C)}{S_p \cdot C}\ln\frac{p_i}{p} \tag{15-23}$$

C 考虑管道流导的影响且考虑系统的漏、放气的影响时抽气时间的计算

这种情况下，管道中的气流多半处于过渡流态或分子流状态。由于过渡流态的计算比较复杂，所以当管道中气流处于过渡流态时，工程上允许用分子流流导计算代替，这样计算简单。

在分子流情况下，$S = \frac{S_p \cdot C}{S_p + C}$，则据式（15-18），真空室中的压力从 $p_i$ 降到 $p$ 所需要的抽气时间 $t$ 为

$$t = \frac{V(S_p + C)}{S_p \cdot C}\ln\left(\frac{p_i - p_{jx0}}{p - p_{jx0}}\right) \tag{15-24}$$

D 变抽速时抽气时间的计算

在这种情况下，泵的抽速 $S_p$ 是其入口压力 $p$ 的函数，$S_p = f(p)$。设抽气开始时，在体积为 $V$ 的真空室中，压力为 $p$。经过一个微小的时间 $dt$ 后，压力减小了 $dp$，在 $dt$ 时间内泵的抽速 $S_p$ 近似为常数，且流入真空泵内的气体量为 $pS_p dt$，真空室中减少的气体量为 $V(-dp)$，故有

$$p \cdot S_p \cdot dt = -Vdp$$

或

$$dt = -\frac{V}{S_p}\frac{dp}{p} \tag{15-25}$$

将 $S_p = f(p)$ 代入式(15-25)，有

$$dt = -\frac{V}{f(p)} \cdot \frac{dp}{p} \tag{15-26}$$

显然，抽气时间 $t$ 取决于 $S_p = f(p)$ 的性质。

(1) 变抽速时抽气时间的分段计算法。

如图 15-3，在 $S_p = f(p)$ 曲线图上，将抽气的初始压力 $p_1$ 和终止压力 $p_{n+1}$ 之间分成 $n$ 段。段数分得愈多，计算的抽气时间愈精确。

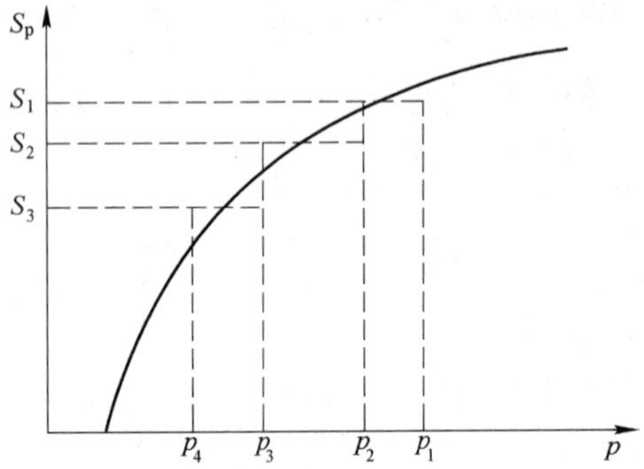


图 15-3　分段法计算抽气时间示意图

设各段相应的抽气时间为 $t_1$，$t_2$，…，$t_n$，取其各段抽速的平均值，看作常数，然后根据不同情况用相应的常抽速公式进行各个阶段的抽气时间计算，然后相加就得总的抽气时间。其一般式可表示为

$$t = \sum_{i=1}^{n} t_i$$

式中，$n$ 为抽气的初始压力到终止压力之间分成的段数；$t_i$ 为根据第 $i$ 段的情况用相应的常抽速计算公式计算出的第 $i$ 段的抽气时间。

(2) 经验系数计算法。

真空室用机械泵从大气压下开始抽气时，在不同的压力范围内，泵的抽速随压力降低而下降的程度是不同的。

考虑到真空室极限压力的影响，真空室内压力从 $p_i$ 降到 $p_{i+1}$ 所需要的抽气时间 $t_i$ 为

$$t_i = K_i \frac{V}{S_p}\ln\left(\frac{p_i - p_{jx0}}{p_{i+1} - p_{jx0}}\right) \tag{15-27}$$

若忽略极限压力 $p_{jx0}$ 的影响，则有

$$t_i = K_i \frac{V}{S_p}\ln\frac{p_i}{p_{i+1}} \tag{15-28}$$

式中　$S_p$——机械泵的名义抽速；

$V$——真空室的体积；

$K_i$——修正系数，与抽气终止时的压力有关，见表 15-5。

**表 15-5　修正系数 $K_i$**

| 终止压力 $p$ /Pa | $1.33\times10^6$～$1.33\times10^4$ | $1.33\times10^4$～$1.33\times10^3$ | $1.33\times10^3$～$1.33\times10^2$ | $1.33\times10^2$～13.3 | 13.3～1.33 |
|---|---|---|---|---|---|
| 修正系数 $K_i$ | 1 | 1.25 | 1.5 | 2 | 4 |

式 (15-27) 和式 (15-28) 适用于机械真空泵抽气，且抽气的终止压力高于 1.33Pa 时的抽气时间的计算。

15.2.2.2　高真空抽气时间的计算

A　高真空抽气的气体负荷

高真空抽气是指压强在 $0.5\sim10^{-5}$Pa 范围内的抽气。这段抽气通常要经过机械真空泵预抽

之后来进行。这时容器中空间的气体已经大大减少了，而其他气源愈来愈成为主要的气体负荷。其中有：(1) 微漏，即大气通过微隙漏入容器的气体流量，以 $Q_l$ 表示，当微隙一定时，$Q_l$ 是常量。(2) 渗透，即大气通过容器壁结构材料扩散到容器中的气体流量，以 $Q_s$ 表示。(3) 蒸发，空气中水分或工艺中液体在真空中蒸发出来，这是在低真空常常发生的现象。在高真空，特别是在高温装置中，固体和液体都有一定的饱和蒸气压。当温度一定时，材料的饱和蒸气压是一定的，因而蒸气流量 $Q_z$ 就是个常量。(4) 表面解吸，也叫做表面释气，即材料吸附和吸收的气体通过暴露在真空中的表面释放出来的气体。如果是容器壁的内表面放出的气流量，那么除了表面解吸的气流量，还包含有渗透的气流量。因此表面解吸和渗透可以统称为表面放气或表面出气，简称放气。总的表面放气流量 $Q_{out}$ 为

$$Q_{out} = Q_0 + \sum A_i q_{1i} t^{-\beta_i} = Q_s + \sum A_i q_{1i} t^{-\beta_i} \tag{15-29}$$

式中　$A_i$——第 $i$ 种材料暴露在真空中的面积；

$q_{1i}$——第 $i$ 种材料在抽气 1h 后的放气率；

$t$——以小时表示的抽气时间；

$\beta_i$——第 $i$ 种材料的放气时间指数；

$Q_0$——抽气时间无限长后的放气流量，它实际近似等于渗透的气流量 $Q_s$。

通常在室温下抽气，上述 $Q_l$、$Q_s$ 和 $Q_z$ 等都是常量，只有 $\Sigma A_i q_{1i} t^{-\beta_i}$ 是抽气时间的函数。将它们代入真空系统的抽气方程，得

$$V\frac{dp}{dt} = -S_e p + Q_l + Q_s + Q_z + \sum A_i q_{1i} t^{-\beta_i}$$

$$= -S_e p + Q_c + \Sigma A_i q_{1i} t^{-\beta_i}$$

式中，$Q_c$ 是微漏、渗透和蒸发的气流量总和。对于一个设计良好的高真空系统，$Q_c$ 是个微小的常量，与表面放气流量比较往往可以忽略。

根据这个微分方程可解出 $t$ 与 $p$ 的关系，从而求得高真空的抽气时间。但是严格求解该方程是较困难的，目前采用近似的算法来计算高真空的抽气时间。

B　高真空的抽气时间解析法近似计算

若不考虑真空室中空间气体负荷对抽气的影响，则可以认为泵或机组对真空室的排气量仅与放气和漏气处于动平衡状态。于是高真空抽气时间可通过求解以下方程求得

$$S \cdot p = Q_c + \sum A_i \cdot q_{1i} \cdot t^{-\beta_i} \tag{Ⅰ}$$

式中　$S$——真空机组对真空室的有效抽速，$m^3/s$；

$p$——抽气时某一时刻真空室中的压力，Pa；

$Q_c$——系统中微漏、渗透和蒸发的气体流量之和，$Pa \cdot m^3/s$；

$A_i$——第 $i$ 种材料暴露在真空中的面积，$cm^2$；

$q_{1i}$——第 $i$ 种材料在抽气 1h 后的放气率，$Pa \cdot m^3/(s \cdot cm^2)$；

$\beta_i$——第 $i$ 种材料的放气时间指数，与材料结构、预处理等条件有关；

$t$——抽气时间，h。

**例：** 有一直径为 60cm，长度为 90cm 的不锈钢容器，其中装有 4 个有机玻璃圆盘，外径为 60cm，厚度为 1.2cm，中心有孔，孔中装有直径为 15cm、长度为 60cm 的不锈钢圆管。试问用抽速为 2000L/s 的扩散泵通过流导为 6500L/s 的管道，从 $10^{-1}$ Pa 抽至 $10^{-3}$ Pa 所需抽气时间是多少？

由题知，蒸发和微漏可以不考虑，即 $Q_c = 0$。

由相关资料查得有机玻璃及不锈钢的放气率分别为

$$q_{11}=2.93\times10^{-7}\ \mathrm{Pa\cdot m^3/(cm^2\cdot s)},\quad \beta_1=0.5$$

$$q_{12}=3.80\times10^{-9}\ \mathrm{Pa\cdot m^3/(cm^2\cdot s)},\quad \beta_2=1$$

由题可算得容器内表面积和其中的不锈钢管表面积之和为

$$A_2=41846\ \mathrm{cm^2}$$

有机玻璃盘表面积之和为

$$A_1=21195\mathrm{cm^2}$$

泵对真空容器的有效抽速为

$$S=\frac{2000\times6500}{2000+6500}=1530\mathrm{L/s}=1.53\mathrm{m^3/s}$$

将起始压力 $10^{-1}$Pa 代入式（Ⅰ）得

$$1.53\times10^{-1}=\frac{21195\times2.93\times10^{-7}}{\sqrt{t'}}+\frac{41846\times3.80\times10^{-9}}{t'}$$

整理并解得

$$t'=2.41\times10^{-1}\ \mathrm{h}$$

将终止压力 $10^{-3}$Pa 代入式（Ⅰ）得

$$1.53\times10^{-3}=\frac{21195\times2.93\times10^{-7}}{\sqrt{t''}}+\frac{41846\times3.80\times10^{-9}}{t''}$$

整理并解得

$$t''=2.021\mathrm{h}$$

故达到所要求的真空度所需的抽气时间为

$$t=t''-t'=2.021-0.241=1.78\mathrm{h}$$

### 15.2.3　真空室压力计算

#### 15.2.3.1　真空室的极限压力

真空设备空载运行时，真空室中最终到达的稳定的最低压力，称为真空室的极限压力。真空室能达到的极限压力，由下式决定

$$p_{\mathrm{ult}}=p_{\mathrm{j0}}+p_{\mathrm{v}}+\frac{Q_{\mathrm{l}}+Q_{\mathrm{f}}+Q_{\mathrm{s}}}{S}\tag{15-30}$$

式中　$p_{\mathrm{ult}}$——真空室中的极限压力，Pa；

$p_{\mathrm{j0}}$——真空机组（或真空泵）的极限压力，Pa；

$p_{\mathrm{v}}$——真空室中材料的饱和蒸汽压力，Pa；

$S$——真空室抽气口处真空泵或机组的有效抽速，L/s。

真空室的极限压力一般总是高于真空抽气机组的极限压力。泵或机组的极限压力越低，有效抽速越大，则真空室的极限压力越低。真空室中材料的饱和蒸汽压对超高真空系统影响较大，在某些情况下，可能是限制极限压力的重要因素，在一般真空系统设计中该项可忽略不计。

对金属材料的高真空装置，其极限压力可用下式表示

$$p_{\mathrm{ult}}=p_{\mathrm{j0}}+\frac{Q_{\mathrm{l}}+Q_{\mathrm{f}}+Q_{\mathrm{s}}}{S}\tag{15-31}$$

式中，符号意义同式（15-13）。

对于中、低真空装置，其极限压力可表示为

$$p_{\mathrm{ult}}=p_{\mathrm{j0}}+\frac{Q_{\mathrm{l}}}{S} \tag{15-32}$$

式中，符号意义同式（15-13）。

15.2.3.2 真空室的工作压力

真空室正常工作时所需要的工作压力由下式决定

$$p_{\mathrm{g}}=p_{\mathrm{j0}}+\frac{Q_{\mathrm{l}}+Q_{\mathrm{f}}+Q_{\mathrm{s}}+Q_{\mathrm{g}}}{S} \tag{15-33}$$

式中 $p_{\mathrm{g}}$——真空室的工作压力，Pa；

$Q_{\mathrm{g}}$——工艺过程中真空室中产生的气体流量，Pa·L/s。

对于低真空，中真空系统，则有

$$p_{\mathrm{g}}=p_{\mathrm{j0}}+\frac{Q_{\mathrm{l}}+Q_{\mathrm{g}}}{S} \tag{15-34}$$

一般情况下，所选择的真空室工作压力至少要比极限压力高半个到一个数量级。工作压力选择得愈接近于系统的极限真空，则抽气系统的经济效率愈低。从经济效果方面考虑，最好在主泵最大抽速或最大排气量附近选择工作压力。

15.2.3.3 抽气过程中真空室内压力的计算

在实际的真空工程问题中，有时需要计算经过某一给定时间，真空容器内所达到的压力。这样的问题，对于单个容器可以利用本章 15.2.2 节中的公式来解。但是对于更复杂系统的情况，就需要进一步来讨论。

A 具有表面放气的细长管状容器内压力的计算

某些粒子加速器属于细长管真空容器的情况。这种容器的抽气情况可以用图 15-4 来表示，其中（b）图是整个系统的某一段，（a）图是一个泵能够作用的那一段。

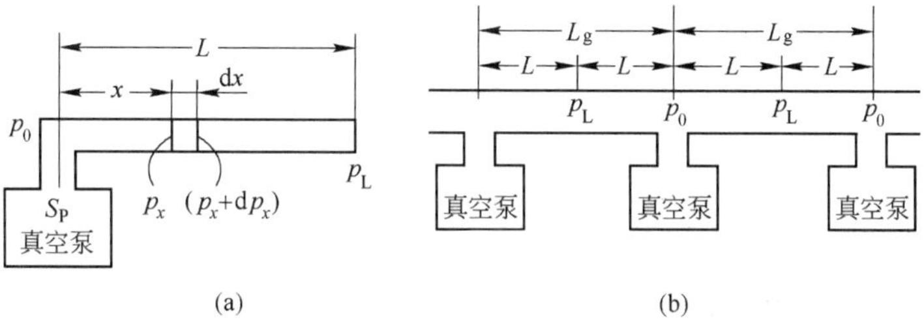


图 15-4 具有表面放气的容器的抽气系统

（a）单个泵的抽气范围；（b）抽气系统的一个区段

由于容器是细而长的管状系统，在抽气过程中管内大气很快被抽走，以后的抽气主要是抽除管内表面的放气。假定管内表面为均布气体负荷（均匀放气），而且放气率与压力无关，由于放气率所限，管内的气流为分子流状态，因而管容器的流导为 $C=C_1/L$，式中，$C_1$ 是单位管长的流导，对于一定的温度和气体，$C_1$ 为常数。

假定气流处于稳定状态，如图所示，取 $x$ 处圆柱体元 $\mathrm{d}x$ 来分析，在稳定的分子流状态下，通过 $\mathrm{d}x$ 段圆柱体元管道的气流量为

$$\frac{C_1}{\mathrm{d}x}[(p_x+\mathrm{d}p_x)-p_x]=\frac{C\cdot L}{\mathrm{d}x}\cdot \mathrm{d}p_x$$

该气流量来自 $dx$ 圆柱体元的上游，长度为（$L-x$）那段管的内表面的放气。设管的截面周长为 $B$，管内表面的放气速率为 $q$，则通过 $dx$ 圆柱体元的气流量为

$$[L-(x+dx)]B\cdot q+dx\cdot Bq=(L-x)B\cdot q$$

根据以上两公式，可得

$$C\cdot L\frac{dp_x}{dx}=(L-x)B\cdot q \quad 或 \quad dp_x=\frac{B\cdot q}{C\cdot L}(L-x)dx$$

对上式两边积分并根据边界条件（$x=0$，$p_x=p_0$）确定积分常数，可得

$$p_x=\frac{B\cdot q}{C}\left(x-\frac{x^2}{2L}\right)+p_0 \tag{15-35}$$

式中，$p_0$ 为 $x=0$ 处的压力。考虑到真空泵是通过管道与该处连接，因此真空泵对该处的有效抽速 $S_e$ 为

$$S_e=\frac{S_p\cdot C_p}{S_p+C_p}$$

由于真空泵在该处（$x=0$）的排气流量等于两侧 $L$ 长管容器的放气流量，故有

$$p_0=\frac{2B\cdot L\cdot q}{S_e}=\frac{2B\cdot L\cdot q}{S_p}+\frac{2B\cdot L\cdot q}{C_p} \tag{15-36}$$

将式（15-36）代入式（15-35）得

$$p_x=\frac{B\cdot q}{C}\left(x-\frac{x^2}{2L}\right)+\frac{2B\cdot L\cdot q}{S_p}+\frac{2B\cdot L\cdot q}{C_p} \tag{15-37}$$

式中　$B$——管状容器的横截面周长，m；

$L$——两泵之间的管长度的一半长，m；

$q$——管容器内表面的放气速率，$Pa\cdot m^3/(s\cdot m^2)$；

$S_p$——真空泵的抽速，$m^3/s$；

$C_p$——真空泵入口与管容器之间连接管道的流导，$m^3/s$；

$C$——对应 $L$ 长的管状真空容器的分子流流导，$m^3/s$。

式（15-37）表明，管状真空容器内的压力分布为抛物线型，在 $x=L$ 处压力有最大值 $p_L$，其最大压差为

$$p_L-p_0=\frac{B\cdot L\cdot q}{2C}$$

由上式可见，最大压差与真空泵的抽速无关。因此，为了减少细长管状被抽容器内的压力差，应减少 $L$ 值，即应沿管状容器的管长方向多设置一些真空泵（如图 15-4 所示）。

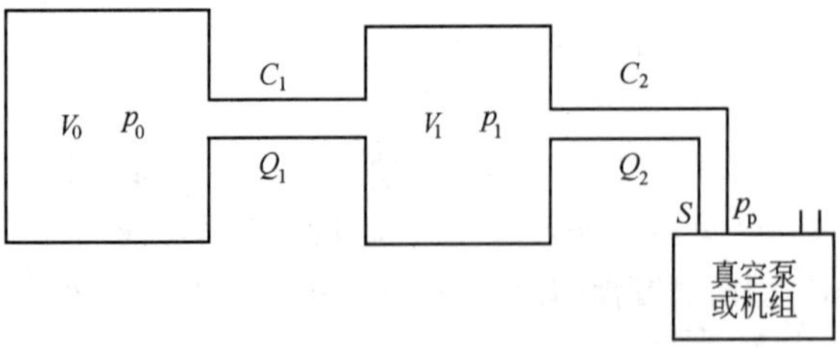


图 15-5　两个容器串接抽气示意图

B　串接真空容器中的压力

图 15-5 为一串接真空室，当用真空泵对这两个串接的真空容器抽气时，容器内的压力与真空泵（或机组）抽速的变化、抽气时间、系统的漏放气、气体流动的状态等因素有关。为了简化计算，我们假设：泵（或机组）的抽速为 $S$、管道的流导 $C_1$ 和 $C_2$ 都是常量、被抽容器内的压力 $p_0$ 和 $p_1$ 都是均匀的，系统内没有漏放气。图 15-5 中 $Q_1$、$Q_2$ 分别是两个连接管道通过的气体量，$p_p$ 是真空泵（或机组）入口处的压力，$V_0$、$V_1$ 分别是被抽容器的容积。

如果忽略两个容器的漏气和放气，则根据各截面流量恒等原则，由气体连续性可以列出下面微分方程

$$\left.\begin{aligned} -\frac{\mathrm{d}p_0}{\mathrm{d}t}\cdot V_0 &= C_1(p_0-p_1) \\ -\frac{\mathrm{d}p_0}{\mathrm{d}t}V_0-\frac{\mathrm{d}p_1}{\mathrm{d}t} &= C_2(p_1-p_\mathrm{p}) \end{aligned}\right\} \tag{15-38}$$

式（15-38）可写成如下形式

$$\left.\begin{aligned} &\frac{\mathrm{d}p_0}{\mathrm{d}t}+\frac{C_1}{V_0}p_0-\frac{C_1}{V_0}p_1=0 \\ &\frac{\mathrm{d}p}{\mathrm{d}t}+\frac{C_1+C_2}{V_1}p_1-\frac{C_1}{V_1}p_0-\frac{C_2}{V_1}p_\mathrm{p}=0 \end{aligned}\right\} \tag{15-39}$$

因为 $p_\mathrm{p}=\dfrac{C_2}{C_2+S}\cdot p_1$，将其代入到式（15-39）并整理得

$$\frac{\mathrm{d}p_1}{\mathrm{d}t}+\frac{C_1+\dfrac{C_2S}{C_2+S}}{V_1}p_1-\frac{C_1}{V_1}p_0=0 \tag{15-40}$$

设 $u_0=\dfrac{C_1}{V_0}$，$u_1=\dfrac{C_1+\dfrac{C_2S}{C_2+S}}{V_1}$，$u'_1=\dfrac{C_1}{V_1}$，代入到式（15-39）、式(15-40）中可得

$$\left.\begin{aligned} &\frac{\mathrm{d}p_0}{\mathrm{d}t}+u_0p_0-u_0p_1=0 \\ &\frac{\mathrm{d}p_1}{\mathrm{d}t}-u'_1p_0+u_1p_1=0 \end{aligned}\right\} \tag{15-41}$$

由于 $C_1$、$C_2$、$V_0$、$V_1$、$S$ 为常数，所以 $u_0$、$u_1$、$u'_1$ 也都是常数，因而微分方程组（15-41）是一阶常系数微分方程组，可用常系数一阶微分方程组的一般解法来求解，求出方程组（15-41）的联立解，即可得到两个真空容器中的压力 $p_0$ 和 $p_1$ 值。

## 15.3 真空泵的选择与匹配计算

### 15.3.1 主泵的选择与计算

真空系统设计的关键问题是选择真空抽气机组的主泵。

15.3.1.1 主泵类型的确定

（1）根据真空室所需要建立的极限压力确定主泵的类型。一般主泵极限压力的选取要比真空室的极限压力低半个到一个数量级。

（2）根据真空室进行工艺生产时所需要的工作压力选主泵。应正确地选择主泵的工作点，在其工作压力范围内，应能排除真空室内工艺过程中产生的全部气体量。因此，真空室内的工作压力一定要在主泵的最佳抽速压力范围之内。

（3）根据真空室的容积大小和要求的抽气时间来选主泵。真空室体积大小对系统抽到极限真空的时间有影响。当抽气时间要求一定时，若真空室体积越大，则主泵抽速也越大。

（4）正确地组合真空泵，由于真空泵有选择性地抽气，因而有时选用一种泵不能满足抽气要求，需要几种泵组合起来，互相补充才能满足抽气要求。

（5）若真空系统严格要求无油时，则应该选各种无油泵作主泵。如果要求不严格，则可选择有油泵，然后加上一些防油污染措施，如加冷阱、障板、挡油阱等，也能达到清洁真空要

求。

(6) 选择真空泵时，应该知道被抽气体成分，针对被抽气体成分选择相应的泵。如果气体中含有腐蚀性气体、颗粒灰尘等，则应该考虑选择干式真空泵、耐腐蚀真空泵等。或在泵的进气口管道上安装辅助设备。

(7) 根据整套真空系统的初次投资和日常维护费用等经济指标选择主泵。

各种真空泵的工作压力范围由图 15-6 给出。

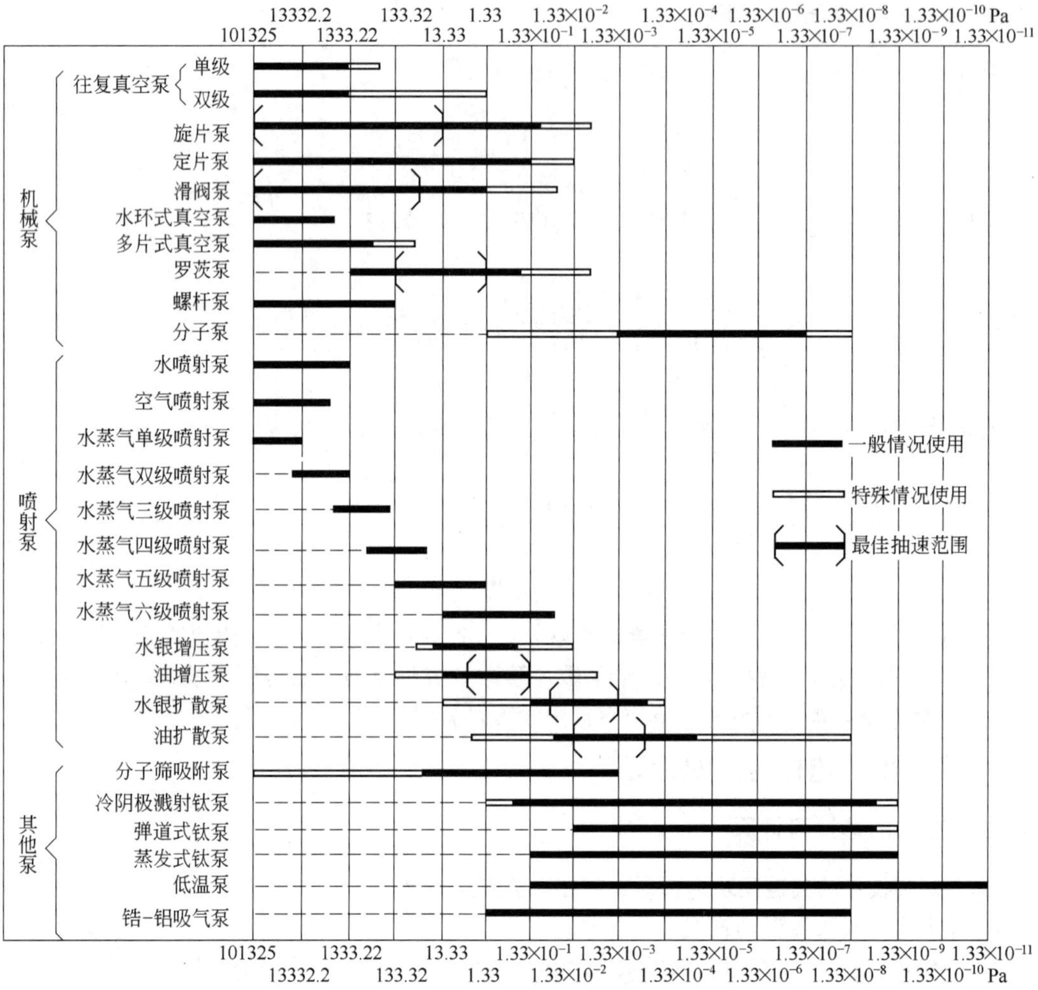


图 15-6　各种真空泵的工作压力范围

#### 15.3.1.2　主泵抽速的计算

主泵的类型选定之后，接下来就是要具体地确定主泵抽速的大小规格。主泵抽速大小确定的主要依据是被抽容器的工作真空度和其最大排气流量，以及被抽容器的容积和所要求的抽气时间。

(1) 真空室内排气流量的计算。在正常的工艺过程中，真空室内所产生的气流量应当由主泵及时抽走，以保证真空室内的压强符合工作真空度的要求。工艺过程中的气流量可用下式计算

$$Q=Q_g+Q_n+Q_f+Q_l \quad (\mathrm{Pa \cdot m^3/s}) \tag{15-42}$$

式中 $Q$——真空室中产生的总的气流量；

$Q_g$——工艺过程中被熔炼或被处理的材料放出的气流量，$Pa\cdot m^3/s$；

$Q_n$——真空室内所用耐火保温材料的出气流量，$Pa\cdot m^3/s$；

$Q_f$——暴露于真空条件下的真空室内壁和所有构件表面解析出来的气流量，$Pa\cdot m^3/s$；

$Q_l$——真空室外大气通过各密封连接处泄漏到真空室内的气流量，$Pa\cdot m^3/s$。

以上各量在不同的真空应用设备中不一定都存在，这要根据实际情况具体考虑。

（2）被抽容器所要求的有效抽速的计算。设被抽容器内的最大排气流量为 $Q$（单位为 $Pa\cdot m^3/s$），所要求的工作压力为 $p_g$（单位为 Pa），则根据真空容器所要求的工作压力 $p_g$ 和最大排气流量 $Q$，可得被抽容器出口处主泵的有效抽速 $S_{ez}$

$$S_{ez}=\frac{Q}{p_g}\quad (m^3/s) \tag{15-43}$$

如果是低真空系统，则泵的有效抽速

$$S_{ez}=\frac{Q_l+Q_g+Q_n}{p_g} \tag{15-43a}$$

式中，符号意义同式（15-42）。

（3）粗算主泵的抽速 $S$。由于在选定主泵之前，真空室出口到主泵入口之间的管路没有确定，因而其流导 $C$ 是未知的，也就无法确切地计算出主泵的抽速 $S$。可根据下面经验公式粗算出主泵的抽速，即

$$S=K_sS_{ez}\quad (m^3/s) \tag{15-44}$$

式中，$K_s$ 是在真空室出口主泵的抽速损失系数，当主泵入口到真空室出口之间的管路中不采用捕集器时，取 $K_s=1.3\sim1.4$；当采用捕集器时，取 $K_s=2\sim2.5$。主泵抽速 $S$ 粗算出来后，按 $S$ 值在真空泵的产品系列中选出符合粗算值 $S$ 的主泵，设粗选出的主泵抽速为 $S_p$。

（4）主泵抽速的验算和确定。主泵抽速 $S$ 粗算求出之后，按 $S$ 值粗选出合适规格的主泵。

根据粗选主泵的入口尺寸，选择确定连接管路及其他元件尺寸，再由流导公式求出管路的流导 $C$，再按下式精算主泵抽速

$$S_p=\frac{S_{ez}C}{C-S_{ez}} \tag{15-45}$$

由式（15-44）算得的 $S_p$ 如果同式（15-43）粗算的抽速相差很小，就可把粗选的泵作为主泵，否则应重新选用。

### 15.3.2 前级真空泵（或预抽泵）的选择与计算

对于需要配前级泵的抽气机组，主泵选完之后，重要的问题是如何选配合适的前级泵和预抽泵。选配前级泵的原则是：

（1）前级泵在主泵出口处造成的压力应低于主泵的最大排气压力。

（2）前级泵应保证始终及时排出主泵所排出的气体流量。

（3）兼作预抽泵的前级泵要满足预抽时间及预抽真空度的要求。

根据主泵的工作特性不同，配泵可分为两种情况：一种是主泵需要配前级泵，如扩散泵、分子泵等；另一种是主泵只需要配预抽真空泵，而不需要配前级泵，如各种吸附冷凝泵等。

主泵配前级泵计算时，需要前级泵在主泵出口处形成的压力始终低于该泵的最大排气压力，主真空泵才能正常工作。普通的油扩散泵的最大排气压力一般为 26～40Pa 左右；油增压泵的最大排气压力一般为 130～260Pa 左右。

15.3.2.1　粗算

根据选泵原则，在主泵允许的最大排气压力下，前级泵必须能将主泵所排出的最大气体流量 $Q_{max}$ 及时排走。在稳定流动情况下，整个系统各截面气流量相等，所以有

$$Q_{max}=S_{p1}\cdot p_{gm}=S_{cb}\cdot p_{cb}$$

则有

$$S_{cb}=\frac{Q_{max}}{p_{cb}} \tag{15-46}$$

式中　$S_{p1}$——主泵名义抽速，L/s；

$S_{cb}$——前级泵在主泵出口处最大排气压力 $p_{cb}$ 下的抽速，L/s；

$Q_{max}$——主泵的最大排气量，Pa·L/s；

$p_{gm}$——主泵名义抽速为 $S_{p1}$ 时的最大工作压力，Pa；

$p_{cb}$——主泵出口处的最大前级压力，Pa。

根据配泵原则的规定，要求前级泵在主泵出口处的有效抽速 $S_{e2}$ 应大于主泵出口处最大排气压力下的抽速 $S_{cb}$，即前级泵的有效抽速必须满足

$$S_{e2}\geqslant S_{cb}=\frac{p_{gm}S_{p1}}{p_{cb}}\quad 或\quad S_{e2}\geqslant S_{cb}=\frac{Q_{max}}{p_{cb}} \tag{15-47}$$

式中　$S_{p1}$——主泵名义抽速，L/s；

$S_{e2}$——前级泵在主泵出口处的有效抽速，L/s；

$Q_{max}$——主泵的最大排气量，Pa·L/s；

$p_{gm}$——主泵名义抽速为 $S_{p1}$ 时的最大工作压力，Pa；

$p_{cb}$——主泵出口处的最大前级压力，Pa。

考虑到前级泵抽速经过由主泵出口到机械泵入口的低真空管路后的抽速损失，有

$$S_{p2}\geqslant(1.11\sim1.25)\frac{p_{gm}S_{p1}}{p_{cb}} \tag{15-48}$$

或

$$S_{p2}\geqslant(1.11\sim1.25)\frac{Q_{max}}{p_{cb}} \tag{15-49}$$

注意到由于按规定，机械泵的抽速是在大气压力下测得的，而泵的实际抽速是随泵入口压力的降低而下降，正常使用的真空泵都是在低于大气压的条件下工作，故实际所选的前级泵抽速还应考虑抽速泵的抽速特性曲线的匹配，或参考下面经验公式选取

$$S'_{p2}=(1.5\sim3)S_{p2} \tag{15-50}$$

式中，$S'_{p2}$ 为实际选用的前级泵抽速；$S_{p2}$ 为计算所得的前级泵抽速。

公式中的系数取法，根据主泵和前级泵的类型而定。一般，前级泵是单级机械泵，系数可取大些；双级机械泵可取小值。主泵是油扩散泵，可取大值；是油增压泵取小值。

15.3.2.2　验算

粗算选配出前级泵后，可根据前级泵入口尺寸确定低真空管路（包括阀门等各种真空元件）结构尺寸，进而计算出低真空管路的流导 $C_2$，由真空技术基本方程可求得所选配的前级泵在主泵出口处的有效抽速

$$S_{e2}=\frac{S_{p2}C_2}{S_{p2}+C_2} \tag{15-51}$$

将由式（15-51）计算出的有效抽速值与 $S_{cb}$ 值进行比较，若 $S_{e2}\geqslant S_{cb}$，则所选的前级泵符合要求，否则应重新选配前级泵。

或将式（15-51）代入式（15-47）有

$$S_{p2} \geqslant \frac{Q_{max}}{p_{cb} - \frac{Q_{max}}{C_2}} \tag{15-52}$$

如果由式（15-52）算出的$S_{p2}$与式（15-48）或式（15-49）粗算出的值相差不多，即说明$S_{p2}$满足要求，否则需要重新进行前级泵的选配。

15.3.2.3 主泵为分子泵或罗茨泵时的配泵

分子泵的前级侧需要保持分子流状态才能稳定工作，为了保证分子泵的前级侧处于分子流状态，通常其前级泵的抽速可用下面经验公式计算

$$S_2 = (2\% \sim 10\%) \cdot S_1 \tag{15-53}$$

式中，$S_1$为分子泵的抽速；$S_2$为前级泵的抽速。

由于罗茨泵对气体的压缩比较小，所以一般其前级泵要选得大一些。通常罗茨泵所选配的前级泵抽速可按下面的经验公式选择

$$\left.\begin{aligned} S_2 &= \left(\frac{1}{8} \sim \frac{1}{3}\right) S_1 \\ S_{2sh} &= \left(\frac{1}{5} \sim \frac{1}{3}\right) S_1 \end{aligned}\right\} \tag{15-54}$$

式中，$S_1$为罗茨泵的抽速；$S_2$为前级机械泵的抽速；$S_{2sh}$为前级水环泵的抽速。

式中系数对双级油封式机械泵或水环泵取小值，对单级油封式机械泵或水环泵取大值。

当两个罗茨泵串联，再串联一个前级泵时，前级罗茨泵的抽速可根据下式选择

$$S_{pm} = (0.25 \sim 0.5) S_1$$

式中，$S_{pm}$为前级罗茨泵抽速；$S_1$为主罗茨泵抽速。

### 15.3.3 预抽泵的选配

预抽泵用于真空系统的预抽。要求预抽泵所达到的压力小于主泵的启动压力。

选机械泵做预抽泵时，预抽泵的抽速大小由预抽时间决定。将真空室在$t$时间所要求的预真空度所需要的泵抽速即为所选泵的抽速。预抽泵对真空室的有效抽速为

$$S_e = K_i \frac{V}{t} \ln \frac{p_1 - p_{ult}}{p_2 - p_{ult}} \tag{15-55}$$

式中，$S_e$为预抽泵（机械泵）的有效抽速；$V$为真空室容积；$t$为抽到预真空度所需要的时间；$p_1$为抽气开始时真空室内的压力；$p_2$为需要达到的预真空度；$p_{ult}$为真空室内的极限压力；$K_i$为修正系数，见表15-5。

如果忽略极限压力，有

$$S_e = K_i \cdot \frac{V}{t} \ln \frac{p_1}{p_2}$$

式中，符号意义同式（15-55）。

考虑预抽管道对预抽泵抽速的降低作用，所选的预抽泵抽速为

$$S_p = \frac{S_e \cdot C}{S_e + C} \tag{15-56}$$

式中，$S_p$为预抽泵的抽速；$C$为预抽管路的流导。

### 15.3.4 维持泵和储气罐的设计计算

15.3.4.1 维持泵和储气罐的作用

由于扩散泵和油增压泵启动时间长，在周期性操作的设备中，当装料和卸料的时候，为了

缩短工作周期而不切断扩散泵和油增压泵的电源，将高真空阀和前级管道阀关闭，使主泵处于正常工作状态。由于阀门等总会有极少量的漏气和表面放气，经过一段时间主泵出口压强增加，若超过主泵的最大排气压强而返流到泵中，则会使油蒸气氧化。为了解决这个问题，一个办法是用前级泵继续抽除主泵排出的气体，但此时主泵内排出的气体量很小，出现前级泵大马拉小车的现象，浪费许多能源。为此可采用另一种办法，停止前级泵工作，关闭前级管道阀门，在主泵出口处设置维持泵或储气罐，这就可以保证既能排出主泵内的气体，又可以节省能源消耗。储气罐不能做得很大，它只能用在以扩散泵为主泵的小型系统上，而维持泵可用在大型主泵的系统上。储气罐的另一个作用是某些较小应用设备，在其工艺过程中不允许有振动，即在工艺进行时必须停止前级泵的工作，这时要用储气罐来储存在工艺过程中主泵所排出的气体，以保证工艺过程中被处理工件的质量。

15.3.4.2 维持泵选取

使用维持泵的目的是节能。当系统的压力较低，主泵的抽气量很小时，可在真空系统中配置一种容量较小的辅助泵维持主泵正常工作或维持已抽完的容器所需要的工作压力。使用维持泵既能大量节约能源，又能减小环境噪声。

一般维持泵是与前级泵同一类型的泵，可设置在主泵出口处，与前级泵并联；也可单独与真空室连接（用于维持抽空容器的正常工作压力）。

A 维持泵的粗算

维持泵的抽速可按下面经验公式计算

$$S_{p3}=\frac{1}{10}S_{p2} \tag{15-57}$$

式中，$S_{p3}$为维持泵的抽速；$S_{p2}$为前级泵的抽速。

B 维持泵的验算

通常，维持泵所要抽除的气体量是由高真空阀到主泵出口的前级管道阀这一区间内的漏气量 $Q_l$ 和内表面的放气量 $Q_b$ 之和。设从主泵出口到维持泵入口之间管道的流导为 $C_3$，则维持泵在主泵出口的有效抽速 $S_{e3}$ 为

$$S_{e3}=\frac{S_{p3}\cdot C_3}{S_{p3}+C_3} \tag{15-58}$$

由于有漏气流量 $Q_l$ 和内表面的放气流量 $Q_b$ 的存在，所以维持泵在主泵出口处所需要的最小抽速 $S_{min}$ 为

$$S_{min}=\frac{Q_l+Q_b}{p_{cb}} \tag{15-59}$$

式中，$p_{cb}$是主泵的最大排气压力。

维持泵的作用是应保证及时抽除主泵所排出的气体流量，所以应满足如下关系

$$S_{e3}\geqslant S_{min}$$

即

$$\frac{S_{p3}\cdot C_3}{S_{p3}+C_3}\geqslant\frac{Q_l+Q_b}{p_{cb}}$$

于是得到

$$S_{p3}\geqslant\frac{(Q_l+Q_b)\cdot C_3}{C_3\cdot p_{cb}-Q_l-Q_b} \tag{15-60}$$

用 $S_{p3}$ 代替式（15-50）中的 $S_{p2}$，可计算出所选配的维持泵的名义抽速 $S_p$。

由于维持泵所需的抽速仅为一般前级泵抽速的 1/10，所以既能极大地节约能源，又能减小环境噪声。

15.3.4.3 储气罐的设计计算

储气罐通常配置在中小型扩散泵高真空抽气机组上，设置于扩散泵和前级泵之间，作用如下：

(1) 为了缩短工作周期和节能，在周期性操作的系统中，完成一个工作周期后，需将高空室放入大气进行取送工件的作业，而后需用机械泵粗抽真空室。在这段时间内，高真空闸和前级闸关闭用储气罐来维持扩散泵的正常工作。

(2) 为了真空应用设备的防振需要，某些真空应用设备进行的某些工艺过程要求没有振动，因此要求前级机械泵在一段时间内停止工作，而扩散泵继续工作，其排出的气体全部储存在储气罐中。此时，储气罐代替机械泵维持扩散泵正常工作。

(3) 为防止真空室内的气体负荷突然大量增加，在某些工艺生产过程中，某段时间内的放气量特别大。由于时间短，若按此时的最大排气量配前级泵很不经济。这样可配置前级储气罐来储存在最大放气量时放出的部分气体，以避免扩散泵前级压力超过最大反压力。

(4) 用于稳定扩散泵出口压力。由于前级机械泵排气是脉动的，能引起扩散泵出口压力的波动。在扩散泵出口设置储气罐可以减少这种波动。

A 用于节能和缩短工作周期设置的储气罐计算

用于节能和缩短工作周期的储气罐，其容积的计算办法基于如下考虑：当前级泵停止工作时，扩散泵仍处于正常工作状态，这时扩散泵将气体排到储气罐中，此时气体来源是扩散泵入口上方处的高真空阀门到扩散泵出口的前级管道阀门之间的漏气流量以及这一区间的表面放气流量，这些气流量引起扩散泵出口压力增高，但不能超过扩散泵的最大排气压力。设前级泵停止工作的时间为 $t$，则储气罐的容积 $V$ 应满足以下要求

$$V(p_{cb}-p_b)\geqslant(Q_l+Q_b)\cdot t$$

故

$$V\geqslant\frac{(Q_l+Q_b)t}{p_{cb}-p_b} \tag{15-61}$$

式中，$V$ 为储气罐体积；$Q_l$ 为高真空阀到扩散泵出口前级阀之间的漏气流量；$Q_b$ 为高真空阀到扩散泵出口处的前级管道阀之间的放气流量；$p_{cb}$ 为扩散泵出口的最大前级压力（经过时间 $t$ 后，储气罐中所允许的最高压力）；$p_b$ 为扩散泵正常工作时的出口压力（$t=0$ 时储气罐内的压力）；$t$ 为前级泵需要停泵的时间。

B 用于防振需要而设置的储气罐计算

用于防振目的而设置的储气罐，其容积计算的依据是：在机械泵停止工作的时间段内，扩散泵从真空室中抽出的气体全部排到（储存到）储气罐中，由此引起的罐中压力升高应不超过扩散泵出口的最大排气压力，由此可得

$$V\geqslant\frac{S_{el}\cdot p_g\cdot t}{p_{cb}-p_b}=\frac{Q\cdot t}{p_{cb}-p_b} \tag{15-62}$$

式中，$S_{el}$ 为主泵在真空容器出口处的有效抽速；$p_g$ 为真空容器的工作真空度；$Q$ 为在前级泵停止工作的时间 $t$ 内扩散泵的排气量；$t$ 为前级泵停止工作的时间，即要求储气罐工作的时间；$p_{cb}$ 为扩散泵的最大（临界）前级压力；$p_b$ 为前级泵正常工作时，扩散泵的出口压力，即 $t=0$ 时，储气罐内的压力。

C 为防止真空室内突然大量放气而设置的储气罐的计算

在真空工艺生产中的某段时间内放气量特别大，但放气时间很短。若按此时的最大排气量配前级机械泵很不经济，此时可配置前级储气罐，在最大放气量时储存一部分气体，以避免扩

散泵的前级压力超过临界前级压力。

这类前级储气罐的体积计算同式（15-61）和式（15-62），但应同时满足下面关系式

$$t \geqslant \frac{V}{C}\ln\frac{p_{cb}}{p_b} \tag{15-63}$$

式中，$V$为储气罐体积；$C$为储气罐到扩散泵出口处管道的流导；$t$为储气罐工作时间；$p_{cb}$为扩散泵最大前级压力；$p_b$为扩散泵正常工作时的前级压力。

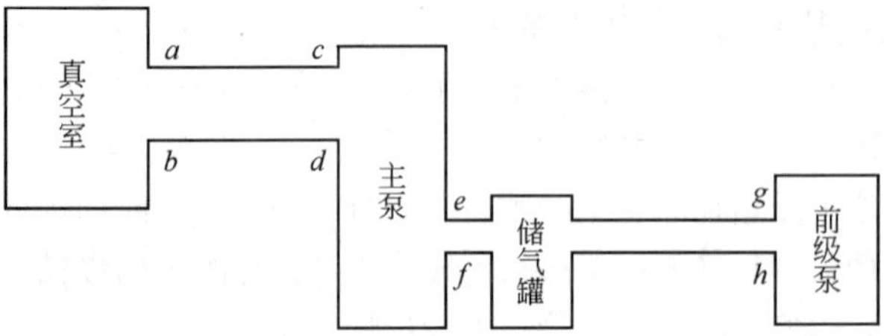


图 15-7　带有储气罐的真空系统示意图

15.3.4.4　带有储气罐的真空机组配前级泵计算

如图 15-7 所示，当在主泵出口处设置前级储气泵时，则前级泵的选配只要考虑能排出主泵的正常排气量即可，而不用考虑主泵的最大排气量。应使主泵在正常工作时的出口压力$p_b$与其最大排气压力$p_{cb}$之间有一定的差值（即应使$p_b<p_{cb}$），这样储气罐才能储存主泵在某一瞬时的最大排气量。如果$p_b=p_{cb}$，则储气罐不起作用，设置储气罐后，前级泵的抽速可以按主泵正常工作排气量选配即可。

根据气流连续性可得

$$p_b \cdot S_b = p_1 \cdot S_{p1}$$

即

$$S_b = \frac{S_{p2} \cdot C_2}{S_{p2} + C_2} \tag{15-64}$$

式中，$p_b$为主泵正常工作时的前级压力；$p_1$为主泵正常工作时的入口压力；$C_2$为前级泵入口到储气罐之间管道的流导；$S_{p1}$为主泵的抽速；$S_{p2}$为前级泵的抽速；$S_b$为主泵在前级压力$p_b$下的排气速率。

因为前级泵应能及时抽除主泵所排出的气流量，所以要求

$$S_{e2} \geqslant S_b$$

即

$$\frac{S_{p2} \cdot C_2}{S_{p2} + C_2} \geqslant \frac{S_{p1} \cdot p_1}{p_b}$$

由此可得

$$S_{p2} \geqslant \frac{S_{p1} \cdot p_1 \cdot C}{Cp_b - S_{p1}p_1} \tag{15-65}$$

式中，$S_{p2}$为前级泵抽速；$S_{p1}$为主泵抽速；$C$为前级泵到储气罐之间管路的流导；$p_1$为主泵正常工作时的入口压力，与$p_g$相同；$p_b$为主泵正常工作时的出口压力。

计算出的$S_{p2}$代入到式（15-50）计算后，则可根据计算结果选用合适规格的前级泵。

## 15.4　真空系统的结构设计

真空系统的结构设计主要考虑密封可靠，结构合理，材料对真空度影响要小。设计中应注意如下几点：

（1）选择结构材料应尽量用国家标准中的无缝钢管和板材，尽量减少焊接结构，有利于真空部件气密性质量。对于需要进行焊接结构的系统元件，应选择焊接性能较好的钢材。

（2）焊接是真空系统制造中的一道重要工序，为了保证焊接后焊缝不漏气，除了提高焊接工艺质量外，合理地设计焊接结构也很重要。因此焊接结构要避免处于真空中的焊缝有积存污物的空隙，否则给清洗造成困难，还会成为缓慢放气的气源。当焊缝出现死空间时，在系统检

漏中就不易找到漏隙所在。

(3) 在结构上要保证快速抽空。为此要避免出现隔离孔穴（气袋），因为气袋会成为缓慢放气的源泉，增长了抽气时间，例如图 15-8 所示。要将气袋开设出气孔，以利于快速抽空。

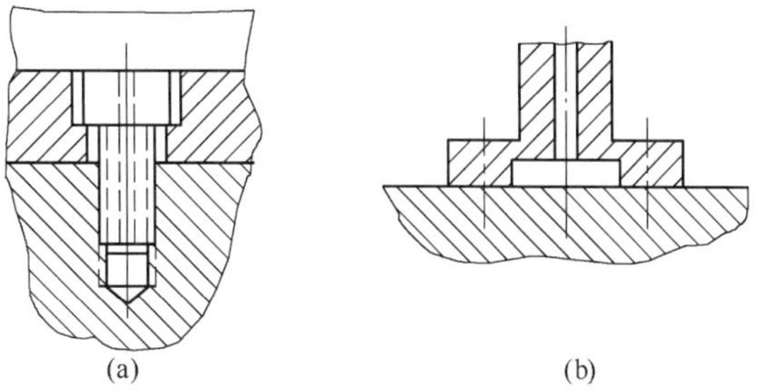

图 15-8 处在真空室内带有出气孔的正确结构

(4) 减少表面放气。处于真空内的构件和壳体内壁表面越光洁越好。最好进行电镀抛光，氧化处理等。一般处于高真空的内壁粗糙度 $R_a$ 为 6.3～3.2；处在中真空的内壁粗糙度 $R_a$ 为 12.5 左右。处在超高真空的内壁要求抛光，达到非常光洁的表面。要特别注意：生锈的金属表面对抽空十分不利。

(5) 真空系统中各元件之间多用法兰连接。而法兰与管子之间是焊接结构。由于焊接时容易引起法兰变形，所以目前国内都采用焊接后再对法兰加工，这样既可达到尺寸和粗糙度的要求，又能保证两个法兰连接时密封可靠。

(6) 对于某些必须处于较高温度下工作的真空橡胶密封圈，由于橡胶耐温有限，可以采用专门设计的水冷结构加以保护。

(7) 为了使真空系统元件壳体和真空室壳体有足够的强度，保证在内力和外力作用下不产生变形，器壁要有一定的厚度。实验表明真空容器采用圆形结构较好。端盖采用凸形结构为好，尽量不采用平盖。因为它们的抗压能力相差很大。壁厚设计时还要注意一点，在容器检漏时，若采用内部打压法，一般打 3 个大气压力容器不应变形。水套检漏时也按 3 个压力打压。就是说有水套的壳体在外部或内部打 3 个压力的情况下，都不应变形。

(8) 由外部进入真空室内的转动件或移动件，要保证可靠的动密封。除了选择好的密封结构外，其中的轴或杆一定要满足粗糙度要求。更要防止在轴和杆上有轴向的划痕，这种划痕会引起气体泄漏，降低系统的真空度，而且不易被发现。

(9) 真空系统上测量规管座位置的安排应遵循如下原则：1）不能将测量规管放在密封面较多的地方。因为每一个密封面都不可能保证绝对不漏气，密封面集中之处，必然是容易漏气的地方，测量值可能不准。2）规管内壁各处，必须保证真空卫生。否则会造成测量不准。3）规管应尽量接在靠近被测量的地方，以减少测量误差。

(10) 真空室壳体上的水套结构，要保证水流畅通无阻。更不能出现死水，造成局部过热。因此进出水管位置要一下一上，且设置流水隔层，使水沿一定的路线流动。

## 15.5 真空系统的安装调试与操作维护

### 15.5.1 常用真空系统的安装调试

#### 15.5.1.1 真空系统的安装

真空系统在安装前应做如下准备工作：

(1) 零件安装前应进行清洁处理，目的是去除金属零件在加工时所沾染的油类，污垢，焊药等杂质，避免安装后给真空系统内部造成气源，其方法通常用去污粉去污并且热水洗净，再用热风吹干最后用有机溶剂擦干即可。

(2) 安装前对零件进行检漏，及时剔除有漏孔的零件以避免将有漏孔的零件组装到系统上，给真空系统调试带来麻烦，其方法多采用零件打压试漏法。

(3) 检查真空泵阀门等元件的性能是否满足设计时所提出的要求。

(4) 按电器图检查电路是否完整，开关是否指于断路的位置，有关测试仪表是否处于零点的位置，地线是否接地，操作是否安全。

真空系统安装时应注意的问题是安装必须与检漏工作相结合，其步骤是先将机械泵安装好并抽气，达到真空度要求后再安装主泵，决不能把系统全部安装完再进行抽空检漏，否则一旦漏气现象产生，将给安装工作带来麻烦，同时在安装时，一定要注意静密封法兰处的橡胶圈和法兰密封面是否有划痕以防安装后产生漏气。

15.5.1.2　真空系统的调试

真空系统调试工作主要包括两种方法：一是安装后所进行的空载调试，主要是真空系统极限真空度、系统总的漏气率及抽气时能否达到设计要求等内容的调试；二是生产工艺过程中真空系统能否满足工艺要求的调试。

### 15.5.2　常用真空系统的基本操作规则与日常维护

15.5.2.1　真空系统的基本操作规则

(1) 启动机械真空泵时，首先要保证转子运动方向正确，而且注意泵油箱中的油位应合乎要求。

(2) 机械泵入口处应安置压差阀，当机械泵停止后，立即将机械泵入口通大气。防止泵油返流进入到真空容器中。

(3) 不要用机械泵将真空室直接抽至低于 13Pa 压强，否则机械泵油蒸气容易返流进入真空容器中。因为在压强低于 13Pa 时，会出现分子流流态，油蒸气分子将返流到真空容器中而造成污染。如果在机械泵与真空容器之间设有冷凝捕集器，则允许机械真空泵抽到 13Pa 以下的压力，这时捕集器可以防止油蒸气进入真空容器。

(4) 不要使机械真空泵在大气压力下或较高压力下连续长时间工作，否则电机会过热，而且泵出口会喷出油雾。

(5) 在扩散泵（或油增压泵）通大气之前，应该将泵油冷却到安全温度，防止高温下泵油发生氧化。

(6) 蒸气流泵在加热之前，应供给冷却水。而且泵应该配备热保护继电器，当发生停水事故时，能立即使加热器断电，并关闭入口阀门防止泵液因温度过高而氧化。

(7) 由于扩散泵油返流在泵开始工作和泵停止加热阶段特别严重，因此在开泵前和停泵前应将扩散泵的入口的高真空阀门关闭，可以防止泵油返流到真空室。

(8) 不要在压力高于 $10^{-2}$Pa 时给冷阱加入液氮，这样会导致凝结很多水气。冷阱在使用前要把液氮阱的贮液罐中的所有水凝液都清除掉，以避免水冻结在阱内。开始抽气时，最好分步地加注液氮，这样可使真空系统冷凝物主要捕集在阱的下部。当达到高真空后，应给阱加注液氮达到较高液面，以便大量捕集气体。

(9) 为了缩短抽空时间，当真空室对大气压作短时间通气时，使用干燥氮气为好。把真空系统内表面的湿气减到最小限度。通气时应在真空室一侧用放气阀门进行放气。不可以从扩散泵出口的前级管道上通气。

(10) 使用热阴极电离计时，应该在真空室内的压力达到 $1.33\times10^{-1}$Pa 时，再接通电离计的电源，防止因压力过高而烧坏规管的阴极灯丝。

(11) 当真空系统停止工作时，应使系统处于并保持在真空状态下，但是机械泵要通大气。

#### 15.5.2.2 真空系统的日常维护

真空系统的日常维护工作主要应注意以下几点：

（1）在真空系统操作中应注意真空系统的清洁问题，对周期性工作的真空系统，应及时清除工艺过程所产生的污物，尽量缩短真空室暴露在大气中的时间以减少潮湿空气对真空室的吸附量。

（2）真空系统停止工作时应将系统抽空保持一定的真空状态。

（3）对系统中所使用的各种真空泵，真空阀门等应严格遵守其操作规程，做好日常的维护工作。

# 参 考 文 献


1 华中一主编．真空实验技术．上海：上海科学技术出版社，1986

2 李云奇等编写．真空世界．上海：上海科学技术出版社，1984

3 徐成海，张世伟，关奎之主编．真空干燥．北京：化学出版社，2004

4 王欲知编著．真空技术．成都：四川人民出版社，1981

5 丁基敏．电容薄膜式绝对压力变送器的发展．真空，2001，(4)

6 Schulz G J Characteristics of the Bayard-Alpert Ionization Gauge at Pressures above $10^{-5}$ mmHg. J. Appl. Pnys.，28 (1957)，1149

7 郭元恒，吴思诚．关于电离真空规测量上限非线性的探讨．物理学报，1979，28 (2)：250

8 刘玉岱．真空技术及应用系列讲座，第 6 讲：真空测量．真空，1997，(3)、(4)

9 关奎之．真空技术及应用系列讲座，第 7 讲：真空检漏．真空，1997，(5)

10 刘玉岱主编．真空测量与检漏．北京：冶金工业出版社，1992

11 达道安等．真空设计手册（第 3 版）．北京：国防工业出版社，2004

12 关奎之．真空技术及应用系列讲座，第 7 讲：真空检漏（续）．真空，1998，(3)

13 Dushman S. Scientific Foundation of Vacuum Technique Second edition. New York：Wiley，1962. 357～360

14 Mc Kinney H F，Vac J. Sei. Technol.，1969，6：958～964

15 查良镇，薛祖庆．全国测试基地年会报告集（真空测试）第一分册．1964

16 真空设计手册编写组编著．真空设计手册（下册）．北京：国防工业出版社，1987

17 杨乃恒主编．真空获得设备（第 2 版）．北京：冶金工业出版社，2001

18 郭洪震主编．真空系统设计与计算．北京：冶金工业出版社，1986

19 张树林主编．真空物理．沈阳：东北工学院出版社，1988

20 张以忱等编著．真空材料．北京：冶金工业出版，2005